大型饮用水源水库水生生物多样性及优水渔业技术
——以碧流河水库为例

赵 文 魏 杰 王 珊 尹东鹏 谢在刚 著

科 学 出 版 社
北 京

内 容 简 介

本书介绍了辽宁省大连市的碧流河饮用水源水库水生生物多样性及其优水渔业技术，以2016～2019年三年调查结果为主线，详细阐述了碧流河水库水环境的理化特征，分析了浮游植物、浮游动物、浮游细菌、底栖动物、水生大型植物、鱼类等水生生物多样性，并对该水库初级生产力、渔获物、水层区和沉积物重金属生态风险、悬浮物结构及有机碳库储量、稳定性同位素特征及其时空变化进行了研究，建立了水体富营养化预警模型和优水渔业模型，并评估了鱼产力，提出了优水渔业对策。本书对碧流河水库600多种常见水生生物形态特征进行了描述并提供了物种图片，旨在为发展大型饮用水源水库优水渔业提供参考。

本书可供水产学、生态学、生物学和环境科学等领域的科研工作者、相关从业者及相关专业高校师生参考。

图书在版编目（CIP）数据

大型饮用水源水库水生生物多样性及优水渔业技术：以碧流河水库为例 / 赵文等著．—北京：科学出版社，2024.11

ISBN 978-7-03-072782-4

Ⅰ．①大…　Ⅱ．①赵…　Ⅲ．①大型水库–水生生物–生物多样性–研究–辽宁 ②大型水库–水库渔业–研究–辽宁　Ⅳ．①Q178.51 ②S974

中国国家版本馆CIP数据核字（2022）第138613号

责任编辑：朱　瑾　岳漫宇 / 责任校对：宁辉彩

责任印制：肖　兴 / 封面设计：刘新新

科学出版社 出版

北京东黄城根北街16号

邮政编码：100717

http: //www. sciencep. com

北京建宏印刷有限公司印刷

科学出版社发行　各地新华书店经销

*

2024年11月第　一　版　开本：787×1092　1/16

2024年11月第一次印刷　印张：28 1/4

字数：670 000

定价：398.00元

（如有印装质量问题，我社负责调换）

前　　言

大型饮用水源水库是城市居民赖以生存的重要水源地，其生态系统应结构合理、功能完善、关系协调，即达到生态平衡状态。而我国淡水资源短缺、分布不均，且易受水污染的威胁。如何解决这一难题已经成为社会各界关注的焦点。本书以大连市碧流河水库为例，研究了大型饮用水源水库水化学特征及浮游细菌、浮游植物、浮游动物、底栖动物、水生大型植物、鱼类等水生生物物种多样性、优水渔业利用技术等，并对该水库初级生产力、渔获物、水层区和沉积物重金属生态风险、悬浮物结构及有机碳库储量、稳定性同位素特征及其时空变化进行了分析研究，建立了水体富营养化预警模型和优水渔业模型，评估了鱼产力，提出了优水渔业对策，并对碧流河水库600多种常见水生生物形态特征进行了描述并提供了物种图片，以期为我国大型水库富营养化控制及水域生物资源保护和利用提供参考。

本书是作者团队对北方大型饮用水源水库水生生物多样性研究成果的凝练，对我国开展大水面优水渔业开发具有重要借鉴意义。本书图文并茂，生物图片均系实地采样拍摄。样品采集测定得到张鹏、蒲红宇、田甲申、骆小年等老师及研究生刘林、安浩、季世琛、徐嗣林、王欢、董雅欠、苑俊杰、王美儒、王哲、吕绍巾、李春宇、杨板、李宇轩、王天宇、庞雨佳、申晨晨、董成浩、董显坤、朱文宇、翟春雨、邹京京、邵缨迪、崔竞丹、左镓琪等的大力支持，李胜德教授对构建水体富营养化预警模型给予指导。大连市碧流河水库有限公司对本书数据的获得给予了大力协助，本书也得到了大连市人力资源和社会保障局的“大连市第二批领军人才”项目资助，在此一并致谢。

赵　文

2022年5月于大连

目 录

第 1 章 大型水源水库生物多样性现状及优水渔业概述

面对水环境污染、水土流失和湿地退化的严峻态势，党的十九大报告指出，必须树立和践行绿水青山就是金山银山的理念，坚持节约资源和保护环境的基本国策，像对待生命一样对待生态环境。

作为我国生态文明建设的关键一环，充分发挥水域生态系统的功能作用具有重要的现实意义。海洋生态系统、河流生态系统、湖泊生态系统、水库生态系统等水域生态系统，可以为人类提供生态服务，即水产品供给服务、调节服务、文化服务和支持服务，在提供更多优质生态产品的同时，也保证了人类的物质和精神需求。

人工水库通常是在河流上筑坝而成，因此兼具河流和湖泊的特点，属于半流动的水体，水库因所处地理环境不同所导致的物理、化学和生物学情况不同，并且主要用于供水、发电、灌溉防洪等用途不同，因此水库生态系统在水域生态系统研究中具有特殊作用（赵文，2011）。随着中国经济社会的飞速发展，水库的富营养化程度不断加剧，2007 年全国水库的调查中已无贫营养型水库（中华人民共和国水利部，2008），其中水源水库的水质状态相对较好。

随着中国经济建设的发展，近 10 年来 1/3 的水源水库已经达到富营养化水平，水源水库的水质安全与水库渔业生产之间的矛盾也逐渐凸显，因此对饮用水源水库营养化的评价和防治日益重要（韩博平，2010；赵文，2011；焉鸿启等，2016）。优水渔业作为水源水库重要的研究领域，一直被广大研究者提及并在许多水源水库中加以应用，优水渔业的目的在于保证水质优良情况下，在提高渔业经济效益的同时，实现经济发展、资源可持续性利用、环境保护的统一，这与“生态渔业”、“保水渔业”或“洁水渔业”的概念基本一致，是强调优水为目的生态渔业的方式。

本章旨在探讨饮用水源水库的生态系统食物网中的各个环节，并对水库水环境修复以及以渔养水进行讨论，以期能达到保护水生生物多样性和优水渔业的目的。

1.1 水源水库的水质状况

了解水库的水化学特征对保护和合理开发利用水库资源至关重要，我国在水库水化学研究方面已积累了一些资料，目前我国水库水质污染和富营养化状况在整体上看还存在很多问题。

我国水库富营养化于20世纪70年代初开始趋于严重化。据调查，自20世纪70年代，我国大部分的湖泊、水库中有机物和营养盐（N、P等）含量开始迅速增加，水库、湖泊的富营养化进程有加快趋势。20世纪80年代初，关于我国主要水库富营养化调查结果表明，处于富营养化边缘的水库占少数，位于大中城市内或其附近的较小型的城市水库处于富营养化或超富营养化状态（金相灿等，1990；薛纪渝，2001）。据何志辉（1987b）指出，中国102个湖泊水库按浮游植物年产量计算，高型即处于富-超富营养型水体高达61个，约占59.8%。

《中国水资源公报》公布的水库水质显示（表1-1），一方面我国水库水质及营养状态数量调查逐年增多，截至2018年时调查水库已达1129座，充分体现了我国对水库水资源安全的重视，另一方面，从2007年到2018年的水库水质及营养状态较20世纪80年代初水质存在着普遍恶化的趋势，富营养化已遍及全国各类水库，其中邻近城镇的水库富营养化程度较高，许多大型水库也都已达到富营养化或超富营养化水平（中华人民共和国水利部，2008-2019）。但随着我国对水资源安全的重视，以及加大了对生态环境的治理，2015年后劣Ⅴ类水库的数量逐年减少，值得注意的是2016年以后探明水库水质的污染主要为总磷、高锰酸盐指数、氨氮、五日生化需氧量，这些污染来源包括点源和非点源，主要可能是地表径流、畜牧渔业、生活污水、工业废水、大气降水等（赵文，2011）。

表1-1　2007～2018年《中国水资源公报》公布的水库水质及水库营养状态

调查年份	水库水质及占比	水库营养状态及占比
2007	调查水库总数329座 Ⅰ～Ⅲ类水库252座（76.6%） Ⅳ～Ⅴ类水库69座（21.0%） 劣Ⅴ类水库8座（2.4%）	营养状态评价水库总数299座 中营养水库209座（69.9%） 富营养水库90座（30.1%）
2008	调查水库总数378座 Ⅰ～Ⅲ类水库303座（80.2%） Ⅳ～Ⅴ类水库59座（15.6%） 劣Ⅴ类水库16座（4.2%）	营养状态评价水库总数347座 中营养水库241座（69.5%） 轻度富营养水库106座（30.5%）
2009	调查水库总数411座 Ⅰ～Ⅲ类水库334座（81.2%） Ⅳ～Ⅴ类水库57座（13.9%） 劣Ⅴ类水库20座（4.9%）	营养状态评价水库总数394座 中营养水库283座（71.8%） 富营养水库111座（28.2%）
2010	调查水库总数437座 Ⅰ～Ⅲ类水库341座（78.0%） Ⅳ～Ⅴ类水库59座（13.5%） 劣Ⅴ类水库37座（8.5%）	营养状态评价水库总数420座 中营养水库291座（69.3%） 富营养水库129座（30.7%）
2011	调查水库总数471座 Ⅰ～Ⅲ类水库382座（81.1%） Ⅳ～Ⅴ类水库68座（14.4%） 劣Ⅴ类水库21座（4.5%）	营养状态评价水库总数455座 中营养水库324座（71.2%） 富营养水库131座（28.8%）
2012	调查水库总数540座 Ⅰ～Ⅲ类水库479座（88.7%） Ⅳ～Ⅴ类水库47座（8.7%） 劣Ⅴ类水库14座（2.6%）	营养状态评价水库总数521座 贫营养水库3座（0.6%） 中营养水库348座（66.8%） 富营养水库170座（32.6%）

续表

调查年份	水库水质及占比	水库营养状态及占比
2013	调查水库总数 667 座 Ⅰ～Ⅲ类水库 543 座（81.4%） Ⅳ～Ⅴ类水库 91 座（13.6%） 劣Ⅴ类水库 33 座（5.0%）	营养状态评价水库总数 646 座 中营养水库 375 座（58.0%） 富营养水库 271 座（42.0%）
2014	调查水库总数 661 座 Ⅰ～Ⅲ类水库 534 座（80.8%） Ⅳ～Ⅴ类水库 97 座（14.7%） 劣Ⅴ类水库 30 座（4.5%）	营养状态评价水库总数 635 座 中营养水库 398 座（62.7%） 富营养水库 237 座（37.3%）
2015	调查水库总数 736 座 Ⅰ～Ⅲ类水库 596 座（81.0%） Ⅳ～Ⅴ类水库 104 座（14.1%） 劣Ⅴ类水库 36 座（4.9%）	营养状态评价水库总数 710 座 中营养水库 451 座（63.5%） 富营养水库 259 座（36.5%）
2016	调查水库总数 943 座 Ⅰ～Ⅲ类水库 825 座（87.5%） Ⅳ～Ⅴ类水库 88 座（9.3%） 劣Ⅴ类水库 30 座（3.2%）	营养状态评价水库总数 943 座 中营养水库 672 座（71.2%） 富营养水库 271 座（28.8%）
2017	调查水库总数 1064 座 Ⅰ～Ⅲ类水库 920 座（86.4%） Ⅳ～Ⅴ类水库 120 座（11.3%） 劣Ⅴ类水库 24 座（占 2.3%）	营养状态评价水库总数 1038 座 贫营养水库 3 座（0.3%） 中营养水库 754 座（72.6%） 富营养水库 281 座（27.1%）
2018	调查水库总数 1129 座 Ⅰ～Ⅲ类水库 986 座（87.3%） Ⅳ～Ⅴ类水库 114 座（10.1%） 劣Ⅴ类水库 29 座（2.6%）	营养状态评价水库总数 1097 座 中营养水库 764 座（69.6%） 富营养水库 333 座（ 30.4%）

对于水源水库而言，水体富营养化会对给水利用、旅游及渔业等方面带来一系列问题：给水利用方面主要是饮水安全风险升高，处理水源成本提高；对于旅游方面而言，藻类暴发式生长、透明度降低、浑浊度升高、水体发臭等方面均不利于旅游；对于渔业方面，水体富营养化导致水华，缺氧及藻毒素均会对渔业造成不利影响。鱼类作为水源水库的生态系统中的关键一环，水体富营养化也会直接或间接影响其生存，进而导致水源水库水质恶化。

1.2 饮用水源水库的生态修复

水环境生态修复主要是指以水生生物为基础，以减轻水体富营养化，进而使水生生物和水环境二者达到平衡，最终使水质趋于优良。目前水源水库的生态修复主要是使受损生态系统恢复其合理的结构、高效的功能和协调的关系。生态修复的基本原理是基于“生物操纵”理论，即通过较高营养级生物调控较低营养级生物，从而对水质进行调控，这种“下行效应”已成为水库富营养化污染控制的有效措施之一。概括而言，主要有如下几个方面。

1.2.1 利用有益微生物来促进优水

细菌是水域生态系统食物链与食物网的重要组成部分，在物质循环、能量流动和信息联系中起着非常重要的作用。细菌群落结构常作为判断水体污染程度的指标之一，直接影响水环境质量（Hewson *et al.*，2006；Kudryavtseva *et al.*，2012；赵文和魏杰，2018）。水质恶化时会产生多种污水细菌，富营养型水体的污水细菌数量或丰度处于极高水平（肖克宇和陈昌福，2019），污水细菌中常伴有病原菌，多为条件致病菌，平时生活在水中、底泥或健康的水生生物上，环境条件变化或水生生物机体损伤时，可导致疾病发生，如柱状黄杆菌（*Flavobacterium columnaris*）导致的细菌性烂鳃病、黏球菌（*Myxococcus* sp.）导致的白头白嘴病、荧光假单胞菌（*Pseudomonas fluorescens*）导致的赤皮病等（战文斌，2011）。

对于水源水库而言，水体中污水细菌及其含有的致病菌可对饮水安全造成威胁，还可对渔业造成一定破坏，影响水库生态系统。因此，水源水库水质修复的关键一环就是对微生物的监测，监测手段主要是传统方法和分子生物学方法两类（赵文和魏杰，2018；王欢等，2018a，2008b），传统方法应用最为普遍且广泛，主要是显微镜直接观察法、选择培养法、鉴别培养基法、细菌鉴定仪法、流式细胞仪法，这些方法可计算细菌的丰度和数量来评价水体污染程度，分离培养水体及水生生物的病原菌来预防疾病。分子生物学方法主要是克隆文库处理、限制性片段长度多样性（RFLP）、变性梯度凝胶电泳（DGGE）、宏基因组法（metagenome method）（赵文和魏杰，2018），利用分子生物学方法可揭示包括细菌在内的微生物的群落结构和功能，以及关键环境驱动因子，在分子层面对水体营养状态、水体中致病菌情况、地理及季节分布差异等水库的健康状态进行了解。

在水源水库水域资源调查中，对细菌的调查除了考虑上游、中游、下游等站位设置之外，对经济水产动物产卵、洄游、索饵以及经常暴发疾病的区域皆可设置站位，建立监测体系、预警体系和修复体系，修复体系可以采用浮游生物、大型水生植物、大型经济水产动物这些修复工具，使其对细菌加以影响和利用，从而达到修复目的。此外，对于一些产卵区域，如靠近陆地的有大型水生植物覆盖的区域，可以适宜添加益生菌，用以减轻有害菌，优化水质。

1.2.2 利用生物工程进行水体自净

浮游植物在水体中是鱼类和其他经济水产动物直接或间接的饵料基础，在决定水域生产性能和渔业生产上具有重要意义。浮游植物、细菌、原生动物等组成的生物膜对水体有机物的分解、水体净化和判断水质好坏具有一定的作用，但浮游植物能在一定环境条件下暴发性繁殖或高密度聚集而引起水华，恶化水质，严重破坏水库生态系统。由于浮游植物是水体富营养化状况显示的最直接的初级生产者，因此成为水库生态系统的修复关注的焦点（赵文，2016）。

1.2.2.1　利用浮游动物抑制浮游植物

浮游动物作为直接摄食利用浮游植物的消费者之一，对于减轻水华种类，净化水质具有积极作用。

绝大多数浮游动物均可对单细胞藻类进行摄食，如滤食性的枝角类和桡足类、轮虫，它们通过胸肢、第二小颚基、头冠等滤食性器官对浮游植物种类进行滤食，其中有一些选择性滤食富营养化种类，可直接减少水华发生的可能。此外，原生动物也可降低有害藻类的丰度，20 世纪 70 年代王家楫对全国污水处理厂普查时发现细菌 - 藻类 + 真菌 - 原生动物的逐步演替过程，原生动物往往存在藻类出现之后，这进一步说明原生动物对有害藻类存在一定摄食效果，其与细菌、真菌、藻类共同作用可以起到进一步净化水质的功能。

1.2.2.2　利用克藻效应控制浮游植物

水生大型植物指生理上依附于水环境，至少部分生殖周期发生在水中或水表面的植物类群，俗称水草（赵文，2016）。由于水生大型植物在水域生态系统中发挥着物理作用、吸收作用、富集作用、与微生物协同作用、气体传输与释放作用、对藻类他感作用、维持生态平衡作用（赵文，2011，2016），因此在维持生态系统稳定和生态修复中扮演着重要角色，对其研究具有重要意义。

除了浮游植物内部的竞争关系，水生大型植物由于和浮游植物在光能和营养物质的利用上处于竞争关系，同时又可通过他感作用分泌抵制浮游植物生长的物质，因此，适当恢复和移植水生大型植物对于抑制浮游植物生长，减少其生长扩散空间具有积极意义。

1.2.2.3　放养滤食性动物行生物操纵

蓝藻的大量繁殖，往往意味着水体富营养化严重和水华暴发，相关研究表明，鱼类的直接利用，可有效减少蓝藻。刘建康和谢平（1999）采用围隔法研究了滤食性鱼类在武汉东湖水华消失中的作用，3 年的实验表明可利用滤食性鱼类直接控制蓝藻引起的水华，这可以作为一种生物防治途径。

1.2.3　优化生物种类组成促进优水

浮游动物作为水库生态系统重要的生物环境，不但充当着食物网中重要的一环，而且还可充分利用细菌碎屑（邱阳凌等，2018；唐涛等，2002），此外，由于浮游动物种类和数量随环境变化而变化，因而成为生物监测的指示种，并被用来反映水库的水质状况（Stenert *et al.*，2008；Wu *et al.*，2012）。但浮游动物小型化、浮游动物引起的寄生性疾病对于水源水库水质及安全构成了一系列威胁，因此对浮游动物群落结构进行修复，以减少疾病发生具有重要意义。

浮游动物小型化会对水库生态系统造成破坏，其原理是异养原生动物大面积增殖，摄食水中藻类，造成水体缺氧，水生生物死亡，一些耐低氧的蓝藻进行增殖，释放蓝藻毒素进一步加剧水华的发生。一些实例也证明，20 世纪 80 年代以及 2002 年密云水库蓝藻暴发时，原生动物和轮虫在种类和数量上均占据绝对优势，伴随水体富营养化还呈现出浮游动物数量大、小型化、多样性低等特征（王敏等，2016；董显坤等，2020）。鱼类的放养也可能是造成浮游动物小型化的原因，如杨宇峰和黄祥飞（1994）的研究表明，武汉东湖大规模放养鲢、鳙后，通过滤食作用减少了许多大型浮游甲壳动物，这进一步促进了浮游动物小型化。

减轻浮游动物小型化的方法，除防止泥沙大面积引入造成水体浑浊度升高，进而引起大型浮游甲壳类滤食器官破坏之外，还可以采用适当放养中型肉食性鱼类，如河川沙塘鳢（*Odontobutis potamophila*）、黄颡鱼（*Pelteobagrus fulvidraco*）、瓦氏黄颡鱼（*Pelteobagrus vachelli*）。主要原理是下行效应，放养这几种中型肉食性鱼类，可以通过摄食小型野杂鱼，增加大型浮游甲壳类的数量，减轻浮游动物小型化，降低浮游植物的生物量，进而达到改善水质的目的（周应祺，2010）。

浮游动物引起的疾病绝大多数是寄生性疾病，主要致病类群为原生动物和桡足类。原生动物中的车轮虫（*Trichodina* spp.）会寄生在蝌蚪上引起车轮虫病，斜管虫和杯体虫等对蝌蚪引起的纤毛虫病。桡足类可寄生在草鱼（*Ctenopharyngodon idella*）、青鱼（*Mylopharyngodon piceus*）、鲇（*Silurus asotus*）、赤眼鳟（*Squaliobarbus curriculus*）、秋鲑（*Oncorhynchus keta*）、鲢（*Hypophthalmichthys molitrix*）、鳙（*Aristichthys nobilis*）的鳃上引起的中华鳋病，寄生在鲢、鳙、草鱼、鲤（*Cyprinus carpio*）、鲫（*Carassius auratus*）、乌鳢（*Channa argus*）、青鱼等体表、鳍及口腔等引起的锚头鳋病。

由于水源水库多属于大水面水体，因此采用药物治疗存在着一定的困难，但对鱼类进行增殖放流时，可以采用人工方法使鱼种获得免疫力后，再放入水库饲养，从而能控制大面积水体中的寄生虫病和锚头鳋病。对于水源水库原有鱼类因浮游动物感染的寄生性疾病，要对患病水生生物的症状及流行情况及时掌握，对患有寄生性的水生生物及时清理，防止暴发，对流行情况如流行季节、流行区域、暴发时水质理化特征等进行调查。

1.2.4 保护底栖生物类群促进优水

底栖动物是指水底区栖息动物的总称，通过底栖动物的调查可了解水体中底栖动物的组成及分布，并估计平均密度和生物量，从而为水体底层水产动物的放养规格提供基础，还可利用其数据来对水体的污染程度进行监测，因此在水库的调查研究中广泛应用（赵文，2016）。

许多研究表明，底质是影响大型底栖动物群落分布的重要环境因子，因为绝大多数底栖动物都需要依附于底质度过其大部分的生活史（Beisel *et al.*，1998）。而一般而言，水体透明度越高，底栖动物的生物多样性越高。浊度是通过影响光照透射率从而影响附着藻类和浮游植物的生长，最终影响以此为食的底栖动物（邵美玲等，2007；杨东等，2017）。

因此可以设置一些工程装置来减少或改善入库河流携带的底质，另一方面通过采用减少氮磷输入、降低水体富营养化程度以及降低有害浮游植物来增加水体透明度，通过多措并举方式来提高水源水库底栖动物多样性，改善水质。

1.2.5 发展优水渔业保障水质安全

以渔优水是指发挥天然土著水生生物类群和引进水生生物种类相结合的办法，将二者作为水库生物修复的类群，提高生物多样性的同时达到改善水质的目的。

减少或禁养草食性鱼类，保护生产者。在水源水库选择合适区域进行水生维管束植物的建设，在提高水体初级生产力的同时，利用水草来脱氮脱磷，改善水质。此外，大型水生维管束植物又可为青虾、鱼类、螺蚬等提供栖息环境和天然饵料，但进行浮游植物移植和栽培时应注意是否会造成入侵，并且对一些极易腐烂的水生维管束植物而言，其腐烂释放的营养物质又回到水体中，这对于水库水体来说是不利的，应引起注意。

利用滤食性水产动物，如鲢、鳙降低浮游生物的数量，使其成为鱼体蛋白质，并促进降氮除磷；增放河蚌、螺蛳等贝类，滤食蓝藻、绿藻效果极佳，相关研究表明，在单位水体内，河蚌对藻类的去除率达 67.74%，可有效降低水华。

放养杂食性鱼类，如鲤和鲫是以植物性饲料为主的杂食性鱼类，可消除腐质，改善水质。增放腐质链鱼类，如细鳞鲴（*Xenocypris microlepis*）、中华倒刺鲃（*Spinibarbus sinensis*），它们主要以腐质、腐泥和丝状藻类为食，对水库的水质有积极作用。适当放养小型肉食性鱼类。如河川沙塘鳢、黄颡鱼、江黄颡鱼，主要原理来源于下行效应，放养这几种小型肉食性鱼类，可以通过摄食小型野杂鱼，增加浮游动物的数量，减轻浮游动物小型化，降低浮游植物的生物量，进而达到改善水质的目的。

1.3 小结

多元生物操纵技术还有很多值得探讨和实践的内涵，应该指出，包括细菌在内的微生物、浮游植物和浮游动物、水生大型植物、底栖动物、游泳动物等水生生物都不是水库生态系统中孤立的一环，要想达到有效保护水库生物多样性和优水渔业的目的，必须牢牢把握水库生态系统的每一环节，让监测体系、预警体系、修复体系三大体系平稳运行，才能保证水质优良和达到水质安全，最终达到优水渔业的目的。

第 2 章 碧流河水库水体理化特征及其时空分布

2.1 引言

水库是以防洪、灌溉、旅游、养鱼、城市生活和工业供水为主，兼有发电任务的大型水利枢纽工程。水体的理化因子是水域生态系统的重要组成部分，任何一个水域生态系统同时受很多环境因子的影响，生活在水体中的任何一种生物都要从环境中获取生活必需物质，同时生物又时刻对所处环境产生各种作用并影响环境，它们相互作用、相互制约、相互联系，共同影响着外界环境，使得不同的水域有着不同的理化特征，水体的理化特征成为水域的最基础特征，所以对水体的理化特征的研究显得尤为重要。

碧流河水库位于辽宁省南部，具体位于辽宁省大连市庄河市、普兰店区和营口市盖州市三市区交界处，处于大连市最大河流碧流河的干流上，距大连市区 175 km，是大连市居民生活和工业用水、农业灌溉等主要水源地。碧流河水库始建于 1975 年 10 月，至 1986 年 10 月竣工，是南北狭长的河川型水库，该区域为温带大陆性季风气候，四季分明，温差较大，年平均气温 8.4℃，年平均水温 12℃。集水面积 2085 km^2，占流域面积的 74.1%。最大库容 9.34×10^8 m^3，正常蓄水量 7.14×10^8 m^3，死库容 0.7×10^8 m^3。水面总面积近 6000 hm^2，养鱼面积 3533 hm^2，有 260 km 长的库岸线。持续多年平均降水量达到 780 mm，在 7 ～ 9 月经常有降雨。碧流河水库蓄水位通常为 69.0 m，库区深为 70.0 m。多年平均年蒸发量 836.2 mm，多年平均年降水量 780 mm。多年平均无霜期 180 天，结冰期一般从 11 月上旬开始，12 月末基本封库，至次年 3 月中旬融化。库水面最大结冰厚度为 0.73 m。

近些年来碧流河水库蓄水位降低，水库周边大量开荒种地引发水土流失日趋严重，淤积量加大，种植农作物使用的农药化肥流入库区，污染了水库水质，为了保障饮用水和其他用水的安全，改善水体的质量状况十分重要。碧流河水库作为水源地水库，近年周边环境得到一定治理。辽宁省辽西北供水工程的实施，虽促进调入地区的社会经济发展，有效改善碧流河水库生态环境，改善城乡居民的生活供水条件，实现其水资源和土地资源的互补，带来巨大的环境效益，但是也存在着生物入侵、水库物理环境改变的生态风险。因此，大连海洋大学受大连市碧流河水库管理局有限公司委托，从 2016 年 10 月至 2019 年 8 月对碧流河水库进行了野外采样调查，共采集 20 次样品。侧重研究碧流河水库水资源现状及其时空分布特征、水生生物（浮游植物、浮游动物、浮游细菌、底栖动物）群落结构，包括其种类组成、密度、生物量、多样性指数和季节演替，并探讨水生生物与水质的关系以及从生物量角度估算鱼产力，并与历史资料对比，探讨碧流河水库水质特征、饵料资源现状和可持续优水渔业合理开发利用对策。

本章介绍碧流河水库理化特征的三年调查结果，旨在为深入开发利用碧流河水库水资源和水生生物资源提供科学依据和基础资料。

2.2 材料与方法

2.2.1 采样时间与样站的设置

自 2016 年 10 月到 2019 年 8 月，对碧流河水库进行样品采集，共计 20 次。选取 9 个样站，分别是上游八家河河口附近的钟岭，蛤蜊河河口的桂云花和碧流河河口的大堡；中游的刘店 1、刘店 2 和刘店 3；下游的坝前 1、坝前 2 和坝前 3。仅个别年份冬季大堡因河道无水而样品缺失。使用水生 -80 型有机玻璃采水器（5 L）采集水样，除坝前 2 和刘店 2 样站采表、中和底三层外，其余样站根据实际水深分表中底三层采混合样。由于库水深度变化较大，水样分层按如下原则确定：表层采集深度小于 2 m，中层采集深度在 4 ～ 5 m，底层采集深度离水底 2 m 左右。具体调查范围及样站位置如表 2-1 所示。

表 2-1　碧流河水库采样样站设置

断面	样站	经度	纬度
上游	钟岭	N39°50′00.9″	E122°27′41.8″
	桂云花	N39°54′09.4″	E122°31′21.9″
	大堡	N39°54′02.2″	E122°30′13.5″
中游	刘店 1	N39°52′47.4″	E122°31′05.7″
	刘店 2	N39°53′01.1″	E122°30′58.5″
	刘店 3	N39°53′08.4″	E122°30′50.6″
下游	坝前 1	N39°49′23.5″	E122°29′22.5″
	坝前 2	N39°49′28.1″	E122°29′38.2″
	坝前 3	N39°50′00.9″	E122°29′21.6″

2.2.2 测定方法

对碧流河水库水体物理特征（温度、透明度）、化学特征（pH、溶氧、叶绿素 a、化学需氧量、氮、磷、碱度、硬度、氯度、SO_4^{2-}、K^+、Na^+ 等）进行了测定，测定方法见表 2-2，并对水体污染状况进行评价。

表 2-2 水质指标与测定方法

	监测指标	分析方法
1	水温	水温计法
2	透明度（SD）	Secchi 盘法
3	pH	Mettler Toledo 便携式 pH 计法
4	化学需氧量（COD）	酸性高锰酸钾法
5	溶氧（DO）	Milwaukee MW600 便携式溶氧仪
6	总氮（TN）	过硫酸钾氧化 - 紫外分光光度法
7	总磷（TP）	钼锑抗分光光度法
8	氨氮（NH_4^+-N）	纳氏试剂光度法
9	亚硝酸氮（NO_2^--N）	*N*-(1- 奈基)- 乙二胺光度法
10	硝酸氮（NO_3^--N）	紫外分光光度法
11	活性磷（PO_4^{3-}-P、P_2O_5）	钼锑抗分光光度法
12	碱度（ALK，HCO_3^-+CO_3^{2-}）	酸碱滴定法
13	氯离子（Cl^-）	硝酸银滴定法
14	硫酸根离子（SO_4^{2-}）	EDTA 容量滴定法
15	硬度（TH，Ca^{2+}+Mg^{2+}）	EDTA 络合滴定法（二步滴定）
16	钾离子（K^+）	四苯硼钠容量滴定法
17	钠离子（Na^+）	原子吸收法
18	叶绿素 a（Chl-a）	分光光度法

2.3 结果与分析

2.3.1 水深

2016 ～ 2019 年调查期间碧流河水库水深及其季节变化情况见表 2-3。从表 2-3 可见，碧流河水库平均水深为 14 m，调查期间的极值为 2 m 和 45 m。调查期间，水深比较来看是坝前＞刘店＞钟岭＞桂云花 = 大堡。

2.3.2 透明度

调查期间碧流河水库透明度及其季节变化见表 2-4。从表 2-4 可知，碧流河水库透明度平均值为 132 cm，极值为 20 cm 和 350 cm。调查期间，透明度比较来看，坝前＞刘店＞钟岭＞桂云花＞大堡。水库 2017 年 5 ～ 8 月和 2018 年 8月的透明度较低，而其他月份的透明度较高。

表 2-3　2016 ～ 2019 年碧流河水库水深及其季节变化　（单位：m）

样站	2016 年		2017 年									2018 年					2019 年				平均
	10 月	11 月	1 月	4 月	5 月	6 月	7 月	8 月	9 月	10 月	11 月	1 月	4 月	6 月	8 月	10 月	1 月	4 月	6 月	8 月	
坝前 1	20	13	13	15	17	15	14	9	22	16	21	13	21	12	25	40	18	12	25	28	18
坝前 2	22	25	15	22	21	20	18	14	26	17	22	18	22	25	31	45	21	33	32	30	24
坝前 3	25	20	14	20	20	15	16	12	15	8	16	15	18	18	30	40	21	25	28	28	20
钟岭	16	12	8	6	6	7	8	12	14	8	12	15	8	9	20	25	6.5	16	14	16	12
刘店 1	9	10	7	5	9	10	11	7	13	8	12	10	10	13	15	23	13	13	19	16	12
刘店 2	13	15	6	10	10	13	15	6	20	12	13	13	9	16	19	20	18	12	16	16	14
刘店 3	10	10	8	4	10	11	8	5	16	16	10	8	10	15	21	22	15	11	22	15	12
桂云花	6	6	2	3	5	5	4	4	8	10	6	8	7	7	12	11	17	8	12	11	8
大堡	6	6	—	6	2	2	5	4	13	14	11	6	5	7	20	9	13	7	10	13	8
全库	14	13	9	10	11	11	11	8	16	12	14	12	12	14	21	26	16	15	20	19	14

注：“—”表示未获得有效数据，全书同。

表 2-4　碧流河水库透明度及其季节变化　（单位：cm）

样站	2016 年		2017 年									2018 年					2019 年				平均
	10 月	11 月	1 月	4 月	5 月	6 月	7 月	8 月	9 月	10 月	11 月	1 月	4 月	6 月	8 月	10 月	1 月	4 月	6 月	8 月	
坝前 1	170	170	170	130	110	60	90	100	200	130	220	230	160	100	80	130	250	180	170	140	150
坝前 2	120	180	150	130	120	50	110	70	180	130	210	290	180	120	90	160	—	180	160	115	144
坝前 3	150	200	200	170	130	50	60	100	170	130	230	280	210	120	80	175	—	170	150	110	152
钟岭	170	160	140	110	50	70	85	80	170	110	210	50	130	100	90	130	180	200	100	85	121
刘店 1	140	140	140	110	70	40	50	70	110	90	190	290	120	120	90	140	300	180	120	190	135
刘店 2	160	100	110	90	80	30	110	80	110	90	170	290	160	105	83	135	350	140	110	130	132
刘店 3	140	140	100	70	90	40	70	70	130	100	150	300	150	120	90	140	340	130	120	135	131
桂云花	120	130	130	80	50	30	20	70	110	110	140	280	130	80	60	90	230	130	100	110	110
大堡	130	130	—	50	40	30	20	60	110	80	150	290	90	80	30	100	300	80	70	120	103
全库	144	150	143	104	82	44	68	78	143	108	186	256	148	105	77	133	279	154	122	126	132

2.3.3　水温

调查期间碧流河水库水温的时空分布见表 2-5。从表 2-5 可知，碧流河水库平均水温为 17.1℃，极值为 0.5℃和 29.1℃。调查期间，水温变化范围比较：大堡＞桂云花＞刘店＞钟岭＞坝前。水库 2016 ～ 2019 年 6 ～ 9 月的平均温度较高，而 1 月、4 月的平均水温较低。

表 2-5　碧流河水库水温及其季节变化　　（单位：℃）

样站	2016年		2017年									2018年					2019年				平均
	10月	11月	1月	4月	5月	6月	7月	8月	9月	10月	11月	1月	4月	6月	8月	10月	1月	4月	6月	8月	
坝前1	16.4	9.6	4.6	8.5	16.3	24.8	25.4	26.9	21.6	16.2	10.2	2.6	7.5	21.5	23.8	17.2	—	10.8	22.4	27.2	16.5
坝前2表	14.4	10.5	6.8	8.2	16.4	23.5	25.2	26.6	21.0	15.7	10.6	1.4	7.4	22.2	24.3	16.4	22.2	11.6	22.5	27.5	16.7
坝前2中	14.3	10.0	6.9	8.2	16.8	23.3	25.4	25.6	22.8	15.5	10.5	1.4	7.4	20.6	23.9	16.5	20.6	10.7	21.7	27.1	16.5
坝前2底	14.2	11.0	6.9	8.4	15.4	21.7	25.4	24.1	22.9	15.8	10.5	0.7	6.9	20.7	24.1	16.4	20.7	9.7	21.1	26.2	16.1
坝前3	15.4	11.0	7.0	8.8	16.4	23.1	25.5	25.4	22.1	15.1	10.6	2.1	7.7	22.7	24.0	15.8	22.7	11.6	21.4	27.6	16.8
钟岭	15.8	10.9	6.9	11.0	16.9	24.8	26.4	26.6	22.3	14.3	10.4	1.0	10.1	21.8	24.2	15.7	21.8	12.3	22.0	28.2	17.2
刘店1	17.1	11.4	7.5	9.5	17.2	26.3	25.6	27.3	22.5	15.9	10.1	1.4	8.1	22.1	23.4	16.3	22.1	12.0	23.0	28.5	17.4
刘店2表	16.7	11.1	7.2	9.8	17.0	25.9	25.3	27.5	22.6	16.4	10.3	0.6	8.9	23.7	24.0	16.6	23.7	12.4	22.7	28.2	17.5
刘店2中	16.8	11.0	7.2	9.6	16.7	24.9	26.2	27.3	22.5	15.6	10.3	0.7	8.8	21.8	23.7	15.9	21.8	11.8	21.2	27.8	17.1
刘店2底	16.3	11.0	7.2	9.3	16.0	24.9	26.2	25.1	22.7	15.8	10.3	0.5	7.7	20.9	23.6	16.4	20.9	11.7	20.4	26.9	16.7
刘店3	17.0	11.4	7.4	10.7	16.8	25.1	26.0	27.8	22.5	16.1	10.2	2.7	8.7	22.7	24.4	16.2	22.7	12.2	22.2	28.7	17.6
桂云花	16.8	10.8	5.8	10.8	17.1	26.3	25.8	27.7	22.3	15.9	9.7	1.8	9.5	23.1	23.3	16.1	23.1	13.8	22.9	29.1	17.6
大堡	16.9	9.7	—	11.3	17.3	26.6	26.2	27.6	22.7	15.4	9.7	1.7	11.2	24.1	23.7	16.9	24.1	13.6	24.3	29.0	18.5
全库	16.0	10.7	6.8	9.5	16.6	24.7	25.7	26.6	22.3	15.7	10.3	1.4	8.5	22.1	23.9	16.3	22.2	11.9	22.1	27.8	17.1

2.3.4　pH

调查期间碧流河水库 pH 的时空分布见表 2-6。从表 2-6 可知，碧流河水库 pH 月均值为 8.09 ～ 8.45，总平均值为 8.33。水库整体呈弱碱性。

表 2-6　碧流河水库 pH 及其季节变化

样站	2016年		2017年									2018年					2019年				平均
	10月	11月	1月	4月	5月	6月	7月	8月	9月	10月	11月	1月	4月	6月	8月	10月	1月	4月	6月	8月	
坝前1	7.36	8.32	8.60	8.00	8.64	9.45	8.75	8.45	8.11	7.79	8.07	8.34	8.27	9.32	8.12	7.89	8.32	8.03	8.87	7.29	8.30
坝前2表	6.60	8.02	8.43	7.00	8.64	9.44	8.70	8.90	7.93	7.81	8.18	8.24	8.28	9.49	8.25	7.95	8.07	8.05	9.00	10.32	8.37
坝前2中	7.65	8.69	7.90	8.02	8.60	9.38	8.66	8.60	8.00	7.71	8.07	8.24	8.25	8.94	8.14	7.95	8.02	7.99	8.90	9.98	8.38
坝前2底	7.69	7.80	7.80	8.04	8.41	8.78	8.74	7.88	7.63	7.63	8.02	8.23	8.24	9.22	7.97	7.79	8.27	7.91	8.80	9.551	8.22
坝前3	7.94	7.90	7.60	8.10	8.55	9.43	8.83	8.40	7.59	7.64	8.19	8.41	8.31	9.53	8.19	7.94	8.20	8.04	8.67	9.85	8.37
钟岭	6.68	7.81	7.90	8.06	8.37	9.43	8.59	9.14	7.52	7.74	8.20	8.37	8.37	9.12	7.88	8.15	8.22	7.98	8.74	9.80	8.30
刘店1	6.81	8.94	8.20	8.13	8.55	9.38	8.76	9.07	7.86	7.78	8.17	8.16	8.36	9.36	7.88	7.80	7.92	8.10	8.57	9.96	8.39
刘店2表	7.64	8.25	7.82	8.13	8.49	9.41	8.59	9.19	7.84	7.70	8.12	7.95	8.35	9.31	8.02	7.83	8.41	8.05	8.56	10.1	8.39
刘店2中	7.75	8.07	7.63	8.05	8.48	9.41	8.75	9.10	7.96	7.76	8.07	8.01	8.44	9.23	8.04	7.78	8.20	8.09	8.49	9.64	8.35
刘店2底	7.80	7.89	7.80	8.00	8.44	9.41	8.77	7.65	7.72	7.82	8.04	7.85	8.37	8.96	7.81	7.82	7.96	8.05	8.41	7.23	8.09
刘店3	7.87	8.26	8.17	8.14	8.51	9.46	8.80	9.07	7.98	7.72	8.11	6.77	8.39	9.36	8.15	7.84	8.22	8.13	8.45	10.09	8.37
桂云花	8.04	9.24	8.20	8.08	8.21	9.36	8.28	8.76	7.86	7.97	8.22	7.83	8.41	9.22	7.84	7.89	7.00	8.29	8.36	10.51	8.38
大堡	8.22	8.97	—	8.12	8.65	9.29	8.34	8.52	7.88	7.94	8.19	7.77	8.35	9.17	7.74	8.02	8.29	8.20	8.68	10.23	8.45
全库	7.54	8.32	8.00	7.99	8.50	9.36	8.66	8.67	7.84	7.77	8.13	8.01	8.34	9.25	8.00	7.90	8.08	8.07	8.65	9.58	8.33

2.3.5 溶氧

调查期间碧流河水库溶氧量的时空分布见表 2-7。从表 2-7 可知，碧流河水库溶氧均值为 7.10 mg/L，月均值变化范围为 6.85 ～ 7.77 mg/L。2018 年 1 月溶氧最高，除 2019 年 1 月调查部分点位外，2018 年和 2019 年 8 月溶氧均较低。

表 2-7 碧流河水库溶氧及其季节变化 （单位：mg/L）

样站	2016 年		2017 年									2018 年					2019 年				平均
	10 月	11 月	1 月	4 月	5 月	6 月	7 月	8 月	9 月	10 月	11 月	1 月	4 月	6 月	8 月	10 月	1 月	4 月	6 月	8 月	
坝前 1	8.67	8.80	8.40	8.40	7.50	10.3	8.60	5.50	7.56	7.14	8.26	10.80	7.91	6.26	3.20	5.98	—	7.37	5.61	4.81	7.42
坝前 2 表	8.68	8.70	7.50	8.30	7.90	10.3	8.90	7.90	7.39	7.17	7.72	10.60	8.61	6.97	5.38	5.57	—	8.20	5.56	6.27	7.77
坝前 2 中	8.69	8.20	7.10	8.30	7.30	8.50	8.40	6.50	7.00	7.16	8.05	10.50	7.66	5.20	4.88	5.40	—	8.04	5.66	4.58	7.22
坝前 2 底	8.75	7.90	7.30	8.30	7.30	6.60	7.90	7.00	5.23	7.22	7.20	9.92	8.64	5.97	4.48	5.70	—	8.06	5.22	3.12	6.94
坝前 3	8.79	8.40	7.30	8.10	7.00	9.20	8.60	6.20	5.96	7.14	8.90	11.80	8.62	6.80	5.25	5.99	—	8.37	4.53	4.92	7.47
钟岭	8.88	8.30	6.90	7.80	7.40	9.10	6.40	7.00	5.60	7.93	9.20	10.40	7.33	5.65	4.34	5.95	—	7.34	3.22	6.02	7.09
刘店 1	8.88	7.10	8.20	7.60	6.90	9.60	9.10	6.80	6.71	7.12	9.37	10.20	7.81	6.56	5.07	5.98	0.70	7.80	5.95	4.72	7.11
刘店 2 表	8.88	6.40	8.60	8.30	6.70	10.0	8.10	7.60	7.14	7.24	8.27	10.40	8.04	6.33	4.54	4.67	2.00	8.08	5.69	5.91	7.14
刘店 2 中	8.88	6.50	8.90	8.60	7.00	8.60	8.30	7.20	7.09	7.24	9.19	10.10	8.14	6.03	5.04	5.50	3.30	8.15	5.46	3.78	7.15
刘店 2 底	8.93	6.80	8.10	8.40	7.30	8.30	8.10	7.40	5.98	7.24	7.81	9.98	8.06	5.59	4.00	5.94	3.60	8.06	5.39	2.02	6.85
刘店 3	8.84	7.60	9.30	8.30	6.60	10.70	8.10	7.70	7.09	7.42	7.96	10.60	6.82	6.75	5.69	6.22	2.00	8.38	5.35	5.41	7.34
桂云花	9.45	7.40	10.30	8.40	6.40	10.0	9.50	7.10	7.02	8.22	8.12	10.50	7.77	6.19	5.36	6.36	0.70	7.60	5.37	6.77	7.43
大堡	9.82	7.00	—	7.70	6.40	8.30	8.90	5.80	6.95	8.42	7.85	10.50	6.34	6.79	5.07	6.46	0.20	7.63	6.59	5.78	6.97
全库	8.93	7.62	8.16	8.19	7.05	9.19	8.38	6.90	6.67	7.44	8.30	10.50	7.83	6.24	4.79	5.82	1.79	7.93	5.35	4.93	7.10

2.3.6 总硬度

调查期间碧流河水库总硬度的时空分布见表 2-8。从表 2-8 可知，碧流河水库总硬度均值为 1.94 mmol/L。调查期间，总硬度变化范围比较：大堡＞钟岭＞刘店＞坝前＞桂云花。水库 2017 年 10 月总硬度均值较高，2019 年 6 月和 8 月较低。

表 2-8 碧流河水库样站总硬度及其季节变化 （单位：mmol/L）

样站	2016 年		2017 年									2018 年					2019 年				平均
	10 月	11 月	1 月	4 月	5 月	6 月	7 月	8 月	9 月	10 月	11 月	1 月	4 月	6 月	8 月	10 月	1 月	4 月	6 月	8 月	
坝前 1	1.80	1.88	1.66	2.28	2.04	2.00	2.20	1.92	1.96	2.80	2.40	2.60	2.68	2.60	2.68	2.17	1.06	1.03	0.81	0.12	1.93
坝前 2 表	1.68	2.08	1.66	1.84	2.00	1.72	2.40	1.68	2.08	2.60	2.36	2.52	2.72	2.52	2.72	2.10	1.10	1.04	0.84	0.11	1.89
坝前 2 中	2.04	1.80	1.66	2.24	1.96	2.04	2.20	1.68	2.16	2.64	2.28	2.56	2.52	2.56	2.52	2.14	1.06	0.98	0.89	0.09	1.90

续表

样站	2016年		2017年									2018年					2019年				平均
	10月	11月	1月	4月	5月	6月	7月	8月	9月	10月	11月	1月	4月	6月	8月	10月	1月	4月	6月	8月	
坝前2底	1.64	1.84	1.73	2.08	2.16	2.40	2.24	1.64	2.16	3.80	2.12	2.52	2.68	2.52	2.68	2.23	1.03	0.99	0.92	0.09	1.97
坝前3	1.80	1.76	1.73	2.04	1.88	1.84	2.28	1.72	2.00	2.84	2.60	2.64	2.52	2.64	2.52	2.13	1.02	1.04	0.91	0.08	1.90
钟岭	2.04	1.80	1.69	2.04	2.12	2.00	2.36	1.88	2.52	2.56	2.52	2.96	2.52	2.96	2.52	2.23	1.03	1.01	0.84	0.11	1.99
刘店1	2.00	1.80	1.80	2.20	2.12	1.68	2.24	1.72	2.16	3.28	2.84	2.64	2.48	2.64	2.48	2.23	1.06	1.05	0.89	0.11	1.97
刘店2表	1.88	2.00	1.80	2.08	2.12	1.60	2.36	1.60	2.12	2.72	2.84	2.48	2.60	2.48	2.6	2.17	1.05	1.02	0.85	0.12	1.92
刘店2中	1.88	1.80	1.62	2.28	2.08	1.76	2.32	1.84	2.32	2.60	2.96	2.84	2.56	2.84	2.56	2.22	1.05	1.09	0.84	0.12	1.98
刘店2底	1.92	1.88	1.62	1.88	2.20	1.88	2.28	1.60	2.36	3.04	2.48	2.76	2.56	2.76	2.56	2.19	1.06	1.05	0.88	0.10	1.95
刘店3	1.76	1.88	1.62	2.12	2.12	1.80	2.32	1.68	2.44	2.96	1.92	2.56	2.40	2.56	2.40	2.12	1.05	1.02	0.94	0.10	1.89
桂云花	1.80	1.68	1.69	2.00	2.12	1.80	2.44	1.64	2.16	3.20	2.40	2.44	2.48	2.44	2.48	2.14	1.06	1.05	0.97	0.09	1.90
大堡	1.80	1.96	—	2.08	2.24	1.84	2.20	1.72	2.64	3.48	3.04	2.68	2.96	2.68	2.96	2.39	1.12	1.00	0.88	0.12	2.09
全库	1.85	1.86	1.69	2.09	2.09	1.87	2.30	1.72	2.24	2.96	2.52	2.63	2.59	2.63	2.59	2.19	1.06	1.03	0.88	0.10	1.94

2.3.7 总碱度

调查期间碧流河水库总碱度的时空分布见表 2-9。从表 2-9 可知，碧流河水库总碱度均值为 1.38 mmol/L。调查期间，总碱度变化范围比较：桂云花＞坝前＞大堡＞刘店＞钟岭。时间上无明显变化趋势，最高值为 3.72 mmol/L，最低值为 0.82 mmol/L。

表 2-9　碧流河水库总碱度及其季节变化　（单位：mmol/L）

样站	2016年		2017年									2018年					2019年				平均
	10月	11月	1月	4月	5月	6月	7月	8月	9月	10月	11月	1月	4月	6月	8月	10月	1月	4月	6月	8月	
坝前1	1.32	1.16	1.44	1.40	1.52	1.40	1.56	1.32	1.16	1.27	1.28	1.48	1.56	1.15	1.19	1.22	1.38	2.14	1.38	2.81	1.46
坝前2表	1.32	1.24	1.36	1.30	1.56	1.08	1.44	1.40	0.88	1.27	1.24	1.80	1.48	1.23	1.15	1.28	1.50	1.38	1.28	2.09	1.36
坝前2中	1.32	1.24	1.40	1.40	1.48	1.44	1.44	1.36	1.28	1.26	1.24	1.68	1.36	1.31	1.23	1.28	1.48	1.38	1.63	2.09	1.42
坝前2底	1.32	1.24	1.44	1.30	1.44	1.40	1.52	0.84	1.24	1.26	1.32	1.60	1.40	1.27	1.08	1.22	1.43	1.79	1.68	2.75	1.43
坝前3	1.16	1.20	1.36	1.20	1.44	1.20	1.32	1.48	1.24	1.26	1.32	1.56	1.36	1.34	1.11	1.28	1.43	1.17	1.27	2.19	1.34
钟岭	1.24	1.28	1.36	1.70	1.76	1.00	1.20	1.20	1.32	1.24	1.24	1.48	1.28	1.34	1.08	1.38	1.22	1.58	1.28	1.84	1.35
刘店1	1.24	1.32	1.36	1.20	1.44	1.04	1.40	1.24	1.28	1.27	1.20	1.68	1.32	1.19	1.00	1.33	1.43	1.22	1.63	2.55	1.37
刘店2表	1.28	1.20	1.36	1.30	1.72	0.96	1.52	1.16	1.24	1.30	1.36	1.56	1.40	1.19	1.11	1.33	1.22	1.07	1.63	1.84	1.34
刘店2中	1.16	1.08	1.36	1.30	1.40	0.96	1.64	1.04	1.20	1.27	1.16	1.56	1.36	1.31	1.04	1.43	1.43	1.43	1.84	2.24	1.36
刘店2底	1.20	1.16	1.28	1.30	1.32	0.92	1.44	1.12	1.28	1.26	1.44	1.40	1.32	1.27	1.00	1.38	1.33	1.43	1.79	2.30	1.35
刘店3	1.20	1.16	1.36	1.20	1.48	1.04	1.64	1.08	1.24	1.30	0.96	1.56	1.36	1.15	1.11	1.28	1.89	1.48	1.63	1.99	1.36
桂云花	1.20	1.24	1.36	1.20	1.44	1.24	1.40	1.00	1.40	1.28	1.20	1.48	1.40	1.38	0.88	1.28	0.82	1.53	1.68	3.72	1.41
大堡	1.24	1.20	—	1.40	1.36	1.04	1.52	1.36	1.40	1.30	1.24	1.44	1.36	1.31	0.92	1.33	1.12	1.58	1.70	2.09	1.36
全库	1.25	1.21	1.37	1.32	1.49	1.13	1.46	1.20	1.24	1.27	1.25	1.56	1.38	1.26	1.07	1.31	1.36	1.48	1.57	2.35	1.38

2.3.8 主要离子和总含盐量

2.3.8.1 含盐量（离子总量）

调查期间碧流河水库总含盐量的时空分布见表 2-10。从表 2-10 可知，碧流河水库总含盐量均值为 241.5 mg/L，月均值变化范围为 179.5 ～ 308.6 mg/L。调查期间，总含盐量变化范围比较：桂云花＞大堡＞刘店＞坝前＞钟岭。时间上无明显变化趋势，最高值为 360.7 mg/L，最低值为 152.5 mg/L。

2.3.8.2 主要离子

调查期间碧流河水库主要离子含量的时空分布见表 2-11 ～表 2-17。碧流河水库 K^+、Na^+、Ca^{2+}、Mg^{2+}、Cl^-、SO_4^{2-}、HCO_3^- 均值分别为 25.7 mg/L、25.19 mg/L、21.33 mg/L、11.67 mg/L、21.84 mg/L、51.81 mg/L、84.01 mg/L。

碧流河水库主要离子组成情况见表 2-18。从表 2-18 可知，碧流河水库主要阳离子中 $Na^+ > K^+ > Ca^{2+} > Mg^{2+}$，主要阴离子中 $HCO_3^- > Cl^- > SO_4^{2-} > CO_3^{2-}$。离子关系中 $1/2\ Ca^{2+}+1/2\ Mg^{2+} < HCO_3^-+1/2\ CO_3^{2-} < HCO_3^-+1/2\ CO_3^{2-}+1/2\ SO_4^{2-}$，属于阿列金分类法中的碳酸盐钠组 I 型水。

2.3.8.3 离子系数

调查期间碧流河水库离子系数的时空分布见表 2-19。从表 2-19 中可知，碧流河水库离子系数 [K+Na]/[Ca+Mg] 平均值为 1.66，极值为 0.59 和 3.66，其没有明显的变化规律。

2.3.9 氮、磷营养物质

2.3.9.1 总氮

调查期间碧流河水库总氮（TN）含量情况见表 2-20。从表 2-20 可知，碧流河水库 TN 含量平均为 1.44 mg/L，极值为 0.08 mg/L 和 6.65 mg/L。TN 含量在时间上无明显的变化规律，变化范围比较：坝前＞刘店＞钟岭＞桂云花＞大堡。

2.3.9.2 总磷

调查期间碧流河水库总磷（TP）含量情况见表 2-21。从表 2-21 可知，碧流河水库 TP 含量平均为 0.07 mg/L，极值为 0.02 mg/L 和 1.51 mg/L。TP 含量在 2018 年和 2019 年 4 月含量变化较低，其余月份含量较高，变化范围比较：坝前＞大堡＞桂云花＞钟岭＞刘店。

表 2-10　碧流河水库总含盐量及其季节变化

（单位：mg/L）

样站	2016 年		2017 年									2018 年					2019 年				平均
	10 月	11 月	1 月	4 月	5 月	6 月	7 月	8 月	9 月	10 月	11 月	1 月	4 月	6 月	8 月	10 月	1 月	4 月	6 月	8 月	
坝前 1	318.3	260.6	286.1	263.0	257.4	266.4	214.1	236.6	234.3	240.9	230.4	240.3	290.6	219.8	190.2	182.4	208.0	281.9	259.1	304.5	249.2
坝前 2 表	270.2	262.3	228.0	245.8	275.3	282.0	208.6	253.1	218.6	225.2	218.3	300.7	268.8	202.2	186.2	174.1	220.9	220.2	234.0	243.8	236.9
坝前 2 中	257.5	236.2	273.4	266.0	269.0	248.5	211.8	233.4	245.1	241.6	219.7	271.0	259.1	212.1	181.7	177.8	223.2	204.8	262.4	230.9	236.3
坝前 2 底	259.4	301.7	241.1	253.4	264.3	309.2	245.8	170.5	222.4	236.9	218.1	249.8	271.0	208.4	182.2	178.7	208.4	230.5	294.5	303.5	242.5
坝前 3	250.8	274.2	239.7	252.0	270.2	360.7	189.6	242.4	242.2	226.9	231.4	257.2	279.2	218.7	184.0	181.6	215.7	173.6	287.6	254.5	241.6
钟岭	254.0	281.1	220.5	289.7	299.2	302.0	193.0	223.4	258.9	224.5	221.3	254.4	261.4	227.4	179.0	198.6	209.4	237.4	226.3	234.1	239.8
刘店 1	246.7	279.0	232.1	252.9	269.6	308.2	205.8	216.2	248.8	228.4	219.1	284.9	261.0	213.3	180.1	179.1	225.6	192.5	264.5	296.0	240.2
刘店 2 表	228.3	266.6	221.3	277.2	293.5	311.2	213.9	229.7	248.5	236.9	232.9	255.0	272.4	211.8	188.6	187.9	191.8	195.9	262.4	224.2	237.5
刘店 2 中	238.8	249.3	242.4	245.8	263.0	352.3	229.8	235.4	255.6	209.0	230.7	239.4	270.0	223.9	176.1	198.0	213.4	219.9	281.2	269.7	242.2
刘店 2 底	220.5	257.2	229.7	245.7	257.3	276.0	218.7	229.7	269.5	230.7	244.4	230.2	260.4	224.8	172.8	196.3	191.3	255.9	263.6	274.2	237.4
刘店 3	233.9	269.5	220.2	241.8	275.2	314.7	248.1	258.4	237.6	236.1	180.0	245.9	289.6	215.7	193.2	188.2	243.4	231.3	281.1	235.8	242.0
桂云花	250.8	265.5	223.5	240.8	277.2	324.1	248.5	234.8	253.4	231.8	216.4	254.5	269.3	231.6	152.5	181.3	165.2	237.0	271.4	397.0	246.3
大堡	279.4	277.1	—	262.2	246.7	356.0	251.7	298.0	249.7	234.9	218.1	232.1	274.1	219.3	166.8	183.8	174.2	257.6	279.2	253.5	248.1
全库	254.5	267.7	238.2	256.6	270.6	308.6	221.5	235.5	245.0	231.1	221.6	255.0	271.3	217.6	179.5	185.2	207.0	226.0	266.7	270.9	241.5

表 2-11 碧流河水库 K^+ 含量及其季节变化

（单位：mg/L）

样站	2016年		2017年									2018年					2019年				平均
	10月	11月	1月	4月	5月	6月	7月	8月	9月	10月	11月	1月	4月	6月	8月	10月	1月	4月	6月	8月	
坝前 1	11.6	11.6	14.4	15.7	6.17	22.6	28.0	22.6	25.3	23.9	22.6	13.0	2.9	30.3	26.2	22.0	13.7	19.5	26.3	18.1	18.8
坝前 2 表	14.4	17.1	3.44	14.4	11.6	18.5	36.2	34.9	28.0	26.7	25.3	19.8	7.3	24.8	27.6	12.3	16.5	18.1	27.7	20.9	20.3
坝前 2 中	19.8	19.9	4.8	11.6	15.7	30.8	40.3	36.2	33.5	30.8	30.8	23.9	10.2	34.5	10.9	2.6	22.0	29.1	33.2	22.2	23.1
坝前 2 底	6.2	8.9	11.6	15.7	14.4	33.5	44.4	34.9	19.8	32.1	17.1	37.6	13.2	22.0	13.7	10.9	35.9	34.5	29.1	20.9	22.8
坝前 3	30.8	32.1	4.8	14.4	25.3	39.0	34.9	39.0	51.3	29.4	48.5	30.8	11.7	26.2	15.1	8.1	31.7	25.0	24.9	18.8	27.1
钟岭	21.2	19.8	7.54	13.0	22.6	34.9	47.2	41.7	34.9	32.1	32.1	32.1	17.5	40.1	23.4	9.5	33.1	35.9	31.8	22.2	27.6
刘店 1	22.6	23.9	14.4	21.2	26.7	40.3	28.0	44.4	44.4	22.6	41.7	26.7	7.29	40.1	28.9	8.3	28.9	33.2	30.5	20.2	27.7
刘店 2 表	21.2	21.2	11.6	17.1	21.2	44.4	47.2	37.6	25.3	33.5	22.6	37.6	14.6	38.7	27.6	10.8	37.3	30.4	29.1	19.5	27.4
刘店 2 中	17.1	18.5	17.1	18.5	23.9	37.6	47.2	33.5	26.7	32.1	23.9	36.2	8.76	42.8	24.8	13.4	35.9	28.9	27.7	24.8	27.0
刘店 2 底	11.6	13.0	15.7	22.6	26.7	30.8	51.3	44.4	32.1	40.3	29.4	22.6	13.2	49.8	20.6	17.1	23.4	25.0	29.1	20.9	27.0
刘店 3	13.0	10.3	13.0	19.8	21.2	36.2	48.5	43.1	30.8	33.5	28.0	34.9	13.2	47.0	22.0	16.5	35.9	34.5	27.7	22.2	27.6
桂云花	17.1	18.5	8.9	21.2	19.8	43.1	45.8	28.0	36.2	29.4	33.5	32.1	16.1	51.2	31.7	19.2	31.7	40.0	30.5	22.2	28.8
大堡	22.6	21.2	—	17.1	21.2	40.3	43.1	39.0	39.0	36.2	36.2	34.9	10.2	37.3	27.6	12.3	34.5	37.3	27.7	20.9	29.4
全库	17.6	18.2	10.6	17.1	19.7	34.8	41.7	36.9	32.9	30.9	30.1	29.4	11.2	37.3	23.1	12.5	29.3	30.1	28.9	21.1	25.7

表 2-12　碧流河水库样站 Na^+ 含量及其季节变化

（单位：mg/L）

样站	2016 年		2017 年									2018 年					2019 年				平均
	10 月	11 月	1 月	4 月	5 月	6 月	7 月	8 月	9 月	10 月	11 月	1 月	4 月	6 月	8 月	10 月	1 月	4 月	6 月	8 月	
坝前 1	50.64	35.54	41.89	33.89	41.71	30.95	23.20	28.75	20.90	14.36	22.21	32.12	47.36	20.05	17.29	15.65	29.18	46.55	45.30	54.01	32.58
坝前 2 表	35.56	32.09	36.77	34.16	43.35	41.49	14.35	24.89	12.26	12.13	15.18	46.64	35.88	13.04	15.85	22.91	28.66	30.70	34.23	36.21	28.32
坝前 2 中	28.43	19.93	42.75	37.53	40.16	19.61	12.48	22.28	16.59	10.86	14.98	32.09	31.82	9.85	25.89	29.74	25.43	16.57	41.08	33.81	25.59
坝前 2 底	44.57	53.91	35.51	34.50	36.76	23.74	18.67	8.03	23.02	2.42	23.64	19.30	32.70	16.17	22.89	26.02	14.16	18.66	54.53	51.93	28.06
坝前 3	20.58	26.81	39.03	32.59	32.29	31.28	11.98	22.02	5.41	9.01	2.58	24.46	34.94	16.61	24.86	29.06	17.73	14.76	64.64	44.31	25.25
钟岭	25.60	38.55	34.07	44.05	41.47	32.11	3.28	12.63	16.43	9.30	11.72	19.44	26.79	9.19	18.83	32.20	16.21	23.22	28.16	32.38	23.78
刘店 1	25.59	34.88	30.35	27.72	29.34	24.91	21.77	11.53	9.67	11.21	0.97	30.22	34.92	4.32	15.74	27.93	18.01	12.32	36.50	48.25	22.81
刘店 2 表	24.45	31.82	31.88	40.45	39.76	16.20	8.58	18.53	22.45	8.87	17.67	20.90	31.99	4.12	17.72	26.03	8.70	15.94	41.62	30.69	22.92
刘店 2 中	27.89	29.87	31.77	27.43	28.66	25.99	11.61	19.25	21.03	6.76	14.44	13.57	34.02	3.15	15.79	28.73	15.57	19.26	47.37	40.02	23.11
刘店 2 底	29.19	34.81	29.20	26.90	24.40	21.61	6.77	13.47	20.53	1.38	18.02	23.65	30.36	0.81	18.82	26.17	18.49	38.88	37.46	43.21	23.21
刘店 3	32.71	41.61	31.04	25.47	33.94	27.20	12.88	16.77	15.90	7.06	8.09	20.06	40.15	1.78	23.36	22.16	23.68	20.98	50.34	30.30	24.27
桂云花	30.72	35.54	33.50	28.77	34.93	21.41	10.88	22.01	16.49	7.31	10.04	26.82	29.46	0.53	6.74	19.42	5.85	22.77	44.36	79.63	24.36
大堡	31.79	34.57	—	33.28	27.46	30.18	15.25	28.18	10.65	1.91	3.73	17.52	32.88	6.48	13.54	25.51	7.79	31.55	48.62	39.59	23.18
全库	31.36	34.61	34.81	32.83	34.94	26.67	13.21	19.10	16.26	7.89	12.56	25.14	34.10	8.16	18.26	25.50	17.65	24.01	44.17	43.41	25.19

表 2-13　碧流河水库样站 Ca^{2+} 含量及其季节变化　（单位：mg/L）

样站	2016 年		2017 年									2018 年					2019 年				平均
	10 月	11 月	1 月	4 月	5 月	6 月	7 月	8 月	9 月	10 月	11 月	1 月	4 月	6 月	8 月	10 月	1 月	4 月	6 月	8 月	
坝前 1	4.81	5.61	5.77	5.93	5.77	7.21	29.66	22.44	31.26	32.06	41.68	33.67	32.87	30.46	20.04	20.04	20.84	24.05	23.25	18.44	20.79
坝前 2 表	4.81	5.61	5.05	5.61	5.77	5.77	32.06	23.25	36.87	36.07	40.08	37.68	39.28	28.06	20.84	23.25	22.44	24.85	24.05	19.24	22.03
坝前 2 中	4.81	5.61	5.05	6.09	5.77	6.25	31.26	24.05	41.68	32.87	34.47	32.06	35.27	27.25	20.84	21.64	22.44	24.05	22.44	20.04	21.20
坝前 2 底	4.81	5.61	5.77	6.73	6.41	5.93	30.46	22.44	32.87	30.46	36.07	33.67	34.47	27.25	21.64	20.84	21.64	23.25	22.44	20.84	20.68
坝前 3	4.81	4.81	5.77	5.77	6.41	6.09	28.06	23.25	31.26	32.87	36.07	34.47	35.27	25.65	22.44	20.84	23.25	23.25	24.05	20.84	20.76
钟岭	4.81	4.81	5.77	5.45	6.25	5.77	28.86	28.06	39.28	29.66	36.07	39.28	35.27	25.65	20.84	21.64	21.64	23.25	23.25	19.24	21.24
刘店 1	5.61	4.81	4.33	5.61	6.41	5.45	28.06	21.64	38.48	33.67	35.27	36.07	36.87	34.47	21.64	21.64	22.44	24.05	24.05	20.04	21.53
刘店 2 表	4.81	5.61	4.33	6.25	6.09	4.97	28.86	17.64	36.87	32.87	36.87	35.27	33.67	28.86	21.64	21.64	21.64	24.05	23.25	19.24	20.72
刘店 2 中	4.81	5.61	5.77	5.29	5.93	4.81	32.06	22.44	35.27	36.87	36.07	34.47	37.68	29.66	22.44	22.44	23.25	24.05	24.85	19.24	21.65
刘店 2 底	5.61	4.81	5.77	5.77	6.41	5.45	30.46	21.64	32.06	34.47	36.87	36.87	32.06	31.26	21.64	21.64	23.25	24.05	24.05	20.04	21.21
刘店 3	4.81	5.61	5.77	5.45	6.89	5.29	28.06	22.44	33.67	36.07	32.87	38.48	35.27	25.65	21.64	23.25	24.85	24.05	23.25	21.64	21.25
桂云花	4.81	6.41	6.49	5.61	6.73	5.29	30.46	20.84	40.08	37.68	36.87	33.67	37.68	28.86	20.04	24.05	23.25	24.05	24.05	22.44	21.97
大堡	5.61	6.41	—	5.77	7.37	5.29	28.06	23.25	48.10	39.28	32.06	39.28	36.87	27.25	20.04	23.25	22.44	25.65	23.25	20.04	23.12
全库	4.99	5.49	5.47	5.79	6.32	5.66	29.72	22.57	36.75	34.22	36.26	35.77	35.58	28.49	21.21	22.01	22.57	24.05	23.55	20.10	21.33

表 2-14 碧流河水库样站 Mg^{2+} 含量及其季节变化

（单位：mg/L）

样站	2016 年		2017 年									2018 年					2019 年				平均
	10 月	11 月	1 月	4 月	5 月	6 月	7 月	8 月	9 月	10 月	11 月	1 月	4 月	6 月	8 月	10 月	1 月	4 月	6 月	8 月	
坝前 1	18.97	19.46	16.63	24.13	21.30	19.94	8.76	9.73	4.86	14.59	3.89	11.19	12.65	10.70	6.81	9.73	7.30	7.30	5.35	7.78	12.05
坝前 2 表	17.51	21.89	17.07	18.97	20.82	17.41	9.73	6.32	2.92	9.73	4.38	7.78	9.24	11.67	7.30	3.40	8.27	4.86	5.35	6.81	10.57
坝前 2 中	21.89	18.48	17.07	23.54	20.33	21.01	7.78	5.84	0.97	12.16	6.81	11.67	9.24	9.73	5.84	4.86	7.30	5.35	6.32	4.86	11.05
坝前 2 底	17.02	18.97	17.51	21.21	22.37	25.58	8.76	6.32	6.32	27.72	3.89	10.21	11.67	11.67	6.32	4.86	7.30	6.32	5.84	4.86	12.24
坝前 3	18.97	18.48	17.51	21.30	18.97	18.68	10.70	6.81	5.35	14.59	9.73	11.19	9.24	15.08	5.35	4.38	6.81	4.86	5.35	4.38	11.39
钟岭	21.89	18.97	17.07	21.50	21.99	20.82	11.19	5.84	6.81	13.13	8.76	12.16	9.24	15.08	5.84	6.81	7.78	5.35	5.35	7.30	12.14
刘店 1	20.92	18.97	19.26	23.35	21.89	17.12	10.21	7.78	2.92	19.46	13.13	10.21	7.78	7.78	5.35	4.86	6.81	5.84	6.32	7.30	11.86
刘店 2 表	19.94	20.92	19.26	21.50	22.08	16.44	11.19	8.76	3.40	13.13	12.16	8.76	11.19	11.67	5.35	6.32	6.32	6.32	5.84	7.78	11.92
刘店 2 中	19.94	18.48	16.20	24.51	21.69	18.48	8.76	8.76	6.81	9.24	14.11	13.62	8.27	13.62	6.32	5.84	6.32	6.32	4.38	7.78	11.97
刘店 2 底	19.94	19.94	16.20	19.36	22.86	19.55	9.24	6.32	9.24	16.05	7.78	11.19	11.67	8.76	5.35	6.81	6.81	6.32	5.35	6.32	11.75
刘店 3	18.48	19.46	16.20	22.47	21.60	18.68	11.19	6.81	9.24	14.11	3.40	7.78	7.78	11.19	5.84	5.35	6.32	6.32	5.35	6.32	11.19
桂云花	18.97	16.54	16.63	20.92	21.69	18.68	11.19	7.30	1.95	16.05	6.81	9.24	7.30	14.59	4.38	4.38	7.30	6.32	4.38	5.35	11.00
大堡	18.48	19.94	—	21.79	22.76	19.16	11.67	6.81	2.92	18.48	17.51	8.76	13.62	16.54	4.86	5.35	6.32	4.86	5.84	7.30	12.26
全库	19.46	19.27	17.22	21.89	21.57	19.35	10.03	7.18	4.90	15.27	8.64	10.29	9.92	12.16	5.76	5.61	7.00	5.87	5.46	6.47	11.67

表 2-15　碧流河水库样站 Cl^- 含量及其季节变化　（单位：mg/L）

样站	2016 年		2017 年									2018 年					2019 年				平均
	10 月	11 月	1 月	4 月	5 月	6 月	7 月	8 月	9 月	10 月	11 月	1 月	4 月	6 月	8 月	10 月	1 月	4 月	6 月	8 月	
坝前 1	36.49	23.49	23.49	24.49	21.49	23.49	24.49	26.49	24.49	11.30	23.49	25.49	31.49	32.99	16.49	11.50	16.49	24.99	49.98	12.00	24.23
坝前 2 表	17.49	23.49	13.50	23.49	26.49	21.49	24.49	25.49	19.49	11.40	15.50	41.49	21.49	16.99	18.49	9.50	15.50	24.99	39.99	12.00	21.14
坝前 2 中	17.49	3.50	16.49	25.49	28.49	22.49	22.49	27.49	20.49	11.10	20.49	26.49	19.49	16.49	14.50	10.50	14.50	15.00	42.49	9.00	19.22
坝前 2 底	27.49	46.49	17.49	26.49	24.49	25.49	31.49	24.49	20.49	11.60	16.49	24.49	23.49	17.49	17.49	14.50	13.50	10.00	54.98	12.00	23.02
坝前 3	18.49	26.49	18.49	21.49	24.49	21.49	23.49	25.49	18.49	11.30	17.49	27.49	23.49	20.49	21.49	14.50	14.50	15.00	77.48	16.99	22.93
钟岭	16.49	31.49	15.50	23.49	27.49	23.49	25.49	24.49	21.49	12.50	18.49	26.49	20.49	21.49	21.49	19.49	20.49	22.49	34.99	16.00	22.19
刘店 1	19.49	28.49	15.50	23.49	23.49	22.49	28.49	23.49	18.49	12.30	14.50	24.49	22.49	18.49	24.49	12.50	8.50	17.49	34.99	14.00	20.38
刘店 2 表	16.49	27.49	17.49	35.49	24.49	27.49	22.49	26.49	20.49	11.30	16.49	27.49	22.49	17.49	21.49	11.50	12.50	24.99	39.99	12.00	21.81
刘店 2 中	19.49	24.49	17.49	19.49	20.49	21.49	21.49	28.49	21.49	11.10	19.49	18.49	20.49	17.49	20.49	15.50	15.50	17.49	39.99	16.00	20.32
刘店 2 底	18.49	24.49	15.50	18.49	20.49	21.49	24.49	26.49	22.49	11.90	16.49	27.49	21.49	18.49	21.49	17.49	13.50	39.99	29.99	15.00	21.29
刘店 3	22.49	32.49	15.50	19.49	23.49	25.49	21.49	27.49	20.49	11.30	14.50	25.49	32.49	20.49	25.49	12.50	13.50	22.49	49.98	9.00	22.28
桂云花	20.49	26.49	15.50	20.49	24.49	26.49	22.49	25.49	17.49	11.20	17.49	34.49	18.49	18.49	16.49	11.50	19.49	27.49	42.49	20.99	21.90
大堡	22.49	30.49	—	22.49	21.49	28.49	22.49	29.49	19.49	11.70	14.50	28.49	24.49	18.49	21.49	13.50	14.50	34.99	44.99	16.99	23.21
全库	21.03	26.88	16.83	23.42	23.95	23.95	24.26	26.26	20.42	11.54	17.34	27.57	23.26	19.64	20.11	13.42	14.81	22.88	44.79	14.00	21.84

表 2-16　碧流河水库样站 SO_4^{2-} 含量及其季节变化

（单位：mg/L）

样站	2016 年		2017 年									2018 年					2019 年				平均
	10 月	11 月	1 月	4 月	5 月	6 月	7 月	8 月	9 月	10 月	11 月	1 月	4 月	6 月	8 月	10 月	1 月	4 月	6 月	8 月	
坝前 1	115.30	94.14	96.06	75.89	68.20	76.85	4.80	46.11	56.68	67.24	38.42	34.58	68.20	24.98	30.74	28.82	36.50	28.82	24.98	23.05	52.02
坝前 2 表	99.90	86.45	69.16	71.08	72.05	111.40	3.84	52.83	65.32	51.87	42.27	37.46	65.32	32.66	25.94	24.98	39.38	32.66	24.98	21.13	51.53
坝前 2 中	84.53	93.18	101.80	78.77	68.20	60.52	9.61	34.58	53.79	67.24	36.50	42.27	70.12	34.58	28.82	30.74	41.31	30.74	17.29	13.45	49.90
坝前 2 底	78.77	92.22	65.32	68.20	72.05	109.50	19.20	23.05	44.19	55.71	40.35	26.90	70.12	36.50	34.58	26.90	28.82	28.82	24.98	24.98	48.56
坝前 3	86.45	92.22	71.08	78.38	74.93	171.00	0.00	35.54	54.75	52.83	36.50	33.62	81.65	32.66	26.90	26.90	34.58	19.21	13.45	15.37	51.90
钟岭	88.38	89.34	57.64	79.73	72.05	123.90	3.84	37.46	59.56	51.87	38.42	34.58	73.97	33.62	23.05	24.98	35.54	30.74	24.98	24.98	50.43
刘店 1	76.85	87.41	65.32	75.89	73.97	134.50	3.84	31.70	56.68	51.87	40.35	54.75	71.08	35.54	23.05	23.05	53.79	24.98	32.66	30.74	52.40
刘店 2 表	63.40	86.45	53.79	75.89	74.93	143.10	2.88	49.95	64.36	57.64	44.19	29.78	73.01	38.42	26.90	30.74	30.74	28.82	23.05	23.05	51.05
刘店 2 中	78.77	86.45	71.08	70.12	76.85	185.40	8.65	59.56	71.08	35.54	51.87	27.86	77.81	37.46	23.05	24.98	29.78	36.50	24.98	24.98	55.14
刘店 2 底	62.44	89.34	69.16	72.05	75.89	121.00	8.65	48.99	74.93	49.95	48.03	23.05	71.08	38.42	24.02	23.05	24.98	34.58	28.82	28.82	50.86
刘店 3	69.16	89.34	55.71	75.89	77.81	138.30	25.90	75.89	51.87	54.75	34.58	24.02	77.81	39.38	26.90	30.74	24.02	32.66	24.98	24.98	52.73
桂云花	85.49	86.45	59.56	68.20	81.65	133.50	42.30	70.12	55.71	51.87	38.42	27.86	74.93	33.62	19.21	24.98	27.86	23.05	23.05	19.21	52.35
大堡	102.80	91.26	—	78.77	63.40	169.10	38.40	88.38	44.19	48.03	38.42	15.37	73.01	33.62	23.05	23.05	20.17	26.90	23.05	21.13	53.79
全库	84.02	89.56	69.64	74.53	73.23	129.08	13.22	50.32	57.93	53.57	40.64	31.70	72.93	34.73	25.86	26.45	32.88	29.11	23.94	22.76	51.81

表 2-17　碧流河水库样站 HCO_3^- 含量及其季节变化　（单位：mg/L）

样站	2016 年		2017 年									2018 年					2019 年				平均
	10 月	11 月	1 月	4 月	5 月	6 月	7 月	8 月	9 月	10 月	11 月	1 月	4 月	6 月	8 月	10 月	1 月	4 月	6 月	8 月	
坝前 1	80.52	70.76	87.84	82.96	92.72	85.40	95.16	80.52	70.76	77.35	78.08	90.28	95.16	70.15	72.59	74.42	84.18	130.54	84.18	171.41	88.75
坝前 2 表	80.52	75.64	82.96	78.08	95.16	65.88	87.84	85.40	53.68	77.35	75.64	109.80	90.28	75.03	70.15	78.08	90.28	84.18	78.08	127.49	83.08
坝前 2 中	80.52	75.64	85.40	82.96	90.28	87.84	87.84	82.96	78.08	76.62	75.64	102.48	82.96	79.91	75.03	78.08	90.28	84.18	99.43	127.49	86.18
坝前 2 底	80.52	75.64	87.84	80.52	87.84	85.40	92.72	51.24	75.64	76.86	80.52	97.60	85.40	77.47	65.88	74.42	87.23	109.19	102.48	167.75	87.11
坝前 3	70.76	73.20	82.96	78.08	87.84	73.20	80.52	90.28	75.64	76.86	80.52	95.16	82.96	81.74	67.71	78.08	87.23	71.37	78.08	133.59	82.29
钟岭	75.64	78.08	82.96	102.48	107.36	61.00	73.20	73.20	80.52	75.88	75.64	90.28	78.08	81.74	65.88	84.18	74.42	96.38	78.08	112.24	82.36
刘店 1	75.64	80.52	82.96	75.64	87.84	63.44	85.40	75.64	78.08	77.35	73.20	102.48	80.52	72.59	61.00	81.13	87.23	74.42	99.43	155.55	83.50
刘店 2 表	78.08	73.20	82.96	80.52	104.92	58.56	92.72	70.76	75.64	79.54	82.96	95.16	85.40	72.59	67.71	81.13	74.42	65.27	99.43	112.24	81.66
刘店 2 中	70.76	65.88	82.96	80.52	85.40	58.56	100.04	63.44	73.20	77.35	70.76	95.16	82.96	79.91	63.44	87.23	87.23	87.23	112.24	136.64	83.05
刘店 2 底	73.20	70.76	78.08	80.52	80.52	56.12	87.84	68.32	78.08	76.62	87.84	85.40	80.52	77.47	61.00	84.18	81.13	87.23	109.19	140.30	82.22
刘店 3	73.20	70.76	82.96	73.20	90.28	63.44	100.04	65.88	75.64	79.30	58.56	95.16	82.96	70.15	67.71	78.08	115.29	90.28	99.43	121.39	82.69
桂云花	73.20	75.64	82.96	75.64	87.84	75.64	85.40	61.00	85.40	78.32	73.20	90.28	85.40	84.18	53.68	78.08	50.02	93.33	102.48	226.92	85.93
大堡	75.64	73.20	—	82.96	82.96	63.44	92.72	82.96	85.40	79.30	75.64	87.84	82.96	79.91	56.12	81.13	68.32	96.38	105.53	127.49	83.15
全库	76.02	73.76	83.57	81.08	90.84	69.07	89.34	73.20	75.83	77.59	76.02	95.16	84.27	76.86	65.27	79.91	82.96	90.28	95.77	143.35	84.01

表 2-18　碧流河水库主要离子组成　（单位：mmol/L）

样站	K^+	1/2 Ca^{2+}	1/2 Mg^{2+}	Na^+	1/2 SO_4^{2-}	Cl^-	HCO_3^-	1/2 CO_3^{2-}
坝前 1	0.48	0.53	0.50	1.42	0.55	0.68	1.45	0.00
坝前 2 表	0.52	0.55	0.44	1.23	0.53	0.60	1.36	0.00
坝前 2 中	0.59	0.53	0.46	1.11	0.51	0.54	1.41	0.00
坝前 2 底	0.58	0.52	0.50	1.22	0.49	0.65	1.43	0.00
坝前 3	0.69	0.52	0.47	1.10	0.57	0.65	1.35	0.00
钟岭	0.71	0.53	0.50	1.03	0.52	0.63	1.35	0.00
刘店 1	0.71	0.54	0.49	0.99	0.53	0.57	1.37	0.00
刘店 2 表	0.70	0.52	0.49	1.00	0.52	0.61	1.34	0.00
刘店 2 中	0.69	0.54	0.49	1.00	0.56	0.57	1.36	0.00
刘店 2 底	0.69	0.53	0.48	1.01	0.52	0.60	1.35	0.00
刘店 3	0.71	0.53	0.46	1.06	0.54	0.63	1.36	0.00
桂云花	0.74	0.55	0.45	1.06	0.55	0.62	1.41	0.00
大堡	0.75	0.58	0.51	1.01	0.57	0.65	1.36	0.00
全库	0.66	0.54	0.50	1.10	0.54	0.62	1.38	0.00

表 2-19　碧流河水库离子系数（**[K+Na]/[Ca+Mg]**）及其季节变化

样站	2016 年		2017 年									2018 年					2019 年				平均
	10 月	11 月	1 月	4 月	5 月	6 月	7 月	8 月	9 月	10 月	11 月	1 月	4 月	6 月	8 月	10 月	1 月	4 月	6 月	8 月	
坝前 1	2.62	1.88	2.51	1.65	1.77	1.97	1.33	1.60	1.28	0.82	0.98	1.01	1.10	1.22	1.62	1.26	1.52	2.11	2.50	2.75	1.68
坝前 2 表	2.24	1.79	1.82	1.97	2.07	2.59	1.21	2.02	1.01	0.85	0.91	1.46	0.89	0.95	1.54	1.32	1.47	1.64	2.11	2.19	1.60
坝前 2 中	1.81	1.65	2.15	1.66	2.14	1.85	1.35	1.96	1.17	0.92	1.11	1.28	0.94	1.20	1.38	1.22	1.59	1.55	2.58	2.25	1.59
坝前 2 底	2.32	2.56	2.03	1.80	1.78	1.82	1.61	1.49	1.09	0.59	1.02	1.30	0.99	0.98	1.31	1.44	1.73	1.80	2.96	2.83	1.67
坝前 3	2.16	2.53	1.88	1.73	2.27	2.84	1.21	2.03	1.55	0.81	1.12	1.21	1.05	1.05	1.44	1.47	1.65	1.41	3.05	2.50	1.75
钟岭	1.75	2.46	1.82	2.12	2.27	2.52	1.26	1.60	1.11	0.97	0.98	1.00	1.00	1.21	1.58	1.47	1.68	2.07	2.10	2.06	1.65
刘店 1	1.82	2.47	1.90	1.69	1.98	2.89	1.30	1.90	1.31	0.64	0.88	1.23	0.95	1.05	1.66	1.37	1.60	1.52	2.20	2.50	1.64
刘店 2 表	1.84	2.00	1.84	2.07	2.16	2.83	1.39	2.13	1.19	0.92	0.82	1.33	1.04	1.06	1.68	1.32	1.64	1.53	2.43	1.86	1.65
刘店 2 中	1.82	2.01	2.22	1.54	1.90	2.73	1.44	1.69	1.13	0.84	0.76	1.04	0.93	1.06	1.41	1.49	1.74	1.59	2.57	2.40	1.62
刘店 2 底	1.60	1.93	2.05	1.97	1.74	2.09	1.46	2.07	1.28	0.83	1.06	0.96	0.99	1.26	1.46	1.52	1.39	2.10	2.26	2.43	1.62
刘店 3	1.96	2.07	2.00	1.62	1.94	2.65	1.57	2.05	1.09	0.81	1.00	1.19	1.24	1.32	1.65	1.35	1.91	1.83	2.73	1.88	1.69
桂云花	2.01	2.35	1.83	1.88	1.93	2.69	1.36	1.78	1.25	0.68	1.00	1.37	1.01	1.19	1.57	1.36	1.23	2.07	2.63	3.66	1.74
大堡	2.26	2.12	—	1.83	1.61	2.88	1.47	2.23	0.97	0.66	0.81	1.09	0.85	1.00	1.65	1.32	1.47	2.25	2.62	2.21	1.65
全库	2.02	2.14	2.00	1.81	1.97	2.49	1.38	1.89	1.19	0.80	0.96	1.19	1.00	1.12	1.53	1.38	1.59	1.80	2.52	2.42	1.66

表 2-20 碧流河水库总氮及其季节变化 （单位：mg/L）

样站	2016 年		2017 年									2018 年					2019 年				平均
	10 月	11 月	1 月	4 月	5 月	6 月	7 月	8 月	9 月	10 月	11 月	1 月	4 月	6 月	8 月	10 月	1 月	4 月	6 月	8 月	
坝前 1	2.38	1.96	1.76	1.10	3.72	1.90	1.51	2.57	0.96	1.86	4.30	1.48	1.56	0.90	0.89	0.99	1.19	1.23	0.86	1.20	1.72
坝前 2 表	2.28	1.92	2.04	1.67	3.26	0.49	1.62	2.61	0.84	0.91	3.61	1.80	1.48	1.04	0.85	0.96	0.87	1.19	1.04	0.51	1.55
坝前 2 中	2.29	1.92	1.21	0.54	3.11	2.34	1.57	2.52	0.81	1.17	4.15	1.68	1.36	0.87	0.72	0.89	0.32	1.19	0.74	0.48	1.49
坝前 2 底	2.22	1.94	2.69	0.93	3.03	2.08	2.72	0.53	0.97	0.08	3.65	1.60	1.40	0.86	0.49	0.89	1.29	1.22	0.67	1.11	1.52
坝前 3	2.12	1.88	2.82	0.55	3.49	1.90	0.59	2.84	0.89	1.31	1.94	1.56	1.36	0.75	0.70	0.91	0.23	1.10	0.63	0.48	1.40
钟岭	2.16	1.95	2.83	0.21	2.90	1.76	1.61	0.67	0.52	1.03	2.76	1.48	1.28	0.74	0.65	0.88	1.01	0.74	0.86	0.41	1.32
刘店 1	2.15	1.93	1.48	0.30	2.97	1.65	0.49	0.78	1.56	0.80	3.32	1.68	1.32	0.64	0.79	1.04	1.03	1.08	0.69	0.68	1.32
刘店 2 表	2.18	1.93	2.24	0.56	3.20	1.46	1.47	0.46	1.23	0.83	3.01	1.56	1.40	0.98	0.23	1.01	1.23	1.09	0.63	0.36	1.35
刘店 2 中	2.81	1.99	6.65	0.16	3.21	1.55	1.44	1.72	0.80	3.52	2.74	1.56	1.36	0.65	1.09	1.02	1.02	1.00	0.52	0.45	1.76
刘店 2 底	1.98	1.94	2.27	0.17	2.72	1.90	1.70	0.72	1.17	0.56	3.39	1.40	1.32	1.00	1.10	0.98	0.99	1.03	0.70	0.94	1.40
刘店 3	2.35	1.91	2.35	0.71	2.82	1.63	1.41	0.21	0.69	1.10	3.33	1.56	1.36	0.71	0.94	0.75	1.01	1.01	0.52	0.37	1.34
桂云花	2.21	1.95	2.11	0.75	3.16	0.84	2.12	0.35	0.82	0.83	2.93	1.48	1.40	0.47	0.32	0.72	0.81	1.16	0.43	0.43	1.26
大堡	1.74	1.82	—	1.26	2.83	0.40	2.05	1.82	0.50	0.83	2.77	1.44	1.36	0.19	1.20	0.85	0.63	0.86	0.61	0.46	1.24
全库	2.22	1.93	2.54	0.69	3.11	1.53	1.56	1.37	0.90	1.14	3.22	1.56	1.38	0.75	0.77	0.92	0.89	1.07	0.68	0.61	1.44

表 2-21 碧流河水库总磷及其季节变化 （单位：mg/L）

样站	2016 年		2017 年									2018 年					2019 年				平均
	10 月	11 月	1 月	4 月	5 月	6 月	7 月	8 月	9 月	10 月	11 月	1 月	4 月	6 月	8 月	10 月	1 月	4 月	6 月	8 月	
坝前 1	0.08	0.08	0.08	0.07	0.07	0.05	0.03	0.05	0.06	0.07	0.07	0.06	0.03	0.06	0.09	0.04	1.51	0.04	0.07	0.04	0.13
坝前 2 表	0.08	0.08	0.09	0.07	0.06	0.05	0.02	0.06	0.07	0.07	0.06	0.07	0.07	0.07	0.08	0.04	0.04	0.05	0.07	0.05	0.06
坝前 2 中	0.09	0.08	0.07	0.08	0.07	0.06	0.06	0.07	0.05	0.06	0.06	0.07	0.04	0.06	0.10	0.04	0.11	0.04	0.05	0.07	0.07
坝前 2 底	0.09	0.08	0.09	0.08	0.06	0.06	0.04	0.06	0.06	0.06	0.07	0.07	0.03	0.07	0.13	0.05	0.10	0.04	0.05	0.04	0.07
坝前 3	0.09	0.08	0.08	0.07	0.06	0.06	0.06	0.05	0.05	0.07	0.07	0.07	0.03	0.08	0.11	0.05	0.09	0.05	0.05	0.05	0.07
钟岭	0.10	0.08	0.08	0.08	0.07	0.04	0.05	0.06	0.07	0.07	0.06	0.06	0.03	0.08	0.12	0.06	0.11	0.04	0.05	0.06	0.07
刘店 1	0.08	0.08	0.07	0.07	0.06	0.04	0.06	0.06	0.05	0.06	0.07	0.06	0.04	0.09	0.13	0.06	0.10	0.05	0.05	0.04	0.07
刘店 2 表	0.07	0.07	0.07	0.06	0.06	0.05	0.05	0.05	0.07	0.06	0.07	0.07	0.03	0.07	0.11	0.06	0.13	0.05	0.07	0.04	0.07
刘店 2 中	0.07	0.07	0.07	0.06	0.06	0.04	0.06	0.06	0.07	0.07	0.07	0.07	0.04	0.09	0.11	0.05	0.09	0.05	0.05	0.05	0.07
刘店 2 底	0.08	0.08	0.08	0.07	0.07	0.05	0.03	0.05	0.05	0.07	0.07	0.07	0.04	0.08	0.13	0.06	0.09	0.04	0.05	0.05	0.07
刘店 3	0.08	0.08	0.08	0.07	0.07	0.04	0.05	0.06	0.06	0.07	0.06	0.07	0.04	0.08	0.11	0.05	0.11	0.05	0.05	0.05	0.07
桂云花	0.08	0.07	0.07	0.06	0.05	0.05	0.05	0.05	0.07	0.05	0.07	0.06	0.04	0.12	0.17	0.07	0.11	0.05	0.07	0.07	0.07
大堡	0.09	0.08	—	0.06	0.05	0.06	0.06	0.05	0.06	0.06	0.07	0.05	0.03	0.11	0.17	0.07	0.09	0.05	0.09	0.07	0.07
全库	0.08	0.08	0.08	0.07	0.06	0.05	0.05	0.06	0.06	0.06	0.07	0.07	0.04	0.08	0.12	0.05	0.21	0.05	0.06	0.05	0.07

2.3.9.3 活性磷

调查期间碧流河水库活性磷（PO_4^{3-}-P）含量的时空分布见表 2-22。从表 2-22 可知，碧流河水库 PO_4^{3-}-P 含量平均为 0.050 mg/L，极值为 0.01 mg/L 和 0.08 mg/L。PO_4^{3-}-P 含量变化范围不大，其中 2018 年 6 月之后含量较低，其余月份较高。水库各站位 PO_4^{3-}-P 含量无明显变化。

表 2-22 碧流河水库活性磷（PO_4^{3-}-P）及其季节变化 （单位：mg/L）

样站	2016 年		2017 年									2018 年					2019 年				平均
	10 月	11 月	1 月	4 月	5 月	6 月	7 月	8 月	9 月	10 月	11 月	1 月	4 月	6 月	8 月	10 月	1 月	4 月	6 月	8 月	
坝前 1	0.07	0.07	0.07	0.07	0.07	0.07	0.07	0.07	0.07	0.07	0.07	0.07	0.07	0.01	0.01	0.01	0.02	0.01	0.01	0.00	0.049
坝前 2 表	0.07	0.07	0.07	0.07	0.07	0.07	0.07	0.07	0.07	0.07	0.07	0.07	0.07	0.01	0.01	0.01	0.01	0.01	0.02	0.01	0.050
坝前 2 中	0.07	0.07	0.07	0.07	0.07	0.07	0.07	0.07	0.07	0.07	0.07	0.07	0.07	0.01	0.01	0.01	0.00	0.01	0.01	0.01	0.049
坝前 2 底	0.07	0.07	0.07	0.07	0.07	0.07	0.07	0.07	0.07	0.07	0.07	0.07	0.07	0.01	0.01	0.01	0.01	0.01	0.01	0.01	0.049
坝前 3	0.07	0.07	0.07	0.07	0.07	0.07	0.07	0.07	0.07	0.07	0.07	0.07	0.07	0.01	0.01	0.01	0.01	0.01	0.08	0.01	0.053
钟岭	0.07	0.07	0.07	0.07	0.07	0.07	0.07	0.07	0.07	0.07	0.07	0.07	0.07	0.01	0.01	0.01	0.01	0.01	0.01	0.01	0.049
刘店 1	0.07	0.07	0.07	0.07	0.07	0.07	0.07	0.07	0.07	0.07	0.07	0.07	0.07	0.01	0.01	0.02	0.01	0.01	0.01	0.01	0.050
刘店 2 表	0.07	0.07	0.07	0.07	0.07	0.07	0.07	0.07	0.07	0.07	0.07	0.07	0.07	0.01	0.01	0.01	0.01	0.01	0.01	0.01	0.049
刘店 2 中	0.07	0.07	0.07	0.07	0.07	0.07	0.07	0.07	0.07	0.07	0.07	0.07	0.07	0.01	0.01	0.01	0.01	0.01	0.01	0.01	0.049
刘店 2 底	0.07	0.07	0.07	0.07	0.07	0.07	0.07	0.07	0.07	0.07	0.07	0.07	0.07	0.01	0.01	0.01	0.01	0.01	0.01	0.01	0.049
刘店 3	0.07	0.07	0.07	0.07	0.07	0.07	0.07	0.07	0.07	0.07	0.07	0.07	0.07	0.01	0.01	0.01	0.01	0.01	0.01	0.01	0.049
桂云花	0.07	0.07	0.07	0.07	0.07	0.07	0.07	0.07	0.07	0.07	0.07	0.07	0.08	0.01	0.02	0.01	0.01	0.01	0.01	0.01	0.050
大堡	0.07	0.07	—	0.07	0.07	0.07	0.07	0.07	0.07	0.07	0.07	0.07	0.07	0.01	0.02	0.01	0.01	0.01	0.01	0.01	0.048
全库	0.07	0.07	0.07	0.07	0.07	0.07	0.07	0.07	0.07	0.07	0.07	0.07	0.07	0.01	0.01	0.01	0.01	0.01	0.02	0.01	0.050

2.3.9.4 氨氮

调查期间碧流河水库氨氮（NH_4^+-N）含量情况见表 2-23。从表 2-23 可知，碧流河水库 NH_4^+-N 含量平均为 0.012 mg/L，极值为 0.010 mg/L 和 0.039 mg/L。季节变化呈现 1 月含量较高，其余月份含量较低，水库各站位 NH_4^+-N 含量相差不大。

2.3.9.5 亚硝酸氮

调查期间碧流河水库亚硝酸氮（NO_2^--N）含量情况见表 2-24。从表 2-24 可知，碧流河水库 NO_2^--N 含量平均为 0.121 mg/L，极值为 0.110 mg/L 和 0.160 mg/L。季节变化呈现每年的 1 月、4 月含量较低，7 月、8 月含量较高，水库各站位 NO_2^--N 含量相差不大。

2.3.9.6 硝酸氮

调查期间碧流河水库硝酸氮（NO_3^--N）含量情况见表 2-25。从表 2-25 可知，碧流河

表 2-23　碧流河水库氨氮（NH_4^+-N）及其季节变化　（单位：mg/L）

样站	2016 年		2017 年									2018 年					2019 年				平均
	10 月	11 月	1 月	4 月	5 月	6 月	7 月	8 月	9 月	10 月	11 月	1 月	4 月	6 月	8 月	10 月	1 月	4 月	6 月	8 月	
坝前 1	0.012	0.011	0.039	0.015	0.011	0.018	0.011	0.011	0.018	0.014	0.013	0.013	0.012	0.010	0.010	0.010	0.010	0.010	0.010	0.010	0.013
坝前 2 表	0.013	0.011	0.013	0.012	0.011	0.014	0.011	0.011	0.014	0.014	0.012	0.011	0.012	0.010	0.010	0.010	0.010	0.010	0.010	0.010	0.011
坝前 2 中	0.012	0.011	0.013	0.012	0.011	0.015	0.011	0.011	0.013	0.014	0.012	0.012	0.012	0.010	0.010	0.010	0.010	0.010	0.010	0.010	0.011
坝前 2 底	0.011	0.011	0.013	0.012	0.011	0.012	0.011	0.012	0.012	0.014	0.012	0.012	0.011	0.010	0.010	0.010	0.010	0.010	0.010	0.010	0.011
坝前 3	0.012	0.011	0.013	0.013	0.011	0.014	0.011	0.012	0.012	0.014	0.011	0.011	0.012	0.010	0.010	0.010	0.010	0.010	0.010	0.010	0.011
钟岭	0.012	0.011	0.034	0.012	0.013	0.014	0.011	0.011	0.012	0.014	0.011	0.012	0.011	0.010	0.010	0.010	0.010	0.010	0.010	0.010	0.012
刘店 1	0.012	0.011	0.012	0.012	0.011	0.012	0.011	0.011	0.012	0.014	0.011	0.013	0.012	0.010	0.010	0.010	0.010	0.010	0.020	0.010	0.012
刘店 2 表	0.012	0.012	0.013	0.012	0.012	0.013	0.011	0.011	0.012	0.014	0.011	0.011	0.012	0.010	0.010	0.010	0.010	0.010	0.010	0.010	0.011
刘店 2 中	0.014	0.012	0.016	0.011	0.011	0.012	0.011	0.012	0.012	0.014	0.013	0.011	0.012	0.010	0.010	0.010	0.010	0.010	0.010	0.010	0.012
刘店 2 底	0.012	0.011	0.015	0.013	0.012	0.013	0.011	0.011	0.012	0.014	0.012	0.011	0.012	0.010	0.010	0.010	0.010	0.010	0.010	0.010	0.011
刘店 3	0.014	0.011	0.013	0.014	0.012	0.012	0.011	0.011	0.013	0.014	0.012	0.013	0.012	0.010	0.010	0.010	0.010	0.010	0.010	0.010	0.012
桂云花	0.014	0.011	0.013	0.011	0.012	0.013	0.011	0.011	0.018	0.019	0.013	0.016	0.012	0.010	0.010	0.010	0.010	0.010	0.010	0.010	0.012
大堡	0.013	0.012	—	0.012	0.012	0.013	0.011	0.011	0.023	0.018	0.011	0.011	0.012	0.010	0.010	0.010	0.010	0.010	0.010	0.010	0.012
全库	0.012	0.011	0.017	0.012	0.012	0.013	0.011	0.011	0.014	0.015	0.012	0.012	0.012	0.010	0.010	0.010	0.010	0.010	0.010	0.010	0.012

表 2-24　碧流河水库亚硝酸氮（NO_2^--N）及其季节变化　（单位：mg/L）

样站	2016 年		2017 年									2018 年					2019 年				平均
	10 月	11 月	1 月	4 月	5 月	6 月	7 月	8 月	9 月	10 月	11 月	1 月	4 月	6 月	8 月	10 月	1 月	4 月	6 月	8 月	
坝前 1	0.135	0.119	0.115	0.115	0.117	0.122	0.127	0.122	0.111	0.111	0.117	0.116	0.112	0.120	0.150	0.120	0.110	0.110	0.116	0.125	0.120
坝前 2 表	0.135	0.112	0.112	0.115	0.118	0.125	0.128	0.121	0.120	0.116	0.118	0.115	0.111	0.120	0.150	0.120	0.110	0.110	0.116	0.129	0.120
坝前 2 中	0.132	0.119	0.115	0.114	0.117	0.119	0.128	0.120	0.120	0.114	0.118	0.116	0.111	0.130	0.150	0.120	0.110	0.110	0.116	0.130	0.121
坝前 2 底	0.131	0.120	0.115	0.115	0.117	0.122	0.128	0.119	0.120	0.115	0.118	0.115	0.111	0.120	0.150	0.120	0.110	0.110	0.121	0.122	0.120
坝前 3	0.134	0.120	0.115	0.115	0.117	0.118	0.129	0.123	0.115	0.111	0.118	0.115	0.111	0.120	0.150	0.120	0.110	0.110	0.122	0.126	0.120
钟岭	0.134	0.122	0.115	0.115	0.118	0.120	0.135	0.123	0.125	0.123	0.119	0.115	0.111	0.130	0.160	0.120	0.110	0.110	0.116	0.127	0.122
刘店 1	0.142	0.124	0.115	0.115	0.117	0.118	0.127	0.126	0.111	0.113	0.116	0.114	0.111	0.120	0.150	0.120	0.110	0.110	0.117	0.129	0.121
刘店 2 表	0.144	0.115	0.116	0.115	0.117	0.120	0.129	0.126	0.128	0.113	0.117	0.115	0.111	0.120	0.150	0.120	0.110	0.110	0.117	0.133	0.122
刘店 2 中	0.144	0.122	0.116	0.115	0.117	0.121	0.128	0.127	0.127	0.113	0.117	0.114	0.111	0.120	0.150	0.120	0.110	0.110	0.117	0.131	0.122
刘店 2 底	0.143	0.122	0.116	0.114	0.117	0.119	0.129	0.136	0.123	0.113	0.117	0.114	0.111	0.120	0.160	0.120	0.110	0.110	0.118	0.126	0.122
刘店 3	0.144	0.122	0.116	0.115	0.117	0.113	0.128	0.125	0.126	0.113	0.117	0.114	0.111	0.120	0.150	0.120	0.110	0.110	0.118	0.128	0.121
桂云花	0.135	0.124	0.116	0.115	0.117	0.116	0.119	0.129	0.127	0.119	0.115	0.114	0.111	0.120	0.150	0.120	0.110	0.110	0.121	0.130	0.121
大堡	0.130	0.121	—	0.114	0.116	0.115	0.121	0.130	0.130	0.120	0.114	0.114	0.112	0.120	0.150	0.120	0.110	0.110	0.121	0.135	0.121
全库	0.137	0.120	0.115	0.115	0.117	0.119	0.127	0.125	0.122	0.115	0.117	0.115	0.111	0.120	0.150	0.120	0.110	0.110	0.118	0.129	0.121

表 2-25　碧流河水库硝酸氮（NO_3^--N）及其季节变化　（单位：mg/L）

样站	2016 年		2017 年									2018 年					2019 年				平均
	10 月	11 月	1 月	4 月	5 月	6 月	7 月	8 月	9 月	10 月	11 月	1 月	4 月	6 月	8 月	10 月	1 月	4 月	6 月	8 月	
坝前 1	0.095	0.094	0.299	0.088	0.080	0.063	0.055	0.062	0.105	0.092	0.094	0.103	0.10	0.07	0.10	0.10	0.10	0.10	0.077	0.060	0.096
坝前 2 表	0.093	0.093	0.241	0.090	0.083	0.049	0.054	0.057	0.090	0.093	0.095	0.098	0.10	0.07	0.08	0.11	0.11	0.10	0.081	0.057	0.091
坝前 2 中	0.091	0.094	0.284	0.089	0.083	0.068	0.055	0.070	0.094	0.092	0.094	0.100	0.10	0.07	0.07	0.11	0.10	0.10	0.080	0.063	0.096
坝前 2 底	0.091	0.095	0.257	0.090	0.083	0.069	0.056	0.090	0.095	0.093	0.092	0.099	0.10	0.07	0.09	0.11	0.10	0.10	0.082	0.063	0.096
坝前 3	0.100	0.091	0.162	0.090	0.081	0.065	0.053	0.063	0.109	0.090	0.093	0.099	0.10	0.07	0.08	0.11	0.11	0.10	0.082	0.060	0.090
钟岭	0.086	0.091	0.259	0.079	0.074	0.057	0.052	0.054	0.087	0.088	0.093	0.094	0.10	0.06	0.10	0.10	0.11	0.10	0.076	0.054	0.090
刘店 1	0.099	0.100	0.244	0.087	0.076	0.061	0.057	0.082	0.102	0.097	0.094	0.101	0.10	0.07	0.10	0.11	0.11	0.10	0.084	0.057	0.096
刘店 2 表	0.097	0.097	0.226	0.088	0.078	0.059	0.055	0.086	0.109	0.097	0.096	0.102	0.10	0.07	0.10	0.11	0.11	0.10	0.078	0.056	0.095
刘店 2 中	0.103	0.099	0.225	0.087	0.079	0.023	0.054	0.087	0.122	0.098	0.045	0.101	0.10	0.07	0.11	0.11	0.10	0.10	0.077	0.057	0.092
刘店 2 底	0.096	0.094	0.228	0.086	0.079	0.061	0.053	0.107	0.105	0.095	0.095	0.101	0.10	0.07	0.10	0.11	0.10	0.10	0.079	0.059	0.096
刘店 3	0.100	0.099	0.238	0.085	0.082	0.061	0.055	0.091	0.103	0.096	0.096	0.101	0.10	0.07	0.09	0.11	0.11	0.10	0.078	0.054	0.096
桂云花	0.097	0.103	0.227	0.085	0.081	0.057	0.067	0.106	0.119	0.097	0.096	0.101	0.10	0.06	0.12	0.11	0.11	0.10	0.074	0.050	0.098
大堡	0.113	0.110	—	0.086	0.079	0.056	0.063	0.112	0.103	0.097	0.098	0.104	0.10	0.05	0.12	0.11	0.11	0.10	0.068	0.052	0.091
全库	0.097	0.097	0.241	0.087	0.080	0.058	0.056	0.082	0.103	0.094	0.091	0.100	0.10	0.07	0.10	0.11	0.11	0.10	0.078	0.057	0.095

水库 NO_3^--N 含量平均为 0.095 mg/L，极值为 0.023 mg/L 和 0.299 mg/L。季节变化呈现 2017 年 6 月、7 月含量较低，2016 ～ 2019 年 1 月均较高；水库各站位 NO_3^--N 含量相差不大。

2.3.10 化学需氧量

调查期间碧流河水库的化学需氧量（COD）的时空分布见表 2-26。从表 2-26 可知，碧流河水库 COD 均值为 8.09 mg/L，月均值变化范围为 2.61 ～ 14.11 mg/L。调查期间，COD 变化范围比较：各站位之间相差不大，时间上无明显变化趋势。

表 2-26 碧流河水库化学需氧量（COD）及其季节变化 （单位：mg/L）

样站	2016 年		2017 年									2018 年					2019 年				平均
	10 月	11 月	1 月	4 月	5 月	6 月	7 月	8 月	9 月	10 月	11 月	1 月	4 月	6 月	8 月	10 月	1 月	4 月	6 月	8 月	
坝前 1	10.52	14.22	15.22	11.50	9.54	11.56	9.81	12.17	10.24	3.70	14.86	4.15	3.23	2.96	5.93	5.41	4.60	7.06	6.15	6.13	8.45
坝前 2 表	11.61	9.44	13.71	10.40	10.35	12.67	9.51	12.41	10.29	2.07	12.00	2.09	3.52	2.34	4.83	4.79	4.30	6.67	6.45	5.99	7.77
坝前 2 中	12.77	13.77	14.10	9.88	9.38	12.77	10.15	12.08	10.08	2.73	10.60	2.36	3.89	2.77	4.33	4.62	6.53	6.67	6.18	5.74	8.07
坝前 2 底	11.43	11.33	13.77	10.00	10.29	12.08	9.85	12.67	10.88	2.31	11.05	3.29	3.09	2.49	4.20	4.56	6.60	6.74	6.72	6.05	7.97
坝前 3	11.27	15.45	14.83	9.19	9.76	12.00	10.15	12.33	10.08	2.48	11.43	3.01	3.68	2.63	4.29	4.85	4.24	6.93	7.84	6.26	8.14
钟岭	11.04	12.86	12.47	9.66	10.20	12.77	10.15	13.22	11.27	3.59	14.67	4.35	3.58	3.34	4.56	4.96	6.74	7.02	6.57	7.40	8.52
刘店 1	10.88	11.27	11.72	10.40	11.00	12.32	10.15	13.00	10.94	2.91	11.43	3.38	4.33	2.28	4.41	4.34	4.54	7.08	8.10	5.80	8.01
刘店 2 表	10.78	15.48	11.91	11.23	10.40	11.20	9.06	11.17	10.56	3.26	11.43	3.67	3.86	2.31	3.18	3.64	6.67	5.82	6.07	5.97	7.88
刘店 2 中	10.40	16.00	11.45	11.04	10.61	12.15	9.54	10.56	11.27	2.40	12.49	3.30	3.84	2.44	3.02	3.63	6.60	6.25	5.81	6.49	7.96
刘店 2 底	10.20	19.08	11.91	10.24	10.24	11.77	9.38	11.20	10.08	3.16	13.26	3.66	3.68	2.10	3.05	3.46	6.60	6.25	6.38	5.90	8.08
刘店 3	11.17	12.95	12.19	9.88	10.04	12.39	9.38	11.92	10.29	3.43	14.22	2.79	3.34	2.63	3.32	3.64	6.53	6.88	5.92	6.73	7.98
桂云花	12.77	13.52	11.64	10.00	10.40	13.33	9.06	10.88	10.12	3.39	13.05	3.37	3.56	2.86	3.33	4.03	6.67	6.24	7.26	6.44	8.10
大堡	10.11	18.06	—	10.40	10.04	12.39	9.21	11.52	9.92	4.05	15.53	3.24	3.75	2.80	3.76	4.25	6.81	6.59	6.10	7.46	8.21
全库	11.15	14.11	12.91	10.29	10.17	12.26	9.65	11.93	10.46	3.04	12.77	3.28	3.64	2.61	4.02	4.32	5.96	6.63	6.58	6.34	8.09

2.3.11 叶绿素 a

调查期间碧流河水库叶绿素 a 含量的时空分布见表 2-27。从表 2-27 可知，碧流河水库叶绿素 a 均值为 8.23 μg/L，月均值变化范围为 0.88 ～ 19.93 μg/L。调查期间，叶绿素 a 变化范围比较：大堡＞桂云花＞刘店＞钟岭＞坝前；时间上，6 ～ 8 月叶绿素 a 浓度较高，10 月、11 月浓度相对较低。

2.3.12 硅酸盐

调查期间碧流河水库硅酸盐的情况见表 2-28。从表 2-28 可知，碧流河水库硅酸盐均值为 3.14 mg/L，月均值变化范围为 0.15 ～ 14.59 mg/L。调查期间，硅酸盐变化范围比较：各站位间浓度相差不大；时间上，2017 年 10 月、11 月硅酸盐浓度较高，其余年各月份浓度较低。

表 2-27　碧流河水库叶绿素 a 及其季节变化　　（单位：μg/L）

样站	2016 年		2017 年									2018 年					2019 年				平均
	10 月	11 月	1 月	4 月	5 月	6 月	7 月	8 月	9 月	10 月	11 月	1 月	4 月	6 月	8 月	10 月	1 月	4 月	6 月	8 月	
坝前 1	4.13	1.08	0.90	1.13	1.18	7.31	22.80	16.30	3.47	0.34	0.40	1.55	6.45	21.27	16.19	6.28	2.95	4.92	7.92	10.81	6.87
坝前 2 表	3.79	1.08	1.92	2.21	1.81	7.25	23.48	20.40	5.46	0.34	0.00	1.32	9.10	19.34	12.79	9.08	2.27	5.32	7.58	11.76	7.32
坝前 2 中	1.14	1.92	1.19	1.87	4.75	6.68	8.37	5.96	10.66	1.65	0.74	2.11	5.26	10.26	9.79	10.18	3.63	6.10	9.84	12.84	5.75
坝前 2 底	4.19	1.98	1.42	2.21	5.55	8.00	13.19	0.04	12.96	1.87	0.74	2.05	6.79	18.24	12.40	10.78	3.19	4.18	7.97	10.18	6.39
坝前 3	2.37	2.32	2.15	2.21	5.21	11.26	12.46	4.60	7.56	1.08	0.74	2.45	4.92	15.87	13.92	9.51	1.59	6.45	7.97	12.45	6.35
钟岭	1.98	1.87	1.19	2.94	4.08	10.53	9.56	11.26	5.22	2.50	1.19	10.86	5.31	23.92	14.32	10.70	10.49	9.50	6.05	20.19	8.18
刘店 1	3.84	1.83	2.26	3.34	10.36	15.90	10.92	14.80	3.12	0.68	0.74	5.00	9.10	16.54	13.53	10.85	3.08	9.11	6.05	11.43	7.62
刘店 2 表	6.05	1.32	1.58	3.39	5.26	20.76	28.23	11.00	6.01	1.81	0.74	2.84	9.05	11.37	13.92	11.29	2.51	9.11	13.29	9.11	8.43
刘店 2 中	4.58	0.73	1.58	3.74	7.47	26.41	20.43	9.28	8.18	0.40	1.08	2.15	9.10	10.26	9.39	10.18	4.78	10.24	9.89	14.09	8.20
刘店 2 底	4.13	1.32	0.40	4.13	6.00	21.92	11.37	12.10	11.65	1.03	1.47	2.94	10.97	11.88	8.26	8.49	4.78	7.97	11.03	8.77	7.53
刘店 3	4.53	2.71	1.76	4.02	4.36	2.94	25.19	12.70	16.02	0.05	0.74	8.26	10.97	16.54	14.26	11.96	3.63	10.13	9.50	21.61	9.09
桂云花	6.05	3.50	2.55	6.05	6.68	35.38	32.08	11.33	12.78	0.00	1.47	11.26	9.05	13.15	7.81	14.76	7.97	12.90	19.34	40.61	12.74
大堡	9.45	4.24	—	4.13	10.81	29.24	41.03	10.80	5.17	0.73	1.47	10.92	9.10	14.25	9.68	17.05	4.57	15.61	17.08	33.77	13.11
全库	4.33	1.99	1.57	3.18	5.65	15.66	19.93	10.81	8.33	0.96	0.88	4.90	8.09	15.61	12.02	10.85	4.27	8.58	10.27	16.74	8.23

表 2-28　碧流河水库硅酸盐含量及其季节变化　　（单位：mg/L）

样站	2017 年			2018 年					2019 年				平均
	9 月	10 月	11 月	1 月	4 月	6 月	8 月	10 月	1 月	4 月	6 月	8 月	
坝前 1	1.96	15.12	13.94	2.87	2.87	0.14	0.29	0.35	0.32	0.26	0.15	0.09	3.19
坝前 2 表	1.43	14.46	13.16	3.13	2.48	0.16	0.26	0.39	0.29	0.26	0.14	0.10	3.02
坝前 2 中	1.43	13.81	14.72	5.73	2.22	0.13	0.25	0.39	0.32	0.27	0.14	0.09	3.29
坝前 2 底	2.22	13.16	13.29	5.47	2.22	0.16	0.34	0.25	0.33	0.26	0.13	0.09	3.16
坝前 3	1.83	13.94	13.42	2.35	2.61	0.17	0.34	0.37	0.24	0.26	0.22	0.10	2.99
钟岭	1.43	14.20	13.68	3.65	2.74	0.16	0.46	0.42	0.36	0.28	0.17	0.17	3.14
刘店 1	1.56	14.86	13.55	2.48	2.48	0.16	0.55	0.48	0.20	0.26	0.12	0.13	3.07
刘店 2 表	1.83	14.86	13.68	2.22	2.61	0.17	0.43	0.46	0.22	0.29	0.16	0.12	3.08
刘店 2 中	2.35	15.51	13.81	2.48	2.48	0.16	0.49	0.45	0.24	0.31	0.13	0.16	3.21
刘店 2 底	1.83	14.99	13.81	2.48	2.48	0.18	0.54	0.46	0.26	0.26	0.12	0.18	3.13
刘店 3	2.22	14.99	14.07	2.35	2.61	0.18	0.40	0.46	0.24	0.24	0.14	0.17	3.17

续表

样站	2017年			2018年					2019年				平均
	9月	10月	11月	1月	4月	6月	8月	10月	1月	4月	6月	8月	
桂云花	2.48	14.59	13.29	2.35	2.09	0.23	0.78	0.46	0.26	0.26	0.21	0.32	3.11
大堡	2.48	15.25	13.42	2.48	2.35	0.19	0.66	0.24	0.22	0.29	0.23	0.28	3.17
全库	1.93	14.59	13.68	3.08	2.48	0.17	0.44	0.40	0.27	0.27	0.16	0.15	3.14

2.3.13 底泥总氮

调查期间碧流河水库底泥总氮（TN）的情况见表 2-29。从表 2-29 可知，碧流河水库底泥 TN 含量均值为 0.50 mg/g，月均值变化范围为 0.26 ～ 2.00 mg/g。调查期间，底泥 TN 变化范围比较：钟岭＞坝前＞刘店＞桂云花＞大堡；时间上，11 月底泥 TN 浓度较高，4 月浓度较低。

表 2-29 碧流河水库底泥总氮（TN）含量及其季节变化 （单位：mg/g）

样站	2017年			2018年					2019年				平均
	9月	10月	11月	1月	4月	6月	8月	10月	1月	4月	6月	8月	
坝前 1	0.52	0.52	2.65	0.34	0.30	0.28	0.42	0.56	0.60	0.46	0.40	0.31	0.61
坝前 2	0.49	0.49	1.71	0.51	0.37	0.37	0.28	0.60	0.40	0.48	0.37	0.35	0.53
坝前 3	0.42	0.42	2.14	0.41	0.43	0.32	0.37	0.61	0.39	0.46	0.54	0.28	0.57
钟岭	0.61	0.61	3.15	0.33	0.39	0.45	0.61	0.66	0.39	0.36	0.21	0.34	0.68
刘店 1	0.50	0.50	1.95	0.27	0.24	0.39	0.57	0.44	0.36	0.33	0.36	0.28	0.52
刘店 2	0.39	0.39	1.44	0.17	0.13	0.64	0.41	0.57	0.19	0.30	0.72	0.05	0.45
刘店 3	0.43	0.43	2.10	0.37	0.23	0.26	0.39	0.53	0.32	0.04	0.35	0.60	0.50
桂云花	0.39	0.39	1.39	0.21	0.17	0.17	0.25	0.22	0.24	0.21	0.31	0.22	0.35
大堡	0.36	0.36	1.50	—	0.06	0.17	0.23	0.24	0.14	0.19	0.31	0.09	0.33
全库	0.46	0.46	2.00	0.33	0.26	0.34	0.39	0.49	0.34	0.31	0.40	0.28	0.50

2.3.14 底泥总磷

调查期间碧流河水库底泥总磷（TP）的情况见表 2-30。从表 2-30 可知，碧流河水库底泥 TP 均值为 0.252 mg/g，月均值变化范围为 0.024 ～ 0.384 mg/g。调查期间，底泥 TP 变化范围比较：坝前＞钟岭＞刘店＞大堡＞桂云花；时间上，自 2018 年 6 月之后底泥 TP 浓度均较高。

表 2-30　碧流河水库底泥总磷（TP）含量及其季节变化　（单位：mg/g）

样站	2017 年			2018 年					2019 年				平均
	9 月	10 月	11 月	1 月	4 月	6 月	8 月	10 月	1 月	4 月	6 月	8 月	
坝前 1	0.159	0.159	0.122	0.068	0.035	0.219	0.378	0.531	0.458	0.471	0.333	0.412	0.279
坝前 2	0.146	0.146	0.145	0.054	0.025	0.400	0.414	0.526	0.467	0.731	0.340	0.387	0.315
坝前 3	0.144	0.144	0.163	0.069	0.014	0.417	0.218	0.533	0.422	0.390	0.351	0.420	0.274
钟岭	0.186	0.186	0.124	0.047	0.033	0.517	0.200	0.532	0.269	0.224	0.336	0.460	0.260
刘店 1	0.085	0.085	0.102	0.056	0.017	0.169	0.233	0.530	0.422	0.402	0.327	0.409	0.236
刘店 2	0.121	0.121	0.039	0.067	0.018	0.393	0.255	0.527	0.352	0.361	0.373	0.239	0.239
刘店 3	0.094	0.094	0.068	0.070	0.018	0.393	0.373	0.531	0.415	0.109	0.363	0.397	0.244
桂云花	0.107	0.107	0.082	0.067	0.039	0.222	0.187	0.525	0.374	0.240	0.299	0.349	0.217
大堡	0.105	0.105	0.080	—	0.014	0.266	0.246	0.534	0.277	0.171	0.315	0.387	0.208
全库	0.128	0.128	0.103	0.062	0.024	0.333	0.278	0.530	0.384	0.344	0.337	0.384	0.252

2.3.15　水体富营养化状况

碧流河水体富营养化程度采用加权综合营养状态指数［TLI(Σ)］进行评价：

$$\mathrm{TLI}(\Sigma)=\sum_{j=1}^{m}W_j\times\mathrm{TLI}(j)$$

式中，TLI(Σ) 表示综合营养状态指数；参数选用叶绿素 a（Chl-a）、透明度（SD）和总磷（TP），W_j 表示第 j 种参数的营养状态指数的相关权重；其中 Chl-a、SD 和 TP 的权重分别为 0.540、0.297 和 0.163。TLI(j) 表示第 j 种参数的营养状态指数。单个项目营养状态指数计算公式：

$$\mathrm{TLI(Chl\text{-}a)}=10\times(2.5+1.086\ln\mathrm{Chl\text{-}a})$$

$$\mathrm{TLI(SD)}=10\times(5.118-1.94\ln\mathrm{SD})$$

$$\mathrm{TLI(TP)}=10\times(9.436+1.624\ln\mathrm{TP})$$

$$\mathrm{TLI(TN)}=10\times(5.453+1.694\ln\mathrm{TN})$$

式中，Chl-a 单位为 μg/L，SD 单位为 m；其他指标单位为 mg/L。

湖泊水库营养状态分级，采用 0 ～ 100 的一系列连续数字对湖泊营养状态进行分级，包括：贫营养、中营养、富营养（轻度富营养、中度富营养和重度富营养），与污染程度关系如表 2-31。

碧流河水库水体的富营养化水平情况见表 2-32 和表 2-33。表 2-32 可见，碧流河水库除个别月份为中营养至轻度富营养化外，大部分时间是中营养，水质在 2018 年之后综合营养状态较高，这预示着可能存在潜在的轻度富营养化趋势，水质污染程度为良好 - 轻度污染；

表 2-33 总结了碧流河水库各样站的加权综合营养状态指数，按表 2-31 的判断标准，总体来看水库属于中营养型，表明水质良好，但潜在富营养化状态仍不容忽视。

表 2-31　水质类别与其相应评分值

营养状态分级	评分值 TLI(∑)	定性评价
贫营养	0 ＜ TLI(∑) ≤ 30	优
中营养	30 ＜ TLI(∑) ≤ 50	良好
（轻度）富营养	50 ＜ TLI(∑) ≤ 60	轻度污染
（中度）富营养	60 ＜ TLI(∑) ≤ 70	中度污染
（重度）富营养	70 ＜ TLI(∑) ≤ 100	重度污染

表 2-32　碧流河水库水体富营养化水平的季节变化

时间	综合营养状态指数	营养状态等级
2016 年 10 月	47.77	中营养
2016 年 11 月	43.76	中营养
2017 年 1 月	41.92	中营养
2017 年 4 月	43.36	中营养
2017 年 5 月	44.65	中营养
2017 年 6 月	45.94	中营养
2017 年 7 月	50.20	中营养 - 轻度富营养
2017 年 8 月	48.79	中营养
2017 年 9 月	49.87	中营养
2017 年 10 月	33.87	中营养
2017 年 11 月	39.38	中营养
2018 年 1 月	50.67	中营养 - 轻度富营养
2018 年 4 月	49.12	中营养
2018 年 6 月	47.48	中营养
2018 年 8 月	51.66	中营养 - 轻度富营养
2018 年 10 月	48.02	中营养
2019 年 1 月	47.36	中营养
2019 年 4 月	48.94	中营养
2019 年 6 月	49.30	中营养
2019 年 8 月	49.90	中营养
2016 ～ 2019 年平均	46.81	中营养

表 2-33　碧流河水库各样站加权综合营养状态指数

样站	时间																				平均
	2016 年 10 月	2016 年 11 月	2017 年 1 月	2017 年 4 月	2017 年 5 月	2017 年 6 月	2017 年 7 月	2017 年 8 月	2017 年 9 月	2017 年 10 月	2017 年 11 月	2018 年 1 月	2018 年 4 月	2018 年 6 月	2018 年 8 月	2018 年 10 月	2019 年 1 月	2019 年 4 月	2019 年 6 月	2019 年 8 月	
坝前 1	48.88	40.87	39.71	39.43	38.56	44.77	52.52	52.74	48.01	32.24	36.06	44.22	48.37	49.00	53.60	46.50	52.80	46.60	48.10	49.00	45.60
坝前 2	45.21	43.77	42.28	43.13	46.08	44.14	52.16	47.57	53.29	39.79	36.87	46.58	50.61	47.70	51.10	50.00	37.30	49.80	51.70	54.80	46.69
坝前 3	45.05	46.22	45.95	44.78	47.97	46.65	48.29	45.24	50.97	38.91	39.97	48.14	48.35	47.20	51.40	46.50	56.70	47.80	47.80	48.30	47.11
刘店 1	47.14	42.72	43.69	44.59	48.50	46.73	46.47	50.31	43.11	33.88	38.95	52.42	49.23	50.20	51.40	48.50	51.00	46.60	48.50	51.50	46.77
刘店 2	49.27	37.83	38.65	44.05	46.15	47.48	54.09	49.04	49.85	36.67	40.56	48.76	51.11	46.50	51.90	48.10	43.50	48.70	48.20	46.10	36.33
刘店 3	48.20	45.03	40.56	43.13	44.94	36.84	53.24	49.28	54.62	23.41	37.21	55.68	51.61	45.70	50.10	46.60	45.80	48.70	47.70	47.70	45.80
钟岭	45.08	43.83	40.40	44.13	41.21	47.25	48.67	49.49	49.65	42.94	42.13	46.78	46.04	47.20	50.70	46.00	45.60	49.80	47.20	47.20	46.07
桂云花	48.86	46.00	44.08	45.85	43.36	50.27	47.36	48.55	52.40	23.34	41.11	56.97	49.65	48.30	48.50	49.60	48.70	50.40	51.30	51.30	47.30
大堡	52.28	47.53	—	41.17	45.05	49.37	49.02	46.89	46.96	33.61	41.57	56.52	47.08	45.50	56.20	50.40	44.80	52.10	53.20	53.20	48.02
平均	47.77	43.76	41.92	43.36	44.65	45.94	50.20	48.79	49.87	33.87	39.38	50.67	49.12	47.48	51.66	48.02	47.36	48.94	49.30	49.90	46.60

2.4 讨论与小结

调查结果显示，碧流河水库pH均偏弱碱性，温度没有显著变化，TN含量平均为1.44 mg/L，TP含量平均为0.07 mg/L，叶绿素a均值为8.23 μg/L。根据《地表水环境质量标准》（GB3838—2002）和《渔业水质标准》（GB11607—1989，表2-34，表2-35），来评价碧流河水库水域环境质量。从整体上看，碧流河水库水质符合我国的渔业水质标准。溶氧是水中生物生存生长的关键因子，影响溶氧收支平衡的因素很多，空气溶氧、光合作用、人工增氧机增氧和水中养殖鱼类呼吸与底泥呼吸等共同影响溶氧的大小，碧流河水库的溶氧非常适合渔业养殖生产。透明度作为反映水质肥沃程度的一个粗略指标，能直观看出水体的能见度，碧流河水库透明度均值132 cm，说明水质肥沃。COD含量均值8.09 mg/L，水体中有机质含量丰富，浮游生物生长茂盛；氨氮处于国家Ⅰ类标准，总氮和总磷是反映水体富营养化程度的重要指标，碧流河水库总磷含量处于国家Ⅱ类标准，总氮含量处于国家Ⅳ类标准，水体状态总体来说为亚健康状态，属于轻度富营养化水体，这可能是由上游入库口农业活动较多造成的。应发挥水库具有的自我净化的功能，再加强水质监测管理，以期更好地保护碧流河水库水资源。

表2-34 碧流河水库水质与地表水水质标准的比较

分类	指标						
	pH	溶氧（mg/L）≥	COD（mg/L）≤	氨氮（mg/L）≤	总氮（mg/L）≤	总磷（mg/L）≤	总磷（mg/L）≤
Ⅰ类	6～9	7.5	15	0.15	0.2	0.02	0.01
Ⅱ类		6	15	0.5	0.5	0.1	0.025
Ⅲ类		5	20	1.0	1.0	0.2	0.05
Ⅳ类		3	30	1.5	1.5	0.3	0.1
Ⅴ类		2	40	2.0	2.0	0.4	0.2
碧流河水库	8.33	7.09 Ⅰ类	8.09 Ⅱ类	0.012 Ⅰ类	1.22 Ⅳ类	0.072 Ⅱ类	

注：表格中的总氮和总磷为湖、库水标准。

表2-35 碧流河水质与《渔业水质标准》（GB11607—1989）的比较

项目	标准	碧流河水库指标	是否符合标准
色臭味	不得使鱼、虾、贝、藻类带有异色、异臭、异味	满足要求	符合标准
漂浮物	不出现明显油膜或浮膜	无明显油膜或浮膜	符合标准
悬浮物	人为增加量不超过10 mg/L，悬浮物沉积于水底，不对鱼、虾、贝类产生影响	4.44 mg/L	基本符合标准
pH	淡水6.5～8.5	8.34	符合标准
溶氧	连续24 h中，16 h以上必须大于5 mg/L，其余任何时候不得低于3 mg/L，对于鲑科鱼类栖息水域冰封期任何时候不得低于4 mg/L	7.09 mg/L	符合标准
非离子氨	≤0.02 mg/L	0.013 mg/L	符合标准

碧流河水库水质指标和富营养化程度与我国北方部分大型水库的比较总结于表2-36和表2-37。从中可见，碧流河水库的水质指标透明度、pH、水温、溶氧都处于正常水平。

表 2-36　碧流河水库水质指标与我国北方部分大型水库的比较

水库名称	调查年份	水深（m）	透明度（m）	水温（℃）	pH	溶氧（mg/L）	总硬度（mmol/L）	总碱度（mmol/L）	总氮 TN（mg/L）	总磷 TP（mg/L）	活性磷（PO_4^{3-}-P）（mg/L）	氨氮（NH_4^+-N）（mg/L）	亚硝酸氮（NO_2^--N）（mg/L）	硝酸氮（NO_3^--N）（mg/L）	化学需氧量（COD）（mg/L）	叶绿素 a（μg/L）	硅酸盐（mg/L）	参考文献
碧流河水库	1989～1991 年	—	1.81	—	7.68	—	0.987	0.75	1.78	0.10	0.012	0.31	0.01	0.48	7.88	—	—	何志辉和王喜庆，1992
	2008～2009 年	—	2.35	—	—	8.92	—	—	2.17	0.02	0.01	0.18	0.02	1.21	2.65	4.75	—	焉鸿启等，2016
	2013～2014 年	—	—	16.9	7.9	8.60	—	—	3.32	0.03	—	0.30	—	—	—	—	—	胡素端，2015
	2013～2015 年	—	—	16.6	7.95	8.96	—	—	2.96	0.03	—	—	—	—	—	—	—	苏广宇，2016
	2018 年	—	—	—	—	—	—	—	1.33	0.08	—	—	—	—	14.45	—	—	周宇，2020
	2018 年	—	1.09	18.2	—	6.29	—	—	0.89	0.08	0.03	0.01	0.09	0.13	3.42	11.91	—	庞雨佳等，2020
	2016～2019 年	14.2	1.32	17.0	8.33	7.09	1.94	1.38	1.22	0.07	0.05	0.012	0.121	0.10	8.09	8.23	3.14	本书
大伙房水库	1992～2002 年	—	—	—	—	—	—	—	1.34	0.04	—	—	—	—	—	—	—	史玉强等，2003
	2008～2009 年	—	2.25	—	—	9.78	—	—	1.93	0.48	0.07	0.02	0.03	0.48	9.28	9.58	—	焉鸿启等，2016
	2002～2009 年	—	1.23	16.1	8.02	8.00	—	—	0.26	0.01	—	0.19	—	—	19.53	—	—	王琼等，2016
桓仁水库	2006～2010 年	—	1.64	10.8	—	—	—	—	1.50	0.02	—	—	—	—	—	4.25	—	尹东鹏等，2021
	2010～2011 年	—	1.46	22.8	8.33	6.52	—	—	3.86	0.08	—	0.15	—	—	—	10.80	—	尹东鹏等，2021
	2012～2014 年	—	1.27	21.2	7.93	9.89	—	—	1.90	0.04	—	0.14	—	—	—	11.28	—	尹东鹏等，2021
	2015～2016 年	—	1.73	15.1	8.41	—	—	—	5.54	0.13	—	0.34	—	—	—	5.56	—	尹东鹏等，2021
	2018 年	—	1.04	18.1	8.89	6.68	—	—	1.06	0.09	—	0.01	—	—	—	18.25	—	尹东鹏等，2021

续表

水库名称	调查年份	水深（m）	透明度（m）	水温（℃）	pH	溶氧（mg/L）	总硬度（mmol/L）	总碱度（mmol/L）	总氮 TN（mg/L）	总磷 TP（mg/L）	活性磷（PO_4^{3-}-P）（mg/L）	氨氮（NH_4^+-N）（mg/L）	亚硝酸氮（NO_2^--N）（mg/L）	硝酸氮（NO_3^--N）（mg/L）	化学需氧量（COD）（mg/L）	叶绿素 a（μg/L）	硅酸盐（mg/L）	参考文献
桓仁水库	2008～2009 年	—	1.59	—	—	10.35	—	—	1.46	0.54	0.12	0.02	0.02	0.58	10.39	9.39	—	焉鸿启等，2016
	2013 年	—	—	—	—	—	—	—	1.65～2.15	0.05～0.12	—	—	—	—	28.77～36.76	—	—	罗根华等，2014
	2018 年	—	1.04	18.1	—	6.68	—	—	1.06	0.09	0.03	0.01	0.09	0.13	3.41	18.24	—	庞雨佳等，2020
汤河水库	1998 年	—	—	—	—	—	—	—	0.77	—	—	—	—	—	—	—	—	李广波和李学森，2003
	2000 年	—	—	—	—	—	—	—	1.16	0.060	—	—	—	—	—	—	—	李广波和李学森，2003
	2008～2009 年	—	1.82	—	—	11.60	—	—	1.71	0.51	0.09	0.01	0.03	0.23	9.72	13.92	—	焉鸿启等，2016
新立城水库	2009～2013 年	—	—	—	7.80～8.30	7.70～9.90	—	—	—	—	—	0.13～0.32	—	—	10.00～18.40	—	—	管桐等，2015
密云水库	2003～2011 年	—	—	17.6	8.27	7.37	3.36	1.79	0.93	0.02	—	0.19	—	—	—	—	—	李东青等，2015
	2012 年	—	—	—	8.32	—	—	—	1.09	0.01	—	0.10	—	—	—	—	—	李万智等，2019
	2016～2018 年	—	—	23.8	8.67	—	6.30	2.46	1.31	0.39	0.02	0.07	0.09	0.13	7.12	11.47	0.22	王哲等，2020
官厅水库	2011 年	—	—	22.5～25.8	8.57～8.98	5.17～9.61	—	—	—	—	—	0.13～0.36	—	—	—	—	—	王静，2012
	2017 年	—	—	—	11.19	5.19	—	—	—	0.20	—	0.58	—	—	—	0.80	—	高星琪等，2019
柴河水库	2002 年	—	—	—	—	—	—	—	0.85	0.10	—	—	—	—	—	—	—	元红，2003

续表

水库名称	调查年份	水深（m）	透明度（m）	水温（℃）	pH	溶氧（mg/L）	总硬度（mmol/L）	总碱度（mmol/L）	总氮 TN（mg/L）	总磷 TP（mg/L）	活性磷（PO_4^{3-}-P）（mg/L）	氨氮（NH_4^+-N）（mg/L）	亚硝酸氮（NO_2^--N）（mg/L）	硝酸氮（NO_3^--N）（mg/L）	化学需氧量（COD）（mg/L）	叶绿素 a（μg/L）	硅酸盐（mg/L）	参考文献
柴河水库	2008～2009 年	—	1.00	—	—	11.11	—	—	1.66	0.53	0.11	0.03	0.02	0.71	9.56	25.95	—	焉鸿启等，2016
观音阁水库	2008～2009 年	—	2.59	—	—	10.61	—	—	1.84	0.69	0.05	0.01	0.02	0.54	11.24	6.91	—	焉鸿启等，2016
英那河水库	2021 年	15.2	1.22	25.3	8.99	9.27	—	0.78	1.23	0.10	0.01	0.01	0.12	0.07	3.27	36.80	6.68	本书
锦凌水库	2019～2020 年	14.0	1.19	14.1	8.54	6.97	3.62	3.08	0.49	0.08	0.01	0.01	0.11	0.04	7.18	11.81	—	张湾等，2021
青山水库	2021 年 10 月	21.3	0.97	15.1	8.36	9.06	2.10	3.33	0.34	0.20	0.02	0.01	0.15	0.10	3.46	15.63	7.13	本书
白石水库	2013～2016 年	—	0.85	14.1	8.30	9.53	4.23	2.96	1.80	0.022	0.034	0.42	0.05	3.63	17.15	16.68	—	本书

表 2-37 碧流河水库水质营养状态等级与我国北方部分大型水库的比较

水库名称	调查年份	评价指标	营养状态等级	参考文献
碧流河水库	2008 ~ 2009 年	综合营养状态指数 TLI(Σ)	中营养	焉鸿启等，2016
	2012 ~ 2016 年	综合营养状态指数 TLI(Σ)	轻度富营养	谢在刚，2018
	2018 年	富营养化综合指数 STSI	轻度富营养	周宇，2020
	2018 年	营养状态指数 EI	中营养	原晖，2021
	2018 年	综合营养状态指数 TLI(Σ)	中 - 富营养	庞雨佳等，2020
	2016 ~ 2019 年	综合营养状态指数 TLI(Σ)	中营养 - 轻度富营养	本书
英那河水库	2018 年	营养状态指数 EI	中营养	原晖，2021
大伙房水库	2008 ~ 2009 年	综合营养状态指数 TLI(Σ)	轻度富营养	焉鸿启等，2016
桓仁水库	2008 ~ 2009 年	综合营养状态指数 TLI(Σ)	轻度富营养	焉鸿启等，2016
	2006 ~ 2010 年	综合营养状态指数 TLI(Σ)	中营养	尹东鹏等，2021
	2010 ~ 2011 年	综合营养状态指数 TLI(Σ)	中营养	尹东鹏等，2021
	2012 ~ 2014 年	综合营养状态指数 TLI(Σ)	中营养	尹东鹏等，2021
	2015 ~ 2016 年	综合营养状态指数 TLI(Σ)	轻度富营养	尹东鹏等，2021
	2018 年	综合营养状态指数 TLI(Σ)	富营养	尹东鹏等，2021
	2018 年	综合营养状态指数 TLI(Σ)	富营养	庞雨佳等，2020
柴河水库	2008 ~ 2009 年	综合营养状态指数 TLI(Σ)	中度富营养	焉鸿启等，2016
观音阁水库	2008 ~ 2009 年	综合营养状态指数 TLI(Σ)	轻度富营养	焉鸿启等，2016
汤河水库	2008 ~ 2009 年	综合营养状态指数 TLI(Σ)	轻度富营养	焉鸿启等，2016
新立城水库	2009 ~ 2013 年	《湖泊（水库）富营养化评价方法及分级技术规定》	中营养 - 轻度富营养	管桐等，2015
松树水库	2018 年	营养状态指数 EI	中营养	原晖，2021
朱家隈子水库	2018 年	营养状态指数 EI	中营养	原晖，2021
石佛寺水库	2013 ~ 2015 年	综合营养状态指数 TLI(Σ)	轻度 - 中度富营养	郭成久等，2016
	2017 年	综合营养状态指数 TLI(Σ)	中度富营养	王丽佳，2019
锦凌水库	2018 年	营养状态指数 EI	轻度富营养	高阳，2020
	2021 年	综合营养状态指数 TLI(Σ)	中营养	张湾等，2021
英那河水库	2021 年	综合营养状态指数 TLI(Σ)	轻度富营养	本书
白石水库	2013 ~ 2016 年	综合营养状态指数 TLI(Σ)	中营养	本书
青山水库	2022 年	综合营养状态指数 TLI(Σ)	中度污染	本书

而总磷、总氮、氨氮、叶绿素 a 以及化学需氧量等评价水体水质的重要指标，在与我国北方部分大型水库对比中，数据水平如下，其中总磷、总氮和叶绿素 a 含量处于中等的水平，而氨氮含量、硝酸氮的含量以及化学需氧量则处于较低的水平。通过计算得到碧流河水库在 2016 ~ 2019 年的综合营养状态指数为中营养 - 轻度富营养型。通过对比碧流河水库的历年数据可知，总氮、氨氮、硝酸氮和透明度的含量整体呈逐年下降趋势，而总磷和亚硝酸氮则呈逐年上升趋势。

第 3 章　碧流河水库浮游植物的群落结构

3.1 引言

浮游植物（phytoplankton）是指水中营浮游生活的微小植物，通常是指浮游藻类。众所周知，浮游植物是水域生态系统中生物群落的重要组成部分，是初级生产者，是滤食性动物的天然饵料，其种类组成和数量变化将直接或间接地影响着水域生态系统的结构与功能。相关研究表明，浮游植物的群落结构及演替与水体理化因子密切相关。因此，浮游植物种群变化情况可作为水质监测的重要参考依据，同时结合浮游动物确定浮游生物对鱼类产量变化的影响。以往关于碧流河水库浮游植物的研究较多，但是在开展辽西北调水工程后还没有系统调查，因此本章对碧流河水库浮游植物群落结构特征进行调查研究，为进一步了解该水库浮游植物群落结构的时空格局特征及其变化规律，并以此为依据评估水库富营养化程度和鱼产力，为确保碧流河水库水质安全和可持续优水渔业开发利用提供科学依据。

3.2 材料与方法

3.2.1 采样时间与样站的设置

自 2016 年 10 月到 2019 年 8 月，对碧流河水库进行浮游植物样品采集，共计 20 次。选取 9 个样站，分别是下游的坝前 1、坝前 2 和坝前 3；中游的刘店 1、刘店 2 和刘店 3；上游八家河河口附近的钟岭，蛤蜊河河口的桂云花和碧流河河口的大堡。仅个别年份冬季大堡样品因河道无水而缺失。除坝前 2 和刘店 2 采表、中和底三层外，其余样站根据实际水深分表、中、底三层采混合样。由于库水深度变化较大，水样分层按如下原则确定：表层采集深度小于 2 m，中层采集深度在 4 ～ 5 m，底层采集深度离水底 2 m 左右。具体调查范围及样站位置如表 2-1 所示。

3.2.2 样品采集与处理

使用水生 -80 型有机玻璃采水器（5 L）采集水样，每个样站取水 5 L，将采集后的水放入水桶中混合均匀。从混合水样中取 1 L 水置于塑料瓶中作为浮游植物样品，立即加入 15 mL 鲁哥氏液并混合均匀。样品在实验室内放置 48 h 后用虹吸管进行浓缩，定容至 100 mL

后装入小塑料瓶中，然后进行定性、定量分析。分析前需充分摇匀样品，后立即从中吸取0.1 mL 混合液小心置于 0.1 mL 浮游植物计数框中，在 10×40 倍显微镜下进行观察计数。每瓶样品计数两片，取平均值。浮游植物参照文献（胡鸿钧等，1980；胡鸿钧和魏印心，2006；施之新，1999；朱浩然等，1991；朱惠忠和陈嘉佑，2000；刘国祥和胡征宇，2012；Zhao *et al.*，2016；克拉默和兰格－贝尔塔洛，2012；Guiry *et al.*，2014）进行定性分析，定量分析参照《水生生物学》（赵文，2016）提供的方法进行，将计数结果换算成密度（$\times10^4$ ind/L），浮游植物比重近似于 1，故体积可直接换算成湿重，乘以浮游植物的密度即为浮游植物生物量（mg/L）。

3.2.3 数据处理方法

实验数据采用 Excel 软件进行处理。浮游植物多样性指数采用香农 - 维纳（Shannon-Wiener）多样性指数和均匀度指数，优势种利用优势度进行确定。

（1）香农 - 维纳多样性指数（H'）：

$$H' = \sum_{i=1}^{S} P_i \log_2 P_i$$

式中，H' 为多样性指数，P_i 是浮游植物总种数中第 i 种的个体数与该群落观察到的总个体数 N 的比值，S 为总种数；H' 变动在零与任何正数之间。群落中当全部个体属于一个物种时，$H'=0$；全部个体属于不同种时，H' 值最大。

（2）均匀度指数（J）：

$$J=H'/\log_2 S$$

式中，H' 为多样性指数；S 为总种数。

（3）优势度（Y）：

$$Y = \frac{n_i}{N} \times f_i$$

式中，n_i 为第 i 种的个体数，N 为所有种类的总个体数，f_i 为第 i 种的出现频率。以 $Y > 0.02$ 的种类为优势种。

3.2.4 数据分析

采用 SPSS 20.0 对实验结果进行统计分析。

3.3 结果与分析

3.3.1 浮游植物种类组成及分布

调查期间，碧流河水库浮游植物经鉴定，共发现 421 种和变种，其中，绿藻门的种数最多，共检出 192 种，占总种数的 45.6%；硅藻门次之，共检出 100 种，占总种数的 23.8%；蓝藻门 53 种，占总种数的 12.6%；裸藻门 44 种，占总种数的 10.4%；金藻门 12 种，占总种数的 2.8%，甲藻门 8 种，占总种数的 1.9%，隐藻门 7 种，占总种数的 1.7%；黄藻门 5 种，占总种数的 1.2%。浮游植物种类组成百分比见图 3-1。碧流河水库浮游植物种类组成及季节分布见表 3-1。

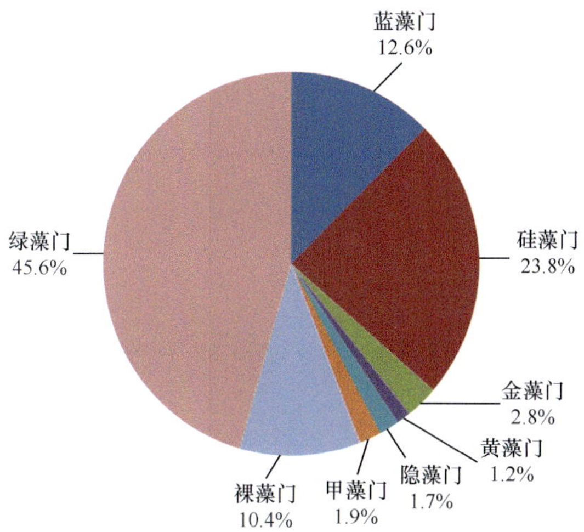

图 3-1　碧流河水库浮游植物种类组成百分比

3.3.2　浮游植物密度

3.3.2.1　浮游植物密度的季节变化

调查期间，碧流河水库浮游植物平均密度为 0.51×10^7 ind/L，密度最大月份为 2017 年 6 月，为 1.97×10^7 ind/L，其中硅藻门占据极大密度优势，浮游植物密度最小月份为 2019 年 4 月，为 0.01×10^7 ind/L（图 3-2）。

3.3.2.2　浮游植物密度的水平变化

调查期间，碧流河水库浮游植物密度在水平方向上表现为：坝前 1 ＞刘店 2 ＞刘店 3 ＞刘店 1 ＞坝前 2 ＞坝前 3 ＞大堡＞桂云花＞钟岭，基本表现为中游＞下游＞上游（图 3-3）。

3.3.2.3　浮游植物密度的垂直变化

调查期间，碧流河水库浮游植物密度在垂直方向上表现为：表层＞中层＞底层（图 3-4）。

3.3.3　浮游植物生物量

3.3.3.1　浮游植物生物量的季节变化

调查期间，碧流河水库浮游植物平均生物量为 5.77 mg/L，其中，2018 年 6 月浮游

表 3-1 碧流河水库浮游植物种类组成及分布

物种	拉丁名	2016年 10月	2016年 11月	2017年 1月	2017年 4月	2017年 5月	2017年 6月	2017年 7月	2017年 8月	2017年 9月	2017年 10月	2017年 11月	2018年 1月	2018年 4月	2018年 6月	2018年 8月	2018年 10月	2019年 1月	2019年 4月	2019年 6月	2019年 8月
蓝藻门	**Cyanophyta**																				
类颤藻鱼腥藻	*Anabaena osicellariordes*	+													+	+				+	+
螺旋鱼腥藻	*Anabaena spiroides*																			+	
多变鱼腥藻	*Anabaena variabilis*									+											
阿氏拟鱼腥藻	*Anabraenopsis arnoldii*			+																	
细小隐球藻	*Aphanocapsa elachista*	+			+	+	+	+			+						+				
灰绿隐杆藻	*Aphanothece pallida*										+										
美丽隐球藻	*Aphanocapsa pulchra*		+	+	+	+	+						+	+			+			+	
水华束丝藻	*Aphanizomenon flos-aquae*										+						+				+
钝顶节旋藻	*Arthrospira platensis*							+	+	+					+	+	+	+		+	+
粘杆星球藻	*Asterocapsa gloeotheceformis*			+																	
小型色球藻	*Chroococcus minor*		+													+	+			+	+
微小色球藻	*Chroococcus minutus*	+	+	+	+	+	+	+	+	+	+	+		+				+			
湖沼色球藻	*Chroococcus limneticus*																			+	
光辉色球藻	*Chroococcus splendidus*																	+		+	
膨胀色球藻	*Chroococcus turgidus*																			+	+
不定腔球藻	*Coelosphaerium dubium*	+		+	+										+	+		+	+		

续表

物种	拉丁名	2016年10月	2016年11月	2017年1月	2017年4月	2017年5月	2017年6月	2017年7月	2017年8月	2017年9月	2017年10月	2017年11月	2018年1月	2018年4月	2018年6月	2018年8月	2018年10月	2019年1月	2019年4月	2019年6月	2019年8月
柔软腔球藻	*Coelosphaerium kuetzingiarum*		+				+														
铜绿蓝杆藻	*Cyanothece aeruginosa*																				+
静水柱孢藻	*Cylindrospermum stagnale*															+					
针状蓝纤维藻	*Dactylococcopsis acicularis*	+							+						+	+				+	+
针晶蓝纤维藻	*Dactylococcopsis rhaphidioides*				+			+		+	+									+	+
居氏粘球藻	*Gloeocapsa kutzingiana*						+														
点形粘球藻	*Gloeocapsa punctata*			+			+														
棕黄粘杆藻	*Gloeothece fusco-lutea*			+																	
线形粘杆藻	*Gloeothece linearis*		+	+	+																
湖生束球藻	*Gomphosphaeria lacustris*																				+
坑形细鞘丝藻	*Leptolyngbya foveolarum*									+								+			
小细鞘丝藻	*Leptolyngbya tenue*							+									+				
优美平裂藻	*Merismopedia elegans*	+	+	+	+	+	+	+	+	+	+	+	+	+	+	+	+	+	+	+	+
银灰平裂藻	*Merismopedia glauca*		+	+	+	+	+	+	+		+			+			+		+	+	+
细小平裂藻	*Merismopedia minima*	+																			

续表

物种	拉丁名	2016年10月	2016年11月	2017年1月	2017年4月	2017年5月	2017年6月	2017年7月	2017年8月	2017年9月	2017年10月	2017年11月	2018年1月	2018年4月	2018年6月	2018年8月	2018年10月	2019年1月	2019年4月	2019年6月	2019年8月
点形平裂藻	*Merismopedia punctata*	+																			
中华平裂藻	*Merismopedia sinica*			+											+						
微小平裂藻	*Merismopedia tenuissima*	+																			+
水华微囊藻	*Microcystis flos-aquae*														+						
边缘微囊藻	*Microcystis marginata*														+				+	+	
圆球念珠藻	*Nostoc sphaericum*																				+
巨颤藻	*Oscillatoria princeps*	+						+													
小颤藻	*Oscillatoria tenuis*							+			+										+
灿烂颤藻	*Oscillatoria splendida*			+	+	+	+			+				+							
美丽颤藻	*Oscillatoria formosa*																		+		
皮状席藻	*Phormidium corium*	+		+		+										+		+			
湖泊浮鞘丝藻	*Planktolyngbya limnetica*		+	+											+	+	+	+		+	+
阿氏浮丝藻	*Planktothrix agardhii*																				
链状伪鱼腥藻	*Pseudanabaena catenata*	+	+	+	+	+	+	+	+	+	+	+	+	+	+		+			+	+
煤黑厚皮藻	*Pleurocapsa fuliginosa*			+																+	
弯形小尖头藻	*Raphidiopsis curvata*	+	+					+		+	+				+	+	+		+	+	+
中华小尖头藻	*Raphidiopsis sinensia*									+					+	+	+		+	+	+

续表

物种	拉丁名	2016年10月	2016年11月	2017年1月	2017年4月	2017年5月	2017年6月	2017年7月	2017年8月	2017年9月	2017年10月	2017年11月	2018年1月	2018年4月	2018年6月	2018年8月	2018年10月	2019年1月	2019年4月	2019年6月	2019年8月
线形棒条藻	*Rhabdoderma lineare*			+																	
大螺旋藻	*Spirulina major*	+																			+
螺旋藻	*Spirulina* sp.																				+
细长聚球藻	*Synechococcus elongatus*																				+
水生集胞藻	*Synechocystis aquatilis*				+	+															
硅藻门	**Bacillariophyta**																				
短小曲壳藻	*Achnanthes exigua*		+	+			+								+	+	+		+	+	+
披针形曲壳藻	*Achnanthes lanceolata*		+																		
翼茧形藻	*Amphiprora alata*																			+	
卵圆双眉藻	*Amphora ovalis*	+	+	+	+	+	+	+		+	+	+	+						+		
美丽星杆藻	*Asterionella formosa*	+		+	+	+	+				+	+	+	+	+		+		+		
扎卡四棘藻	*Attheya zachariasi*	+	+			+				+											
意大利沟链藻	*Aulacoseira granulata*		+					+									+				
颗粒沟链藻	*Aulacoseira granulata*	+	+	+	+	+	+	+	+	+	+	+	+	+	+	+	+	+	+	+	+
颗粒沟链藻最窄变种	*Aulacoseira granulata* var. *angustissima*				+	+		+			+	+	+				+				
颗粒沟链藻螺旋变型	*Aulacoseira granulata* var. *angustissima* f. *spiralis*	+	+	+	+	+	+	+	+		+										
岛沟链藻	*Aulacoseira islandica*		+			+			+	+	+						+		+	+	

续表

物种	拉丁名	2016年10月	2016年11月	2017年1月	2017年4月	2017年5月	2017年6月	2017年7月	2017年8月	2017年9月	2017年10月	2017年11月	2018年1月	2018年4月	2018年6月	2018年8月	2018年10月	2019年1月	2019年4月	2019年6月	2019年8月
舒曼美壁藻	*Caloneis schumanniana*																		+		+
短角美壁藻	*Caloneis silicula*							+											+	+	
布拉马海链藻	*Thalassiosira bramaputrae*	+														+					
广缘小环藻	*Cyclotella bodanica*	+	+	+	+			+						+			+				
科曼小环藻	*Cyclotella comensis*	+	+	+	+	+		+		+	+	+	+	+	+	+	+		+		
扭曲小环藻	*Cyclotella comta*		+	+		+	+		+	+	+				+	+	+				+
梅尼小环藻	*Cyclotella meneghiniana*	+	+	+	+	+	+	+	+	+	+	+	+	+	+	+	+	+	+	+	+
条纹小环藻	*Cyclotella striata*		+							+	+						+				
四角小环藻	*Cyclotella quandrijuncta*					+	+				+						+				
星肋小环藻	*Cyclotella asterocostata*						+				+										
具星小环藻	*Cyclotella stelligera*	+	+	+	+	+	+	+	+	+	+	+	+	+		+	+	+			+
草履波缘藻	*Cymatopleura solea*	+	+			+							+						+	+	
椭圆波缘藻	*Cymatopleura elliptica*			+																	
近缘桥弯藻	*Cymbella affinis*	+			+	+		+		+			+						+		
新月形桥弯藻	*Cymbella cymbiformis*				+																
埃伦桥弯藻	*Cymbella ehrenbergii*	+		+	+	+														+	
极小桥弯藻	*Cymbella perpusilla*					+											+		+		+
平滑桥弯藻	*Cymbella laevis*																+				
细小桥弯藻	*Cymbella pusilla*				+	+				+	+										

续表

物种	拉丁名	2016年10月	2016年11月	2017年1月	2017年4月	2017年5月	2017年6月	2017年7月	2017年8月	2017年9月	2017年10月	2017年11月	2018年1月	2018年4月	2018年6月	2018年8月	2018年10月	2019年1月	2019年4月	2019年6月	2019年8月
膨胀桥弯藻	*Cymbella tumida*				+	+					+	+	+								
披针形桥弯藻	*Cymbella lanceolata*					+															
胡斯特桥弯藻	*Cymbella hustedtii*																		+		
胀大桥弯藻	*Cymbella turgidula*	+																			
普通等片藻	*Diatoma vulgaris*						+														
卵圆双壁藻	*Diploneis ovalis*	+	+	+		+					+									+	+
美丽双壁藻	*Diploneis puella*		+		+						+										
弧形短缝藻	*Eunotia arcus*		+							+											
篦形短缝藻	*Eunotia pectinalis*	+	+	+	+	+	+	+	+	+	+	+	+	+						+	
极小短缝藻	*Eunotia perpusilla*		+			+						+									
尖脆杆藻	*Fragilaria acus*	+	+	+	+	+	+	+	+	+	+	+	+	+	+	+	+	+	+	+	+
双头脆杆藻	*Fragilaria amphicephala*	+	+	+	+	+	+	+	+	+	+	+	+						+		+
肘状脆杆藻	*Fragilaria ulna*										+										
沃切里脆杆藻	*Fragilaria vaucheriae*		+	+		+						+	+								
短线脆杆藻	*Fragilaria brevistriata*		+		+			+													
钝脆杆藻	*Fragilaria capucina*	+	+		+	+	+	+	+		+				+	+	+	+	+		+
连结脆杆藻	*Fragilaria construens*		+					+											+		
克罗脆杆藻	*Fragilaria crotonensis*			+							+						+				

续表

物种	拉丁名	2016年10月	2016年11月	2017年1月	2017年4月	2017年5月	2017年6月	2017年7月	2017年8月	2017年9月	2017年10月	2017年11月	2018年1月	2018年4月	2018年6月	2018年8月	2018年10月	2019年1月	2019年4月	2019年6月	2019年8月
中型脆杆藻	*Fragilaria intermedia*	+	+	+	+	+	+	+	+		+			+							
羽纹脆杆藻	*Fragilaria pinnata*		+	+																	
变绿脆杆藻	*Fragilaria virescens*			+																	
菱形肋缝藻	*Frustulia rhomboides*					+															
尖异极藻	*Gomphonema acuminatum*	+	+		+							+									
尖异极藻布雷变种	*Gomphonema acuminatum* var. *brebissonii*						+														
缢缩异极藻	*Gomphonema constrictum*	+	+	+	+		+														
缢缩异极藻头状变种	*Gomphonema constrictum* var. *capitatum*		+					+		+	+		+	+							
纤细异极藻	*Gomphonema gracile*	+																			
窄异极藻	*Gomphonema angustatum*									+											
小形异极藻	*Gomphonema parvulum*	+		+		+				+	+										
尖布纹藻	*Gyrosigma acuminatum*		+			+				+	+						+				+
细布纹藻	*Gyrosigma kutzingii*				+	+	+				+										
双尖菱板藻小头变型	*Hantzschia amphioxys* f. *capitata*		+																		
变异直链藻	*Melosira varians*	+	+	+	+	+	+	+	+	+	+	+	+	+	+			+	+		

续表

物种	拉丁名	2016年10月	2016年11月	2017年1月	2017年4月	2017年5月	2017年6月	2017年7月	2017年8月	2017年9月	2017年10月	2017年11月	2018年1月	2018年4月	2018年6月	2018年8月	2018年10月	2019年1月	2019年4月	2019年6月	2019年8月
瞳孔舟形藻	*Navicula pupula*	+	+		+	+	+	+	+	+	+	+	+		+				+		
英吉利舟形藻	*Navicula anglica*		+			+															
隐头舟形藻	*Navicula cryptocephala*	+		+	+	+		+	+		+			+	+	+	+	+	+	+	
双头舟形藻	*Navicula dicephala*				+			+			+								+		
短小舟形藻	*Navicula exigua*			+		+		+	+		+				+	+	+	+	+	+	+
微型舟形藻	*Navicula minima*			+																	
扁圆舟形藻	*Navicula placentula*			+								+					+		+		
凸出舟形藻	*Navicula protracta*		+	+	+				+												
放射舟形藻	*Navicula radiosa*	+	+		+	+	+	+	+	+	+			+			+	+	+		
喙头舟形藻	*Navicula rhynchocephala*	+	+														+		+	+	+
舍恩菲尔德舟形藻	*Navicula schoenfeldii*	+																			
针状菱形藻	*Nitzschia acicularis*	+	+																		
两栖菱形藻	*Nitzschia amphibia*	+	+	+	+	+	+	+	+	+	+	+	+	+		+	+				
线形菱形藻	*Nitzschia linearis*					+									+						
放射菱形藻	*Nitzschia holsatica*	+	+			+				+	+				+	+	+	+	+	+	+
池生菱形藻	*Nitzschia stagnorum*					+				+	+							+	+	+	+
谷皮菱形藻	*Nitzschia palea*					+	+	+			+					+	+				+
洛伦菱形藻	*Nitzschia lorenziana*					+													+		
长菱形藻	*Nitzschia longissima*						+			+											
纤细羽纹藻	*Pinnularia gracillima*		+	+																	
大羽纹藻	*Pinnularia major*										+										

续表

物种	拉丁名	2016年10月	2016年11月	2017年1月	2017年4月	2017年5月	2017年6月	2017年7月	2017年8月	2017年9月	2017年10月	2017年11月	2018年1月	2018年4月	2018年6月	2018年8月	2018年10月	2019年1月	2019年4月	2019年6月	2019年8月
中狭羽纹藻	*Pinnularia mesolepta*	+																			
魔石形羽纹藻	*Pinnularia molaris*			+		+															
微绿羽纹藻	*Pinnularia viridis*				+	+	+			+											
纤细桑葚藻	*Pyrobotrys gracilis*				+																
尖辐节藻	*Stauroneis acuta*				+											+					
双头辐节藻	*Stauroneis anceps*	+	+		+	+	+	+	+	+	+	+	+	+	+	+	+	+	+	+	+
紫心辐节藻	*Stauroneis ponietrn*							+													
星形冠盘藻	*Stephanodiscus astraea*	+	+	+	+	+	+		+	+	+			+	+	+					
星形冠盘藻小型变种	*Stephanodiscus astraea* var. *minutula*			+													+				
卵形双菱藻	*Surirella ovata*			+			+	+													
粗壮双菱藻	*Surirella robusta*	+							+		+										
线形双菱藻	*Surirella linearis*					+	+	+			+										
端毛双菱藻	*Surirella capronii*					+	+	+			+			+			+		+		
近缘平板藻	*Tabellaria affinis*		+	+	+	+	+	+	+			+		+			+				
窗格平板藻	*Tabellaria fenestrata*	+	+					+	+			+									
绒毛平板藻	*Tabellaria flocculosa*	+	+	+		+															
金藻门	**Chrysophyta**																				
卵形色金藻	*Chromulina ovalis*	+																			
变形色金藻	*Chromulina pascheri*			+																+	
长锥形锥囊藻	*Dinobryon bavaricum*				+	+															
分歧锥囊藻	*Dinobryon divergens*			+	+	+							+	+	+	+	+	+	+		

续表

物种	拉丁名	2016年10月	2016年11月	2017年1月	2017年4月	2017年5月	2017年6月	2017年7月	2017年8月	2017年9月	2017年10月	2017年11月	2018年1月	2018年4月	2018年6月	2018年8月	2018年10月	2019年1月	2019年4月	2019年6月	2019年8月
密集锥囊藻	*Dinobryon sertularia*			+										+				+			
卵形金杯藻	*Kephyrion ovum*	+		+																	
锥形拟金杯藻	*Kephyriopsis cincta*		+			+											+		+		
具尾鱼鳞藻	*Mallomonas caudate*									+											
变形棕鞭藻	*Ochromonas mutabilis*	+	+		+	+						+	+								+
谷生棕鞭藻	*Ochromonas vallesiaca*			+	+	+	+	+	+	+	+			+							
褐胞藻	*Phaeocystis pouchetii*	+																			
黄群藻	*Synura uvella*	+		+		+	+	+	+	+	+		+								
黄藻门	**Xanthophyta**																				
拟气球藻	*Botrydiopsis arhiza*	+	+	+	+	+	+	+	+	+	+	+	+	+							
树状黄管藻	*Ophiocytium arbuscula*					+				+											
头状黄管藻	*Ophiocytium capitatum*				+	+				+											
近缘黄丝藻	*Tribonema affine*										+				+	+	+				
小型黄丝藻	*Tribonema minus*													+							
隐藻门	**Cryptophyta**																				
尖尾蓝隐藻	*Chroomonas acuta*	+	+	+	+	+	+	+	+	+	+	+	+	+	+	+	+		+	+	+
具尾蓝隐藻	*Chroomonas caudata*																+				
长形蓝隐藻	*Chroomonas oblonga*						+			+											
啮蚀隐藻	*Cryptomonas erosa*	+		+	+	+	+	+	+	+	+			+	+	+	+	+	+	+	+
卵形隐藻	*Cryptomonas ovata*	+	+	+	+	+	+	+	+	+	+	+	+		+	+	+	+	+	+	

续表

物种	拉丁名	2016年10月	2016年11月	2017年1月	2017年4月	2017年5月	2017年6月	2017年7月	2017年8月	2017年9月	2017年10月	2017年11月	2018年1月	2018年4月	2018年6月	2018年8月	2018年10月	2019年1月	2019年4月	2019年6月	2019年8月
反曲隐藻	*Cryptomonas reflexa*		+																	+	+
湖生红胞藻	*Rhodomonas lucustris*																			+	+
甲藻门	**Pyrrophyta**																				
飞燕角甲藻	*Ceratium hirundinella*			+																	
光甲藻	*Glenodinium gymnodinium*	+		+			+													+	+
薄甲藻	*Glenodinium pulvisculus*		+	+	+	+	+		+	+			+	+		+				+	
真蓝裸甲藻	*Gymnodinium eucyaneum*							+			+									+	
裸甲藻	*Gymnodinium aeruginosum*			+															+		
挨尔拟多甲藻	*Peridiniopsis elpatiewskyi*					+	+			+	+									+	
楯形多甲藻	*Peridinium umbonatum*										+										
微小多甲藻	*Peridinium pusillum*															+					+
裸藻门	**Euglenophyta**																				
葡萄异鞭藻	*Anisonema acinus*		+					+		+											
绿色裸藻	*Euglena viridis*					+					+										
梭形裸藻	*Euglena acus*	+	+								+										
尖尾裸藻	*Euglena oxyuris*				+															+	
多形裸藻	*Euglena polymorpha*				+	+	+		+	+											
近轴裸藻	*Euglena proxima*						+		+												

续表

物种	拉丁名	2016年10月	2016年11月	2017年1月	2017年4月	2017年5月	2017年6月	2017年7月	2017年8月	2017年9月	2017年10月	2017年11月	2018年1月	2018年4月	2018年6月	2018年8月	2018年10月	2019年1月	2019年4月	2019年6月	2019年8月
血红裸藻	*Euglena sanguinea*			+		+								+							
鱼形裸藻	*Euglena pisciformis*	+	+											+	+					+	
带形裸藻	*Euglena ehrenbergii*						+														
密盘裸藻	*Euglena wangii*				+	+															
纵纹鳞孔藻	*Lepocinclis longistriata*		+		+																
梭形鳞孔藻	*Lepocinclis marssonii*								+												
卵形鳞孔藻	*Lepocinclis ovum*										+										
椭圆鳞孔藻	*Lepocinclis steinii*		+						+												
编织鳞孔藻	*Lepocinclis texta*	+		+		+				+							+				
粒形扁裸藻	*Phacus granum*			+																	
钩状扁裸藻	*Phacus hamatus*				+	+	+														
曲尾扁裸藻	*Phacus lismorensis*								+												
哑铃扁裸藻	*Phacus peteloti*								+												
宽扁裸藻	*Phacus pleuronectes*			+																	
梨形扁裸藻	*Phacus pyrum*				+					+	+	+		+							
桃形扁裸藻	*Phacus stokesii*			+		+	+		+	+	+	+	+								
具瘤扁裸藻	*Phacus suecicus*				+	+															
扭曲扁裸藻	*Phacus tortus*				+																
三棱扁裸藻	*Phacus triqueter*				+	+		+	+												
波形扁裸藻	*Phacus undulatus*					+															
敏捷扁裸藻	*Phacus agilis*							+	+			+									
平滑袋鞭藻披针变种	*Peranema glabrum* var. *lanceolatum*									+							+				

续表

物种	拉丁名	2016年10月	2016年11月	2017年1月	2017年4月	2017年5月	2017年6月	2017年7月	2017年8月	2017年9月	2017年10月	2017年11月	2018年1月	2018年4月	2018年6月	2018年8月	2018年10月	2019年1月	2019年4月	2019年6月	2019年8月
颗粒囊裸藻	*Trachelomonas granulata*	+	+	+	+	+	+	+	+	+	+	+	+	+						+	
棘刺囊裸藻具冠变种	*Trachelomonas hispida* var. *coronata*								+												
截头囊裸藻	*Trachelomonas abrupta*					+			+												
尾棘囊裸藻	*Trachelomonas armata*			+	+	+	+	+	+	+			+	+							
密集囊裸藻	*Trachelomonas crebea*		+						+								+				
细粒囊裸藻	*Trachelomonas granulosa*					+	+			+											
棘刺囊裸藻	*Trachelomonas hispida*	+	+	+	+	+	+	+	+	+	+					+					
细刺囊裸藻	*Trachelomonas klebsii*		+	+																	
湖生囊裸藻	*Trachelomonas lacustris*									+											
矩圆囊裸藻	*Trachelomonas oblonga*			+	+	+	+	+	+	+	+	+	+	+							+
糙纹囊裸藻	*Trachelomonas scabra*		+		+	+	+		+						+		+			+	+
相似囊裸藻	*Trachelomonas similis*		+			+			+		+										
华丽囊裸藻	*Trachelomonas superba*	+	+	+	+	+		+	+	+	+	+	+								
密刺囊裸藻细小变种	*Trachelomonas sydneyensis* var. *minima*								+												

续表

物种	拉丁名	2016年10月	2016年11月	2017年1月	2017年4月	2017年5月	2017年6月	2017年7月	2017年8月	2017年9月	2017年10月	2017年11月	2018年1月	2018年4月	2018年6月	2018年8月	2018年10月	2019年1月	2019年4月	2019年6月	2019年8月
旋转囊裸藻	*Trachelomonas volvocina*			+		+	+	+													
圆柱囊裸藻	*Trachelomonas cylindrica*		+						+												
绿藻门	**Chlorophyta**																				
粗刺藻	*Acanthosphaera zachariasi*	+	+						+												
集星藻	*Actinastrum hantzschii*	+	+	+		+		+	+	+	+	+	+								
针形纤维藻	*Ankistrodesmus acicularis*		+	+	+				+	+	+				+	+	+	+	+	+	+
狭形纤维藻	*Ankistrodesmus angustus*	+	+												+	+	+	+	+	+	+
卷曲纤维藻	*Ankistrodesmus convolutus*		+	+		+	+		+	+	+	+	+	+		+	+		+	+	+
镰形纤维藻	*Ankistrodesmus falcatus*	+	+	+	+	+	+	+	+	+	+	+	+	+		+			+		
镰形纤维藻奇异变种	*Ankistrodesmus falcatus* var. *mirabilis*										+	+		+							+
螺旋纤维藻	*Ankistrodesmus spiralis*		+	+	+	+	+	+	+	+	+	+	+	+							
四棘鼓藻	*Arthrodesmus convergen*									+											
湖生绿星球藻	*Asterococcus liemneticus*					+						+									
球四鞭藻	*Carteria globulosa*			+																	
克莱四鞭藻	*Carteria klebsii*						+				+									+	+
湖生小桩藻	*Characium limneticum*			+		+											+				

续表

物种	拉丁名	2016年10月	2016年11月	2017年1月	2017年4月	2017年5月	2017年6月	2017年7月	2017年8月	2017年9月	2017年10月	2017年11月	2018年1月	2018年4月	2018年6月	2018年8月	2018年10月	2019年1月	2019年4月	2019年6月	2019年8月
近直立小椿藻	*Characium substrictum*			+																+	
不对称衣藻	*Chlamydomonas asymmetrica*		+	+	+	+	+		+	+					+				+		+
布朗衣藻	*Chlamydomonas braunii*				+				+				+								
德巴衣藻	*Chlamydomonas debaryana*									+											
球衣藻	*Chlamydomonas globosa*	+	+	+	+	+	+	+	+	+	+	+	+	+				+			
微球衣藻	*Chlamydomonas microsphaerella*				+													+			
突变衣藻	*Chlamydomonas mutabilis*				+																
莱哈衣藻	*Chlamydomonas reinhardtii*	+			+		+		+	+	+	+	+	+			+	+		+	
简单衣藻	*Chlamydomonas simplex*				+	+	+		+	+		+	+								+
斯诺衣藻	*Chlamydomonas snowiae*								+												
星芒衣藻	*Chlamydomonas stellata*			+				+	+	+											
椭圆小球藻	*Chlorella ellipsoidea*	+	+	+		+		+								+	+				
蛋白核小球藻	*Chlorella pyrenoidosa*		+	+				+			+					+	+	+		+	+
普通小球藻	*Chlorella vulgaris*	+		+	+	+	+	+	+	+	+	+	+	+	+	+	+	+	+	+	+
绿囊藻	*Chlorobotrys* sp.					+															

续表

物种	拉丁名	2016年10月	2016年11月	2017年1月	2017年4月	2017年5月	2017年6月	2017年7月	2017年8月	2017年9月	2017年10月	2017年11月	2018年1月	2018年4月	2018年6月	2018年8月	2018年10月	2019年1月	2019年4月	2019年6月	2019年8月
土生绿球藻	*Chlorococcum humicola*					+	+	+	+	+	+	+	+				+				
水溪绿球藻	*Chlorococcum infusionum*			+		+		+			+									+	+
长绿梭藻	*Chlorogonium elongatum*				+																
小型拟衣藻	*Chloromonas mikroneusa*								+												
长刺顶棘藻	*Chodatella longiseta*					+	+	+		+	+		+				+	+			
四刺顶棘藻	*Chodatella quadriseta*		+	+	+	+	+					+	+	+	+					+	
十字顶棘藻	*Chodatella wratislaviensis*				+	+							+	+	+		+	+	+	+	
纤毛顶棘藻	*Chodatella ciliata*										+									+	
脆弱刚毛藻	*Cladophora fracta*																				+
月牙新月藻	*Closterium cynthia*	+	+																		
厚顶新月藻	*Closterium dianae*			+							+						+		+		
纤细新月藻	*Closterium gracile*		+	+							+	+			+		+				
库津新月藻	*Closterium kuetzingii*														+						
锐新月藻	*Closterium acerosum*		+																		
莱布新月藻	*Closterium leibleinii*																+	+			
小新月藻	*Closterium venus*										+						+				+
披针新月藻	*Closterium lanceolatum*																+				
微小新月藻	*Closterium parvulum*	+																			
球粒藻	*Coccomonas orbicularis*	+									+										

续表

物种	拉丁名	2016年10月	2016年11月	2017年1月	2017年4月	2017年5月	2017年6月	2017年7月	2017年8月	2017年9月	2017年10月	2017年11月	2018年1月	2018年4月	2018年6月	2018年8月	2018年10月	2019年1月	2019年4月	2019年6月	2019年8月
胶球藻	*Coccomyxa dispar*		+						+				+								
扁圆卵形藻	*Cocconeis placentula*		+			+									+	+					
小空星藻	*Coelastrum microporum*		+	+	+			+			+				+		+			+	+
空星藻	*Coelastrum sphaericum*								+		+						+				
网状空星藻	*Coelastrum reticulatum*																			+	+
短鼓藻	*Cosmarium abbreviatum*	+								+											
布莱鼓藻	*Cosmarium blyttii*	+		+	+																
圆鼓藻	*Cosmarium circulare*	+			+					+	+	+				+				+	
胡瓜鼓藻	*Cosmarium cucumis*			+																	
美丽鼓藻	*Cosmarium formosulum*				+												+			+	
球鼓藻	*Cosmarium globosum*						+			+	+										
光滑鼓藻	*Cosmarium laeve*	+	+	+	+			+	+		+	+			+		+				+
梅尼鼓藻	*Cosmarium meneghinii*	+																			
扁鼓藻	*Cosmarium depressum*								+											+	+
钝鼓藻	*Cosmarium obtusatum*																+			+	
雷尼鼓藻	*Cosmarium regnellii*																+				
方鼓藻	*Cosmarium quadrum*										+										
三叶鼓藻	*Cosmarium trilobulatum*																			+	

续表

物种	拉丁名	2016年10月	2016年11月	2017年1月	2017年4月	2017年5月	2017年6月	2017年7月	2017年8月	2017年9月	2017年10月	2017年11月	2018年1月	2018年4月	2018年6月	2018年8月	2018年10月	2019年1月	2019年4月	2019年6月	2019年8月
四列鼓藻	*Cosmarium quadrifarium*																			+	
近前膨胀鼓藻	*Cosmarium subprotumidum*																+				
顶锥十字藻	*Crucigenia apiculata*	+	+	+	+	+	+		+	+		+					+	+			
华美十字藻	*Crucigenia lauterbornii*	+	+	+		+															
四角十字藻	*Crucigenia quadrata*	+	+	+	+	+					+		+				+				
四足十字藻	*Crucigenia tetrapedia*	+		+	+	+				+	+	+	+				+				
直角十字藻	*Crucigenia rectangularis*									+											
铜钱形十字藻	*Crucigenia fenestrata*		+								+										
筒藻	*Cylindrocapsa geminella*																+			+	
美丽网球藻	*Dictyosphaerium pulchellum*				+												+				
异形藻	*Dysmorphococcus variabilis*								+	+											
棘鞘藻	*Echinocoleum elegans*								+												
棘球藻	*Echinosphaerella limnetica*							+													
纺锤藻	*Elakatothrix gelatinosa*							+													
胶星藻	*Gloeoactinium limneticum*			+	+	+		+		+				+							

续表

物种	拉丁名	2016年10月	2016年11月	2017年1月	2017年4月	2017年5月	2017年6月	2017年7月	2017年8月	2017年9月	2017年10月	2017年11月	2018年1月	2018年4月	2018年6月	2018年8月	2018年10月	2019年1月	2019年4月	2019年6月	2019年8月
卵形胶囊藻	*Gloeocystis ampla*					+															
胶带藻	*Gloeotaenium loitelsbergerianum*			+		+							+								
疏刺多芒藻	*Golenkinia paucispina*		+				+		+	+											
棒形鼓藻	*Gonatozygon monotaemium*																				+
水网藻	*Hydrodictyon reticulatum*																+				
扭曲蹄形藻	*Kirchneriella contorta*	+						+											+		
蹄形藻	*Kirchneriella lunaris*		+	+	+	+	+	+		+	+	+	+	+		+				+	
肥壮蹄形藻	*Kirchneriella obesa*	+		+				+		+	+						+	+	+		
细克里藻	*Klebsormidium subtile*																	+		+	
微芒藻	*Micractinium pusillum*	+															+				
翅微星鼓藻	*Micrasterias alata*							+													
小转板藻	*Mougeotia parvula*																+				+
厚壁微孢藻	*Microspora pachyderma*																				+
肾形藻	*Nephrocytium agardhianum*								+												
新月肾形藻	*Nephrocytium lunatum*			+		+		+													
枝鞘藻	*Oedocladium* sp.																+				
波吉卵囊藻	*Oocystis borgei*		+	+	+	+		+	+	+		+	+					+			

续表

物种	拉丁名	2016年10月	2016年11月	2017年1月	2017年4月	2017年5月	2017年6月	2017年7月	2017年8月	2017年9月	2017年10月	2017年11月	2018年1月	2018年4月	2018年6月	2018年8月	2018年10月	2019年1月	2019年4月	2019年6月	2019年8月
湖生卵囊藻	*Oocystis lacustris*	+	+		+	+	+	+	+	+	+	+	+	+	+		+	+		+	
小形卵囊藻	*Oocystis parva*		+			+					+										+
单生卵囊藻	*Oocystis solitaria*	+	+		+	+	+	+	+	+	+			+	+	+	+	+			+
红色四集藻	*Palmella miniata*					+															
粘四集藻	*Palmella mucosa*		+			+			+												
集球藻	*Palmellococcus miniatus*	+	+	+		+		+	+	+			+				+				
实球藻	*Pandorina morum*				+	+	+													+	+
斯氏盘星藻	*Pediastrum sturmi*																+				
短棘盘星藻	*Pediastrum boryanum*																+			+	+
短棘盘星藻长角变种	*Pediastrum boryanum* var. *longicorne*																+				
短棘盘星藻颗粒变种	*Pediastrum boryanum* var. *granulatum*																			+	
双射盘星藻	*Pediastrum biradiatum*		+				+				+							+			
二角盘星藻	*Pediastrum duplex*		+							+							+	+		+	+
二角盘星藻山西变种	*Pediastrum duplex* var. *shanxiensis*										+						+				+
二角盘星藻大孔变种	*Pediastrum duplex* var. *clathratum*										+						+		+	+	+
二角盘星藻纤细变种	*Pediastrum duplex* var. *gracillimum*										+						+				
二角盘星藻圆形变种	*Pediastrum duplex* var. *rotundatum*																+				+

续表

物种	拉丁名	2016年10月	2016年11月	2017年1月	2017年4月	2017年5月	2017年6月	2017年7月	2017年8月	2017年9月	2017年10月	2017年11月	2018年1月	2018年4月	2018年6月	2018年8月	2018年10月	2019年1月	2019年4月	2019年6月	2019年8月
二角盘星藻网状变种	*Pediastrum duplex* var. *reticulatum*																				+
单角盘星藻	*Pediastrum simplex*								+		+										
单角盘星藻具孔变种	*Pediastrum simplex* var. *duodenaarium*										+										
单角盘星藻粒刺变种	*Pediastrum simplex* var. *echinulatum*									+	+										
四角盘星藻四齿变种	*Pediastrum tetras* var. *tetraodon*								+	+										+	+
整齐盘星藻	*Pediastrum integrum*																+				+
十字柱形鼓藻	*Penium cruciferum*			+																	
透镜壳衣藻	*Phacotus lenticularis*		+					+	+	+	+	+	+								+
壳衣藻	*Phacotus* sp.																				+
浮球藻	*Planktosphaeria gelatinosa*		+			+	+	+	+	+				+							+
杂球藻	*Pleodorina californica*									+											
多突藻	*Polyedriopsis spinulosa*		+	+	+	+	+	+	+	+	+	+	+								
素衣藻	*Polytoma uvella*					+			+				+								
柯氏并联藻	*Quadrigula chodatii*		+				+				+					+	+			+	+
针丝藻	*Raphidonema nivale*		+						+												
丰富栅藻	*Scenedesmus abundans*	+	+	+	+	+	+	+	+	+	+		+		+		+		+	+	+
尖细栅藻	*Scenedesmus acuminatus*											+					+				

续表

物种	拉丁名	2016年10月	2016年11月	2017年1月	2017年4月	2017年5月	2017年6月	2017年7月	2017年8月	2017年9月	2017年10月	2017年11月	2018年1月	2018年4月	2018年6月	2018年8月	2018年10月	2019年1月	2019年4月	2019年6月	2019年8月
弯曲栅藻	*Scenedesmus arcuatus*			+	+						+	+					+				
被甲栅藻	*Scenedesmus armatus*	+	+	+	+	+	+	+	+	+	+	+	+	+							
单列栅藻	*Scenedesmus linearis*	+	+	+	+	+	+	+	+	+	+	+	+		+	+	+	+	+	+	+
龙骨栅藻	*Scenedesmus carinatus*	+	+			+		+												+	+
齿牙栅藻	*Scenedesmus denticulatus*	+	+	+			+				+	+	+								
二形栅藻	*Scenedesmus dimorphus*		+			+	+	+	+	+	+				+		+			+	+
爪哇栅藻	*Scenedesmus javaensis*	+				+	+				+	+		+			+	+			
斜生栅藻	*Scenedesmus obliquus*		+									+	+				+				+
裂孔栅藻	*Scenedesmus perforatus*	+	+			+	+									+					
扁盘栅藻	*Scenedesmus platydiscus*			+						+											+
阿库栅藻	*Scenedesmus acunae*									+	+		+						+		+
巴西栅藻	*Scenedesmus brasiliensis*		+								+										
史密斯栅藻	*Scenedesmus smithii*	+	+								+								+		+
古氏栅藻	*Scenedesmus gutwinski*										+		+								
双尾栅藻	*Scenedesmus bicaudatus*										+										+

续表

物种	拉丁名	2016年10月	2016年11月	2017年1月	2017年4月	2017年5月	2017年6月	2017年7月	2017年8月	2017年9月	2017年10月	2017年11月	2018年1月	2018年4月	2018年6月	2018年8月	2018年10月	2019年1月	2019年4月	2019年6月	2019年8月
光滑栅藻	*Scenedesmus ecornis*																+				
钝形栅藻	*Scenedesmus obtusus*																+				+
纤维形栅藻	*Scenedesmus ankisrtrodesmoides*																+				+
尖锐栅藻	*Scenedesmus acutus*																+				
小刺栅藻	*Scenedesmus microspina*										+								+		
珊瑚栅藻	*Scenedesmus corallinus*					+													+		
厚顶栅藻	*Scenedesmus incrassatulus*																		+		
四尾栅藻	*Scenedesmus quadricauda*	+	+	+		+	+	+	+	+	+	+	+		+	+	+	+	+	+	+
拟菱形弓形藻	*Schroederia nitzschioides*	+	+	+	+	+		+	+				+	+							+
硬弓形藻	*Schroederia robusta*		+							+						+					
螺旋弓形藻	*Schroederia spiralis*	+	+					+		+					+	+	+				+
中华螺翼藻	*Scotiella sinica*				+	+			+												
月牙藻	*Selenastrum bibraianum*			+		+		+													
纤细月牙藻	*Selenastrum gracile*	+	+	+																	
小形月牙藻	*Selenastrum minutum*	+	+					+	+				+		+	+	+		+	+	+
端尖月牙藻	*Selenastrum westii*										+						+				
球囊藻	*Sphaerocystis schroeteri*	+	+			+		+	+				+								

续表

物种	拉丁名	2016年10月	2016年11月	2017年1月	2017年4月	2017年5月	2017年6月	2017年7月	2017年8月	2017年9月	2017年10月	2017年11月	2018年1月	2018年4月	2018年6月	2018年8月	2018年10月	2019年1月	2019年4月	2019年6月	2019年8月
膨胀角星鼓藻	*Staurastrum dilatatum*																		+		
纤细角星鼓藻	*Staurastrum gracile*		+	+	+	+	+	+		+	+				+	+	+	+		+	
珍珠角星鼓藻	*Staurastrum margaritaceum*									+		+	+				+			+	+
成对角星鼓藻	*Staurastrum gemelliparum*																			+	
杆裂丝藻	*Stichococcus bacillaris*			+																	
水绵	*Spirogyra* sp.	+											+							+	
四球藻	*Tetrachlorella alternans*		+		+				+												
湖生四孢藻	*Tetraspora lacustris*												+								
整齐四角藻	*Tetraëdron regulare*																+				
具尾四角藻	*Tetraëdron caudatum*									+								+		+	
微小四角藻	*Tetraëdron minimum*	+				+					+					+	+			+	+
三叶四角藻	*Tetraëdron trilobulatum*	+																			
三角四角藻	*Tetraëdron trigonum*																				+
膨胀四角藻	*Tetraëdron tumidulum*	+	+	+	+			+		+	+						+			+	+
四月藻	*Tetrallantos lagerkeimii*					+															
网膜藻	*Tetrasporidium javanicum*				+	+			+	+											
单棘四星藻	*Tetrastrum hastiferum*	+		+	+	+		+					+					+	+		

续表

物种	拉丁名	2016年10月	2016年11月	2017年1月	2017年4月	2017年5月	2017年6月	2017年7月	2017年8月	2017年9月	2017年10月	2017年11月	2018年1月	2018年4月	2018年6月	2018年8月	2018年10月	2019年1月	2019年4月	2019年6月	2019年8月
异刺四星藻	*Tetrastrum heterocanthum*	+																			
短刺四星藻	*Tetrastrum staurogeniaeforme*	+																			
平滑四星藻	*Tetrastrum glabrum*																			+	
粗刺四刺藻	*Treubaria crassispina*				+		+								+				+	+	+
网纹小箍藻	*Trochiscia reticularis*			+				+												+	+
细丝藻	*Ulothrix tenerrima*		+																		
环丝藻	*Ulothrix zonata*																+				
美丽团藻	*Volvox aureus*					+		+							+						
韦氏藻	*Westella botryoides*	+		+	+	+	+	+	+	+	+	+	+	+			+		+	+	+
线形拟韦氏藻	*Westellopsis linearis*		+		+																
对称多棘鼓藻	*Xnhdu nioau*	+																			
双星藻	*Zygnema* sp.																		+		

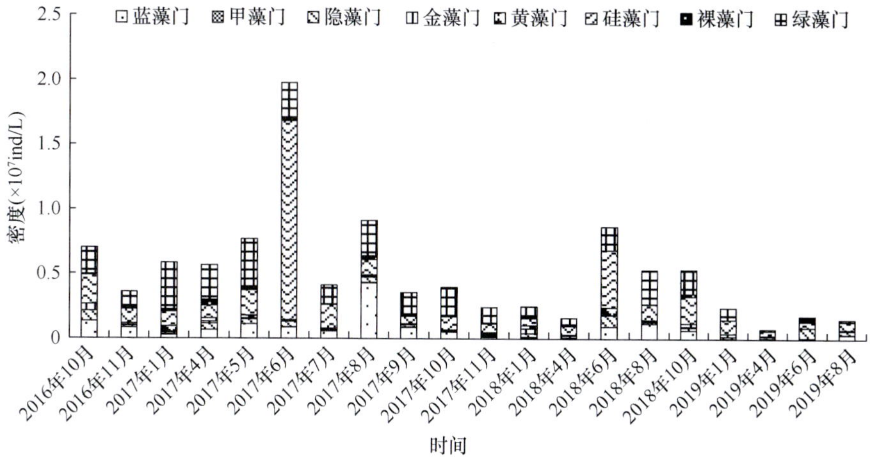

图 3-2　碧流河水库浮游植物密度的季节变化

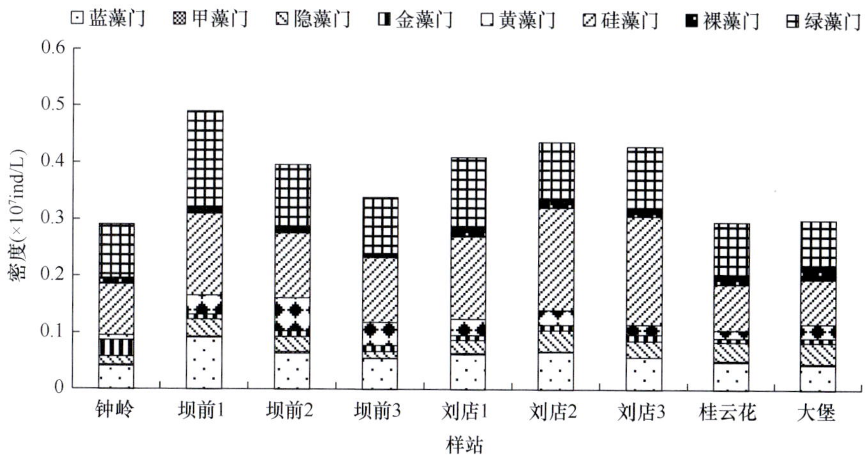

图 3-3　碧流河水库浮游植物密度的水平分布

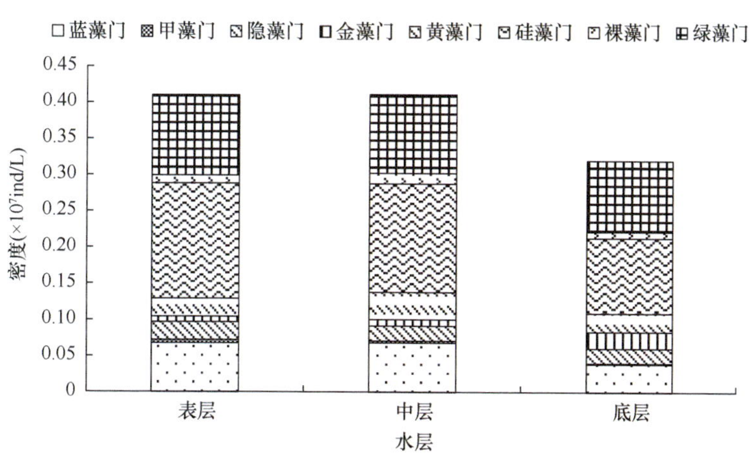

图 3-4　碧流河水库浮游植物密度的垂直分布

植物生物量最大，为 21.84 mg/L，其中硅藻门在生物量中占据极大优势，浮游植物生物量最小的月份为 2017 年 11 月，为 1.36 mg/L（图 3-5）。

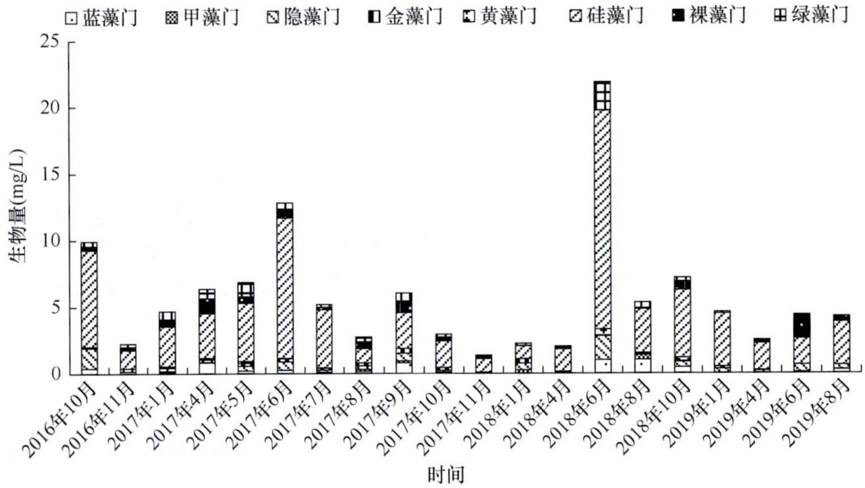

图 3-5　碧流河水库浮游植物生物量的季节变化

3.3.3.2　浮游植物生物量的水平变化

调查期间，碧流河水库浮游植物生物量在水平方向上的变化表现为：坝前 3 ＞坝前 1 ＞钟岭＞刘店 2 ＞坝前 2 ＞刘店 1 ＞大堡＞刘店 3 ＞桂云花，大致表现为：下游＞中游＞上游（图 3-6）。

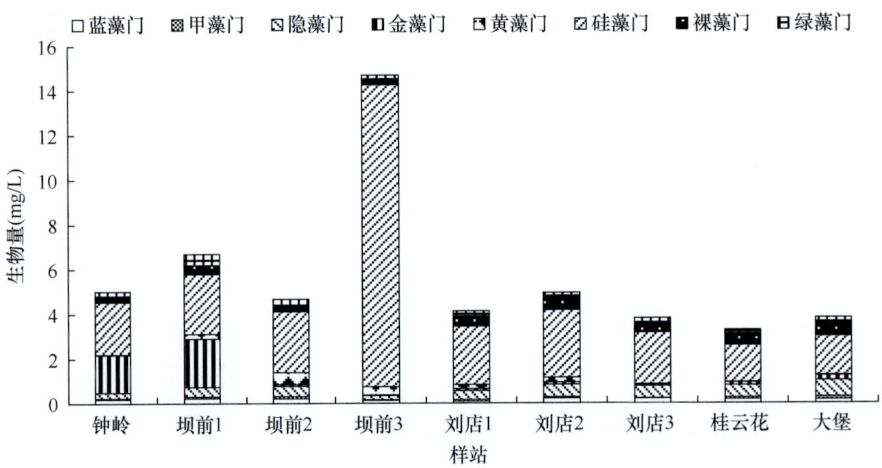

图 3-6　碧流河水库浮游植物生物量的水平分布

3.3.3.3　浮游植物生物量的垂直变化

调查期间，碧流河水库浮游植物生物量的垂直变化表现为：中层＞表层＞底层（图 3-7）。

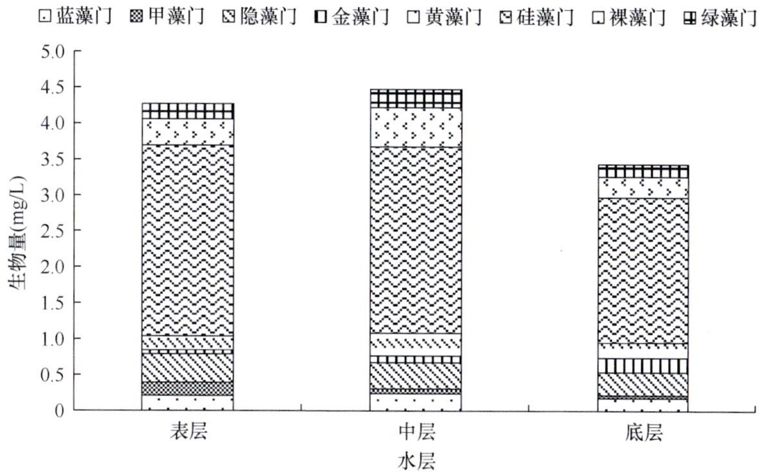

图 3-7 碧流河水库浮游植物生物量的垂直变化

3.3.4 浮游植物多样性指数与均匀度指数

3.3.4.1 浮游植物多样性指数与均匀度指数的季节变化

调查期间，碧流河水库浮游植物多样性指数平均值为 3.47，秋季＞春季＞冬季＞夏季；均匀度指数的平均值为 0.72，秋季＞春季＞冬季＞夏季，整体来看，碧流河水库浮游植物多样性介于较好与非常丰富之间（图 3-8）。

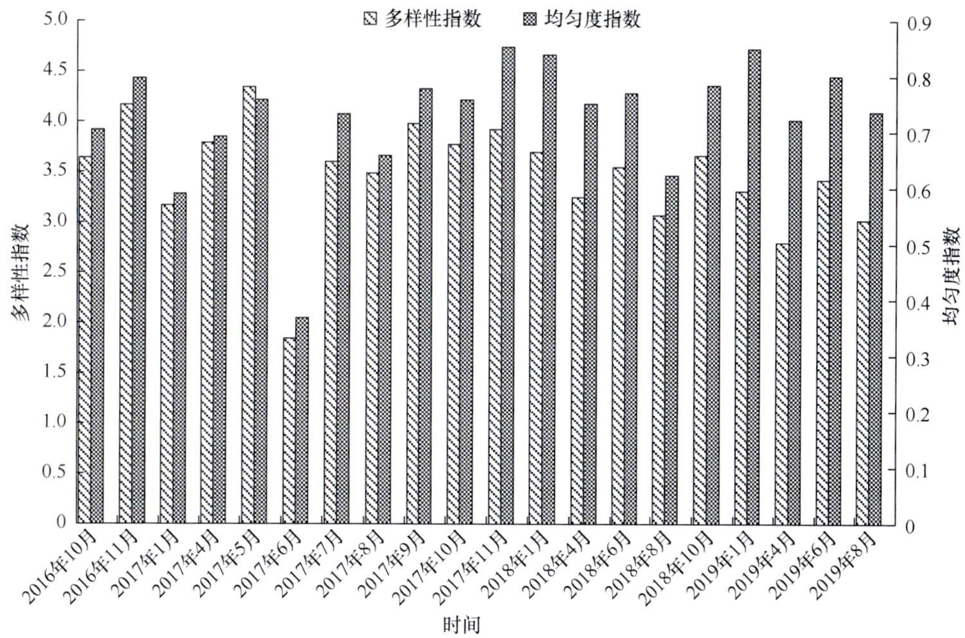

图 3-8 碧流河水库浮游植物多样性指数与均匀度指数的季节变化

3.3.4.2 浮游植物多样性指数与均匀度指数的水平变化

调查期间，碧流河水库浮游植物多样性指数在水平方向上的变化表现为：上游＞中游＞下游；均匀度指数在水平方向上的变化表现为：上游＞中游＞下游（图 3-9）。

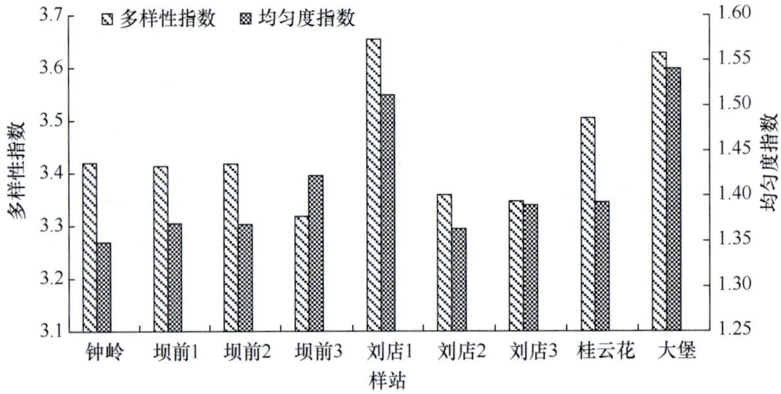

图 3-9　碧流河水库浮游植物多样性指数与均匀度指数的水平变化

3.3.4.3 浮游植物多样性指数与均匀度指数的垂直变化

调查期间，碧流河水库浮游植物多样性指数在垂直方向上表现为：表层＞中层＞底层；均匀度指数在垂直方向上表现为：底层＞中层＞表层（图 3-10）。

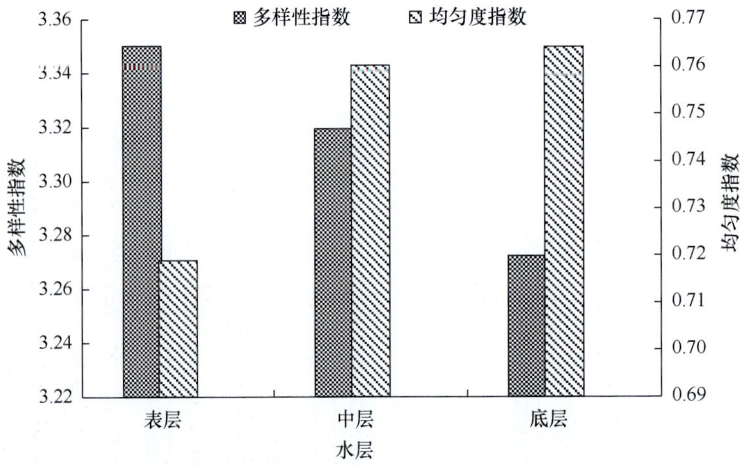

图 3-10　碧流河水库浮游植物多样性指数与均匀度指数的垂直变化

3.3.5 浮游植物优势种及优势度

调查期间，碧流河水库浮游植物优势种共有 77 种，其中，蓝藻门 15 种，硅藻门 20 种，黄藻门 2 种，金藻门 3 种，隐藻门 3 种，裸藻门 3 种，绿藻门 31 种，碧流河水库各月浮游植物优势种及优势度见表 3-2。

表 3-2　碧流河水库浮游植物优势种及优势度

2016 年 10 月		2016 年 11 月				2017 年 1 月		2017 年 4 月		2017 年 5 月		2017 年 6 月	
优势种	优势度	优势种	优势度	优势种	优势度	优势种	优势度	优势种	优势度	优势种	优势度	优势种	优势度
大螺旋藻	0.02	尖尾蓝隐藻	0.02	冰岛直链藻	0.03	啮蚀隐藻	0.02	具星小环藻	0.02	拟气球藻	0.02	优美平裂藻	0.02
颗粒沟链藻	0.02	近缘平板藻	0.02	啮噬隐藻	0.03	螺旋纤维藻	0.02	微小色球藻	0.03	胶星藻	0.02	尖脆杆藻	0.02
十字藻	0.02	梅尼小环藻	0.02	具星小环藻	0.03	纤细角星鼓藻	0.02	镰形纤维藻	0.03	镰形纤维藻奇异变种	0.02	球衣藻	0.02
纤细月牙藻	0.02	变形棕鞭藻	0.02	变异直链藻	0.03	肘状脆杆藻	0.03	胶星藻	0.03	四刺顶棘藻	0.02	肘状脆杆藻	0.03
普通小球藻	0.03	球衣藻	0.02	线形拟韦氏藻	0.03	镰形纤维藻	0.03	梅尼小环藻	0.04	篦形短缝藻	0.02	普通小球藻	0.05
尖针杆藻	0.04	篦形短缝藻	0.02	螺旋纤维藻	0.03	镰形纤维藻奇异变种	0.03	拟气球藻	0.04	灿烂颤藻	0.02	篦形短缝藻	0.71
球衣藻	0.04	微小四角藻	0.02	链状伪鱼腥藻	0.03	具星小环藻	0.04	肘状脆杆藻	0.05	颗粒囊裸藻	0.02		
变形棕鞭藻	0.07	多突藻	0.02	卷曲纤维藻	0.03	梅尼小环藻	0.06	美丽隐球藻	0.06	多突藻	0.02		
梅尼小环藻	0.09	中型脆杆藻	0.02	四刺顶棘藻	0.04	拟气球藻	0.07	矩圆囊裸藻	0.06	球衣藻	0.02		
肘状脆杆藻	0.1	瞳孔舟形藻	0.02	微小色球藻	0.04	球衣藻	0.08	尖尾蓝隐藻	0.07	梅尼小环藻	0.02		
啮蚀隐藻	0.11	集星藻	0.02	双对栅藻	0.05	普通小球藻	0.37	球衣藻	0.1	链状伪鱼腥藻	0.02		
链状伪鱼腥藻	0.13	尖脆杆藻	0.02	卵圆双眉藻	0.05			普通小球藻	0.2	镰形纤维藻	0.02		
		颗粒沟链藻	0.02	蹄形藻	0.05					具星小环藻	0.02		
		多棘栅藻	0.02	小型色球藻	0.06					美丽隐球藻	0.02		
		椭圆小球藻	0.03	优美平裂藻	0.07					微小四角藻	0.02		
		纤细月牙藻	0.03	尖脆杆藻	0.2					卵形隐藻	0.02		
		拟气球藻	0.03							矩圆囊裸藻	0.03		
										尖脆杆藻	0.03		
										细小隐球藻	0.03		
										螺旋纤维藻	0.03		
										被甲栅藻	0.03		
										普通小球藻	0.03		
										肘状脆杆藻	0.04		
										尖尾蓝隐藻	0.05		

续表

2017年7月		2017年8月		2017年9月		2017年10月		2017年11月		2018年1月		2018年4月	
优势种	优势度	优势种	优势度	优势种	优势度	优势种	优势度	优势种	优势度	优势种	优势度	优势种	优势度
链状伪鱼腥藻	0.02	微小四角藻	0.02	尖尾蓝隐藻	0.02	镰形纤维藻奇异变种	0.02	拟气球藻	0.02	双对栅藻	0.02	谷生棕鞭藻	0.02
啮蚀隐藻	0.02	梅尼小环藻	0.02	科曼小环藻	0.02	颗粒沟链藻	0.02	颗粒沟链藻	0.02	莱哈衣藻	0.02	颗粒囊裸藻	0.02
球衣藻	0.02	球衣藻	0.02	莱哈衣藻	0.02	被甲栅藻	0.02	具星小环藻	0.02	变异直链藻	0.02	球衣藻	0.02
钝顶节旋藻	0.02	优美平裂藻	0.02	蹄形藻	0.02	双对栅藻	0.02	篦形短缝藻	0.02	尖脆杆藻	0.02	梅尼小环藻	0.02
银灰平裂藻	0.02	单生卵囊藻	0.02	被甲栅藻	0.02	齿牙栅藻	0.02	蹄形藻	0.02	尖尾蓝隐藻	0.02	尖尾蓝隐藻	0.02
双对栅藻	0.02	镰形纤维藻奇异变种	0.02	梅尼小环藻	0.02	拟气球藻	0.02	尖尾蓝隐藻	0.02	镰形纤维藻奇异变种	0.02	分歧锥囊藻	0.03
篦形短缝藻	0.02	微小色球藻	0.02	湖生卵囊藻	0.02	梅尼小环藻	0.02	被甲栅藻	0.02	被甲栅藻	0.02	美丽星杆藻	0.03
多突藻	0.02	肘状脆杆藻	0.02	尖脆杆藻	0.02	优美平裂藻	0.03	双对栅藻	0.02	镰形纤维藻	0.02	韦氏藻	0.03
梅尼小环藻	0.02	尖脆杆藻	0.02	卷曲纤维藻	0.02	变异直链藻	0.03	土生绿球藻	0.02	优美平裂藻	0.02	矩圆囊裸藻	0.03
拟气球藻	0.02	普通小球藻	0.03	单生卵囊藻	0.02	具星小环藻	0.03	肘状脆杆藻	0.03	拟气球藻	0.02	拟气球藻	0.03
普通小球藻	0.02	啮蚀隐藻	0.03	具星小环藻	0.02	尖脆杆藻	0.03	尖脆杆藻	0.03	啮噬隐藻	0.03	镰形纤维藻	0.03
镰形纤维藻奇异变种	0.03	韦氏藻	0.03	卵形隐藻	0.02	肘状脆杆藻	0.03	优美平裂藻	0.03	普通小球藻	0.03	普通小球藻	0.04
具星小环藻	0.03	银灰平裂藻	0.04	镰形纤维藻奇异变种	0.02	球衣藻	0.03	卷曲纤维藻	0.03	双头辐节藻	0.03	肘状脆杆藻	0.04
土生绿球藻	0.03	螺旋纤维藻	0.05	啮蚀隐藻	0.03	卷曲纤维藻	0.04	瞳孔舟形藻	0.03	颗粒沟链藻	0.03	尖脆杆藻	0.14
变异直链藻	0.03	颗粒囊裸藻	0.06	球衣藻	0.03	链状伪鱼腥藻	0.07	梅尼小环藻	0.03	卵形隐藻	0.03		
颗粒囊裸藻	0.03	链状伪鱼腥藻	0.11	微小四角藻	0.03	普通小球藻	0.16	变异直链藻	0.03	梅尼小环藻	0.03		
优美平裂藻	0.03			螺旋纤维藻	0.03			普通小球藻	0.03	球衣藻	0.03		
尖脆杆藻	0.04			肘状脆杆藻	0.03			镰形纤维藻奇异变种	0.03	肘状脆杆藻	0.04		
肘状脆杆藻	0.04			桃形扁裸藻	0.04			镰形纤维藻	0.03	矩圆囊裸藻	0.04		
螺旋纤维藻	0.06			颗粒囊裸藻	0.06			球衣藻	0.03	分歧锥囊藻	0.05		
				普通小球藻	0.08			链状伪鱼腥藻	0.04				
				链状伪鱼腥藻	0.08			矩圆囊裸藻	0.05				

续表

2018 年 6 月		2018 年 8 月		2018 年 10 月		2019 年 1 月		2019 年 4 月		2019 年 6 月		2019 年 8 月	
优势种	优势度	优势种	优势度	优势种	优势度	优势种	优势度	优势种	优势度	优势种	优势度	优势种	优势度
湖泊鞘丝藻	0.05	钝顶节旋藻	0.30	钝顶节旋藻	0.01	变异直链藻	0.06	尖尾蓝隐藻	0.04	湖泊鞘丝藻	0.02	弯头小尖头藻	0.03
弯头小尖头藻	0.04	湖泊鞘丝藻	0.19	湖泊鞘丝藻	0.08	放射菱形藻	0.05	针晶蓝纤维藻	0.02	尖尾蓝隐藻	0.22	类颤藻鱼腥藻	0.02
短小曲壳藻	0.16	短小曲壳藻	0.04	拟鱼腥藻	0.03	尖脆杆藻	0.11	尖脆杆藻	0.29	短小曲壳藻	0.12	尖尾蓝隐藻	0.04
短小舟形藻	0.02	钝脆杆藻	0.03	放射菱形藻	0.04	颗粒沟链藻	0.08	肘状脆杆藻	0.27	尖脆杆藻	0.20	湖泊鞘丝藻	0.17
尖脆杆藻	0.25	尖脆杆藻	0.09	尖脆杆藻	0.09	梅尼小环藻	0.06	十字顶棘藻	0.16	肘状脆杆藻	0.07	肘状脆杆藻	0.17
肘状脆杆藻	0.06	蛋白核小球藻	0.04	颗粒沟链藻	0.04	肘状脆杆藻	0.08	狭形纤维藻	0.05	卵形隐藻	0.02	尖脆杆藻	0.26
近缘黄丝藻	0.06	狭形纤维藻	0.03	梅尼小环藻	0.18	啮蚀隐藻	0.05	普通小球藻	0.06	啮蚀隐藻	0.08	短小曲壳藻	0.07
啮蚀隐藻	0.07	普通小球藻	0.08	啮蚀隐藻	0.03	波吉卵囊藻	0.07			四尾栅藻	0.02	啮蚀隐藻	0.04
狭形纤维藻	0.05			蛋白核小球藻	0.04	镰形纤维藻奇异变种	0.03			狭形纤维藻	0.06	普通小球藻	0.05
普通小球藻	0.07			狭形纤维藻	0.02	十字顶棘藻	0.04					钝顶节旋藻	0.02
				普通小球藻	0.20	狭形纤维藻	0.02						
						普通小球藻	0.22						

3.3.6 浮游植物与环境因子的典范对应分析

调查期间碧流河水库各样站浮游植物密度（*D*）、生物量（*B*）、香农 - 维纳多样性指数（*H'*）和均匀度指数（*J*）与各类环境因子的典范对应分析结果见图 3-11。从图 3-11 可见，碧流河水库浮游植物生物量与叶绿素 a（Chl-a）、亚硝酸氮（NO_2^--N）正相关，而其密度与 NO_2^--N 正相关。浮游植物多样性指数与硝酸氮（NO_3^--N）、总氮（TN）、有效磷（PO_4^{3-}-P）、化学需氧量（COD）、溶氧（DO）正相关。

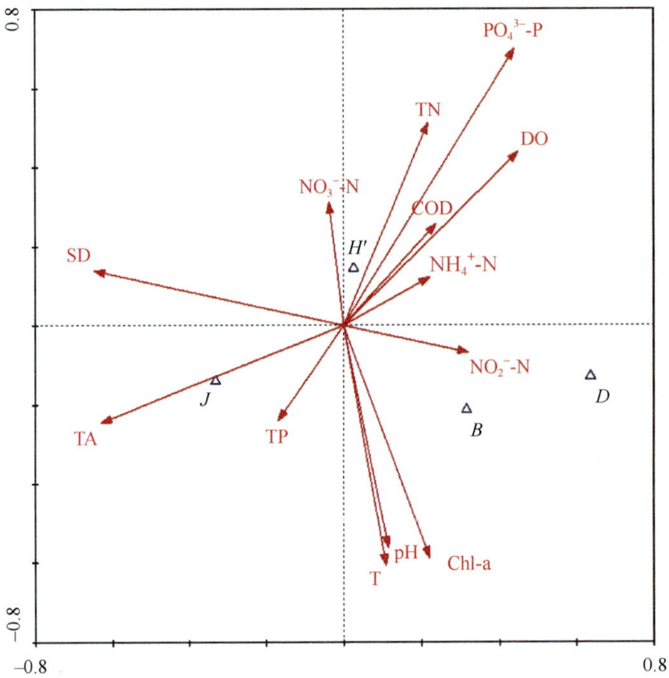

图 3-11 碧流河水库浮游植物密度、生物量、多样性指数和均匀度指数与环境因子的 CCA 分析

调查期间碧流河水库各样站浮游植物密度（*D*）、生物量（*B*）、香农 - 维纳多样性指数（*H'*）和均匀度指数（*J*）与各类环境因子的典范对应分析结果见图 3-12。从图 3-12 可见，碧流河水库不同样站浮游植物与环境因子的关系呈现出差异，坝前 1、2 和 3 浮游植物生物量与 DO 和 PO_4^{3-}-P 含量正相关，坝前 1 的密度与总磷（TP）和总碱度（TA）正相关。坝前 2 的密度与 TA 和 NO_2^--N 正相关。坝前 1、3 的多样性和均匀度与 TP 正相关，坝前 2 的多样性和均匀度与 TA 正相关。刘店样站浮游植物生物量也多呈现与 PO_4^{3-}-P 含量正相关，刘店 1 的密度与 TA 正相关，刘店 2 的密度与温度正相关，刘店 3 的密度与 Chl-a 正相关。3 个河口样站浮游植物生物量与环境因子的关系与坝前和刘店略有不同，均与 PO_4^{3-}-P 正相关，钟岭的密度与温度正相关，桂云花密度与 NO_2^--N 和 Chl-a 正相关。大堡的密度与 TA 和 TP 正相关。桂云花和大堡的多样性和均匀度与 TP 正相关。

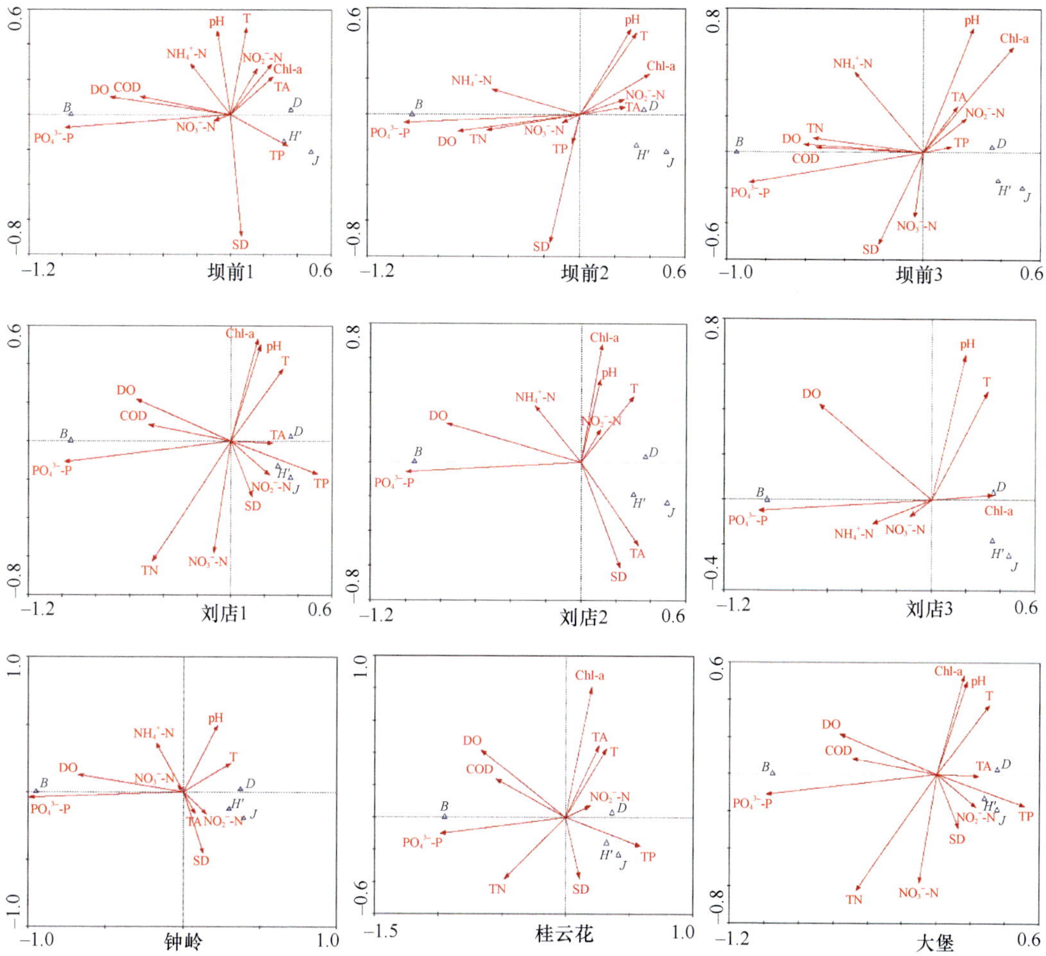

图 3-12　碧流河水库各样站浮游植物密度、生物量、多样性指数和均匀度指数与环境因子的 CCA 分析

3.3.7　超微藻类分析

超微型浮游藻类（粒径≤ 2 μm），简称超微藻类，广泛分布于海洋和淡水生态系统中，超微藻具有较高的 CO_2 固定效率，对水体初级生产力的贡献量可高达 90%，在水域生态系统中的物质循环和能量流动中起着十分重要的作用，并且其潜在的混合营养代谢功能对浮游细菌的种群具有重要的调控作用。

调查期间碧流河水库共发现超微藻类 6 种。2016 年 10 月发现超微藻类 3 种，分别为细小平裂藻、微小平裂藻、狭形纤维藻。2016 年 11 月共发现超微藻类 2 种，分别为线形粘杆藻和狭形纤维藻。2017 年 1 月发现超微藻类 2 种，分别为点形粘球藻和狭形纤维藻。2017 年 4 月发现超微藻类 2 种，分别为针晶蓝纤维藻和线形粘杆藻。2017 年 6 月发现 1 种超微藻类，为点形粘球藻。2018 年 6 月～2019 年 8 月超微藻密度及其百分比如表 3-3 和表 3-4 所示，生物量及其百分比如表 3-5 和表 3-6 所示。2018 年 6 月共发现超微藻类

4种，狭形纤维藻密度占比最多，为39.68%，生物量占比为3.133%。2018年8月、2019年1月和2019年8月均发现两种超微藻。2018年10月、2019年4月和2019年6月均发现1种超微藻。

表3-3 碧流河水库超微藻密度 （单位：10^{-2} ind/L）

种类	2018年6月	2018年8月	2018年10月	2019年1月	2019年4月	2019年6月	2019年8月
针晶蓝纤维藻	0.25	0.25		0.63			
点形粘球藻	0.38						
线形粘杆藻							
细小平裂藻							
中华平裂藻	0.25						
微小平裂藻							0.75
狭形纤维藻	34.22	15.60	14.97	4.15	1.38	3.35	2.77
超微藻总计	35.10	15.85	14.97	4.78	1.38	3.35	3.52

表3-4 碧流河水库超微藻密度百分比 （单位：%）

种类	2018年6月	2018年8月	2018年10月	2019年1月	2019年4月	2019年6月	2019年8月
针晶蓝纤维藻	0.29	0.47		2.62			
点形粘球藻	0.44						
线形粘杆藻							
细小平裂藻							
中华平裂藻	0.29						
微小平裂藻							5.07
狭形纤维藻	39.68	29.45	28.10	17.31	18.02	19.05	18.57
超微藻总计	40.70	29.92	28.10	19.93	18.02	19.05	23.64

表3-5 碧流河水库超微藻生物量 （单位：10^{-3} mg/L）

	2018年6月	2018年8月	2018年10月	2019年1月	2019年4月	2019年6月	2019年8月
针晶蓝纤维藻	0.75	0.75		1.89			
点形粘球藻							
线形粘杆藻							
细小平裂藻							
中华平裂藻	1.64						
微小平裂藻							0.02
狭形纤维藻	684.44	312.02	299.44	83.04	276.79	669.34	55.36
超微藻总计	686.83	312.77	299.44	84.93	276.79	669.34	55.38

表 3-6　碧流河水库超微藻生物量百分比　　（单位：%）

种类	2018 年 6 月	2018 年 8 月	2018 年 10 月	2019 年 1 月	2019 年 4 月	2019 年 6 月	2019 年 8 月
针晶蓝纤维藻	0.003	0.014		0.041			
点形粘球藻							
线形粘杆藻							
细小平裂藻							
中华平裂藻	0.007						
微小平裂藻							0.001
狭形纤维藻	3.133	5.894	4.182%	1.812	11.043	15.336	1.310
超微藻总计	3.143	5.908	4.182%	1.853	11.043	15.336	1.311

3.4 讨论与小结

按照现行的分类系统，以往浮游植物中的金藻门、黄藻门、硅藻门都划归异鞭藻门，金藻门的小三毛金藻隶属普林藻门（赵文等，2021）。本书仍以传统分类系统进行分析。碧流河水库处于北温带，按照佛列耳湖泊分类，即其水温的季节分布具有类似温带 II 型湖泊的特点。即底层水温 4℃上下，春秋各有一次垂直混合。

研究表明，北温带湖泊水库浮游植物群落的季节分布特点有以下几点。

（1）冬季在低温、低光照条件下，浮游植物数量和产量都较低，但是在养分充足时，适低温和低光照的种类也能大量繁殖。由于水温低，繁殖减慢，以及冰下水层无涡流，而藻类细胞易下沉等原因，冬季浮游植物种群增长速度较慢。当冰层极厚和冰上覆雪时，可能停止增长使数量下降。冬季冰下种群通常由隐藻、蓝隐藻、光甲藻、衣藻、小球藻、锥囊藻、棕鞭藻、黄群藻、裸藻、囊裸藻、小环藻和菱形藻等组成。主要是那些能适应低温、低光照的有鞭毛能运动的小型种类。

（2）春季冰融后，由于水对流和风混合，产生水层的垂直环流，营养物质从底层上升，加上光照和温度的增高，为浮游植物的大量繁殖创造了良好条件。常出现硅藻种群的高峰，通常由 1 年 2 个优势种组成，常为直链藻、小环藻、冠盘藻、星杆藻等。一般高峰期不超过 3 个月。

（3）夏季硅藻种群数量降低，占优势的是绿藻，特别是绿球藻目的种类（如盘星藻、卵囊藻等）。有时飞燕角甲藻也占优势。硅藻水华引起的水化学条件的改变（如溶解有机质和含氮量的增高）以及初夏光照和温度（20 ～ 25℃）等条件都适合绿藻种群的增长，水中含氮量降得极低，因此能固氮的蓝藻在仲夏取代绿藻而急剧增长。蓝藻占优势还与高温（$>$ 25℃）、强光照、长日照、高 pH 及较少被浮游动物滤食有关。如夏季大量出现的枝角类善于利用小型绿藻，而难以利用大型蓝藻。

（4）秋季光照、温度均降，蓝藻大量死亡，出现硅藻种群的秋季次高峰，但不及春季。碧流河水库浮游植物群落结构的季节变化呈现出与北温带湖泊类似的季节变化特征。但从生物量组成看，主要以硅藻占优势。整个调查期间，主要的优势种有蓝藻中的链状伪鱼腥藻；硅藻中的尖脆杆藻、肘状脆杆藻、颗粒沟链藻、梅尼小环藻，隐藻门中的啮蚀隐藻、绿藻门中的普通小球藻、球衣藻和四尾栅藻等。

本项目调查期间，碧流河水库浮游植物经鉴定，共发现 421 种和变种，其中，蓝藻门 53 种，占总种数的 12.6%，硅藻门发现 100 种，占总种数的 23.8%，金藻门发现 12 种，占总种数的 2.8%，黄藻门发现 5 种，占总种数的 1.2%，隐藻门发现 7 种，占总种数的 1.7 %，甲藻门发现 8 种，占总种数的 1.9%，裸藻门 44 种，占总种数的 10.4%，绿藻门发现 192 种和变种，占总种数的 45.6%。

碧流河水库浮游植物平均密度为 0.51×10^7 ind/L，密度最大月份为 2017 年 6 月，为 1.97×10^7 ind/L，其中硅藻门占据极大密度优势，浮游植物密度最小月份为 2019 年 4 月，为 0.01×10^7 ind/L。碧流河水库浮游植物平均生物量为 5.77 mg/L，其中，2018 年 6 月浮游植物生物量最大，为 21.84 mg/L，其中硅藻门在生物量中占据极大优势，浮游植物生物量最小的月份为 2017 年 11 月，为 1.36 mg/L。

碧流河水库属于北方典型的大型饮用水源水库。本次调查碧流河水库浮游植物群落结构与其历史资料及我国北方其他大型水源水库的比较见表 3-7。可见，碧流河水库浮游植物生物量比 20 世纪 90 年代初有所增加，浮游植物类型显示从硅藻 - 绿藻 - 隐藻型转为硅藻型，但总体仍是以硅藻为主。浮游植物多样性指数和均匀度指数变化不大。与北方其他大型水库比较，碧流河水库相同时间段内浮游植物生物量处于中等偏下水平。

表 3-7　碧流河水库浮游植物群落结构与其历史资料及我国北方其他大型水源水库的比较

水库	调查年份	密度（10^7 ind/L）	生物量（mg/L）	生物量优势类群	种类数	多样性指数	均匀度指数	参考文献
碧流河水库	1988 ～ 1991 年	—	3.44	硅藻 - 绿藻 - 隐藻	99	—	—	何志辉等，1992
	2014 ～ 2015 年	0.28 ～ 1.23	1.41 ～ 5.50	硅藻 - 绿藻	265	3.30 ～ 3.89	0.61 ～ 0.80	李媛等，2016
	2016 年	0.37	1.82	硅藻 - 隐藻	52	3.35	0.74	安浩等，2018
	2018 年	0.72	16.05	硅藻门	115	3.29	0.71	庞雨佳等，2020
	2016 ～ 2019 年	0.51	5.77	硅藻门	331	3.47	0.72	本书
英那河水库	2002 ～ 2003 年	2.50	10.58	硅藻 - 绿藻	151	1.75	0.48	赵文等，2009
观音阁水库	2008 年	0.58	5.59	硅藻门	72	3.27	0.71	焉鸿启等，2015
柴河水库	2008 年	1.16	6.25	硅藻门	135	4.27	0.82	郭凯等，2013
大伙房水库	2012 ～ 2013 年	5.89 ～ 12.2	2.60 ～ 5.80	硅藻门	82	2.29 ～ 4.07	—	张玉，2020
	2015 ～ 2017 年	0.54	2.39	硅藻门	164	2.73	0.60	本书
白石水库	2013 ～ 2014 年	1.34	11.33	硅藻 - 隐藻	239	2.61	0.36	李沂軒等，2016
桓仁水库	2018 ～ 2018 年	0.97	12.92	硅藻	202	3.27	0.77	庞雨佳等，2020
密云水库	2016 ～ 2018 年	0.37	7.90	硅藻 - 绿藻	108	2.99	0.59	王哲等，2020
锦凌水库	2019 ～ 2020 年	0.70	3.03	隐藻	116	2.77	0.67	张湾等，2021
水丰水库	2015 ～ 2019 年	0.07	0.97	—	76	1.11	—	魏洪祥，2021

第 4 章　碧流河水库浮游动物的群落结构

4.1 引言

浮游动物指的是在水体中营浮游生活的微小动物。它是水域生态系统的初级消费者，其中的微型和小型个体也是海洋生态系统能流的重要中间环节。不同种类的浮游动物对水环境的适应能力是不同的，所以可将其群落结构的变化及其多样性用作监测、评估水域生态系统性能的重要手段和途径。内陆水域浮游动物一般包括原生动物（Protozoa）、轮虫（Rotifer）、枝角类（Cladocera）和桡足类（Copepoda）四大类无脊椎动物，它是水域生态系统中一类极其重要的生物，既可作为许多经济鱼类的优质食物，又可调节控制藻类和细菌的发生、发展。由于浮游动物对环境变化敏感，常常将浮游动物作为反映水库环境变化的理想研究对象，浮游动物的种类组成、密度及生物量的变动，更能反映出水库水体的富营养化程度。浮游动物在水域生态系统的结构和功能中起着重要的调控作用，它通过摄食控制浮游植物的数量，来调节水体生态平衡，同时又是许多经济水产动物的饵料，因而其数量变化可以直接影响渔业资源量。浮游动物的群落结构对水库水体的生态结构和功能起到十分重要的作用。浮游动物的种类组成、密度、生物量的变化和水体的水质关系密切。关于浮游动物的群落结构已经有很多学者做了大量的研究，积累了丰富的资料。为此，本章旨在通过研究碧流河水库的浮游动物的群落结构，为碧流河水库渔业资源的合理利用和可持续发展提供理论依据，以及为水环境评价与保护提供生态对策。

4.2 材料与方法

4.2.1 采样时间与样站的设置

自 2016 年 10 月到 2019 年 8 月，对碧流河水库进行浮游动物样品采集，共计 20 次。选取 9 个样站，分别是下游的坝前 1、坝前 2 和坝前 3；中游的刘店 1、刘店 2 和刘店 3；上游八家河河口附近的钟岭，蛤蜊河河口的桂云花和碧流河河口的大堡。仅个别年份冬季大堡样品因河道无水而缺失。除坝前 2 和刘店 2 采表、中和底三层外，其余样站根据实际水深分表、中、底三层采混合样。由于库水深度变化较大，水样分层按如下原则确定：表层采集深度小于 2 m，中层采集深度在 4 ～ 5 m，底层采集深度离水底 2 m 左右。具体调查范围及样站位置如表 2-1 所示。

4.2.2 样品采集与处理

浮游动物的采集与水样和浮游植物的采集同步进行。浮游动物定量样品用有机玻璃采样器采集水样 50 L，通过 25#（300 目）的浮游生物网过滤后，再用 5% 甲醛溶液固定，24 h 后进行浓缩，待检测。

原生动物的定量采用浮游植物定量的浓缩水样进一步浓缩至 20 mL，测定时充分摇匀，用定量吸管准确吸取 0.10 mL 置于浮游植物计数框内，轮虫的则吸取 1 mL 置于浮游动物计数框中，并都在麦克奥迪（Motic BA210）生物显微镜下进行全片计数。大型浮游动物（枝角类、桡足类等）采水 50 L，经过 25#（300 目）浮游生物网过滤，浓缩液用 5% 甲醛固定，测定时吸取 1 mL 在 10×10 倍显微镜下全片计数，然后根据镜检的种类和个数来计算密度和生物量。

浮游动物的种类参照文末参考文献（王家楫，1961；沈嘉瑞，1979；何志辉等，1982；董聿茂等，1982；韩茂森和束蕴芳，1995；沈韫芬，1999；赵文，2016；蒋燮治和堵南山，1979；蒋燮治等，1983；李永函和赵文，2002；刘建康，1999；宋微波等，1999；宋微波等，2009；向贤芬等，2016；张武昌等，2012；赵文等，2015；周凤霞和陈建虹，2011；Koste，1978；Pennak，1989）中提到的方法进行鉴定，浮游动物的密度、生物量按照文献（张觉民和何志辉，1991；章宗涉和黄祥飞，1991；赵文，2016；赵文，2020）中提到的方法进行计算和数据处理。

4.2.3 数据处理方法

运用 Excel 软件对数据进行处理和统计分析。

香农 - 维纳多样性指数（H'）和均匀度指数（J）计算公式如下：

$$H' = -\sum_{i=1}^{S} P_i \log_2 P_i$$

$$J = H'/\log_2 S$$

式中：P_i 为第 i 种的个体数与该群落中总个体数之比；S 为总种数；H' 为多样性指数；J 为均匀度指数。

优势度（Y）的计算公式如下：

$$Y = \frac{n_i}{N} \times f_i$$

式中：n_i 为第 i 种的个体数；N 为群落中的总个体数；f_i 为第 i 种的出现频率。

4.3 结果与分析

4.3.1 浮游动物种类组成及分布

经调查，碧流河水库浮游动物共检出 197 种，其中，原生动物检出 110 种，占总种数的 55.84%，轮虫类发现 59 种，占总种数的 29.95%，枝角类发现 15 种，占总种数的 7.61%，桡足类发现 13 种，占总种数的 6.60%。浮游动物种类组成百分比见图 4-1，调查期间，碧流河水库浮游动物的种类组成及其季节分布见表 4-1。

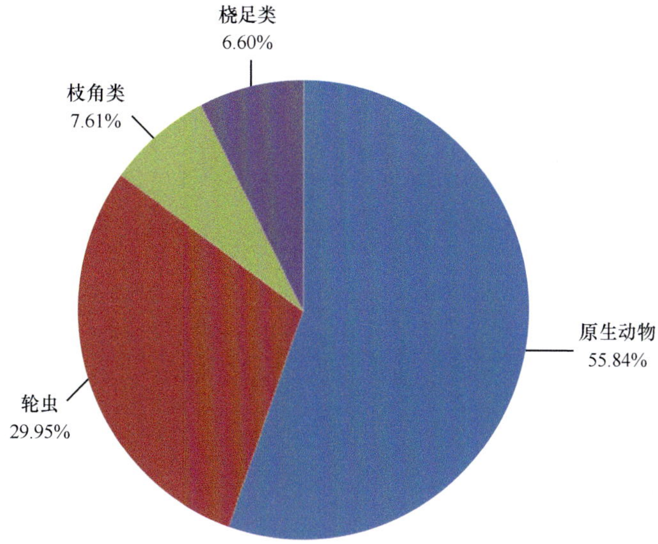

图 4-1　碧流河水库浮游动物种类组成百分比

4.3.2　浮游动物密度

4.3.2.1　浮游动物密度的时间变化

调查期间，碧流河水库浮游动物平均密度为 398.8 ind/L，其中，2016 年 1 月份浮游动物密度最大，为 1521.9 ind/L，是由于原生动物密度较大（1143.9 ind/L）造成的，浮游动物密度最小月为 2017 年 4 月，为 48.3 ind/L，整体来看，浮游动物密度：秋季＞夏季＞冬季＞春季（图 4-2）。

4.3.2.2　浮游动物密度的水平变化

调查期间，碧流河水库浮游动物密度水平变化大致表现为：大堡＞钟岭＞刘店 2 ＞坝前 2 ＞桂云花＞刘店 3 ＞坝前 1 ＞刘店 1 ＞坝前 3，整体来看，浮游动物密度：下游＞中游＞上游，且原生动物与轮虫类在密度组成中占极大优势（图 4-3）。

4.3.2.3　浮游动物密度的垂直变化

调查期间，碧流河水库浮游动物密度的垂直变化表现为：中层＞底层＞表层，其变化范围为：194 ～ 235 ind/L（图 4-4）。

表 **4-1** 碧流河水库浮游动物种类组成及其分布

名称	拉丁名	2016年10月	2016年11月	2017年1月	2017年4月	2017年5月	2017年6月	2017年7月	2017年8月	2017年9月	2017年10月	2017年11月	2018年1月	2018年4月	2018年6月	2018年8月	2018年10月	2019年1月	2019年4月	2019年6月	2019年8月
原生动物	**Protozoa**																				
针棘刺胞虫	*Acanthocystis aculeate*	+						+			+			+			+				
短棘刺胞虫	*Acanthocystis brevicirrhis*	+								+	+			+			+				
叉棘刺胞虫	*Acanthocystis chactophra*																+				
轴丝光球虫	*Actinosphaerium eichhorni*																+				
放射太阳虫	*Actinophrys sol*										+										
蛞蝓变形虫	*Amoeba limax*				+						+		+	+			+		+	+	+
辐射变形虫	*Amoeba radiosa*					+				+	+						+				
蝙蝠变形虫	*Amoeba verspertilis*										+		+								+
大变形虫	*Amoeba proteus*									+	+										+
点滴筒变虫	*Amoeba guttula*																+				
盘状表壳虫	*Arcella discoides*															+	+				
普通表壳虫	*Arcella vulgaris*		+		+							+				+	+			+	+
大口表壳虫	*Arcella megastoma*																+				
砂表壳虫	*Arcella Arenaria*																	+			
透明螺足虫	*Cochliopodium bilimbosum*			+										+				+	+		
小螺足虫	*Cochliopodium minutum*															+	+		+		
针棘匣壳虫	*Centropyxis aculeata*												+		+		+		+		+

续表

名称	拉丁名	2016年10月	2016年11月	2017年1月	2017年4月	2017年5月	2017年6月	2017年7月	2017年8月	2017年9月	2017年10月	2017年11月	2018年1月	2018年4月	2018年6月	2018年8月	2018年10月	2019年1月	2019年4月	2019年6月	2019年8月
盘状匣壳虫	*Centropyxis discoides*																+				
凸背匣壳虫	*Centropyxis gibba*																				+
圆口无棘匣壳虫	*Centropyxis ecornis leudyi*																+				
杂葫芦虫	*Cucurbitella mespiliformis*																				+
宽口圆壳虫	*Cyclopyxis eurostoma*																+				
透明坛状曲颈虫	*Cyphoderia ampulla vitraea*	+						+			+						+			+	
尖顶砂壳虫	*Difflugia cauminata*																+				
冠冕砂壳虫	*Difflugia corona*																+				
长圆砂壳虫	*Difflugia oblong*							+									+		+	+	
球形砂壳虫	*Difflugia globulosa*	+	+					+		+	+	+	+					+			+
窄巧砂壳虫	*Difflugia elegans angustata*																+			+	+
叉口砂壳虫	*Difflugia gramen*							+	+	+						+	+		+		+
湖沼砂壳虫	*Difflugia limnetica*							+		+								+	+		
琵琶砂壳虫	*Difflugia biwae*							+			+										
瓶砂壳虫	*Difflugia urcaolata*															+		+			+
鳐颌砂壳虫	*Difflugia pristis*																				+
蚤砂壳虫	*Difflugia pulex*																			+	
矛状鳞壳虫	*Euglypha laevis*										+					+					
长圆鳞壳虫	*Euglypha rotunda*																+				

续表

名称	拉丁名	2016年10月	2016年11月	2017年1月	2017年4月	2017年5月	2017年6月	2017年7月	2017年8月	2017年9月	2017年10月	2017年11月	2018年1月	2018年4月	2018年6月	2018年8月	2018年10月	2019年1月	2019年4月	2019年6月	2019年8月
有棘鳞壳虫	*Euglypha acanthophora*																+				
结节鳞壳虫	*Euglypha tuberculata*									+			+				+			+	
速焰变虫	*Flamella citrensis*																+				+
扇形马氏虫	*Mayorella penardi*																+				
半球法帽虫	*Phryganella hemisphaerica*																+				
切割咽壳虫	*Pontigulasia insisa*																+				
斜口三足虫	*Trinema cuchelys*																+				
线条三足虫	*Trinema lineare*																		+		
四线甲变形虫	*Thecamoeba quadrilineata*																				+
囊毛变形虫	*Trichamoeba osseosaccus*	+										+									
贪食射纤虫	*Actinobolina radians*		+			+	+			+					+			+		+	+
结节壳吸管虫	*Acineta tubeyosa*											+									
团焰毛虫	*Askenasia volvox*	+	+	+	+	+	+	+	+	+	+	+	+	+	+	+	+	+	+	+	+
尾刺怪游虫	*Astylozoon faurei*																				+
珍珠映毛虫	*Cinetochilum margaritaceum*							+					+		+	+				+	+
僧帽斜管虫	*Chilodonella cucullulus*								+					+	+						
长圆靴纤虫	*Cothurnia oblonga*	+								+				+					+		
毛板壳虫	*Coleps hirtus*										+					+	+				+

续表

名称	拉丁名	2016年10月	2016年11月	2017年1月	2017年4月	2017年5月	2017年6月	2017年7月	2017年8月	2017年9月	2017年10月	2017年11月	2018年1月	2018年4月	2018年6月	2018年8月	2018年10月	2019年1月	2019年4月	2019年6月	2019年8月
康纤虫	*Cohnilembus* sp.								+						+						
瓜形膜袋虫	*Cyclidium citrullus*	+				+	+	+		+	+				+					+	+
单环栉毛虫	*Didinium balbianii*		+												+						
小单环栉毛虫	*Didinium balbianii nanum*	+	+	+	+	+	+	+	+	+	+	+	+	+	+	+	+	+	+	+	+
双环栉毛虫	*Didinium nasufum*		+			+	+	+	+	+	+	+	+	+	+	+	+	+		+	+
唇斜吻虫	*Enchelydium lakeo*							+													
胃形斜口虫	*Enchelys gasterostus*															+					
湖累枝虫	*Epistylis lacustris*	+		+				+	+						+	+				+	+
无秽累枝虫	*Epistylis anastatica*	+	+																		
溞累枝虫	*Epistylis daphniae*									+											
土生游仆虫	*Euplotes terricola*																			+	+
阔口游仆虫	*Euplotes eurystomus*								+										+	+	
前口虫	*Frontonia* sp.									+			+							+	
大弹跳虫	*Halteria grandinella*																				+
放射矛刺虫	*Hastatella radians*																				+
腔裸口虫	*Holophrya atra*			+	+	+			+	+	+	+					+		+	+	+
匕瓶口虫	*Lagynophrya doliform*	+		+	+	+	+	+	+	+	+			+	+	+	+	+			+
锥瓶口虫	*Lagynophrya conifera*				+	+	+		+			+	+		+	+		+	+	+	+
天鹅长吻虫	*Lacrymaria olor*								+				+								
钝漫游虫	*Litonotus obtusus*								+		+				+	+					

续表

名称	拉丁名	2016年10月	2016年11月	2017年1月	2017年4月	2017年5月	2017年6月	2017年7月	2017年8月	2017年9月	2017年10月	2017年11月	2018年1月	2018年4月	2018年6月	2018年8月	2018年10月	2019年1月	2019年4月	2019年6月	2019年8月
片状漫游虫	*Litonotus fasciola*						+	+		+										+	+
长柄球吸管虫	*Metacineta macrocaulis*										+										
伪尖毛虫	*Oxytricha fallax*						+	+	+	+		+			+						+
尾草履虫	*Paramecium caudatum*	+		+										+						+	
绿草履虫	*Paramecium bursaria*	+		+	+	+	+	+	+	+	+		+	+	+	+					+
绿色前管虫	*Prorodon viridis*		+		+		+	+	+	+	+	+	+		+	+	+		+	+	+
卵圆前管虫	*Prorodon ovum*									+			+	+	+	+	+			+	+
固着短柱虫	*Rhabdostyla sessilis*										+										
旋回侠盗虫	*Strobilidium gyrans*	+	+		+	+	+	+	+	+	+	+	+	+	+	+	+	+	+	+	+
陀螺侠盗虫	*Strobilidium velox*	+	+	+	+	+	+	+	+	+	+	+	+	+	+	+	+	+	+	+	+
绿急游虫	*Strombidium viride*	+	+	+	+	+	+	+	+	+	+	+	+	+	+	+	+	+	+	+	+
多态喇叭虫	*Stentor polymorphus*				+	+	+			+										+	
球领鞭虫	*Sphaeroeca* sp.						+	+	+												
刀刀口虫	*Spathidium spathula*					+								+							
中华拟铃壳虫	*Tintinnopsis sinensis*	+	+	+	+						+	+	+	+		+		+		+	+
王氏拟铃壳虫	*Tintinnopsis wangi*	+	+	+		+	+	+	+	+	+	+	+	+	+	+	+	+	+		+
锥形拟铃虫	*Tintinnopsis conicus*	+				+		+	+	+		+				+	+	+			+
雷殿拟铃虫	*Tintinnopsis leidyig*	+								+	+		+			+	+	+	+		+
长筒拟铃虫	*Tintinnopsis longus*								+	+				+		+		+			+

续表

名称	拉丁名	2016年10月	2016年11月	2017年1月	2017年4月	2017年5月	2017年6月	2017年7月	2017年8月	2017年9月	2017年10月	2017年11月	2018年1月	2018年4月	2018年6月	2018年8月	2018年10月	2019年1月	2019年4月	2019年6月	2019年8月
倪氏拟铃虫	*Tintinnopsis niei*																			+	+
恩茨筒壳虫	*Tintinnidium entzii*					+							+	+	+	+	+	+		+	+
淡水筒壳虫	*Tintinnidium fluviatile*					+					+						+	+	+	+	+
小筒壳虫	*Tintinnidium pusillum*																	+			
梨形四膜虫	*Tetrahymena pyrifomis*	+	+		+	+		+	+								+				
卑怯管叶虫	*Trachelophyllum pusillum*												+								
暗尾丝虫	*Uronema nigricans*																+				+
小口钟虫	*Vorticella microstoma*				+				+	+	+	+	+	+	+	+		+	+	+	+
钟形钟虫	*Vorticella campanula*	+	+	+	+	+	+	+	+	+	+	+		+	+	+	+	+	+	+	+
溞钟虫	*Vorticella kahli*									+	+										+
卵圆口虫	*Trachlius ovum*	+	+		+	+		+	+	+	+	+			+	+	+	+		+	+
毛吸管虫	*Trichophrya* sp.												+								
卑怯管叶虫	*Trachelophyllum sigmoides*						+														
暗尾丝虫	*Uronema nigricans*																				+
单领鞭虫	*Monosiga* sp.								+												
团球领鞭虫	*Sphaeroeca volvox*						+	+													+
袋扉门虫	*Thuricola folliculate*																				+
轮虫	**Rotifera**																				
裂痕龟纹轮虫	*Anuraeopsis fissa*	+				+	+	+	+	+	+				+	+	+			+	+

续表

名称	拉丁名	2016年10月	2016年11月	2017年1月	2017年4月	2017年5月	2017年6月	2017年7月	2017年8月	2017年9月	2017年10月	2017年11月	2018年1月	2018年4月	2018年6月	2018年8月	2018年10月	2019年1月	2019年4月	2019年6月	2019年8月
没尾无柄轮虫	*Ascomorpha ecaudis*	+	+			+		+	+	+		+				+	+			+	+
舞跃无柄轮虫	*Ascomorpha saltans*	+						+		+		+			+	+	+				+
前节晶囊轮虫	*Asplanchna priodonta*						+		+			+	+		+	+	+	+	+	+	+
卜氏晶囊轮虫	*Asplanchna brightwel*						+	+	+						+	+			+	+	+
裂足臂尾轮虫	*Brachionus diversicornis*	+					+	+	+						+	+	+			+	+
角突臂尾轮虫	*Brachionus angularis*	+							+		+				+	+				+	+
萼花臂尾轮虫	*Brachionus calyciflorus*																			+	
剪形臂尾轮虫	*Brachionus forficula*								+							+					+
方形臂尾轮虫	*Brachionus quadridentatus*														+						
壶状臂尾轮虫	*Brachionus urceus*													+							+
小巨头轮虫	*Cephalodella exigna*					+								+					+		
凸背巨头轮虫	*Cephalodella gibba*																		+		
多态胶鞘轮虫	*Collotheca ambigua*							+	+	+	+		+	+	+	+	+		+	+	+
胶鞘轮虫	*Collotheca* sp.									+											

续表

名称	拉丁名	2016年10月	2016年11月	2017年1月	2017年4月	2017年5月	2017年6月	2017年7月	2017年8月	2017年9月	2017年10月	2017年11月	2018年1月	2018年4月	2018年6月	2018年8月	2018年10月	2019年1月	2019年4月	2019年6月	2019年8月
独角聚花轮虫	*Conochilus unicornis*			+	+	+	+	+			+					+	+	+	+	+	+
叉角聚花轮虫	*Conochilus dossuarius*													+		+	+		+		+
钩状狭甲轮虫	*Colurella uncunata*																			+	+
爱德里亚狭甲轮虫	*Colurella adriatica*																	+			+
大肚须足轮虫	*Euchlanis dilatata*											+									
小三肢轮虫	*Filinia minuta*							+	+	+											
长三肢轮虫	*Filinia longiseta*					+		+	+								+	+			+
迈氏三肢轮虫	*Filinia maio*								+	+						+				+	+
腹足腹尾轮虫	*Gastropus hyptopus*									+											
螺形龟甲轮虫	*Keratella cochlearis*	+	+				+	+	+	+	+	+			+	+	+	+	+	+	+
矩形龟甲轮虫	*Keratella quadrata*													+					+		
曲腿龟甲轮虫	*Keratella valga*													+			+				
月形腔轮虫	*Lecane luna*							+													
真胫腔轮虫	*Lecane eutarsa*																+				
罗氏腔轮虫	*Lecane ludwigii*																				+
瘤甲腔轮虫	*Lecane nodosa*																			+	

续表

名称	拉丁名	2016年10月	2016年11月	2017年1月	2017年4月	2017年5月	2017年6月	2017年7月	2017年8月	2017年9月	2017年10月	2017年11月	2018年1月	2018年4月	2018年6月	2018年8月	2018年10月	2019年1月	2019年4月	2019年6月	2019年8月
盘状鞍甲轮虫	*Lepadella tripera*	+			+	+				+	+			+			+	+	+		
梨形单趾轮虫	*Monostyla pyriformis*															+					
尖角单趾轮虫	*Monostyla hamata*																+		+		
月形单趾轮虫	*Monostyla lunaris*															+	+				
囊形单趾轮虫	*Monostyla bulla*																+				
尖趾单趾轮虫	*Monostyla closterocerca*						+										+				
唇形叶轮虫	*Notholca labis*																+		+		
鳞状叶轮虫	*Notholca squamulla*				+	+															
四角平甲轮虫	*Platyias quadricornis*															+					
红眼旋轮虫	*Philodina erythrophthalma*	+	+			+		+													
截头皱甲轮虫	*Ploesoma truncatum*										+				+		+			+	+
郝氏皱甲轮虫	*Ploesoma hudsoni*	+	+							+	+				+		+		+	+	+
针簇多肢轮虫	*Polyarthra trigla*	+	+	+	+	+	+	+	+	+	+	+	+	+	+	+	+	+	+	+	+
扁平泡轮虫	*Pompholyx complanata*		+													+	+				

续表

名称	拉丁名	2016年10月	2016年11月	2017年1月	2017年4月	2017年5月	2017年6月	2017年7月	2017年8月	2017年9月	2017年10月	2017年11月	2018年1月	2018年4月	2018年6月	2018年8月	2018年10月	2019年1月	2019年4月	2019年6月	2019年8月
简单前翼轮虫	*Proales simplex*	+					+	+	+	+	+	+		+	+	+	+	+		+	+
转轮虫	*Rotaria rotatoria*	+								+	+				+	+	+		+		+
长足轮虫	*Rotaria nepunia*		+																		
高跷轮虫	*Scaridium longicaudum*	+			+					+											
梳状疣毛轮虫	*Synchacta pectinata*	+					+	+		+	+			+	+	+	+	+	+	+	+
长圆疣毛轮虫	*Synchatea oblonga*	+				+				+	+			+	+	+				+	+
尖尾疣毛轮虫	*Synchatea stylata*	+	+	+	+	+	+	+	+	+	+	+	+	+	+	+	+	+	+	+	+
二突异尾轮虫	*Trichocerca bicristata*						+	+			+				+	+	+			+	+
暗小异尾轮虫	*Trichocerca pusilla*	+	+		+	+	+	+	+	+	+		+		+	+	+			+	+
罗氏异尾轮虫	*Trichocerca rousseleti*	+	+				+	+	+	+	+		+		+	+	+			+	+
等刺异尾轮虫	*Trichocerca stylata*	+				+	+	+	+	+	+				+	+	+	+	+		+
韦氏异尾轮虫	*Trichocerca weberi*									+											
细异尾轮虫	*Trichocerca gracilis*														+	+				+	+
方块鬼轮虫	*Trichotria tetractis*					+															
枝角类	**Cladocera**																				
方形尖额溞	*Alona quadrangularis*				+																

续表

名称	拉丁名	2016年10月	2016年11月	2017年1月	2017年4月	2017年5月	2017年6月	2017年7月	2017年8月	2017年9月	2017年10月	2017年11月	2018年1月	2018年4月	2018年6月	2018年8月	2018年10月	2019年1月	2019年4月	2019年6月	2019年8月
长额象鼻溞	*Bosmina longirostris*	+	+	+			+	−	+	+	+	+	+	+	+	+	+		+	+	+
简弧象鼻溞	*Bosmina coregoni*				+		+		+	+	+	+					+				+
颈沟基合溞	*Bosminopsis deitersi*	+	+		+		+		+	+			+								+
萨氏矩形溞	*Coronatella rectangula*					+	+	+		+			+	+	+	+	+			+	
角突网纹溞	*Ceriodaphnia cornuta*									+											
圆形盘肠溞	*Chydorus sphaericus*					+				+		+	+	+	+	+	+		+	+	+
透明溞	*Daphnia hyalina*	+	+	+	+		+			+	+	+	+	+	+	+	+	+	+		+
短尾秀体溞	*Diaphanosoma brachyurum*						+	+	+	+	+					+	+				+
长肢秀体溞	*Diaphanosoma leuchtenbergianum*	+					+	+	+	+	+				+	+	+			+	+
透明薄皮溞	*Leptodora kindti*	+								+	+					+	+				
多刺裸腹溞	*Moina macrocopa*						+														
微型裸腹溞	*Moina micrura*	+						+	+	+						+	+				+
老年低额溞	*Simocephalus vetulus*										+										
拟老年低额溞	*Simocephalus vetuloides*									+											
桡足类	**Copepoda**																				
近邻剑水蚤	*Cyclops vicinus*	+	+	+	+		+		+	+	+	+	+	+			+	+	+		+
锯缘真剑水蚤	*Eucyclops serrulatus*					+			+	+	+	+				+	+				

续表

名称	拉丁名	2016年10月	2016年11月	2017年1月	2017年4月	2017年5月	2017年6月	2017年7月	2017年8月	2017年9月	2017年10月	2017年11月	2018年1月	2018年4月	2018年6月	2018年8月	2018年10月	2019年1月	2019年4月	2019年6月	2019年8月
中华咸水剑水蚤	*Halicuclops sinensis*						+	+	+												+
猛水蚤	*Harpacticoida* spp.							+				+					+				
广布中剑水蚤	*Mesocyclops leuckarti*							+	+	+	+	+					+				+
扁平小剑水蚤	*Microcyclops venoi*	+	+	+	+		+			+	+				+	+	+	+	+		+
汤匙华哲水蚤	*Sinocalanus dorrii*	+	+	+	+	+	+			+	+	+	+	+	+	+	+	+	+	+	
细巧华哲水蚤	*Sinocalanus tenellus*						+					+		+							
透明温剑水蚤	*Thermocyclops hyalinus*								+	+	+						+				
台湾温剑水蚤	*Thermocyclops taihokuensis*	+	+		+	+				+	+	+				+	+		+	+	+
无节幼体	Nauplius	+	+	+	+	+	+	+	+	+	+	+	+	+	+	+	+	+	+	+	+
哲水蚤桡足幼体	Copepodid of Calanoida	+	+		+		+				+	+		+	+			+	+		
剑水蚤桡足幼体	Copepodid of Cyclopoida	+	+		+		+	+	+	+	+	+	+	+	+	+	+	+	+	+	+

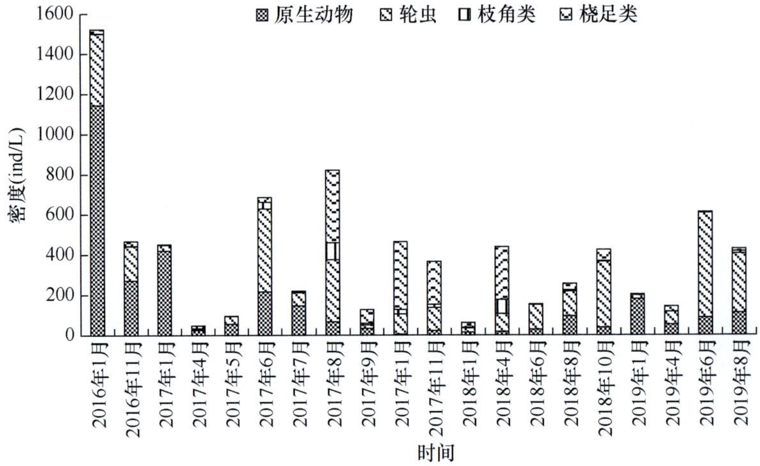

图 4-2　碧流河水库浮游动物密度的季节变化

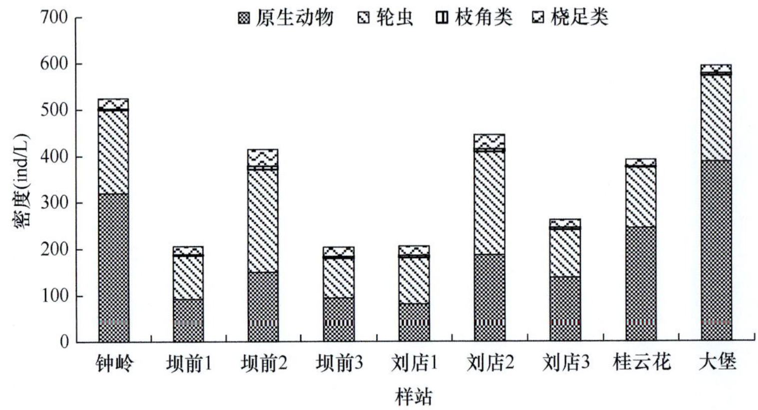

图 4-3　碧流河水库浮游动物密度水平变化

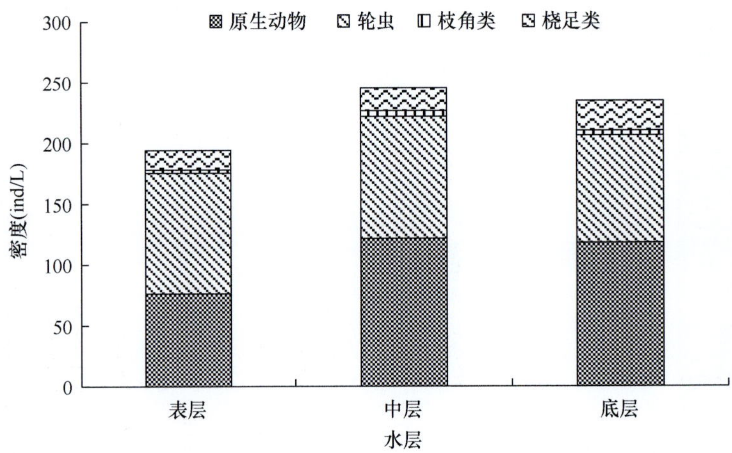

图 4-4　碧流河水库浮游动物密度的垂直变化

4.3.3　浮游动物生物量

4.3.3.1　浮游动物生物量的季节变化

调查期间，碧流河水库浮游动物生物量平均值为 0.51 mg/L，其中，2019 年 6 月浮游动物生物量最大，为 1.45 mg/L，2017 年 5 月浮游动物生物量最小，为 0.04 mg/L，整体来看，碧流河水库浮游动物生物量表现为：秋季＞冬季＞夏季＞春季（图 4-5）。

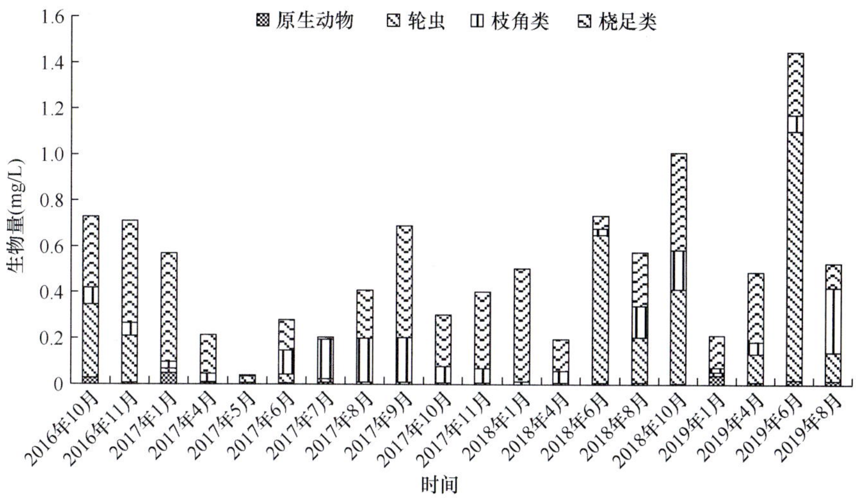

图 4-5　碧流河水库浮游动物生物量的季节变化

4.3.3.2　浮游动物生物量的水平变化

碧流河水库浮游动物生物量在水平方向上的变化表现为：坝前 2 ＞刘店 2 ＞钟岭＞坝前 3 ＞大堡＞坝前 1 ＞刘店 1 ＞刘店 3 ＞桂云花。整体来看浮游动物密度下游＞中游＞上游（图 4-6）。

4.3.3.3　浮游动物生物量的垂直变化

碧流河水库浮游动物生物量在垂直方向上的变化表现为：底层＞中层＞表层，其变化范围为 0.373 ～ 0.626 mg/L（图 4-7）。

4.3.4　浮游动物多样性指数与均匀度指数

4.3.4.1　浮游动物多样性指数与均匀度指数的时间变化

碧流河水库浮游动物多样性指数平均值为 3.014，秋季＞夏季＞春季＞冬季，均匀度指数平均值为 0.675，冬季＞春季＞秋季＞夏季，整体来看，碧流河水库浮游动物多样性介于较好与丰富之间（图 4-8）。

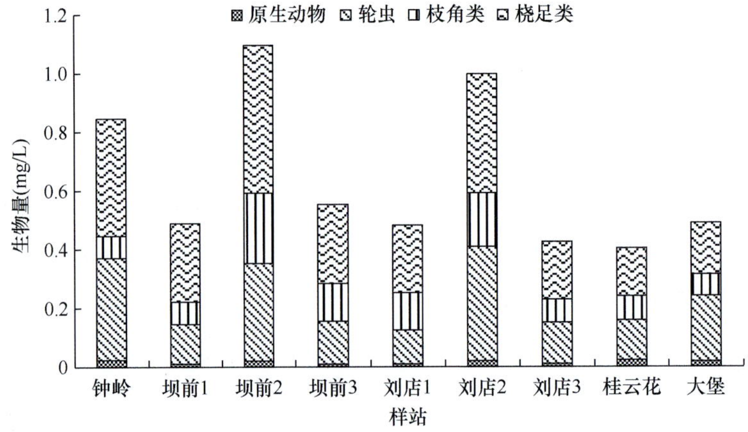

图 4-6　碧流河水库浮游动物生物量的水平变化

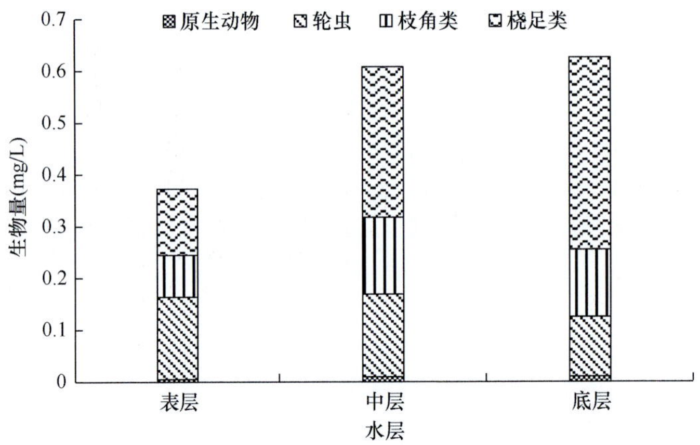

图 4-7　碧流河水库浮游动物生物量的垂直变化

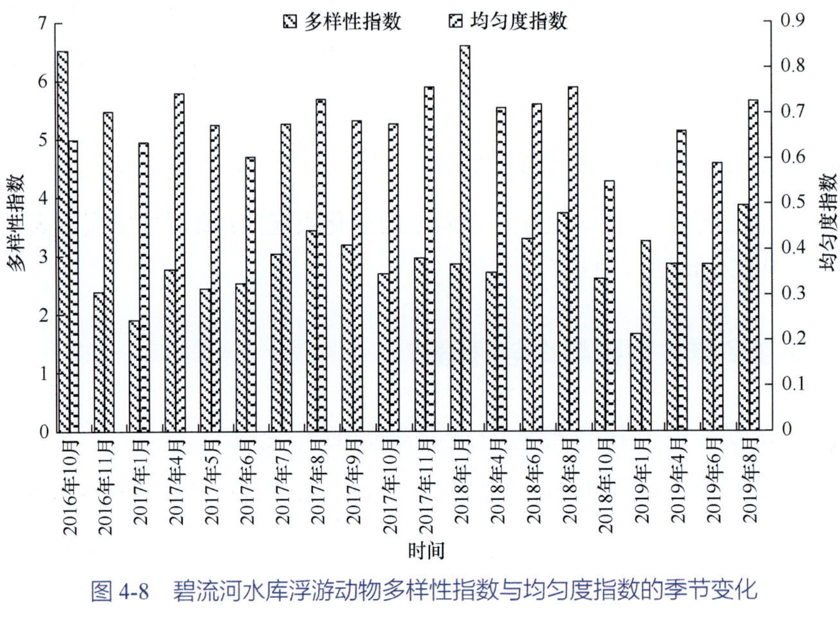

图 4-8　碧流河水库浮游动物多样性指数与均匀度指数的季节变化

4.3.4.2　浮游动物多样性指数与均匀度指数的水平变化

碧流河水库浮游动物多样性指数水平变化大致表现为：下游＞中游＞上游，均匀度指数水平变化大致表现为：下游＞中游＞上游（图 4-9）。

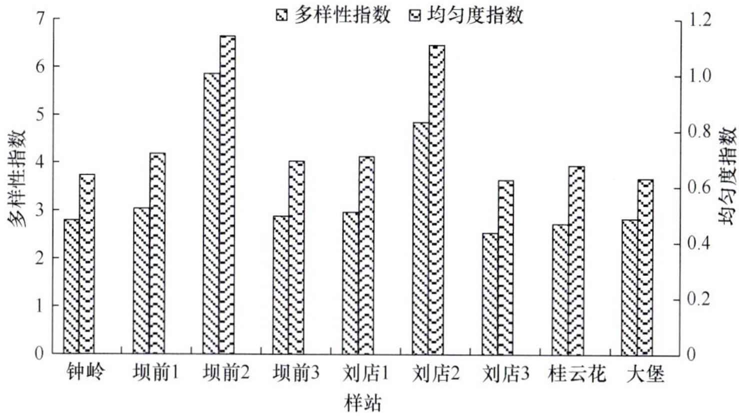

图 4-9　碧流河水库浮游动物多样性指数与均匀度指数的水平变化

4.3.4.3　浮游动物多样性指数与均匀度指数的垂直变化

碧流河水库浮游动物多样性指数垂直变化表现为：中层＞底层＞表层，均匀度指数表现为：底层＞中层＞表层（图 4-10）。

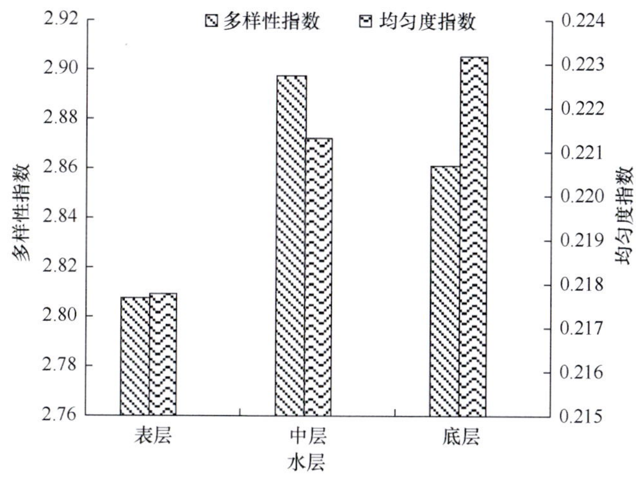

图 4-10　碧流河水库浮游动物多样性指数与均匀度指数的垂直变化

4.3.5　浮游动物优势种及优势度

调查期间，碧流河水库浮游动物优势种共计 76 种，其中，原生动物 35 种，轮虫类 16 种，枝角类 16 种，桡足类 9 种，各月浮游动物优势种及优势度见表 4-2。

表 4-2 碧流河水库浮游动物优势种及优势度

2016年10月		2016年11月		2017年1月		2017年4月		2017年5月		2017年6月		2017年7月	
优势种	优势度	优势种	优势度	优势种	优势度	优势种	优势度	优势种	优势度	优势种	优势度	优势种	优势度
暗小异尾轮虫	0.021	绿急游虫	0.021	汤匙华哲水蚤	0.023	针簇多肢轮虫	0.022	锥瓶口虫	0.022	旋回侠盗虫	0.020	王氏拟铃壳虫	0.021
无节幼体	0.022	剑水蚤桡足幼体	0.023	尖尾疣毛轮虫	0.024	绿草履虫	0.022	无节幼体	0.023	陀螺侠盗虫	0.021	旋回侠盗虫	0.023
绿急游虫	0.023	王氏拟铃壳虫	0.025	陀螺侠盗虫	0.026	绿急游虫	0.024	暗小异尾轮虫	0.025	针簇多肢轮虫	0.021	绿草履虫	0.023
旋回侠盗虫	0.023	无节幼体	0.028	绿草履虫	0.032	陀螺侠盗虫	0.026	团焰毛虫	0.025	罗氏异尾轮虫	0.021	裂足臂尾轮虫	0.023
雷殿拟铃虫	0.024	针簇多肢轮虫	0.029	钟形钟虫	0.035	旋回侠盗虫	0.028	绿草履虫	0.028	暗小异尾轮虫	0.021	尖尾疣毛轮虫	0.024
小单环栉毛虫	0.026	陀螺侠盗虫	0.058	中华拟铃壳虫	0.035	小单环栉毛虫	0.029	绿急游虫	0.029	团焰毛虫	0.021	长肢秀体溞	0.025
王氏拟铃壳虫	0.026	团焰毛虫	0.062	小单环栉毛虫	0.038	尖尾疣毛轮虫	0.029	陀螺侠盗虫	0.046	尖尾疣毛轮虫	0.022	绿急游虫	0.026
针簇多肢轮虫	0.027	小单环栉毛虫	0.128	团焰毛虫	0.039	团焰毛虫	0.032	旋回侠盗虫	0.074	绿急游虫	0.026	针簇多肢轮虫	0.029
梨形四膜虫	0.029	尖尾疣毛轮虫	0.128	绿急游虫	0.050	无节幼体	0.206	小单环栉毛虫	0.085	无节幼体	0.029	简单前翼轮虫	0.030
陀螺侠盗虫	0.031							尖尾疣毛轮虫	0.178	裂痕龟纹轮虫	0.030	长额象鼻溞	0.030
螺形龟甲轮虫	0.032									绿草履虫	0.031	长三肢轮虫	0.038
尖尾疣毛轮虫	0.034									卜氏晶囊轮虫	0.032	小单环栉毛虫	0.045
团焰毛虫	0.069									裂足臂尾轮虫	0.034	裂痕龟纹轮虫	0.048
										小单环栉毛虫	0.038	暗小异尾轮虫	0.057
										团球领鞭虫	0.039	钟形钟虫	0.133
										长额象鼻溞	0.048	团球领鞭虫	0.155

2017年8月		2017年9月		2017年10月		2017年11月		2018年1月		2018年4月		2018年6月	
优势种	优势度	优势种	优势度	优势种	优势度	优势种	优势度	优势种	优势度	优势种	优势度	优势种	优势度
钟形钟虫	0.020	长额象鼻溞	0.021	针簇多肢轮虫	0.021	锥形拟铃虫	0.020	近邻剑水蚤	0.012	哲水蚤桡足幼体	0.022	长圆疣毛轮虫	0.021
针簇多肢轮虫	0.021	暗小异尾轮虫	0.021	暗小异尾轮虫	0.022	伪尖毛虫	0.022	结节磷壳虫	0.013	蛞蝓变形虫	0.025	陀螺侠盗虫	0.022
王氏拟铃壳虫	0.021	小单环栉毛虫	0.021	长额象鼻溞	0.023	扁平小剑水蚤	0.022	汤匙华哲水蚤	0.013	瓶匕口虫	0.025	珍珠映毛虫	0.022
小三肢轮虫	0.021	针簇多肢轮虫	0.021	广布中剑水蚤	0.024	简弧象鼻溞	0.022	长额象鼻溞	0.015	双环栉毛虫	0.025	匕瓶口虫	0.030
绿色前管虫	0.021	台湾温剑水蚤	0.022	绿色前管虫	0.025	舞跃无柄轮虫	0.025	透明溞	0.015	小巨头轮虫	0.025	暗小异尾轮虫	0.050
尖尾疣毛轮虫	0.022	尖尾疣毛轮虫	0.022	透明溞	0.027	没尾无柄轮虫	0.027	雷殿拟铃虫	0.018	透明溞	0.026	绿色前管虫	0.063
旋回侠盗虫	0.023	陀螺侠盗虫	0.023	台湾温剑水蚤	0.029	锥瓶口虫	0.031	毛吸管虫	0.018	壶状臂尾轮虫	0.031	裂痕龟纹轮虫	0.064
陀螺侠盗虫	0.023	绿色前管虫	0.023	尖尾疣毛轮虫	0.030	台湾温剑水蚤	0.031	矩形尖额溞	0.026	近邻剑水蚤	0.032	罗氏异尾轮虫	0.071

续表

2017年8月		2017年9月		2017年10月		2017年11月		2018年1月		2018年4月		2018年6月	
优势种	优势度	优势种	优势度	优势种	优势度	优势种	优势度	优势种	优势度	优势种	优势度	优势种	优势度
腔裸口虫	0.024	团焰毛虫	0.024	螺形龟甲轮虫	0.031	小口钟虫	0.038	针棘匣壳虫	0.027	透明螺足虫	0.033	小单环栉毛虫	0.082
暗小异尾轮虫	0.026	绿急游虫	0.024	剑水蚤桡足幼体	0.037	钟形钟虫	0.041	罗氏异尾轮虫	0.027	长额象鼻溞	0.037	团焰毛虫	0.082
团球领鞭虫	0.028	剑水蚤桡足幼体	0.026	无节幼体	0.246	绿色前管虫	0.046	双环栉毛虫	0.030	广布中剑水蚤	0.044	旋回侠盗虫	0.093
长肢秀体溞	0.030	王氏拟铃壳虫	0.028			中华拟铃壳虫	0.061	锥瓶口虫	0.030	汤匙华哲水蚤	0.051	卜氏晶囊轮虫	0.129
卵圆口虫	0.031	舞跃无柄轮虫	0.029			剑水蚤桡足幼体	0.061	剑水蚤桡足幼体	0.033	中华拟铃壳虫	0.065	绿急游虫	0.151
剑水蚤桡足幼体	0.031	旋回侠盗虫	0.032			汤匙华哲水蚤	0.061	前节晶囊轮虫	0.036	僧帽斜管虫	0.079	针簇多肢轮虫	0.193
长额象鼻溞	0.034	无节幼体	0.293			王氏拟铃壳虫	0.069	针簇多肢轮虫	0.036	王氏拟铃壳虫	0.079	尖尾疣毛轮虫	0.250
团焰毛虫	0.035					螺形龟甲轮虫	0.069	暗小异尾轮虫	0.053	旋回侠盗虫	0.081	前节晶囊轮虫	0.333
透明温剑水蚤	0.036					针簇多肢轮虫	0.069	团焰毛虫	0.058	尾草履虫	0.099	裂足臂尾轮虫	0.644
无节幼体	0.046					长额象鼻溞	0.075	王氏拟铃壳虫	0.060	陀螺侠盗虫	0.121		
小单环栉毛虫	0.055					简单前翼轮虫	0.077	绿色前管虫	0.060	剑水蚤桡足幼体	0.176		
						透明溞	0.082	卵圆前管虫	0.075	叉角聚花轮虫	0.263		
						哲水蚤桡足幼体	0.086	无节幼体	0.090	绿急游虫	0.264		
						陀螺侠盗虫	0.092	珍珠映毛虫	0.109	针簇多肢轮虫	0.264		
						绿急游虫	0.096	绿草履虫	0.118	卵圆前管虫	0.342		
						旋回侠盗虫	0.212	颈沟基合溞	0.119	尖尾疣毛轮虫	0.659		
						尖尾疣毛轮虫	0.250	陀螺侠盗虫	0.126	团焰毛虫	0.868		
						团焰毛虫	0.338	尖尾疣毛轮虫	0.134				
						小单环栉毛虫	0.113	中华拟铃壳虫	0.135				
						无节幼体	0.167	球形砂壳虫	0.149				
								前口虫	0.219				
								恩茨筒壳虫	0.239				
								小口钟虫	0.239				
								旋回侠盗虫	0.361				
								结节壳吸管虫	0.400				
								小单环栉毛虫	0.596				
								绿急游虫	0.632				

续表

2018年8月		2018年10月		2019年1月		2019年4月		2019年6月		2019年8月	
优势种	优势度	优势种	优势度	优势种	优势度	优势种	优势度	优势种	优势度	优势种	优势度
舞跃无柄轮虫	0.021	多态胶鞘轮虫	0.025	螺形龟甲轮虫	0.020	透明溞	0.021	淡水筒壳虫	0.021	片状漫游虫	0.021
小单环栉毛虫	0.021	月形单趾轮虫	0.027	中华拟铃壳虫	0.020	近邻剑水蚤	0.024	卵圆前管虫	0.021	瓜形膜袋虫	0.021
裂痕龟纹轮虫	0.028	陀螺侠盗虫	0.030	雷殿拟铃虫	0.020	钟形钟虫	0.030	小单环栉毛虫	0.030	迈氏三肢轮虫	0.022
微型裸腹溞	0.031	透明温剑水蚤	0.030	小口钟虫	0.029	小口钟虫	0.033	卵圆口虫	0.030	长三肢轮虫	0.025
简单前翼轮虫	0.031	透明溞	0.033	恩茨筒壳虫	0.031	团焰毛虫	0.034	暗小异尾轮虫	0.033	旋回侠盗虫	0.027
裂足臂尾轮虫	0.034	针簇多肢轮虫	0.036	旋回侠盗虫	0.031	王氏拟铃壳虫	0.035	绿急游虫	0.046	锥瓶口虫	0.029
暗小异尾轮虫	0.037	等刺异尾轮虫	0.070	针簇多肢轮虫	0.065	绿急游虫	0.047	团焰毛虫	0.047	卵圆口虫	0.029
剑水蚤桡足幼体	0.052	剑水蚤桡足幼体	0.095	无节幼体	0.075	剑水蚤桡足幼体	0.068	旋回侠盗虫	0.048	多态胶鞘轮虫	0.033
前节晶囊轮虫	0.062	王氏拟铃壳虫	0.120	小筒壳虫	0.108	叉角聚花轮虫	0.072	二突异尾轮虫	0.048	雷殿拟铃虫	0.035
雷殿拟铃虫	0.063	无节幼体	0.297	陀螺侠盗虫	0.138	前节晶囊轮虫	0.084	螺形龟甲轮虫	0.064	无节幼体	0.038
等刺异尾轮虫	0.068	螺形龟甲轮虫	0.436	尖尾疣毛轮虫	0.150	无节幼体	0.207	针簇多肢轮虫	0.101	卵圆前管虫	0.042
瓶砂壳虫	0.113	尖尾疣毛轮虫	0.764	绿急游虫	0.156	针簇多肢轮虫	0.335	裂痕龟纹轮虫	0.107	绿急游虫	0.046
螺形龟甲轮虫	0.130			王氏拟铃壳虫	0.330	尖尾疣毛轮虫	0.402	湖累枝虫	0.122	团焰毛虫	0.050
无节幼体	0.196			淡水筒壳虫	0.830	淡水筒壳虫	0.580	裂足臂尾轮虫	0.242	钟形钟虫	0.052
叉口砂壳虫	0.200							前节晶囊轮虫	0.324	简单前翼轮虫	0.054
尖尾疣毛轮虫	0.283							尖尾疣毛轮虫	0.576	裂足臂尾轮虫	0.056
王氏拟铃壳虫	0.289									长额象鼻溞	0.057
针簇多肢轮虫	0.308									小单环栉毛虫	0.074
										等刺异尾轮虫	0.074
										独角聚花轮虫	0.079
										瓶砂壳虫	0.084
										裂痕龟纹轮虫	0.085
										暗小异尾轮虫	0.090
										叉口砂壳虫	0.095
										王氏拟铃壳虫	0.109
										针簇多肢轮虫	0.269
										尖尾疣毛轮虫	0.374
										螺形龟甲轮虫	0.409

4.3.6　浮游动物与环境因子的典范对应分析

调查期间碧流河水库浮游动物密度（*D*）、生物量（*B*）、香农 - 维纳多样性指数（*H'*）和均匀度指数（*J*）与各类环境因子的典范对应分析结果见图 4-11。从图 4-11 可见，碧流河水库浮游动物生物量与透明度（SD）和溶氧（DO）呈正相关，浮游动物密度与水温（T）、叶绿素 a（Chl-a）、pH 和总氮（TN）正相关，而多样性指数与均匀度指数与总碱度（TA）和总硬度（TH）呈正相关。

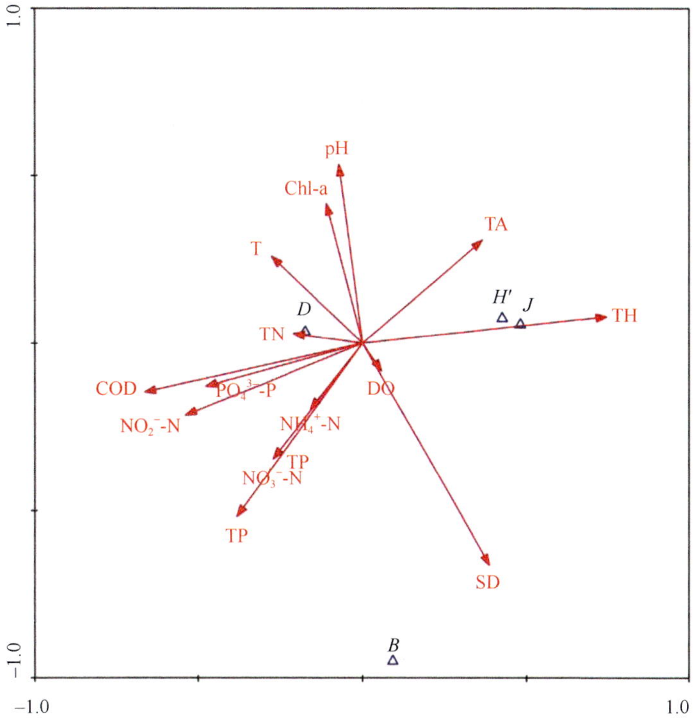

图 4-11　碧流河水库浮游动物密度、生物量和多样性指数与环境因子的 CCA 分析

调查期间碧流河水库各样站浮游动物密度（*D*）、生物量（*B*）、香农 - 维纳多样性指数（*H'*）和均匀度指数（*J*）与各类环境因子的典范对应分析结果见图 4-12。从图 4-12 可见，碧流河水库不同样站浮游动物与环境因子的关系呈现出差异，坝前浮游动物生物量与氮含量正相关，密度与温度正相关，多样性指数与透明度、TH 正相关；刘店样站浮游动物生物量多呈现与 TN 和 SD 正相关，密度与水温、Chl-a 正相关，多样性指数与透明度正相关。3 个河口样站浮游植物生物量与总磷（TP）、DO 和 SD 正相关，密度与亚硝酸氮（NO_2^--N）和 pH 正相关；多样性指数与氨氮正相关。

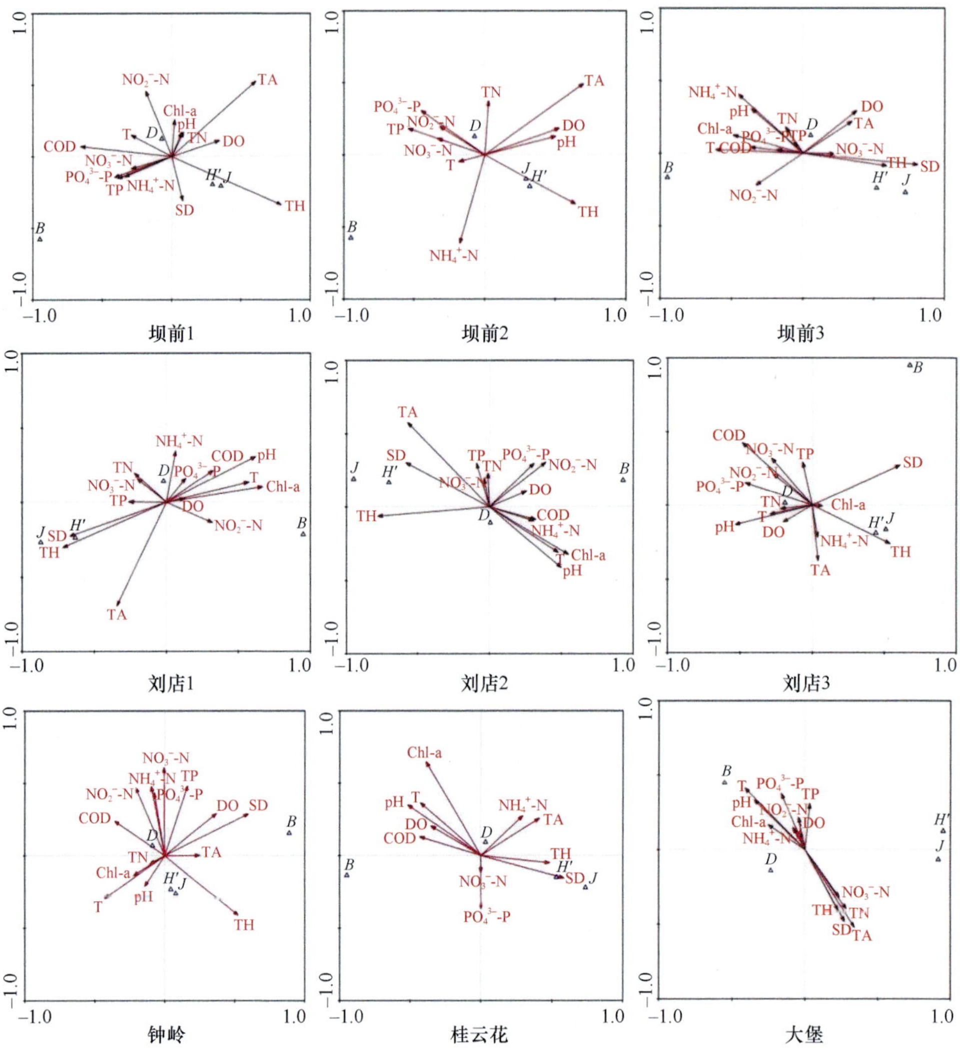

图 4-12 碧流河水库各样站浮游动物密度、生物量和多样性指数与环境因子的 CCA 分析

4.4 讨论与小结

2016 ～ 2019 年 20 次调查结果表明，碧流河水库浮游动物共检出 197 种，其中，原生动物检出 110 种，占总种数的 55.84%，轮虫类发现 59 种，占总种数的 29.95%，枝角类发现 15 种，占总种数的 7.61%，桡足类发现 13 种，占总种数的 6.60%。

研究表明，水域生态系统中浮游动物群落结构特别是其种群数量的季节变化不仅与浮游植物、浮游细菌以及腐质密切相关，而且与水温及其本身生活史和浮游动物、食性鱼类等动物的季节节律也有关。北温带淡水湖泊水库的浮游动物一般呈现如下规律。

桡足类是全年出现，冬季在冰下水层越冬，春季随着水温的升高和营养条件的好转而大量增长成为优势种，由于桡足类生命周期较长，繁殖较慢，其优势在夏季往往被多行孤雌生殖的枝角类所取代。

枝角类大多以冬卵越冬，冬卵要经过一段时间滞育并积累一定热量后才能开始孵化，必须到春末夏初才出现较多的成体。夏季水温高，食物充足，孤雌生殖速度很快，种群数量迅速达到高峰。秋季降温以后又形成冬卵数量急减而至于绝迹。

轮虫全年出现，与浮游植物数量成正比，在枝角类开始消退的秋季较多（Zhao & He，1999；赵文，2011）。湖泊水库中的原生动物通常春秋各有一个高峰（沈韫芬和顾曼如，1965）。碧流河水库浮游动物群落结构的季节变化呈现出上述趋势，原生动物在河流上游进库的三条河流入库处即钟岭、桂云花和大堡数量和生物量较大，主要种类有绿急游虫、团焰毛虫、绿草履虫、旋回侠盗虫、陀螺侠盗虫、绿色前管虫、王氏拟铃壳虫、小单环栉毛虫、钟形钟虫、小口钟虫、淡水筒壳虫等。轮虫主要种类有针簇多肢轮虫、前节晶囊轮虫、卜氏晶囊轮虫、尖尾疣毛轮虫、多态胶鞘轮虫、叉角聚花轮虫、裂痕龟纹轮虫、暗小异尾轮虫、螺形龟甲轮虫和裂足臂尾轮虫等。枝角类主要种类有长额象鼻溞、透明溞、长肢秀体溞、微型裸腹溞和圆形盘肠溞等。透明溞在夏季较少，而春秋季较多，冬季在冰下也存活生长。而桡足类主要种类有汤匙华哲水蚤、近邻剑水蚤、扁平小剑水蚤和台湾温剑水蚤。这些结果与北方大型饮用水源水库相接近。

碧流河水库浮游动物平均密度为 398.8 ind/L，其中，2016 年 10 月浮游动物密度最大，为 1521.9 ind/L，是由于原生动物密度较大（1143.9 ind/L）造成的，浮游动物密度最小月为 2017 年 4 月，为 48.3 ind/L，整体来看，浮游动物密度：秋季＞夏季＞冬季＞春季。

碧流河水库浮游动物生物量平均值为 0.51 mg/L，其中，2019 年 6 月浮游动物生物量最大，为 1.45 mg/L，2017 年 5 月浮游动物生物量最小，为 0.04 mg/L，整体来看，碧流河水库浮游动物生物量表现为：秋季＞冬季＞夏季＞春季。

碧流河水库浮游动物多样性指数平均值为 3.014，秋季＞夏季＞春季＞冬季，均匀度指数平均值为 0.675，冬季＞春季＞秋季＞夏季，整体来看，碧流河水库浮游动物多样性介于较好与丰富之间。

与其他水库（表 4-3）比较来看，碧流河水库浮游动物密度比大伙房水库和观音阁水库略高，与柴河水库相当，远低于其他水库。碧流河水库浮游动物生物量略高于大伙房水库，但远低于其他水库。浮游动物多样性指数和均匀度指数与其他水库没有显著差异。

表 4-3　碧流河水库浮游动物群落结构与其历史资料及我国北方其他大型水源水库的比较

水库名称	调查年份	密度（ind./L）	密度优势类群	生物量（mg/L）	生物量优势类群	种类数	多样性指数	均匀度指数	参考文献
碧流河水库	2014～2015 年	282.65	原生动物、轮虫	0.17	枝角类、桡足类	256	3.74	0.74	季世琛等，2018
	2018 年	140.9	原生动物、轮虫	0.80	轮虫、原生动物	60	4.35	0.73	庞雨佳等，2020
	2016～2019 年	398.8	原生动物、轮虫	0.51	轮虫、桡足类	199	3.01	0.68	本书
英那河水库	2002～2003 年	992	轮虫、原生动物	4.21	轮虫、原生动物	83	3.43	0.71	赵文等，2009
大伙房水库	2015～2017 年	209	轮虫、原生动物	0.36	轮虫、桡足类	202	2.65	0.70	本书

续表

水库名称	调查年份	密度（ind./L）	密度优势类群	生物量（mg/L）	生物量优势类群	种类数	多样性指数	均匀度指数	参考文献
桓仁水库	2018 年	526.6	轮虫、原生动物	2.16	轮虫、枝角类	107	2.59	0.55	庞雨佳等，2020
汤河水库	2007 年	1521	原生动物、轮虫	1.78	轮虫、枝角类	53	1.83	—	刘丙阳等，2011
柴河水库	2008 年	358	轮虫、原生动物	3.49	轮虫、枝角类	42	3.15	0.74	郭凯等，2013
观音阁水库	2008 年	137	轮虫、原生动物	3.49	桡足类、轮虫	29	2.90	0.78	焉鸿启等，2015
锦凌水库	2019 ~ 2020 年	2192	原生动物、轮虫	3.88	枝角类、桡足类	70	3.22	0.72	张湾等，2021
白石水库	2001 ~ 2001 年	433	轮虫	4.00	轮虫	—	—	—	刘中等，2003
	2013 ~ 2014 年	770	轮虫、原生动物	2.60	轮虫、原生动物	222	2.87	0.49	张荣坤等，2021
密云水库	2016 ~ 2018 年	4497	原生动物、轮虫	7.50	枝角类、桡足类	113	4.33	0.64	董显坤等，2020

第5章 碧流河水库浮游细菌丰度的时空格局

5.1 引言

水环境质量评估应考虑多方面因素，其中水体浮游细菌丰度是学者们评定水域生态系统正常功能较为多见的参考标准之一。作为水域生态系统中重要的生产者和分解者，细菌数量庞大且种类丰富，是水域生态系统食物链与食物网的重要组成部分，在物质循环、能量流动和信息联系中起着非常重要的作用。本章总结碧流河水库浮游细菌密度及生物量的时空分布特征，旨在为饮用水水质状况的综合评价、进一步改善水源水库生态环境状况、保证饮用水正常供应提供科学依据。

5.2 材料与方法

5.2.1 采样方法及样站

自2016年10月～2019年8月共对碧流河水库进行20次水样采集，样站共9处，其中上游3处（桂云花、大堡和钟岭），中游3处（刘店1、刘店2和刘店3），下游3处（坝前1、坝前2和坝前3）。上游采样深度为实际水深的一半，中、下游表层采样深度距水表面1 m左右，中层采样深度约为水深的一半，底层采样深度距底表1～2 m。用有机玻璃采样器采集水样。该采样器上下各有一个活动的盖子，当采样器进入水中时，上下盖均打开，采水器下落时，水不断从下面进，上面出，使进入采水器的水不断更新，到达所需深度，提水时，上下盖会自动关闭，这样采集的水样为所需深度的水样，第二次取水样，用来分析水中细菌。

5.2.2 水样处理与细菌计数

水样立即用无颗粒甲醛固定，甲醛的最终浓度为3%，冰桶保存，带回后存于4℃的冰箱内，半个月内采用表面荧光技术（AODC）测定细菌总数。

细菌总数（个细胞 /mL）=$(A\times S\times N)/(FS\times V)$

式中，A 为每个视野细菌数量（个细胞）；S 为滤膜过滤面积（cm^2）；V 为过滤体积（mL）；FS 为视野面积（cm^2）；N 为稀释倍数。

5.2.3 细菌体积和生物量的计算

在 100× 的物镜下，通过目微尺测定每个样品 10 个视野共 100 个连续的细菌，杆菌测定长、宽，球菌测定直径，分别根据圆柱体积和球形体积算出细菌体积。

细菌生物量（mg C/mL）=N（个细胞 /L）×120×V×0.72（fg C/ 个细胞）×10^{-12}（mg/fg）

式中，N 为细菌数量；V 为细菌体积。

5.2.4 数据处理与分析

采用 SPSS 统计分析软件分别对细菌密度、细菌生物量、细菌体积进行了相关性分析，对不同月份的细菌密度、细菌生物量进行了相关分析。

5.3 结果与分析

5.3.1 细菌密度变化

5.3.1.1 季节变化

表 5-1 可见，总体上来看，2016 年 10 月～2019 年 8 月期间碧流河水库浮游细菌密度月变化范围为 1.00×10^3 ～ 9.84×10^8 个细胞 /mL；水库浮游细菌密度总平均值为 3.38×10^7 个细胞 /mL，浮游细菌密度最高出现在 2017 年 6 月，最低出现在 2019 年 4 月。

表 5-1 2016 年 10 月～2019 年 8 月碧流河水库浮游细菌密度及其时空分布（单位：$\times10^7$ 个细胞 /mL）

地点	2016 年		2017 年								
	10 月	11 月	1 月	4 月	5 月	6 月	7 月	8 月	9 月	10 月	11 月
坝前 1	4.80	1.52	3.44	4.56	4.16	8.32	2.16	0.72	1.12	0.72	2.00
坝前 2 表	7.44	2.80	1.36	1.52	1.44	1.84	4.48	1.36	2.16	1.12	0.32
坝前 2 中	4.88	4.24	7.68	3.36	1.68	8.48	20.48	0.64	0.88	1.76	18.00
坝前 2 底	2.56	5.36	1.28	3.52	1.12	7.76	9.68	0.88	1.44	0.72	3.20
坝前 3	5.04	3.12	5.84	4.96	2.24	13.84	3.52	1.20	1.04	0.96	1.12
钟岭	2.40	1.92	6.00	2.48	1.44	46.88	34.64	2.40	1.84	1.20	22.80
刘店 1	4.96	2.48	7.84	1.60	2.24	2.96	6.88	2.40	0.88	0.80	4.22

续表

地点	2016 年		2017 年								
	10 月	11 月	1 月	4 月	5 月	6 月	7 月	8 月	9 月	10 月	11 月
刘店 2 表	6.64	1.76	4.08	4.24	1.84	9.52	9.04	0.72	0.88	0.88	28.88
刘店 2 中	3.60	4.80	6.16	6.24	1.68	5.68	2.40	0.72	0.96	0.56	8.72
刘店 2 底	2.80	2.24	2.48	1.28	3.20	21.44	7.04	2.00	3.76	1.84	7.52
刘店 3	3.28	1.52	1.04	98.40	1.28	11.60	5.44	1.28	0.88	0.72	5.12
桂云花	2.80	—	4.08	3.12	1.60	10.88	19.52	1.12	1.12	1.12	1.12
大堡	15.84	1.20	—	3.12	1.36	46.40	9.84	0.96	0.56	1.28	3.76
平均值	5.16	2.74	4.27	10.65	1.94	15.04	10.39	1.26	1.34	1.05	8.21

地点	2018 年					2019 年				平均值
	1 月	4 月	6 月	8 月	10 月	1 月	4 月	6 月	8 月	
坝前 1	1.76	0.32	0.32	1.76	1.12	0.0366	0.0008	0.0176	0.61	1.97
坝前 2 表	2.00	0.48	0.40	1.52	1.28	0.0137	0.0003	0.0048	0.51	1.60
坝前 2 中	0.88	0.24	0.40	2.00	1.12	0.0069	0.0004	0.0064	0.32	3.85
坝前 2 底	1.92	0.80	0.16	1.60	0.32	0.0029	0.0007	0.0144	0.38	2.14
坝前 3	1.84	0.56	0.48	1.84	1.12	0.0080	0.0001	0.0064	0.38	2.46
钟岭	2.16	0.40	0.32	2.32	0.64	0.0029	0.0004	0.0096	0.48	6.52
刘店 1	1.04	0.48	0.40	1.36	1.92	0.0074	0.0001	0.0048	0.42	2.14
刘店 2 表	0.80	0.64	0.80	1.20	1.28	0.0143	0.0002	0.0128	0.45	3.68
刘店 2 中	1.68	0.24	0.48	2.64	1.60	0.0051	0.0003	0.0144	0.22	2.42
刘店 2 底	3.84	0.40	0.24	2.08	0.48	0.0046	0.0002	0.0096	0.19	3.14
刘店 3	0.80	0.32	0.32	1.60	0.32	0.0034	0.00003	0.0144	0.16	6.70
桂云花	0.72	0.16	0.40	1.92	0.32	0.0034	0.0001	0.0272	0.13	2.64
大堡	1.04	0.40	0.56	1.68	0.64	0.0011	0.0002	0.0096	0.42	4.69
平均值	1.58	0.42	0.41	1.81	0.94	0.0085	0.0003	0.0117	0.36	3.38

5.3.1.2　空间动态

2016 年 10 月～2019 年 8 月期间碧流河水库浮游细菌密度水平分布情况如图 5-1 所示，总体上来看，9 个样站细菌密度差异较大，平均密度最高值出现在中游的刘店 3，达到 6.70×10^7 个细胞 /mL，其次是上游的钟岭，也有 6.52×10^7 个细胞 /mL，紧接着是上游的大堡 4.69×10^7 个细胞 /mL，其余样站细菌密度普遍较低，最低值出现在坝前 1，为 1.97×10^7 个细胞 /mL。

图 5-2 反映的是碧流河水库上、中和下游水域整体的细菌密度分布情况，明显看出由上游到下游水体细菌密度呈现出由高到低的总体趋势，密度最高的上游达到 3.66×10^7 个细胞 /mL，中游较为接近，也有 3.62×10^7 个细胞 /mL，而最低的下游水域仅仅达到 3.09×10^7 个细胞 /mL。这与不同水域具体环境条件密不可分，一般越靠近上游地段存在较多入库河流，刚刚注入水库的河水中往往带入大量无机营养盐和有机质物质，水体富营养水平与中下游相比普遍较高，更有利于浮游细菌的生长繁殖。

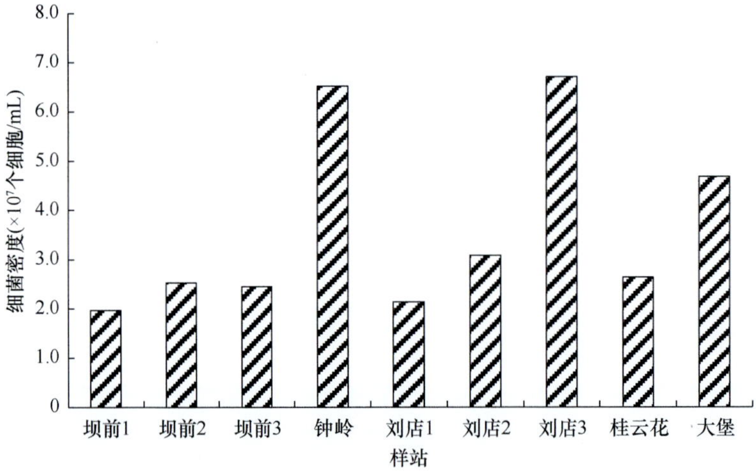

图 5-1　碧流河水库浮游细菌密度的水平（样站）分布

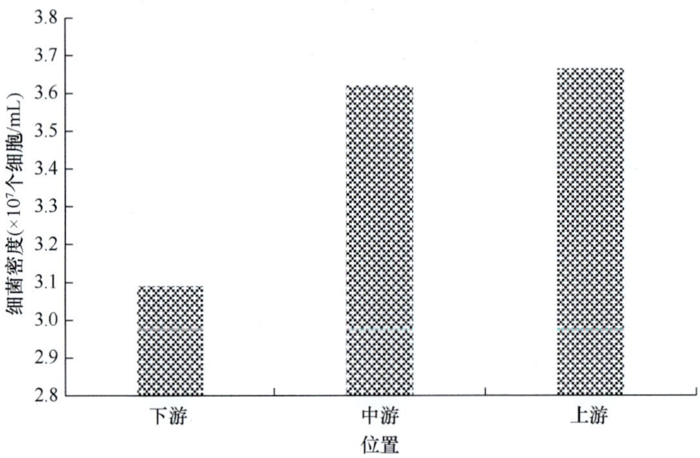

图 5-2　碧流河水库浮游细菌密度的水平（断面）分布

如图 5-3 所示，为坝前 2 和刘店 2 细菌密度垂直分布情况，其中坝前 2 细菌密度分布为中层细菌密度最高，达 3.85×10^7 个细胞 /mL，底层水次之，表层最低为 1.60×10^7 个细胞 /mL；刘店 2 则是表层水体细菌密度最高，为 3.68×10^7 个细胞 /mL，底层水其次，中层水最低，仅为 2.42×10^7 个细胞 /mL。

5.3.2　细菌生物量变化

表 5-2 可见，总体上来看，2016 年 10 月～ 2019 年 8 月期间碧流河水库浮游细菌生物量月变化范围为 0.00003 ～ 85.00 mg/mL；水库浮游细菌生物量总平均值为 2.92 mg/mL，浮游细菌生物量最高出现在 2017 年 6 月，最低出现在 2019 年 4 月。

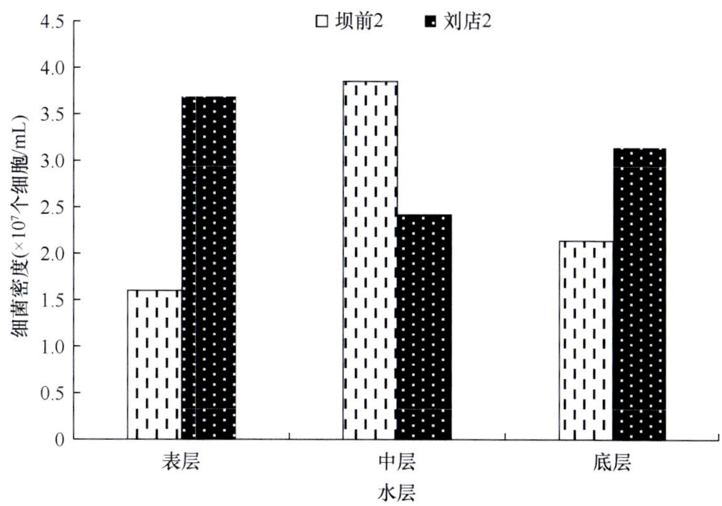

图 5-3　碧流河水库浮游细菌密度的垂直分布

表 5-2　2016 年 10 月～2019 年 8 月碧流河水库细菌生物量及其时空分布　（单位：mg/mL）

地点	2016 年		2017 年								
	10 月	11 月	1 月	4 月	5 月	6 月	7 月	8 月	9 月	10 月	11 月
坝前 1	4.15	1.31	2.97	3.94	3.60	7.19	1.87	0.62	0.97	0.62	1.73
坝前 2 表	6.43	2.42	1.18	1.31	1.25	1.59	3.87	1.18	1.87	0.97	0.28
坝前 2 中	4.22	3.67	6.64	2.90	1.45	7.32	17.70	0.55	0.76	1.53	15.54
坝前 2 底	2.21	4.64	1.11	3.04	0.97	6.70	8.37	0.76	1.25	0.62	2.76
坝前 3	4.36	2.70	5.05	4.28	1.94	11.95	3.04	1.04	0.90	0.83	0.97
钟岭	2.07	1.66	5.19	2.14	1.25	40.49	29.94	2.08	1.59	1.04	19.69
刘店 1	4.29	2.15	6.78	1.38	1.94	2.56	5.95	2.08	0.76	0.69	3.64
刘店 2 表	5.74	1.52	3.53	3.66	1.59	8.22	7.81	0.62	0.76	0.76	24.94
刘店 2 中	3.11	4.15	5.32	5.39	1.45	4.91	2.07	0.62	0.83	0.49	7.53
刘店 2 底	2.42	1.94	2.14	1.11	2.77	18.52	6.08	1.73	3.25	1.59	6.49
刘店 3	2.84	1.31	0.90	85.00	1.11	10.02	4.70	1.11	0.76	0.62	4.42
桂云花	2.42	—	3.53	2.70	1.39	9.40	16.87	0.97	0.97	0.97	0.97
大堡	13.69	1.04	—	2.70	1.18	40.08	8.50	0.83	0.48	1.11	3.25
平均值	4.46	2.37	3.69	9.20	1.68	12.99	8.98	1.09	1.16	0.91	7.09

地点	2018 年					2019 年				平均值
	1 月	4 月	6 月	8 月	10 月	1 月	4 月	6 月	8 月	
坝前 1	1.53	0.28	0.28	1.52	0.97	0.030	0.0008	0.020	0.53	1.71
坝前 2 表	1.73	0.41	0.35	1.31	1.11	0.010	0.0003	0.004	0.44	1.39
坝前 2 中	0.76	0.21	0.35	1.73	0.97	0.006	0.0004	0.006	0.28	3.33
坝前 2 底	1.66	0.69	0.14	1.38	0.28	0.002	0.0007	0.010	0.33	1.85
坝前 3	1.60	0.48	0.41	1.59	0.97	0.007	0.0001	0.006	0.33	2.12

续表

地点	2018年					2019年				平均值
	1月	4月	6月	8月	10月	1月	4月	6月	8月	
钟岭	1.87	0.35	0.28	2.01	0.55	0.002	0.0004	0.008	0.41	5.63
刘店1	0.90	0.41	0.35	1.18	1.66	0.006	0.0001	0.004	0.36	1.85
刘店2表	0.69	0.55	0.69	1.04	1.11	0.010	0.0002	0.010	0.39	3.18
刘店2中	1.46	0.21	0.41	2.28	1.38	0.004	0.0003	0.010	0.19	2.09
刘店2底	3.33	0.35	0.21	1.80	0.41	0.004	0.0002	0.008	0.17	2.72
刘店3	0.69	0.28	0.28	1.38	0.28	0.003	0.00003	0.010	0.14	5.79
桂云花	0.62	0.14	0.35	1.66	0.28	0.003	0.0001	0.020	0.11	2.17
大堡	0.90	0.35	0.48	1.45	0.55	0.001	0.0002	0.008	0.36	3.85
平均值	1.37	0.36	0.35	1.56	0.81	0.007	0.0003	0.010	0.31	2.92

表5-4反映的是碧流河水库整体细菌生物量的季节变化情况。由图5-4可见，总体上从2016年10月开始，水库整体细菌生物量有上升趋势，到2017年6月达到12.99 mg/mL的历史最高值，而后骤然下降，虽有短暂升高，最终降低至历史最低值，即2019年4月的3.0×10^{-4} mg/mL，之后一直处在1.0 mg/mL以下的水平。水库整体细菌生物量平均值为2.92 mg/mL。

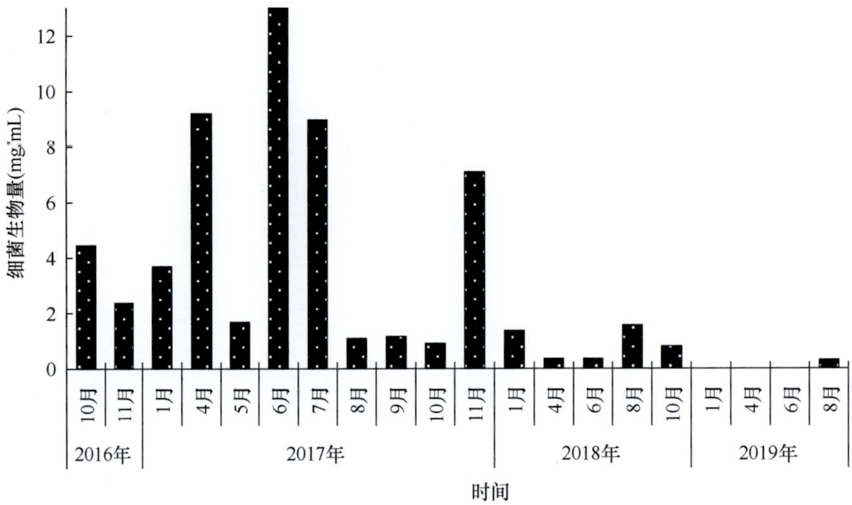

图5-4 碧流河水库浮游细菌生物量的季节变化

5.4 讨论与小结

5.4.1 细菌密度

较多水库浮游细菌总数变化范围为$10^6\sim10^7$个细胞/mL，如英那河水库细菌数量平

均值为 2.57×10^7 个细胞 /mL（赵文等，2009）；吐尔吉山水库细菌数量变化为 0.26×10^6 ～ 18.63×10^6 个细胞 /mL，平均值为 5.60×10^6 个细胞 /mL（刘国才，1999）。张东升等（2013）报道，碧流河水库 2008 年 4 ～ 11 月水体中细菌密度变化为 6.09×10^7 ～ 13.9×10^7 个细胞 /mL，平均值为 10.4×10^7 个细胞 /mL。2016 年 10 月～ 2019 年 8 月期间测定碧流河水库细菌总数变化范围为 1.0×10^3 ～ 46.88×10^7 个细胞 /mL。整体上不同季节水体细菌数量存在一定差异，随时间推移浮游细菌密度有降低趋势。水库浮游细菌密度受诸多因素的影响，其往往与水体各理化及生物因子间存在复杂关系，普遍认为浮游细菌密度是反映水质状况的一个较为直观的指标。单就浮游细菌密度这一项来看，水库水质有趋于改善的情况，经历 2017 年的高峰期后，浮游细菌密度逐渐降低。我国主要饮用水源水库细菌总数见下表 5-3。

表 5-3 我国饮用水源水库细菌总数的比较

水体	调查年份	细菌数量（个细胞 /mL）	方法	参考文献
大伙房水库河流	1984 年	2.40×10^3 ～ 14.00×10^3	平板计数法	王毓军和孙晓怡，2005
大伙房水库河流	2003 年	0.15×10^3 ～ 1.60×10^3	平板计数法	王毓军和孙晓怡，2005
大伙房水库	2008 ～ 2009 年	7.36×10^9	AODC	赵文和魏杰，2018
大伙房水库	2010 年	5.37×10^{10}	AODC	赵文和魏杰，2018
大伙房水库	2016 ～ 2017 年	6.69×10^8	AODC	王欢等，2018a
碧流河养鱼池	2002 ～ 2003 年	4.89×10^{10}	AODC	郭赣林等，2006
碧流河水库	2008 年	6.09×10^7 ～ 13.90×10^7	AODC	张东升等，2013
碧流河水库	2016 ～ 2017 年	8.78×10^7	AODC	王欢等，2018a
桓仁水库	2015 年	1.42×10^3	AODC	王欢等，2018a
桓仁水库	2008 年	1.99×10^{10}	AODC	赵文和魏杰，2018
白石水库	2013 ～ 2014 年	6.23×10^{10}	AODC	赵文和魏杰，2018
吐尔吉山水库	1993 年	0.26×10^6 ～ 18.63×10^6	染色油镜直接计数	刘国才，1999
道观河水库	2000 年	3.20×10^3	平板计数法	马徐发等，2005
英那河水库	2002 ～ 2003 年	2.57×10^7	AODC	赵文等，2009
密云水库	2005 ～ 2006 年	300	常规 R02 培养基	原媛等，2007
密云水库	2016 ～ 2018 年	12.72×10^4	AODC	朱文宇等，2020
怀柔水库	2016 ～ 2018 年	1.93×10^4	AODC	朱文宇等，2020
汤河水库	1998 年	23 ～ 252	平板计数法	马溪平等，1998

5.4.2 细菌生物量

细菌生物量的计算避免了单纯考虑其数量带来的偏差，通过对细菌个体大小的测定，结合密度估算出水体浮游细菌生物量。张东升等（2013）报道，碧流河水库 2008 年 4 ～ 11 月水体中细菌生物量较高，达到 4.94±2.37 mg/mL，这主要是水中细菌数量较高所致。2016 年 10 月～ 2019 年 8 月期间测定碧流河水库浮游细菌生物量约 2.92 mg/mL。浮游细菌对水域水质产生一定影响的同时，也是水库鱼产力的一个重要饵料来源，浮游细菌是水域生态系统基本功能即物质循环和能量流动的重要承担者，担负着将环境中无机营养物转化为滤食性浮游动物甚至大型滤食性动物生物量的作用，因此水体中适量的浮游细菌对于维持生态系统的稳定和正常运转具有重要意义。

第 6 章 碧流河水库细菌群落结构特征及其关键驱动因子*

6.1 引言

淡水资源是人类赖以生存和发展的基础，水中细菌状况对水体质量起着决定性作用，并且微生物菌群能够对水体污染物有净化作用（冯泽晖，2017）。淡水生态系统中细菌数量庞大且种类丰富，是水域生态系统中食物链和食物网的重要组成部分，在物质循环、能量流动和信息联系中起重要作用（赵文，2011；任丽娟等，2013）。微生物敏感且易受环境因子影响，它的代谢产物可以对环境产生指示作用（郭非等，2009）。传统分离培养方法仅能从环境中获取不到 1% 的细菌类群，不能准确认知环境中微生物的状况（Amann *et al.*，1995）。近年来，利用分子生物学的方法研究环境微生物越来越普及（Spring *et al.*，2000），目前研究对象大部分集中在滨海地区、海洋和湖泊，例如，我国南海的南沙群岛海域（戴欣等，2002）、青岛近岸海区（李筠等，2006）及云南高原洱海（Yang *et al.*，2016）；国外一些地区如西北太平洋深海（穆春华等，2006）、巴西里约热内卢州热带沿海潟湖（Laque *et al.*，2010）、南极洲弗里克塞尔湖等（Brambilla *et al.*，2001），而对河流和饮用水源水库的研究较少。

碧流河水库位于辽宁省大连市庄河市、普兰店区和营口市盖州市三市区交界处，处于大连市最大河流碧流河的干流上，是大连市居民生活、工业用水、农业灌溉、水库养鱼等主要水源地。碧流河水库是南北狭长的河川库型，该区域为温暖带大陆性季风气候，四季分明，温差较大，控制水域流量丰富，平均降水量多年可达到 780 mm，降雨多在 7 ～ 9 月（谢在刚，2009）。碧流河水库蓄水位正常为 69.0 m，库区为 70.0 m（大连市碧流河水库管理局，1996）。近几年碧流河水库蓄水位降低，水库周边大量开荒种地引发水土流失日趋严重，淤积量加大，种植农作物使用的农药化肥流入库区，污染了水库水质（王广森，2016），为了保障饮用水和使用水的安全，改善水体的质量状况十分重要。实现“东水西调”可以有效改善碧流河水库生态环境，确保其水资源和土地资源的互补，水中多种微生物共同作用形成微生物链，在水体修复的过程中把有机污染物转化为简单的化合物，保证水质正常功能，从而改善水体环境质量（郑焕春和周青，2009），本研究采用 16S rDNA 高通量测序技术分析碧流河水库细菌群落结构特征及其关键驱动因子，旨在为保障水质安全和优化水质提供科学依据。

---

* 本章内容改编自王欢等，2018b。

6.2 材料与方法

6.2.1 样品采集与处理

在2016年10月～2017年6月对碧流河水库进行为期一年的水样采集。选取9个样站，分别是下游的坝前1、坝前2和坝前3；中游的刘店1、刘店2和刘店3；上游八家河河口附近的钟岭，蛤蜊河河口的桂云花和碧流河河口的大堡。冬季大堡样品因河道无水而缺失1次。使用有机玻璃采水器采集水样，根据实际水深分表中底三层采混合样，由于库水深度变化较大，表层采集深度小于2 m，中层采集深度在4～5 m，底层采集深度8 m左右，表中底三层分别打水3次、4次、3次，将这10次打的水混合，取1.5 L水样经过0.45 μm微孔滤膜过滤，过滤后的滤膜加DNA保存液置于冻存管中，–80℃冰箱保存。调查范围及样站位置同第二章。

6.2.2 基因组DNA的提取及PCR扩增

采用十六烷基三甲基溴化铵（CTAB）法对样品基因组DNA进行提取。取出用DNA保存液保存的滤膜，将其剪碎于2.0 ml EP管中，加入1000 μL CTAB裂解液和20 μL溶菌酶，65℃振荡水浴2 h，进行充分裂解。使用离心机HeraeusPico 17（ThermoScientific，USA）12 000 r/min离心15 min，取950 μL上清液，加入与上清等体积的酚（pH 8.0）：氯仿：异戊醇=25 ∶ 24 ∶ 1，颠倒混匀，12 000 r/min离心10 min。取上清液，加入等体积的氯仿：异戊醇=24 ∶ 1，颠倒混匀，12 000 r/min离心10 min。吸取上清液至1.5 mL离心管，加入上清液3/4体积的异丙醇，上下摇晃，–20℃沉淀。12 000 r/min离心10 min，倒出液体。用75%乙醇1 mL洗涤2次，沉淀经超净工作台吹干后加入51 μL ddH$_2$O溶解DNA样品，于55～60℃下孵育10 min助溶。加RNase A 1 μL消化RNA，37℃放置15 min。

之后利用琼脂糖凝胶电泳检测DNA的纯度和浓度，取适量的样品于离心管中，使用无菌水稀释样品至1 ng/μL。以稀释后的基因组DNA为模板，使用带Barcode的特异引物515F：5′-GTGCCAGCMGCCGCGGTAA-3′和806R：5′-GGACTACHVGGGTWTCTAAT-3′扩增宏基因组16S rDNA，使用New England Biolabs公司的Phusion® High-Fidelity PCR Master Mix with GC Buffer，和高效高保真酶进行聚合酶链反应（PCR）扩增，扩增条件：98℃预变性1 min；30个循环包括（98℃，10 s；50℃，30 s；72℃，30 s）；72℃，5 min。得到PCR产物。

根据PCR产物浓度进行等量混样，充分混匀后使用2%的琼脂糖凝胶电泳检测PCR产物，对目的条带使用qiagen公司提供的胶回收试剂盒纯化回收产物。

使用TruSeq® DNA PCR-Free Sample Preparation Kit建库试剂盒进行文库构建，构建好的文库经过Qubit和Q-PCR定量，文库合格后，使用HiSeq2500 PE250进行上机测序。

6.2.3　水体理化指标测定

测定的水体理化指标有 pH、水温（T）、总溶解固体（TDS）、悬浮颗粒物（TSS）、溶氧（DO）、透明度（SD）、总氮（TN）、总磷（TP）、氨氮（NH_4^+-N）、硝酸氮（NO_3^--N）、亚硝酸氮（NO_2^--N）、活性磷（ADP）、化学需氧量（COD）、叶绿素 a（Chl-a）等十几项指标，其中现场使用 pH 计、温度计、透明度盘分别测定水样的 pH、温度和透明度，其余理化指标在大连海洋大学水生生物学实验室测定，测定方法按照中华人民共和国国家环境保护标准中规定的方法进行，并参照《水和废水监测分析方法》（第四版）。

6.2.4　测序数据处理

根据 Barcode 序列和 PCR 扩增引物序列从下机数据中拆分出各样品数据，截去 Barcode 和引物序列后使用 FLASH（Anderson & Marti，2001），对每个样品的测序片段（reads）进行拼接，得到的拼接序列为原始标签数据（raw tags）；拼接得到的 raw tags 需要经过严格的过滤处理（McArdle & Anderson，2001），得到高质量的标签数据（clean tags）。参照 Qiime（Caporaso *et al.*，2010）的 tags 质量控制流程，进行 tags 截取，tags 长度过滤，将处理得到的 tags 去除嵌合体序列（Edgar *et al.*，2011；Haas *et al.*，2011）。

利用 Uparse 软件（Edgar，2013），对所有样品的全部有效标签数据（effective tags）进行聚类，默认以 97% 的一致性（identity）将序列聚类成为运算分类单元 OTUs。同时会选取 OTUs 的代表性序列，依据其算法原则，筛选的是 OTUs 中出现频数最高的序列作为 OTUs 的代表序列。对 OTUs 代表序列进行物种注释，用 Mothur 软件与 SILVA（Wang *et al.*，2007）的 SSUrRNA 数据库（Quast *et al.*，2012）进行物种注释分析（设定阈值为 0.8 ～ 1），获得分类学信息并分别在各个分类水平：kingdom（界）、phylum（门）、class（纲）、order（目）、family（科）、genus（属）、species（种）统计各样品的群落组成。使用 MUSCLE 软件进行快速多序列比对，得到所有 OTUs 代表序列的系统发生关系。最后对各样品的数据进行均一化处理，以样品中数据量最少的为标准进行均一化处理，后续的 Alpha 多样性分析和 Beta 多样性分析都是基于均一化处理后的数据。

根据所有样品在属水平的物种注释及丰度信息，选取丰度排名前 35 的属，根据其在每个样品中的丰度信息，从物种和样品两个层面进行聚类，绘制成热图，便于发现哪些物种在哪些样品中聚集较多或含量较低。利用 OTUs 数值和注释种类到属水平上计算各样站的香农 - 维纳多样性指数分析比较细菌群落多样性。

6.2.5　统计分析

利用 Excel 分析计算水体指标参数。使用 Qiime 软件（Version 1.9.1）计算香农 - 维纳多样性指数，对 OTUs 进行丰度分析；使用 CANOCOforwindow4.5 进行 RDA 分析，挖掘样品间的物种组成差异，并结合环境因素进行关联分析。

6.3 结果与分析

6.3.1 碧流河水库细菌多样性分析

35 个样品总共得到平均有效数据 70 045 个，构建 OTUs 并且获得注释信息的 Tags 数目平均为 67 583 个，OTUs 平均有 1255 个。利用香农 - 维纳多样性指数比较分析 9 个样点的细菌多样性（表 6-1）。表 6-1 显示，碧流河水库全年细菌群落多样性指数平均达 6.921，从季节分布上看，冬季＜夏季＜春季＜秋季。碧流河水库细菌多样性水平分布上存在季节差异，在秋季，中游样站的细菌多样性＜下游样站＜上游样站，在冬季，上游样站的细菌多样性＜中游样站＜下游样站，在春季和夏季，下游样站的细菌多样性＜上游样站＜中游样站。根据物种注释结果，选取每个样品分组（分别为秋季下游 FADb、秋季中游 FAMI、秋季上游 FAU、冬季下游 WIDb、冬季中游 WIMI、冬季上游 WIU、春季下游 SPDb、春季中游 SPMI、春季上游 SPU、夏季下游 SUDb、夏季中游 SUMI、夏季上游 SUU）在各分类水平上最大丰度前 10 的门水平物种相对丰度柱状图（图 6-1），同时分析各个水平上的菌群结构，结果显示，11 个主要门类分别是变形菌门 Proteobacteria 34.16%，蓝藻门 Cyanobacteria 24.35%，放线菌门 Actinobacteria 13.35%，拟杆菌门 Bacteroidetes 12.42%，浮霉菌门 Planctomycetes 6.04%，疣微菌门 Verrucomicrobia 3.42%，厚壁菌门 Firmicutes 2.51%，酸杆菌门 Acidobacteria 1.37%，绿菌门 Chlorobi 0.39%，装甲菌门 Armatimonadetes 0.17%，以及一些分类地位不明确的细菌类群和稀有类群，将它们归为其他，占 1.82%。优势菌门变形菌门包含 β- 变形菌纲 Betaproteobacteria 18.34%、α- 变形菌纲 Alphaproteobacteria 9.14%、γ- 变形菌纲 Gammaproteobacteria 5.3%。β- 变形菌纲菌群主要集中于伯克氏菌目 Burkholderiales 15.75%，碧流河水库 9 个样站菌群变化主要集中在蓝藻门、放线菌门和拟杆菌门上，共发现细菌 44 门 115 纲 184 目 368 科 865 属，其中，优势菌属为 *unidentified_Chloroplast* 17.73%、伦黑墨氏菌属 *Rheinheimera* 1.74%、*CL500.3* 4.64%、*hgcl_clade* 5.95%、黄杆菌属 *Flavobacterium* 2.59%、*CL500.29_marine_group* 2.67%、鞘脂单胞菌属 *Sphingomonas* 1.32%、聚球藻属 *Synechococcus* 1.08%、β- 变形菌属 *Limnohabitans* 2.45%。

表 6-1 碧流河水库细菌多样性统计表

地点	季节				
	春	夏	秋	冬	平均
上游	6.831	6.815	7.696	6.585	6.982
中游	6.885	7.031	7.270	6.622	6.952
下游	6.787	6.277	7.480	6.770	6.829
全库	6.834	6.708	7.482	6.659	6.921

根据所有样品在属水平的物种注释和丰度信息，选取丰度排名前 35 的属，从物种注释信息（横向）和样品信息（纵向）两个层面进行聚类，绘制热图（图 6-2），根据 Z 值便于发现哪些物种在哪些样品中聚集较多或含量较低。图 6-2 显示，样点在菌群组

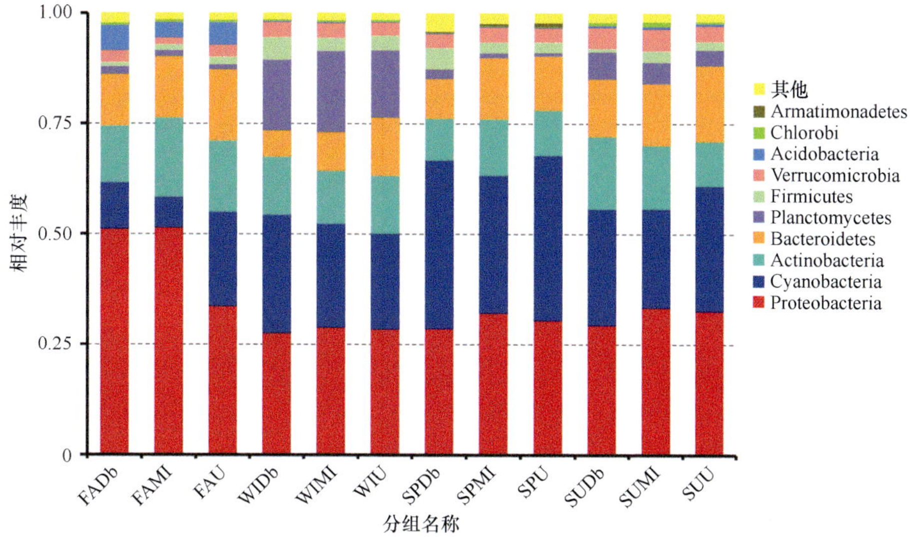

图 6-1　碧流河水库微生物门水平上的物种相对丰度

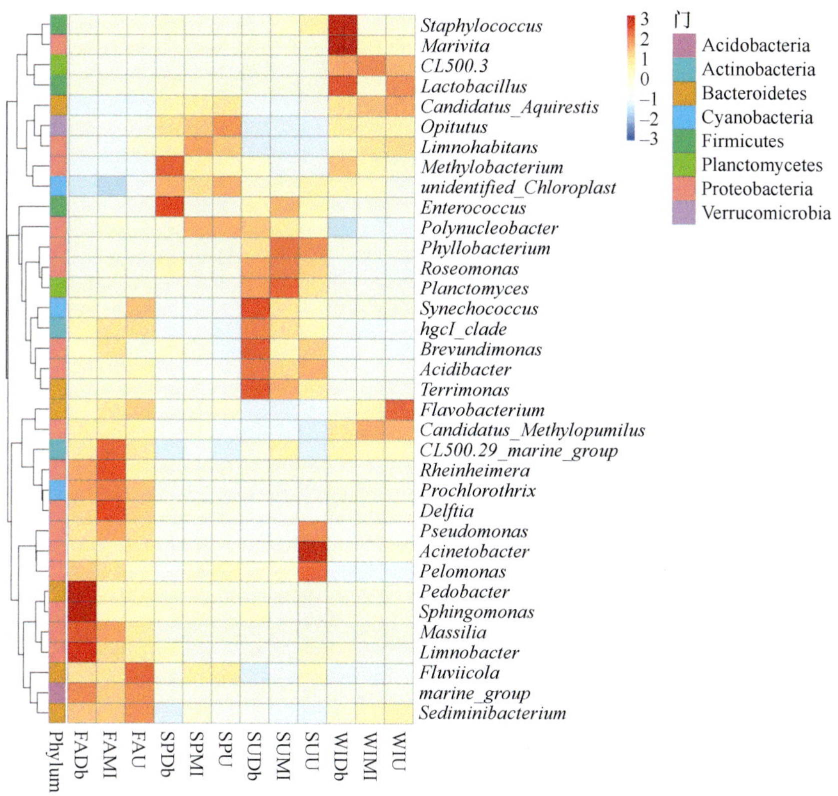

图 6-2　碧流河水库细菌物种丰度聚类

成上冬春季和夏秋季有显著差异，其中冬季和春季各个点群落组成相似，秋季和夏季上中下游样站群落组成有差异。比较各个样站菌群结构在一年内的变化，上游样站菌群组成在不同季节差异最大，不同季节主要菌群结构差异明显。秋季 *CL500.29_marine_group*、*Rheinheimera*、*Prochlorothrix*、*Pedobacter*、*Sphingomonas*、*Massilia*、*Limnobacter* 聚集较多，春季 *Methylobacterium*、*unidentified_Chloroplast*、*Enterococcus* 聚集多，夏季 *Phyllobacterium*、*Roseomonas*、*Planctomyces*、*Synechococcus*、*hgcI_clade*、*Brevundimonas*、*Acidibacter*、*Terrimonas*、*Acinetobacter* 聚集多，冬季 *Staphylococcus*、*Marivita*、*CL500.3*、*Lactobacillus*、*Candidatus_Aquirestis*、*Flavobacterium*、*Candidatus_Methylopumilus* 聚集多。

6.3.2 细菌群落与环境因子之间的关系

VPA 分析结果（图 6-3）表明，TSS、TP、COD、T、pH、NH_4^+-N、Chl-a 这些环境因子的单独解释量为 10.64%，TN、ADP、DO、NO_2^--N、NO_3^--N、SD、经度（longitude）、纬度（latitude）、海拔（altitude）这些环境因子的单独解释量为 18.35%，这两组环境变量的共同解释量为 55.86%，这 16 个环境因子的总解释量为 84.85%，可以看出，这些环境因子对碧流河水库细菌种类分布影响很大，其中第二组环境因子对细菌群落分布的影响高于第一组。说明地理、化学因子均对微生物群落分布差异作出贡献。

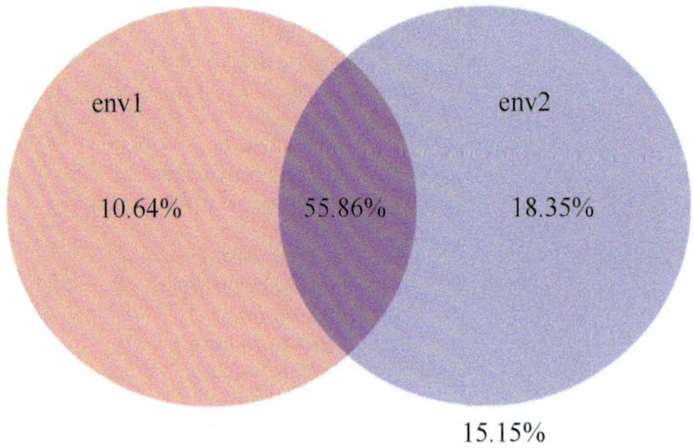

图 6-3 碧流河水库细菌 VPA 结果

反映菌群与水体环境因子之间关系的 RDA 分析结果见图 6-4。图 6-4 显示，菌群分布与环境因子之间的关系较复杂，总之与微生物菌群相关的环境因子很多，这些环境因子大多是自相关，经过 VIF 分析，NO_2^--N、TP、SD、ADP、NO_3^--N、T、pH、Chl-a、TSS 和 DO 这 10 个环境因子均能影响碧流河水库 9 个点位的微生物群落分布。其中根据箭头长度我们可以看出，SD、TSS、pH、NO_2^--N 与微生物种类分布相关性较大，秋季样品与 SD 显著正相关，夏季样品与 TSS，TP、ADP 和 NO_2^--N 显著正相关，与 pH、DO、Chl-a 和 T 呈显著负相关。春季和冬季样品与 SD、NO_3^--N 呈显著负相关。采用 envfit 函数检验每个环境因子的显著性，如表 6-2，其中 r^2 越小，表示该环境因子对物种分布影响越小，环境因子对物种分布的影响大小依次为 TSS、SD、pH、ADP、DO、TP（P=0.0005）。

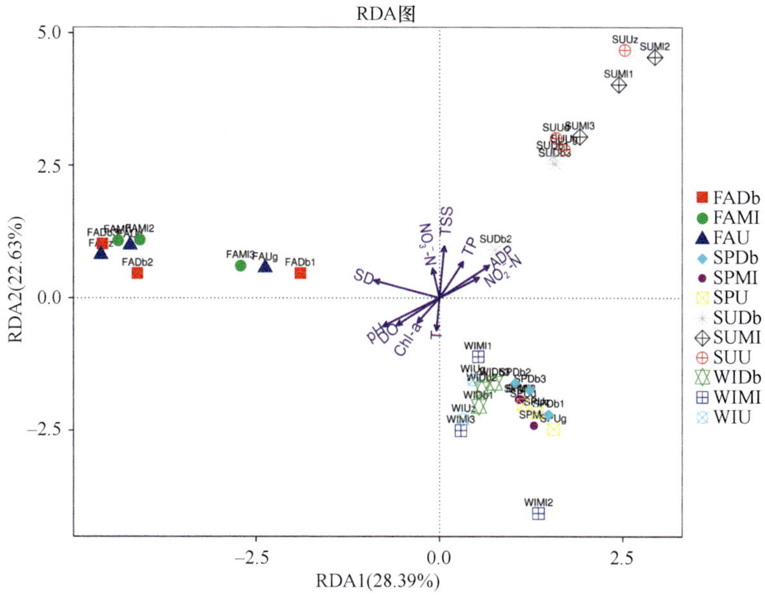

图 6-4　碧流河水库细菌菌群与水体理化因子的 RDA 分析

表 6-2　碧流河水库细菌与环境因子的 **RDA envfit** 分析

环境因子	RDA1	RDA2	r^2	Pr（> r）
ADP	0.7451	0.6669	0.7853	0.0005
TSS	0.0849	0.9964	0.8787	0.0005
NO_3^--N	–0.1517	0.9884	0.2894	0.0070
DO	–0.7518	–0.6594	0.5739	0.0005
pH	–0.8220	–0.5695	0.8319	0.0005
T	–0.0859	–0.9963	0.3489	0.0025
SD	–0.9445	0.3286	0.8335	0.0005
Chl-a	–0.5525	–0.8335	0.2909	0.0060
TP	0.4393	0.8983	0.5312	0.0005
NO_2^--N	0.8143	0.5804	0.4122	0.0010

注：RDA1 和 RDA2 所对应的值是环境因子箭头与排序轴夹角的余弦值，表示环境因子与排序轴的相关性。r^2 表示环境因子对物种分布的决定系数，Pr 表示相关性的显著性检验。

6.3.3　环境因子与微生物物种丰富度之间的关系

用 Spearman 秩相关来研究碧流河水库环境因子与微生物物种丰富度（α 多样性）之间关系，及环境因子与物种之间的相互变化关系，得到两两之间的相关性和显著性 P 值，相互变化关系总结于图 6-5。纵向为环境因子信息，横向为物种信息，中间热图对应的值为 Spearman 相关系数 r，介于 –1 和 1 之间，$r < 0$ 为负相关，$r > 0$ 为正相关，标 * 表示显著性检验 $P < 0.05$，从图 6-5 可见，优势菌属受水体环境因子的影响大于受到地形因子的影

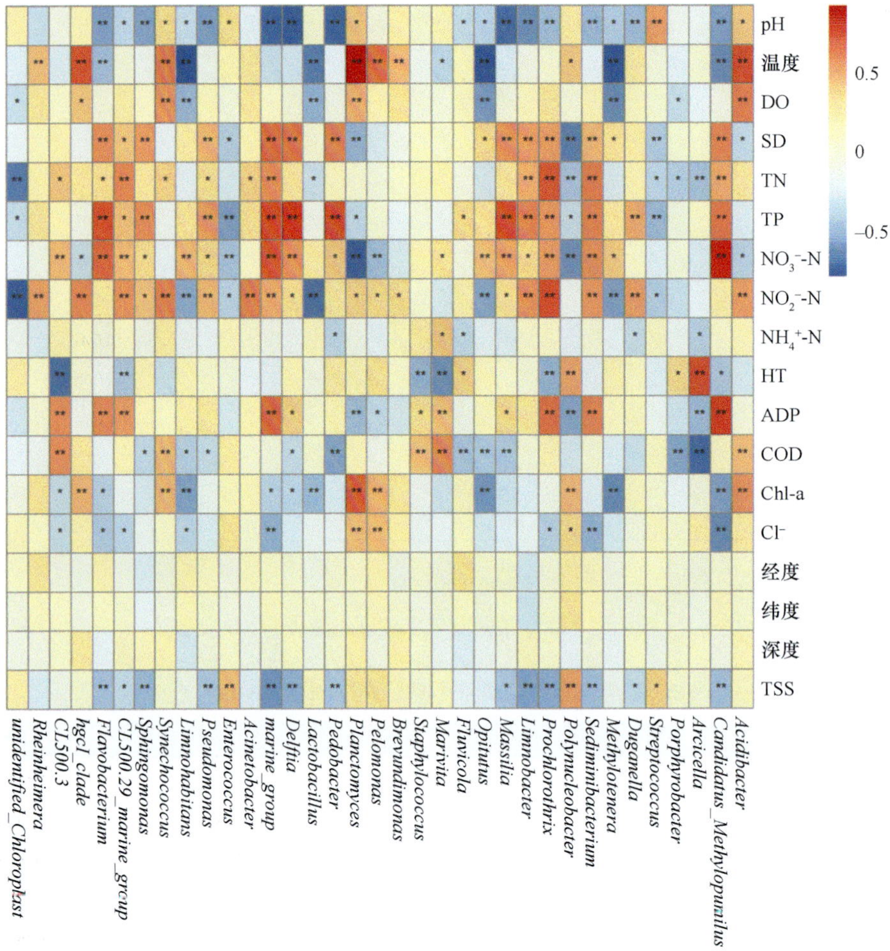

图 6-5　碧流河水库细菌 Spearman 相关性分析

** 表示差异极显著，* 表示差异显著

响，其中 *Synechococcus*、*Planctomyces*、*Acidibacter* 与 T、DO、NO_2^--N、Chl-a 显著正相关，*Limnohabitans*、*Lactobacillus*、*Opitutus*、*Methylotenera* 与 T、DO、NO_2^--N、Chl-a 显著负相关；*Flavobacterium*、*CL500.29_marine_group*、*marine_group*、*Prochlorothrix*、*Sediminibacterium*、*Candidatus_Methylopumilus* 与 SD、TN、TP、NO_3^--N、ADP 显著正相关，与 TSS 显著负相关；*Polynucleobacter* 与 SD、TN、TP、NO_3^--N、ADP 显著负相关，与 TSS 显著正相关；各菌群与经度、纬度和海拔无显著性差异。

6.4 讨论与小结

众所周知，多样性指数（如香农 - 维纳多样性指数）是反映生态系统群落结构特征的重要指标，本章通过 16S rDNA 高通量测序技术阐明了碧流河水库浮游细菌群落的季节性变化，香农 - 维纳多样性指数分析表明，不同季节碧流河水库浮游细菌群落的多样性是不同的，其多样性指数平均为6.9，与其他地方水体相比较，处于中间水平，而应用16S rDNA高通量测序技术分析得到的细菌多样性指数与应用PCR-DGGE和T-RFLP技术分析得到的多样性指数相比，数值更高，因此能够更好说明碧流河水库细菌的群落结构。细菌门的相对丰度与他们的多样性有关，Møller等（2013）进一步验证了Cohan（2002）提出的假说，一个细菌谱系在生境中的生态成功不是因为其中少数竞争力非常强的物种，而是取决于它的多样性，在细菌"种"内存在着不同的生态型，造成生态型不同的原因则是环境的变化，不同生态型之间的基因交换使物种的竞争力得到增强。这个假说可以解释能否发现更多环境中的优势物种，多样性指数的大小尤为重要。高通量测序16S rDNA V4区研究能较好地分析水体细菌群落多样性。碧流河水库9个样站的浮游细菌多样性指数存在季节性变化，冬季最低，秋季最高，每个样站在菌群组成上冬春季与夏秋季差异显著。这与张雅洁等（2017）、沈烽等（2017）的研究结果类似。这可能是因为冬春季水体温度低，细菌的新陈代谢能力与生长速率减慢，夏秋季水体温度高，细菌新陈代谢旺盛生长速率加快。碧流河水库上中下游细菌多样性空间差异不明显，这与唐婧等（2015）对南明河城区河段、李玉华等（2013）对松花江水体、白洁等（2014）对南海南部海域、王鹏等（2016）对赣江南昌段、白洁等（2009）对北黄海海域浮游细菌群落多样性的研究结果均存在空间差异。不同程度的人类活动对于河流细菌群落结构具有不同的影响，流经城区的河流环境因子变化显著，细菌丰度和多样性空间差异显著，碧流河水库远离闹市，远离现代工业区，地域差异不明显，受人类活动影响较小，因此碧流河水库浮游细菌群落的空间差异不明显。

本研究通过碧流河水库水体中细菌16S rDNA V4区高通量测序发现，库水中细菌除了部分分类地位不明确的菌群和稀有菌群外，共发现了细菌44门115纲184目368科865属，表现出丰富的菌群结构。目前研究报道的不同水域水体中，出现过23个门类细菌，有蓝藻门、变形菌门、拟杆菌门、放线菌门、厚壁菌门、疣微菌门、浮霉菌门、绿弯菌门、黏胶球形菌门、候选门OP10、酸杆菌门、绿菌门、泉古菌门、芽单胞菌门、纤维杆菌门（Fibrobacteres）、梭杆菌门（Fusobacteria）、螺旋体门（Spirochaetes）、脱铁杆菌门（Deferribacteres）、BRC1、OD1、OP10、SR1和TM7等。变形菌门、蓝藻门、放线菌门、拟杆菌门是碧流河水库水体中的主要菌门，这与大量研究水体细菌群落结构相似。

微生物群落的功能特征是其生境环境因子与环境理化性质紧密相关并相互限制影响（米亮等，2010；Gomez *et al.*，2006；黎宁等，2006；Manzoni *et al.*，2008）。本研究RDA分析发现，TSS、SD、pH、ADP、DO、TP、NO_2^--N与微生物菌群多样性具有相关性，是其主要的影响因子。近年来，对于部分研究水库、河流、湖泊、海洋的浮游细菌群落结构及其与环境因子的关系总结如表6-3。环境影响因子有温度、pH、DO、NH_4^+-N、SD、TN、TP、水深、溶解有机碳（DOC）、磷酸盐等（张雅洁等，2017；沈烽等，2017；唐婧等，2015；李玉华等，2013；白洁等，2009；白洁等，2014；王鹏等，2016；陈兆进等，2017）。自然界氮素循环是各种元素循环的中心，而微生物参与的氮循环是生态系统中氮循环的主要初级生产力。在各种水生态环境中，溶解无机氮是异养细菌重要的氮源，但是过量的氮可能导致水体富营养化，造成水质恶化。Haukka 等（2006）报道在淡水生态系统中添加总氮和磷酸盐后，浮游细菌的群落结构发生变化。刘婷婷（2013）在水源水库微生物种群结构和功能分析中得出亚硝酸氮对硫酸盐还原菌种群垂向分布影响显著。研究表明，河流水体细菌群落在不同时期的关键环境驱动因子不同，其中悬浮颗粒物（TSS）浓度在不同水文时期都是主要影响因子。曹新益等（2016）研究表明，不同梯度的 pH 会不同程度地影响各类细菌的生长。光照、溶氧和温度随着水深的增加而下降，微生物群落的分布也会随之变化。因此，水库功能微生物结构特征受到不同水质指标的综合调控。

表 6-3　不同水体微生物群落结构特征与关键驱动因子的比较

水体	微生物群落组成	关键驱动因子	时空多样性变化	方法	参考文献
丹江口水库	放线菌门、变形菌门、蓝藻门、拟杆菌门、疣微菌门、厚壁菌门、酸杆菌门等	温度、pH、NH_4^+-N、透明度	多样性指数平均达 4.4 黑鸡嘴＞台子山＞库心＞宋岗＞渠首	16S rDNA	陈兆进等（2017）
南明河城区河段	变形菌门、浮霉菌门、拟杆菌门、酸杆菌门、放线菌门、绿菌门、绿弯菌门、泉古菌门、厚壁菌门、芽单胞菌门、疣微菌门等	总氮、总磷	多样性指数平均达 7.5 乌当桥样站的细菌多样性＞水口寺样站＞五眼桥采样＞花溪大桥样站 ＞冠洲桥样站	16S rDNA	唐婧等（2015）
松花湖水体		水深、pH、温度和溶氧等	水平方向分布多样性差异，松花湖下游位点的细菌多样性要高于上游	PCR-DGGE	李玉华等（2013）
南海南部海域	蓝藻门、变形菌门、拟杆菌门、放线菌门、厚壁菌门、疣微菌门、浮霜菌门、绿弯菌门、黏胶球形菌门、候选门 OP10、酸杆菌门、绿菌门。优势类群为变形菌门、蓝藻门和拟杆菌门	溶解有机碳和磷酸盐	多样性指数（*H'*） （4.44 ～ 7.00）	16S rDNA	白洁等（2014）
北黄海海域	优势菌群为变形菌门、厚壁菌门、α- 变形杆菌亚门	水深、溶氧等	2 个站位分离距离高于 28%，存在地域差异	16S rRNA 和 DGGE	白洁等（2009）
赣江南昌段	细菌优势类群为放线菌门、变形菌门，其次为厚壁菌门、拟杆菌门、蓝藻门	温度和流量	赣江南昌段细菌丰度和多样性在城区上游、城区中心和城区下游样站间没有显著差别，在不同月份有显著差别	16S rRNA	王鹏等（2016）
北海湖	优势类群：蓝藻门、变形菌门、放线菌门和拟杆菌门	温度	优势菌门存在季节性变化 夏季和秋季微生物的多样性高	16S rDNA	张雅洁等（2017）
碧流河水库	变形菌门、蓝藻门、放线菌门和拟杆菌门	总溶解固体、透明度、pH、活性磷、溶氧、总磷、NO_2^--N	多样性指数为 6.9 冬季时最低，秋季最高	16S rDNA	王欢等（2018b）
南京玄武湖		温度、pH	多样性指数 3.0 ～ 3.8 季节性变化，玄武湖的浮游细菌夏季多样性最高，而春季最低	T-RFLP 技术	沈烽（2017）

促进微生物生长的环境因子各不相同，本研究实验结果详细展示了各个环境因子与各微生物群落丰富度之间的关系。*Acidibacter* 等随着温度、DO、NO_2^--N、COD 等的升高丰富度增加；*Candidatus_Methylopumilus* 等与 SD、TN、TP、NO_3^--N、ADP 正相关，随着营养物质的增多丰富度增加；与 TSS、Chl-a 显著负相关，随着悬浮颗粒的增加透明度降低，叶绿素 a 增加水体富营养化加剧，导致其丰富度降低。陈梦齐等在象山港电厂温排水对浮游细菌的影响的研究中发现，部分 γ- 变形菌分支的丰富度随水温升高而升高。陈兆进等在丹江口水库的研究表明 T、pH、NH_4^+-N、SD 等环境因子对丹江口浮游细菌群落有较大影响，不同环境因子对不同菌群具有不同影响。微生物物种丰富度与环境因子紧密相关，其中温度、TSS、SD、pH、ADP、DO、TP 等为影响微生物群落主要环境因子。

本研究解释了碧流河水库细菌群落构成与环境因子的相关性，为饮用水源水库水质管理提供了重要数据，但如何将这些信息有效用于监控水质有待进一步研究。随着分子生物学的迅猛发展，水源水库微生物多样性研究逐渐增多，我国主要水库微生物多样性及其环境驱动因子研究总结于表 6-3。

应用 16S rDNA 高通量测序技术和 RDA 分析方法研究了碧流河水库浮游细菌群落结构的季节性变化及其相关环境因子的关系。香农 - 维纳多样性指数分析结果表明，细菌的群落多样性在冬季时最低，秋季最高，菌群结构组成上冬春季与夏秋季存在差异，主要菌门为变形菌门、蓝藻门、放线菌门和拟杆菌门。RDA 分析结果显示，TSS、SD、pH、ADP、DO、TP、NO_2^--N 与微生物菌群多样性具有相关性，为影响群落结构最显著的环境因子。Spearman 分析结果表明，微生物物种丰富度与各个环境因子之间关系紧密。

第7章 碧流河水库底栖动物的群落结构特征

7.1 引言

底栖动物是水域生态系统中的重要组成部分，在水域生态系统中起着重要的作用。在水体净化方面，底栖动物能在水体底部翻匀底质，加速腐质的分解，使得腐质再循环，有助于水体内的物质循环和能量流动，促进水体自净。在渔业上，大型底栖动物控制着藻类的生物量，是初级生产力和鱼类的一个关键的链接。在水环境监测上，底栖动物的寿命较长，迁移能力有限，且包括敏感种和耐污种，有“水下哨兵”之称，能长期监测有机污染物的慢性排放。总之，研究底栖动物不仅能为了解水域生态系统的物质循环和能量流动提供帮助，而且还可为解决水体富营养化及渔业资源的可持续利用等方面提供理论依据。碧流河水库的底栖动物群落结构及其底层鱼类鱼产力过去有些研究（梁兆川等，1993；杜瑜等 2006，赵文等，2011），本章介绍 2016 ～ 2019 年对碧流河水库底栖动物研究结果，旨在为碧流河水库水质生态安全和优水渔业开发利用有所裨益。

7.2 材料与方法

7.2.1 采样时间与样站的设置

自 2016 年 10 月到 2019 年 8 月，对碧流河水库进行底栖动物样品采集，共计 20 次。选取 9 个样站，分别是下游的坝前 1、坝前 2 和坝前 3；中游的刘店 1、刘店 2 和刘店 3；上游八家河河口附近的钟岭，蛤蜊河河口的桂云花和碧流河河口的大堡。仅个别年份冬季大堡样品因河道无水而缺失。具体调查范围及样站位置如表 2-1 所示。

7.2.2 样品采集与处理

用 1/16 m^2 的改良彼得生采泥器采集底泥样品，每个采样点采集 2 次（1 个定量 1 个定性）。样品经 80 目孔径的纱网筛洗干净后，剩余物放于实验室白瓷盘中，用肉眼所见为准，将底栖动物检出，用 70% 的乙醇固定 24 h 后用 10% 的甲醛保存。标本鉴定后计数，生物量用感量 1/10 000 的电子天平称重，其密度与生物量最终折算成每平方米的密度和生物量。

7.2.3　数据处理方法

运用 Excel 和 SPSS20.0 软件对数据进行处理和统计分析。

香农 - 维纳多样性指数和均匀度指数计算公式如下：

$$H' = -\sum_{i=1}^{S} P_i \log_2 P_i$$

$$J = H'/\log_2 S$$

式中：P_i 为第 i 种的个体数与该群落中总个体数之比；S 为种数；H' 为多样性指数；J 为均匀度指数。

优势度（Y）的计算公式如下：

$$Y = \frac{n_i}{N} \times f_i$$

式中：n_i 为第 i 种的个体数；N 为群落中的总个体数；f_i 为第 i 种的出现频率。

7.3　结果与分析

7.3.1　底栖动物的种类组成

底栖动物的种类组成及季节分布总结于表 7-1。由表 7-1 可知，本研究共检出底栖动物 31 种，属于 3 门 5 科 20 属。

7.3.2　底栖动物密度、生物量的季节变化

7.3.2.1　底栖动物密度的季节变化

调查期间，各月底栖动物密度最低值出现在 2019 年 1 月，为 288 ind/m^2，最高出现在 2017 年 5 月、9 月，为 4912 ind/m^2，密度平均值为 1770 ind/m^2。底栖动物密度各月的变化情况见图 7-1。

7.3.2.2　底栖动物生物量的季节变化

调查期间，碧流河水库各月底栖动物生物量最低值出现在 2017 年 7 月，为 2.58 g/m^2，最高出现在 2016 年 11 月，为 59.42 g/m^2，生物量月平均值为 16.86 g/m^2。碧流河水库底栖动物生物量各月的变化情况见图 7-2。

表 7-1 碧流河水库底栖动物种类组成及其分布

物种	学名	2016年10月	2016年11月	2017年1月	2017年4月	2017年5月	2017年6月	2017年7月	2017年8月	2017年9月	2017年10月	2017年11月	2018年1月	2018年4月	2018年6月	2018年8月	2018年10月	2019年1月	2019年4月	2019年6月	2019年8月
环节动物门	**Annelid**																				
寡毛纲	**Oligochaeta**																				
颤蚓科	**Tubificidae**																				
尾鳃蚓属	***Brancchiura***																				
苏氏尾鳃蚓	*Branchiuro sowerbyi*	+		+	+	+	+	+	+	+	+				+			+	+		+
水丝蚓属	***Limnodrilus***																				
瑞士水丝蚓	*Limnodrilus helveticus*			+	+	+										+					
霍甫水丝蚓	*L. hofmeisteri*	+	+	+	+	+	+	+	+	+	+	+	+	+	+	+	+	+	+	+	+
克拉泊水丝蚓	*L. claparedeianus*	+	+	+	+	+	+	+	+	+		+			+	+	+	+	+		+
奥特开水丝蚓	*L. udekemianus*		+	+	+	+	+	+	+	+	+		+	+		+	+	+	+	+	+
颤蚓属	***Tubifex***																				
中华颤蚓	*T. sinicus*	+	+							+											
节肢动物门	**Arthropoda**																				
昆虫纲	**Insecta**																				
双翅目	**Diptern**																				
摇蚊科	**Chionmidae**																				
长足摇蚊亚科	**Tanypodinae**																				
前突摇蚊属A种	*Procladius* sp. A	+								+											
前突摇蚊属B种	*Procladius* sp. B				+																

续表

物种	学名	2016年10月	2016年11月	2017年1月	2017年4月	2017年5月	2017年6月	2017年7月	2017年8月	2017年9月	2017年10月	2017年11月	2018年1月	2018年4月	2018年6月	2018年8月	2018年10月	2019年1月	2019年4月	2019年6月	2019年8月
前突摇蚊属C种	*Procladius* sp. C		+		+	+	+	+	+							+					
拟杂色大粗腹摇蚊	*Macropelopia paranebulosa*		+			+															
直突摇蚊亚科	**Glossiphonia**																				
红裸须摇蚊	*Propsilocerus akamusi*		+	+	+	+				+	+	+	+	+	+	+	+	+	+		+
裸须摇蚊属A种	*Prosilocerus* sp. A	+	+																		
高山似突摇蚊	*Paracladius alpicola*		+																		
摇蚊亚科	**Chronominae**																				
喙隐摇蚊	*Cryptochironomus rostratus*		+		+	+															
拟踵突多足摇蚊	*Polypedilum paraviceps*			+																	
白角多足摇蚊	*P. albicorne*		+																		
小云多足摇蚊	*P. nubeculosum*		+										+								
喜盐摇蚊	*Chironomus salinarius*	+			+		+	+		+					+						
长跗摇蚊属A种	*Tanytarsus* sp. A	+								+											
苍白摇蚊	*Chironomus pallidivittatus*						+					+	+	+	+					+	+
若西摇蚊	*C. yoshimatusi*		+																		
溪流摇蚊	*C. riparius*						+					+	+	+	+	+	+		+	+	+

续表

物种	学名	2016年10月	2016年11月	2017年1月	2017年4月	2017年5月	2017年6月	2017年7月	2017年8月	2017年9月	2017年10月	2017年11月	2018年1月	2018年4月	2018年6月	2018年8月	2018年10月	2019年1月	2019年4月	2019年6月	2019年8月
分齿恩非摇蚊幼虫	*Einfeldia dissidens*		+							+											
软体动物门	**Mollusca**																				
腹足纲	**Gastropoda**																				
田螺科	**Viviparidae**																				
中国圆田螺	*Cipangopaludina chinensis*	+						+									+		+		
中华圆田螺	*C. cahayensis*		+		+						+									+	+
铜锈环棱螺	*Bellamya aeruginosa*										+										
椎实螺科	**Lymnaeidae**																				
耳萝卜螺	*Radix auricularia*	+					+				+			+							+
椭圆萝卜螺	*R. swinhoei*																				+
双壳纲	**Bivalvia**																				
背角无齿蚌	*Anodonta woodiana*																				+
蚌科	**Unionidae**																				
褶纹冠蚌	*Cristaria plicata*																				+
圆顶珠蚌	*Unio douglasiae*																				+

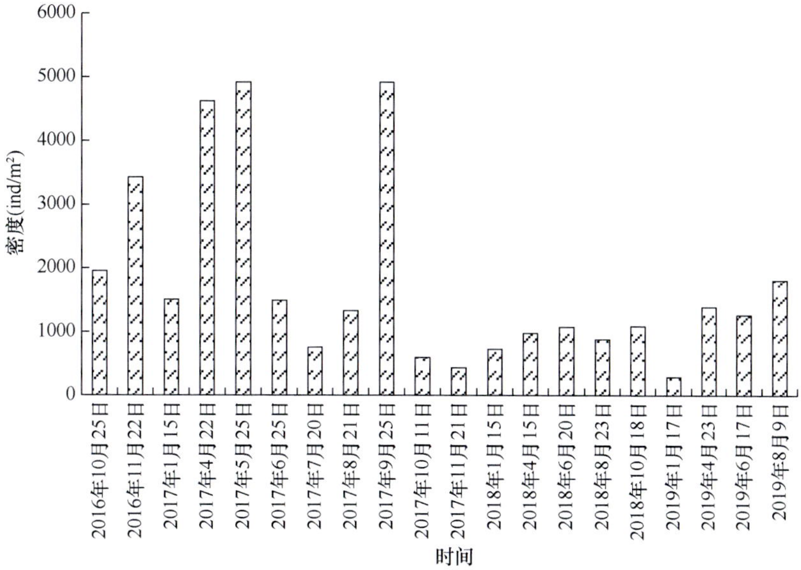

图 7-1　碧流河水库底栖动物密度

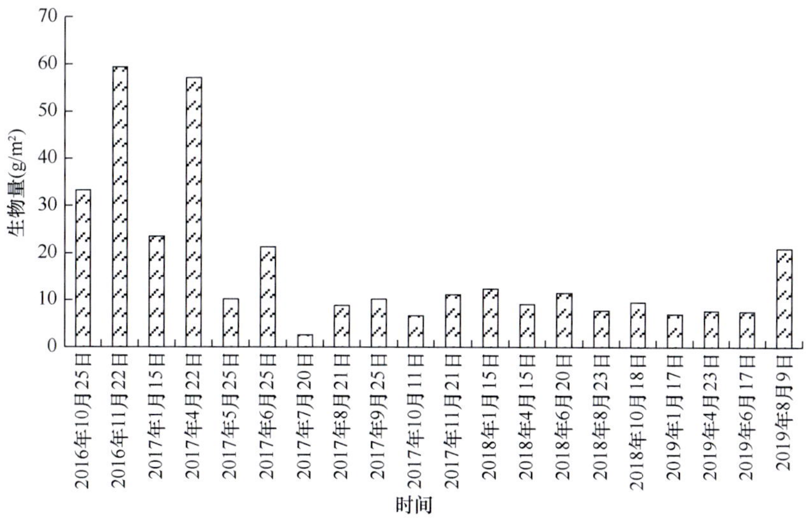

图 7-2　碧流河水库底栖动物生物量

7.3.3　底栖动物优势种

根据底栖动物的密度及出现频率来确定其优势度在20%以上的为优势种类，在整个调查时间内为优势种的主要有奥特开水丝蚓、红裸须摇蚊、霍甫水丝蚓、克拉泊水丝蚓等（表 7-2）。在整个调查期间，各月份优势种数量分别为：2016 年 10 月 9 个、11 月 11 个；2017 年 1 月 3 个、4 月 7 个、5 月 9 个、6 月 9 个、7 月 4 个、8 月 4 个、9 月 9 个、10 月 4 个、11 月 6 个；2018 年 1 月 6 个、4 月 5 个、6 月 7 个、8 月 3 个、10 月 3 个；2019 年 1 月 6 个、4 月 4 个、6 月 5 个、8 月 5 个。

表 7-2 碧流河水库底栖动物优势种和优势度

采样日期	优势种类	优势度
2016 年 10 月	克拉泊水丝蚓	0.63
	黑翅四节蜉	0.03
	中华颤蚓	0.08
	夹杂带丝蚓	0.09
	霍甫水丝蚓	0.02
	裸须摇蚊属	0.03
	喜盐摇蚊	0.03
	长跗摇蚊	0.04
	苏氏尾鳃蚓	0.03
2016 年 11 月	喙隐摇蚊	0.05
	分齿恩非摇蚊	0.04
	黑翅四节蜉	0.12
	奥特开水丝蚓	0.30
	裸须摇蚊属 A 种	0.03
	小云多足摇蚊	0.04
	绒铗长足摇蚊	0.05
	前突摇蚊属 C 种	0.06
	中华颤蚓	0.03
	若西摇蚊	0.03
	红裸须摇蚊	0.07
2017 年 1 月	奥特开水丝蚓	0.07
	霍甫水丝蚓	0.30
	红裸须摇蚊	0.34
2017 年 4 月	霍甫水丝蚓	0.15
	奥特开水丝蚓	0.33
	克拉泊水丝蚓	0.24
	红裸须摇蚊	0.14
	瑞士水丝蚓	0.03
	黑翅四节蜉	0.02
	前突摇蚊属 B 种	0.04
2017 年 5 月	霍甫水丝蚓	0.30
	克拉泊水丝蚓	0.20
	奥特开水丝蚓	0.06
	红裸须摇蚊	0.05
	夹杂带丝蚓	0.04
	苏氏尾鳃蚓	0.06

续表

采样日期	优势种类	优势度
2017 年 5 月	前突摇蚊属 C 种	0.21
	喙隐摇蚊	0.03
	拟杂色大粗腹摇蚊	0.03
2017 年 6 月	霍甫水丝蚓	0.06
	克拉泊水丝蚓	0.37
	奥特开水丝蚓	0.26
	淡水单孔蚓	0.05
	喜盐摇蚊	0.15
	苍白摇蚊	0.10
	溪流摇蚊	0.24
	苏氏尾鳃蚓	0.14
	前突摇蚊属 C 种	0.11
2017 年 7 月	克拉泊水丝蚓	0.50
	奥特开水丝蚓	0.21
	苏氏尾鳃蚓	0.20
2017 年 8 月	霍甫水丝蚓	0.08
	奥特开水丝蚓	0.40
	霍甫水丝蚓	0.40
	克拉泊水丝蚓	0.20
2017 年 9 月	前突摇蚊属 C 种	0.03
	克拉泊水丝蚓	0.50
	前突摇蚊属 A 种	0.02
	中华颤蚓	0.10
	霍甫水丝蚓	0.03
	红裸须摇蚊	0.05
	喜盐摇蚊	0.03
	长跗摇蚊	0.06
	苏氏尾鳃蚓	0.07
2017 年 10 月	奥特开水丝蚓	0.10
	霍甫水丝蚓	0.14
	奥特开水丝蚓	0.16
	红裸须摇蚊	0.65
	东方蜉	0.05
2017 年 11 月	霍甫水丝蚓	0.20
	克拉泊水丝蚓	0.04
	红裸须摇蚊	0.67

续表

采样日期	优势种类	优势度
2017 年 11 月	东方蜉	0.04
	溪流摇蚊	0.04
	苍白摇蚊	0.04
2018 年 1 月	霍甫水丝蚓	0.044
	奥特开水丝蚓	0.09
	红裸须摇蚊	0.93
	溪流摇蚊	0.11
	苍白摇蚊	0.13
	小云多摇蚊	0.16
2018 年 4 月	霍甫水丝蚓	0.15
	奥特开水丝蚓	0.18
	红裸须摇蚊	0.52
	溪流摇蚊	0.11
	苍白摇蚊	0.03
2018 年 6 月	奥特开水丝蚓	0.43
	苍白摇蚊	0.15
	红裸须摇蚊	0.51
	霍甫水丝蚓	0.39
	苏氏尾鳃蚓	0.28
	溪流摇蚊	0.34
	喜盐摇蚊	0.09
2018 年 8 月	霍甫水丝蚓	0.53
	奥特开水丝蚓	0.22
	克拉泊水丝蚓	0.20
2018 年 10 月	奥特开水丝蚓	0.37
	红裸须摇蚊	0.14
	霍甫水丝蚓	0.24
2019 年 1 月	克拉泊水丝蚓	0.39
	奥特开水丝蚓	0.28
	苏氏尾鳃蚓	0.17
	苍白摇蚊	0.06
	红裸须摇蚊	0.06
	溪流摇蚊	0.06
2019 年 4 月	霍甫水丝蚓	0.32
	红裸须摇蚊	0.31
	奥特开水丝蚓	0.26

续表

采样日期	优势种类	优势度
2019 年 4 月	溪流摇蚊	0.06
	霍甫水丝蚓	0.41
	红裸须摇蚊	0.30
2019 年 6 月	奥特开水丝蚓	0.17
	溪流摇蚊	0.07
	苍白摇蚊	0.05
	奥特开水丝蚓	0.35
	霍甫水丝蚓	0.26
2019 年 8 月	克拉泊水丝蚓	0.26
	苏氏尾鳃蚓	0.07
	溪流摇蚊	0.04

7.3.4　底栖动物多样性指数和均匀度指数

如图 7-3、图 7-4 所示，底栖动物香农 - 维纳多样性指数月平均为 2.04，均匀度指数为 0.76。多样性指数波动较为明显，在整个调查期间的变动范围为 0.80 ～ 3.36，在 2017 年 4 月最高，2017 年 5 月最低。均匀度指数分布无明显差异，在整个调查期间的变动范围为 0.34 ～ 0.94，在 2017 年 4 月最高，2018 年 1 月最低。底栖物种在 2017 年 5 月种类较少，物种数较为单一，而在 2017 年 4 月种类较多，物种较为丰富。

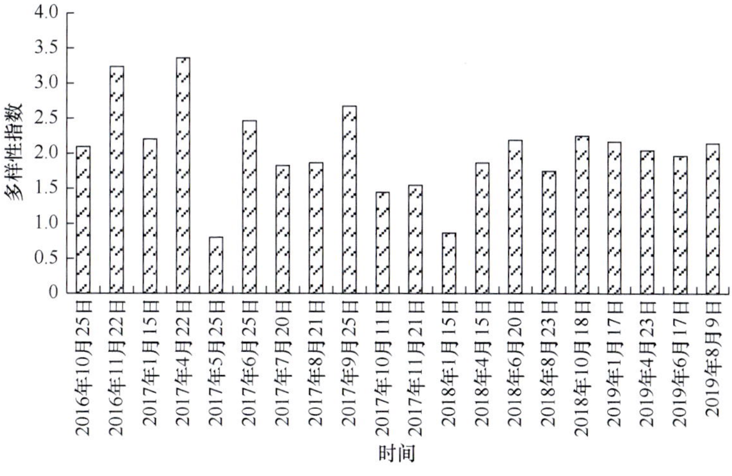

图 7-3　碧流河水库底栖动物多样性指数

7.3.5　碧流河水库底栖生物与环境因子的 CCA 分析

本项目调查期间碧流河水库底栖动物密度（D）、生物量（B）、香农 - 维纳多样性指数

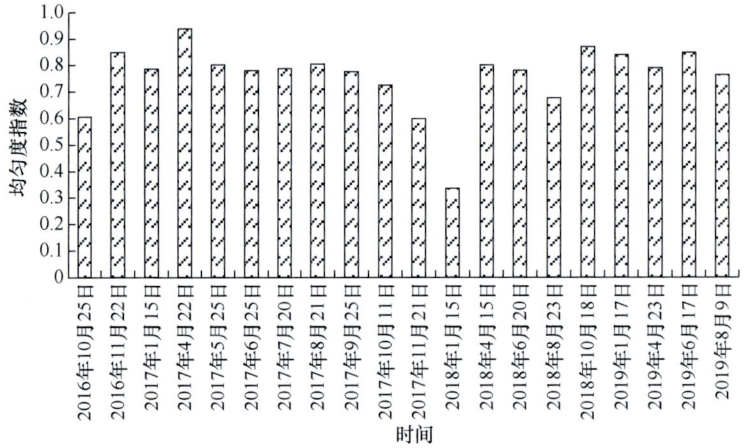

图 7-4　碧流河水库底栖动物均匀度指数

（H'）和均匀性指数（J）与各类环境因子的典范对应分析结果见图 7-5。从图 7-5 可见：碧流河底栖生物量与 SD、NH_4^+-N、COD 呈正相关，底栖动物密度与 NO_2^--N 呈正相关，而多样性指数与 TP 呈正相关，均匀度指数与 Chl-a、T 呈正相关。

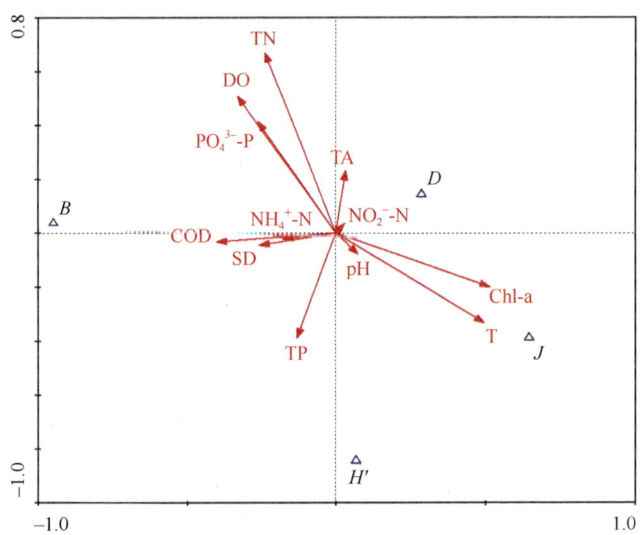

图 7-5　碧流河水库底栖动物密度、生物量多样性指数与环境因子的 CCA 分析

调查期间碧流河水库各样站水库底栖动物密度（D）、生物量（B）、香农 - 维纳多样性指数（H'）和均匀度指数（J）与各类环境因子的典范对应分析结果见图 7-6。从图 7-6 可见碧流河不同样站底栖生物与环境因子关系呈现出差异，坝前 1、刘店 1、刘店 3、桂云花生物量与 TP 呈正相关，而坝前 2、刘店 2、大堡、钟岭的生物量与 SD、pH、DC 关系密切。从大多数情况来看，各样站动物密度与 Chl-a、pH 关系密切，坝前 2、坝前 3、刘店 2、钟岭多样性指数月 TN 呈正相关表现，坝前 1、钟岭多样性指数与 AT 正相关，而桂云花底栖动物多样性与 Chl-a 正相关。

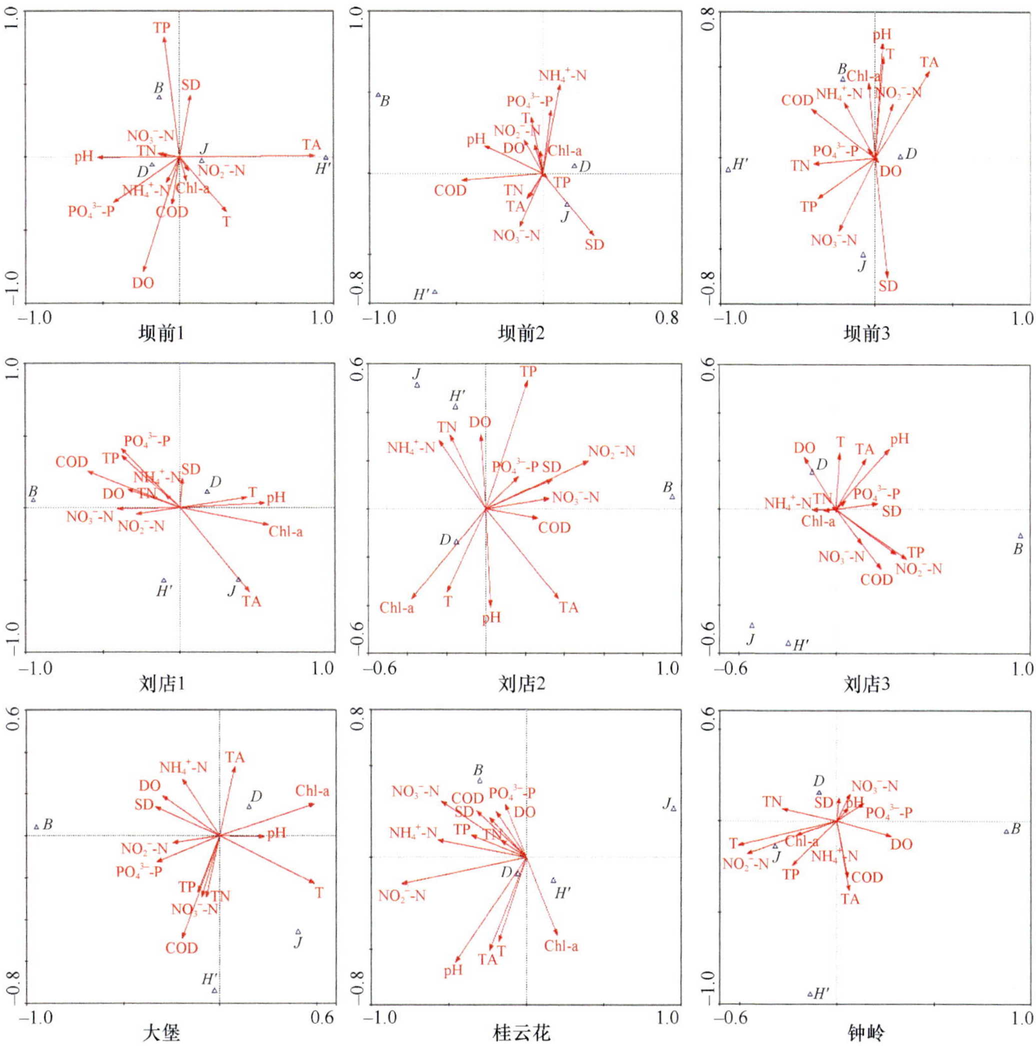

图 7-6　碧流河水库各样站底栖动物密度、生物量多样性指数与环境因子的 CCA 分析

7.4 讨论与小结

7.4.1 底栖动物种类组成、密度和生物量

自 1992 年水库建成以来，已有学者对碧流河水库底栖动物进行了数次调查研究，梁兆川等（1993）研究表明碧流河水库底栖动物有软体动物、寡毛类、水生昆虫和甲壳类 4 个类群。杜瑜等（2006）于 2003 年 5 月一次调查检出底栖动物 5 属 5 种。赵文等（2011）于 2007 年 4 月和 2008 年 4 月对碧流河水库底栖动物进行了周年调查，结果共检出底栖动物 3 门 11 种，其中环节动物 3 种，摇蚊幼虫 7 种，线虫 1 种。优势种为正颤蚓和霍甫水丝蚓。

底栖动物密度为 1770 ind/m^2，生物量为 16.86 g/m^2，均高于梁兆川等（1993）的 1.62 g/m^2 和 杜瑜等（2006）的 2.01 g/m^2。

本次调查期间共检出底栖动物 31 种，属于 3 门 5 科 20 属。不同时间段内有不同门类的底栖动物的种类数没有出现明显的变化。这种现象产生的原因可能与水中鱼类群落结构以及近年来全球环境变化有直接关系。

7.4.2 底栖动物优势种、多样性和均匀性

优势种作为群落组成和环境形成的支配者，控制着群落的演替方向。如果一个优势种群从群落内消亡，不仅群落结构要发生变化，群落内的生态环境也会发生较大的改变。由表 7-1 可知，在整个调查期间，各月份优势物种种类不尽相同，优势度随时间推移也同样不断变化。

群落演替表现为新优势种的出现及旧优势种的消亡。各月的优势种数量以 2016 年 11 月最多。优势种类的多少及其数量大小显著影响群落结构的稳定性，且其种类数越多并且优势度相对越小，则群落稳定性越强、结构越复杂。其中以 2017 年 1 月、2018 年 10 月的优势物种种类最少，这说明水域中底栖动物群落结构的稳定性相对较差。

物种多样性是生物群落的基本特征之一，是描述群落种类组成和物种种群数量大小的重要指标。其大小可分为五个级别，当 $H' \leqslant 0.6$ 时，评价等级为 1 级，表示多样性差；当 $0.6 < H' \leqslant 1.5$ 时，评价等级为 2 级，表示多样性一般；当 $1.6 < H' \leqslant 2.5$ 时，评价等级为 3 级，表示多样性较好；当 $2.6 < H' \leqslant 3.5$ 时，评价等级为 4 级，表示多样性丰富；当 $H' > 3.5$ 时，评价等级为 5 级，表示多样性非常丰富。在整个调查期间，底栖动物香农 - 维纳多样性指数月平均为 2.04，整体上碧流河水库底栖动物多样性等级为 3 级。

底栖动物的均匀度指数在整个调查期间的变动范围为 0.34 ～ 0.94。其中均匀度指数在 2017 年 4 月最高，在 2018 年 1 月最低。底栖物种在 2017 年 5 月种类较少，物种数较为单一，而在 2017 年 4 月种类较多，物种较为丰富。

底栖动物是碧流河水库生物资源的重要组成部分，对物质循环和能量流动起到重要作用，其群落结构特征反映水体生态系统的健康状况。因此，应加强对底栖动物的监测，完善利用底栖动物构建水质评价体系，为碧流河水库水环境保护提供可靠的依据。

碧流河水库底栖动物研究结果与以往的资料和我国北方大型饮用水源水库的比较总结于表 7-3。从表 7-3 可见，碧流河水库底栖动物种类均以环节动物寡毛类和水生昆虫摇蚊幼虫为主，但种类数比以往资料高得多，检出 31 种。密度比 2003 年的高，比 2008 ～ 2009 年略低，生物量达 7.53 g/m^2，均比历史资料高。多样性指数和均匀度指数也比 2008 ～ 2009 年的高。本次调查结果与北方大型水库比较来看，碧流河水库底栖动物物种数、生物量均居中等水平。

表 7-3　碧流河水库底栖动物群落结构与其历史资料及我国其他北方大型水库的比较

水库名称	调查年份	种类数	密度（ind/m²）	生物量（g/m²）	优势种	多样性指数	均匀度指数	营养状态	污染状态	参考文献
碧流河水库	1993 年	19		1.62	寡毛类、水生昆虫 - 摇蚊幼虫					梁兆川等，1993
	2003 年	5	335.6	2.01	克拉泊水丝蚓、羽摇蚊幼虫					杜瑜等，2006
	2008 ～ 2009 年	11	2011	5.52	霍甫水丝蚓、正颤蚓	0.77	0.52	中营养		赵文等，2011
	2016 ～ 2018 年	31	1770	7.53	奥特开水丝蚓、红裸须摇蚊、霍甫水丝蚓、克拉泊水丝蚓	2.04	0.76	中营养		本书
汤河水库	2010 ～ 2011 年	15	224.6	4.69	霍甫水丝蚓和克拉伯水丝蚓	1.23	0.81		中度污染	史键等，2013
大伙房水库	2010 ～ 2011 年	19	235.8	101.56	霍甫水丝蚓、克拉伯水丝蚓和苏氏尾腮蚓	1.46	0.69			史键等，2013
	2015 ～ 2017 年	70	143	0.63	奥特开水丝蚓、克拉泊水丝蚓、瑞士水丝蚓	0.74	0.25			本书
锦凌水库	2019 ～ 2020 年	9	290	10.33	红裸须摇蚊、霍甫水丝蚓、奥特开水丝蚓	0.75	0.58			张湾等，2021
官厅水库	2007 年	43	5037	39.8	霍甫水丝蚓、刺铗长足摇蚊和大红德永摇蚊	2.03	0.56	富营养	较为严重	陈立斌等，2012
	2019 年	19	259	37.2	直缘萝卜螺				轻 - 中度污染	邢壮壮，2020
密云水库	2015 年	15	1864	3.10	正颤蚓和红裸须摇蚊			中营养	轻度污染	胡涛等，2018
于桥水库	2010 ～ 2011 年	51	159.58	3.31	霍甫水丝蚓、克拉泊水丝蚓、侧叶雕翅摇蚊、中华圆田螺			中营养	轻 - 中度污染	马秀娟等，2012

第8章 碧流河水库水生大型植物的物种多样性

8.1 引言

水生大型植物是水域生态系统初级生产者的重要组成部分，能够发挥多种生态功能，如通过光合作用将光能转化为化学能并向周围环境释放氧气、储存和转化水体中的植物营养物质、去除污染物、抑制低等藻类的生长、促进水中其他水生生物的代谢等。在水域生态系统中，水生大型植物是草食性动物的天然饵料，也是一些产黏性卵鱼类的天然鱼巢。水生植物的恢复与重建在淡水生态系统的稳态转化（从浊水到清水）中具有重要作用，是水生态修复的主要措施。根据水生植物的生活方式，一般将其分为沉水植物、漂浮植物、浮叶植物和挺水植物。

沉水植物：植物体全部位于水层下面营固着生存的大型水生植物，即根生泥中，茎叶完全淹没于水中的水生维管束植物。它们的根有时不发达或退化。因为沉水植物在生长过程中会吸收水体中的营养物质，包括氮、磷等。针对富营养化的湖泊、湿地，可采用每年有计划的收割沉水植物的方式转移水体中过量的营养物质，对缓解水体富营养化起到积极作用。

漂浮植物：又称完全漂浮植物，是根不生在底泥中，整个植物体漂浮在水面上的一类浮水植物，这类植物的根通常不发达，体内具有发达的通气组织，或具有膨大的叶柄（气囊），以保证与大气进行气体交换。此类植物可随水流、风浪四处漂泊，多数以观叶为主，为池水提供装饰和绿荫。又因为它们既能吸收水里的矿物质，同时又能遮蔽射入水中的阳光，所以也能够抑制水体中藻类的生长。

浮叶植物：植物根状茎发达，花大，色艳，无明显的地上茎或茎细弱，不能直立，叶片漂浮于水面上。

挺水植物：植物的根、根茎生长在水的底泥之中，茎、叶挺出水面；常分布于0～1.5 m的浅水处，其中有的种类生长于潮湿的岸边。这类植物在空气中的部分具有陆生植物的特征；生长在水中的部分（根或地下茎）具有水生植物的特征。

水生大型植物能够为水体中的各类动物提供食物和栖息地，还能通过过滤和吸附水体中污染物起到净化水质的作用，因而能在一定程度上反映水体生态系统健康状况。本章总结了碧流河水库库区以及库区上、下游河道水生维管束植物的物种丰富度，旨在为碧流河水库生态修复、保护和利用水生生物多样性提供依据。

8.2 材料与方法

于 2016～2019 年在碧流河库区以及其上、下游河道对水生维管束植物进行了观察采集，拍照。

8.3 结果与分析

调查期间碧流河水库大型水生植物共发现 24 种，见表 8-1。其中挺水植物 16 种，占 66.7%，沉水植物 7 种，29.2%；漂浮植物 1 种，占 4.2%。碧流河水库碧流河库区下游河道地区物种最为丰富，共发现 21 种，碧流河库区大坝和周围沿岸发现 4 种，碧流河上游河道发现 12 种。按照植物分类系统，采集到的 24 种水生大型植物隶属 3 纲 11 目 12 科 18 属。

表 8-1 碧流河水库大型水生植物的种类组成及其分布

编号	物种	拉丁名	分布		
			上游	库区	下游
		挺水植物			
1	荆三棱	*Bolboschoenus yagara* (Ohwi) Yang & Zhan, 1987	+		+
2	翼果薹草	*Carex neurocarpa* Maxim, 1859	+	+	
3	扁穗莎草	*Cyperus compressus* Linnaeus, 1753			+
4	头状穗莎草	*Cyperus glomeratus* Linnaeus, 1756			+
5	水莎草	*Juncellus serotinus* (Rottb.) C. B. Clarke, 1893			+
6	荸荠	*Eleocharis dulcis* (N. L. Burman) Trinius ex Henschel, 1833			+
7	三棱水葱	*Schoenoplectus triqueter* (Linnaeus) Palla, 1888			+
8	球穗扁莎	*Pycreus flavidus* (Retzius) T. Koyama, 1976	+		+
9	水田稗	*Echinochloa oryzoides* (Ard.) Fritsch, 1891	+		+
10	芦苇	*Phragmites australias* Trinius ex Steudel, 1840	+	+	+
11	狭叶香蒲	*Typha angustafolia* Linnaeus, 1753	+		+
12	雨久花	*Monochoria korsakowii* Regel & Maack, 1861			+
13	千屈菜	*Lythrum salicaria* Linnaeus, 1753	+		
14	莲	*Nelumbo nucifera* Gaertner, 1788	+		
15	水蓼	*Polygonum hydropiper* Linnaeus, 1753	+	+	+
16	红蓼	*Polygonum orientale* Linnaeus, 1753	+	+	+
		沉水植物			
17	金鱼藻	*Ceratophyllum demersum* Linnaeus, 1753			+
18	罗氏轮叶黑藻	*Hydrilla verticillata* var. *roxburghii* Caspary, 1858	+		+
19	菹草	*Potamogeton crispus* Linnaeus, 1753			+

续表

编号	物种	拉丁名	分布		
			上游	库区	下游
沉水植物					
20	光叶眼子菜	*Potamogeton lucens* Linnaeus, 1753			+
21	竹叶眼子菜	*Potamogeton wrightii* Morong, 1886			+
22	篦齿眼子菜	*Stuckenia pectinata* (Linnaeus) Borner, 1912			+
23	穗状狐尾藻	*Myriophyllum spicatum* Linnaeus, 1753	+		+
漂浮植物					
24	浮萍	*Lemna minor* Linnaeus, 1753			+

8.4 讨论与小结

调查期间碧流河水库大型水生植物共发现 24 种。其中漂浮植物 1 种，沉水植物 7 种，挺水植物 16 种。碧流河水库碧流河库区下游河道地区物种最为丰富，共发现 21 种，碧流河库区大坝和周围沿岸发现 4 种，碧流河上游河道发现 12 种。与其他北方大型山谷型水库一样，碧流河水库库区水生维管束植物种类比较少，原因是水位波动大，交换量大，使得水生大型植物难以生存。在未来水库污染控制、生态修复、人工湿地、鱼类产卵场建设等措施中水生大型植物定会发挥其作用，因此，应加强碧流河水库水生大型植物的监测与研究。

第9章 碧流河水库的鱼类组成及其渔获物分析

9.1 引言

鱼类是影响水库生态系统的重要因素。鱼类的摄食除维持自身的生长发育外，同时还能够对饵料生物种群的数量变动产生影响。水库鱼类群落结构及其动态特征，对稳定水库水质安全、生态系统稳定、保持水生生物多样性及其提高鱼产力具有重要意义。碧流河水库鱼类组成已有一些调查结果（姜志强等，1995），但随着全球气候变化、辽西北调水工程和优水渔业发展已发生了很大的变化，因此，2016 ～ 2019 年对碧流河水库鱼类组成及渔获物进行了调查研究。

9.2 材料与方法

9.2.1 采样时间和区域的设置

自 2016 年以来，开展了碧流河水库鱼类种类组成调查。渔获物的采样时间为 2018 年的 8 ～ 10 月及 2019 年 6 ～ 8 月，采样范围为整个水库。

9.2.2 调查内容

9.2.2.1 碧流河水库主要经济鱼类

根据采样时间内所获得的鱼，统计水库分布经济鱼类和其他种类鱼类，记录捕捞鱼类的种类、体重、全长和体长。

9.2.2.2 碧流河水库鱼获物调查

调查碧流河水库主要经济鱼类鲢、鳙鱼获物，通过其生长指标判断鱼类投放量，可捕捞资源量等。

9.2.3 调查方法

9.2.3.1 鱼类分布调查

根据采样期间随机捕捞获得种，统计碧流河水库鱼类分布。

9.2.3.2 碧流河水库鱼获物调查

采样期间，随机选取水库捕捞获得鲢、鳙，测量其体长、体重、全长，采集侧线上鳞的鳞片镜检鱼龄，综合指标计算大伙房水库鲢、鳙生长指标、肥满度、体重和体长关系。

9.3 结果与分析

9.3.1 水库主要鱼类和虾蟹类种类组成

碧流河水库鱼类资源调查结果总结于表 9-1。可见，共发现鱼类 35 种，虾蟹类 4 种。

表 9-1 碧流河水库鱼类及虾蟹类的种类组成

编号	类群	物种	拉丁名
	鱼类		Pisces
	硬骨鱼纲		Osteichthyes
	鲤形目		Cypriniformes
	鲤科		Cyprinidae
	鲤亚科		Cyprininae
1		鲤	*Cyprinus carpio* Linnaeus, 1758
2		鲫	*Carassius auratus* Linnaeus, 1758
	鮈亚科		Gobioninae
3		唇䱻	*Hemibarbus labeo* (Pallas, 1776)
4		花䱻	*Hemibarbus maculatus* Bleeker, 1871
5		麦穗鱼	*Pseudorasbora parva* (Temminck *et* Schlegel, 1846)
6		棒花鱼	*Abbottina rivularis* (Basilewsky, 1855)
7		蛇鮈	*Saurogobio dabryi* Bleeker, 1871
	雅罗鱼亚科		Leuciscinae
8		青鱼*	*Mylopharyngodon piceus* (Richardson, 1846)
9		草鱼	*Ctenopharyngodon idella* (Valenciennes, 1844)
10		拉氏大吻鱥	*Rhynchocypris lagowskii* Dybowsky, 1869
11		马口鱼	*Opsariichthys bidens* (Cunther, 1873)
12		宽鳍鱲	*Zacco platypus* (Teemminck *et* Schlegel, 1846)

续表

编号	类群	物种	拉丁名
	鲌亚科		Cultrinae
13		𩷶	*Hemiculter leucisulus* (Basilewsky, 1855)
14		红鳍原鲌	*Cultrichthys erythropterus* (Basilewsky, 1855)
15		团头鲂	*Megalobrama amblycephala* Yih, 1955
	鳑鲏亚科		Acheilognathinae
16		高体鳑鲏	*Rhodeus ocellatus* (Kner, 1867)
	鲢亚科		Hypophthalmichthyinae
17		鲢	*Hypophthalmichthys molitrix* (Cuvier *et* Valenciennes, 1844)
18		鳙	*Aristichthys nobilis* (Richardson, 1844)
	鳅科		Cobitidae
19		花鳅	*Cobitis taenia* Linnaeus, 1758
20		泥鳅	*Misgurnus anguillicaudatus* (Cantor, 1842)
21		北方须鳅	*Barbatula nuda* (Bleeker, 1864)
22		北鳅	*Lefua costata* (Kessler, 1876)
23		大鳞副泥鳅	*Paramisgurnus dabryanus* Dabry de Thiersant, 1872
	鲇形目		Siluriformes
	鲿科		Bagridae
24		黄颡鱼	*Pelteobagrus fulvidraco* (Richardson, 1846)
25		乌苏里拟鲿	*Pseudobagrus ussuriensis* (Dybowski, 1872)
	鲇科		Siluridae
26		鲇	*Silurus asotus* Linnaeus, 1758
27		怀头鲇	*Silurus soldatovi* Nikolsky, 1851
	鲈形目		Perciformes
	鲈科		Percichthyidae
28		鳜	*Siniperca chuatsi* (Basilewsky, 1855)
29		斑鳜	*Siniperca scherzeri* (Steindachner, 1892)
	虾虎鱼科		Gobiidae
30		波氏吻虾虎鱼	*Rhinogobius cliffordpopei* (Nichols, 1925)
31		条尾裸身虾虎鱼	*Gymnogobius urotaenia* (Hilgendorf, 1879)
32		斑尾腹虾虎鱼	*Synechogobius ommaturus* (Richardson, 1845)
	塘鳢科		Eleotridae
33		葛氏鲈塘鳢	*Perccottus glehni* Dybowski, 1877
	鳢科		Channidae
34		乌鳢	*Channa argus* (Cantor, 1842)
	胡瓜鱼目		Salmoniformes
	银鱼科		Salangidae
35		大银鱼*	*Protosalanx chinensis* (Basilewsky, 1855)

续表

编号	类群	物种	拉丁名
	甲壳亚门		Crustacea
36		日本沼虾	*Macrobrachium nipponensede* Haan, 1849
37		秀丽白虾	*Leander modestus* Heller, 1862
38		中华小长臂虾	*Palaemonetes sinensis* (Sollaud, 1911)
39		中华绒螯蟹	*Eriocheir sinensis* H. Milne-Edwards, 1853

注："*" 指外来种。

35 种鱼类隶属 4 目 9 科 32 属。其中以鲤科鱼类为主，计 18 种，占鱼类总种数的 51.43%；鳅科 5 种，占比 14.29%；虾虎鱼科 3 种，占比 8.57%；鲶科、鮨科、鲈科各 2 种，各占比为 5.71%。塘鳢科、鳢科、银鱼科各 1 种，分别占比仅为 2.86%。

9.3.2 碧流河水库渔获物分析

调查期间，共采集鳙 215 尾，平均年龄在 4.4 龄，年龄分布在 2 ～ 8 龄，其中以 4 ～ 5 龄居多数。平均全长 56.51 cm，平均体长 47.66 cm，平均体重 2141 g。肥满度 K=1.96±0.110。生长指标在 7 龄时最大，为 1.5602（表 9-2）。

调查期间，共采集鲢 193 尾，平均年龄在 4.14 龄，年龄分布在 2 ～ 8 龄，其中以 4 龄最多，3 龄和 5 龄次之，8 龄最少。平均全长 58.51 cm，平均体长 49.62 cm，平均体重 2011 g。肥满度 K=1.86±0.200。生长指标在 4 龄时最小，8 龄时最大（表 9-2）。

表 9-2 碧流河水库鲢、鳙渔获物调查

种类	鱼龄	尾数	年龄组成百分比（%）	全长（cm）	体长（cm）	生长指标	体重（g）	肥满度
鳙	2	10	4.6	53.2	44.8		1672	1.8595
	3	38	17.6	54.5	45.7	0.8252	1852	1.9404
	4	69	32.1	55.3	46.5	0.8418	1973	1.9623
	5	62	28.8	56.4	47.2	0.7495	2084	1.9818
	6	26	12.1	57.4	48.4	1.1955	2225	1.9624
	7	9	4.1	58.8	50.0	1.5602	2556	2.0448
	8	1	0.4	60.0	51.0	1.0361	2627	1.9803
鲢	2	7	3.6	54.5	45.8		1771	1.8434
	3	43	22.3	55.7	47.1	1.2654	1932	1.8490
	4	84	43.5	56.5	47.4	0.2169	2193	2.0592
	5	45	23.3	58.7	49.2	1.8554	2287	1.9203
	6	8	4.1	59.0	50.7	1.4727	2401	1.8423
	7	5	2.6	60.5	51.5	0.7004	2528	1.8507
	8	1	0.5	64.7	55.7	4.8618	2897	1.6764

表 9-3 和表 9-4 为碧流河水库近些年各类鱼种放养量和鱼类捕捞量，鲢、鳙现存量使用 Beverton-Holt 模型进行估算。从表 9-5 和表 9-6 可以看出，鲢现存量为 83.38×10^4 kg，鳙现存量为 188.93×10^4 kg；其可捕捞资源量使用 Robson-Chapman 残存量估算，鲢可捕捞资源为 15.47×10^4 kg，鳙可捕捞资源为 16.31×10^4 kg。

表 9-3　碧流河水库近些年各类鱼种放养量　（单位：×10^4 kg）

年份	鳙	鲢	鲤	草鱼	青鱼	团头鲂
2009 年	13.5	2.85	0.85	0	0	0.006
2010 年	10.5	4.45	0.50	0	0	—
2011 年	14.0	5.00	0.50	0	0	—
2012 年	12.5	9.50	0.70	0.40	0	—
2013 年	13.5	7.00	1.80	0.90	0	—
2014 年	11.5	7.00	1.70	0.10	0.15	—
2015 年	9.0	1.30	1.95	0.20	0.10	—
2016 年	8.5	0.55	1.00	0.20	0	—
2017 年	8.5	1.05	1.75	0.60	0.03	—
2018 年	7.3	2.30	1.40	0.28	0.025	0.085
2019 年	6.3	0.48	1.63	1.31	0.065	0.005

表 9-4　碧流河水库近年来的鱼类捕捞量　（单位：×10^4 kg）

年份	鳙	鲢	鲤	草鱼	青鱼	鲇	马口鱼	黄颡鱼	斑鳜	鳘	麦穗鱼	大银鱼 / 虾	合计
2009 年	9.4	3.6	1	0.05	0.006	0.1	0.05	0.025	0.1	0.25	0.4	0.025	15.01
2010 年	11.95	5.3	1.75	0.025	0.01	0.1	0.1	0.025	0.15	0.3	0.45	0.03	20.19
2011 年	20.8	10.5	2	0.05	0.01	0.15	0.1	0.025	0.2	0.4	0.5	0.035	34.77
2012 年	20.2	10.8	2.3	0.025	0.075	0.1	0.1	0.025	0.15	0.4	0.45	0.025	34.65
2013 年	26.4	14.6	1.9	0.05	0.01	0.1	0.1	0.025	0.15	0.4	0.5	0.025	44.26
2014 年	18.5	9.5	1.25	0.05	0.01	0.1	0.1	0.025	0.1	0.3	0.4	0.02	30.36
2015 年	24	13.5	1.75	0.05	0.005	0.05	0.05	0.025	0.05	0.1	0.15	0.01	39.74
2016 年	2	1	0.95	0.005	0.003	0.025	0.025	0.03	0.02	0.15	0.25	0.1	4.58
2017 年	1.5	0.75	0.75	0.005	0.003	0.025	0.025	0.03	0.003	0.015	0.025	0.15	3.28
2018 年	2	0.75	0.75	0.005	0.003	0.025	0.025	0.03	0.0005	0.015	0.025	0.4	4.03
2019 年	8.5	6	0.95	0.08	0	0.062	0.083	0.69	0.004	0.35	2.54	0.8	20.06

表 9-5　Beverton-Holt 模型估计碧流河水库鲢、鳙现存量

种类	单位补充量（*Y*）/ 渔获量（*R*）（kg/ 尾）	现存量（kg）
鲢	0.568 77	833 801
鳙	0.671 17	1 889 303

表 9-6 Robson-Chapman 估算各龄可捕量

种类	单位	3 龄	4 龄	5 龄	6 龄	7 龄	8 龄	总计
鲢	数量（尾）	56 016	14 680	2 576	2 519.11	495.46	375.43	76 662
	重量（kg）	108 220	32 193.1	5 890.59	6 048	1 253	1 088	154 692.7
鳙	数量（尾）	53 491	18 174	9 069	3 116	484	405	84 739
	重量（kg）	99 065.59	35 858.1	18 900.65	6 933.74	1 236.63	1 065.06	163 059.8

9.4 讨论与小结

碧流河是大连市最长的河流，史为良等（1960）在调查碧流河香鱼资源时首次报道碧流河水库鱼类有 15 种。据牟秀林等（1982）的调查资料，碧流河水库建成前碧流河具有鱼类 66 种，隶属于 26 科 62 属，其中以鲤科鱼类为主，计 22 种，占总种数 32%。主要由喜流水的溪流鱼类、河口鱼类、洄游鱼类、养殖鱼类等组成。水库建成后，姜志强等（1995）报道碧流河水库有鱼类 29 种，隶属 8 科 28 属。其中鲤科鱼类 19 种，占 65.5%；虾虎鱼科 3 种，占 10.3%，鳅科 2 种，占 6.9%；鲟科、鲶科、鮨科、香鱼科、塘鳢科各 1 种，共占 17.2%。原可分布到碧流河上游的两种洄游的鳗鲡鱼类目前只在坝下有发现，库区内不再有分布，而香鱼则以"陆封型"在库中生存下来。后来本团队的多年的调查结果显示碧流河水库鱼类不超过 35 种，陆封香鱼也在水库中绝迹。而本次调查碧流河水库鱼类资源发现的 35 种鱼类中鲢、鳙、鲤、草鱼、青鱼、团头鲂 6 种鱼属于人工放养种类；大银鱼是移植鱼类；其余的鲇、马口鱼、鲫、黄颡鱼、䱗、斑鳜、麦穗鱼、北方须鳅、花鳅、大鳞副泥鳅、泥鳅、波氏吻虾虎鱼、怀头鲇、拉氏大吻鱥、条尾裸身虾虎鱼、北鳅、斑尾腹虾虎鱼皆为自然繁衍种类。

人工放养的几种主要经济鱼类因食性、游动性等原因，在水库中的空间分布具有一定特征，其中鲢、鳙通常生活在中上水层，青鱼和草鱼生活在中下水层，而鲤和团头鲂则栖息于水底层。

自然繁殖的鱼类部分在产卵期具有洄游的习性，所以不同的时期在水库中的分布会有一定的不同，如：马口鱼习惯在 6 ～ 8 月回到较急的水流中产卵；黄颡鱼会在 5 月中旬到 7 月中旬，在水位浅、底质硬、有一定滩脚、透明度高、水流缓慢、饵料资源丰富、适宜筑巢孵化的水域产卵。拉氏大吻鱥（洛氏鱥）产卵期在 5 月末～ 6 月中旬，水温 18℃时产卵，产卵于哨口的下段水流稍缓的河段，卵黏着于河底的石砾上。鰕虎鱼类通常每年 4 ～ 5 月，亲鱼开始集群，雌雄鱼互相嬉戏追逐，进行生殖活动，雌鱼用鳍翻动沙粒，将卵产于沙穴中，体长 1 ～ 2 cm 的幼鱼喜欢逆水群游，每当暴雨过后，山洪下泻的两三天内，水温上升至 22℃以上，洪水陡涨并转清而流速加快时，幼鱼便于白天纷纷从湖中拥入小河，与河中幼鱼汇集结群沿着河流两侧逆流向上奋进，并不停地吞食从山涧冲刷下来的水生昆虫和浮游生物。

香鱼（*Plecoglossus altivelis*）隶属鲑形目香鱼科，是本科仅有的 1 种非产卵溯降河洄游鱼类，具有较大的生态可塑性。1982 年水库建成后，由于阻隔了香鱼的洄游路线，其个体大小、食性以及繁殖习性发生了变化（牟秀林，1994），本是一年生海河洄游的鱼类变成了水库定居的陆封种，碧流河水库是陆封型香鱼在我国唯一的栖息地（史为良和夏德昌，1999）。20 世纪 90 年代，碧流河水库陆封型香鱼数量和个体大小有所下降（姜志强等，1995）；而 1999 年以后碧流河水库再没有捕获到香鱼，宣告碧流河水库香鱼已经灭绝。关于碧流河水库香鱼绝迹的原因，学者也进行了多方面的探讨，认为碧流河水库香鱼绝迹的原因主要有如下 4 个方面：①栖息地的变化以及鱼类群落演替（丁华等，1998；金英学和方文莉，2007；赵晓临等，2009）；②斑鳜、鲇和马口鱼敌害鱼类摄食（姜志强等，1995；吴立新和姜志强，1997）；③引进大银鱼所致；④人为因素。

特别需要指出的是，碧流河水库在 1995 ～ 1996 年共引进大银鱼卵 300 万粒进行增殖放流，大银鱼体长在 5 cm 以下主要摄食浮游动物，6 ～ 8 cm 以上的个体转为摄食鱼虾。香鱼仔幼鱼阶段以浮游动物为食，同大银鱼存在食物竞争关系。香鱼产卵季节在 8 月下旬～ 9 月上旬，正处于大银鱼食性转化或转化后期，鲤科的幼鱼已经长大，难于捕捉，被捕食的压力全落在香鱼幼鱼身上（史为良和夏德昌，1999），孵化出的香鱼稚幼鱼正成为大银鱼的可得性食物（赵德树等，1997）。大银鱼具有很强的繁殖力和适应性，碧流河水库引进大银鱼仅 2 年，即捕获大银鱼超过 2000 kg（刘键，2001），大银鱼群体数量增加，再加上水库大批量放养的鲢、鳙摄食浮游生物，使原本属中营养型水体的碧流河水库饵料供应更加紧张；此外，捕获银鱼的同时，相同大小的香鱼也常被捕捞，这对香鱼资源也有一定的破坏作用（唐作鹏等，2001）。

第 10 章 碧流河水库水层与沉积物重金属含量的分析与评价

10.1 引言

众所周知，人们通常把相对密度大于 4.5 g/cm^3 的金属称为重金属。其中水体中生物毒性显著的重金属主要有 Cu、Cr、Pd、Cd 等，以及类金属 As（通常归类为重金属），这些重金属对人体有很大毒害作用。近年来，饮用水源水库重金属污染风险问题日益突出，重金属污染也威胁着生态系统的平衡和周边居民的健康。碧流河水库流域、水层区和表面沉积物重金属过去已有一些研究（孙丽娜，2002；赵健，2016；佘慧娟等，2018；徐嗣林等，2020）。Zhu 等（2017）报道了 2015 年碧流河水库、汤河水库、大伙房水库、新立城水库和丰满水库 5 座水库沉积物重金属的风险评估，指出与其他水库比较，碧流河水库检测出 Fe、Mn、Cu、Cd、Pd、Zn 和 Cr 都有严重积累，特别是 Cd 应引起注意。相关分析和主成分分析表明，流域内采矿业和农业生产活动是这些重金属的主要人为污染源。由于辽西北供水工程和流域水文变化等，碧流河水库重金属尚需进一步研究和跟踪监测。本章介绍碧流河水库 2016 ～ 2019 年水层区和水底表面沉积物重金属含量及其时空分布特征，旨在对防范大型饮用水源水库的重金属的生态风险有所裨益。

10.2 材料与方法

10.2.1 样品采集与处理

使用水生 -80 型采水器采集各样站的水样，然后使用 5 mL 移液枪从采水器上部吸取 10 mL 水样加入聚乙烯样品瓶中，并立即取 0.5 mL 优级纯硝酸加入样品中进行酸化，最后封盖放入冷藏箱带回实验室进行测定。使用采泥器采集沉积物，将采集到的沉积物放入聚乙烯自封袋中封存后带回实验室。烘干后去除砾石颗粒、塑料等杂物，用玛瑙研钵研磨后过 60 目筛，装入密实袋中，在冰箱内 –4℃密封保存备用。

10.2.2 样品检测

采用原子吸收光谱法检测重金属含量。处理后的水样直接上机检测。称取沉积物

0.1 ～ 0.2 g（精确到 0.0001 g）置于聚四氟乙烯的消解罐中，加入 5 mL 优级纯硝酸、5 mL 优级纯盐酸和 5 mL 氢氟酸，加盖密封后放入微波消解仪消解，结束后定容待检。

10.2.3　评价方法

水样以《地表水环境质量标准》（GB 3838—2002）作为评价标准。沉积物根据瑞典学者 Hakanson（1980）提出的沉积物潜在生态危害评价方法，计算如下：

$$C_f^i = C^i / C_n^i,\ E_r^i = T_r^i \cdot C_f^i$$

$$RI = \sum_{i=1}^{m} E_r^i = \sum_{i=1}^{m} T_r^i \cdot C^i / C_n^i$$

式中，C_f^i、E_r^i 和 T_r^i 分别为第 i 种重金属污染系数、潜在生态危害系数和毒性系数；C^i 为沉积物重金属浓度实测值；RI 为多种重金属潜在危害指数；C_n^i 为背景参考值。背景参考值 C_n^i 采用工业化以前沉积物中重金属的最高背景参考值（表 10-1），潜在生态危害评价指标见表 10-2。

表 10-1　重金属的背景参考值（C_n^i）和毒性系数（T_r^i）

元素	Cu	Hg	Pb	Cr	As	Cd	Ni
C_n^i（$\times 10^{-6}$）	50	0.25	70	90	15	1	68
T_r^i	5	40	5	2	10	30	5

表 10-2　潜在生态危害评价指标

生态危害	轻微	中等	强	很强	极强
E_r^i	＜ 25	25 ～ 50	50 ～ 100	100 ～ 200	≥ 200
RI	＜ 95	95 ～ 190	190 ～ 380	≥ 380	

10.3　结果与分析

10.3.1　水样重金属含量分析

2018 年 6 月、8 月两个月份，部分样站 Cr 含量略超过 I 类水标准，但整体水库平均值符合 I 类水标准（表 10-3，表 10-4）。总体而言，不同月份下各类重金属的含量均未检测出异常高值，提示碧流河水库水质较为安全。

2018 年 6 月、8 月碧流河水库 Pb 含量与之前相比有明显的下降，到 2018 年 10 月之后又有轻微的上升；Cu 含量从 2018 年 8 月开始含量极低，Cd 含量从 2018 年 6 月开始已经检测不出或低于最低检测值；As 始终保持在一个较为稳定的水平，Cr 则变化幅度较大，以 2018 年 6 月和 10 月含量最高，具体原因不详，推测可能与季节变化导致底泥中的重金属析出有关。

表 10-3　2016 年 11 月～2019 年 4 月碧流河水库水样重金属含量

时间	水样重金属含量（μg/L）				
	As	Cd	Cr	Cu	Pb
2016 年 10 月	0.495±0.651	0.020±0.027	0.558±0.742	—	0.086±0.145
2017 年 1 月	0.147±0.140	—	—	—	0.027±0.016
2017 年 4 月	0.182±0.155	—	—	—	0.024±0.021
2017 年 6 月	0.353±0.234	1.890±1.855	0.644±0.421	11.773±13.001	3.311±2.435
2017 年 7 月	1.481±0.815	0.016±0.006	1.314±1.117	1.757±1.054	0.200±0.146
2017 年 8 月	1.678±0.786	0.192±0.081	1.432±0.492	1.186±1.028	1.167±0.481
2017 年 9 月	1.588±1.099	0.413±0.446	5.128±1.339	4.072±2.417	2.569±1.888
2017 年 10 月	0.920±0.304	0.017±0.007	6.364±1.082	2.923±2.410	0.507±0.906
2017 年 11 月	0.873±0.327	0.022±0.011	2.864±0.720	1.694±1.159	0.487±0.614
2018 年 1 月	1.038±0.222	0.034±0.014	1.432±0.556	4.384±7.583	0.120±0.112
2018 年 4 月	0.794±0.438	0.024±0.012	7.072±0.472	5.943±7.977	0.168±0.124
2018 年 6 月	1.152±0.868	—	7.611±11.877	2.142±7.195	0.068±0.122
2018 年 8 月	0.406±0.446	—	0.722±4.971	0.389±0.412	0.079±0.061
2018 年 10 月	0.422±0.224	—	6.972±15.898	0.909±1.909	0.312±0.209
2019 年 1 月	1.431±0.251	—	0.341±2.439	0.271±7.071	0.348±0.302
2019 年 4 月	1.693±0.412	—	1.988±4.250	0.197±1.627	0.484±0.711
平均	0.916±0.527	0.292±0.579	3.174±2.694	3.002±3.313	0.622±0.928

表 10-4 《地表水环境质量标准》（GB 3838—2002）中 5 种重金属的限量值

重金属		限量值（mg/L）				
		Ⅰ类	Ⅱ类	Ⅲ类	Ⅳ类	Ⅴ类
As	≤	0.05	0.05	0.05	0.10	0.10
Cd	≤	0.001	0.005	0.005	0.005	0.010
Cr（六价）	≤	0.01	0.05	0.05	0.05	0.10
Cu	≤	0.01	1.00	1.00	1.00	1.00
Pb	≤	0.01	0.01	0.05	0.05	0.10

2018 年 6 月～2019 年 4 月，水体中的 Cu、Pb、Cd 3 种重金属含量较之前数据相比呈现出不同程度的降低趋势，As 在 2019 年 4 月和 Cr 在 2018 年 6 月含量达到了新的高度，可能与水库引入水源和降雨环境有关系。

10.3.2　沉积物重金属含量分析

2016 年 10 月，碧流河水库沉积物重金属含量次序：Cr ＞ As ＞ Cu ＞ Pb ＞ Cd。其中，大堡样站的 Cd 含量异常高于其他样站（表 10-5）。

表 10-5　2016 年 10 月碧流河水库沉积物重金属含量

样站	沉积物重金属含量（μg/g）				
	As	Cd	Cr	Cu	Pb
坝前 1	135.86	1.64	281.85	86.29	25.90
坝前 2	88.81	10.93	233.79	68.74	89.15
坝前 3	85.85	1.08	120.09	59.09	17.91
钟岭	142.44	3.85	129.06	89.36	45.86
刘店 1	63.06	0.58	105.56	50.63	20.44
刘店 2	95.84	0.53	126.89	64.99	34.22
刘店 3	57.89	2.22	92.42	58.70	22.43
桂云花	89.02	0.61	98.51	123.46	15.04
大堡	92.12	99.46	137.17	76.38	19.61
均值	94.54	13.43	147.26	75.29	32.29

根据各个样站沉积物中重金属的潜在生态危害系数平均值判断，危害程度顺序为 Pb < Cr < Cu < As < Cd，其中 Cd 的危害程度为极强，坝前 2、钟岭、大堡三个样站的 Cd 污染危害程度较高（表 10-6）。

表 10-6　2016 年 10 月碧流河水库沉积物重金属的潜在生态危害系数和危害指数

样站	E_r^i					*RI*
	As	Cd	Cr	Cu	Pb	
坝前 1	90.57	49.31	6.26	8.63	1.85	156.63
坝前 2	59.21	327.87	5.20	6.87	6.37	405.51
坝前 3	57.23	32.45	2.67	5.91	1.28	99.54
钟岭	94.96	115.58	2.87	8.94	3.28	225.62
刘店 1	42.04	17.36	2.35	5.06	1.46	68.27
刘店 2	63.89	15.87	2.82	6.50	2.44	91.53
刘店 3	38.59	66.72	2.05	5.87	1.60	114.84
桂云花	59.35	18.41	2.19	12.35	1.07	93.36
大堡	61.42	2983.69	3.05	7.64	1.40	3057.19
均值	63.03	403.03	3.27	7.53	2.31	479.17

从多种重金属的危害指数 *RI* 均值来看，沉积物污染程度为很强，主要是坝前 2、钟岭、大堡三个样站的 Cd 污染所致。

2017 年 1 月，碧流河水库沉积物重金属含量次序：Cu > As > Cr > Pb > Cd（表 10-7）。

表 10-7 2017 年 1 月碧流河水库沉积物重金属含量

样站	沉积物重金属含量（μg/g）				
	As	Cd	Cr	Cu	Pb
坝前 1	40.45	0.74	24.96	208.42	15.01
坝前 2	38.44	0.18	9.85	23.49	10.08
坝前 3	13.65	0.05	14.71	9.91	2.42
刘店 1	49.23	0.06	21.23	7.37	8.15
刘店 2	9.12	0.10	0.03	4.97	3.66
刘店 3	21.04	0.14	5.65	7.50	7.61
桂云花	13.39	0.02	1.35	1.04	5.38
钟岭	7.11	—	1.42	—	5.06
均值	24.05	0.19	9.90	37.53	7.17

根据各个样站沉积物中重金属的潜在生态危害系数平均值判断，危害程度顺序为 Cr < Pb < Cu < Cd < As，5 种重金属的危害程度均为轻微（表 10-8）。

表 10-8 2017 年 1 月沉积物重金属的潜在生态危害系数和危害指数

样站	E_r^i					*RI*
	As	Cd	Cr	Cu	Pb	
坝前 1	26.97	22.25	0.55	20.84	1.07	71.69
坝前 2	25.63	5.55	0.22	2.35	0.72	34.46
坝前 3	9.10	1.58	0.33	0.99	0.17	12.17
刘店 1	32.82	1.82	0.47	0.74	0.58	36.43
刘店 2	6.08	3.06	0.00	0.50	0.26	9.90
刘店 3	14.03	4.23	0.13	0.75	0.54	19.67
桂云花	8.93	0.60	0.03	0.10	0.38	10.05
钟岭	4.74	—	0.03	—	0.36	5.14
均值	16.04	4.89	0.22	3.28	0.51	24.94

从多种重金属的危害指数 *RI* 均值来看，沉积物污染程度为轻微。

2017 年 4 月，碧流河水库沉积物重金属含量次序：Pb > As > Cu > Cr > Cd。其中，刘店 2 样站的 Cd、Pb 含量异常高于其他样站（表 10-9）。

根据各个样站沉积物中重金属的潜在生态危害系数平均值判断，危害程度顺序为 Cr < Cu < Pb < As < Cd，其中 Cd 的危害程度为强，刘店 2 样站的 Cd 污染危害程度已达到极强（表 10-10）。

表 10-9　2017 年 4 月碧流河水库沉积物重金属含量

样站	沉积物重金属含量（μg/g）				
	As	Cd	Cr	Cu	Pb
坝前 1	14.19	—	7.15	7.85	6.02
坝前 2	20.09	0.00	0.79	7.65	6.62
坝前 3	21.20	0.02	4.22	5.77	7.25
钟岭	12.05	—	—	21.97	6.93
刘店 1	6.51	—	13.68	5.48	4.43
刘店 2	20.39	14.56	4.04	12.57	227.06
刘店 3	17.70	3.14	7.43	30.27	32.58
桂云花	29.35	0.14	—	—	10.99
大堡	12.10	—	0.10	—	2.28
均值	17.06	3.57	5.35	13.08	33.79

表 10-10　2017 年 4 月碧流河水库沉积物重金属的潜在生态危害系数和危害指数

样站	E_r^i					*RI*
	As	Cd	Cr	Cu	Pb	
坝前 1	9.46	—	0.16	0.79	0.43	10.83
坝前 2	13.40	0.12	0.02	0.77	0.47	14.77
坝前 3	14.13	0.64	0.09	0.58	0.52	15.96
钟岭	8.03	—	—	2.20	0.49	10.72
刘店 1	4.34	—	0.30	0.55	0.32	5.51
刘店 2	13.59	436.78	0.09	1.26	16.22	467.94
刘店 3	11.80	94.14	0.17	3.03	2.33	111.46
桂云花	19.57	4.20	—	—	0.78	24.56
大堡	8.07	—	0.00	—	0.16	8.23
均值	11.38	59.54	0.09	1.02	2.41	74.44

从多种重金属的危害指数 *RI* 均值来看，沉积物污染程度为轻微，但刘店 2 样站的污染危害较高，主要是 Cd 污染所致。

2017 年 6 月，碧流河水库沉积物重金属含量次序：As ＞ Cr ＞ Cu ＞ Pb ＞ Cd（表 10-11）。

根据各个样站沉积物中重金属的潜在生态危害系数平均值判断，危害程度顺序为 Cr ＜ Pb ＜ Cu ＜ As ≈ Cd，其中钟岭样站的 Cd 污染危害程度为强（表 10-12）。

从多种重金属的危害指数 *RI* 均值来看，沉积物污染程度为轻微，但钟岭样站的污染危害为中等，主要是 Cd 污染所致。

表 10-11 2017 年 6 月碧流河水库沉积物重金属含量

样站	沉积物重金属含量（μg/g）				
	As	Cd	Cr	Cu	Pb
坝前 1	35.28	0.51	20.03	23.04	11.13
坝前 2	22.15	0.24	24.52	21.08	8.99
坝前 3	22.33	0.11	18.60	13.59	8.45
钟岭	30.19	3.06	16.26	15.10	29.32
刘店 1	12.41	0.08	14.30	7.19	5.60
刘店 2	28.98	0.41	23.16	19.09	10.92
刘店 3	30.68	0.21	22.49	15.34	7.96
桂云花	10.37	0.07	15.43	9.42	3.46
大堡	28.36	0.27	21.49	20.23	12.13
均值	24.53	0.55	19.59	16.01	10.88

表 10-12 2017 年 6 月沉积物重金属的潜在生态危害系数和危害指数

样站	E_r^i					RI
	As	Cd	Cr	Cu	Pb	
坝前 1	23.52	15.26	0.45	2.30	0.79	42.33
坝前 2	14.76	7.13	0.54	2.11	0.64	25.19
坝前 3	14.89	3.27	0.41	1.36	0.60	20.54
钟岭	20.12	91.81	0.36	1.51	2.09	115.90
刘店 1	8.28	2.45	0.32	0.72	0.40	12.16
刘店 2	19.32	12.30	0.51	1.91	0.78	34.82
刘店 3	20.45	6.22	0.50	1.53	0.57	29.28
桂云花	6.91	1.98	0.34	0.94	0.25	10.43
大堡	18.91	8.14	0.48	2.02	0.87	30.41
均值	16.35	16.51	0.44	1.60	0.78	35.67

2017 年 7 月，碧流河水库沉积物重金属含量次序：As ＞ Cr ＞ Cu ＞ Pb ＞ Cd（表 10-13）。

表 10-13 2017 年 7 月碧流河水库沉积物重金属含量

样站	沉积物重金属含量（μg/g）				
	As	Cd	Cr	Cu	Pb
坝前 1	30.99	0.44	22.63	11.03	15.58
坝前 2	24.88	0.12	28.24	9.55	7.92
坝前 3	33.00	0.36	27.83	13.99	8.61
钟岭	40.67	0.10	28.41	26.57	9.81
刘店 1	20.92	0.11	24.35	31.85	6.71

续表

样站	沉积物重金属含量（μg/g）				
	As	Cd	Cr	Cu	Pb
刘店 2	30.15	10.88	21.56	12.32	81.21
刘店 3	46.00	0.15	21.93	23.49	7.29
桂云花	24.70	0.11	25.05	20.31	7.22
大堡	32.69	0.18	22.44	20.05	9.02
均值	31.56	1.38	24.72	18.80	17.04

根据各个样站沉积物中重金属的潜在生态危害系数平均值判断，危害程度顺序为 Cr ＜ Pb ＜ Cu ＜ As ＜ Cd，其中刘店 2 样站的 Cd 污染危害程度为极强（表 10-14）。

表 10-14　2017 年 7 月沉积物重金属的潜在生态危害系数和危害指数

样站	E_r^i					*RI*
	As	Cd	Cr	Cu	Pb	
坝前 1	20.66	13.21	0.50	1.10	1.11	36.59
坝前 2	16.59	3.56	0.63	0.95	0.57	22.29
坝前 3	22.00	10.86	0.62	1.40	0.61	35.49
钟岭	27.11	3.10	0.63	2.66	0.70	34.20
刘店 1	13.94	3.38	0.54	3.19	0.48	21.53
刘店 2	20.10	326.46	0.48	1.23	5.80	354.07
刘店 3	30.67	4.55	0.49	2.35	0.52	38.58
桂云花	16.47	3.41	0.56	2.03	0.52	22.99
大堡	21.80	5.27	0.50	2.00	0.64	30.21
均值	21.04	41.53	0.55	1.88	1.22	66.22

从多种重金属的危害指数 *RI* 均值来看，沉积物污染程度为轻微，但刘店 2 样站的污染危害为强，主要是 Cd 污染所致。

2017 年 8 月，碧流河水库沉积物重金属含量次序：As ＞ Cr ＞ Cu ＞ Pb ＞ Cd（表 10-15）。

表 10-15　2017 年 8 月碧流河水库沉积物重金属含量

样站	沉积物重金属含量（μg/g）				
	As	Cd	Cr	Cu	Pb
坝前 1	19.69	0.28	14.38	7.01	9.90
坝前 2	17.40	0.08	19.75	6.67	5.54
坝前 3	16.51	0.18	13.92	7.00	4.30
钟岭	22.81	0.06	15.93	14.90	5.50
刘店 1	11.19	0.06	13.03	17.05	3.59

续表

样站	沉积物重金属含量（μg/g）				
	As	Cd	Cr	Cu	Pb
刘店 2	16.55	5.97	11.83	6.76	44.58
刘店 3	24.14	0.08	11.51	12.33	3.83
桂云花	18.47	0.09	18.73	15.18	5.40
大堡	23.22	0.12	15.94	14.24	6.41
均值	18.89	0.77	15.00	11.24	9.89

根据各个样站沉积物中重金属的潜在生态危害系数平均值判断，危害程度顺序为：Cr < Pb < Cu < As < Cd，其中刘店 2 样站的 Cd 污染危害程度为很强（表 10-16）。

表 10-16　2017 年 8 月沉积物重金属的潜在生态危害系数和危害指数

样站	E_r^i					*RI*
	As	Cd	Cr	Cu	Pb	
坝前 1	13.13	8.39	0.32	0.70	0.71	23.24
坝前 2	11.60	2.49	0.44	0.67	0.40	15.59
坝前 3	11.00	5.43	0.31	0.70	0.31	17.75
钟岭	15.20	1.74	0.35	1.49	0.39	19.18
刘店 1	7.46	1.81	0.29	1.70	0.26	11.52
刘店 2	11.03	179.19	0.26	0.68	3.18	194.35
刘店 3	16.10	2.39	0.26	1.23	0.27	20.25
桂云花	12.31	2.55	0.42	1.52	0.39	17.18
大堡	15.48	3.74	0.35	1.42	0.46	21.46
均值	12.59	23.08	0.33	1.12	0.71	37.84

从多种重金属的危害指数 *RI* 均值来看，沉积物污染程度为轻微，但刘店 2 样站的污染危害为强，主要是 Cd 污染所致。

2017 年 9 月，碧流河水库沉积物重金属含量次序：As > Cr > Cu > Pb > Cd（表 10-17）。

表 10-17　2017 年 9 月碧流河水库沉积物重金属含量

样站	沉积物重金属含量（μg/g）				
	As	Cd	Cr	Cu	Pb
坝前 1	19.07	0.27	13.93	6.79	9.59
坝前 2	17.46	0.08	19.82	6.70	5.56
坝前 3	17.30	0.19	14.59	7.33	4.51
钟岭	22.18	0.06	15.49	14.49	5.35
刘店 1	11.10	0.06	12.92	16.90	3.56

续表

样站	沉积物重金属含量（μg/g）				
	As	Cd	Cr	Cu	Pb
刘店 2	16.47	5.94	11.77	6.73	44.36
刘店 3	23.95	0.08	11.42	12.23	3.80
桂云花	18.79	0.09	19.05	15.44	5.49
大堡	23.24	0.12	15.95	14.25	6.41
均值	18.84	0.77	14.99	11.21	9.85

根据各个样站沉积物中重金属的潜在生态危害系数平均值判断，危害程度顺序为：Cr < Pb < Cu < As < Cd，其中刘店 2 样站的 Cd 污染危害程度为很强（表 10-18）。

表 10-18　2017 年 9 月沉积物重金属的潜在生态危害系数和危害指数

样站	E_r^i					*RI*
	As	Cd	Cr	Cu	Pb	
坝前 1	12.72	8.13	0.31	0.68	0.68	22.52
坝前 2	11.64	2.50	0.44	0.67	0.40	15.64
坝前 3	11.54	5.69	0.32	0.73	0.32	18.61
钟岭	14.79	1.69	0.34	1.45	0.38	18.66
刘店 1	7.40	1.79	0.29	1.69	0.25	11.42
刘店 2	10.98	178.30	0.26	0.67	3.17	193.38
刘店 3	15.97	2.37	0.25	1.22	0.27	20.08
桂云花	12.52	2.60	0.42	1.54	0.39	17.48
大堡	15.49	3.75	0.35	1.43	0.46	21.48
均值	12.56	22.98	0.33	1.12	0.70	37.70

从多种重金属的危害指数 *RI* 均值来看，沉积物污染程度为轻微，但刘店 2 样站的污染危害为强，主要是 Cd 污染所致。

2017 年 10 月，碧流河水库沉积物重金属含量次序：As > Cr > Cu > Pb > Cd（表 10-19）。

表 10-19　2017 年 10 月碧流河水库沉积物重金属含量

样站	沉积物重金属含量（μg/g）				
	As	Cd	Cr	Cu	Pb
坝前 1	19.08	0.27	13.93	6.79	9.59
坝前 2	16.29	0.08	18.49	6.25	5.19
坝前 3	17.29	0.19	14.59	7.33	4.51
钟岭	22.23	0.06	15.52	14.52	5.36
刘店 1	10.62	0.06	12.36	16.17	3.41

续表

样站	沉积物重金属含量（μg/g）				
	As	Cd	Cr	Cu	Pb
刘店 2	15.84	5.72	11.33	6.48	42.68
刘店 3	24.47	0.08	11.67	12.49	3.88
桂云花	18.71	0.09	18.98	15.38	5.47
大堡	21.74	0.12	14.92	13.33	6.00
均值	18.48	0.74	14.64	10.97	9.56

根据各个样站沉积物中重金属的潜在生态危害系数平均值判断，危害程度顺序为 Cr ＜ Pb ＜ Cu ＜ As ＜ Cd，其中刘店 2 样站的 Cd 污染危害程度为很强（表 10-20）。

表 10-20　2017 年 10 月沉积物重金属的潜在生态危害系数和危害指数

样站	E_r^i					*RI*
	As	Cd	Cr	Cu	Pb	
坝前 1	12.72	8.13	0.31	0.68	0.69	22.53
坝前 2	10.86	2.33	0.41	0.63	0.37	14.59
坝前 3	11.53	5.69	0.32	0.73	0.32	18.60
钟岭	14.82	1.69	0.34	1.45	0.38	18.69
刘店 1	7.08	1.72	0.27	1.62	0.24	10.93
刘店 2	10.56	171.57	0.25	0.65	3.05	186.08
刘店 3	16.31	2.42	0.26	1.25	0.28	20.52
桂云花	12.48	2.59	0.42	1.54	0.39	17.41
大堡	14.49	3.50	0.33	1.33	0.43	20.09
均值	12.32	22.18	0.33	1.10	0.68	36.61

从多种重金属的危害指数 *RI* 均值来看，沉积物污染程度为轻微，但刘店 2 样站的污染危害为中等，主要是 Cd 污染所致。

2017 年 11 月，碧流河水库沉积物重金属含量次序：As ＞ Cr ＞ Cu ＞ Pb ＞ Cd（表 10-21）。

表 10-21　2017 年 11 月碧流河水库沉积物重金属含量

样站	沉积物重金属含量（μg/g）				
	As	Cd	Cr	Cu	Pb
坝前 1	18.91	0.27	13.81	6.73	9.51
坝前 2	16.00	0.08	18.16	6.14	5.09
坝前 3	18.35	0.20	15.48	7.78	4.79
钟岭	20.18	0.05	14.10	13.19	4.87
刘店 1	10.53	0.06	12.26	16.03	3.38

续表

样站	沉积物重金属含量（μg/g）				
	As	Cd	Cr	Cu	Pb
刘店 2	15.18	5.48	10.86	6.21	40.90
刘店 3	24.60	0.08	11.73	12.56	3.90
桂云花	18.97	0.09	19.24	15.60	5.55
大堡	22.40	0.12	15.37	13.73	6.18
均值	18.35	0.71	14.56	10.89	9.35

根据各个样站沉积物中重金属的潜在生态危害系数平均值判断，危害程度顺序为 Cr < Pb < Cu < As < Cd，其中刘店 2 样站的 Cd 污染危害程度为很强（表 10-22）。

表 10-22　2017 年 11 月沉积物重金属的潜在生态危害系数和危害指数

样站	E_r^i					*RI*
	As	Cd	Cr	Cu	Pb	
坝前 1	12.61	8.06	0.31	0.67	0.68	22.32
坝前 2	10.67	2.29	0.40	0.61	0.36	14.34
坝前 3	12.23	6.04	0.34	0.78	0.34	19.73
钟岭	13.46	1.54	0.31	1.32	0.35	16.97
刘店 1	7.02	1.70	0.27	1.60	0.24	10.84
刘店 2	10.12	164.42	0.24	0.62	2.92	178.33
刘店 3	16.40	2.43	0.26	1.26	0.28	20.63
桂云花	12.65	2.62	0.43	1.56	0.40	17.66
大堡	14.93	3.61	0.34	1.37	0.44	20.70
均值	12.23	21.41	0.32	1.09	0.67	35.72

从多种重金属的危害指数 *RI* 均值来看，沉积物污染程度为轻微，但刘店 2 样站的污染危害为中等，主要是 Cd 污染所致。

2018 年 1 月，碧流河水库沉积物重金属含量次序：Cd > As > Cu > Pb > Cr（表 10-23）。

表 10-23　2018 年 1 月碧流河水库沉积物重金属含量

样站	沉积物重金属含量（μg/g）				
	As	Cd	Cr	Cu	Pb
坝前 1	16.94	10.83	0.41	0.90	0.92
坝前 2	16.47	3.53	0.63	0.95	0.56
坝前 3	16.80	8.30	0.48	1.07	0.47
钟岭	22.07	2.52	0.51	2.16	0.57
刘店 1	11.27	2.73	0.44	2.58	0.39

续表

样站	沉积物重金属含量（μg/g）				
	As	Cd	Cr	Cu	Pb
刘店 2	15.56	252.77	0.38	0.96	4.49
刘店 3	23.15	3.44	0.38	1.77	0.39
桂云花	17.81	3.69	0.60	2.19	0.56
大堡	21.69	5.25	0.50	2.00	0.65
均值	17.97	32.57	0.48	1.62	1.01

根据各个样站沉积物中重金属的潜在生态危害系数平均值判断，危害程度顺序为 Cr ＜ Pb ＜ Cu ＜ As ＜ Cd，其中刘店 2 样站的 Cd 污染危害程度为很强（表 10-24）。

表 10-24　2018 年 1 月沉积物重金属的潜在生态危害系数和危害指数

样站	E_r^i					*RI*
	As	Cd	Cr	Cu	Pb	
坝前 1	11.29	7.22	0.27	0.60	0.61	19.99
坝前 2	10.98	2.35	0.42	0.63	0.37	14.75
坝前 3	11.20	5.53	0.32	0.71	0.31	18.07
钟岭	14.71	1.68	0.34	1.44	0.38	18.56
刘店 1	7.51	1.82	0.29	1.72	0.26	11.60
刘店 2	10.37	168.51	0.25	0.64	2.99	182.77
刘店 3	15.43	2.29	0.25	1.18	0.26	19.41
桂云花	11.87	2.46	0.40	1.46	0.37	16.57
大堡	14.46	3.50	0.33	1.33	0.43	20.04
均值	11.98	21.71	0.32	1.08	0.67	35.75

从多种重金属的危害指数 *RI* 均值来看，沉积物污染程度为轻微，但刘店 2 样站的污染危害为中等，主要是 Cd 污染所致。

2018 年 4 月，碧流河水库沉积物重金属含量次序：As ＞ Cr ＞ Cu ＞ Pb ＞ Cd（表 10-25）。

表 10-25　2018 年 4 月碧流河水库沉积物重金属含量

样站	沉积物重金属含量（μg/g）				
	As	Cd	Cr	Cu	Pb
坝前 1	19.32	0.27	14.11	6.88	9.72
坝前 2	17.39	0.08	19.74	6.67	5.54
坝前 3	18.20	0.20	15.35	7.71	4.75
钟岭	20.93	0.05	14.62	13.68	5.05
刘店 1	10.39	0.06	12.10	15.83	3.33

续表

样站	沉积物重金属含量（μg/g）				
	As	Cd	Cr	Cu	Pb
刘店 2	14.78	5.33	10.57	6.04	39.81
刘店 3	23.99	0.08	11.43	12.25	3.80
桂云花	17.11	0.08	17.36	14.07	5.00
大堡	22.87	0.12	15.70	14.02	6.31
均值	18.33	0.70	14.55	10.79	9.26

根据各个样站沉积物中重金属的潜在生态危害系数平均值判断，危害程度顺序为 Cr < Pb < Cu < As < Cd，其中刘店 2 样站的 Cd 污染危害程度为很强（表 10-26）。

表 10-26　2018 年 4 月沉积物重金属的潜在生态危害系数和危害指数

样站	E_r^i					*RI*
	As	Cd	Cr	Cu	Pb	
坝前 1	12.88	8.23	0.31	0.69	0.69	22.81
坝前 2	11.59	2.49	0.44	0.67	0.40	15.58
坝前 3	12.13	5.99	0.34	0.77	0.34	19.57
钟岭	13.95	1.59	0.32	1.37	0.36	17.60
刘店 1	6.93	1.68	0.27	1.58	0.24	10.70
刘店 2	9.85	160.03	0.23	0.60	2.84	173.56
刘店 3	15.99	2.37	0.25	1.22	0.27	20.11
桂云花	11.41	2.37	0.39	1.41	0.36	15.92
大堡	15.25	3.69	0.35	1.40	0.45	21.14
均值	12.22	20.94	0.32	1.08	0.66	35.22

从多种重金属的危害指数 *RI* 均值来看，沉积物污染程度为轻微，但刘店 2 样站的污染危害为中等，主要是 Cd 污染所致。

2018 年 6 月，碧流河水库沉积物重金属含量次序：Cr > Pb > As > Cu > Cd（表 10-27）。

表 10-27　2018 年 6 月碧流河水库沉积物重金属含量

样站	沉积物重金属含量（μg/g）				
	As	Cd	Cr	Cu	Pb
坝前 1	39.22	—	205.30	20.49	78.94
坝前 2	33.30	—	110.50	15.92	42.93
坝前 3	24.08	—	68.94	14.01	44.49
钟岭	26.77	—	112.74	24.04	58.84
刘店 1	46.92	—	115.30	24.71	54.31

续表

样站	沉积物重金属含量（μg/g）				
	As	Cd	Cr	Cu	Pb
刘店 2	36.08	—	63.86	17.13	67.46
刘店 3	31.49	—	72.93	13.72	56.86
桂云花	16.67	—	70.94	8.07	32.79
大堡	26.09	—	65.47	12.14	25.70
均值	31.18	—	98.44	16.69	51.37

根据各个样站沉积物中重金属的潜在生态危害系数平均值判断，危害程度顺序为 Cd < Cu < Cr < Pb < As，其中坝前 1 和刘店 1 样站的 As 污染危害程度为中等（表 10-28）。

表 10-28 2018 年 6 月沉积物重金属的潜在生态危害系数和危害指数

样站	E_r^i					*RI*
	As	Cd	Cr	Cu	Pb	
坝前 1	26.15	—	4.56	2.05	11.05	43.81
坝前 2	22.20	—	2.46	1.59	6.01	32.26
坝前 3	16.05	—	1.53	1.40	6.23	25.21
钟岭	17.85	—	2.51	2.40	8.24	31.0
刘店 1	31.28	—	2.56	2.47	7.60	43.91
刘店 2	24.05	—	1.42	1.71	9.44	36.62
刘店 3	21.00	—	1.62	1.37	7.96	31.95
桂云花	11.12	—	1.58	0.81	4.59	18.1
大堡	17.40	—	1.46	1.21	3.60	23.67
均值	20.79	—	2.19	1.67	7.19	31.84

从多种重金属的危害指数 *RI* 均值来看，沉积物污染程度为轻微。

2018 年 8 月，碧流河水库沉积物重金属含量次序：Cr > As > Pb > Cu > Cd（表 10-29）。

表 10-29 2018 年 8 月碧流河水库沉积物重金属含量

样站	沉积物重金属含量（μg/g）				
	As	Cd	Cr	Cu	Pb
坝前 1	32.84	—	67.81	16.16	60.98
坝前 2	25.37	—	13.77	17.22	2.88
坝前 3	29.30	—	76.19	20.77	2.44
钟岭	21.53	—	15.91	15.48	41.82
刘店 1	51.43	—	101.15	28.14	55.03
刘店 2	30.63	—	54.07	11.02	0.40

续表

样站	沉积物重金属含量（μg/g）				
	As	Cd	Cr	Cu	Pb
刘店 3	40.71	—	58.87	13.72	3.01
桂云花	18.33	—	42.57	4.50	0.19
大堡	26.43	—	48.16	9.02	0.33
均值	30.73	—	53.17	15.11	18.56

根据各个样站沉积物中重金属的潜在生态危害系数平均值判断，危害程度顺序为 Cd < Cr < Cu < Pb < As，其中刘店 1、刘店 3 样站的 As 污染危害程度为中等（表 10-30）。

表 10-30　2018 年 8 月沉积物重金属的潜在生态危害系数和危害指数

样站	E_r^i					*RI*
	As	Cd	Cr	Cu	Pb	
坝前 1	21.90	—	1.51	1.62	8.54	33.57
坝前 2	16.91	—	0.31	1.72	0.40	19.34
坝前 3	19.53	—	1.69	2.08	0.34	23.64
钟岭	14.35	—	0.35	1.55	5.86	22.11
刘店 1	34.29	—	2.25	2.81	7.70	47.05
刘店 2	20.42	—	1.20	1.10	0.06	22.78
刘店 3	27.14	—	1.31	1.37	0.42	30.24
桂云花	12.22	—	0.95	0.45	0.03	13.65
大堡	17.62	—	1.07	0.90	0.05	19.64
均值	20.49	—	1.18	1.51	2.60	25.78

从多种重金属的危害指数 *RI* 均值来看，沉积物污染程度为轻微。

2018 年 10 月，碧流河水库沉积物重金属含量次序：Pb > As > Cr > Cu > Cd（表 10-31）。

表 10-31　2018 年 10 月碧流河水库沉积物重金属含量

样站	沉积物重金属含量（μg/g）				
	As	Cd	Cr	Cu	Pb
坝前 1	61.25	—	100.42	19.64	155.11
坝前 2	48.73	—	1.19	2.05	57.88
坝前 3	59.67	—	25.42	2.26	115.61
钟岭	33.31	—	24.47	10.54	91.92
刘店 1	44.74	—	17.58	8.57	90.16
刘店 2	68.56	—	3.83	17.76	72.40
刘店 3	58.93	—	39.93	10.05	66.37

续表

样站	沉积物重金属含量（μg/g）				
	As	Cd	Cr	Cu	Pb
桂云花	37.24	—	12.63	0.55	58.28
大堡	47.99	—	8.21	1.32	44.74
均值	51.16	—	25.97	8.08	83.61

根据各个样站沉积物中重金属的潜在生态危害系数平均值判断，危害程度顺序为 Cd < Cr < Cu < Pb < As，其中除钟岭、桂云花两个样站外其余的样站 As 污染危害程度为中等（表 10-32）。

表 10-32　2018 年 10 月沉积物重金属的潜在生态危害系数和危害指数

样站	E_r^i					*RI*
	As	Cd	Cr	Cu	Pb	
坝前 1	40.84	—	2.23	1.96	21.71	66.74
坝前 2	32.49	—	0.03	0.20	8.10	40.82
坝前 3	39.78	—	0.56	0.23	16.19	56.76
钟岭	22.21	—	0.54	1.05	12.87	36.67
刘店 1	29.83	—	0.39	0.86	12.62	43.7
刘店 2	45.71	—	0.09	1.78	10.14	57.72
刘店 3	39.29	—	0.89	1.00	9.29	50.47
桂云花	24.82	—	0.28	0.06	8.16	33.32
大堡	31.99	—	0.18	0.13	6.26	38.56
均值	34.11	—	0.58	0.81	11.70	47.20

从多种重金属的危害指数 *RI* 均值来看，沉积物污染程度为轻微。

2019 年 1 月，碧流河水库沉积物重金属含量次序：Cr > Pb > Cu > As > Cd（表 10-33）。

表 10-33　2019 年 1 月碧流河水库沉积物重金属含量

样站	沉积物重金属含量（μg/g）				
	As	Cd	Cr	Cu	Pb
坝前 1	52.99	—	249.45	47.31	219.58
坝前 2	44.25	—	180.65	50.11	186.37
坝前 3	40.40	—	121.61	27.15	98.35
钟岭	20.25	—	83.76	115.03	53.66
刘店 1	40.35	—	92.25	23.89	78.83
刘店 2	34.34	—	84.42	19.97	61.97
刘店 3	60.60	—	165.22	52.89	150.58

续表

样站	沉积物重金属含量（μg/g）				
	As	Cd	Cr	Cu	Pb
桂云花	59.87	—	162.43	51.81	129.34
大堡	30.66	—	86.54	15.41	57.97
均值	42.63	—	136.26	44.84	115.18

根据各个样站沉积物中重金属的潜在生态危害系数平均值判断，危害程度顺序为 Cd < Cr < Cu < Pb < As，其中除钟岭、刘店 2、大堡三个样站外其余的样站 As 污染危害程度为中等，另外 Pb 在坝前 1 样站的污染危害程度为中等（表 10-34）。

表 10-34　2019 年 1 月沉积物重金属的潜在生态危害系数和危害指数

样站	E_r^i					*RI*
	As	Cd	Cr	Cu	Pb	
坝前 1	35.32	—	5.54	4.73	30.74	76.33
坝前 2	29.50	—	4.01	5.01	26.09	64.61
坝前 3	26.93	—	2.70	2.72	13.77	46.12
钟岭	13.50	—	1.86	11.50	7.51	34.37
刘店 1	26.90	—	2.05	2.39	11.04	42.38
刘店 2	22.89	—	1.88	2.00	8.68	35.45
刘店 3	40.40	—	3.67	5.29	21.08	70.44
桂云花	39.92	—	3.61	5.18	18.11	66.82
大堡	20.44	—	1.92	1.54	8.12	32.02
均值	28.42	—	3.03	4.48	16.13	52.06

从多种重金属的危害指数 *RI* 均值来看，沉积物污染程度为轻微。

2019 年 4 月，碧流河水库沉积物重金属含量次序：Cr > Pb > Cu > As > Cd（表 10-35）。

表 10-35　2019 年 4 月碧流河水库沉积物重金属含量

样站	沉积物重金属含量（μg/g）				
	As	Cd	Cr	Cu	Pb
坝前 1	22.08	—	237.45	32.29	50.92
坝前 2	42.44	—	211.05	41.59	59.10
坝前 3	44.90	—	169.23	64.62	144.17
钟岭	41.34	—	129.33	33.46	44.90
刘店 1	39.48	—	116.94	38.86	89.09
刘店 2	37.63	—	113.41	38.56	94.94
刘店 3	21.41	—	68.99	5.59	40.73

续表

样站	沉积物重金属含量（μg/g）				
	As	Cd	Cr	Cu	Pb
桂云花	28.94	—	275.35	110.13	50.11
大堡	40.85	—	149.00	7.91	30.87
均值	35.45	—	163.42	41.44	67.20

根据各个样站沉积物中重金属的潜在生态危害系数平均值判断，危害程度顺序为 Cd < Cr < Cu < Pb < As，其中坝前 2、坝前 3、钟岭、刘店 1、刘店 2、大堡六个样站 As 污染危害程度为中等（表 10-36）。

表 10-36　2019 年 4 月沉积物重金属的潜在生态危害系数和危害指数

样站	E_r^i					*RI*
	As	Cd	Cr	Cu	Pb	
坝前 1	14.72	—	5.28	3.23	7.13	30.36
坝前 2	28.30	—	4.69	4.16	8.27	45.42
坝前 3	29.93	—	3.76	6.46	20.18	60.33
钟岭	27.56	—	2.87	3.35	6.29	40.07
刘店 1	26.32	—	2.60	3.89	12.47	45.28
刘店 2	25.09	—	2.52	3.86	13.29	44.76
刘店 3	14.27	—	1.53	0.56	5.70	22.06
桂云花	19.29	—	6.12	11.01	7.02	43.44
大堡	27.23	—	3.31	0.79	4.32	35.65
均值	23.63	—	3.63	4.14	9.41	40.81

从多种重金属的危害指数 *RI* 均值来看，沉积物污染程度为轻微。

将 2016 年 10 月～2019 年 4 月 16 次采样调查测得的碧流河水库表面沉积物重金属含量总结于表 10-37。可见，碧流河水库表面沉积物重金属含量不仅存在前述的空间变化，也存在明显的时间变化，特别体现出明显的年际变化。

表 10-37　碧流河水库表面沉积物重金属含量

时间	沉积物重金属含量（μg/g）				
	As	Cd	Cr	Cu	Pb
2016 年 10 月	94.54	13.43	147.26	75.29	32.29
2017 年 1 月	24.05	0.19	9.90	37.53	7.17
2017 年 4 月	17.06	3.57	5.35	13.08	33.79
2017 年 6 月	24.53	0.55	19.59	16.01	10.88
2017 年 7 月	31.56	1.38	24.72	18.80	17.04

续表

时间	沉积物重金属含量（μg/g）				
	As	Cd	Cr	Cu	Pb
2017 年 8 月	18.89	0.77	15.00	11.24	9.89
2017 年 9 月	18.84	0.77	14.99	11.21	9.85
2017 年 10 月	18.48	0.74	14.64	10.97	9.56
2017 年 11 月	18.35	0.71	14.56	10.89	9.35
2018 年 1 月	17.97	32.57	0.48	1.62	1.01
2018 年 4 月	18.33	0.70	14.55	10.79	9.26
2018 年 6 月	31.18	—	98.44	16.69	51.37
2018 年 8 月	30.73	—	53.17	15.11	18.56
2018 年 10 月	51.16	—	25.97	8.08	83.61
2019 年 1 月	42.63	—	136.26	44.84	115.18
2019 年 4 月	35.45	—	163.42	41.44	67.20
平均	30.88	2.14	48.27	22.05	30.90

将 2016 年 10 月～2019 年 4 月 16 次采样调查测得的碧流河水库沉积物的潜在生态危害系数和危害指数总结于表 10-38。可见，碧流河水库沉积物重金属潜在生态危害系数除 Cd 处于强危害水平外，其余均处于轻微危害水平。碧流河水库沉积物重金属危害系数 *RI* 除 2016 年 11 月处于极强危害外，其余均处于轻微危害水平。

表 10-38　碧流河水库表面沉积物重金属的潜在生态危害系数和危害指数

时间	E_r^i					*RI*
	As	Cd	Cr	Cu	Pb	
2016 年 11 月	63.03	403.03	3.27	7.53	2.31	479.17
2017 年 1 月	16.04	4.89	0.22	3.28	0.51	24.94
2017 年 4 月	11.38	59.54	0.09	1.02	2.41	74.44
2017 年 6 月	16.35	16.51	0.44	1.60	0.78	35.67
2017 年 7 月	21.04	41.53	0.55	1.88	1.22	66.22
2017 年 8 月	12.59	23.08	0.33	1.12	0.71	37.84
2017 年 9 月	12.56	22.98	0.33	1.12	0.70	37.70
2017 年 10 月	12.32	22.18	0.33	1.10	0.68	36.61
2017 年 11 月	12.23	21.41	0.32	1.09	0.67	35.72
2018 年 1 月	11.98	21.71	0.32	1.08	0.67	35.75
2018 年 4 月	12.22	20.94	0.32	1.08	0.66	35.22
2018 年 6 月	20.79	—	2.19	1.67	7.19	31.84
2018 年 8 月	20.49	—	1.18	1.51	2.60	25.78
2018 年 10 月	34.11	—	0.58	0.81	11.70	47.20

续表

时间	E_r^i					RI
	As	Cd	Cr	Cu	Pb	
2019 年 1 月	28.42	—	3.03	4.48	16.13	52.06
2019 年 4 月	23.63	—	3.63	4.14	9.41	40.81
平均	20.57	59.80	1.07	2.16	3.65	68.56

10.4 讨论与小结

一般认为，水体表层沉积物中的重金属含量是水体重金属污染程度的重要指标（Förstner & Wittmann，1983），进入水体的重金属污染物一部分通过食物链或食物网在水层区迁移转化，另外大部分被悬浮物吸附并最终通过沉积作用转移到沉积物中，因而表现出明显的时空分布规律（赵文，2011；罗燕等，2011；曾海鳌和吴静禄，2007）。饮用水源水库一般来说水层区重金属生态风险较小，而其沉积物中的重金属的生态风险应引起注意，特别在环境条件改变的情况下，结合在沉积物相中的重金属又会重新释放到上覆水中从而进入水层区，造成水体的二次污染。目前，国内关于水体沉积物重金属污染方面的研究多集中于海湾和河流湖泊以及一些养殖水体，对水库沉积物重金属污染的关注较少，而水库多作为城市的生活饮用水水源地，累积在水库沉积物中的重金属污染物在适宜的条件下可以从沉积物中重新释放到上覆水体中，将会严重威胁水库水质的安全，进而威胁到人体健康。因此，研究水库沉积物中重金属分布，对其潜在生态危害进行评价极具理论价值及现实意义。

根据研究数据，从各个样站看，坝前的三个样站的潜在污染危害性较高，另外所有样站的 As 潜在污染危害性都较高。总的来看，碧流河水库的水质较好，但沉积物重金属 As 的潜在污染风险仍存在。随着季节变化，水体生物群落结构相应变化，沉积物中的 As 等重金属如释放到水中，会随着食物链向上传递，对水库经济渔业构成危害。因此，有必要针对特定样站重金属污染的原因开展调查，特别是刘店样站，应采取相应的修复措施排除污染隐患。此外，随着季节和水温的规律性改变，水、沉积物中的重金属含量变化情况是否与浮游植物、浮游动物、底栖生物的丰度变化存在相关性，还有待进一步分析研究。

碧流河水库水层区重金属含量与以往的研究及国内其他水库重金属含量比较见表 10-39。可见碧流河水库水层重金属中 Cu 含量相对较高，达到 11.8 μg/g；仅次于乌拉泊水库（15 μg/g），Cd、Cr 含量也相对较高，这些都需要以后多加以监测。

碧流河水库表面沉积物重金属含量与以往资料及国内水库的比较见表 10-40。从中可见，在统计的 48 座水库中重金属 As 含量最高的是普定水库，达 462.7 μg/g（唐黎等，2017）；其次是密云水库，表面沉积物中 As 的最高值达 109.8 μg/g（徐嗣林等，2020），碧流河水库 As 含量最高值可达 94.54 μg/g，比较来看也不低。就 Cd 含量而言，含量范围 0.008 ～ 13.43 μg/g，最高值出现于碧流河水库，高达 13.43 μg/g，有 4 个水库没有检出，占 8.33%，0 ＜ Cd ＜

表 10-39 碧流河水库重金属含量与国内其他水库的比较

水库名称	调查年份	水样重金属含量（μg/g）					参考文献
		As	Cd	Cr	Cu	Pb	
碧流河水库	2016 ～ 2019 年	0.147 ～ 1.690	＜ 1.890	＜ 7.610	＜ 11.800	0.024 ～ 3.310	本书
新立城水库	2009 ～ 2013 年	＜ 0.1	＜ 0.5	—	＜ 0.5	＜ 0.5	管桐等，2015
白石水库	2016 年	2.22	0.22	1.77	6.61	2.95	肖秀春，2017
	2018 年	2.39 ～ 4.82	—	8.86 ～ 29.07	3.31 ～ 5.70	0.10 ～ 0.73	徐嗣林等，2020
官厅水库	2007 年	4.03 ～ 11.70	0.046 ～ 0.063	0.128 ～ 0.235	3.27 ～ 5.27	0.015 ～ 0.063	程麟钧等，2009
	2007 年	35.5 ～ 38.4	0.031 ～ 0.050	0.222 ～ 0.304	4.5 ～ 5.4	0.004 ～ 0.068	程麟钧等，2009
密云水库	2018 年	1.78 ～ 2.57	—	0.65 ～ 7.13	＜ 3.72	0.30 ～ 0.50	徐嗣林等，2020
飞来峡水库	2013 ～ 2017 年	5.5 ～ 3.9	0.1 ～ 1.6	—	2.5 ～ 7.0	1.5 ～ 5.5	刘小波和金凌波，2019
湛江赤坎水库	2018 年	—	32.60	20.70	0.45	—	张晓微等，2019
潼关太峪水库	2012 ～ 2013 年	—	—	—	0.038 ～ 0.041	—	焦更生等，2015
乌拉泊水库	2008 年	2.2	0.1	4.3	15.0	1.1	王钢等，2010
黄坛口水库	2018 年	—	0.01	—	0.72	0.16	施沁璇等，2021
铜山源水库	2018 年	—	0.008	—	0.50	0.10	施沁璇等，2021
狮子口水库	2018 年	—	0.103	—	1.24	0.04	施沁璇等，2021
花园垄水库	2018 年	—	0.015	—	0.61	0.17	施沁璇等，2021
金仓垄水库	2018 年	—	0.005	—	1.36	0.09	施沁璇等，2021
小浪底水库	2012 年	1.12	—	—	0.35	—	程柳等，2015
普定水库	2018 年	0.036	0.334	—	3.33	4.97	旷攀等，2021
大河口水库	2017 年	6	—	5	98	19	卢俊平等，2020
	2017 年	1.06	0.01	0.48	0.60	0.10	肖雄，2019
阿哈水库	2017 年	0.87	0.01	0.24	0.43	0.22	肖雄，2019
	2018 年	0.94	0.01	0.27	1.92	0.18	肖雄，2019
岸堤水库	2009 年	2.140	0.031	0.609	0	0.83	刘妍，2012
	1985 ～ 1986 年	—	0.001	—	0.007	0.0062	王佳等，2011
	1998 年	0.004	0.004	—	—	—	王佳等，2011
桃林口水库	2000 年	＜ 0.007	—	—	＜ 0.05	—	王佳等，2011
	2004 年	—	—	—	—	—	王佳等，2011
	2010 年	＜ 0.007	—	—	＜ 0.01	—	王佳等，2011

1.0 μg/g 的水库 32 座，占 66.67%。1.0 μg/g ＜ As ＜ 2.0 μg/g 的水库 7 座，占 14.58%; ＞ 2 μg/g 的水库仅 5 座，占 10.41%。就水库表面沉积物中 Cr 含量而言，含量范围 0 ～ 342.6 μg/g，密云水库表面沉积物中 Cr 含量最高，达 342.6 μg/g，碧流河水库则达 163.4 μg/g。就水库表面沉积物 Cu 含量而言，含量范围为 0 ～ 313 μg/g，长湖水库最高为 313 μg/g。所列水库中表面沉积物 Cu 含量＜ 50 μg/g 水库 29 座，占 60.42%; Cu 含量 50 ～ 100 μg/g 水库 16 座，

占 33.33%；＞ 100 μg/g 水库 3 座，占 6.25%。就水库表面沉积物 Pb 含量而言，Pb 含量范围为 0.087 ～ 649.1 μg/g。碧流河水库表面沉积物 Pb 含量为 7.17 ～ 115.2 μg/g。

表 10-40　碧流河水库表面沉积物重金属含量与国内其他水库的比较

水库名称	调查年份	沉积物重金属含量（μg/g）					参考文献
		As	Cd	Cr	Cu	Pb	
碧流河水库	2014 年	0.99	0.10	61.00	33.50	40.00	赵健，2016
	2014 年	9.27	0.13	42.90	32.50	34.05	赵健，2016
	2015 年	7.28	0.16	37.47	27.40	5.35	赵健，2016
	2015 年	—	2.00	95.60	35.30	62.90	Zhu *et al.*，2017
	2016 ～ 2017 年	—	1.86	—	25.90	61.40	余慧娟等，2018
	2016 ～ 2019 年	17.06 ～ 94.54	0.19 ～ 13.43	5.35 ～ 163.40	8.08 ～ 75.29	7.17 ～ 115.20	本书
官厅水库	2018 年	51.02 ～ 57.79	—	103.20 ～ 108.50	22.69 ～ 33.54	30.28 ～ 52.96	徐嗣林等，2020
密云水库	2018 年	10.13 ～ 109.80	—	1.64 ～ 342.60	20.59 ～ 61.28	0.15 ～ 140.70	徐嗣林等，2020
	2011 年	10.51	0.30	77.86	38.02	29.29	乔敏敏等，2013
丹江口水库	2016 年	—	0.24 ～ 0.52	32.45 ～ 59.32	8.38 ～ 15.50	10.16 ～ 11.93	李冰等，2018
长寿湖水库	2013 年	—	0.39	79.86	27.28	30.34	高进长等，2020
长江水库	2019 年	6.99	0.30	27.00	10.00	72.00	李茂亿等，2020
蘑菇湖水库	2017 年	14.48	0.20	62.71	37.68	23.78	池艳峰和李国宏，2019
于桥水库	2015 ～ 2016 年	6.07	0.12	67.55	34.23	7.24	江文渊和曾珍香，2019
阿哈水库	2008 年	18.70	0.522	98.60	76.43	31.03	蒋晓霞等，2009
	2008 年	23.73	0.46	95.25	59.97	24.94	蒋晓霞等，2009
	2012 年	—	1.91	—	38.68	43.64	徐中义等，2014
	2016 年	—	0.42	54.63	79.14	53.63	郭云等，2018
	2016 年	19.00	0.50	95.00	71.20	61.10	唐黎等，2017
	2017 ～ 2018 年	24.13	1.55	92.15	74.44	37.86	肖雄，2019
普定水库	2016 年	462.70	0.44	116.20	139.50	649.10	唐黎等，2017
红枫水库	2016 年	34.90	1.50	90.10	90.00	43.50	唐黎等，2017
	2017 年	35.76	0.50	91.03	89.14	43.66	何应等，2019
董铺水库	2016 年	3.70	0.20	74.16	36.15	22.83	张时珍，2017
长湖水库	2015 年	—	3.17	57.35	313.00	204.70	江涛等，2017
崂山水库	2010 ～ 2015 年	3.92 ～ 7.64	0.07 ～ 0.17	41.80 ～ 57.50	15.40 ～ 28.50	25.90 ～ 35.50	姜辉等，2017
山美水库	2015 年	1.56 ～ 3.08	0.24 ～ 0.49	5.36 ～ 9.46	7.36 ～ 17.07	41.16 ～ 68.53	张文慧等，2016
大洋水库	2013 年	3.46	0.41	2. 44	19.50	86.19	贾茜茜等，2016
王家崖水库	2014 年	14.73	—	96.15	37.80	35.01	路程，2015

续表

水库名称	调查年份	沉积物重金属含量（μg/g）					参考文献
		As	Cd	Cr	Cu	Pb	
高州水库	2008 年	—	1.10	54.68	33.89	127.91	王妙等，2014
鹤地水库	2008 年	—	0.57	52.60	31.18	74.51	王妙等，2014
大水桥水库	2008 年	—	0.27	238.69	107.48	17.03	王妙等，2014
南湾水库	2010 年	10.01 ～ 19.40	0.26 ～ 0.60	—	24.17 ～ 39.67	10.2 ～ 19.66	吴坤杰等，2012
花溪水库	2009 年	15.91	0.44	84.19	78.63	36.00	徐信等，2012
长潭水库	2010 年	10.90	—	30.70	55.70	65.10	胡国成等，2011
郭村水库	2010 年	—	0.008	0.103	0.34	0.087	陈静，2011
青山水库	2011 年	11.44 ～ 33.60	—	50.83 ～ 93.46	33.39 ～ 92.27	29.34 ～ 77.39	张芬等，2013
册田水库	2013 年	8.11	0.13	54.38	9.80	15.40	程先等，2015
东榆林水库	2013 年	9.34	0.12	40.80	12.61	15.84	程先等，2015
镇子梁水库	2013 年	10.13	0.20	77.59	27.73	20.27	程先等，2015
郭庄水库	2013 年	11.15	0.20	69.11	25.57	28.09	程先等，2015
壶流河水库	2013 年	10.08	0.15	53.88	13.53	20.09	程先等，2015
西大洋水库	2013 年	8.58	0.26	22.21	13.13	30.12	程先等，2015
王快水库	2013 年	5.03	0.14	51.37	21.68	12.49	程先等，2015
岗南水库	2013 年	8.74	0.13	56.67	17.73	19.68	程先等，2015
黄壁庄水库	2013 年	12.13	0.22	43.11	22.49	33.43	程先等，2015
岳城水库	2013 年	15.06	0.19	56.64	36.73	43.63	程先等，2015
大伙房水库	2001 ～ 2005 年	—	0.81	—	89.10	57.20	贺斌等，2010
	2006 ～ 2010 年	32.30	1.10	—	97.90	68.60	贺斌等，2010
	2010 年	—	2.38	81.87	65.20	36.69	罗燕等，2011
	2015 年	—	2.40	116.30	73.00	62.90	Zhu *et al.*，2017
汤河水库	2015 年	—	2.60	94.40	60.10	73.10	Zhu *et al.*，2017
新立城水库	2015 年	—	1.70	108.20	41.60	47.90	Zhu *et al.*，2017
丰满水库	2015 年	—	1.70	87.00	40.20	53.30	Zhu *et al.*，2017
白盆珠水库	2008 年	—	0.65	32.01	25.14	65.00	陈修康等，2012
沙田水库	2008 年	—	0.67	50.68	29.40	188.60	陈修康等，2012
观洞水库	2008 年	—	0.33	60.01	28.73	32.49	陈修康等，2012
亭子口水库	2018 年	—	1.42	66.70	63.84	96.79	可华明等，2020
东风西沙水库	2019 年	11.30	0.68	62.18	27.73	18.51	毕宝帅等，2020
陆浑水库	2018 年	—	1.49	54.20	48.18	166.3	王蒙蒙等，2020
岸堤水库	2009 年	4.58 ～ 9.75	0.097 ～ 0.635	48.90 ～ 67.20	17.70 ～ 31.90	20.60 ～ 49.70	刘妍，2012
青草沙水库	2016 年	—	1.16	—	34.28	23.74	吴雪飞和倪奔，2018
青狮潭水库	2016 年	88.10	2.88	100.36	—	106.62	闫雅妮等，2017

碧流河水库表面沉积物重金属潜在生态危害系数和危害指数与其他水库的比较总结于表 10-41。可见，统计的 31 座水库中 As 潜在生态危害系数最高的青狮潭水库，达 81.42，处于强危害水平，占 3.23%，青山水库最高值达 44.27，达中等潜在危害水平，占 3.23%。碧流河水库 As 的潜在生态危害系数相比处于轻微水平，但平均值达到 10.13，说明碧流河水库有的样站处于强的潜在危害水平。水库沉积物重金属 Cd 的潜在生态危害系数总体不容乐观，统计的此系数在 0 ～ 1696 之间，最高值出现于长湖水库，高达 1696，其次为青狮潭水库，达 454.7。碧流河水库此系数平均值达 59.80，处于强危害水平，最高达 403.0，出现于刘店 2 样站，处于极强的危害水平。统计的 31 座水库中有 5 座潜在生态危害系＜ 25，处于轻微水平，仅占 16.13%；20 ～ 50 的中等危害系数的水库 11 座，占 35.49%；50 ～ 100 的强危害系数的水库 6 座，占 19.35%；100 ～ 200 的很强危害系数的水库 3 座，占 9.68%；＞ 200 的极强危害系数的水库 6 座，占 19.35%。水库 Cr 的潜在生态危害系数在 0 ～ 3.53 之间，尽管最高值出现于大伙房水库，但比较来看，所涉及的水库此值没有显著差别，也都处于轻微的潜在危害水平。水库 Cu 含量的潜在生态危害系数长湖最高，达 92.06；大伙房水库次之，达 27.0；即 31 座水库处于中等危害和强危害水平仅各 1 座，分别占 3.22%；其余 29 座水库 Cu 潜在危害仅处于轻微水平，占 93.54%；即碧流河水库 Cu 含量处于轻微潜在危害水平。水库 Pb 的潜在生态危害系数范围在 1.03 ～ 31.49，仅 3 座水库 Pb 的潜在生态危害系数＞ 25，但都＜ 50，处于中等潜在危害水平，仅占 9.68%；比较而言，碧流河水库 Pb 潜在生态危害系数处于轻微潜在危害水平。水库重金属危害指数 *RI* 以蘑菇湖水库和长湖水库最高，达到很强危害水平。比较来看，碧流河水库重金属危害指数 *RI* 处于轻微和中等危害水平。

表 10-41　碧流河水库沉积物重金属潜在生态危害系数和危害指数与其他水库的比较

水库名称	调查年份	E_r^i					*RI*	参考文献
		As	Cd	Cr	Cu	Pb		
碧流河水库	2014 年	1.13	27.27	2.00	8.46	9.35	119.50	赵健 2016
	2014 年	10.53	35.19	1.48	8.21	7.96	162.60	赵健 2016
	2015 年	8.28	44.00	1.29	6.92	1.25	127.90	赵健 2016
	2016 ～ 2019 年	20.57	59.80	1.07	2.16	3.65	68.56	本书
长江水库	2019 年	7.85	160.70	1.07	2.94	10.00	—	李茂亿等，2020
蘑菇湖水库	2017 年	12.92	50.63	2.54	7.06	6.13	1650.00	池艳峰和李国宏，2019
于桥水库	2015 ～ 2016 年	4.05	17.86	1.50	4.89	1.03	66.13	江文渊和曾珍香，2019
阿哈水库	2016 年	—	105.00	1.34	12.10	10.90	138.00	郭云等，2018
董铺水库	2016 年	4.41	70.99	2.37	9.36	4.39	97.92	张时珍，2017
长湖水库	2015 年	—	1696.00	2.27	92.06	28.44	1839.00	江涛等，2017

续表

水库名称	调查年份	E_r^i					RI	参考文献
		As	Cd	Cr	Cu	Pb		
大伙房水库	2002 年	—	180.0	—	24.0	14.0	220.0	贺斌和郭海英，2010
	2008 年	—	244.0	—	27.0	17.0	293.0	贺斌和郭海英，2010
	2010 年	—	144.00	3.53	10.88	8.61	—	任泓泉和胡成，2013
	2010 年	—	142.60	2.73	10.87	7.34	—	罗燕等，2011
南湾水库	2010 年	6.7 ~ 13.0	15.60 ~ 36.00	—	4.05 ~ 6.60	2.05 ~ 3.95	47.30 ~ 89.60	吴坤杰等，2012
高升桥水库	2011 年	2.20	218.90	1.19	2.48	16.01	246.10	马秀巧等，2012
花溪水库	2009 年	10.60	26.40	2.82	13.10	7.18	95.24	徐信等，2012
长潭水库	2010 年	10.40	—	1.40	19.40	9.50	—	胡国成等，2011
青山水库	2011 年	15.08 ~ 44.27	—	1.31 ~ 2.41	5.47 ~ 10.58	4.83 ~ 11.73	—	张芬等，2013
册田水库	2013 年	8.28	31.45	1.76	1.82	4.87	—	程先等，2015
东榆林水库	2013 年	9.53	28.80	1.32	2.34	5.01	—	程先等，2015
镇子梁水库	2013 年	10.34	46.05	2.51	5.15	6.41	—	程先等，2015
郭庄水库	2013 年	11.37	46.13	2.24	4.75	8.89	—	程先等，2015
壶流河水库	2013 年	7.41	48.71	1.58	3.10	4.67	—	程先等，2015
西大洋水库	2013 年	6.31	83.21	0.65	3.01	7.00	—	程先等，2015
王快水库	2013 年	3.70	44.99	1.50	4.97	2.91	—	程先等，2015
岗南水库	2013 年	6.43	40.09	1.66	4.07	4.58	—	程先等，2015
黄壁庄水库	2013 年	8.92	71.41	1.26	5.16	7.77	—	程先等，2015
岳城水库	2013 年	11.08	59.97	1.66	8.42	10.15	—	程先等，2015
红枫水库	2017 年	17.88	21.14	2.14	13.93	6.20	246.80	何应等，2019
白盆珠水库	2008 年	—	33.32	0.87	6.40	6.91	63.19	陈修康等，2012
沙田水库	2008 年	—	23.23	1.00	4.96	27.91	66.28	陈修康等，2012
观洞水库	2008 年	—	28.01	3.24	9.07	7.21	60.42	陈修康等，2012
东风西沙水库	2019 年	12.41	157.00	1.66	4.85	3.63	188.60	毕宝帅等，2020
陆浑水库	2018 年	—	255.60	1.58	9.81	31.49	312.90	王蒙蒙等，2020
青草沙水库	2016 年	—	136.30 ~ 314.60	—	3.72 ~ 8.56	3.57 ~ 6.62	152.40 ~ 337.00	吴雪飞和倪奔，2018
青狮潭水库	2016 年	81.42	454.70	2.86	—	17.30	—	闫雅妮等，2017

据曹露等（2017）研究表明，碧流河下游农田土壤重金属元素 Cr、Ni、Zn、Cu、As 和 Pd 含量的平均值均超出辽宁省土壤背景值；6 种重金属元素的单因子污染指数依次为 Ni＞Zn＞Cu＞Cr＞As＞Pd；农田土壤重金属内梅罗综合污染指数为 3.99，农田土壤整体处于重污染水平；6 种重金属元素的潜在生态危害指数依次为 Ni＞As＞Cu＞Pd＞Zn＞Cr，潜在生态危害综合指数为 49.4～196.6，平均值为 132.6，农田土壤整体表现为轻微生态危害。因此，也从侧面表明流域土壤重金属污染对水库的影响。余慧娟等（2018）研究报道碧流河水库大堡库区沉积物各层重金属平均含量除 Cd 超标外，Cu、Pb 和 Zn 含量均在限值以内，重金属评价结果显示整体重金属污染水平为严重。本研究结果也证明了这一点。

第 11 章 碧流河水库生态系统的悬浮物结构及有机碳库储量

11.1 引言

总悬浮物（total suspended matter，TSM）是水域生态系统的重要物质成分之一，是由泥沙、黏土、矿物微粒、原生动物、藻类、浮游生物残骸及粪便、细菌、病毒以及高分子有机物等组成的不溶于水的有机和无机的复合胶体或固体微粒，其颗粒直径为 0.1 ～ 10 μm（王华等，2015；郑学文，2012；高炜程等，2018）。水体悬浮物包括无机颗粒悬浮物和有机颗粒悬浮物，其中无机颗粒悬浮物也称灰分，包括泥沙、黏土、动物骨骼及矿物微粒等，灰分的主要化学成分是氧化硅和氧化镁等；而有机颗粒悬浮物是指浮游植物、浮游动物、浮游细菌和腐质（死亡的水生生物残骸及排泄物）等，主要化学成分是蛋白质、有机碳等（郑学文，2012），此外浮游生物死后约形成 10% 的腐质（常秀岭，1995），浮游植物的净初级生产量中至少 50% 转移为颗粒悬浮物，颗粒悬浮物中又有 50% 转移至细菌中（刘建康，1999）。通常情况下，水体中悬浮物来自陆源输入（土壤侵蚀、大气沉降）、水体自生以及因风浪、洪水等因素引起的沉积物再悬浮（Weyhenmeyer *et al.*，1997；赵文，2011；白雪梅和徐兆礼，2000）。

悬浮物含量与总磷、化学需氧量呈正相关，与水体透明度、盐度、pH、溶氧呈负相关，是判断水体营养水平的直观指标（王华等，2015；乐成峰等，2008；李爽等，2013）。由于夏、秋季节，水体温度逐渐升高，藻类开始大量生长、繁殖，水中光合作用强烈，造成水体夜间溶氧不足，同时随着 pH 的升高，悬浮物中的磷被大量释放（何成龙，2015），当水体中磷浓度超过 0.2 mg/L 时，水体富营养化，藻类开始过度繁殖（Weyhenmeyer *et al.*，1997），引发水华或赤潮，进一步加剧水质恶化。水体初级生产力的大小取决于悬浮物的含量，主要是因为浮游植物、溶解有机碳能吸收、反射、散射一定波长范围内的光，影响水中光强度和光谱分布，如泥沙对光的散射作用，会增加可见光波段的反射率，使光谱峰值出现在黄红区（梅安新等，2005；张运林等，2004a）。此外底泥再悬浮、藻类暴发、水体泥沙过多等亦均会增加水体浊度，降低水体透明度，影响太阳光在水下的分布和浮游植物对光的吸收利用（赵文等，2004）。浮游生物、腐质等是水生滤食性动物的基础饵料，也是推动水域生态系统物质循环和能量流动的基础（何成龙，2015），同时也为利用悬浮物有机碳含量评估水体中滤食性鱼类（鲢、鳙）的渔产潜力提供了理论基础（郑学文，2012；常秀岭等，2010）。颗粒悬浮物含有溶解态物质，具有较大表面积和丰富的化学官能团，通过吸附、络合、螯合等方式与各种形式的污染物相结合，能分配重金属在水体、沉积物和食物链之间的迁移、分布和转化（水体、沉积物和食物链之间），是一个非常关键的化学组分（姚兼辉，2015；Faith，1992；张铭汉，2000；Turner & Millward，2002；Ödman *et al.*，1999）。

总有机碳（total organic carbon，TOC）指水中有机物所含碳的总量，主要由颗粒有机碳（particulate organic carbon，POC）和溶解有机碳（dissolved organic carbon，DOC）组成（丁薇，2017）。POC是指从最小的胶体微粒颗粒到浮游生物、鱼等所有颗粒直径大于0.5～1.0 μm的颗粒物，分为生命和非生命两部分，生命POC源自生物生产过程，包括微小型光合浮游植物、细菌、真菌、噬菌体、浮游动物等，非生命POC也称为腐质，包括水生生物在生命活动过程中产生的残骸、粪便等，在全球碳循环和水体碳通量中起着关键作用（刘文臣和王荣，1996）。在实际应用中，规定滞留在滤膜（孔径为0.45 μm）上的有机物中的碳为POC，透过滤膜的有机碳为DOC。天然水体中溶解有机碳远高于颗粒有机碳，总有机碳含量一般不低于1 mg/L，不高于30 mg/L（赵文等，2002）。有机碳按来源可分为内源有机碳和外源有机碳：内源有机碳主要来自于水体中含叶绿体的植物经光合作用而产生的颗粒物、颗粒有机碳的降解、细菌及其分泌物等；外源有机碳主要来自于土壤有机质的侵蚀、陆生植物残体以及人类生产、生活所排放的有机物等（高全洲和陶贞，2003）。

水中有机物是引起水库水体污染的主要原因（赵凯等，2010），化学需氧量（COD）和TOC是监测水体有机污染物含量的主要综合指标，COD值代表的是水体中有机污染物被氧化的程度或污染物的还原能力，但其测定所需时间长、操作复杂、易造成二次污染。而TOC值则可以通过TOC测定仪简单而有效地获得，且在测定过程中不会对环境产生二次污染因而成为许多国家水处理和控制的主要手段（周述琼，2006），并且我国于1998年1月1日起实施的《污水综合排放标准》（GB8978—1996）文件中规定了我国现行TOC的排放标准。DOC的含量与浮游植物生物量呈负相关关系，POC与浮游植物叶绿素a呈显著的正相关关系（邢建伟，2014）。因此研究水域生态系统中各有机碳库的储量为正确评价各有机碳库的相对大小、功能及分析系统中各生物间的营养结构提供了科学依据，为全面了解整个水域生态系统的结构和功能提供了理论基础（刘国才和李德尚，2000）。

综上所述，悬浮物是指能够在水体中悬浮一段时间的固体颗粒物，水体中悬浮物来源主要有陆源输入（土壤侵蚀、大气沉降）、沉积物再悬浮、水体自生。悬浮物可以分为无机颗粒悬浮物与有机颗粒悬浮物。无机颗粒悬浮物主要包括：泥沙、黏土、矿物质颗粒等无机物质；有机颗粒悬浮物主要包括：浮游生物、有机碎屑（死亡的水生生物残骸及排泄物）等有机体或有机质。水体内悬浮物的结构能够在一定程度上反映水生态系统的结构与功能的现状，而有机碳库储量能够表明水体中有机碳的总含量，是水体初级生产力的直接表现，水域生态系统中有机碳和悬浮物的含量及结构在一定程度上反映了水域初级生产力的数量、生境结构、水体营养状态及人类活动所带来的影响（赵文等，2002）。

以往关于碧流河水库悬浮物及有机碳的研究只有一些零星报道。谢在刚（1998）对碧流河水库水质有机污染的原因进行了调查研究，研究表明，水库水体悬浮物、网箱养鱼的饵料投放以及鱼苗养殖场养鱼废水的直接排放均是水体有机物或氮污染的来源。郭赣林和赵文（2006）对省碧流河水库 4 个淡水池塘（鲢、鳙亲鱼池）的悬浮物结构及有机碳库储量进行了研究，指出养鱼池初级生产力和外来有机物的含量都很高，总有机碳远高于天然水域；DOC/POC 和细菌与腐质碳 / 浮游生物碳（BDC/PZC）的值均低于海洋、湖泊和水库。李雪（2016）对碧流河水库上中下游 10 个不同的采样点进行采样，通过皮尔逊相关性和冗余分析（RDA）研究环境因素对氨氧化菌的影响。研究显示，氨氧化细菌的丰度与有机碳呈一定的正相关；氨氧化古菌的群落结构分布受氨氮、有机碳等的影响较大。谢在刚等（2018）通过设计实施碧流河水库水质综合调查，系统地掌握了水库的水质状态，其中对悬浮物的调查结果显示水库水体悬浮物含量较少，水体较清洁；悬浮物的形态各异，大小在零点几微米到几百微米之间；中值粒径 D50 为 1.53 m，沉降到水库底部需要 30 ～ 300 d 的时间。这些研究为水库水质管理提供了重要的技术支撑，增加了科研人员对水库水质管理的科学性和自信心。姜欣等（2019）研究了碧流河水库悬浮物行为对铁和锰在水库水 - 沉积物界面的迁移影响，通过 Spearman 相关分析，分析结果显示，铁浓度与总悬浮固体、总氮和总磷的相关性较大，而锰浓度与总悬浮固体、溶氧、pH 和总氮的相关性较大。同时提出在碧流河水库采用分层取水、水库曝气以及联合供水等措施，以减少铁和锰对供水产生的影响，并保障大连市城市供水安全。

本章总结了 2016 ～ 2019 年对碧流河水库悬浮物结构及其有机碳库储量的研究结果，分析了水库中悬浮物的组成结构及数量，估算了水库有机碳库储量，旨在为碧流河水库污染控制、生态治理和优水渔业提供科学依据。

11.2 材料与方法

11.2.1 样品采集

悬浮物有机碳样品采集，同第 2 章 2.2.1；浮游植物、浮游动物、浮游细菌样品采集及处理，分别详见第 3 章 3.2.2、第 4 章 4.2.2、第 5 章 5.2.2。

11.2.2 悬浮物样品检测与计算方法

11.2.2.1 总悬浮物与有机悬浮物检测与计算

混合均匀的水样 V（Ml），使用经过 450℃灼烧预处理后称重（W_0）的 GF/F 膜（0.75 μm）进行过滤，样品中悬浮物会截留在 GF/F 膜上，将 GF/F 膜放入烘干箱中 60℃烘干 72 h 后称重（W_1），将称重后的 GF/F 膜在 550℃下灼烧 2 h 后称重（W_2）。样品称重用超微量天平完成，样品灼烧使用马弗炉完成。

$$总悬浮物（mg/L）=(W_1-W_0)/V$$

$$有机悬浮物（mg/L）=(W_1-W_2)/V$$

11.2.2.2 悬浮物中浮游动物计算

浮游动物生物量（湿重）计算详参见第 4 章 4.3.3。

$$浮游动物干重（mg/L）= 浮游动物湿重 \times 1/7$$

11.2.2.3 悬浮物中浮游植物计算

浮游植物生物量（湿重）计算详参见第 3 章 3.3.3。

$$浮游植物干重（mg/L）= 浮游植物湿重 \times 1/7$$

11.2.2.4 悬浮物中浮游细菌计算

浮游细菌生物量（湿重）计算详见第 5 章 5.3.2。

$$浮游细菌干重（mg/L）= 浮游细菌湿重 \times 0.01$$

11.2.2.5 悬浮物中腐质计算

$$腐质干重（mg/L）= 有机悬浮物 - 浮游动物干重 - 浮游植物干重 - 浮游细菌干重$$

11.2.3 有机碳样品检测与计算方法

11.2.3.1 总有机碳检测

使用总有机碳分析仪（SSA-5000）检测样品中溶解有机碳（DOC）及颗粒有机碳（POC）的含量。

$$总有机碳\ TOC（mg/L）=DOC+POC$$

11.2.3.2 浮游生物有机碳

$$浮游生物有机碳（mg/L）= 浮游生物干重 \times 0.4$$

11.2.3.3 浮游细菌有机碳

浮游细菌湿重计算过程中浮游细菌的体积与生物量的转换系数是以 C 计，则：

$$浮游细菌有机碳（mg/L）= 浮游细菌干重$$

11.2.3.4 腐质有机碳

$$腐质有机碳（mg/L）= 颗粒有机碳 - 浮游生物有机碳 - 细菌有机碳$$

11.3 结果与分析

11.3.1 碧流河水库悬浮物

11.3.1.1 悬浮物的现存量及组成

调查期间，碧流河水库总颗粒悬浮物现存量（TS）变化幅度为 2.15 ～ 7.72 mg/L，平均值为 4.44 mg/L。颗粒悬浮物的灰分含量变化为 15.82% ～ 56.46%，平均值为 35.39%。

碧流河水库有机颗粒悬浮物含量及其结构总结于表 11-1。从表中可见，碧流河水库水体中有机颗粒悬浮物重量变化为 0.32 ～ 5.02 mg/L，平均值为 2.77 mg/L，其组成中腐质的比例达到 66.52%，浮游植物占 29.78%，浮游动物占 2.64%，浮游细菌仅占 1.06%。

表 11-1　碧流河水库有机颗粒悬浮物含量及其结构

时间	有机颗粒悬浮物干重构成（mg/L）				总量（mg/L）
	浮游动物（mg/L）	浮游植物（mg/L）	浮游细菌（mg/L）	腐质（mg/L）	
2016 年 10 月	0.104	1.417	0.045	—	1.57
2016 年 11 月	0.102	0.323	0.024	2.459	2.91
2017 年 1 月	0.082	0.671	0.037	1.357	2.15
2017 年 4 月	0.030	0.910	0.092	2.191	3.22
2017 年 5 月	0.006	0.980	0.017	1.865	2.87
2017 年 6 月	0.040	1.834	0.130	3.016	5.02
2017 年 7 月	0.029	0.741	0.090	—	0.86
2017 年 8 月	0.058	0.393	0.011	—	0.46
2017 年 9 月	0.099	0.859	0.012	—	0.97
2017 年 10 月	0.043	0.420	0.009	—	0.47
2017 年 11 月	0.057	0.195	0.071	—	0.32
2018 年 1 月	0.072	0.319	0.014	—	0.41
2018 年 4 月	0.028	0.288	0.004	—	0.32
2018 年 6 月	0.105	3.121	0.004	0.515	3.75
2018 年 8 月	0.082	0.756	0.016	2.506	3.36
2018 年 10 月	0.144	1.023	0.008	1.248	2.42
2019 年 1 月	0.030	0.655	0.000	0.846	1.53
2019 年 4 月	0.070	0.358	0.000	1.920	2.35
2019 年 6 月	0.207	0.624	0.000	1.897	2.73
2019 年 8 月	0.076	0.604	0.003	2.280	2.96
平均值	0.073	0.825	0.029	1.842	2.77
百分比	2.64	29.78	1.06	66.52	

11.3.1.2 碧流河水库悬浮物的季节变化

调查期间，碧流河水库水体中悬浮物平均为 4.42 mg/L，其中灰分 1.60 mg/L，有机悬浮物 2.82 mg/L，季节变化表现为：夏季＞秋季＞春季＞冬季（图 11-1）。

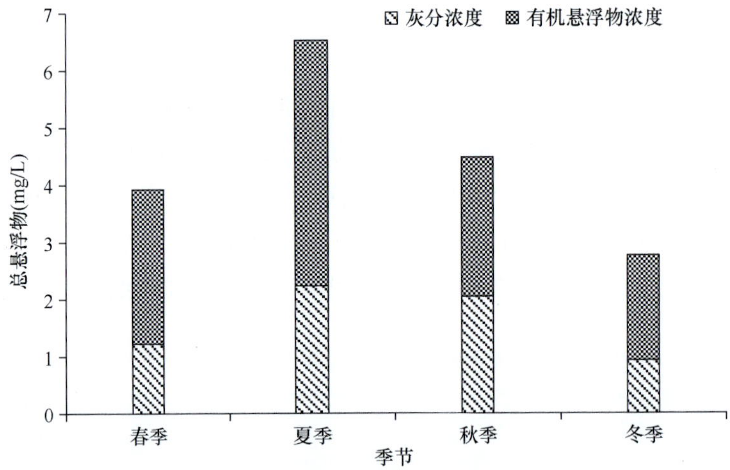

图 11-1 碧流河水库悬浮物的季节变化

调查期间，碧流河水库有机颗粒悬浮物的季节变化（表 11-2）表明，夏季有机颗粒悬浮物总量最高，为 4.28 mg/L；春、秋季次之，分别为 2.70 mg/L、2.43 mg/L；冬季最低，为 1.84 mg/L。腐质的季节变化与有机颗粒悬浮物一致。浮游细菌的季节变化与总悬浮物的季节变化一致；浮游动物的季节变化为秋季最高，夏季稍低，冬季更低，春季最低；浮游植物的季节变化为夏季最高，秋季稍低，冬季更低，春季最低。全年碧流河水库悬浮物结构的季节变化为腐质约占悬浮物无灰重的 69.49%，浮游植物约占 27.11%，浮游动物约占 2.64%，浮游细菌约占 0.76%。

表 11-2 碧流河水库有机颗粒悬浮物的季节变化

季节	浮游细菌干重（mg/L）	浮游动物干重（mg/L）	浮游植物干重（mg/L）	腐质干重（mg/L）	有机颗粒悬浮物重（mg/L）
春	0.019	0.04	0.53	2.11	2.70
夏	0.029	0.09	1.18	2.98	4.28
秋	0.024	0.10	0.79	1.52	2.43
冬	0.012	0.06	0.55	1.22	1.84
平均值	0.021	0.07	0.76	1.96	2.81

11.3.1.3 碧流河水库悬浮物的水平分布

调查期间，碧流河水库悬浮物含量在水平方向上表现为：大堡＞刘店 1 ＞桂云花＞刘店 2 ＞刘店 3 ＞钟岭＞坝前 1 ＞坝前 2 ＞坝前 3，上游＞中游＞下游（图 11-2）。

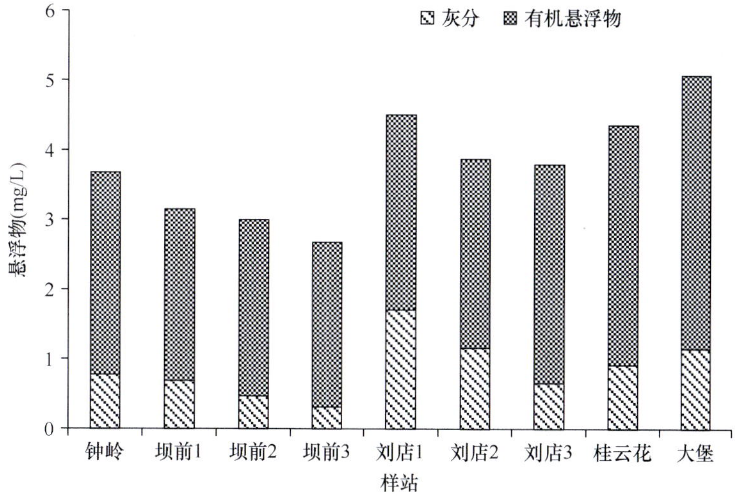

图 11-2　碧流河水库悬浮物的水平分布

碧流河水库有机颗粒悬浮物的水平分布（表 11-3）表明，全年平均上游最高，中游次之，下游最低。腐质和浮游细菌的水平变化与悬浮物的一致，浮游植物的水平变化与悬浮物的相反，为下游最高，中游次之，上游最低，而浮游动物上游最高，下游次之，中游最低。碧流河水库悬浮物结构的水平变化为腐质约占悬浮物无灰重的 68.58%，浮游植物约占 28.12%，浮游动物约占 2.25%，浮游细菌占约 1.05%，与悬浮物季节变化规律相一致。

表 11-3　碧流河水库有机悬浮物结构组成

区域	样站	浮游动物干重（mg/L）	浮游植物干重（mg/L）	浮游细菌干重（mg/L）	腐质干重（mg/L）	悬浮物无灰重（mg/L）
下游	坝前 1	0.065	1.047	0.017	1.330	2.459
	坝前 2	0.072	0.871	0.022	1.564	2.529
	坝前 3	0.076	0.805	0.021	1.458	2.360
	平均值	0.071	0.908	0.020	1.451	2.449
中游	刘店 1	0.060	0.928	0.019	1.791	2.798
	刘店 2	0.070	0.900	0.027	1.716	2.713
	刘店 3	0.056	0.874	0.058	2.153	3.141
	平均值	0.062	0.901	0.035	1.887	2.884
上游	桂云花	0.056	0.768	0.023	2.595	3.442
	大堡	0.065	0.748	0.041	3.070	3.924
	钟岭	0.119	0.911	0.056	1.815	2.901
	平均值	0.080	0.809	0.040	2.493	3.422

11.3.1.4　碧流河水库悬浮物的垂直变化

调查期间，碧流河水库悬浮物在垂直方向上表现为：中层＞表层＞底层（图 11-3）。

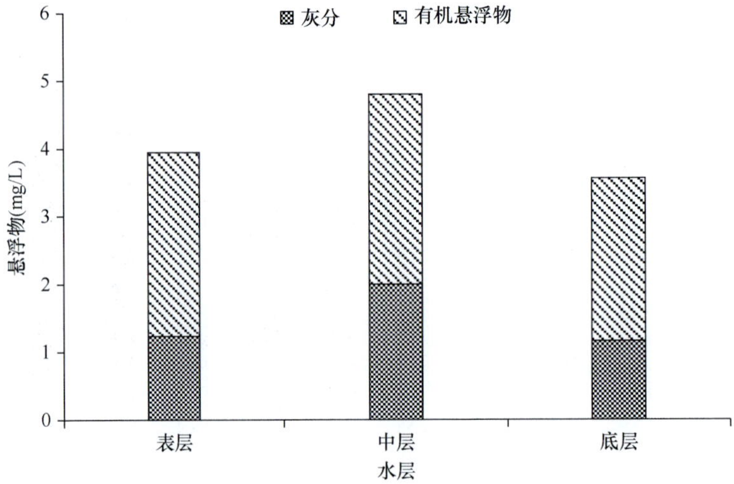

图 11-3 碧流河水库悬浮物的垂直变化

调查期间，碧流河水库有机颗粒悬浮物的垂直分布（表 11-4）表明，碧流河水库腐质在垂直方向上表现为中层最高，底层次之，表层最低；浮游细菌在垂直方向上变化与悬浮物变化一致，浮游植物表现为表层最高，中层次之，底层最低；浮游动物表现出底层最高，中层次之，表层最低。悬浮物结构的垂直变化为腐质约占悬浮物无灰重的 60.75%，浮游植物约占 35.64%，浮游动物约占 2.69%，浮游细菌约占 0.92%，与悬浮物季节变化一致。

表 11-4 碧流河水库有机颗粒悬浮物的垂直分布

区域	浮游动物干重（mg/L）	浮游植物干重（mg/L）	浮游细菌干重（mg/L）	腐质干重（mg/L）	悬浮物无灰重（mg/L）
表层	0.049	1.092	0.022 84	1.551	2.715
中层	0.081	0.989	0.027 11	1.705	2.802
底层	0.083	0.743	0.022 81	1.557	2.406

11.3.2 碧流河水库有机碳

11.3.2.1 碧流河水库水体总有机碳的时间变化

调查期间，碧流河水库水体中总有机碳平均含量为 6.02 mg/L，其中，溶解有机碳 4.58 mg/L，颗粒有机碳 1.44 mg/L。有机碳含量最大的年份为 2017 年，为 8.04 mg/L，最小的年份为 2018 年，为 4.16 mg/L（图 11-4）。

调查期间，碧流河水库颗粒有机碳组成（表 11-5）表明，浮游生物有机碳占颗粒有机碳的 25.00%，浮游细菌有机碳占 2.08%，腐质有机碳占 72.92%。腐质有机碳变化范围为 0.21 ～ 1.92 mg/L，平均值为 1.05 mg/L；浮游生物有机碳变化范围为 0.10 ～ 1.29 mg/L，平均值为 0.36 mg/L；浮游细菌有机碳变化范围为 0.000 002 6 ～ 0.13 mg/L，平均值为 0.03 mg/L。

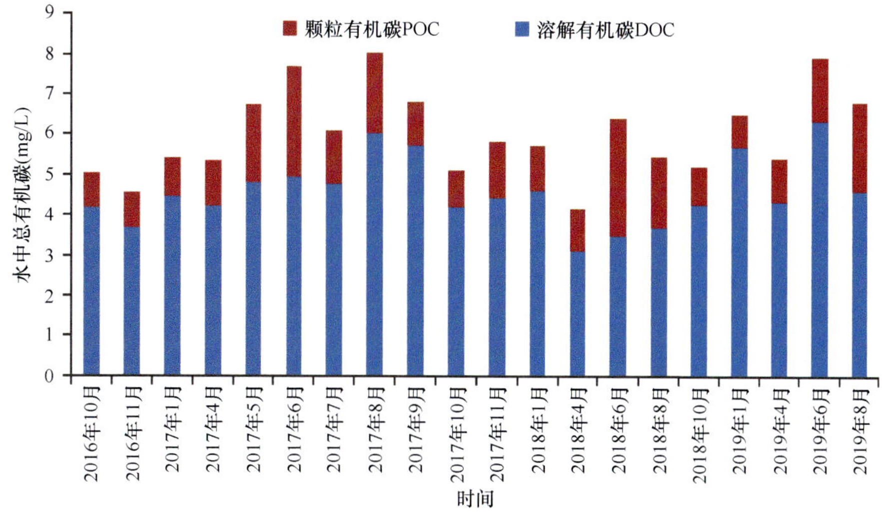

图 11-4　碧流河水库水体中总有机碳含量的季节变化

表 11-5　碧流河水库颗粒有机碳组成及其季节变化

时间	浮游生物有机碳（mg/L）	浮游细菌有机碳（mg/L）	腐质有机碳（mg/L）	颗粒有机碳（mg/L）
2016 年 10 月	0.61	0.045	0.21	0.86
2016 年 11 月	0.17	0.024	0.69	0.88
2017 年 1 月	0.30	0.037	0.61	0.95
2017 年 4 月	0.38	0.092	0.65	1.11
2017 年 5 月	0.39	0.017	1.52	1.94
2017 年 6 月	0.75	0.130	1.88	2.76
2017 年 7 月	0.31	0.090	0.93	1.33
2017 年 8 月	0.18	0.011	1.82	2.01
2017 年 9 月	0.38	0.012	0.70	1.09
2017 年 10 月	0.19	0.009	0.71	0.91
2017 年 11 月	0.10	0.071	1.21	1.39
2018 年 1 月	0.16	0.014	0.98	1.15
2018 年 4 月	0.13	0.004	0.92	1.05
2018 年 6 月	1.29	0.004	1.62	2.92
2018 年 8 月	0.34	0.016	1.45	1.80
2018 年 10 月	0.47	0.008	0.48	0.95
2019 年 1 月	0.27	0.000 073	0.54	0.82
2019 年 4 月	0.17	0.000 002 6	0.94	1.11
2019 年 6 月	0.33	0.001	1.25	1.58
2019 年 8 月	0.27	0.003	1.92	2.20
平均值	0.36	0.030	1.05	1.44
百分比（%）	25.0	2.080	72.92	100

11.3.2.2 碧流河水库水体总有机碳的水平变化

调查期间，碧流河水库水体总有机碳含量（图 11-5）在水平方向上表现出：刘店 1 ＞坝前 1 ＞钟岭＞桂云花＞刘店 3 ＞大堡＞坝前 2 ＞坝前 3 ＞刘店 2。中游（6.21 mg/L）＞上游（6.12 mg/L）＞下游（6.01 mg/L）。

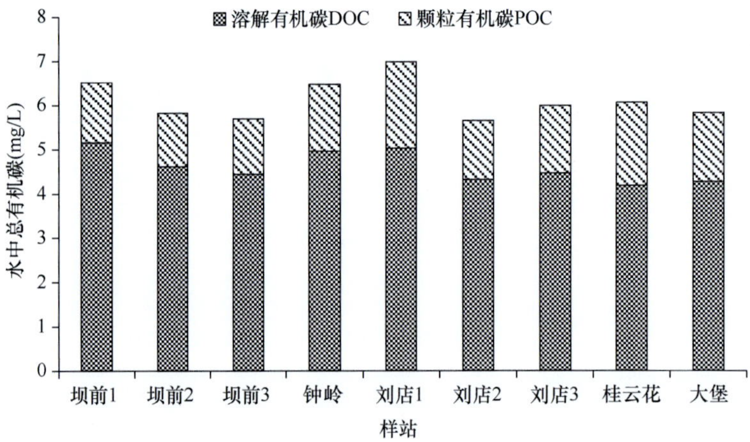

图 11-5 碧流河水库水体中总有机碳的水平变化

调查期间，碧流河水库颗粒有机碳组成的水平变化（表 11-6）表明，下游腐质有机碳占颗粒有机碳的 67.69%，浮游生物有机碳占 30.74%，浮游细菌有机碳占 1.57%；中游腐质有机碳占颗粒有机碳的 73.88%，浮游生物有机碳占 23.97%，浮游细菌有机碳占 2.15%；上游腐质有机碳占颗粒有机碳的 76.01%，浮游生物有机碳占 21.57%，浮游细菌有机碳占 2.42%。颗粒有机碳、腐质有机碳和细菌有机碳在水平方向上均表现出上游最高，中游次之，下游最低，与总有机碳的变化一致；浮游生物有机碳则表现出上游最低，中游和下游相近，总体变化不明显。

表 11-6 碧流河水库水体中颗粒有机碳组成的水平变化

区域		浮游生物有机碳（mg/L）	浮游细菌有机碳（mg/L）	腐质有机碳（mg/L）	颗粒有机碳（mg/L）
下游	坝前 1	0.44	0.0171	0.90	1.36
	坝前 2	0.38	0.0219	0.81	1.21
	坝前 3	0.35	0.0212	0.88	1.25
	平均值	0.39	0.0200	0.86	1.27
中游	刘店 1	0.40	0.0185	1.55	1.96
	刘店 2	0.39	0.0272	0.92	1.33
	刘店 3	0.37	0.0579	1.10	1.53
	平均值	0.39	0.0345	1.19	1.61
上游	桂云花	0.33	0.0228	1.52	1.87
	大堡	0.33	0.0405	1.19	1.56
	钟岭	0.41	0.0563	1.05	1.52
	平均值	0.36	0.0399	1.25	1.65

11.3.2.3　碧流河水库水体总有机碳的垂直变化

调查期间，碧流河水库水体总有机碳在垂直方向上表现为：表层＞中层＞底层，详情见图 11-6。

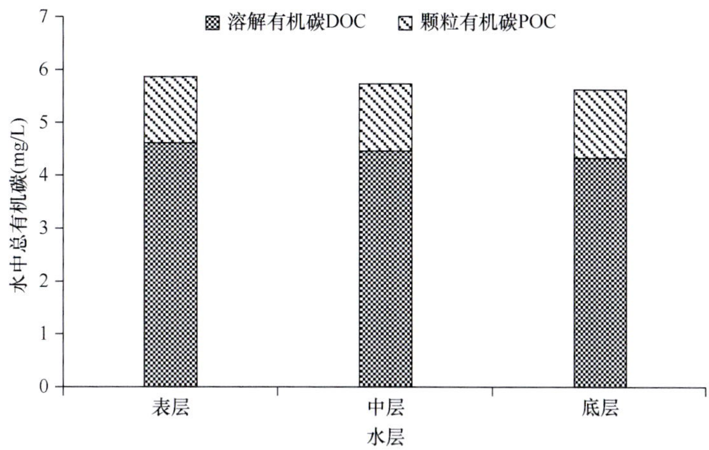

图 11-6　碧流河水库水体总有机碳的垂直变化

调查期间，碧流河水库颗粒有机碳组成的垂直变化（表 11-7）表明，表层水层腐质有机碳占颗粒有机碳的 62.30%，浮游生物有机碳占 35.86%，浮游细菌有机碳占 1.84%；中层水层腐质有机碳占 65.92%，浮游生物有机碳占 31.95%，浮游细菌有机碳占 2.13%；底层水层腐质有机碳占 74.58%，浮游生物有机碳占 23.66%，浮游细菌有机碳占 1.76%。各水层：腐质有机碳＞浮游生物有机碳＞浮游细菌有机碳。腐质有机碳在垂直方向上表现出底层最高，中层次之，表层最低，与总有机碳一致；浮游细菌有机碳表现出中层最高，表层次之，底层最低；浮游生物有机碳表现出表层最高，中层次之，底层最低。

表 11-7　碧流河水库水体颗粒有机碳组成的垂直变化

水层	浮游生物有机碳（mg/L）	浮游细菌有机碳（mg/L）	腐质有机碳（mg/L）	颗粒有机碳（mg/L）
表层	0.45	0.022 84	0.77	1.24
中层	0.41	0.027 11	0.84	1.27
底层	0.31	0.022 81	0.97	1.29

11.3.3　碧流河水库底泥有机碳

11.3.3.1　碧流河水库底泥有机碳的时间变化

调查期间，碧流河水库底泥中有机碳含量平均值为 27.19 g/kg，其中，2019 年底泥中有机碳含量最大，为 28.59 g/kg，2016 年底泥中有机碳含量最小，为 20.14 g/kg（图 11-7）。

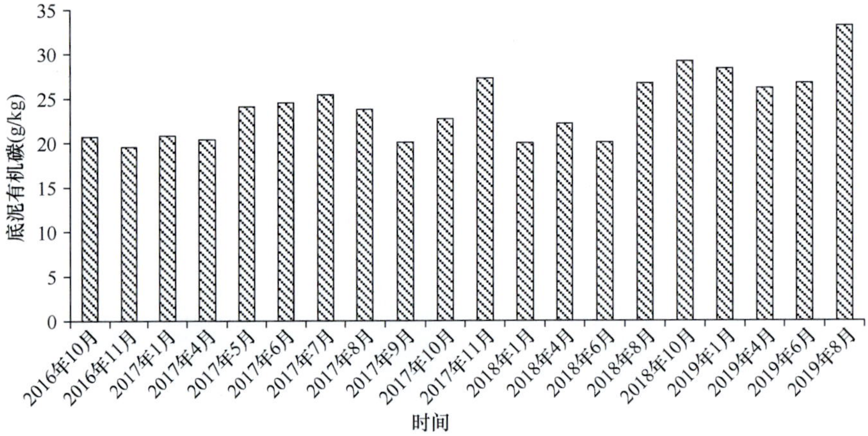

图 11-7　碧流河水库底泥有机碳的季节变化

11.3.3.2　碧流河水库底泥有机碳的水平变化

调查期间，碧流河水库底泥有机碳在水平方向上表现为：钟岭＞坝前 3 ＞坝前 2 ＞坝前 1 ＞刘店 1 ＞刘店 3 ＞桂云花＞刘店 2 ＞大堡，下游＞中游＞上游，详情见图 11-8。

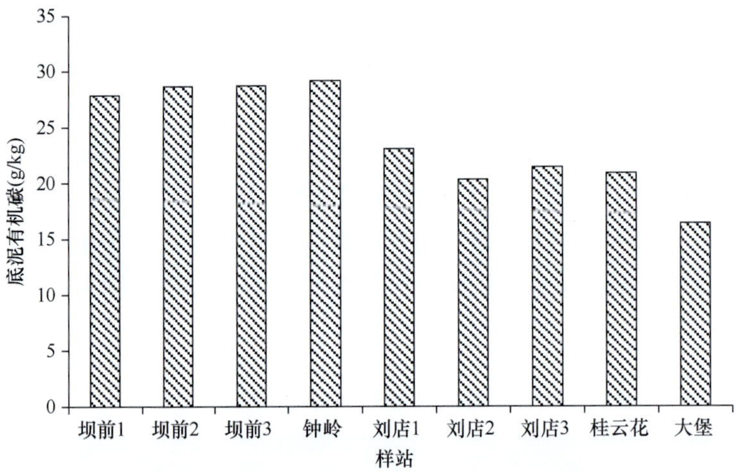

图 11-8　碧流河水库底泥有机碳的水平变化

11.4　讨论与小结

11.4.1　碧流河水库颗粒悬浮物特征

调查期间，碧流河水库总颗粒悬浮物含量（TS）变化幅度为 2.15 ～ 7.72 mg/L，平均值为 4.44 mg/L。与南湾水库（4.64 mg/L）的调查结果（雷庆铎等，2005）相近，而远小于轮虫培育池（11.50 mg/L）（赵文等，2004）及淡水池塘（37.53 mg/L）的（郭赣林和赵文，

2006），主要是因为养殖池与水库相比面积较小，水源循环能力较差，并伴随着长期的投饵、密养等人工干预措施，很大程度上增加了池塘外来有机物的含量，从而使池塘的悬浮物含量远高于水库的。悬浮物的灰分含量变化为 15.82% ～ 56.46%，平均值为 35.39%。悬浮物无灰重变化范围为 1.53 ～ 5.02 mg/L，平均值为 2.77 mg/L，其组成中腐质的比例达到 66.52%，小于湖北浮桥水库的 93.22%（常秀岭等，2010）；浮游植物占 29.78%；浮游动物占 2.64%；浮游细菌仅占 1.06%，与东湖 1%（刘建康等，1995）的结果一致。与静水轮虫培育池（灰分 33.2%、有机颗粒悬浮物 66.8%、浮游植物 30.5%、浮游动物 5.3%、颗粒腐质和细菌 31%）的研究结构较为相近。

全年悬浮物最高值出现在夏季。春季悬浮物组成中腐质的比例最高，其他季节无显著性差异。腐质的季节变化与悬浮物一致。悬浮物结构在不同季节、不同流域、不同水层均表现：腐质＞浮游植物＞浮游动物＞浮游细菌。碧流河水库悬浮物、有机碳含量在水平方向上表现为：上游＞中游＞下游。腐质和浮游细菌的水平变化与悬浮物一致，浮游动物和浮游植物的水平变化与悬浮物相反。悬浮物在垂直方向上表现为：中层＞表层＞底层，腐质在垂直方向上表现为中层最高，底层次之，表层最低；浮游细菌在垂直方向上变化与悬浮物变化一致。Bilotta 和 Brazier（2008）在研究悬浮固体对水质和水生生物群落的关系中认为悬浮物中腐质干重与浮游生物特别是浮游植物的生物量有直接关系，与本次调查所得的腐质干重与浮游植物干重、有机颗粒悬浮物、总有机颗粒悬浮物干重的季节变化趋势相同（夏＞秋＞春＞冬）的结果一致。

碧流河水库悬浮物季节变化明显，其中总颗粒悬浮物、有机颗粒悬浮物中腐质及浮游植物干重夏季最高，而灰分、浮游动物、浮游细菌干重在秋季最高。此外秋季水库水体以无机颗粒悬浮物为主，而春、夏、冬季则以有机颗粒悬浮物为主。这主要是因为碧流河水库生态系统亦遵循生物季节现象（梁晓林等，2015）（不同季节的气候变化也会导致水体理化因子发生变化，进而影响浮游植物密度生物量的变化，产生生物季节现象），即浮游植物生物量在春夏季最高，秋冬季最低。有研究表明细菌体积与温度呈显著负相关性，与细菌数量呈显著的正相关性（张东升等，2013），浮游动物生物量与温度、pH 及亚硝酸氮呈负相关（季世琛等，2018）。秋季温度降低，浮游细菌数量增加，浮游动物的生物量达到最高峰，因而水库的分解作用较其他季节更为强烈，有机质减少，而无机质增加。

碧流河水库的总颗粒悬浮物、无机颗粒悬浮物及腐质干重在上游最高，而浮游动物、浮游植物和浮游细菌的含量在下游最多。表层水体浮游植物干重约是中底层的 1.7 倍，主要是因为采样站点的地理位置、采样当天的风速、风向等因素都会影响悬浮物含量的空间分布（赵文等，2004），而碧流河水库位于碧流河的主干流上，汛期主要集中在 6 ～ 9 月（刘晓清等，2019），因而水文状况受流域影响较大，如上游河流补给、地表径流及水流方向导向等因素，造成上游流域的悬浮物含量比下游高，且碧流河水库大坝上游水面宽阔，水流平缓，便于泥沙等无生命颗粒物沉降。在本次调查结果中水库中上游泥沙等含量约是下游的 2 倍，因此下游水体透明度较好，光照较中上游充足，也是水环境的能量来源，且光照强度随着水体的深度增加以指数形式衰减（张运林等，2004b），因而水库下游表层水体更利于浮游植物的生长，而充足的初级生产力同时为浮游动物和浮游细菌提供了充足的生命养料。

碧流河水库位于碧流河的主干流上，其水源来自上游河流补给和集雨区的地表径流。夏季地表径流是水库悬浮物的主要来源，是因为碧流河水库每年 6 ～ 8 月（夏季）降雨量最大（汪天祥，2016），且多为暴雨，地表径流也随之增大，地表径流会为水库带来大量的腐质等有机颗粒悬浮物，且本次调查结果显示夏季水库悬浮物含量最高。水库中腐质有外源性和内源性两个来源，外源性即水源带来的外来腐质，内源性是由水库中的浮生生物转化而来，有研究表明，浮游植物的净初级生产量中至少 50% 转移为颗粒物（刘建康，1999），浮游生物死后约形成 10% 的腐质（常秀岭，1995；雷庆铎等，2005）。本研究调查显示碧流河水库有机颗粒悬浮物中腐质干重约为浮游生物（包括浮游细菌）干重的 2.0 倍，说明其来源兼具内源性和外源性，且外源性腐质的贡献较大，也说明在碧流河水库生态系统中腐质是比浮游生物具有更大、更重要的能源物，因此，腐质是组成该水库生态系统营养结构的重要部分，也是该生态系统物质循环和能量流动的关键环节（常秀岭，1995）。

腐质是水生生物死亡后有机体形成的颗粒有机物与微生物紧密结合的具有异质性的一个整体，是某些滤食性和杂食性鱼类、浮游动物及底栖动物的饵料。有研究指出，水域生态系统中超过 90% 的生物量进入腐质链，其余的通过牧食链循环（刘建康，1995）。腐质链和牧食链是水库生态系统中主要的食物关系。牧食链即由浮游植物—浮游动物—滤食性鱼类组成；腐质链即是由腐质—各种水生动物组成（常秀岭等，2010）。在调查期间碧流河水库悬浮物结构中腐质干重占总颗粒悬浮物的 41.49%，高于浮游动植物的 20.23%，说明腐质生物量高于浮游生物的，因而该水域主要食物链为腐质链。

关于悬浮物浓度与水体富营养化的关系是一个值得探讨的问题。水是水域生态系统的介质，清洁而优质的水资源是良好的生态系统健康持续发展的一个基础，在国民经济和社会发展中的作用不可替代。碧流河水库总磷、总氮、溶氧、氨氮、亚硝酸氮与整个库区浮游植物密度、生物量、叶绿素 a 含量具有相关性（李媛等，2016）。水体中氮、磷营养盐过量是引起水体富营养化的主要原因，当水体中磷含量超过 0.2 mg/L 时，便会使水体富营养化（王华等，2015），而悬浮物一方面可以吸附水体中的氮磷，另一方面因地表径流、风力导向等因素引起的底泥再悬浮，会再次造成水体浑浊和氮、磷营养盐的释放（刘建康，1999），从而加剧了水体的富营养化，因此悬浮物浓度可以作为水环境评价的参数，是判断水体富营养水平的一个直观指标。有研究表明，水体中悬浮物含量与水体营养水平呈正相关（Lindström *et al.*，1999）。虽然目前还未有明确的评价标准，但国外学者提出，以寡营养型为主的湖泊的悬浮物总量的变化幅度为 0.02 ～ 9.17 mg/L，平均为 1.0 mg/L（Morris *et al.*，1995）；以中营养类型为主的悬浮物总量的平均值为 6.6 mg/L（Jones & Knowlton，2005）；以富营养类型为主的悬浮物总量的变化幅度为 0.2 ～ 127.2 mg/L，平均值为 7.3 mg/L（Nõges *et al.*，2003）；以高度富营养化为主的浅水湖泊的悬浮物总量的变化幅度为 5 ～

64 mg/L，平均为 22 mg/L（Jeppesen *et al.*，2003）。近年来我国也报道了一些关于这方面的研究结果。如河南南湾水库（雷庆铎等，2005）、湖北浮桥水库（常秀岭等，2010）水体营养水平均处于中 - 富营养水平，其悬浮物总量平均值分别为 4.64 mg/L 和 9.99 mg/L。此次调查中碧流河水库悬浮物总量平均值为 4.44 mg/L，与南湾水库的悬浮物含量相当，因此可以判断碧流河水库的营养水平处于中 - 富营养水平。

11.4.2　碧流河水库有机碳库特征

水中有机物是引起水库水体污染主要原因，总有机碳（TOC）是监测水体有机污染物含量的主要综合指标之一，天然水体中总有机碳浓度一般不低于 1 mg/L，不高于 30 mg/L，其含量随着水体的富营养化水平的增加而增高（赵文等，2002；赵凯等，2010）。

碧流河水库水体中总有机碳平均含量为 6.02 mg/L，其中，溶解有机碳（DOC）4.58 mg/L，占总有机碳的 76.08%；颗粒有机碳（POC）1.44 mg/L，占总有机碳的 23.92%。浮游生物有机碳（包括浮游动物有机碳和浮游植物有机碳）占颗粒有机碳的 25.00%，浮游细菌有机碳占 2.08%，腐质有机碳占 72.92%（图 11-9）。DOC/POC 的平均比值为 3.18，高于淡水池塘的 1.29（郭赣林和赵文，2006），与虾池生态系统的 3.21（刘国才和李德尚，2000）、盐碱池塘 2.76（赵文等，2002）接近，远低于自然水体（23 ∶ 1），说明在水库水体中颗粒有机碳的含量要远远高于自然水体，主要是因为水库与自然水体相比，水库空间相对封闭，在风浪作用下易引起水库底泥的再悬浮，且水库水源多以大流量的洪水补给，而以小流量如供水等的方式输出（谢在刚，2018），导致悬浮物有机质增多，因而 POC 的含量增加。有研究表明 DOC/POC 的比值与水体营养程度呈负相关，如大洋中海水的 DOC/POC 的比值高达 30 以上，在贫营养湖中比值为 10，在富营养湖中比值为 5 ～ 6，而在肥水养鱼池中比值仅为 1 ～ 2，

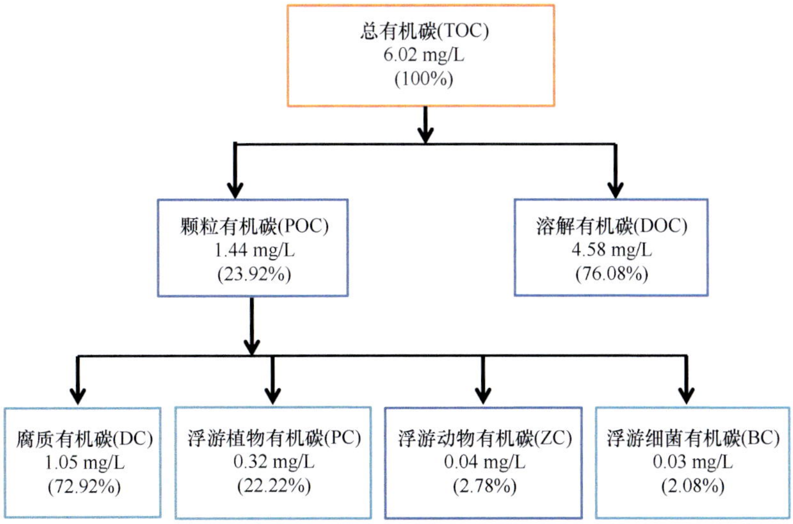

图 11-9　碧流河水库有机碳库储量及其百分组成

是因为氮磷过量是引起水体富营养化的主要因素，而氮磷又是浮游植物生产初级生产力的限制性营养盐，随着水体营养水平的不断增加，初级生产力和浮游生物的生物量不断地增高，POC 不断增加积累，而 DOC 在进入和支出的动态平衡下其库储量的变化并不大（赵文等，2002；刘国才和李德尚，2000）。

关于颗粒有机碳组成，碧流河水库 POC 含量为 1.44 mg/L，腐质有机碳平均为 1.05 mg/L，占 POC 的 72.92%，浮游生物有机碳平均为 0.36 mg/L，占 POC 的 25.0%，浮游细菌有机碳平均为 0.03 mg/L，占 POC 的 2.08%。说明悬浮物中腐质对有机碳库储量的贡献最大。细菌有机碳是 POC 的重要组成部分，本次调查的结果远小于虾池生态系统（11.94%）（刘国才和李德尚，2000）和浅滩渔场（11.75%）（郑天凌等，1991），主要是因为细菌有机碳占 POC 的比例与 POC 的浓度有关，且随着 POC 含量的增加而降低。有研究表明，POC 含量小于 59 μg C/L 时，细菌有机碳占 POC 的 27% ～ 62%；POC 含量大于 59 μg C/L 时，细菌有机碳占 POC 的比例逐渐降低；POC 为 190 μg C/L，细菌有机碳占 POC 的比例降低到 14%（刘国才和李德尚，2000）。

颗粒有机碳和腐质有机碳在水平方向上均表现出上游最高，中游次之，下游最低，与总有机碳的变化一致；浮游生物有机碳则表现出下游最高，中游次之，上游最低；细菌有机碳为中游最高，上游次之，下游最低。总有机碳在垂直方向上表现为：表层＞中层＞底层。各水层：腐质有机碳＞浮游生物有机碳＞浮游细菌有机碳。腐质有机碳在垂直方向上表现出底层最高，中层次之，表层最低；浮游生物有机碳在垂直方向变化与总有机碳一致。

碧流河水库底泥中有机碳含量平均值为 27.19 g/kg，其中，2019 年底泥中有机碳含量最大，为 28.59 g/kg，2016 年底泥中有机碳含量最小，为 20.14 g/kg。底泥有机碳在水平方向上表现为：下游＞中游＞上游。

综上所述，碧流河水库悬浮物和有机碳含量及其时空分布应长期监测，以期为水库污染控制、生态治理和优水渔业提供指导。

第 12 章　碧流河水库的初级生产力

12.1 引言

水库是我国重要的淡水资源之一，由于我国现阶段对水库的开发利用强度不断加大，导致我国一些水库出现了一系列的生态环境问题，根据《2011 年中国环境状况公报》，监测的 26 个国家重点湖泊（水库）中，Ⅳ～Ⅴ类和劣Ⅴ类水质的湖泊（水库）比例分别为 50.0% 和 7.7%，因此，对湖泊水库的保护刻不容缓。

初级生产力又称原初生产力，是自养生物在单位时间、单位空间内合成有机物的量。它由浮游植物、着生藻类、水生维管束植物和自养细菌的光合作用所产生的有机质组成，但在湖泊（水库）中，浮游植物为主要生产者，尤其在光照强度极低的深水区，浮游植物几乎是唯一的生产者。目前测定浮游植物初级生产力的常用方法有黑白瓶法、^{14}C 法、叶绿素法。黑白瓶法测溶氧由于简便易行，被广泛应用于池塘、水库初级生产力的测定。初级生产力不仅可以作为指导渔业生产的重要指标，对评价水环境质量和生态保护具有重要价值，对湖泊（水库）生态系统和环境特征具有重要指示作用。

碧流河水库是辽南地区最大的饮用水水源水库，位于大连市与营口市的交界处，在大连市普兰店区与庄河市之间，距离大连市区 175 km。水库集水面积 1785 km^2，最大库容量 9.34×10^8 m^3。碧流河水库以供水为主，兼具防洪、发电、养鱼、灌溉、旅游等多位一体的综合型效益水库。对其初级生产力的调查研究，为碧流河水库的水域生态环境保护，以及优水渔业模型的构建、水质良好型水库保护提供重要的基础数据和参考资料。

养殖水体的初级生产力即初级产量，是指一段时间内单位水体中植物光合作用所产生的有机质的量，代表着太阳能在水生态系统中被固定的速率。初级生产力取决于自养生物的现存量及其组成、光照、营养盐类、水温、水的运动及动物摄食等生态因子。生态系统中生物的能量生产过程主要是植物群落通过光合作用生产有机质的过程。水域生态系统的初级生产过程主要由浮游植物和水生大型植物完成，底栖藻类和自养细菌的生产量一般不重要。测定生产量的理想方法是测定通过这一系统的能流，但这一方法迄今已经证明是难以做到的。大多数测定方法是建立在间接数量的基础上，例如物质产生的量，原材料利用的量或副产品释放的量。

12.2 材料与方法

12.2.1 采样时间和实验设计

分别于 2017 年 4 月、5 月、6 月、7 月、9 月、10 月、11 月，2018 年 4 月、6 月、8 月、10 月及 2019 年 4 月，对碧流河水库的上游（桂云花）、中游（刘店）、下游（坝前）三个断面进行黑白瓶法测定初级生产力。

12.2.2 样品采集与处理

根据萨氏盘测定的透明度值确定挂瓶深度为 0 m、0.5 m、1 m、2 m、4 m。采水和挂瓶深度一致，每层挂 1 个黑瓶、2 个白瓶，另取 1 个白瓶用以固定初始溶氧。4 h 后取瓶并固定，带回实验室采用碘量法测定溶氧（赵文等，2003）。

12.2.3 初级生产力的计算

$$P_N=L_B-I_B$$

$$R=I_B-D_B$$

$$P_G=L_B-D_B$$

式中，P_N 为净初级生产量，mg O_2/(L·d)；R 为呼吸作用的耗氧量，mg O_2/L；P_G 为毛初级生产量，mg O_2/(L·d)；L_B 为白瓶曝光后溶氧量，mg/L；I_B 为初始溶氧量，mg/L；D_B 为黑瓶曝光后溶氧量，mg/L。通过计算不同水层毛、净初级生产量，进一步求出单位面积水柱的日毛、净初级生产量。可采用算术平均值累加法计算，公式如下：

$$P_{Ga}=\sum_{i=1}^{n-1}\frac{P_G i+P_G(i+1)}{2}E_i$$

$$R_a=\sum_{i=1}^{n-1}\frac{R_i+R(i+1)}{2}E_i$$

$$P_{Na}=\sum_{i=1}^{n-1}\frac{P_N i+P_N(i+1)}{2}E_i$$

式中，P_{Ga}、R_a、P_{Na} 分别指 1 m^2 面积下的水柱日毛产量、日呼吸量、日净产量，g O_2/(m^2·d)；i 指水层，P_G、R_i、P_N，分别指 i 水层每 1 L 水的平均日毛产量、平均日呼吸量、平均日净生产量，mg O_2/(L·d)；E_i 指第 i 与 i+1 水层间的厚度；n 为挂瓶的层数。

12.2.4 数据分析

数据采用 Excel 2010 汇总计算，SPSS23 对实验数据进行显著性分析。

12.3 结果与分析

12.3.1 水层产氧与耗氧量

调查期间，碧流河水库各样站水层曝光后的原初氧量见图 12-1，碧流河水库各样站水层曝光后原初溶氧值最高的水层为 0.5 m，其中中游的原初溶氧最高，为 6.26 mg/L，上游原初溶氧最低，为 6.05 mg/L。原初溶氧最低的水层为 4 m，其中原初溶氧值最高的为上游 5.70 mg/L，最低的是中游 5.55 mg/L。

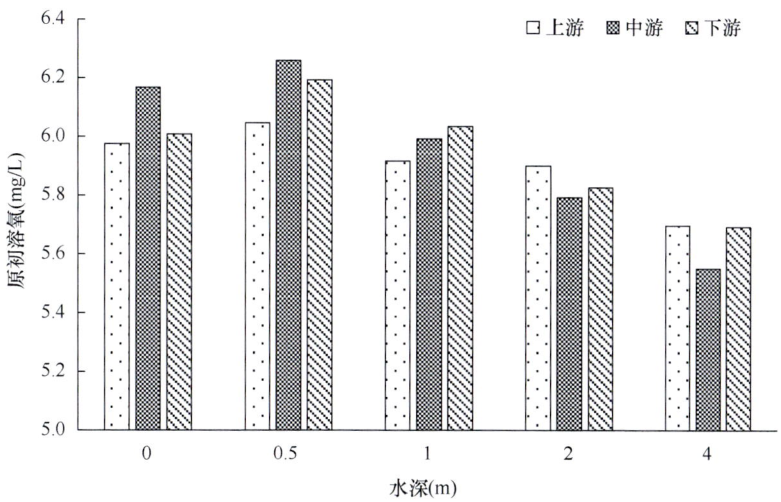

图 12-1　碧流河水库各样站水层曝光后的原初氧量

调查期间，碧流河水库各样站水层曝光后的呼吸氧量见图 12-2，碧流河水库各样站水层曝光后呼吸溶氧最高的水层是 0.5 m，其中呼吸溶氧最高的是上游，为 0.56 mg/L，最低的是下游，为 0.28 mg/L。碧流河水库各样站水层曝光后呼吸溶氧最低的水层是 2 m，其中上游的呼吸溶氧最高为 0.34 mg/L，中游最低为 0.14 mg/L（见图 12-2）。

调查期间，碧流河水库各样站水层曝光后的毛产氧量见图 12-3，碧流河水库各样站水层曝光后毛产溶氧最高的水层是 0 m，其中上游的毛产溶氧最高，为 0.97 mg/L，下游的毛产溶氧最低，为 0.7 mg/L。碧流河水库各样站水层曝光后毛产溶氧最高的水层是 4 m，其中上游的毛产溶氧最高，为 0.7 mg/L，中游的毛产溶氧最低，为 0.4 mg/L。

调查期间，碧流河水库各样站水层曝光后的净产氧量见图 12-4，碧流河水库各样站水层曝光后净产溶氧最高的水层为 0 m，其中下游的净产溶氧最高，为 0.55 mg/L，上游的净产溶氧最低，为 0.48 mg/L。净产溶氧最低的水层为 4 m，其中上游的净产溶氧最高，为 0.34 mg/L，下游的净产溶氧最低，为 0.29 mg/L。

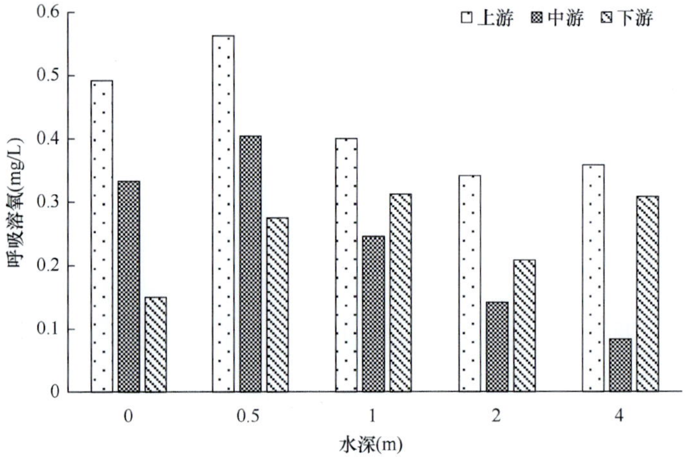

图 12-2　碧流河水库各样站水层曝光后的呼吸氧量

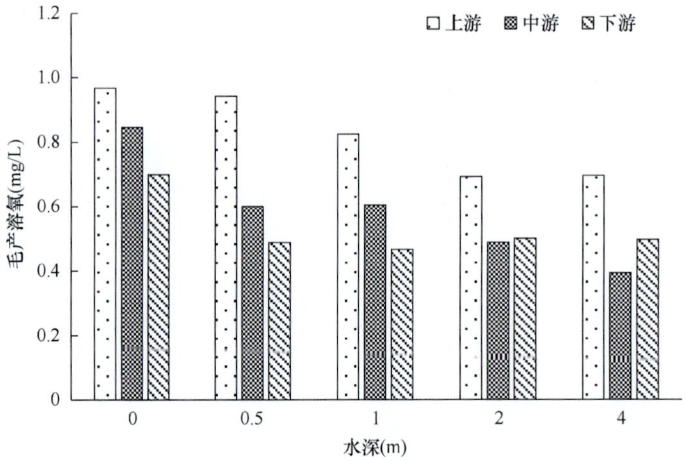

图 12-3　碧流河水库各样站水层曝光后的毛产氧量

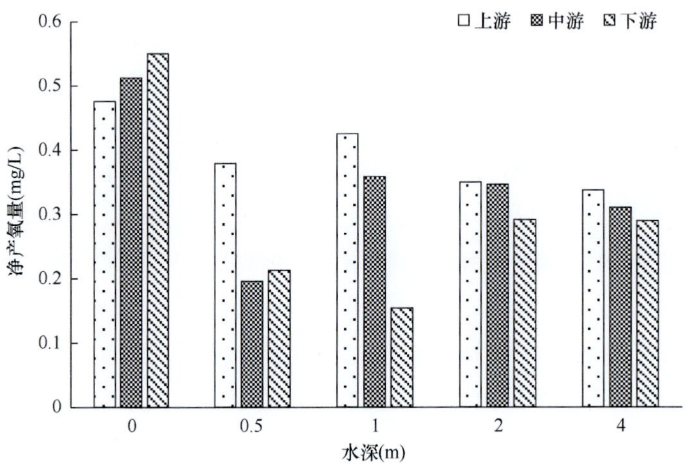

图 12-4　碧流河水库各样站水层曝光后的净产氧量

12.3.2 碧流河水库初级生产力的时空变化

2016 ～ 2019 年碧流河水库，按年计算初级生产力平均为 5.95 g O_2/(m^2·d)，按月计算平均为 4.97 g O_2/(m^2·d)，初级生产力最高的是 2017 年 6 月，为 11.38 g O_2/(m^2·d)。初级生产力最低的月份为 2018 年 8 月，为 2.01 g O_2/(m^2·d)。综合 3 年 12 次测定结果，将 2017 年 4 月、5 月，2018 年 4 月和 2019 年 4 月作为春季样品，其平均值为 4.34 g O_2/(m^2·d)；将 2017 年 6 月、7 月，2018 年 6 月、8 月作为夏季样品，其均值为 5.84 g O_2/(m^2·d)；将 2017 年 9 月、10 月，2018 年 10 月作为秋季样品，其均值为 5.32 g O_2/(m^2·d)；2017 年 11 月可作为冬季样品，初级生产力为 2.96 g O_2/(m^2·d)。表现出夏季＞秋季＞春季＞冬季总体趋势（图 12-5）。

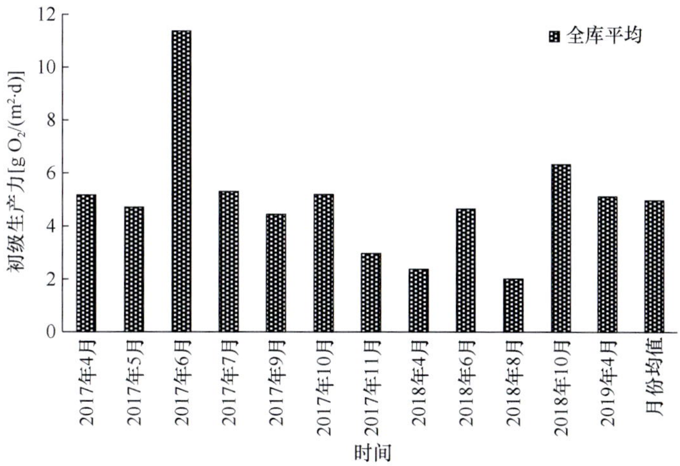

图 12-5　碧流河水库初级生产力的季节变化

碧流河水库初级生产力的水平变化见图 12-6，初级生产力最高出现在上游，为 5.93 g O_2/(m^2·d)，初级生产力最低出现在下游，为 4.27 g O_2/(m^2·d)。

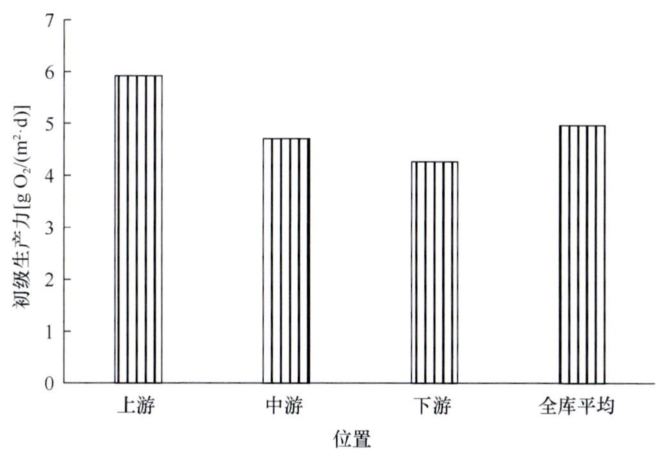

图 12-6　碧流河水库初级生产力的水平变化

调查期间，碧流河水库初级生产力的垂直变化见图 12-7，碧流河水库初级生产力最高的水层为 1 ～ 2 m，其中上游的初级生产力最高，为 2.0 g $O_2/(m^2·d)$。初级生产力最低的水层为 0.5 ～ 1 m，其中下游的初级生产力最低，为 0.69 g $O_2/(m^2·d)$。

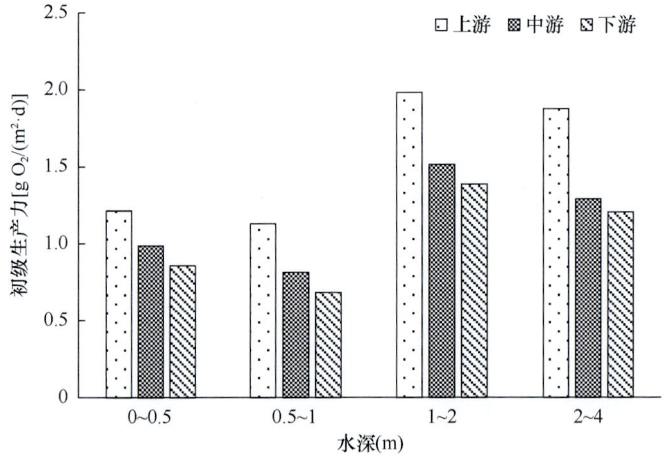

图 12-7 碧流河水库初级生产力的垂直变化

12.3.3 碧流河 P/R 系数的时空变化

调查期间，碧流河水库各水层 P/R 系数平均值的时间变化见图 12-8，月均值为 2.41，最高值出现在 2017 年 7 月值为 4.01，最低值出现在 2018 年 4 月值为 0.30。

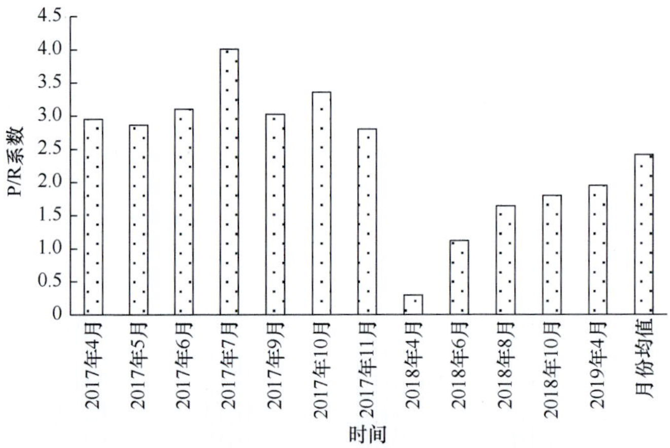

图 12-8 碧流河水库 P/R 系数的季节变化

调查期间，碧流河水库 P/R 系数平均值的水平变化见图 12-9，最高值出现在下游，为 2.51，最低值出现在上游，为 2.21，中游为 2.50，呈现上游＜中游＜下游的趋势。

调查期间，碧流河水库 P/R 系数平均值的垂直变化见图 12-10，最高值出现在 0 m 的下游，最高值为 4.41。最低值出现在 4 m 的中游，最低值为 1.66。

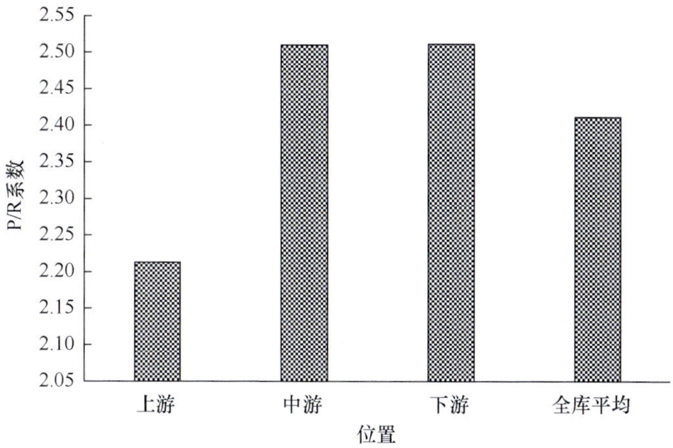

图 12-9　碧流河水库 P/R 系数水平变化

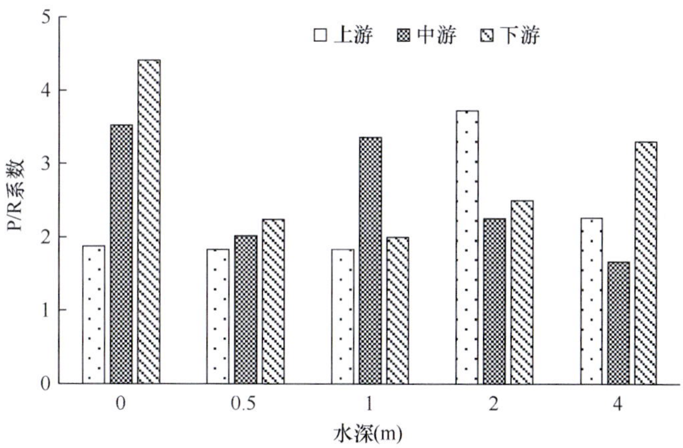

图 12-10　碧流河水库 P/R 系数垂直变化

12.3.4　碧流河水库叶绿素 a 含量的测定

所有绿色植物都含有色素，可以进行光合作用。测定水体中的色素含量是对浮游植物的另一种定量方法。浮游植物的量与其生产力有一定的关系，因而通过色素含量可间接计算其初级生产力。叶绿素 a 是整个光合作用过程中的能量传递中心，因此人们主要以叶绿素 a 作为浮游植物现存量的指标。过去叶绿素的测定采用三色分光光度法。采用这种方法除测定叶绿素 a 外，还可同时测定叶绿素 b、c 和其他色素含量。但此法由于计算所得结果误差较大，现已很少被采用。目前主要采用的是 Lorenzen（1967）提出的单色分光光度法。此法只测定叶绿素 a 的含量，但对脱镁叶绿素 a 的干扰进行校正。脱镁叶绿素 a 是叶绿素 a 的降解产物，不具光合作用活性。

为了更好地对比碧流河水库初级生产力，选择 9 次采样的全库平均初级生产力和对应月份实测的全库平均叶绿素 a 的数值，见表 12-1，求得回归直线方程，得到公式 y=0.1607x+

3.3781。如图 12-11 所示。求得的全库同化系数平均值为 0.592。

表 12-1 回归方程数据表

采样时间	2017 年 4 月	2017 年 5 月	2017 年 6 月	2017 年 7 月	2017 年 9 月	2018 年 4 月	2018 年 6 月	2018 年 8 月	2018 年 1 月
初级生产力［g O_2/(m^2·d)］	5.17	4.71	11.38	5.3	4.45	2.38	4.65	2.01	6.33
叶绿素 a 含量（μg/L）	3.18	5.65	15.66	19.93	8.33	8.09	15.61	12.02	10.85

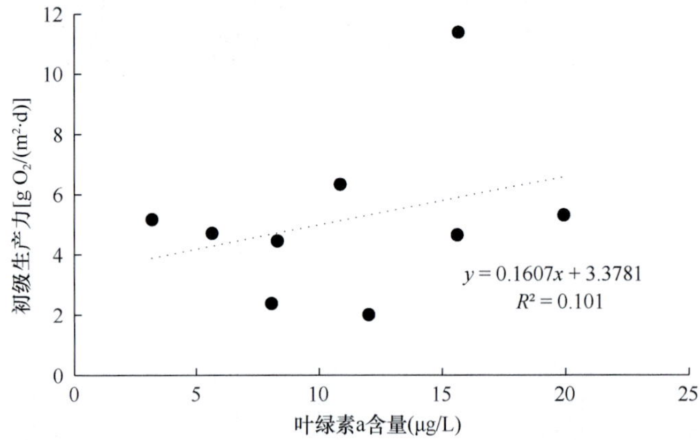

图 12-11 叶绿素 a 含量与初级生产力相关性回归方程式

将利用公式所推数值与实测对比见图 12-12。调查期间，除 2017 年 6 月、2018 年 4 月和 2018 年 8 月对比明显外，其他月份对比差异较小。

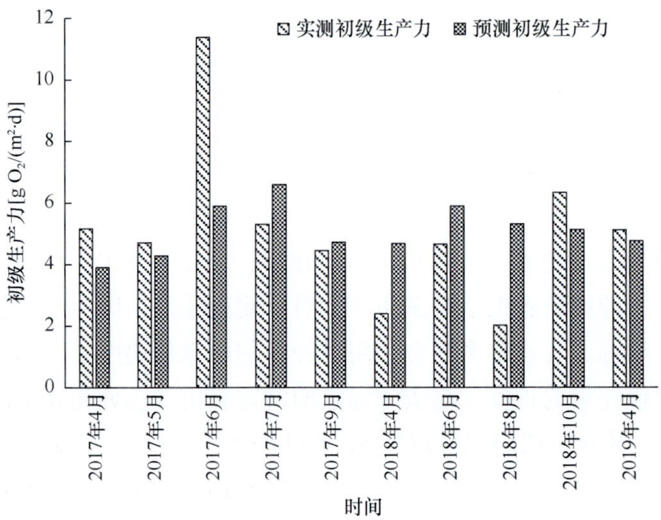

图 12-12 碧流河水库初级生产力预测值与实测值对比

2017 年 6 月、2018 年 4 月和 2018 年 8 月对比差异较大的原因是多方面的，采样时光照强度以及操作误差都会对测定数值产生影响。

12.4 讨论与小结

调查期间，碧流河水库初级生产力按年计算平均值为 5.95 g $O_2/(m^2 \cdot d)$，按月计算平均为 4.97 g $O_2/(m^2 \cdot d)$，碧流河水库初级生产力最高值出现在 2017 年 6 月，为 11.38 $g/(m^2 \cdot d)$，初级生产力最低值出现在 2018 年 8 月，为 2.01 $g/(m^2 \cdot d)$。

水平变化上呈现上游＞中游＞下游的趋势，下游为 4.27 g $O_2/(m^2 \cdot d)$，中游为 4.71 g $O_2/(m^2 \cdot d)$，上游为 5.93 g $O_2/(m^2 \cdot d)$。垂直来看碧流河水库中 1 ～ 2 m 的水层初级生产力最高。

调查期间 P/R 系数月均值为 2.41，最高值出现在 2017 年 7 月值为 4.01，最低值出现在 2018 年 4 月值为 0.3。在水平变化上均呈现上游＜中游＜下游的趋势，垂直分布无明显规律。

据熊倩等（2015）报道，三峡水库浮游植物的初级生产力呈现出夏季［5.61 mg $O_2/(L \cdot d)$］＞春季［3.63 mg $O_2/(L \cdot d)$］＞秋季［0.91 mg $O_2/(L \cdot d)$］＞冬季［0.55 mg $O_2/(L \cdot d)$］。据苑俊杰等（2020）报道，桓仁水库初级生产力也呈现夏季＞春季＞秋季和冬季的特点。碧流河水库浮游植物初级生产力冬季封冰期没有测定，从 3 年 12 次测定结果来看，碧流河水库初级生产力呈现夏季＞秋季＞春季＞冬季的特点。与上述有所不同。调查期间碧流河水库初级生产力比其 20 世纪 80 年代高很多，而与其他大型水相比较处于中等偏上水平（表 12-2）。

表 12-2　碧流河水库与其他大型水库初级生产力的比较

水库	调查年份	初级生产力［mg $O_2/(L \cdot d)$］	参考文献
碧流河水库	2016 ～ 2019 年	5.68	本书
碧流河水库	1988 ～ 1991 年	2.60	何志辉和王喜庆，1992
桓仁水库	2018 年	2.34 ～ 6.15	苑俊杰等，2020
三峡水库	2012 ～ 2013 年	0.55 ～ 5.61	熊倩等，2015
水丰水库	2017 年	14.5	肖祖国等，2017
汤河水库		2.88	何志辉，1987a
水丰水库		2.93	何志辉，1987a
桓仁水库		2.98	何志辉，1987a
月亮泡		4.41	何志辉，1987a
大伙房水库		5.04	何志辉，1987a
柴河水库		5.98	何志辉，1987a
白石水库	2013 ～ 2014 年	7.32	本书
大伙房水库	2015 ～ 2017 年	3.85	本书
汤河水库	2007 ～ 2008 年	7.98	本书
英那河水库	2002 ～ 2003 年	6.47	赵文等，2009
英那河水库	2021 年	5.68	本书
青山水库	2021 年	5.12	本书

第 13 章　碧流河水库稳定同位素特征及其时空变化

13.1 引言

生态系统中营养关系和食物网结构研究对于深入理解水域生态系统结构与功能十分重要（郭凯等，2015）。研究营养关系和食物网结构的传统方法主要为消化道或胃含物分析法，属于食性分析法，其结果偏向于较难消化或不能消化的食物，不能准确提供长期的摄食信息及食性转化情况，且难以判断捕食者消化道内含物的消化吸收程度，存在较大的不确定性（徐军等，2010；李由明等，2017）。而稳定同位素作为一种天然示踪物，为研究生态系统中各种生物种群之间的摄食关系及营养层次和能量流动提供了新的技术手段，已被广泛应用于水域生态系统营养关系和食物网结构的研究中（Post *et al.*，2000；李忠义等，2005；凌郡鸿等，2017；周志华等，2007；王玉玉等，2009；Guzzo *et al.*，2011；Guo *et al.*，2014）。

不同生境及人类活动的扰动导致鱼类营养级和食物网结构存在较大不确定性，人类活动产生的有机污染物和水生生物的排泄物均含有相对较高的同位素比例，从而影响浮游植物、浮游动物等生物。人类活动产生的有机污染物和水生生物的排泄物均含有相对较高的 ^{15}N 同位素比例（Kendall *et al.*，2001；谢青等，2019）。从而影响浮游植物、浮游动物等生物的 $\delta^{15}N$ 值。张欢等（2015）对鄱阳湖流域的研究发现，人类活动是饶河不同区域鱼类氮稳定同位素比值存在明显差异的主要原因。

稳定同位素分析技术不仅能揭示生物体的食物来源及组成、消费者和生产者间的营养关系，而且还能有效地评价水生态系统的营养水平和反映人类活动对水域环境影响程度。通过对水体颗粒有机物及沉积物中碳、氮稳定同位素值的分析可以有效反映出水体营养状况及有机质的物源等地球化学问题，因此，稳定同位素分析技术已经成为判断水域生态系统中有机质来源的重要手段（郭凯等，2015）。

碧流河水库作为大连市大型饮用水源水库，为保障水质安全，提倡优水渔业势在必行。本章介绍碧流河水库鱼类及其浮游生物、底栖动物饵料的 $\delta^{13}C$、$\delta^{15}N$ 值和营养级的差异。旨在探讨碧流河水库碳和氮稳定同位素特征及其时空变化以及鱼类食物网结构，为该库水质安全和优水渔业可持续开发利用提供依据。

13.2 材料与方法

13.2.1 样品采集及处理

于 2016 年 10 月～ 2017 年 6 月，对大连碧流河水库水生生物的碳、氮稳定同位素进行了样品采集及测定，总共测定生物样品四十余种，其中鱼类样品 23 种，虾类 1 种，底栖动物 13 种，其他分别为浮游植物、浮游动物和底泥样品，并且每种样品测定在 3 个样品以上。

在整个水库的 5 个断面上设置浮游生物及底泥样品采样点（下游为坝前，中游为刘店，上游为钟岭、桂云花和大堡），每季度采集样品一次，浮游植物样品采集用 5 L 有机玻璃采水器，采集得到的水样经 25 号生物网过滤，收集到水样塑料瓶中保存，静置取上清液，用真空泵抽滤至预先灼烧（450℃，6 h）过的 WhatmanGF/F 滤膜上，于 60℃烘干 72 h，–70℃冰箱中保存。浮游动物样品由 25 号生物网过滤 50 L 水获得，经过预先灼烧过（450℃，6 h）的 WhatmanGF/F 滤膜抽滤，放入 –20℃冷冻保存。底泥沉积物采用采泥器进行采集，样品经过烘干后再用盐酸进行熏蒸后进行研磨，过 100 目网后在 –20℃冰箱保存后待测定。

鱼类样品经解剖用蒸馏水清洗除盐，60℃烘干 72 h，研磨粉碎过 100 目金属筛后，严密封存在玻璃样本瓶内，–70℃冰箱中保存待测稳定同位素比率。

13.2.2 稳定同位素测定

经过预处理的上述样品，其稳定同位素比率由稳定同位素质谱仪（Finnigan MAT Delta V Advantage）测定，测试精度为 $^{13}C < 0.1‰$，$^{15}N < 0.2‰$，以国际通用的 δ 标记法表示。

13.2.3 数据分析

13.2.3.1 稳定同位素确定各生物营养级

营养级（trophic level）的确定采用如下公式计算：

$$TL=(\delta^{15}N_{sample}-\delta^{15}N_{baseline})/\Delta\delta^{15}N+1$$

式中，$\delta^{15}N_{sample}$ 表示鱼类或虾类氮稳定同位素比值；$\delta^{15}N_{baseline}$ 表示浮游动物氮稳定同位素平均比值；$\Delta\delta^{15}N$ 表示一个营养级的氮富集度，本研究取 3.4‰；初级生产者的营养级定为 0。

营养级的确定：有关海洋食物网营养层次的划分标准主要有 2 种，国外学者普遍采用 1 ～ 5 级的划分标准，而国内学者则大多采用 0 ～ 4 级的划分标准。

13.2.3.2 统计分析

数据以平均值 ± 标准差（mean±S.D.）的形式表示，Excel 进行统计分析。

13.3 结果与分析

13.3.1 浮游植物

浮游植物的 $\delta^{15}N$ 平均为（9.73±0.89），$\delta^{13}C$ 平均为（–29.99±1.25），浮游植物同位素的水平分布看，钟岭和坝前的 $\delta^{15}N$ 相对较高，而 $\delta^{13}C$ 相对较低（图 13-1，图 13-2）；从时间变化看，浮游植物的 $\delta^{15}N$ 在秋季相对较高，而 $\delta^{13}C$ 在夏季相对较高（图 13-3，图 13-4）。

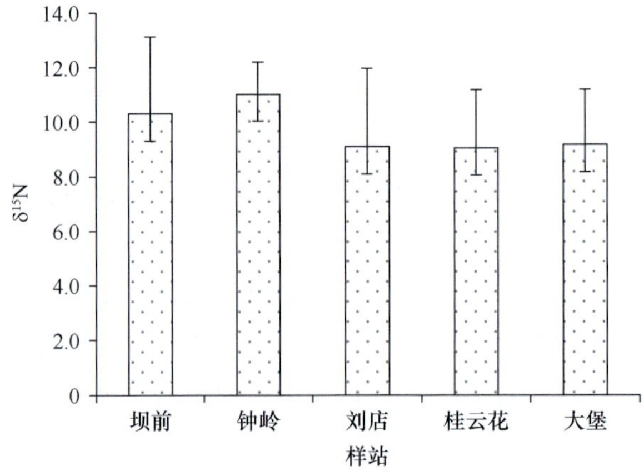

图 13-1 碧流河水库浮游植物 $\delta^{15}N$ 的水平分布

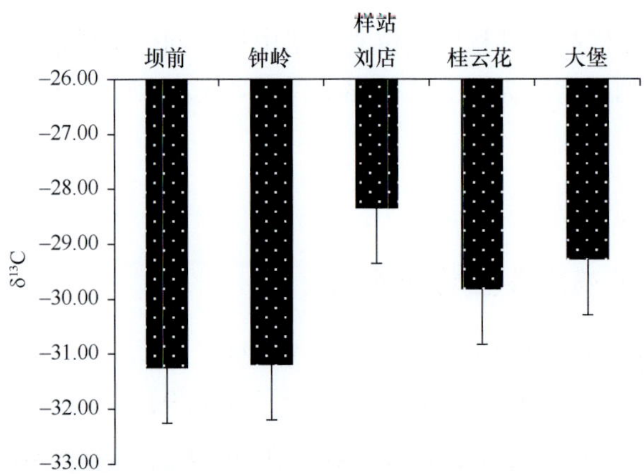

图 13-2 碧流河水库浮游植物 $\delta^{13}C$ 的水平分布

13.3.2 浮游动物

浮游动物的 $\delta^{15}N$ 平均为（13.22±0.72），$\delta^{13}C$ 平均为（–28.42±1.10），从水平分布看，浮游动物的 $\delta^{15}N$ 值在坝前、刘店及钟岭较高，$\delta^{13}C$ 值在坝前最高（图 13-5，图 13-6）；从

时间变化看，浮游动物的 $\delta^{15}N$ 值在春季、秋季和冬季相对较高，$\delta^{13}C$ 值在夏季相对较高（图 13-7，图 13-8）。

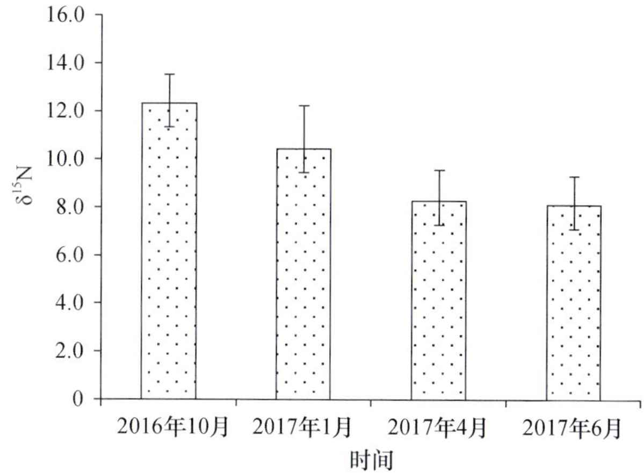

图 13-3　碧流河水库浮游植物 $\delta^{15}N$ 水平的季节变化

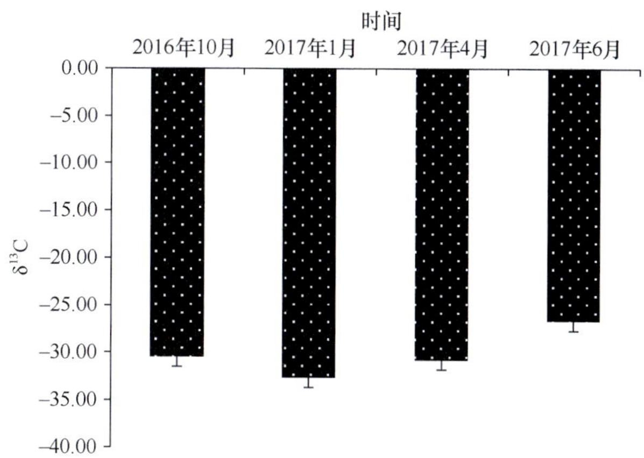

图 13-4　碧流河水库浮游植物 $\delta^{13}C$ 水平的季节变化

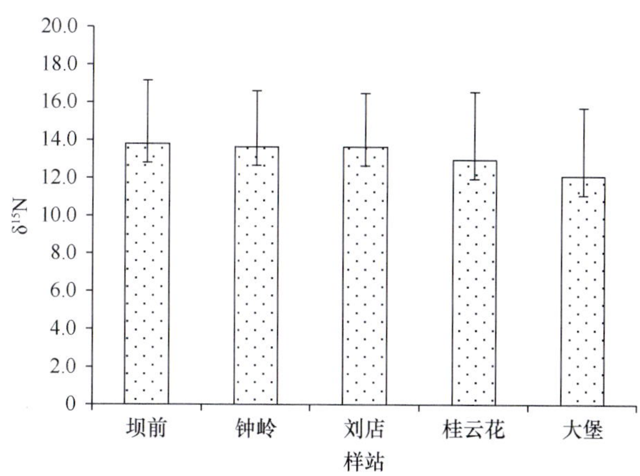

图 13-5　碧流河水库浮游动物 $\delta^{15}N$ 的水平分布

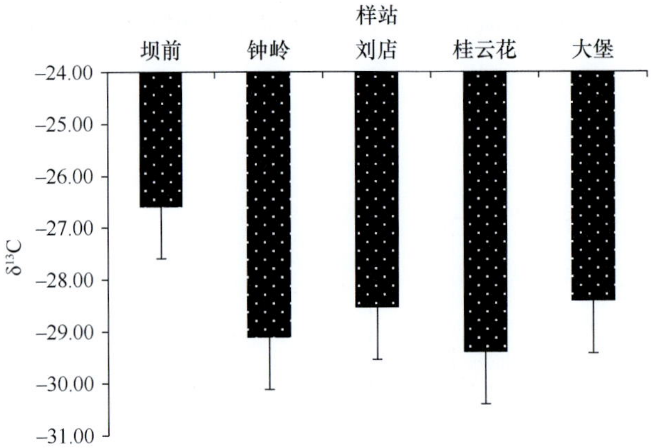

图 13-6　碧流河水库浮游动物 $\delta^{13}C$ 的水平分布

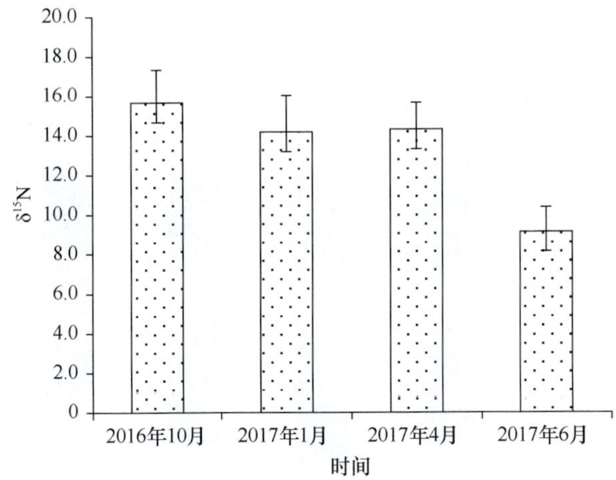

图 13-7　碧流河水库浮游动物 $\delta^{15}N$ 水平的季节变化

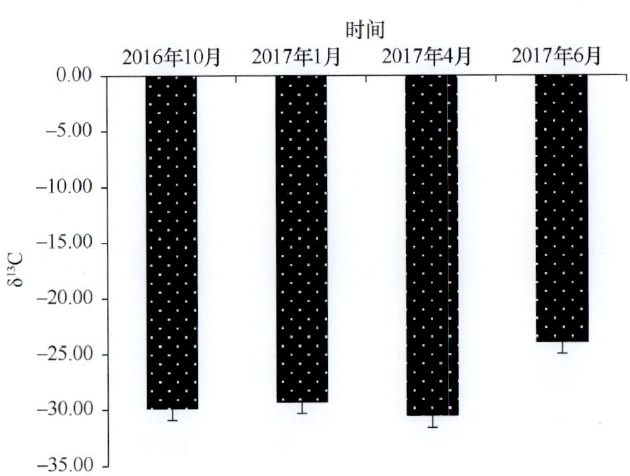

图 13-8　碧流河水库浮游动物 $\delta^{13}C$ 水平的季节变化

13.3.3　底泥

底泥的 $\delta^{15}N$ 平均为（7.98±1.50），$\delta^{13}C$ 平均为（–26.50±0.15），从水平分布看，底泥的 $\delta^{15}N$ 值在坝前和大堡相对较高，$\delta^{13}C$ 值在桂云花和刘店相对较高（图 13-9，图 13-10）。

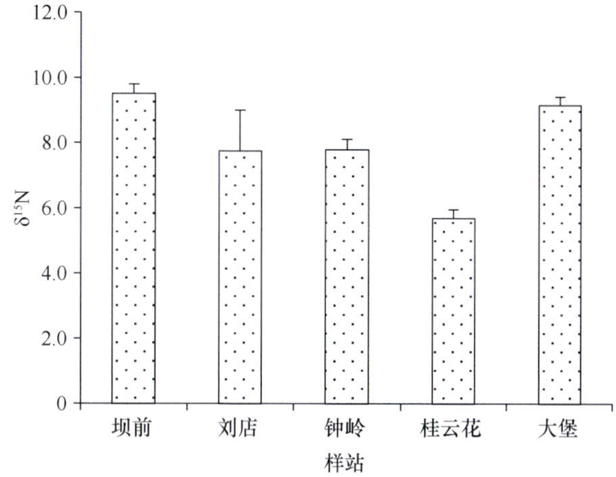

图 13-9　碧流河水库底泥 $\delta^{15}N$ 的水平分布

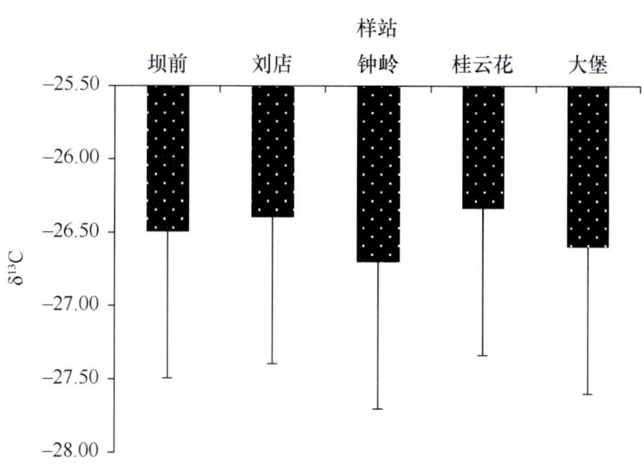

图 13-10　碧流河水库底泥 $\delta^{13}C$ 的水平分布

13.3.4　底栖动物

调查期间，共采集底栖动物样品 13 种，其中摇蚊幼虫 6 种，水蚯蚓 6 种（包括水丝蚓属和尾鳃蚓属），水生昆虫 1 种。稳定同位素测定结果如下表 13-1 所示。其中摇蚊幼虫的 $\delta^{15}N$ 平均为（13.12±0.21），$\delta^{13}C$ 平均为（–33.25±0.21），前突摇蚊幼虫、喙隐摇蚊幼虫和红裸须摇蚊幼虫的 $\delta^{15}N$ 相对较高，喙隐摇蚊幼虫和裸须摇蚊属 A 种的 $\delta^{13}C$ 相对较高。水蚯

蚓的 $\delta^{15}N$ 平均为（13.15±0.24），$\delta^{13}C$ 平均为（−30.54±0.29），其中以瑞士水丝蚓的 $\delta^{15}N$ 值最高。相比之下，$\delta^{15}N$ 和 $\delta^{13}C$ 的平均值是水丝蚓略高于摇蚊幼虫（表 13-1）。

表 13-1　碧流河水库底栖动物稳定同位素值

种类	拉丁名	$\delta^{15}N$	SD	$\delta^{13}C$	SD
前突摇蚊幼虫	*Procladius* spp.	15.51	0.36	−30.74	0.41
裸须摇蚊属 A 种	*Prosilocerus* sp. A	10.10	0.2	−29.96	0.11
喙隐摇蚊幼虫	*Cryptochironomus rostratus*	15.34	0.14	−27.58	0.08
溪流摇蚊幼虫	*Chironomus riparius*	8.09	0.13	−39.79	0.05
长跗摇蚊属 A 种	*Tanytarsus* sp. A	14.59	0.17	−37.34	0.23
红裸须摇蚊幼虫	*Propsilocerus akamusi*	15.07	0.23	−34.10	0.35
黑翅四节蜉	*Baetismelanopterus*	13.70	0.31	−35.99	0.62
霍甫水丝蚓	*Limnodrilus hoffmeisteri*	13.01	0.45	−29.32	0.34
瑞士水丝蚓	*L. helveticus*	14.35	0.31	−33.70	0.06
奥特开水丝蚓	*L. udekemianus*	13.18	0.17	−29.59	0.06
克拉泊水丝蚓	*L. claparedeianus*	13.06	0.08	−28.07	0.66
水丝蚓属 A 种	*Limnodrilus* sp. A	12.60	0.23	−27.72	0.25
苏氏尾鳃蚓	*Branchiura sowerbyi*	12.13	0.13	−29.39	0.07

13.3.5　鱼、虾类稳定同位素

调查期间，共采集鱼、虾类样品共计 24 种，其中鱼类样品 23 种，虾类 1 种，具体如表 13-2 所示。

表 13-2　碧流河水库鱼、虾类稳定同位素值

种类	拉丁名	$\delta^{15}N$	SD	$\delta^{13}C$	SD
棒花鱼	*Abbottina rivularis*	14.82	0.22	−20.46	0.09
鳙	*Aristichthys nobilis*	16.88	0.39	−25.33	0.22
鲫	*Carassius auratus*	9.65	0.07	−20.96	0.09
草鱼	*Ctenopharyngodon idella*	11.86	0.12	−24.53	0.21
红鳍原鲌	*Cultrichthys erythropterus*	18.41	0.12	−25.51	0.18
鲤	*Cyprinus carpio*	14.04	0.05	−25.84	0.06
唇鲳	*Hemibarbus labeo*	15.58	0.16	−24.44	0.41
花鲳	*Hemibarbus maculatus*	15.35	0.57	−23.50	0.21
鳘	*Hemiculter leucisulus*	13.96	0.23	−21.80	0.09
鲢	*Hypophthalmichthys molitrix*	13.63	0.11	−24.18	0.09
日本沼虾	*Macrobrachium nipponense*	16.35	0.63	−24.90	0.37
团头鲂	*Megalobrama amblycephala*	10.01	0.27	−23.32	0.24

续表

种类	拉丁名	$\delta^{15}N$	SD	$\delta^{13}C$	SD
泥鳅	*Misgurnus anguillicaudatus*	16.52	0.01	–23.83	0.19
青鱼	*Mylopharyngodon piceus*	16.14	0.08	–25.26	0.35
马口鱼	*Opsariichthys bidens*	18.38	0.38	–24.45	0.26
黄颡鱼	*Pelteobagrus fulvidraco*	16.14	0.11	–25.96	0.15
葛氏鲈塘鳢	*Perccottus glehni*	16.22	0.07	–24.66	0.30
麦穗鱼	*Pseudorasbora parva*	16.29	0.13	–25.25	0.45
乌苏里拟鲿	*Pseudobagrus ussuriensis*	16.79	0.26	–23.34	0.22
高体鳑鲏	*Rhodeus ocellatus*	13.58	0.36	–21.85	0.13
蛇鮈	*Saurogobio dabryi*	16.88	0.59	–25.90	0.15
鲇	*Silurus asotus*	13.82	0.10	–25.34	0.22
斑鳜	*Siniperca scherzeri*	15.42	0.18	–24.79	0.15
宽鳍鱲	*Zacco platypus*	15.20	0.14	–24.26	0.33

13.3.6　生物营养层级

经过计算，碧流河水库的鱼、虾等生物营养层级共为 3 级，其中大部分鱼类（15 种）位于第 2 营养层级（1 ～ 2），多属于杂食性动物；马口鱼 *Opsariichthys bidens*、红鳍原鲌 *Cultrichthys erythropterus*、鳙 *Aristichthys nobilis*、蛇鮈 *Saurogobio dabryi*、乌苏里拟鲿 *Pseudobagrus ussuriensis* 和泥鳅 *Misgurnus anguillicaudatus* 等 6 种鱼类位于顶级（2 ～ 3），属于肉食性鱼类；浮游动物及底栖动物均属于 1 级（1），而浮游植物等属于生产者为 0 级（0 ～ 1），具体见表 13-3。碧流河水库食物网结构示于图 13-11。

表 13-3　碧流河水库生物营养层级

种类	拉丁名	生物营养层级
马口鱼	*Opsariichthys bidens*	2.5
红鳍原鲌	*Cultrichthys erythropterus*	2.5
鳙	*Aristichthys nobilis*	2.1
蛇鮈	*Saurogobio dabryi*	2.1
乌苏里拟鲿	*Pseudobagrus ussuriensis*	2.0
泥鳅	*Misgurnus anguillicaudatus*	2.0
青鱼	*Mylopharyngodon piceus*	1.9
黄颡鱼	*Pelteobagrus fulvidraco*	1.9
葛氏鲈塘鳢	*Perccottus glehni*	1.9
麦穗鱼	*Pseudorasbora parva*	1.9
日本沼虾	*Macrobrachium nipponense*	1.9
唇䱻	*Hemibarbus labeo*	1.7

续表

种类	拉丁名	生物营养层级
花䱻	*Hemibarbus maculatus*	1.6
斑鳜	*Siniperca scherzeri*	1.6
宽鳍鱲	*Zacco platypus*	1.6
棒花鱼	*Abbottina rivularis*	1.5
䱗	*Hemiculter leucisulus*	1.2
鲤	*Carassius auratus*	1.2
鲇	*Silurus asotus*	1.2
高体鳑鲏	*Rhodeus ocellatus*	1.1
鲢	*Hypophthalmichthys molitrix*	1.1
浮游动物	*zooplankton*	1.0
底栖动物	*zoobenthos*	1.0

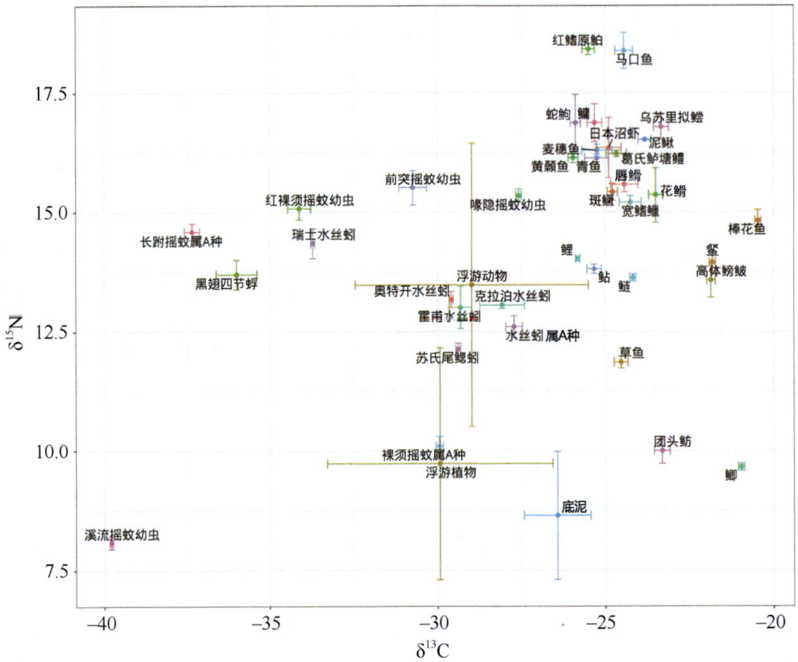

图 13-11　碧流河水库食物网结构

13.4 讨论与小结

由于碧流河水库鱼类组成特点及其捕捞季节性原因，本次碧流河水库鱼类同位素分析未采到肉食性鱼类鳜、乌鳢。现有分布的 35 种鱼类中有 24 种进行了同位素测定，还有包括鳜和乌鳢在内的 11 种鱼类和其他 3 种底栖动物未进行同位素测定。按照测定同位素的鱼类，可划分为肉食性鱼类：马口鱼、红鳍原鲌、鳙、乌苏里拟鲿、青鱼、葛氏鲈塘鳢、斑鳜、鲇；杂食性鱼类：黄颡鱼、唇䱻、花䱻、宽鳍鱲、泥鳅、棒花鱼、麦穗鱼、䱗和鲤。浮游生物食性鱼类有鲢、鳙等，草食性鱼类有草鱼、团头鲂。日本沼虾属于杂食性。从本章的结果来看，属于肉食性的斑鳜和鲇同位素值处于较低层级，分析原因是取样规格小，食性尚未转变之缘故。因此，对碧流河水库鱼类食物网结构尚需更进一步研究。

第 14 章 碧流河水库水体富营养化预警模型

14.1 引言

BP 神经网络属于多层前向神经网络。BP 神经网络是前向神经网络的核心部分，也是整个人工神经网络体系中的精华。BP 神经网络具有较强的学习能力和记忆力，已广泛应用于藻类生长、水质状况的预测、预警方面的研究。本章主要利用 BP 神经网络方法构建碧流河水库水体富营养化的预警模型。

14.2 数据采集

采集了 13 个样站：坝前 1、坝前 2（表、中、底）、坝前 3、钟岭、刘店 1、刘店 2（表、中、底）、刘店 3、桂云花、大堡。

20 个时间点：2016 年 10 月、11 月，2017 年 1 月、4 月、5 月、6 月、7 月、8 月、9 月、10 月、11 月和 2018 年 1 月、4 月、6 月、8 月、10 月，2019 年 1 月、4 月、6 月、8 月。

10 项指标：pH、溶氧、水温、总氮、总磷、浮游植物密度及生物量、浮游动物密度及生物量、叶绿素。

详见第 2 章、第 3 章、第 4 章。

14.3 模型建立

14.3.1 输入层神经元数据分析

在水质监测项目中选取一定水质数据作为水库叶绿素 a 预警模型的输入神经元，为了使水库叶绿素 a 预警模型不仅有预警效果而且为了让水质化学学科中对叶绿素 a 的研究有支持意义，输入神经元的数据选取参考了《地表水环境质量标准》和《地表水资源质量评价技术规程》。参照以上 2 个规程的要求选取水库 pH、溶氧、水温、总氮、总磷、浮游植物密度及生物量、浮游动物密度及生物量、叶绿素 10 种指标作为预测 BP 神经网络的输入量。

14.3.2 输出层神经元数据分析

水体水质检测中众多参数中的一个重要指标便是叶绿素，叶绿素 a（Chl-a）存在于所有水体中的浮游藻类等植物中，并且在水体中处于游离状态。叶绿素 a 的含量浓度的大小与该水体中藻类或者水生植物的种类和数量有着十分紧密的联系，因此监测水体中叶绿素 a 的浓度也是指示整个水体环境是否存在富营养化问题的重要参数之一，通常认为当水体叶绿素 a 浓度大于 10 μg/L 时，即认为该水体处于富营养化的状态。

14.3.3 深度神经网络模型 DNN

14.3.3.1 网络初始化

构建三个隐层前向式网络：输入层，第一、第二、第三隐层，输出层单元数分别为：

jj0=9；jj1=10；jj2=10；jj3=10；jj4=1；maxk=100 000；ss=21；

网络参数矩阵（突触权值、偏置参数）设置为 [0,1] 之间均匀随机数矩阵，

w1=rand(jj1, jj0+1)；w2=rand(jj2, jj1+1)；

w3=rand(jj3, jj2+1)；w4=rand(jj4, jj3+1)；

传递函数设置：第一、第二、第三隐层传递函数均取 tansig 函数，输出层使用恒等函数。

14.3.3.2 编译程序

网络学习采用反向传播算法，权值增量采用误差传递办法计算，通过 Matlab 编程实现。

14.3.3.3 训练样本与理想输出设置

理想输出，取为叶绿素观测数据向量；输入数据阵，根据具体任务由初始三维数据集整理得到。

本章后附深度神经网络模型 DNN 代码。

14.4 结果与分析

14.4.1 水质安全相关指标的相关分析

为了分析出影响水质的主要因子，以及不同地点，因子之间的关系，我们对 14 个地点的每个指标的 20 个时间监测的 10 个指标的数据向量进行相关分析，分析结果见表 14-1。

表 14-1 向量数据相关分析结果

编号	向量数据相关分析结果									
rr(:,:,1)	=									
	1.0000	0.1465	–0.5465	–0.1623	–0.0786	0.6964	–0.0579	–0.1154	0.3496	0.4631
	0.1465	1.0000	0.2233	–0.0261	0.0056	0.3422	–0.3268	0.0662	0.2249	–0.1049
	–0.5465	0.2233	1.0000	0.2894	–0.0919	–0.4441	0.1047	0.0060	0.0660	–0.3686
	–0.1623	–0.0261	0.2894	1.0000	–0.1218	–0.3150	0.0585	–0.2961	0.1285	–0.2515
	–0.0786	0.0056	–0.0919	–0.1218	1.0000	–0.1502	–0.0814	–0.0770	–0.2816	–0.1330
	0.6964	0.3422	–0.4441	–0.3150	–0.1502	1.0000	–0.1013	–0.1059	0.2007	0.3592
	–0.0579	–0.3268	0.1047	0.0585	–0.0814	–0.1013	1.0000	0.0647	0.4476	0.2056
	–0.1154	0.0662	0.0060	–0.2961	–0.0770	–0.1059	0.0647	1.0000	–0.0698	0.2103
	0.3496	0.2249	0.0660	0.1285	–0.2816	0.2007	0.4476	–0.0698	1.0000	0.5627
	0.4631	–0.1049	–0.3686	–0.2515	–0.1330	0.3592	0.2056	0.2103	0.5627	1.0000
rr(:,:,2)	=									
	1.0000	0.1139	–0.0864	–0.1354	–0.1238	0.1367	0.0945	0.0968	0.0812	0.1167
	0.1139	1.0000	–0.1508	–0.2661	–0.2893	0.4998	0.0737	0.0788	0.3437	0.6174
	–0.0864	–0.1508	1.0000	0.2677	–0.0394	–0.1731	–0.5473	–0.5614	0.2880	–0.1155
	–0.1354	–0.2661	0.2677	1.0000	0.1787	–0.2148	–0.2444	–0.2393	0.1869	–0.1988
	–0.1238	–0.2893	–0.0394	0.1787	1.0000	–0.4048	0.0229	0.3306	–0.0727	–0.1930
	0.1367	0.4998	–0.1731	–0.2148	–0.4048	1.0000	0.1139	0.1923	0.2827	0.4742
	0.0945	0.0737	–0.5473	–0.2444	0.0229	0.1139	1.0000	0.5129	–0.0465	0.3309
	0.0968	0.0788	–0.5614	0.2393	0.3306	0.1923	0.5129	1.0000	0.0333	0.0468
	0.0812	0.3437	0.2880	0.1869	–0.0727	0.2827	–0.0465	0.0333	1.0000	0.4992
	0.1167	0.6174	–0.1155	–0.1988	–0.1930	0.4742	0.3309	0.0468	0.4992	1.0000
rr(:,:,3)	=									
	1.0000	0.5139	–0.6213	–0.1791	0.1030	0.7237	0.4358	0.4017	0.5280	0.5177
	0.5139	1.0000	–0.3175	–0.0230	–0.0909	0.5525	0.3903	0.2869	0.4298	0.5533
	–0.6213	–0.3175	1.0000	0.4374	0.0112	–0.7046	–0.4679	–0.5813	–0.2288	–0.5808
	–0.1791	–0.0230	0.4374	1.0000	–0.0749	–0.4565	–0.2684	–0.3807	0.1309	–0.3508
	0.1030	–0.0909	0.0112	–0.0749	1.0000	–0.3067	0.0048	–0.2733	0.0929	–0.0039
	0.7237	0.5525	–0.7046	–0.4565	–0.3067	1.0000	0.4918	0.6049	0.2961	0.6242
	0.4358	0.3903	–0.4679	–0.2684	0.0048	0.4918	1.0000	0.8405	0.0196	0.4028
	0.4017	0.2869	–0.5813	–0.3807	–0.2733	0.6049	0.8405	1.0000	0.0268	0.3754
	0.5280	0.4298	–0.2288	0.1309	0.0929	0.2961	0.0196	0.0268	1.0000	0.3904
	0.5177	0.5533	–0.5808	–0.3508	–0.0039	0.6242	0.4028	0.3754	0.3904	1.0000
rr(:,:,4)	=									
	1.0000	0.4150	–0.7401	–0.2901	–0.0154	0.5819	0.4642	0.3298	0.1579	0.3581
	0.4150	1.0000	–0.4074	0.0291	–0.3279	0.5137	0.3176	–0.0349	–0.0623	0.4785

续表

编号	向量数据相关分析结果									
rr(:,:,4)	=									
	–0.7401	–0.4074	1.0000	0.3569	–0.0213	–0.5650	–0.5435	–0.4437	–0.0500	–0.2824
	–0.2901	0.0291	0.3569	1.0000	–0.0113	–0.2205	–0.2210	–0.2461	0.1236	–0.0387
	–0.0154	–0.3279	–0.0213	–0.0113	1.0000	–0.1357	0.1018	0.1613	0.1871	0.0364
	0.5819	0.5137	–0.5650	–0.2205	–0.1357	1.0000	0.2610	0.2866	–0.0815	0.3218
	0.4642	0.3176	–0.5435	–0.2210	0.1018	0.2610	1.0000	0.7007	–0.0618	0.3409
	0.3298	–0.0349	–0.4437	–0.2461	0.1613	0.2866	0.7007	1.0000	–0.0813	0.2293
	0.1579	–0.0623	–0.0500	0.1236	0.1871	–0.0815	–0.0618	–0.0813	1.0000	0.6166
	0.3581	0.4785	–0.2824	–0.0387	0.0364	0.3218	0.3409	0.2293	0.6166	1.0000
rr(:,:,5)	=									
	1.0000	0.5188	–0.6426	–0.3012	0.0143	0.6651	0.4192	0.3256	0.0615	0.3387
	0.5188	1.0000	–0.1054	–0.1982	–0.1788	0.6669	0.2352	0.0674	–0.0806	0.3449
	–0.6426	–0.1054	1.0000	0.2454	0.0629	–0.4214	–0.5688	–0.5874	0.0704	–0.1081
	–0.3012	–0.1982	0.2454	1.0000	–0.0342	–0.3987	–0.3348	–0.3674	0.3946	–0.1086
	0.0143	–0.1788	0.0629	–0.0342	1.0000	–0.0643	0.1542	–0.3069	0.1962	0.1556
	0.6651	0.6669	–0.4214	–0.3987	–0.0643	1.0000	0.2846	0.3840	–0.0782	0.2497
	0.4192	0.2352	–0.5688	–0.3348	0.1542	0.2846	1.0000	0.3931	–0.1152	0.3301
	0.3256	0.0674	–0.5874	–0.3674	–0.3069	0.3840	0.3931	1.0000	–0.2746	0.0062
	0.0615	–0.0806	0.0704	0.3946	0.1962	–0.0782	–0.1152	–0.2746	1.0000	0.6385
	0.3387	0.3449	–0.1081	–0.1086	0.1556	0.2497	0.3301	0.0062	0.6385	1.0000
rr(:,:,6)	=									
	1.0000	0.4718	–0.5823	–0.3979	0.0831	0.5353	0.2658	0.2376	0.3467	0.5764
	0.4718	1.0000	–0.1760	–0.2412	–0.4496	0.6564	–0.1655	0.0517	0.2406	0.5351
	–0.5823	–0.1760	1.0000	0.4762	–0.1558	–0.3625	–0.4000	–0.4015	0.1379	–0.2714
	–0.3979	–0.2412	0.4762	1.0000	–0.0088	–0.5299	–0.0208	–0.1303	0.1591	–0.1941
	0.0831	–0.4496	–0.1558	–0.0088	1.0000	0.0264	0.2457	0.0421	–0.0458	0.0067
	0.5353	0.6564	–0.3625	–0.5299	0.0264	1.0000	0.0367	0.2167	0.0055	0.6004
	0.2658	–0.1655	–0.4000	–0.0208	0.2457	0.0367	1.0000	0.4566	–0.0419	0.3616
	0.2376	0.0517	–0.4015	–0.1303	0.0421	0.2167	0.4566	1.0000	0.1783	0.3864
	0.3467	0.2406	0.1379	0.1591	–0.0458	0.0055	–0.0419	0.1783	1.0000	0.5461
	0.5764	0.5351	–0.2714	–0.1941	0.0067	0.6004	0.3616	0.3864	0.5461	1.0000
rr(:,:,7)	=									
	1.0000	0.4160	–0.4356	–0.3589	0.0333	0.5695	0.4150	0.2228	0.4591	0.5041
	0.4160	1.0000	–0.0413	–0.2121	–0.3233	0.5568	–0.0809	0.1383	0.4926	0.5964
	–0.4356	–0.0413	1.0000	0.3550	–0.3940	–0.0420	–0.2376	–0.2020	0.3099	0.0709
	–0.3589	–0.2121	0.3550	1.0000	–0.0490	–0.3170	–0.1580	–0.1810	–0.0835	–0.4051

续表

编号	向量数据相关分析结果									
rr(:,:,7)	=									
	0.0333	–0.3233	–0.3940	–0.0490	1.0000	–0.0376	0.0056	0.0102	–0.2320	–0.2547
	0.5695	0.5568	–0.0420	–0.3170	–0.0376	1.0000	0.0160	0.0853	0.5749	0.6377
	0.4150	–0.0809	–0.2376	–0.1580	0.0056	0.0160	1.0000	0.4191	–0.0350	0.2892
	0.2228	0.1383	–0.2020	–0.1810	0.0102	0.0853	0.4191	1.0000	–0.1014	0.1408
	0.4591	0.4926	0.3099	–0.0835	–0.2320	0.5749	–0.0350	–0.1014	1.0000	0.5298
	0.5041	0.5964	0.0709	–0.4051	–0.2547	0.6377	0.2892	0.1408	0.5298	1.0000
rr(:,:,8)	=									
	1.0000	0.6167	–0.4519	–0.4448	0.1031	0.5987	0.1213	0.3225	0.4140	0.4145
	0.6167	1.0000	–0.0784	–0.2912	–0.3017	0.4289	–0.1898	0.0467	0.4465	0.4532
	–0.4519	–0.0784	1.0000	0.3193	–0.6022	0.0555	–0.0424	–0.1297	0.3183	0.0583
	–0.4448	–0.2912	0.3193	1.0000	–0.0244	–0.3154	0.0520	–0.2159	–0.0865	–0.2287
	0.1031	–0.3017	–0.6022	–0.0244	1.0000	–0.2602	0.0860	–0.0493	–0.2173	–0.1828
	0.5987	0.4289	0.0555	–0.3154	–0.2602	1.0000	0.0851	0.2903	0.4724	0.4596
	0.1213	–0.1898	–0.0424	0.0520	0.0860	0.0851	1.0000	0.8365	–0.0560	0.3009
	0.3225	0.0467	–0.1297	–0.2159	–0.0493	0.2903	0.8365	1.0000	–0.0573	0.5368
	0.4140	0.4465	0.3183	–0.0865	–0.2173	0.4724	–0.0560	–0.0573	1.0000	0.6143
	0.4145	0.4532	0.0583	–0.2287	–0.1828	0.4596	0.3009	0.5368	0.6143	1.0000
rr(:,:,9)	=									
	1.0000	0.6349	–0.5889	–0.3662	0.0738	0.6491	0.2120	0.0375	0.2680	0.2980
	0.6349	1.0000	–0.2774	–0.4054	–0.2801	0.7067	–0.0543	–0.2325	0.4010	0.3923
	–0.5889	–0.2774	1.0000	0.3987	–0.2765	–0.1152	–0.0107	–0.0812	0.2066	0.0212
	–0.3662	–0.4054	0.3987	1.0000	0.0889	–0.3907	0.1365	–0.0675	0.0698	–0.0449
	0.0738	–0.2801	–0.2765	0.0889	1.0000	–0.3981	–0.0439	0.2113	–0.3566	–0.3317
	0.6491	0.7067	–0.1152	–0.3907	–0.3981	1.0000	0.1591	–0.1858	0.6274	0.6097
	0.2120	–0.0543	–0.0107	0.1365	–0.0439	0.1591	1.0000	0.6239	0.3120	0.4834
	0.0375	–0.2325	–0.0812	–0.0675	0.2113	–0.1858	0.6239	1.0000	–0.1820	0.2613
	0.2680	0.4010	0.2066	0.0698	–0.3566	0.6274	0.3120	–0.1820	1.0000	0.7860
	0.2980	0.3923	0.0212	–0.0449	–0.3317	0.6097	0.4834	0.2613	0.7860	1.0000
rr(:,:,10)	=									
	1.0000	0.1622	–0.6042	–0.2315	–0.0965	0.6317	0.0953	–0.0188	0.0603	0.1044
	0.1622	1.0000	0.2830	0.1981	–0.2307	0.5919	–0.0616	–0.2039	0.4924	0.3817
	–0.6042	0.2830	1.0000	0.3161	–0.2701	–0.1301	0.0293	–0.2275	0.3612	0.1032
	–0.2315	0.1981	0.3161	1.0000	0.0808	–0.2091	0.2353	0.0848	0.2436	–0.0633
	–0.0965	–0.2307	–0.2701	0.0808	1.0000	–0.4329	0.0995	0.3221	–0.0381	–0.0696
	0.6317	0.5919	–0.1301	–0.2091	–0.4329	1.0000	–0.1099	–0.1629	0.3925	0.3646

续表

编号	向量数据相关分析结果									
rr(:,:,10)	=									
	0.0953	−0.0616	0.0293	0.2353	0.0995	−0.1099	1.0000	0.5103	0.2667	0.2385
	−0.0188	−0.2039	−0.2275	0.0848	0.3221	−0.1629	0.5103	1.0000	−0.1736	−0.0609
	0.0603	0.4924	0.3612	0.2436	−0.0381	0.3925	0.2667	−0.1736	1.0000	0.6662
	0.1044	0.3817	0.1032	−0.0633	−0.0696	0.3646	0.2385	−0.0609	0.6662	1.0000
rr(:,:,11)	=									
	1.0000	0.7042	−0.4263	−0.5016	−0.0086	0.5550	0.1125	0.0811	0.2374	0.2309
	0.7042	1.0000	−0.1932	−0.2732	−0.2799	0.4266	0.0039	−0.0723	0.3911	0.4110
	−0.4263	−0.1932	1.0000	0.3589	−0.3748	−0.2034	0.0215	−0.2816	0.4622	0.2412
	−0.5016	−0.2732	0.3589	1.0000	0.0976	−0.5513	0.1802	−0.3450	0.1115	−0.0354
	−0.0086	−0.2799	−0.3748	0.0976	1.0000	−0.2517	0.1235	−0.0259	−0.2655	−0.1015
	0.5550	0.4266	−0.2034	−0.5513	−0.2517	1.0000	−0.0731	0.1869	−0.2603	−0.0805
	0.1125	0.0039	0.0215	0.1802	0.1235	−0.0731	1.0000	0.2057	0.1108	0.2397
	0.0811	−0.0723	−0.2816	−0.3450	−0.0259	0.1869	0.2057	1.0000	−0.2504	0.0765
	0.2374	0.3911	0.4622	0.1115	−0.2655	−0.2603	0.1108	−0.2504	1.0000	0.7014
	0.2309	0.4110	0.2412	−0.0354	−0.1015	−0.0805	0.2397	0.0765	0.7014	1.0000
rr(:,:,12)	=									
	1.0000	0.3409	−0.4042	−0.4892	0.2454	0.6297	−0.0639	−0.1299	0.4553	0.4086
	0.3409	1.0000	0.2704	−0.1531	−0.1730	0.5952	0.0713	−0.1344	0.5933	0.6456
	−0.4042	0.2704	1.0000	0.3464	−0.4989	0.0896	0.2577	−0.0012	0.3077	0.0981
	−0.4892	−0.1531	0.3464	1.0000	−0.3199	−0.3165	0.2137	−0.1353	−0.1243	−0.2773
	0.2454	−0.1730	−0.4989	−0.3199	1.0000	−0.1506	0.0462	0.1400	−0.2220	−0.1284
	0.6297	0.5952	0.0896	−0.3165	−0.1506	1.0000	−0.0685	−0.0887	0.5796	0.6079
	−0.0639	0.0713	0.2577	0.2137	0.0462	−0.0685	1.0000	0.2876	0.4229	0.3518
	−0.1299	−0.1344	−0.0012	−0.1353	0.1400	−0.0887	0.2876	1.0000	−0.0975	0.0527
	0.4553	0.5933	0.3077	−0.1243	−0.2220	0.5796	0.4229	−0.0975	1.0000	0.7038
	0.4086	0.6456	0.0981	−0.2773	−0.1284	0.6079	0.3518	0.0527	0.7038	1.0000
rr(:,:,13)	=									
	1.0000	0.4441	−0.4257	−0.4442	0.2877	0.5682	−0.0224	−0.1418	0.3347	0.3772
	0.4441	1.0000	−0.1380	−0.2262	−0.0471	0.5193	−0.0242	−0.0123	0.4803	0.4805
	−0.4257	−0.1380	1.0000	0.2428	−0.3045	0.1454	0.2965	−0.0472	0.2136	0.1561
	−0.4442	−0.2262	0.2428	1.0000	−0.1817	−0.2319	0.0648	−0.1574	−0.2820	−0.4878
	0.2877	−0.0471	−0.3045	−0.1817	1.0000	−0.0867	0.1917	0.3177	−0.0044	0.0068
	0.5682	0.5193	0.1454	−0.2319	−0.0867	1.0000	−0.0260	−0.1008	0.2918	0.4374
	−0.0224	−0.0242	0.2965	0.0648	0.1917	−0.0260	1.0000	0.2408	0.2380	0.2532
	−0.1418	−0.0123	−0.0472	−0.1574	0.3177	−0.1008	0.2408	1.0000	−0.0871	−0.0007

续表

编号	向量数据相关分析结果									
rr(:,:,13)	=									
	0.3347	0.4803	0.2136	−0.2820	−0.0044	0.2918	0.2380	−0.0871	1.0000	0.7901
	0.3772	0.4805	0.1561	−0.4878	0.0068	0.4374	0.2532	−0.0007	0.7901	1.0000
rr(:,:,14)	=									
	1.0000	0.5417	−0.5468	−0.4598	0.1358	0.7184	0.1104	0.0869	0.3580	0.4943
	0.5417	1.0000	−0.1251	−0.2031	−0.2167	0.7061	−0.1634	−0.0750	0.4550	0.6573
	−0.5468	−0.1251	1.0000	0.5118	−0.6389	−0.1610	0.0178	−0.1901	0.2493	−0.1118
	−0.4598	−0.2031	0.5118	1.0000	−0.0856	−0.4658	0.0891	−0.3073	0.0938	−0.2957
	0.1358	−0.2167	−0.6389	−0.0856	1.0000	−0.2456	0.0638	−0.0838	−0.1944	−0.1538
	0.7184	0.7061	−0.1610	−0.4658	−0.2456	1.0000	−0.0217	0.0921	0.3217	0.5894
	0.1104	−0.1634	0.0178	0.0891	0.0638	−0.0217	1.0000	0.4642	0.1463	0.3563
	0.0869	−0.0750	−0.1901	−0.3073	−0.0838	0.0921	0.4642	1.0000	−0.1718	0.1916
	0.3580	0.4550	0.2493	0.0938	−0.1944	0.3217	0.1463	−0.1718	1.0000	0.5590
	0.4943	0.6573	−0.1118	−0.2957	−0.1538	0.5894	0.3563	0.1916	0.5590	1.0000

14.4.2 叶绿素 a 含量真值与真值预警等级

通过定期监测、富营养化预警机制及水质预测模型，能让我们更快速地了解和掌握水体的动态，找出富营养化的原因，以便科学治理。水体富营养化是水中氮、磷等营养元素的大量进入，导致水中浮游植物过量生长的现象，所以采用叶绿素 a 作为水体富营养化评价的基本因子，将水质管理的目标定为达到并保证Ⅱ类水体标准，即叶绿素的浓度低于 10 μg/L 的水平。对水厂的实际处理能力的调查表明，当含藻类水的叶绿素浓度在 20 ～ 25 μg/L 时就会严重影响到混凝的效果，从而影响供水质量。通过以上的分析，对水源水库制订了分级预警的方案，如表 14-2 所示。

表 14-2 碧流河水库水体富营养化预警机制

预警警级	叶绿素 a 浓度（μg/L）	预警级别
无警（蓝色）	＜ 10	1
轻警（绿色）	10 ～ 15	2
中警（黄色）	15 ～ 20	3
重警（橙色）	20 ～ 30	4
巨警（红色）	＞ 30	5

碧流河水库叶绿素 a 含量真值（实测值）见表 14-3，水库水体富营养化预警级别见表 14-4。

表 14-3 碧流河水库叶绿素 a 含量真值

时间	坝前 1	坝前 2 表	坝前 2 中	坝前 2 底	坝前 3	钟岭	刘店 1	刘店 2 表	刘店 2 中	刘店 2 底	刘店 3	桂云花	大堡	全库
2016 年 10 月	4.13	3.79	1.14	4.19	2.37	1.98	3.84	6.05	4.58	4.13	4.53	6.05	9.45	4.33
2016 年 11 月	1.08	1.08	1.92	1.98	2.32	1.87	1.83	1.32	0.73	1.32	2.71	3.50	4.24	1.99
2017 年 1 月	0.90	1.92	1.19	1.42	2.15	1.19	2.26	1.58	1.58	0.40	1.76	2.55	3.00	1.57
2017 年 4 月	1.13	2.21	1.87	2.21	2.21	2.94	3.34	3.39	3.74	4.13	4.02	6.05	4.13	3.18
2017 年 5 月	1.18	1.81	4.75	5.55	5.21	4.08	10.36	5.26	7.47	6.00	4.36	6.68	10.81	5.65
2017 年 6 月	7.31	7.25	6.68	8.00	11.26	10.53	15.90	20.76	26.41	21.92	2.94	35.38	29.24	15.66
2017 年 7 月	22.80	23.48	8.37	13.19	12.46	9.56	10.92	28.23	20.43	11.37	25.19	32.08	41.03	19.93
2017 年 8 月	16.30	20.40	5.96	0.04	4.60	11.26	14.80	11.00	9.28	12.10	12.70	11.33	10.80	10.80
2017 年 9 月	3.47	5.46	10.66	12.96	7.56	5.22	3.12	6.01	8.18	11.65	16.02	12.78	5.17	8.33
2017 年 10 月	0.34	0.34	1.65	1.87	1.08	2.50	0.68	1.81	0.40	1.03	0.05	0.00	0.73	0.96
2017 年 11 月	0.40	0.00	0.74	0.74	0.74	1.19	0.74	0.74	1.08	1.47	0.74	1.47	1.47	0.88
2018 年 1 月	1.55	1.32	2.11	2.05	2.45	10.86	5.00	2.84	2.15	2.94	8.26	11.26	10.92	4.90
2018 年 4 月	6.45	9.10	5.26	6.79	4.92	5.31	9.10	9.05	9.10	10.97	10.97	9.05	9.10	8.09
2018 年 6 月	21.27	19.34	10.26	18.24	15.87	23.92	16.54	11.37	10.26	11.88	16.54	13.15	14.25	15.61
2018 年 8 月	16.19	12.79	9.79	12.40	13.92	14.32	13.53	13.92	9.39	8.26	14.26	7.81	9.68	12.02
2018 年 10 月	6.28	9.08	10.18	10.78	9.51	10.70	10.85	11.29	10.18	8.49	11.96	14.76	17.05	10.85
2019 年 1 月	2.95	2.27	3.63	3.19	1.59	10.49	3.08	2.51	4.78	4.78	3.63	7.97	4.57	4.27
2019 年 4 月	4.92	5.32	6.10	4.18	6.45	9.50	9.11	9.11	10.24	7.97	10.13	12.90	15.61	8.58
2019 年 6 月	7.92	7.58	9.84	7.97	7.97	6.05	6.05	13.29	9.89	11.03	9.50	19.34	17.08	10.27
2019 年 8 月	10.80	11.76	12.80	10.18	12.45	20.19	11.40	9.11	14.09	8.77	21.61	40.60	33.77	16.74
平均	6.87	7.32	5.75	6.39	6.35	8.18	7.60	8.43	8.20	7.53	9.09	12.74	13.10	8.23

表 14-4 碧流河水库水体富营养化预警级别

时间	坝前 1	坝前 2 表	坝前 2 中	坝前 2 底	坝前 3	钟岭	刘店 1	刘店 2 表	刘店 2 中	刘店 2 底	刘店 3	桂云花	大堡	全库
2016 年 10 月	1	1	1	1	1	1	1	1	1	1	1	1	1	1
2016 年 11 月	1	1	1	1	1	1	1	1	1	1	1	1	1	1
2017 年 1 月	1	1	1	1	1	1	1	1	1	1	1	1	1	1
2017 年 4 月	1	1	1	1	1	1	1	1	1	1	1	1	1	1
2017 年 5 月	1	1	1	1	1	1	2	1	1	1	1	1	2	1
2017 年 6 月	1	1	1	1	2	2	3	4	4	4	1	5	4	3
2017 年 7 月	4	4	1	2	2	1	2	4	4	2	4	5	5	3
2017 年 8 月	3	4	1	1	1	2	2	2	1	2	2	2	2	2
2017 年 9 月	1	1	2	2	1	1	1	1	1	2	3	2	1	1

续表

时间	坝前1	坝前2表	坝前2中	坝前2底	坝前3	钟岭	刘店1	刘店2表	刘店2中	刘店2底	刘店3	桂云花	大堡	全库
2017年10月	1	1	1	1	1	1	1	1	1	1	1	1	1	1
2017年11月	1	1	1	1	1	1	1	1	1	1	1	1	1	1
2018年1月	1	1	1	1	1	2	1	1	1	1	1	2	2	1
2018年4月	1	1	1	1	1	1	1	1	1	2	2	1	1	1
2018年6月	4	3	2	3	3	4	3	2	2	2	3	2	2	3
2018年8月	3	2	1	2	2	2	2	2	1	1	2	1	1	2
2018年10月	1	1	2	2	1	2	2	2	2	1	2	2	3	2
2019年1月	1	1	1	1	1	2	1	1	1	1	1	1	1	1
2019年4月	1	1	1	1	1	1	1	1	2	1	2	2	3	1
2019年6月	1	1	1	1	1	1	1	2	1	2	1	3	3	2
2019年8月	2	2	2	2	2	4	2	1	2	1	4	5	5	3
平均	1	1	1	1	1	1	1	1	1	1	1	2	2	1

14.4.3 以地点为观察向量预测叶绿素 a 指标

利用 DNN 深度神经网络，由除叶绿素指标外 9 个指标，预测叶绿素 a 指标。经验上根据叶绿素密度情况决定水质预警的级别，我们这里利用其余 9 个指标，预测叶绿素指标。利用深度神经网络 DNN 对 14 个地点进行预测得到的结果。

预测分为对数值的预测以及在预测得到的数值的基础上对预警等级的判断。相对偏差 =(预测值 sss– 真值 ans)/ 真值，偏差小于 0.02 即对数值的预测成功。若预测值与预警等级的判断真值的判断相同，则说明预警等级预测成功。

以采样点为观察向量，叶绿素 a 数值的预测值及成功率见表 14-5。除全库平均组和坝前 3 组外，其他组预测效果都比较好，均在 60% 以上。总体成功率 223/294=75.8%。

以采样点为观察向量，水体富营养化的预警等级及准确率见表 14-6。对预警等级的预测非常成功，全部组别都在 50% 以上，总体准确率为 252/294=85.7%。

14.4.4 以时间为观察向量预测叶绿素 a 指标

对 20 个时间点，按不同地点观测值构成的观测向量，预测每个时间点水库的叶绿素 a 指标。对数值的预测见表 14-7。除 2017 年 7 月、9 月，2019 年 6 月、8 月组准确率较低外，其余组别均在 50% 以上，总准确率 187/294=63.6%。

对预警等级的预测见表 14-8。除 2017 年 7 月，2019 年 6 月、8 月组准确率较低外，其余组别均在 50% 以上，多个组别准确率达 100%，总准确率 219/294=74.5%。

表 14-5　以采样点为观察向量预测碧流河水库叶绿素 a 指标及准确率

采样点	准确个数	准确率（%）	2016 年		2017 年									2018 年					2019 年				平均
			10 月	11 月	1 月	4 月	5 月	6 月	7 月	8 月	9 月	10 月	11 月	1 月	4 月	6 月	8 月	10 月	1 月	4 月	6 月	8 月	
坝前 1	16	76	4.13	1.10	0.90	2.70	1.15	7.38	22.80	16.30	3.26	0.66	2.67	3.10	2.92	21.18	16.06	6.05	2.95	2.91	7.74	10.61	6.84
坝前 2 表	13	62	3.98	3.97	3.97	3.78	4.25	7.97	18.31	18.82	7.44	–0.33	0.18	0.14	8.96	18.57	6.55	4.01	4.87	5.62	6.35	11.17	7.29
坝前 2 中	16	76	1.09	2.85	2.96	3.16	4.39	6.47	8.98	6.41	10.98	1.62	1.62	1.73	2.79	10.85	10.30	9.06	3.73	5.79	9.30	12.40	5.97
坝前 2 底	20	95	4.78	2.14	1.57	2.39	5.69	8.03	13.25	0.09	12.86	1.89	0.71	2.02	6.69	18.22	12.29	10.22	2.56	2.97	7.11	9.84	6.21
坝前 3	9	43	2.35	3.96	2.22	3.22	4.81	9.56	10.75	7.26	6.71	2.33	3.04	1.31	2.88	14.20	11.93	5.55	6.55	4.93	13.59	18.22	7.27
钟岭	17	81	1.71	2.85	1.45	3.43	3.14	10.42	11.04	10.38	6.00	3.27	0.59	10.77	5.63	24.40	14.37	10.14	10.07	7.63	5.30	18.97	8.57
刘店 1	18	86	3.70	1.54	1.87	3.29	10.24	15.96	10.26	15.28	4.67	0.52	4.87	4.85	5.01	16.34	11.19	10.40	3.21	9.10	6.09	11.13	10.12
刘店 2 表	15	71	6.05	1.32	1.58	3.69	3.88	20.74	28.21	11.01	5.70	3.85	3.74	3.42	3.59	11.39	13.89	11.24	3.74	9.04	13.24	9.04	8.39
刘店 2 中	14	67	9.91	9.91	9.91	3.85	7.40	9.91	9.91	9.91	9.91	0.34	1.27	2.10	8.57	9.91	9.91	9.91	9.91	9.91	9.91	9.91	9.91
刘店 2 底	19	90	4.21	3.76	3.89	3.31	5.70	19.89	12.87	12.21	12.64	1.16	1.23	3.41	9.94	13.22	7.58	9.47	4.70	6.42	8.99	8.10	8.54
刘店 3	15	71	11.39	11.39	11.39	4.25	4.57	3.69	11.39	11.18	11.39	0.21	0.96	8.14	11.38	11.39	11.39	11.39	11.39	11.39	11.39	11.39	11.39
桂云花	21	100	6.05	3.49	2.55	6.37	6.65	35.35	32.10	11.29	12.74	–0.06	1.59	11.45	8.42	13.17	7.84	14.77	8.00	12.89	19.33	40.57	12.75
大堡	21	100	9.54	4.32	3.01	4.19	10.79	29.06	41.04	10.63	5.12	0.76	1.57	10.95	8.84	13.86	10.36	17.01	4.54	15.85	17.81	34.19	12.36
全库	9	43	9.97	9.97	9.97	4.28	5.40	9.97	9.97	9.35	9.93	–0.01	2.48	3.69	7.93	9.93	9.97	9.97	9.97	9.96	9.97	9.97	9.97

表 14-6　以采样点为观察向量预测碧流河水库富营养化预警等级及准确率

采样点	准确个数	准确率（%）	2016 年		2017 年									2018 年					2019 年				平均
			10 月	11 月	1 月	4 月	5 月	6 月	7 月	8 月	9 月	10 月	11 月	1 月	4 月	6 月	8 月	10 月	1 月	4 月	6 月	8 月	
坝前 1	21	100	1	1	1	1	1	1	4	3	1	1	1	1	1	4	3	1	1	1	1	2	1
坝前 2 表	18	86	1	1	1	1	1	1	3	3	1	1	1	1	1	3	1	1	1	1	1	2	1
坝前 2 中	19	90	1	1	1	1	1	1	1	1	2	1	1	1	1	2	2	1	1	1	1	2	1
坝前 2 底	20	95	1	1	1	1	1	1	2	1	2	1	1	1	1	3	2	2	1	1	1	1	1
坝前 3	17	81	1	1	1	1	1	1	2	1	1	1	1	1	1	2	2	1	1	1	2	3	1
钟岭	19	90	1	1	1	1	1	2	2	2	1	1	1	2	1	4	2	2	2	1	1	3	1
刘店 1	19	90	1	1	1	1	2	3	2	3	1	1	1	1	1	3	2	2	1	1	1	2	2
刘店 2 表	21	100	1	1	1	1	1	4	4	2	1	1	1	1	1	2	2	2	1	1	2	1	1
刘店 2 中	15	71	1	1	1	1	1	1	1	1	1	1	1	1	1	1	1	1	1	1	1	1	1
刘店 2 底	18	86	1	1	1	1	1	3	2	2	2	1	1	1	1	2	1	1	1	1	1	1	1
刘店 3	11	52	2	2	2	1	1	1	2	2	2	1	1	1	2	2	2	2	2	2	2	2	2
桂云花	21	100	1	1	1	1	1	5	5	2	2	1	1	2	1	2	1	2	1	2	3	5	2
大堡	20	95	1	1	1	1	2	4	5	2	1	1	1	2	1	2	2	3	1	3	3	5	2
全库	13	62	1	1	1	1	1	1	1	1	1	1	1	1	1	1	1	1	1	1	1	1	1

表 14-7　以时间为观察向量预测碧流河水库叶绿素 a 指标及准确率

时间	准确个数	准确率（%）	坝前1	坝前2表	坝前2中	坝前2底	坝前3	钟岭	刘店1	刘店2表	刘店2中	刘店2底	刘店3	桂云花	大堡	全库
2016 年 10 月	10	71	6.76	3.30	2.66	3.29	2.58	3.76	3.33	4.80	4.98	4.40	4.70	5.64	7.95	4.99
2016 年 11 月	8	57	2.02	1.73	2.01	1.99	1.83	1.79	1.49	1.56	1.57	2.60	1.90	3.85	3.59	1.68
2017 年 1 月	8	57	1.00	1.69	1.65	1.62	1.67	1.66	1.67	1.65	1.73	1.87	1.82	1.94	1.84	1.81
2017 年 4 月	8	57	2.42	1.80	2.10	1.76	2.48	4.05	2.99	3.65	3.95	3.36	3.48	5.01	4.59	3.18
2017 年 5 月	8	57	5.66	5.66	5.66	5.66	5.66	5.66	5.66	5.64	5.66	5.66	5.66	5.65	5.66	5.66
2017 年 6 月	14	100	7.31	7.26	6.64	7.95	11.13	10.87	15.77	20.78	26.41	21.92	2.95	35.38	29.25	15.66
2017 年 7 月	4	29	19.94	19.94	19.94	19.94	19.94	19.94	19.94	19.94	19.94	19.94	19.94	19.94	19.94	19.94
2017 年 8 月	11	79	12.74	14.75	5.15	−0.45	5.48	8.80	10.25	13.01	11.48	9.10	14.27	9.68	13.06	11.30
2017 年 9 月	4	29	8.33	8.33	8.33	8.33	8.33	8.33	8.33	8.32	8.33	8.33	8.33	8.32	8.33	8.33
2017 年 10 月	8	57	0.16	0.69	1.08	1.54	1.52	1.82	0.68	0.94	0.42	1.25	0.70	0.65	1.23	0.95
2017 年 11 月	9	64	0.99	0.81	0.76	0.77	0.92	0.90	0.93	0.83	0.88	0.88	0.92	0.90	1.07	0.89
2018 年 1 月	9	64	1.88	3.54	1.78	2.63	2.06	9.43	4.83	2.90	3.44	2.69	8.20	12.11	10.88	2.82
2018 年 4 月	13	93	8.07	7.68	7.72	7.71	7.80	7.19	8.51	7.27	7.70	7.52	9.34	8.55	9.96	8.30
2018 年 6 月	9	64	17.81	15.91	9.23	16.16	17.45	17.08	17.18	11.28	16.34	13.43	16.63	12.08	18.08	16.67
2018 年 8 月	11	79	13.20	13.54	13.78	13.30	11.13	13.57	11.44	13.36	10.14	7.27	11.62	7.78	10.28	12.63
2018 年 10 月	12	86	10.22	10.09	10.94	10.48	10.37	10.54	10.13	9.95	9.88	10.11	10.07	13.20	17.35	9.10
2019 年 1 月	12	86	2.72	2.35	3.48	2.52	2.64	8.93	2.92	3.11	4.57	7.03	2.96	7.82	3.94	4.42
2019 年 4 月	14	100	5.03	5.93	6.35	3.78	6.48	9.76	9.09	10.60	8.97	8.50	8.97	12.75	14.17	9.75
2019 年 6 月	5	36	10.28	10.27	10.27	10.27	10.27	10.27	10.27	10.27	10.27	10.27	10.27	10.27	10.28	10.28
2019 年 8 月	1	7	16.75	16.75	16.75	16.75	16.75	16.75	16.75	16.75	16.70	16.75	16.75	16.70	16.75	16.75
平均	12	86	10.63	7.37	6.46	6.77	6.72	7.13	7.20	7.69	9.19	8.56	8.65	10.09	10.73	8.99

表 14-8　以时间为观察向量预测碧流河水库富营养化预警等级及准确率

时间	准确个数	准确率（%）	坝前1	坝前2表	坝前2中	坝前2底	坝前3	钟岭	刘店1	刘店2表	刘店2中	刘店2底	刘店3	桂云花	大堡	全库
2016 年 10 月	14	100	1	1	1	1	1	1	1	1	1	1	1	1	1	1
2016 年 11 月	14	100	1	1	1	1	1	1	1	1	1	1	1	1	1	1
2017 年 1 月	14	100	1	1	1	1	1	1	1	1	1	1	1	1	1	1
2017 年 4 月	14	100	1	1	1	1	1	1	1	1	1	1	1	1	1	1
2017 年 5 月	12	86	1	1	1	1	1	1	1	1	1	1	1	1	1	1
2017 年 6 月	14	100	1	1	1	1	2	2	3	4	4	4	1	5	4	3
2017 年 7 月	1	7	3	3	3	3	3	3	3	3	3	3	3	3	3	3
2017 年 8 月	8	57	2	2	1	1	1	1	2	2	2	1	2	1	2	2
2017 年 9 月	9	64	1	1	1	1	1	1	1	1	1	1	1	1	1	1
2017 年 10 月	14	100	1	1	1	1	1	1	1	1	1	1	1	1	1	1

续表

时间	准确个数	准确率（%）	坝前1	坝前2表	坝前2中	坝前2底	坝前3	钟岭	刘店1	刘店2表	刘店2中	刘店2底	刘店3	桂云花	大堡	全库
2017年11月	14	100	1	1	1	1	1	1	1	1	1	1	1	1	1	1
2018年1月	13	93	1	1	1	1	1	1	1	1	1	1	1	2	2	1
2018年4月	12	86	1	1	1	1	1	1	1	1	1	1	1	1	1	1
2018年6月	9	64	3	3	1	3	3	3	3	2	3	2	3	2	3	3
2018年8月	10	71	2	2	2	2	2	2	2	2	2	1	2	1	2	2
2018年10月	7	50	2	2	2	2	2	2	2	1	1	2	2	2	3	1
2019年1月	13	93	1	1	1	1	1	1	1	1	1	1	1	1	1	1
2019年4月	10	71	1	1	1	1	1	1	1	2	1	1	1	2	2	1
2019年6月	3	21	2	2	2	2	2	2	2	2	2	2	2	2	2	2
2019年8月	1	7	3	3	3	3	3	3	3	3	3	3	3	3	3	3
平均	13	93	2	1	1	1	1	1	1	1	1	1	1	2	2	1

14.5 小结

对数值的预测，以地点为观察向量预测叶绿素预测准确率为 75.8%，以时间为观察向量预测叶绿素预测准确率为 63.6%。

对预警等级的预测，以地点为观察向量预测预警级别总准确率高达 85.7%，以时间为观察向量预测预警级别总准确率为 74.5%。

总的来看，深度神经网络模型 DNN 可以较好地预测叶绿素 a 的含量，而且可以很好地对水库水体富营养化做出预警。

附：深度神经网络模型 DNN 代码

```
jj0=9;jj1=10;jj2=10;jj3=10;jj4=1;maxk=100000;ss=21;
for k=1:14
    p=[[xijk((1:5),:,k);xijk((7:10),:,k)];ones(1,21)];
size(p);

tt=xijk(6,:,k);
    w1=rand(jj1,jj0+1);w2=rand(jj2,jj1+1);w3=rand(jj3,jj2+1);w4=rand(jj4,jj3+1);
forkk=1:maxk
for s=1:ss
            dti1=w1*p(:,s);
            dto1=(1-exp(-0.0005*dti1))./(1+exp(-0.0005*dti1));dto1(jj1+1)=1;
            dti2=w2*dto1;
            dto2=(1-exp(-dti2))./(1+exp(-dti2));dto2(jj2+1)=1;
            dti3=w3*dto2;
            dto3=(1-exp(-dti3))./(1+exp(-dti3));dto3(jj3+1)=1;
            dti4=w4*dto3;
            dto4=dti4;
            dto4s=dto4-tt(1,s);
            dti4s=dto4s;
            dto3s=w4'*dti4s;
            dti3s=dto3s(1:jj3).*2.*exp(-dti3)./(1+exp(-dti3)).^2;
            dto2s=w3'*dti3s;
            dti2s=dto2s(1:jj2).*2.*exp(-dti2)./((1+exp(-dti2)).^2);
            dto1s=w2'*dti2s;
            dti1s=dto1s(1:jj1).*2.*exp(-0.0005*dti1)./(1+exp(-0.0005*dti1)).^2;
            w4=w4-dti4s*(dto3)'/20000;
            w3=w3-dti3s*dto2'/20000;
            w2=w2-dti2s*dto1'/20000;
            w1=w1-dti1s*p(:,s)'/20000;
end
end
sss=[];
for s=1:ss
        dti1=w1*p(:,s);
        dto1=(1-exp(-0.0005*dti1))./(1+exp(-0.0005*dti1));
```

```
dto1(jj1+1)=1;
        dti2=w2*dto1;
        dto2=(1-exp(-dti2))./(1+exp(-dti2));
dto2(jj2+1)=1;
        dti3=w3*dto2;
        dto3=(1-exp(-dti3))./(1+exp(-dti3));
dto3(jj3+1)=1;
        dti4=w4*dto3;
        dto4=dti4;
sss=[sss,dto4];
end
xijk(6,:,k)
sss
end
```

按时间点预测，各自 14 个样本向量

```
jj0=9;jj1=10;jj2=10;jj3=10;jj4=1;maxk=150000;ss=14;
for j=1:21
    p=[[xikj((1:5),:,j);xikj((7:10),:,j)];ones(1,14)];
size(p);

tt=xikj(6,:,j);
    w1=rand(jj1,jj0+1);w2=rand(jj2,jj1+1);w3=rand(jj3,jj2+1);w4=rand(jj4,jj3+1);
forkk=1:maxk
for s=1:ss
            dti1=w1*p(:,s);
            dto1=(1-exp(-0.0005*dti1))./(1+exp(-0.0005*dti1));dto1(jj1+1)=1;
            dti2=w2*dto1;
            dto2=(1-exp(-dti2))./(1+exp(-dti2));dto2(jj2+1)=1;
            dti3=w3*dto2;
            dto3=(1-exp(-dti3))./(1+exp(-dti3));dto3(jj3+1)=1;
            dti4=w4*dto3;
            dto4=dti4;
            dto4s=dto4-tt(1,s);
            dti4s=dto4s;
            dto3s=w4'*dti4s;
```

```
            dti3s=dto3s(1:jj3).*2.*exp(-dti3)./(1+exp(-dti3)).^2;
            dto2s=w3'*dti3s;
            dti2s=dto2s(1:jj2).*2.*exp(-dti2)./((1+exp(-dti2)).^2);
            dto1s=w2'*dti2s;
            dti1s=dto1s(1:jj1).*2.*exp(-0.0005*dti1)./(1+exp(-0.0005*dti1)).^2;
            w4=w4-dti4s*(dto3)'/20000;
            w3=w3-dti3s*dto2'/20000;
            w2=w2-dti2s*dto1'/20000;
            w1=w1-dti1s*p(:,s)'/20000;
end
end
sss=[];
for s=1:ss
        dti1=w1*p(:,s);
        dto1=(1-exp(-0.0005*dti1))./(1+exp(-0.0005*dti1));
dto1(jj1+1)=1;
        dti2=w2*dto1;
        dto2=(1-exp(-dti2))./(1+exp(-dti2));
dto2(jj2+1)=1;
        dti3=w3*dto2;
        dto3=(1-exp(-dti3))./(1+exp(-dti3));
dto3(jj3+1)=1;
        dti4=w4*dto3;
        dto4=dti4;
sss=[sss,dto4];
end
xikj(6,:,j)
sss
end
```

第 15 章 碧流河水库优水渔业模型

15.1 引言

本章利用狄龙模型对水库磷进行预测，进而应用于水库优水渔业中，促进碧流河水库渔业发展。由于建模水库的总氮 / 总磷＞ 10，依据经济合作与发展组织（OECD）标准，磷元素为水体富营养化唯一限制因子。因此本模型选择磷平衡为构建基础。

15.2 碧流河水库磷年污染负荷的计算

对磷污染物主要采用年污染负荷法对其进行定量计算，通过对碧流河水库周边污染源进行统计，定量计算出其磷污染负荷，并通过碧流河水库的相关水文条件，找出其主要污染途径。

15.2.1 碧流河水库周边污染源的调查

依照现场调查及相关数据的计算，碧流河水库作为大连市水源地，其农业灌溉和蓄水功能性较为明显，面源的影响可能为主要污染源，主要为自然沉降的直接引入和地表径流的间接引入。随着营养盐类物质逐年流入水库，在碧流河水库周边仍存在散在源影响因素的干扰。

15.2.1.1 面源污染负荷的调查

碧流河水库库面面积 74.2 km^2，农田约 855.24 km^2，林地约 1633.9 km^2，草地约 49.5 km^2，乡镇约 56.8 km^2。除此之外，尚有其他非生产用地。碧流河水库年平均降水量为 742.8 mm。

由于面源污染物的特点，定量方式主要依靠分析推算获取，一般选用多年均值的相应系数进行计算。污染物进入水体有两种形式，一种以地表径流携带周边水体的污染物进入目标水体，以碧流河水库为例，其周边农田，林地等经过地表径流的冲刷，均携带污染物进入目标水体；另一种为自然沉降，自然沉降也选用多年降水及降尘的均值来进行预测。本研究采用以下公式对面源污染物进行分析。

$$L=\sum_{i=1}^{n}L_i=\sum_{i=1}^{n}X_iA_i$$

式中，L 为总污染负荷量（kg/a）；L_i 为单个类别污染负荷量（kg/a）；X_i 为单个类别单位负荷量［kg/(km^2·a)］；A_i 为土地利用面积（km^2）；n 为土地类型个数。
其中，X_i 的计算公式为

$$X_i=\alpha_i\gamma_i P$$

式中，α_i 为磷浓度参数（mg/L）；γ_i 为降水径流系数；P 为年降水量（mm/a）。

磷单位负荷的预测参数及土地利用情况见表 15-1、表 15-2、表 15-3。

表 15-1　磷浓度参数 α_i

土地利用类型	农田	林地	草地	乡镇
α_i（mg/L）	0.87	0.068	0.12	0.50

表 15-2　径流系数 γ_i

土地利用类型	农田	林地	草地	乡镇
γ_i	0.11	0.13	0.09	0.22

表 15-3　碧流河水库周边土地利用基本情况统计

分类	总面积	农田	林地	草地	乡镇
面积 A_i（km^2）	2595.44	855.24	1633.9	49.5	56.8
百分率（%）	100	32.95	62.95	1.91	2.19

通过污染源类型的统计及相关计算公式，推算出碧流河水库整体面源污染负荷情况，见表 15-4。

表 15-4　碧流河水库面源污染的计算结果汇总表

类别	指标	农田	林地	草地	乡镇	合计
磷	X_i[kg/(km^2·a)]	71.09	6.57	8.02	81.71	138.13
	污染负荷	60 795.56	10 728.76	397.10	4 641.01	76 562.43
	负荷比（%）	79.41	14.01	0.52	6.06	100

15.2.1.2　入库河流污染负荷的调查

从入库流量及磷污染物浓度来说，碧流河水库其主要流入河流为碧流河。

碧流河及其支流多年平均径流量为 6.74×10^7 m^3。根据监测数据，河流年排入碧流河水库磷总量为 4.18 t，即碧流河水库河流入库磷总量为 4.18 t。

15.2.1.3　自然沉降污染负荷的调查

根据多年平均降水量和降水、降尘的磷实测值估算降水和降尘的磷年贡献量，多年平均降水量为 742.8 mm，降尘量约为 14.6 kg/km^2，水库多年平均水面积为 71.85 km^2，计算结果见表 15-5。

表 15-5　碧流河水库集水区域自然沉降带来的污染负荷

污染指标	降水平均浓度（mg/L）	降尘平均浓度（g/kg）	降水负荷（kg/a）	降尘负荷（kg/a）
磷	0.045	0.71	2561.70	744.80

15.2.1.4　水库周边分散源的污染负荷调查

碧流河水库不接待游客，故旅游业磷负荷为 0。

水库每年均放养鱼苗，且每年捕鱼约为 800 t，由于属于自然放养，不投饵，不存在人为污染。

15.2.1.5　碧流河水库磷污染负荷的计算

碧流河水库磷污染物计算后的每年污染负荷见表 15-6。

表 15-6　磷污染负荷计算结果汇总表

类别	指标	点源	面源	降水	降尘	旅游业	河流
磷	负荷（kg/a）	0	76 562.43	2 561.70	744.80	0	4 178.80
	比率（%）	0	91.09	3.05	0.89	0	4.97

15.2.2　磷污染负荷年输入、输出的计算及模型的验证

对于磷污染的输入计算，主要依据磷污染物负荷计算，其中以面源及河流输入为主，并对各类污染源输入进行求和，得出碧流河水库磷污染物输入量。

对于磷的输出计算考虑库水量的输出主要是蒸发和流出，其中蒸发水量较小，且以蒸发的形式带走的污染负荷对污染物浓度影响不大，反而会加大水体中污染物的浓度，所以水中磷污染物的输出主要是以水量流出的方式进行磷污染负荷的输出。同时由于生物富集作用，水库中水生生物对磷的富集起到了很大的作用，但由于藻类等植物量较少，且排出较为烦琐，水生生物中的鱼类成为总磷输出的主要载体，根据各种类型污染源的磷负荷含量进行计算总磷的年输出量。

15.2.3　磷污染负荷的输入、输出计算及浓度的预测

总磷的输入计算应尽量包括所有可能污染源，包括表现污染及潜在污染。同时对碧流河水库的水文情况进行调查，水库的平均水深 h 为 13 m；水库的容量 V 为 $9.34\times10^8\ m^3$；水

库的面积 S 为 $7.18\times10^7\ m^2$；年均出库水量 Q_a 为 $9.58\times10^8\ m^3/a$。

（1）水库磷污染负荷的年输入量的计算。

利用现有数据对碧流河水库各种类型污染源引入的磷进行计算，公式如下：

$$P_{in}=A_1+A_2+A_3+A_4+A_5+A_6$$

式中，P_{in} 为磷污染负荷的年输入量（kg/a）；A_1 为水库点源总磷年输入量（kg/a）；A_2 为水库面源总磷年输入量（kg/a）；A_3 为水库降水总磷年输入量（kg/a）；A_4 为水库降尘总磷年输入量（kg/a）；A_5 为水库旅游业总磷年输入量（kg/a）；A_6 为水库河流总磷年输入量（kg/a）；计算得出磷的年输入量约为 84 047.73 kg/a。

（2）水库磷的年输出量。

根据水库年均监测浓度及鱼类捕捞量进行计算，公式如下：

$$P_{out}=B_1+B_2$$

式中，P_{out} 为磷污染负荷的年输出量（kg/a）；B_1 为水库的出库总磷输出量（kg/a），$B_1=Q_a\times C_{out}$；B_2 为水库由于鱼体输出导致的总磷输出量（kg/a）。

经监测得出碧流河水库出口平均总磷浓度为 0.079 mg/L，B_1 为 75 490.4 kg/a。若按鲢的磷含量进行折算，含磷量为 1.84‰，若按照每年捕获鱼类 1000 t 来折算磷含量，则磷输出量为 1.84 t，若按照碧流河水库每年捕鱼量为 800 t 计算，则碧流河水库由于捕鱼导致的磷输出量 B_2 为 1472 kg/a，计算得出碧流河水库年磷输出量为 76 962.4 kg/a。

（3）碧流河水库磷的滞留系数公式如下：

$$R_p=1-P_{out}/P_{in}$$

计算得出磷的滞留系数为 0.08。

（4）碧流河水库年磷单位面积负荷公式如下：

$$L_p=P_{in}/S$$

式中，L_p 为年磷单位面积负荷［$g/(m^2\cdot a)$］；S 为水库水面积（m^2）。

计算得出碧流河水库年磷单位面积负荷为 1.17 $g/(m^2\cdot a)$。

（5）碧流河水库的冲刷系数公式如下：

$$\beta=Q_a/V$$

式中，Q_a 为水库年均出库水量（m^3/a）；V 为水库容量（m^3）。

计算得出冲刷系数 β 为 1.03。

应用狄龙模型，将上述计算结果代入公式

$$P=\frac{L_p\times\left(1-R_p\right)}{h\times\beta}$$

式中，P 为预测的某时间的浓度值（mg/L）；h 为水库平均深度（m）。

依据狄龙模型，结合碧流河水库冲刷系数公式，将上述结果代入公式得出，总磷的预测浓度应为 0.080 mg/L。

15.3 改进模型的构建

本模型是在水库狄龙模型的基础上进行构建和优化。将向水库规模化投放鱼类对水质的影响作为重要的模型参数。

将水库放养鱼类对磷元素的利用总量设定为参数 P_f，假设水库中所有鱼类同化的磷元素将不会再返回水体，则有：

$$R_{\mathrm{p}} = 1 - \frac{P_{\mathrm{out}} + P_f}{P_{\mathrm{in}}}$$

将上述公式代入狄龙模型基础方程，整理得：

$$P = \frac{L_{\mathrm{p}}\left(\frac{P_{\mathrm{out}} + P_f}{P_{\mathrm{in}}}\right)}{h \times \beta}$$

由于水库中大于 90% 的渔获量来自滤食性鲢、鳙，因此模型构建将水库鲢、鳙现存量 M 作为鱼利用磷元素的基础生物量。关于鲢、鳙对磷元素的同化量，本模型采用以鲢、鳙现存量为基础，将鲢、鳙通过食物链同化的磷元素进行积累，获得鱼类对磷元素的利用总量。得：

$$P_f = P_{\mathrm{P}} + P_{\mathrm{Z}} + P_{\mathrm{O}}$$

式中，P_f 为放养鱼类对磷元素的利用总量，g；P_{P} 为滤食浮游植物同化的磷，g；P_{Z} 为滤食浮游动物同化的磷，g；P_{O} 为滤食腐质同化的磷，g。

进一步推算得：

$$P_{\mathrm{P}} = V \times C_{\mathrm{P}} \times \alpha$$

式中，V 为鲢、鳙年滤水总量，L；C_{P} 为水中浮游植物的平均生物量，mg/L；α 为浮游植物含磷量，mg/g。

$$P_{\mathrm{Z}} = V \times C_{\mathrm{Z}} \times \gamma$$

式中，C_{Z} 为水中浮游动物的平均生物量，mg/L；γ 为浮游动物含磷量，mg/g。

$$P_{\mathrm{O}} = V \times C_{\mathrm{O}} \times \delta$$

式中，C_{O} 为水中腐质的平均含量，mg/L；δ 为腐质含磷量，mg/g。

经计算得出鱼类对磷元素的总利用量为 35 942.75 kg/a。

按照城市供水水源水库的水质要求，水库水质要符合国家水质 II 类标准，即要求总磷含量 $\leqslant$ 0.025 mg/L，即 $[P_{\max}]$=0.025 mg/L。

根据水库优水渔业模型的目的要求，在合理地开发利用渔业资源的情况下，水库总磷浓度应当始终满足供水水质指标要求，即 $P \leqslant [P_{\max}]$，代入改进的狄龙模型公式可得：

$$P = \frac{L_{\mathrm{p}}\left(\frac{P_{\mathrm{out}} + P_f}{P_{\mathrm{in}}}\right)}{h \times \beta} \leqslant 0.025 \text{ mg/L}$$

整理可得：

$$P_f \leqslant P_{\text{in}}\left(\frac{h\times\beta\times 0.025}{L_{\text{p}}}\right)-P_{\text{out}}$$

将改进的狄龙模型进行验证。结果表明，增加参数后的模型对水库磷含量的预测值更接近实测值（0.072 mg/L）。验证结果为 0.110 mg/L。

水库总磷浓度达到 0.025 mg/L，水体中的磷含量约 162 537.6 kg/a 进入鱼体中，才能达到水库优水渔业模型的目的要求，水库水质符合国家水质Ⅱ类标准。

多余磷含量代入 P_f 中，

$$P_f=V\times(C_{\text{P}}\times\alpha+C_{\text{Z}}\times\gamma+C_{\text{O}}\times\delta)$$

整理可得：

$$V=P_f/(C_{\text{P}}\times\alpha+C_{\text{Z}}\times\gamma+C_{\text{O}}\times\delta)$$

鲢、鳙年滤水量 = 平均滤水量 × 时间 × 重量

根据资料可得鲢、鳙平均滤水量为 589.5 L/(h·kg)，每尾鲢、鳙平均重量为 1.67 kg，代入到公式中，得出水库每年可多有鱼类，即多收约 4500 尾鱼。

15.4 小结

根据上述模型结果，可见碧流河水库目前渔获量从优水目的来看已达到饱和，出现明显磷限制。若获得更高渔获量，必须提高初级生产力并加强磷循环和能量转化速度和转化效率。总体来说，碧流河水库通过将水体多余的磷元素全部转入鱼体中达到优水渔业标准的前提下，可增加鱼类的放养量来实现，通过模型计算，每年可增加约 4500 尾鱼苗的投放。

水中磷含量不是限制碧流河鱼产力的唯一因素，水中磷含量接近供水水质指标要求，单纯增加水中磷的含量得到的鱼产力微乎其微，但调查结果显示 2018 年 6 月调水以来水库底泥中的总磷含量大幅增加，如果可以将底泥中的总磷释放到水中，同时加强磷循环和能量转化速度和转化效率，可以继续加大碧流河鱼产力，具体方法还需进一步研究。

第16章　碧流河水库水质、饵料资源、鱼产力综合分析及优水渔业对策

16.1 碧流河水库水质特征与历史资料的比较

碧流河水库水质情况历史上有多次研究（表 16-1）。本次调查（2016 ～ 2019 年）碧流河水库总氮（TN）较高，为 1.44 mg/L，低于历史资料。总磷含量 0.072 mg/L，低于 20 世纪 90 年代初数值，但均高于近 10 年来的测定结果。亚硝酸氮高于历史资料，而硝酸氮含量低于历史资料。氨氮为 0.012 mg/L，比历史资料大幅度降低，符合水质标准。活性磷含量较高，达 0.049 mg/L。高锰酸钾指数（COD_{Mn}）达 8.09 mg/L，明显高于历史资料。碧流河水库 pH 在本次调查中为 8.34，高于历史上测定的平均值。溶氧含量与历史资料差别不大。透明度与

表 16-1　碧流河水库水质特征与历史资料的比较

指标	1988 ～ 1991 年	2005 年	2008 ～ 2009 年	2008 年	2014 ～ 2015 年	2016 年	2016 ～ 2019 年
总氮 TN（mg/L）	1.92	2.76	2.27	2.22	2.33	2.67	1.44
总磷 TP（mg/L）	0.154	0.010	0.020	0.020	0.007	0.030	0.072
亚硝酸氮 NO_2^--N（mg/L）	0.007	0.028	0.020		0.023	0.003	0.121
硝酸氮 NO_3^--N（mg/L）	0.479	1.36	1.21			2.10	0.094
氨氮 NH_4^+-N（mg/L）	0.308	0.050	0.180		0.186	0.437	0.012
活性磷 PO_4^{3-}-P（mg/L）	0.012		0.005				0.049
COD_{Mn}（mg/L）	7.88	2.40	2.65	2.70	2.51	2.70	8.09
pH	7.68	7.80	8.03		8.18	7.40	8.34
P/R 系数	0.95						2.41
日 P/B 系数	0.45						1.03
溶氧 DO（mg/L）	10.39	7.70	8.57		9.61	11.40	7.22
营养状况	中	中	中	中	中	中	中
透明度 SD（m）	1.81	3.00	2.35	2.40	1.30		1.31
叶绿素 a（μg/L）			4.75	11.2	12.95	3.97	8.23
总碱度 ALK（mmol/L）	0.75		0.92				1.38
总硬度 TH（mmol/L）	1.97		1.09				1.95
参考文献	何志辉和王喜庆，1992	闫洪山，2006	徐锋，2010	谢在刚，2009	李媛等，2016	安浩等，2018	本书

注：P/R 为生态系统中初级产量（P）与群落呼吸量（R）的比；P/B 为毛产量（P）和生物量（B）的比。后同。

历史资料比较有所降低，平均透明度为 1.31 m，叶绿素 a 含量居中，总碱度和总硬度适宜。水体均处于中营养型水平。

16.2 碧流河水库水生生物密度与生物量现状与历史资料比较

碧流河水库水生生物密度与生物量等生物指标现状与历史资料比较总结于表 16-2。据何志辉和王喜庆（1992）资料，20 世纪 90 年代初碧流河水库浮游植物生物量为 3.44 mg/L，属于硅藻—绿藻—隐藻型，2008～2009 年碧流河水库浮游植物生物量为 2.74 mg/L，仍然为硅藻—绿藻—隐藻型，2014～2015 年调查，浮游植物生物量为 3.04 mg/L，仍为硅藻—绿藻—隐藻型。本次调查浮游植物生物量为 5.77 mg/L，明显高于历史资料，仍然为硅藻—绿藻—隐藻型。

表 16-2　碧流河水库饵料资源现状与历史资料的比较

指标	1988～1991 年	2005 年	2005 年	2008～2009 年	2014～2015 年	2016 年	2016～2019 年
浮游植物种类数	99	86		177	235	52	331
浮游植物密度 10^7（ind/L）				0.60	0.84	0.37	0.51
浮游植物生物量（mg/L）	3.44	3.61		2.74	3.04	1.82	5.77
浮游动物种类数	35	68		67	265	25	154
浮游动物密度（ind/L）		58		160	283	1084	399
浮游动物生物量（mg/L）	1.10	1.74		1.93	0.17	0.45	0.51
底栖动物种类数			5	11	8		27
底栖动物密度（ind/m^2）			336	2011	203		1770
底栖动物生物量（g/m^2）			2.01	5.52	2.23		7.53
Chl-a（μg/L）				4.75	12.95	3.97	8.23
初级生产力［g/(m^2·d)］	2.60						5.95
参考文献	何志辉和王喜庆，1992	闫洪山，2006	杜瑜等，2006	徐锋，2010；赵文等，2011	李媛等，2016；季世琛等，2018	安浩等，2018	本书

浮游动物密度为 399 ind/L，与 2014～2015 年资料相近。而其生物量仅 0.51 mg/L，高于 2014～2015 年，但显著低于更早期的历史资料（1.10～1.93 mg/L）。底栖动物密度为 1770 ind/m^2，明显高于 2014～2015 年资料，生物量为 7.53 g/m^2，高于历史资料。

总之，通过与以往历史调查数据对比，碧流河水库浮游植物密度相对变化不大，生物量明显增大。浮游动物密度变化较为明显，而其生物量下降比例较大。

16.3 碧流河水库鱼产力评估

16.3.1 初级生产力估计法

2016～2019 年碧流河水库平均（按年计算）初级生产力为 5.95 g O_2/(m^2·d)，若鱼类生长期为 240 d，浮游植物平均初级生产力取此值的 2/3 即 3.96 g/(m^2·d)。可养水面按 3533 hm^2 计算，可提供浮游植物毛产氧量 33 634 t，浮游植物净产量为毛产氧量的 80%，即净产量为 26 907 t。按氧净产量折合浮游植物湿重（1 mg O_2=6.1 mg 浮游植物湿重）164 134 t。允许鱼类对浮游植物净产量的最大利用率为 0.4，可根据下列公式计算鲢、鳙的生产潜力。

$$鲢生产力FH = \frac{P \times K \times \alpha \times H_Y}{E_H \times C} \times P_G$$

$$鳙生产力FA = \frac{P \times K \times \alpha \times A_T}{E_A \times C} \times P_G$$

式中：P_G 为浮游植物毛产氧量 33 624 t；P 为浮游植物净产氧量的比例为 0.8；K 为氧转化为能的热当量 3.51；C 为鲜肉的热当量 1.2；H_Y 为鲢的搭配比例 0.5；E_H 为浮游植物对鲢的能量转化系数 40；A_T 为鳙的搭配比例 0.5；E_A 为浮游植物对鳙的能量转化系数 20；α 为允许鱼类对浮游植物净产量的最大利用率 0.4。

将上述数字代入公式。获得鲢生产力为 393 t，鳙生产力为 787 t，鲢、鳙合计为 1180 t，碧流河水库每公顷鲢、鳙等鱼类生产力为 334 kg，全库总鱼产力为 1.18×10^6 kg（3533 hm^2）。

16.3.2 饵料基础计算法

利用饵料生物（浮游植物、浮游动物和底栖动物）的现存量和生产量计算其鱼产力，按照浮游植物和浮游动物提供鱼产力之和的一半计算腐质鱼产力。上述之和为总鱼产力。具体计算过程为：利用饵料生物现存量乘以年 P/B 系数计算其生产量；按照利用率计算鱼类利用量，再除以饵料系数即为每公顷鱼产力。水库面积按 3533 hm^2 计算，最终计算全库鱼产力。碧流河水库鱼产力的估算结果见表 16-3。

表 16-3 碧流河水库鱼产力的估算

饵料生物	现存量		年 P/B	生产量（kg/hm^2）	鱼类利用		饵料系数	鱼产力（kg/hm^2）	全库鱼产力［kg（3533 hm^2）］
	g/m^2	kg/hm^2			利用率（%）	利用量（kg/hm^2）			
浮游植物	5.77	57.7	100	5770	20	1154	20	57.7	203 854.1
浮游动物	0.51	5.1	20	102.5	50	51.26	10	5.1	18 110.2
底栖动物	7.53	75.3	8	602.4	50	301.2	5	60.2	212 827.9
腐质	—	—	—	—	—	—	—	31.4	110 982.1
总计								154.5	545 774.3

碧流河水库浮游生物和底栖动物提供的鱼产力约为 154 kg/hm^2。碧流河水库鱼类年产量可达 545.8 t，即 0.55×10^6 kg。若有效水深按两倍透明度即 2.8 m 计算。碧流河水库最大的渔获量为 1.14×10^6 kg。

16.4 碧流河水库水资源可持续利用对策研究

16.4.1 控制外界污染源，大力发展“优水渔业”

控制外界污染源，减少污染物进入水体的量。比如水库周边的农田，土壤中大量营养盐通过地表径流进入水体，造成水中营养物质的增加，容易使水体富营养化，所以必须改善周边的生态环境，减少农田径流对水体的污染。在污染源减少的基础上，大力发展“优水渔业”。通过鲢、鳙的放养，每年可从水中提出大量的氮、磷。所以鲢、鳙的合理放养，对减轻水体的富营养化有很大的作用，对大力发展“优水渔业”意义重大。

16.4.2 定期进行监测，建立富营养化预警机制及水质预测模型

通过定期监测、富营养化预警机制及水质预测模型，能让我们更快速地了解和掌握水体的动态，找出富营养化的原因，以便科学治理。水体富营养化是由于水中氮、磷等营养元素的大量进入，导致水中浮游植物过量生长的现象，所以采用叶绿素 a 作为水体富营养化评价的基本因子，将水质管理的目标定为达到并保证 II 类水体标准，即叶绿素的浓度低于 0.01 mg/L 的水平。对水厂的实际处理能力的调查表明，当含藻类水的叶绿素浓度在 0.02 ～ 0.025 mg/L 时就会严重影响到混凝的效果，从而影响供水质量。通过以上的分析，对水源水库制订了分级预警的方案，如表 16-4 所示（预警模型见第 14 章）。

表 16-4　碧流河水库水体富营养化预警机制

预警警级	叶绿素 a 浓度（mg/L）
无警（蓝色）	＜ 0.01
轻警（绿色）	0.01 ～ 0.015
中警（黄色）	0.016 ～ 0.020
重警（橙色）	0.02 ～ 0.03
巨警（红色）	＞ 0.03

16.4.3 科学指导生产，合理利用渔业资源

通过 2016 ～ 2019 年 20 次调查结果，可见碧流河水库在采取水源地保护、调水以及取消网箱养殖等措施后，除总氮含量偏高外，水体富营养化得到了有效控制，浮游生物和底栖动物生物量比以往有所改善，水草较少见，鲢、鳙等渔获量下降。利用放养鲢、鳙保证优水的目的已经达到，今后必须坚持走可持续优水渔业发展的渔业方式，对面临的新问题仍需走通过科技创新和产学研合作加以解决。

近 3 年鲢、鳙投放策略和优水渔业措施的建议如下。

（1）鱼类放养：作为水源地水库，为确保水质优质，放养鱼类还是要以鲢、鳙为主，适当放养鲤、鲫、草鱼和团头鲂等。放养规格尽可能放养大规格鱼种，体长 13.2 cm 以上，体重 0.1 kg 左右。

（2）放养比例：2009 ～ 2018 年鳙、鲢数量比例达到 2.6 ∶ 1（表 16-5），鳙放养比例偏大。从目前水库浮游植物和浮游动物调查来看，建议可考虑适当增加鲢的放养量。建议碧流河水库今后 3 年放养鲢∶鳙为 1 ∶ 1 执行。

表 16-5　碧流河水库近些年各类鱼种放养量　（单位：$\times 10^4$ kg）

年份	鳙	鲢	鲤	草鱼	青鱼	团头鲂	合计放养量
2009 年	13.30	2.65	0.70	0.70		0.006	17.35
2010 年	10.60	4.45	0.40	0.15			15.60
2011 年	14.25	5.15	0.50				19.90
2012 年	12.88	9.64	0.73	0.42			23.65
2013 年	13.54	7.19	1.75	0.90			23.40
2014 年	11.65	7.30	1.75	0.10	0.15		20.95
2015 年	9.15	1.30	1.95	0.20	0.10		12.70
2016 年	8.85	0.55	1.20	0.05			10.65
2017 年	8.65	1.10	1.75	0.60	0.03		12.15
2018 年	7.30	2.30	1.40	0.29	0.03	0.085	11.40
2019 年	6.32	0.48	1.64	1.31	0.07	0.005	9.80

（3）起捕规格：严格执行鲢、鳙起捕规格，即鲢 2.0 kg、鳙 3.0 kg。

（4）渔获量和其后 3 年放养量计划：按 2016 ～ 2019 年调查结果，渔获量最高 1.18×10^6 kg，产量按 22.3 kg/ 亩①，成活率按 60% 计算，加强水库渔业管理，提高捕捞技术和效率，回捕率按 10%，每年放养鱼类总计为 150 尾 / 亩，即需放养 794 万尾。恢复期 4 至 5 年，达到年渔获量 1.18×10^6 kg。碧流河水库 10 年实际捕捞销售渔获量平均值为 2.28×10^5 kg（表 16-6），2013 年捕捞销售渔获量最高为 4.43×10^5 kg。2016 ～ 2018 年实际销售产量仅 3 万～ 5 万 kg。从鱼产力评估结果看，碧流河水库鱼产潜力还是很大的。

表 16-6　碧流河水库近些年各类鱼类捕捞量　（单位：$\times 10^4$ kg）

年份	鳙	鲢	鲤	草鱼	青鱼	鲇	马口鱼	黄颡鱼	斑鳜	餐条鱼	麦穗鱼	银鱼 / 虾	合计
2009 年	9.40	3.60	1.00	0.050	0.006	0.100	0.050	0.025	0.100	0.250	0.40	0.025	15.01
2010 年	11.95	5.30	1.75	0.025	0.010	0.100	0.100	0.025	0.150	0.300	0.45	0.030	20.19
2011 年	20.80	10.50	2.00	0.050	0.010	0.150	0.100	0.025	0.200	0.400	0.50	0.035	34.77

① 1 亩 =666.67 m^2。

续表

年份	鳙	鲢	鲤	草鱼	青鱼	鲇	马口鱼	黄颡鱼	斑鳜	餐条鱼	麦穗鱼	银鱼 / 虾	合计
2012 年	20.20	10.80	2.30	0.025	0.075	0.100	0.100	0.025	0.150	0.400	0.45	0.025	34.65
2013 年	26.40	14.60	1.90	0.050	0.010	0.100	0.100	0.025	0.150	0.400	0.50	0.025	44.26
2014 年	18.50	9.50	1.25	0.050	0.010	0.100	0.100	0.025	0.100	0.300	0.40	0.020	30.36
2015 年	24.00	13.50	1.75	0.050	0.005	0.050	0.050	0.025	0.050	0.100	0.15	0.010	39.74
2016 年	2.00	1.00	0.95	0.005	0.003	0.025	0.025	0.030	0.020	0.150	0.25	0.100	4.58
2017 年	1.50	0.75	0.75	0.005	0.003	0.025	0.025	0.030	0.003	0.015	0.03	0.150	3.28
2018 年	2.00	0.75	0.75	0.005	0.003	0.025	0.025	0.030	0.001	0.015	0.03	0.400	4.03
2019 年	8.50	6.00	0.95	0.080	0.000	0.062	0.083	0.690	0.004	0.350	2.54	0.800	20.06

（5）放养时间：建议秋季放养，原因是秋季放养可使鱼种提前适应大水面生活环境，同时冬季凶猛鱼活动力减弱，摄食减少，也有利于提高鱼种成活率。

16.4.4　客水对碧流河水库水生生物及渔业资源的影响及其对策研究

2014 年开始，辽西北供水工程建设使大伙房水库水引入碧流河水库。2014 年 9 月开始引大伙房水库水，截至 2018 年 5 月共引大伙房水 5.43×10^8 m^3。近年来，随着输水工程的先后施工，客水进入碧流河水库，面临着水位波动大、交换量大、鱼类“索饵场、产卵场、越冬场等三场”破坏、水温下降、外来种生物入侵等不利影响，自然生态遭到不可逆转的严重破坏。主要有以下影响。

16.4.4.1　消落深度增加严重阻碍鱼类产卵和繁殖

为提高调蓄能力，碧流河水库消落深度增加，且调水过程中水库水位频繁变化，这些消落深度增加和水位频繁波动对产黏性卵的鱼类产卵行为造成严重干扰。产卵季节，大部分鱼类（尤其是鲤、鲫、鲂等）将卵产在岸边附着物上，此时水位消落会使卵因暴露水面而导致发育中止。另外，水位波动会使上游水草消失，失去产卵场。以上均会对水库鱼类自然增殖构成严重破坏。

16.4.4.2　调水工程导致水体肥力和初级生产力变化，鱼类生长速度显著降低

频繁的调水会打破水库原有的水平对流和垂直对流规律，增加水体交换量，引起水位波动，破坏了浮游生物和底栖动物的生长环境，导致水体浮游生物生物量特别是浮游动物相对减少（表 16-7），使水体肥力和初级生产力发生变化，严重影响了水库原有的自然生态平衡，降低了鱼类的生长速度，渔获量大幅度下降（图 16-1），延长了水库鱼类的捕获周期和渔业经济的周转期，严重阻碍企业的经济发展。

表 16-7 碧流河水库调水前后饵料生物生物量比较

饵料	调水前		调水后
	1988 ～ 1991 年	2008 ～ 2009 年	2016 ～ 2019 年
浮游植物生物量（mg/L）	3.44	2.74	5.77
浮游动物生物量（mg/L）	1.10	1.93	0.51
底栖动物生物量（mg/L）		5.52	7.53

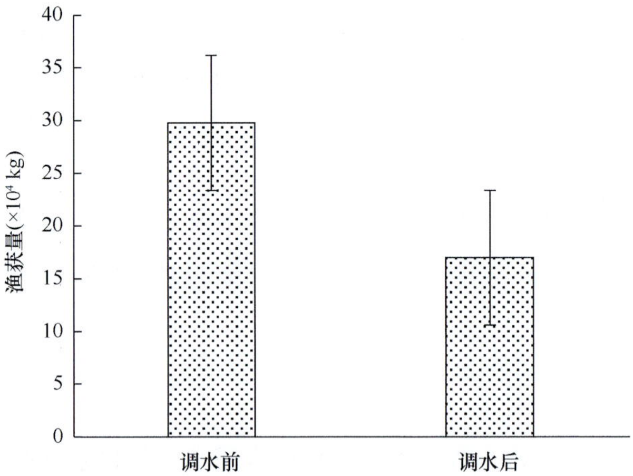

图 16-1 碧流河水库调水前后渔获量比较

从表 16-7 可见，水资源管理方式的改变即调水后，碧流河水库浮游植物生物量有所增加、浮游动物生物量锐减，底栖动物生物量与比调水前相差不大，严重影响了浮游动物食性鱼类的渔获量。

图 16-1 显示，调水前的 2009 年至 2013 年 5 年平均渔获量为 2.98×10^5 kg，调水后 2014 年至 2019 年 6 年平均渔获量仅为 1.70×10^5 kg。可见渔获量大幅度下降。

表 16-8 总结了碧流河水库 2013 ～ 2019 年进出库水量情况，可见，出库与进库水量并不平衡，这 7 年总出库水量与总进库水量比值为 1.012。可见水位会出现明显波动和水的交换也是频繁的。

表 16-8 碧流河水库近年来出入库水量及引水量

年份	进库水量（$\times10^4$ m^3）	出库水量（$\times10^4$ m^3）	出库 / 进库	大伙房引水量（$\times10^4$ m^3）
2013 年	92 393	95 781	1.04	
2014 年	13 277	42 066	3.17	2 347
2015 年	35 318	43 587	1.23	14 228
2016 年	43 379	39 580	0.91	15 142
2017 年	48 524	37 973	0.78	19 232
2018 年	58 402	39 529	0.68	13 459
2019 年	37 703	34 550	0.92	11 076

16.4.4.3　调水的影响

调水造成外来种进入，改变生物种类组成，改变生物多样性，严重者会导致生物入侵。频繁的调水会使客水生物进入水库，至于会造成什么影响，有待进一步研究。

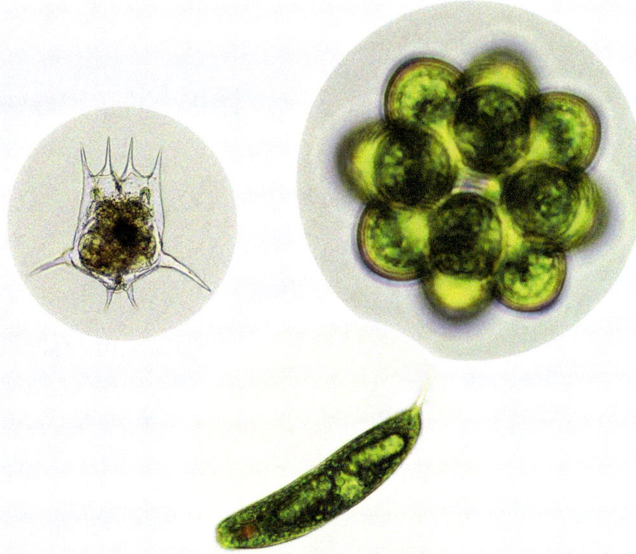

碧流河水库

常见水生生物图鉴

一、浮游植物 Phytoplankton

（一）蓝藻门 Cyanophyta

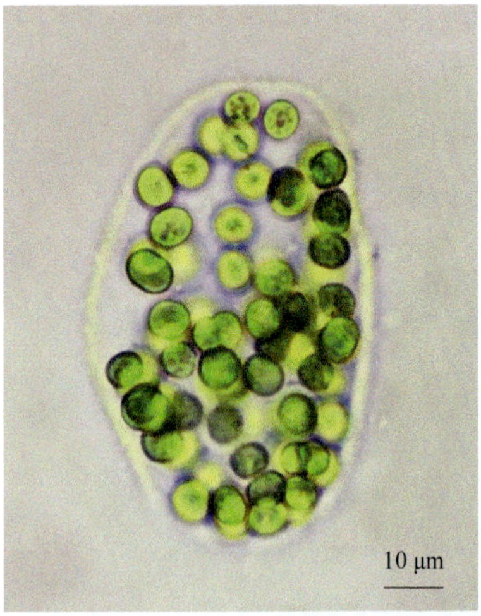

灰绿隐杆藻 *Aphanothece pallida*

1. 灰绿隐杆藻 *Aphanothece pallida* (Kützing) Rabenhorst, 1863

隶属蓝藻纲 Cyanophyceae，色球藻目 Chroococcales，聚球藻科 Synechococcaceae，隐杆藻亚科 Aphanothecoideae，隐杆藻属 *Aphanothece*。植物体近球形或不定形，胶质，柔软，蓝绿色、橄榄绿色至黄棕色，胶被明显。细胞长椭圆形或短圆柱形，宽 5 ～ 8 μm，长为宽的 1.5 ～ 2 倍，长 9 ～ 14 μm。

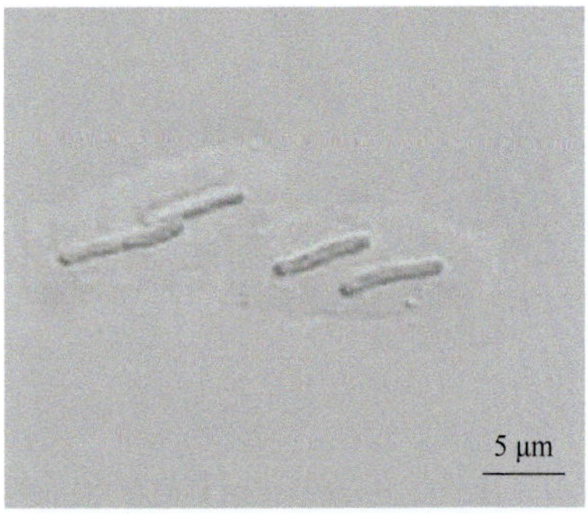

线形粘杆藻 *Gloeothece linearis*

2. 线形粘杆藻 *Gloeothece linearis* Nägeli, 1849

隶属聚球藻科 Synechococcaceae，隐杆藻亚科 Aphanothecoideae，粘杆藻属 *Gloeothece*。藻体团块黏滑，略扩展，橄榄绿色。细胞单生或由 2 ～ 4 个细胞组成群体，亦有许多细胞的胶被相互融合成不定形的胶群体。群体胶被宽厚无色，无层理。细胞杆状、圆柱形，直或弯曲，两端宽圆。直径为 1.5 ～ 2.5 μm，长为 4.5 ～ 8 μm；包括胶被直径为 5 ～ 6 μm，长为 6 ～ 13 μm。原生质体均匀或具小颗粒，淡蓝绿色至蓝绿色。浮游或附着在水中其他物体上。

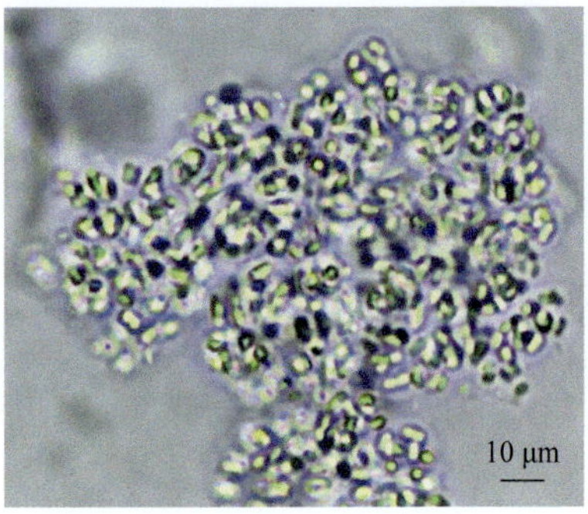

棕黄粘杆藻 *Gloeothece fusco-lutea*

3. 棕黄粘杆藻 *Gloeothece fusco-lutea* Nägeli, 1849

植物体多为蓝绿色至棕黄色，柔软而扩展的黏质胶体。细胞单生或由 2 个细胞组成小群体，由 2、4、8、16、32 或更多细胞形成大群体，直径 20 ～ 100 μm。公共胶被厚 5 ～ 6 μm，黄棕色。细胞圆柱形至广椭圆形，直径为（4 ～）5.5 ～ 6 μm，长为（5.5 ～）6 ～ 8.5（～ 11）μm，包括胶被的直径为（5 ～）6.5 ～ 8（～ 12）μm。原生质体均匀或具微细颗粒，蓝绿色。

4. 铜绿蓝杆藻 *Cyanothece aeruginosa* (Nägeli) Komárek, 1976

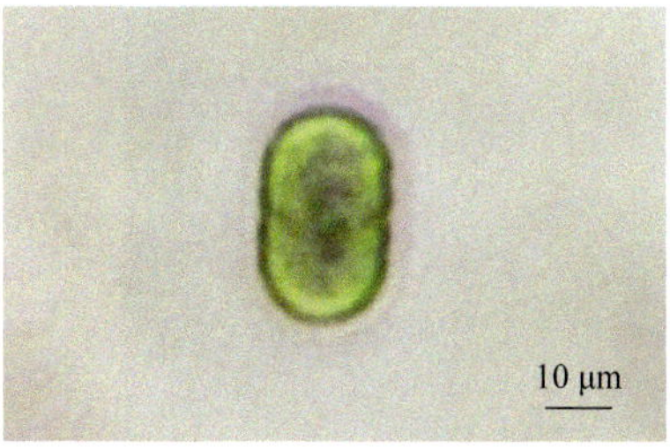

铜绿蓝杆藻 *Cyanothece aeruginosa*

隶属聚球藻科 Synechococcaceae，隐杆藻亚科 Aphanothecoideae，蓝杆藻属 *Cyanothece*。原称铜绿聚球藻 *Synechococcus aeruginosus* Nägeli, 1832。藻体单细胞，或有时两个相连，无胶被。细胞圆柱形、长圆形或椭圆形。宽 7.2 ～ 25 μm，长为宽的 2 倍，为 14 ～ 50 μm。具小颗粒或内含物均匀，鲜蓝绿色或淡蓝绿色，偶尔为黄色。

5. 细长聚球藻 *Synechococcus elongatus* Nägeli, 1849

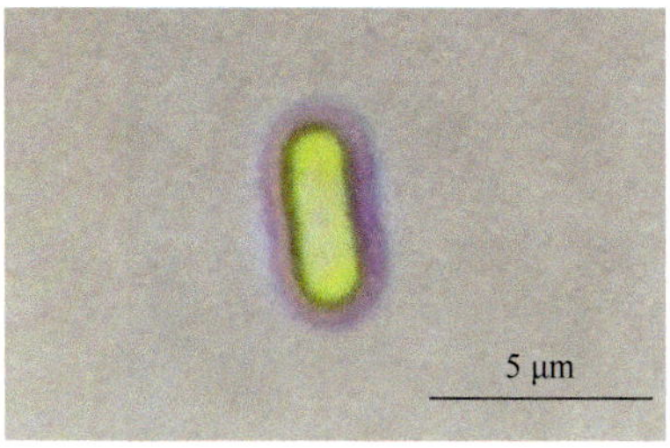

细长聚球藻 *Synechococcus elongatus*

隶属聚球藻科 Synechococcaceae，聚球藻亚科 Synechococcoideae，聚球藻属 *Synechococcus*。细胞圆柱形或长圆形，直或略弯曲，两端宽圆。细胞单独存在或 2 ～ 3 个细胞相连而成一短丝体。细胞直径 0.7 ～ 1.1 μm，长 1.8 ～ 2.1 μm。内含物均匀。

6. 线形棒条藻 *Rhabdoderma lineare* Schmidle, 1900

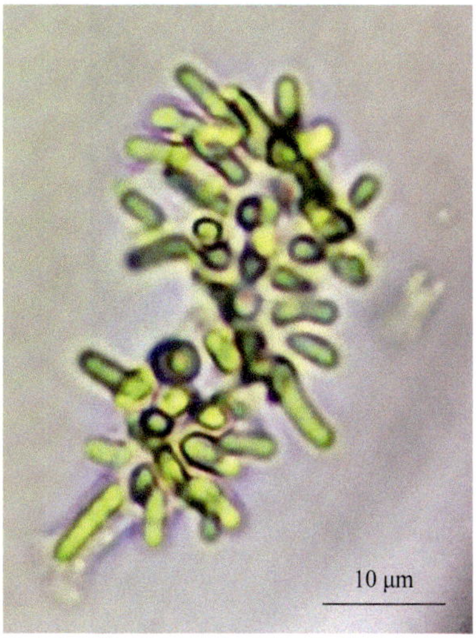

线形棒条藻 *Rhabdoderma lineare*

隶属聚球藻亚科 Synechococcoideae，棒条藻属 *Rhabdoderma*。植物体为数个细胞组成的球形或椭圆形群体。群体胶被无色，均匀。细胞长圆柱形，多数弯曲，直径 2 ～ 4 μm，长 6 ～ 9 μm。衣鞘柔软，不明显。原生质体均匀，灰蓝绿色或鲜蓝绿色。为湖泊浮游种类，偶见种。

7. 针晶蓝纤维藻 *Dactylococcopsis rhaphidioides* Hansgirg, 1888

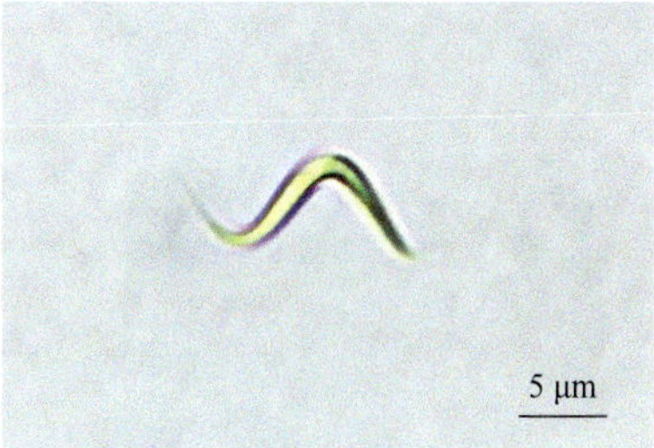

针晶蓝纤维藻 *Dactylococcopsis rhaphidioides*

隶属色球藻目 Chroococcales，色球藻科 Chroococcaceae，蓝纤维藻属 *Dactylococcopsis*。亦称针晶拟指球藻 *Monoraphidium rhaphidioides* (Hansgirg) Hindák, 1970。植物团块由少数组成群体，自由漂浮于水中，胶被无色透明，质地均匀，含水量高。细胞的形态变化较多，多为“S”形、半环形，直或弯曲，其末端狭小而尖锐。细胞直径 1.2 ～ 3 μm，长 14 ～ 25 μm。细胞原生质均匀，蓝绿色。淡水、盐碱水体均有分布。

针状蓝纤维藻
Dactyloccoccopsis acicularis

8. 针状蓝纤维藻 *Dactyloccoccopsis acicularis* Lemmermann, 1900

亦称针状拟指球藻、有称格氏单针藻 *Monoraphidium griffithii* (Berkeley) Komárková-Legnerová, 1969 或针形纤维藻 *Ankistrodesmus acicularis* (Braun) Korshikov, 1953。藻体为单细胞，或由少数乃至多数细胞聚集形成群体，群体胶被无色透明。细胞直，中部为梭形，两端逐渐延长至成十分尖细的末端，直径为 2 ～ 2.5 μm，长 39 ～ 43 μm，胶被不明显。细胞原生质体灰蓝绿色。分布于静水或污染水体。

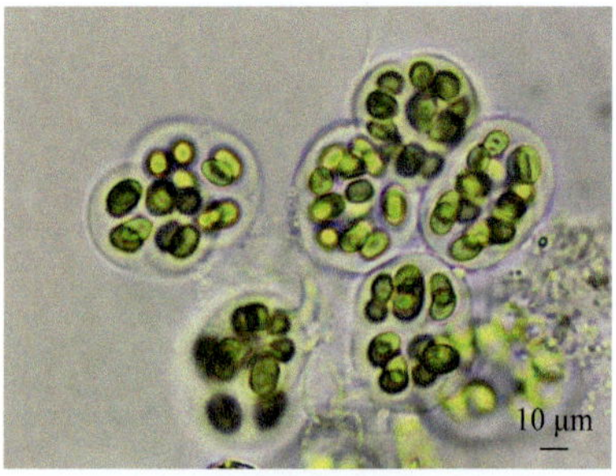

粘杆星球藻
Asterocapsa gloeotheceformis

9. 粘杆星球藻 *Asterocapsa gloeotheceformis* Chu, 1958

隶属色球藻科 Chroococcaceae，星球藻属 *Asterocapsa*。植物团块球状，胶质，橄榄绿色。胶被宽厚。个体细胞胶被和群体细胞胶被均具瘤状突起。细胞直径 6 ～ 9 μm，长 10 ～ 13（～ 16）μm。原生质体均匀或具微小颗粒，蓝绿色。

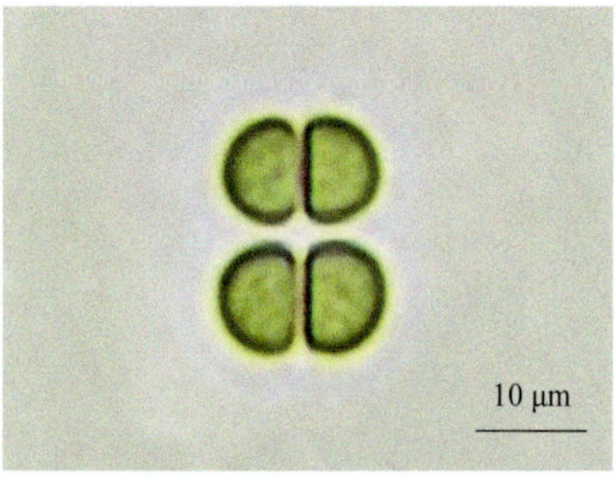

微小色球藻 *Chroococcus minutus*

10. 微小色球藻 *Chroococcus minutus* (Kützing) Nägeli, 1849

隶属色球藻科 Chroococcaceae，色球藻属 *Chroococcus*。单细胞或 2 ～ 4 个细胞组成的群体，圆球形或长圆形胶质体，胶被透明无色，不分层。群体中部往往收缢。细胞球形、亚球形，直径（3 ～）7 ～ 10 μm，包括胶被直径 7 ～ 15 μm。原生质体均匀或具有少数颗粒体。

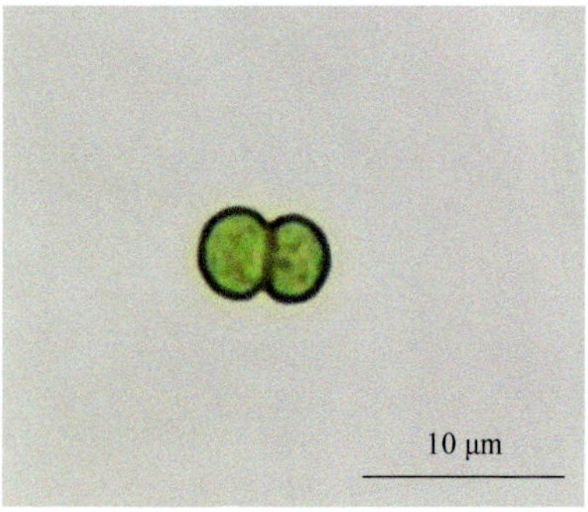

小型色球藻 *Chroococcus minor*

11. 小型色球藻 *Chroococcus minor* (Kützing) Nägeli, 1849

植物团块由无小群体组成黏滑胶质体，蓝绿色。细胞甚小，直径 3 ～ 4 μm，少数可达 7 μm，包括胶被直径达 10 ～ 12.5 μm，通常由 2 ～ 4 个（少数 4 个或 8 个）细胞组成小群体。胶被无色透明而多少融化。原生质体均匀，深蓝绿色或橄榄绿色。

12. 湖沼色球藻 *Chroococcus limneticus* Lemmermann, 1898

植物体由 4 ～ 32 个或更多细胞组成的群体，胶被宽厚无色，透明无层理，小群体的胶被薄而明显。细胞球形、半球形或长圆形，直径 7 ～ 12 μm，包括胶被直径可达 13 μm。原生质体均匀，灰色或淡橄榄绿色，有时具假空胞。分布于湖泊水库等大型水体。

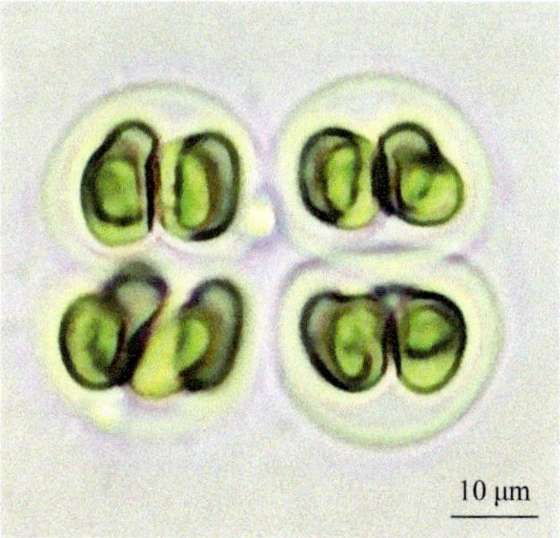

湖沼色球藻 *Chroococcus limneticus*

13. 光辉色球藻 *Chroococcus splendidus* Jao, 1944

植物体团块为由 2 ～ 4 个细胞组成，偶尔有单独 1 个细胞或 8 个细胞所组成的群体，胶被粗而厚，具层理。细胞球形或近球形，直径 12 ～ 18 μm，包括胶被直径 20 ～ 33 μm。原生质体黄绿色或铜绿色，具颗粒体。

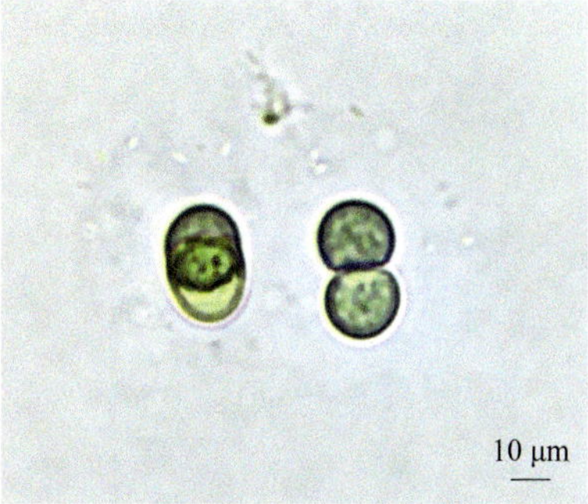

光辉色球藻 *Chroococcus splendidus*

14. 膨胀色球藻 *Chroococcus turgidus* (Kützing) Nägeli, 1849

细胞球形，由胶鞘包被 2 ～ 4（～ 8）个半球型子细胞，细胞彼此重叠组成群体。细胞内的原生质体为同质的或含小颗粒体。原生质体通常呈亮蓝绿色或橄榄绿色，每个细胞外都有均质的或有层理的胶鞘，坚固或柔弱而透明。细胞分裂面有 3 个。该种为中国广布种，海淡水均有分布。

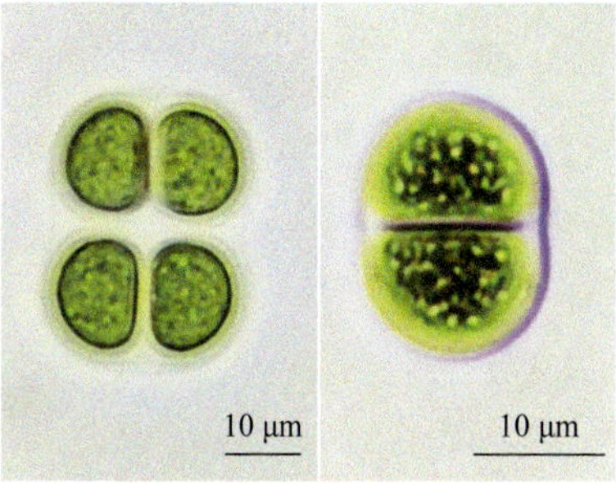

膨胀色球藻 *Chroococcus turgidus*

15. 水生集胞藻 *Synechocystis aquatilis* Sauvageau, 1892

隶属色球藻目 Chroococcales，平裂藻科 Merismopediaceae，平裂藻亚科 Merismopedioideae，集胞藻属 *Synechocystis*。单细胞或两个单细胞连接的群体，细胞球形或亚球形，直径 5 ～ 7.5 μm，个体胶被不明显。原生质体均匀或有时具微小颗粒，蓝绿色。分布较广。

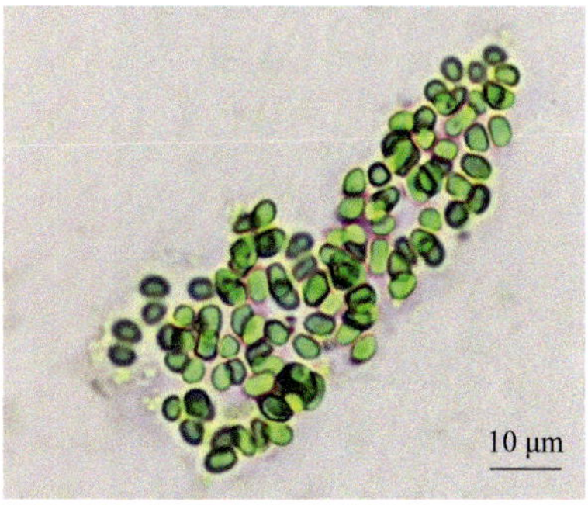

水生集胞藻 *Synechocystis aquatilis*

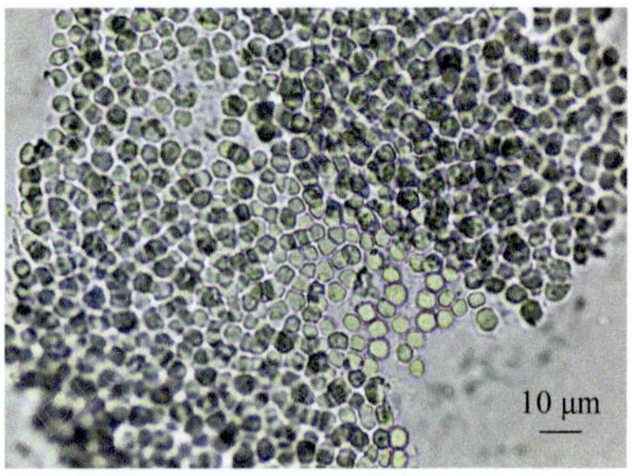

美丽隐球藻 *Aphanocapsa pulchra*

16. 美丽隐球藻 *Aphanocapsa pulchra* (Kützing) Rabenhorst, 1865

隶属平裂藻科 Merismopediaceae，平裂藻亚科 Merismopedioideae，隐球藻属 *Aphanocapsa*。藻体黏滑着生或飘浮，球形或椭圆形群体，胶被透明均匀。细胞球形，直径 3.5 ～ 4.5 μm。

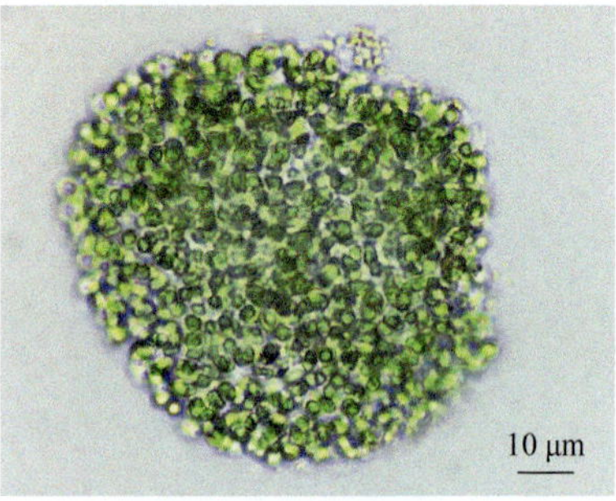

细小隐球藻 *Aphanocapsa elachista*

17. 细小隐球藻 *Aphanocapsa elachista* West & G.S.West, 1894

植物体小，球形、卵形或椭圆形的胶群体，宽 26 ～ 38 μm。群体胶被无色，较薄均质。细胞球形，直径 1.5 ～ 2 μm。单生或成对。蓝绿色，均匀，无颗粒。

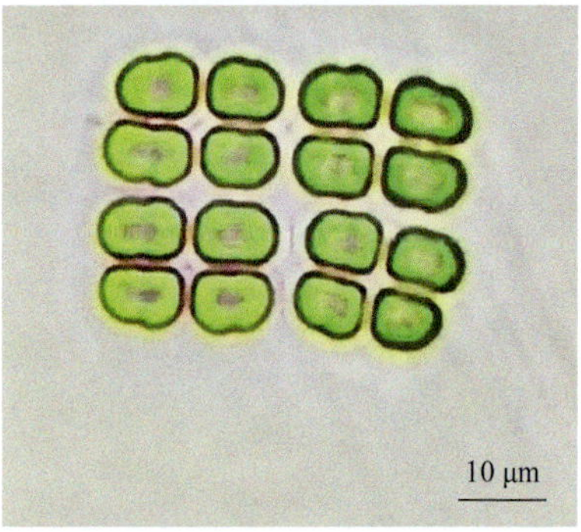

银灰平裂藻 *Merismopedia glauca*

18. 银灰平裂藻 *Merismopedia glauca* (Ehrenberg) Nägeli, 1849

隶属平裂藻科 Merismopediaceae，平裂藻亚科 Merismopedioideae，平裂藻属 *Merismopedia*。藻体为由一层细胞组成的平板状群体。群体内常由 32 ～ 64（～ 128）个细胞组成，群体细胞排列比较紧，整齐，细胞间隙较小，胶被均匀不明显。细胞球形、半球形，细胞直径 2.5 ～ 4 μm，长 5 ～ 6 μm，内含物均匀，无颗粒，灰青蓝色。主要分布于淡水。

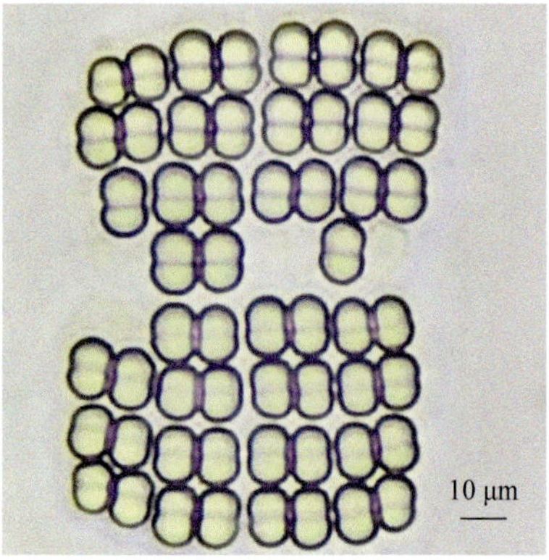

优美平裂藻 *Merismopedia elegans*

19. 优美平裂藻 *Merismopedia elegans* A. Braun, 1849

藻体为由一层细胞组成的平板状群体。细胞直径 4（～ 5）～ 7 μm，长 5 ～ 9 μm。群体内细胞非常有规则地排列，常每 2 个细胞两两成对，2 对为一组，4 组成一小群，许多小群集合成平板状群体。群体胶被无色透明而柔软，个体胶被不明显。群体内细胞球形或椭圆形，内含物均匀，淡蓝绿色至亮绿色。各种淡水水体中都能找到。浮游种类，仅少数附着在其他物体上。

20. 细小平裂藻 *Merismopedia minima* Beck, 1897

体细小。群体由 4 个至许多个细胞组成，细胞排列比较紧，整齐，细胞间隙较小，胶被均匀不明显。细胞球形、半球形，直径 0.8 ～ 1.2 μm，长 1.5 ～ 1.8 μm，内含物均匀，无颗粒，蓝绿色。分布于淡水湖泊及静水水体。

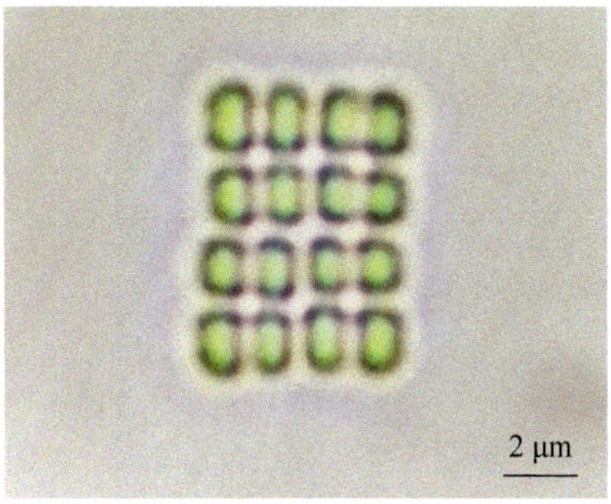

细小平裂藻 *Merismopedia minima*

21. 微小平裂藻 *Merismopedia tenuissima* Lemmermann, 1898

植物体微小，呈正方形，由 16、32、64、128 个或更多细胞组成。群体细胞排列比较紧，整齐，细胞间隙较小，胶被均匀不明显。细胞球形，半球形，直径 1.3 ～ 2.5 μm，内含物均匀，无颗粒，蓝绿色。淡水及半咸水均有分布。

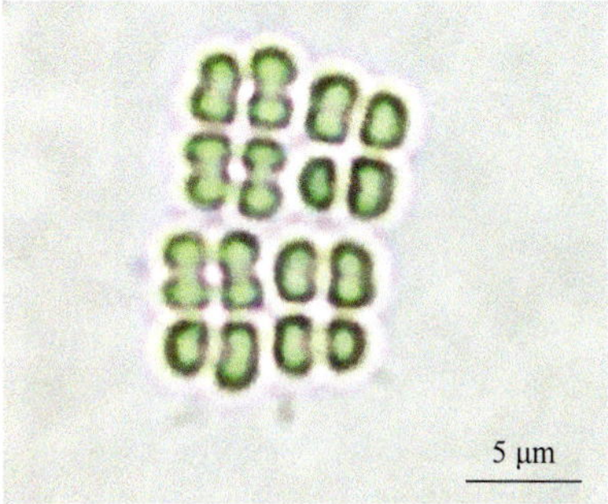

微小平裂藻 *Merismopedia tenuissima*

22. 柔软腔球藻 *Coelosphaerium kuetzingiarum* Nägeli, 1932

隶属平裂藻科 Merismopediaceae，束球藻亚科 Gomphosphaerioideae，腔球藻属 *Coelosphaerium*，亦称居氏腔球藻。细胞球形或椭圆形，许多细胞包被在一宽厚、透明无色或有辐射条线的公共衣鞘中，群体直径 82 ～ 117 μm，群体中细胞在公共衣鞘下排列成单层，中央为一空腔。个体细胞大多没有衣鞘，直径 1.3 ～ 2.5 μm，细胞内含物均匀蓝绿色，无伪空泡。细胞分裂面为 2 个。

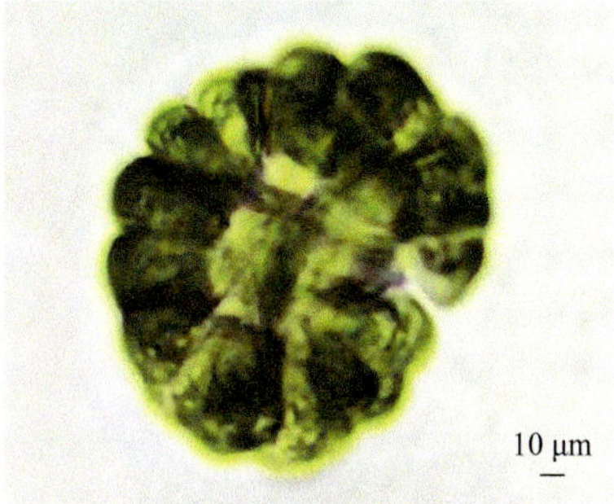

柔软腔球藻 *Coelosphaerium kuetzingiarum*

23. 不定腔球藻 *Coelosphaerium dubium* Grunow, 1865

植物体为球形至不规则形的群体，或由 2 ～ 4 个小群体在共同胶被内形成复合群体。直径可达 300 μm。群体胶被厚而坚实，厚达 8 μm，无色透明，无层理。细胞球形，直径 5 ～ 7 μm，在公共胶被的表面下密集成一单层；细胞内含物蓝绿色，原生质体具伪空泡。浮游生活，有时形成水华。

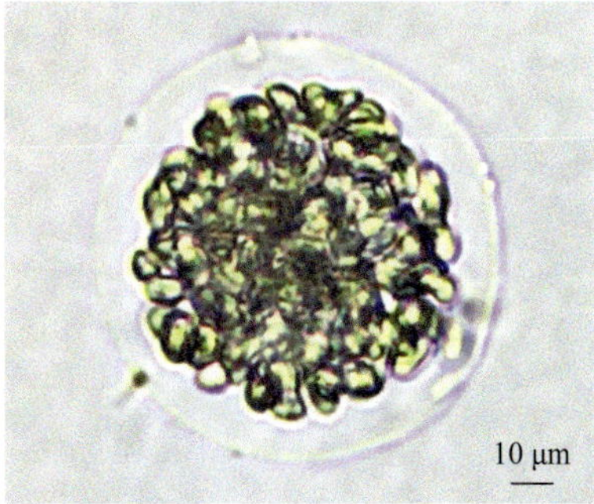

不定腔球藻 *Coelosphaerium dubium*

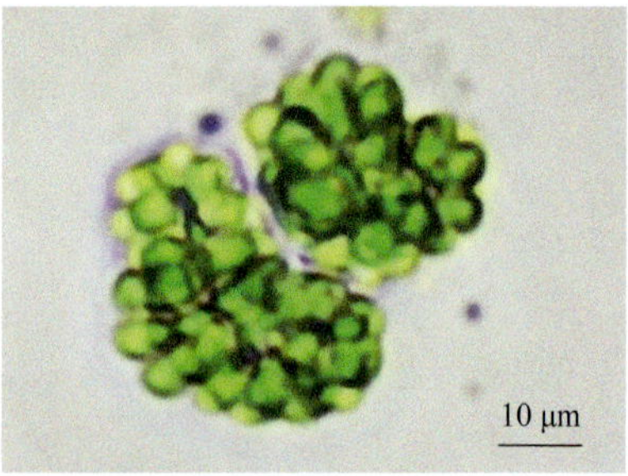

湖泊束球藻 *Gomphosphaeria lacustris*

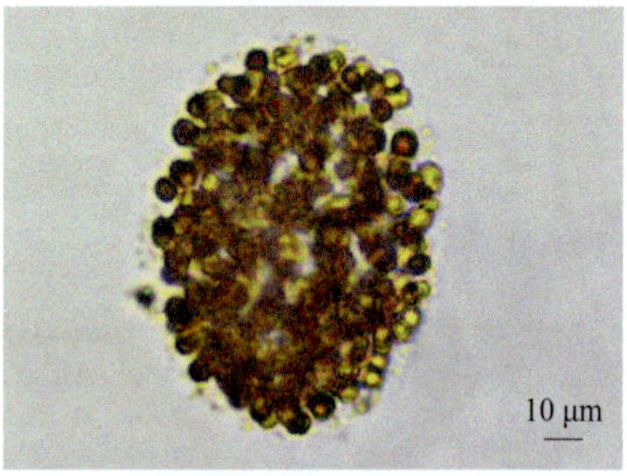

水华微囊藻 *Microcystis flos-aquae*

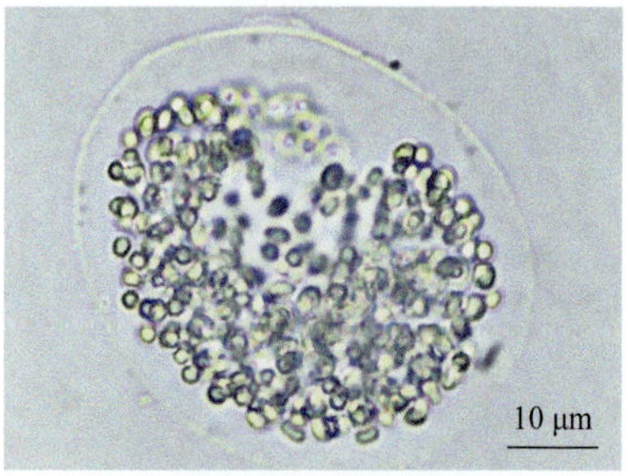

边缘微囊藻 *Microcystis marginata*

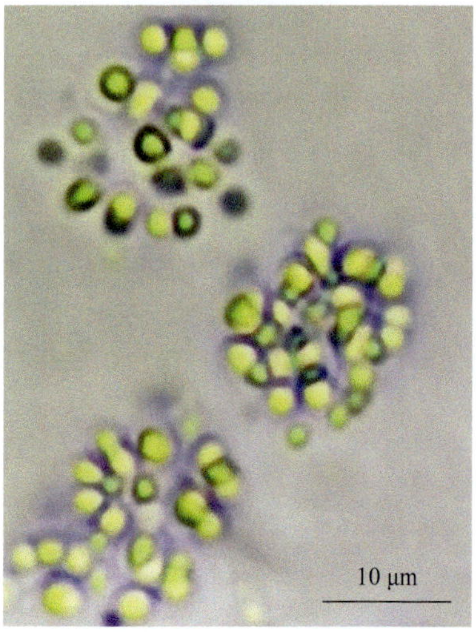

点形粘球藻 *Gloeocapsa punctata*

24. 湖泊束球藻 *Gomphosphaeria lacustris* Chodat, 1898

隶属平裂藻科 Merismopediaceae，束球藻亚科 Gomphosphaerioideae，束球藻属 *Gomphosphaeria*。群体球形、椭圆形或肾形，直径 30 ～ 40 μm，常有缢缩。群体常以 2 ～ 4 个细胞一组于无色透明群体胶被表面下不规则地排成一层，群体中央具辐射状的双叉分枝的胶质丝。细胞球形或广椭圆形，长 2 ～ 4 μm，宽 1.5 ～ 2.5 μm。

25. 水华微囊藻 *Microcystis flos-aquae* (Wittrock) Kirchner, 1932

隶属色球藻目 Chroococcales，微囊藻科 Microcystaceae，微囊藻属 *Microcystis*。藻体为多细胞群体，肉眼可见。群体球形，椭圆形或不规则形，成熟的群体不穿孔、不开裂。群体胶被均匀，但不十分明显。细胞球形，较大，直径 3 ～ 7（～ 8）μm，细胞排列紧密，密集。群体边缘细胞贴近胶被。原生质体蓝绿色，有或无伪空泡。

26. 边缘微囊藻 *Microcystis marginata* (Menegh) Kützing, 1845

群体胶被边缘分层，群体成熟后不明显裂开，不为中空囊状体或网状胶群体。群体球形、长椭圆形或不规则形。细胞排列密集，细胞球形，原生质体蓝绿色，有假空泡。

27. 点形粘球藻 *Gloeocapsa punctata* Nägeli, 1849

隶属微囊藻科 Microcystaceae，粘球藻属 *Gloeocapsa*。藻体团块胶质，亮蓝绿色，为 2、4、8 个细胞组成的小群体，群体直径可达 70 μm。群体胶被无色，具层理，有时不清楚。细胞球形或分列前呈长圆形。直径 0.8 ～ 1.5（～ 2.5）μm，包括胶被直径 3 ～ 7 μm。原生质体均匀无颗粒，蓝绿色。淡水常见。

28. 居氏粘球藻 *Gloeocapsa kützingiana* Nägeli, 1849

植物团块黄褐色，为 2 ～ 8 个细胞组成小群体，许多小群体又组成大群体，直径为 40 ～ 50 μm；群体胶被厚，黄色或棕色，有层理，但大多呈融合状态。细胞球形、近球形或长圆形，直径 3 ～ 5 μm，包括胶被直径 4.5 ～ 7.5 μm。原生质体均匀，或有微小颗粒体，蓝绿色。

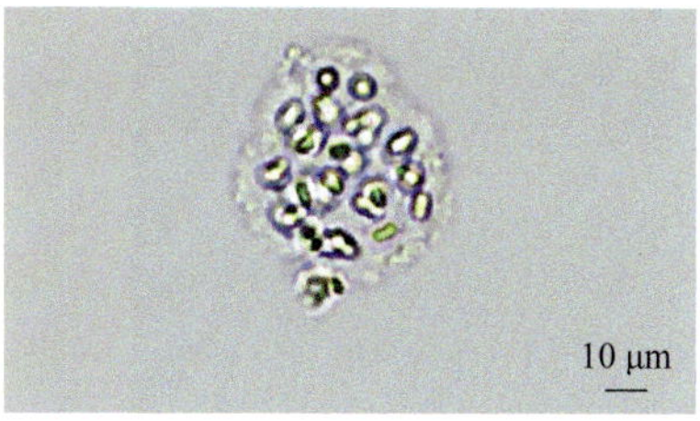

居氏粘球藻 *Gloeocapsa kützingiana*

29. 小细鞘丝藻 *Leptolyngbya tenuis* (Gomont) Anagnostidis & Komárek, 1988

隶属蓝藻纲 Cyanophyceae，颤藻目 Oscillatoriales，伪鱼腥藻科 Pseudanabaenaceae，细鞘丝藻亚科 Leptolyngbyoideae，细鞘丝藻属 *Leptolyngbya*。原称小席藻 *Phormidium tenue* (Meneghini) Gomont, 1892。植物体是由单列细胞组成的不分枝的丝状体，常相连成圆柱形束状群体。植物体鲜蓝绿色，鞘薄，胶化不明显。藻丝直或略弯曲，横壁处略收缢。横壁处不具颗粒。细胞宽 1 ～ 2 μm，其中 1.8 ～ 2 μm 为多数。细胞长 3 ～ 5 μm。细胞长是宽的 1.5 ～ 3 倍。顶端细胞长圆锥形或钝锥形，不具帽状体。

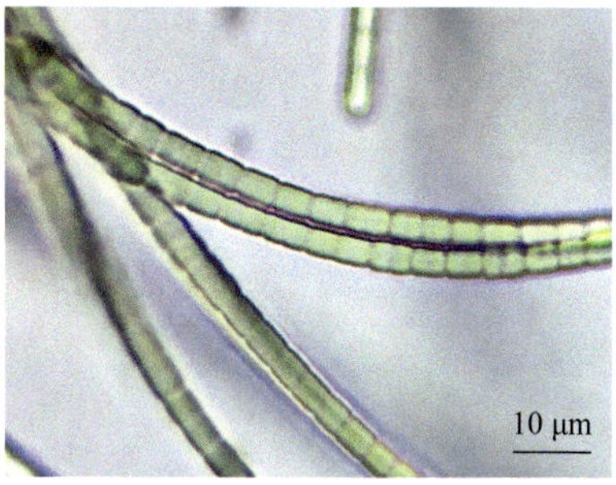

小细鞘丝藻 *Leptolyngbya tenuis*

30. 坑形细鞘丝藻 *Leptolyngbya foveolara* (Rabenhorst Ex Gomont) Anagnostidis & Komárek, 1988

原称窝形席藻 *Phormidium foveolarrum* (Mont.) Gomont, 1892。为不定形胶群体，藻体横壁收缢明显，末端不尖细。细胞长宽相等，或长为宽的 1/2，长 1 ～ 2 μm，宽 1.8 ～ 3 μm。顶端细胞圆形，不具帽状体。

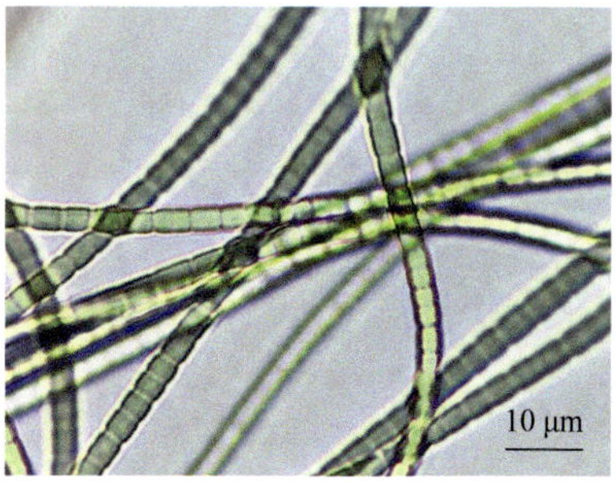

坑形细鞘丝藻 *Leptolyngbya foveolara*

31. 湖泊浮鞘丝藻 *Planktolyngbya limnetica* (Lemmermann) Komárková-Legnerová & Cronberg, 1992

隶属伪鱼腥藻科 Pseudanabaenaceae，细鞘丝藻亚科 Leptolyngbyoideae，浮鞘丝藻属 *Planktolyngbya*。亦称湖泊鞘丝藻 *Lyngbya limnetica* Lemmermann, 1898 或细浮鞘丝藻 *Planktolyngbya subtilis* (West) Anagnostidis & Komárek, 1988。藻体呈不分枝丝状，藻丝直或略弯曲，有鞘不分层，细胞横隔壁有或无颗粒。藻丝宽 1 ～ 2 μm。细胞长 2 ～ 5 μm，宽 1 ～ 1.5 μm，末端圆形，不尖细。

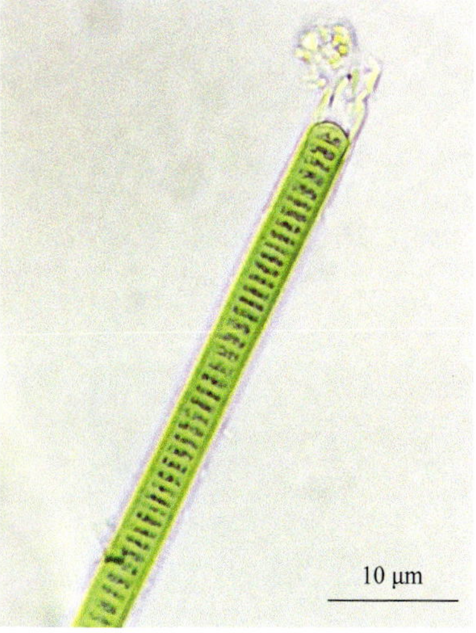

湖泊浮鞘丝藻 *Planktolyngbya limnetica*

32. 链状伪鱼腥藻 *Pseudanabaena catenata* Lauterborn, 1915

隶属伪鱼腥藻科 Pseudanabaenaceae，伪鱼腥藻属 *Pseudanabaena*。细胞长大于宽，圆柱形，宽约 0.5 ～ 0.8 μm，原生质体均匀，不具伪空泡。蓝藻丝体多由 3 ～ 6 个细胞构成，也有多细胞组成的，直或稍有弯曲，不具胶鞘。细胞横壁处有收缢或不明显。常见于淡水鱼虾池、水库、河流和湖泊中，也分布于近岸海水池塘。属有毒水华藻种。

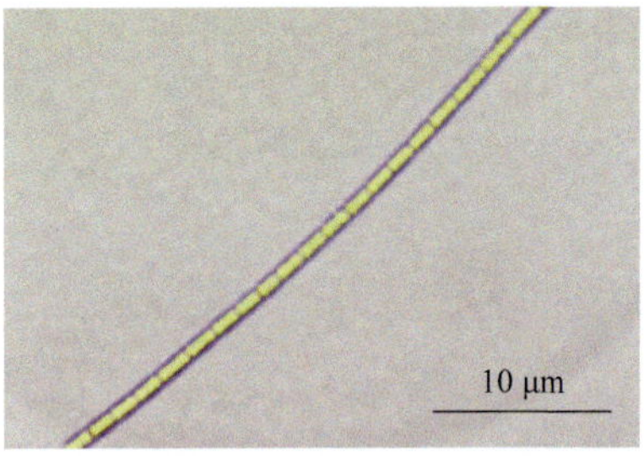

链状伪鱼腥藻 *Pseudanabaena catenata*

33. 皮状席藻 *Phormidium corium* Gomont ex Gomont, 1892

隶属颤藻目 Oscillatoriales，席藻科 Phormidiaceae，席藻属 *Phormidium*。藻丝紧密缠绕，藻丝略弯曲，横壁不收缢，末端直，宽 3.8 ～ 5 μm。蓝绿色。鞘薄，细胞近方形，长 4 ～ 7.5 μm，是其直径的 1 ～ 2 倍，末端细胞钝圆锥形，无帽状体。

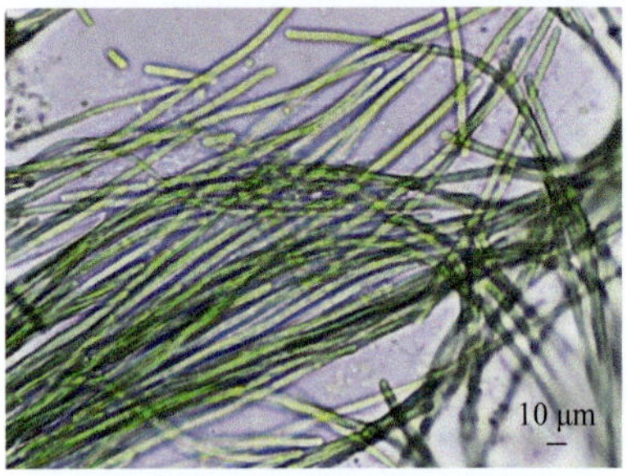

皮状席藻 *Phormidium corium*

34. 阿氏浮丝藻 *Planktothrix agardhii* (Gomont) Anagnostidis & Komárek, 1988

隶属席藻科 Phormidiaceae，浮丝藻属 *Planktothrix*。即阿氏颤藻 *Oscillatoria agardhii* Gomont, 1892。藻体单生或多条丝状体聚集呈束状群体，藻丝直或弯曲，横壁不收缢。细胞近方形，宽 4 ～ 6 μm，长 2.5 ～ 4 μm，末端细胞有时为钝圆锥形。

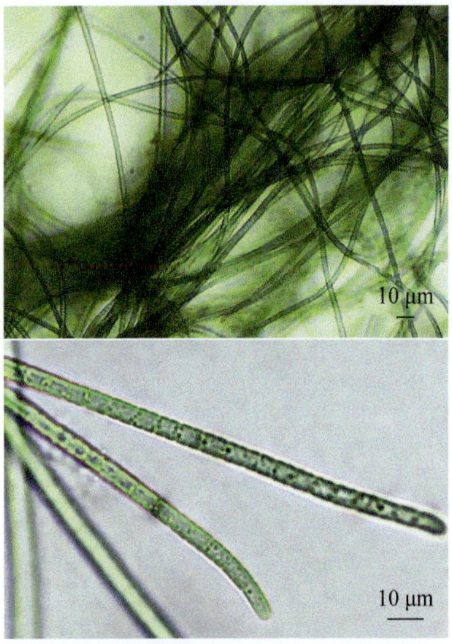

阿氏浮丝藻 *Planktothrix agardhii*

35. 巨颤藻 *Oscillatoria princeps* Vaucher ex Gomont, 1892

隶属颤藻目 Oscillatoriales，颤藻科 Oscillatoriaceae，颤藻亚科 Oscillatorioideae，颤藻属 *Oscillatoria*。藻体宽 16 ～ 60 μm，为不分枝丝状体，藻丝胶质薄片状，蓝绿色或橄榄绿色。丝体直，横壁略收缢，横壁处不具颗粒，藻丝体顶端不尖细。内含物均匀或具颗粒，以藻殖体繁殖。

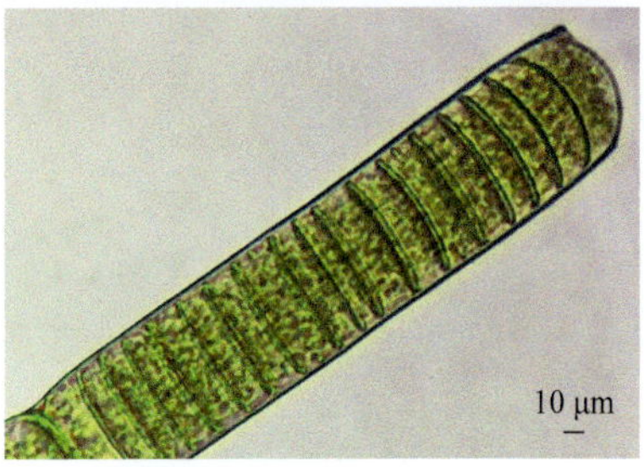

巨颤藻 *Oscillatoria princeps*

36. 小颤藻 *Oscillatoria tenuis* C. Agardh ex Gomont, 1892

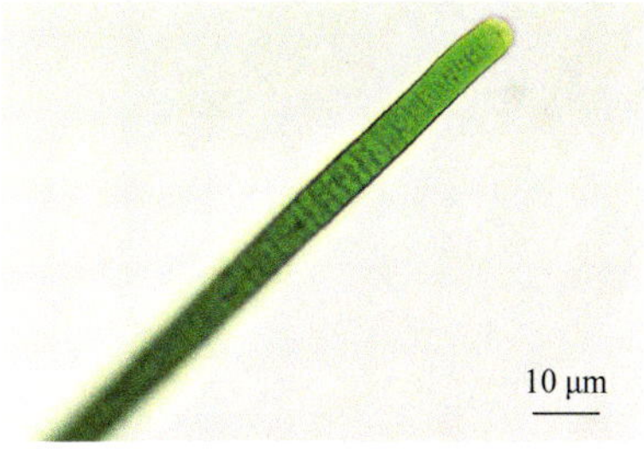

小颤藻 *Oscillatoria tenuis*

亦称弱细颤藻。藻丝直，顶端有时弯曲，不尖细，顶端细胞半球形，外壁略增厚，藻丝体横壁略收缢。横壁处两侧具多数颗粒。细胞宽度为长度的 1 ～ 2 倍。长 2.5 ～ 5 μm，宽 4 ～ 11 μm。

37. 美丽颤藻 *Oscillatoria formosa* Bory ex Gomont, 1892

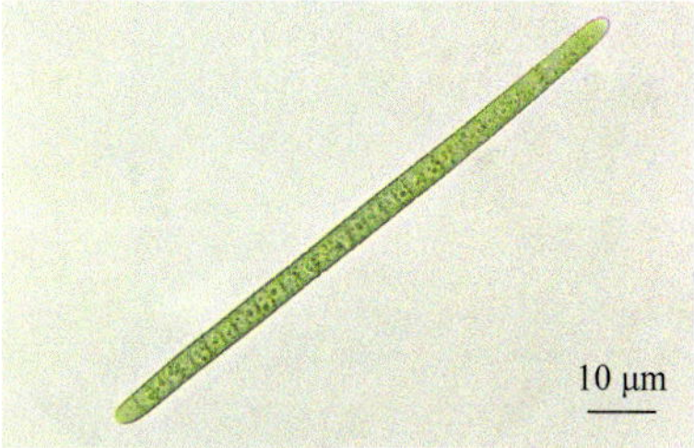

美丽颤藻 *Oscillatoria formosa*

现称美丽康丝藻 *Kamptonema formosum* (Bory ex Gomont) Strunecký, Komárek & J. Smarda, 2014。藻丝直，宽 4 ～ 6 μm，长 4 ～ 8.5 μm，末端渐尖并弯曲。细胞近方形，长 2.5 ～ 5.0 μm，末端细胞钝圆锥形，无帽状体，横壁不收缢，横壁处略具颗粒。

38. 灿烂颤藻 *Oscillatoria splendida* Greville ex Gomont, 1892

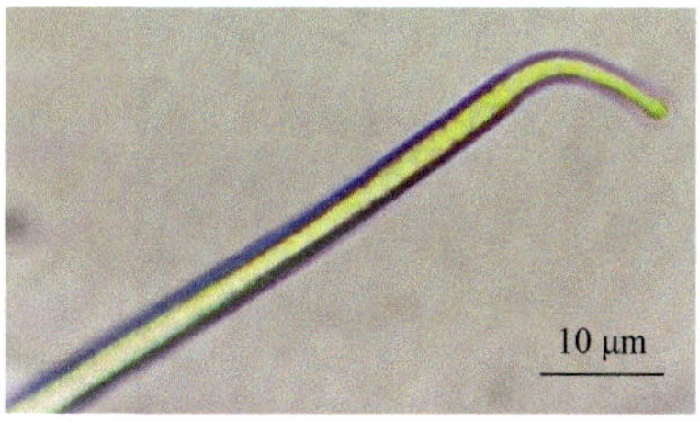

灿烂颤藻 *Oscillatoria splendida*

现称灿烂盖丝藻 *Geitlerinema splendidum* (Greville ex Gomont) Anagnostidis, 1989。丝体直或弯曲，宽 2 ～ 3 μm，并常呈镰刀状或螺旋状弯曲，横壁处不收缢，末端尖细，细胞长为宽的 2 ～ 4 倍，长 3 ～ 9 μm，宽 2 ～ 3 μm，少数长宽相近。横壁处具颗粒，末端细胞小头状，近球形，不形成帽状体。

39. 大螺旋藻 *Spirulina major* Kützing ex Gomont, 1892

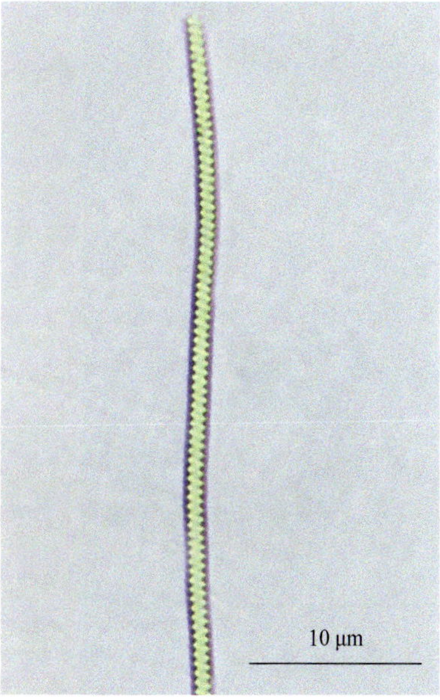

大螺旋藻 *Spirulina major*

隶属颤藻科 Oscillatoriaceae，螺旋藻亚科 Spirulinoideae，螺旋藻属 *Spirulina*。植物体为单细胞或多细胞组成的丝状体，无胶鞘。植物体直径 1 μm，群体内细胞圆柱形，组成疏松或紧密的有规则的螺旋状弯曲丝状体。细胞或藻丝顶部常不尖细，横壁常不明显，不收缢或收缢，顶端细胞圆形，外壁不增厚，内含物均匀或有颗粒。无异形胞和厚壁孢子。藻体为淡蓝绿色，无段殖体。可大量繁殖形成水华。

40. 螺旋藻 *Spirulina* sp.

植物体为多细胞丝状体，藻体为淡蓝绿色，无段殖体。分布在淡水和海水中，可大量繁殖形成水华。

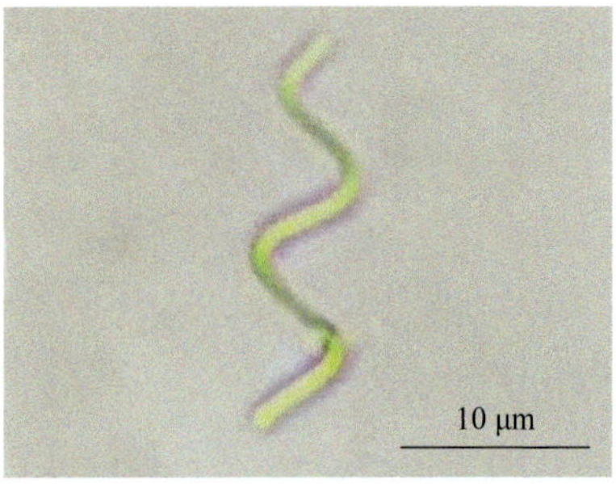

螺旋藻 *Spirulina* sp.

41. 钝顶节旋藻 *Arthrospira platensis* (Nordstedt) Gomont, 1892

隶属颤藻科 Oscillatoriaceae，螺旋藻亚科 Spirulinoideae，节旋藻属 *Arthrospira*。原称钝顶螺旋藻 *Spirulina platensis* (Gomont) Geitler, 1925，植物体为多细胞丝状体，有横壁。细胞横壁处无颗粒。藻体为淡蓝绿色，无段殖体。分布在淡水、内陆盐水和海水中，可大量繁殖形成水华。

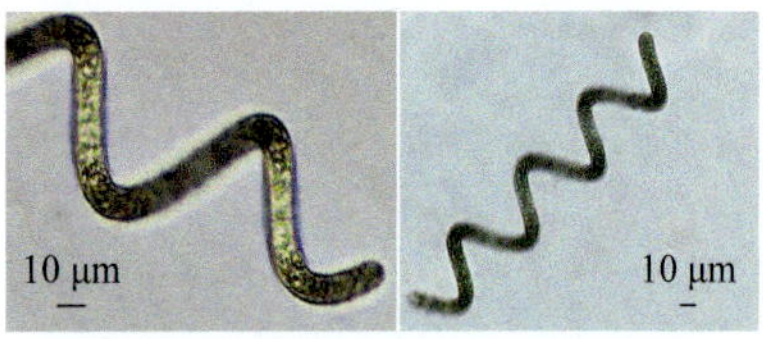

钝顶节旋藻 *Arthrospira platensis*

42. 类颤藻鱼腥藻 *Anabaena osicellariordes* Bory ex Bornet & Flahault, 1886

隶属蓝藻纲 Cyanophyceae，念珠藻目 Nostocales，念珠藻科 Nostocaceae，鱼腥藻亚科 Anabaenoideae，鱼腥藻属 *Anabaena*。藻丝宽 4 ～ 6 μm，末端细胞圆形。细胞桶形，长宽略相等。异形胞宽 6 ～ 9 μm，长 6 ～ 10 μm。孢子一般为圆柱形，位于异形胞两端，灰褐色。

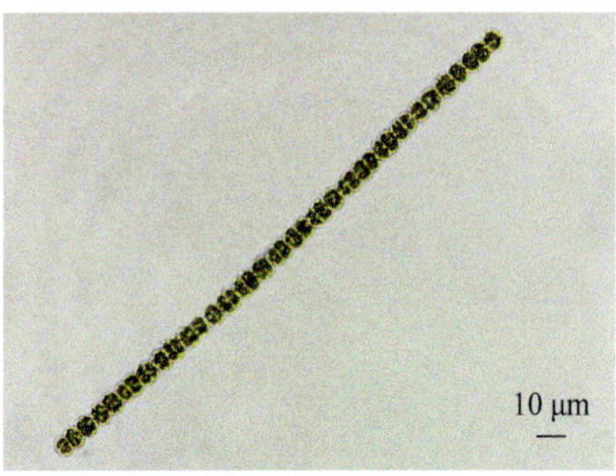

类颤藻鱼腥藻 *Anabaena osicellariordes*

43. 螺旋鱼腥藻 *Anabaena spiroides* Klebahn, 1895

藻体有规则的螺旋转曲，螺旋宽 45 ～ 54 μm，两旋间距为 40 ～ 50 μm。细胞球形，直径 6.5 ～ 8.0 μm，长小于宽，具伪空泡。异形胞近球形，直径约 7 μm。孢子球形，后为长形略弯曲，宽 14 μm，位于异形胞两端或远离。

螺旋鱼腥藻 *Anabaena spiroides*

44. 多变鱼腥藻 *Anabaena variabilis* Kützing, 1843

藻体胶质块状，黑绿色，有规则的螺旋转曲。细胞球形，直径 4 ～ 6 μm，具伪空泡。异形胞近球形，直径约 4 ～ 6 μm。孢子球形或近球形，宽 7 ～ 9（～ 11）μm，孢子远离异形胞。

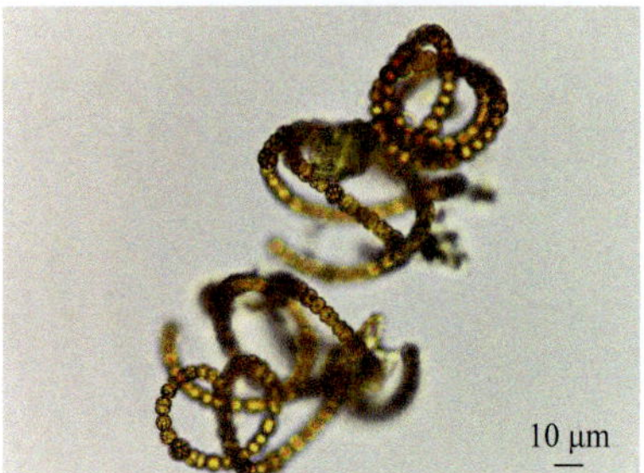

多变鱼腥藻 *Anabaena variabilis*

45. 阿氏拟鱼腥藻 *Anabaenopsis arnoldii* Aptekar, 1926

隶属念珠藻科 Nostocaceae，鱼腥藻亚科 Anabaenoideae，拟鱼腥藻属 *Anabaenopsis*。藻丝漂浮，短，螺旋形弯曲，异形胞顶生，常成对。孢子椭圆形，间生，与异形胞不相邻。细胞扁球形，具伪空泡，异形胞球形或椭圆形。

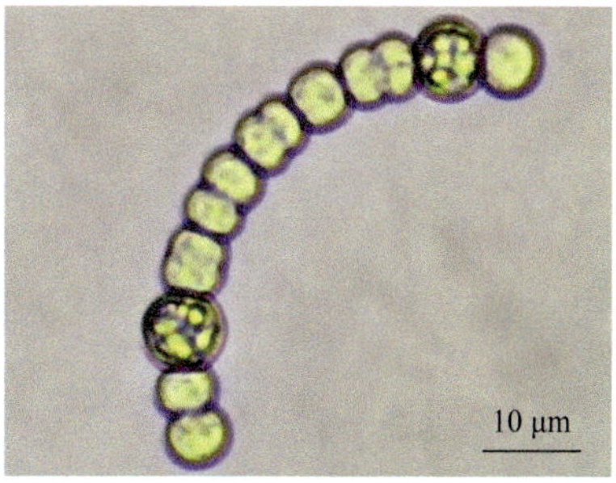

阿氏拟鱼腥藻 *Anabaenopsis arnoldii*

46. 水华束丝藻 *Aphanizomenon flos-aquae* (Linnaeus) Ralfs., 1886

隶属念珠藻科 Nostocaceae，鱼腥藻亚科 Anabaenoideae，束丝藻属 *Aphanizomenon*。植物体为单列细胞组成的不分枝丝状体，无胶鞘，藻丝直或稍弯曲，单一或以藻丝侧面相连成束状群体。藻丝中部细胞短柱形，多稍呈方形，具伪空泡。末端细胞多稍变得尖细，延长成无色细胞。胶鞘模糊不清。异形胞间生，呈圆柱形、近球形、椭圆形等形状。厚壁孢子长椭球形，远离异形胞。

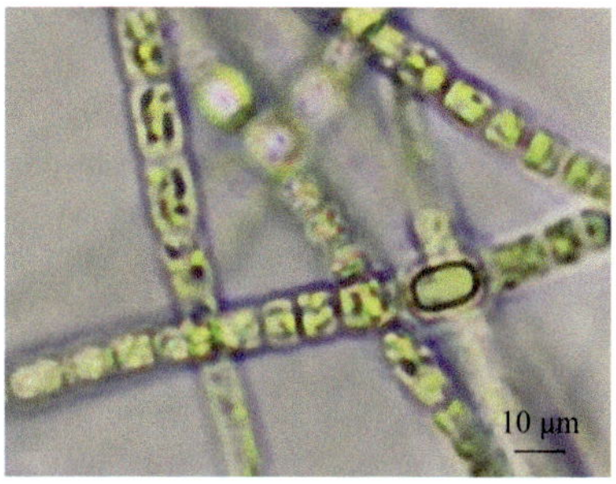

水华束丝藻 *Aphanizomenon flos-aquae*

47. 弯形小尖头藻 *Raphidiopsis curvata* F. E. Fritsch & M. F. Rich, 1930

隶属念珠藻科 Nostocaceae，鱼腥藻亚科 Anabaenoideae，小尖头藻属 *Raphidiopsis*。丝状体单一，呈“S”形或螺旋形弯曲。一般由少于 20 个细胞组成。无衣鞘。丝状体的两端尖形。细胞圆柱形，长为宽的 1.5 ~ 2 倍，宽约 4.5 μm。有假空泡。厚壁孢子位藻丝中部，椭圆形，宽 4 ~ 7.2 μm，长 11 ~ 13 μm。无异形胞。

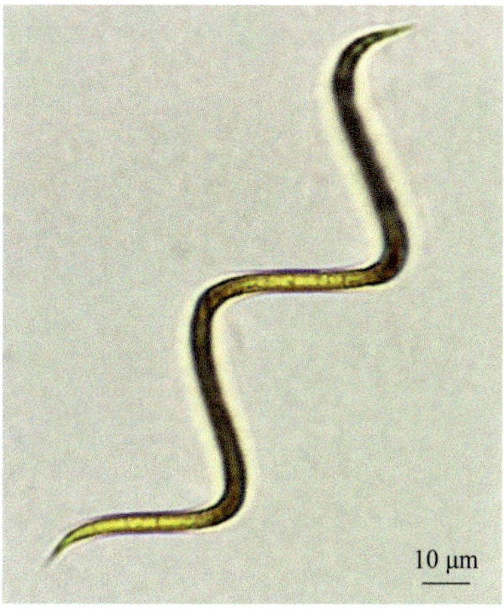

弯形小尖头藻 *Raphidiopsis curvata*

48. 圆球念珠藻 *Nostoc sphaericum* Vaucher ex Bornet & Flahault, 1886

隶属念珠藻科 Nostocaceae，念珠藻亚科 Nostocoideae，念珠藻属 *Nostoc*。多细胞群体，群体被胶质鞘，球形，1 ~ 15 mm。丝体弯曲，紧密缠绕。藻丝宽 4 ~ 5 μm，细胞短桶形或近球形。异形胞宽 4 ~ 6 μm，近球形。孢子卵形，宽 5 ~ 6 μm，长 7 ~ 8 μm，外壁厚，褐色。分布广。

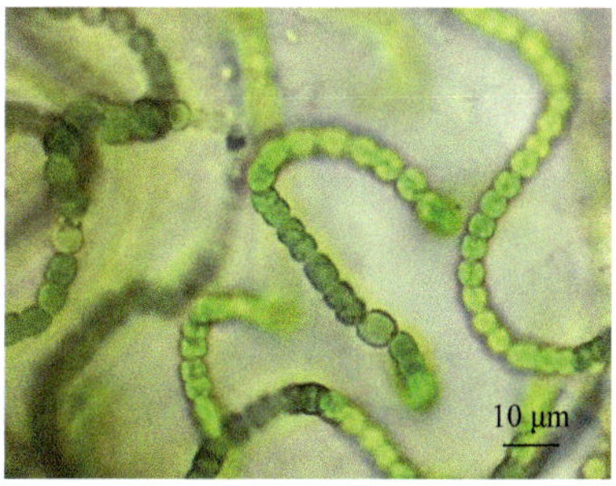

圆球念珠藻 *Nostoc sphaericum*

（二）硅藻门 Bacillariophyta

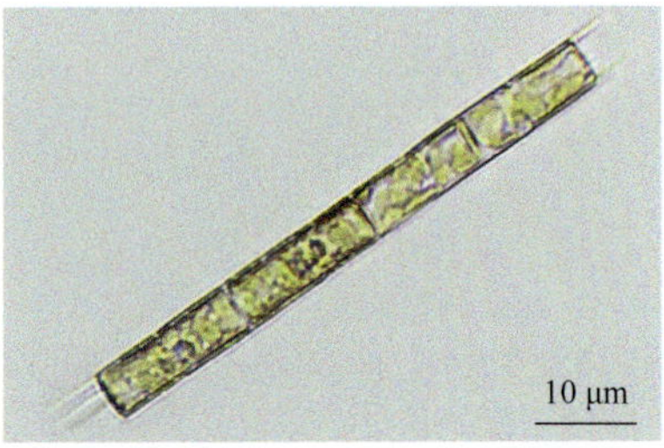

颗粒沟链藻 *Aulacoseira granulate*

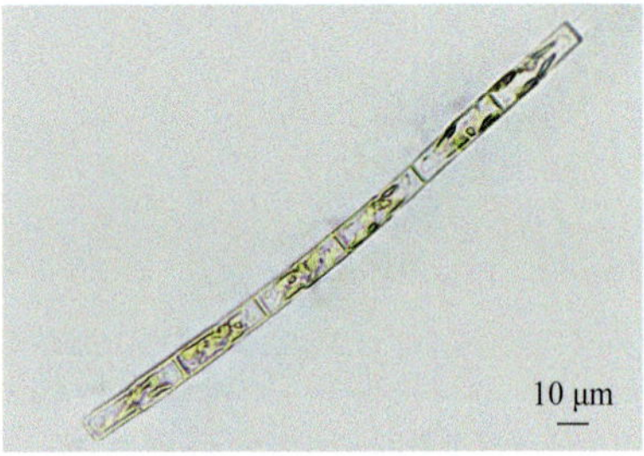

颗粒沟链藻最窄变种
Aulacoseira granulata var. *angustissima*

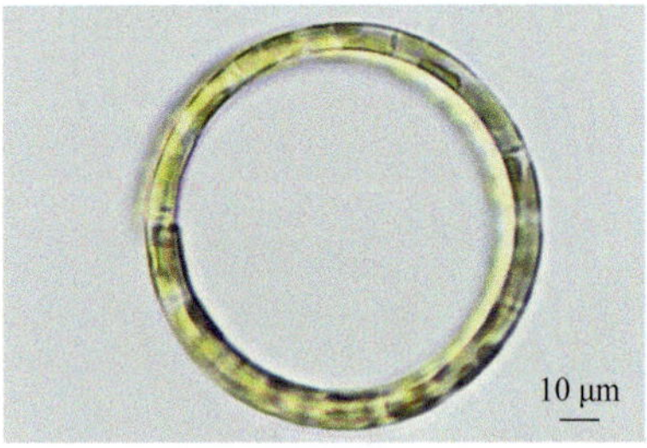

颗粒沟链藻螺旋变型 *Aulacoseira granulata* var. *angustissima* f. *spiralis*

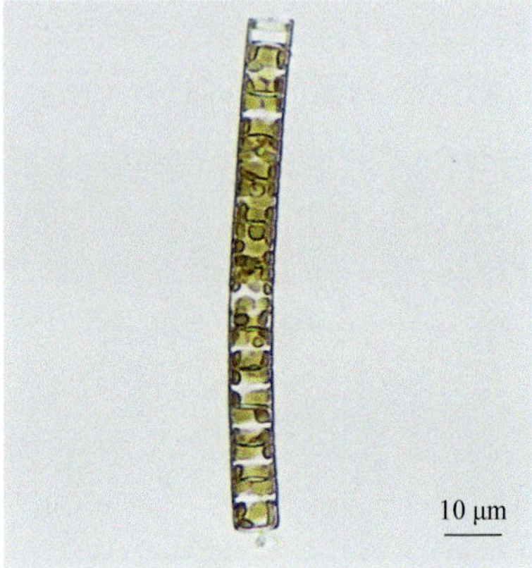

意大利沟链藻 *Aulacoseira italica*

1. 颗粒沟链藻 *Aulacoseira granulate* (Ehrenberg) Simonsen, 1979

隶属中心纲 Centricae，圆筛藻目 Coscinodiscales，圆筛藻科 Coscinodiscaceae，沟链藻属 *Aulacoseira*。原称 *Melosira granulate* (Ehrenberg) Ralfs, 1861。多个细胞以壳面相连成链丝体。细胞圆柱形，直径 5 ～ 21 μm，高 5 ～ 18 μm。带面有环沟和颈部，具孔纹，明显呈颗粒状，壳顶端有粗棘刺，即端棘和中间棘，两端棘突起显著。为普生性浮游种类。

2. 颗粒沟链藻最窄变种 *Aulacoseira granulata* var. *angustissima* (O. Müller) Simonsen, 1979

原称颗粒直链藻最窄变种 *Melosira granulata* var. *angustissima*。多个细胞以壳面相连成链丝体。细胞圆柱形，直径 3 ～ 5 μm，高 15 ～ 20 μm。带面有环沟和颈部，具孔纹，孔纹 10 μm 内 12 ～ 15 个，明显呈颗粒状。壳顶端有粗棘刺，即端棘和中间棘，两端棘突起显著。

3. 颗粒沟链藻螺旋变型 *Aulacoseira granulata* var. *angustissima* f. *spiralis* (O. Müller) Simonsen, 1979

原称颗粒直链藻螺旋变型 *Melosira granulata* var. *angustissima* f. *spiralis*。多个细胞以壳面相连成链丝体。细胞圆柱形，细胞直径 2.5 ～ 5.5 μm，高 7.5 ～ 19.5 μm。细胞连接成弯曲的或螺旋状的链状群体。

4. 意大利沟链藻 *Aulacoseira italica* (Ehrenberg) Simonsen, 1979

原称意大利直链藻 *Melosira italica* (Ehrenberg) Kützing, 1844。细胞圆柱形或圆桶形，以壳面相连成链丝体，无端刺。直径 5 ～ 28 μm，高 8 ～ 21 μm。壳面孔纹细。环面孔纹螺旋状排列，10 μm 内 16 ～ 20 条。环沟明显，颈部短，两端具锯齿状棘，凸起。

5. 岛沟链藻 *Aulacoseira islandica* (O. Müller) Simonsen, 1979

原称岛直链藻 *Melosira islandica* O. Müller, 1906。细胞圆柱形或圆桶形，以壳面相连成链丝体，无端刺。壳面有射出状排列的点纹。色素体呈小片状或呈几个树叶状。

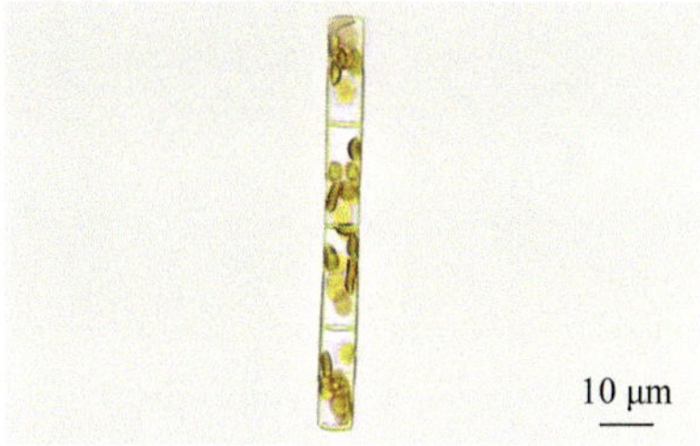

岛沟链藻 *Aulacoseira islandica*

6. 变异直链藻 *Melosira varians* Agardh, 1827

隶属圆筛藻科 Coscinodiscaceae，直链藻属 *Melosira*。细胞圆柱形，直径 7 ～ 35 μm，高 4.5 ～ 14（～ 27）μm。由壳相连接成链丝体。壳平滑无花纹，无环沟和颈部，顶端不具棘刺。

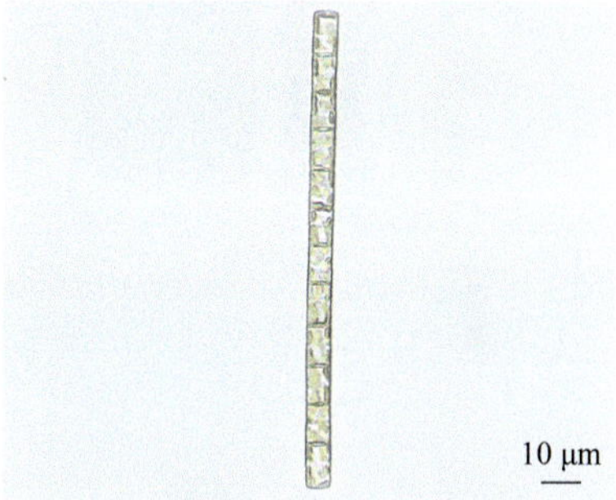

变异直链藻 *Melosira varians*

7. 梅尼小环藻 *Cyclotella meneghiniana* Kützing, 1844

圆筛藻科 Coscino-discaceae，小环藻属 *Cyclotella*。单细胞。细胞圆盘形、短圆柱形或鼓形，带面平滑，没有间生带。壳面边缘部分的长线纹间无粗短线纹。直径 7 ～ 30 μm。中心区平滑有时具极细的点纹或放射状线纹，边缘具粗而平滑的楔状肋纹。分布广。

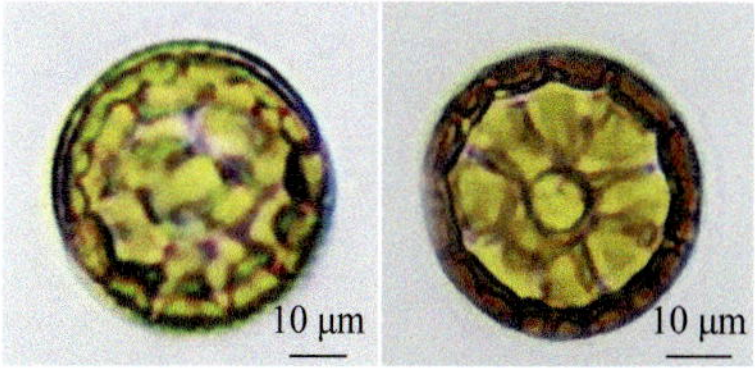

梅尼小环藻 *Cyclotella meneghiniana*

8. 科曼小环藻 *Cyclotella comensis* Grunow, 1880

细胞圆盘形，壳面圆形，明显呈切向波曲；边缘区宽度约为半径的 1/2，具辐射状排列的不等长的细线纹，在 10 μm 内 15 ～ 21 条，边缘区不同宽度的线纹伸到中央区，使中央区界限不规则，形成若干个大的辐射状斑块，斑块中具粗点纹。细胞直径 5 ～ 13 μm。

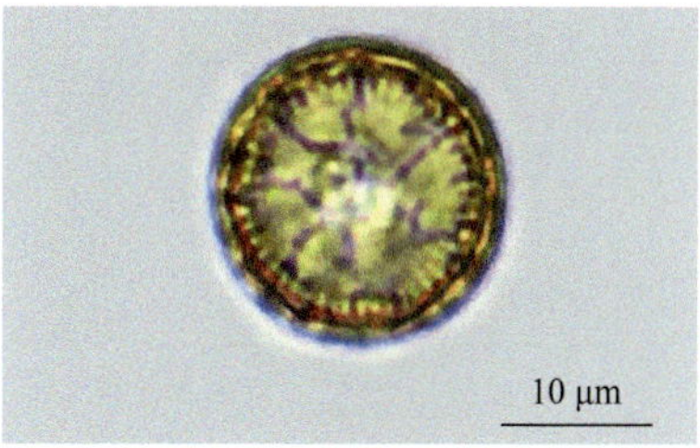

科曼小环藻 *Cyclotella comensis*

9. 具星小环藻 *Cyclotella stelligera* (Cleve *et* Grunow) Van Heurck, 1882

单细胞，细胞圆盘形、短圆柱形或鼓形，带面平滑，没有间生带。直径 5.5 ～ 24.5 μm。壳面边缘部分的长线纹间无粗短线纹。中心区有一个点纹，周围具星状排列的短肋纹。

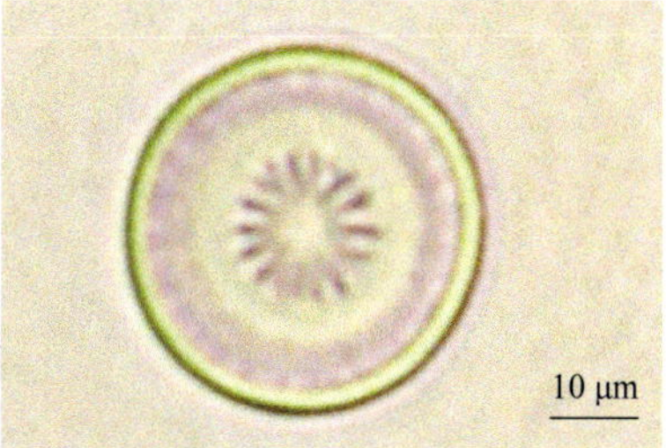

具星小环藻 *Cyclotella stelligera*

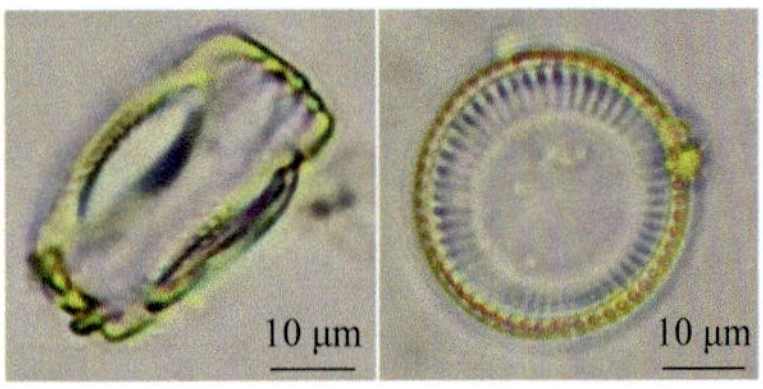

扭曲小环藻 *Cyclotella comta*

10. 扭曲小环藻 *Cyclotella comta* (Ehrenberg) Kützing, 1849

壳面边缘部分长线纹间有粗短线纹。10 μm 内有 13 ～ 18 条短粗线纹。细胞直径 15 ～ 37 μm，中心区具稀疏的或呈放射状的点纹。带面扭曲。

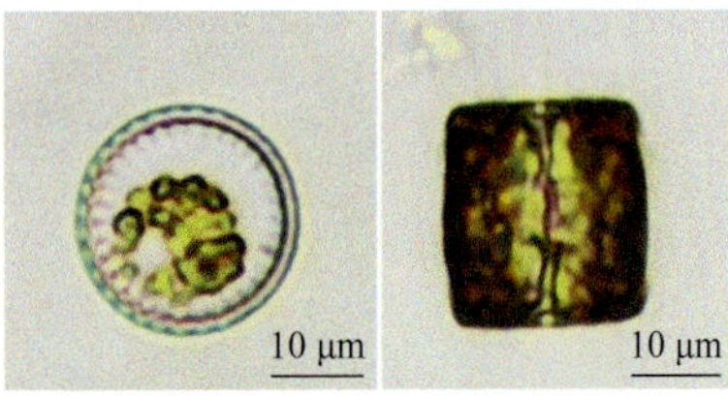

条纹小环藻 *Cyclotella striata* var. *striata*

11. 条纹小环藻 *Cyclotella striata* var. *striata* (Kützing) Grunow, 1880

藻体细胞呈短圆柱形，壳面一半隆起一半凹下。壳面肋纹粗而明显。色素体小，多数。世界广布种，海淡水均常见。

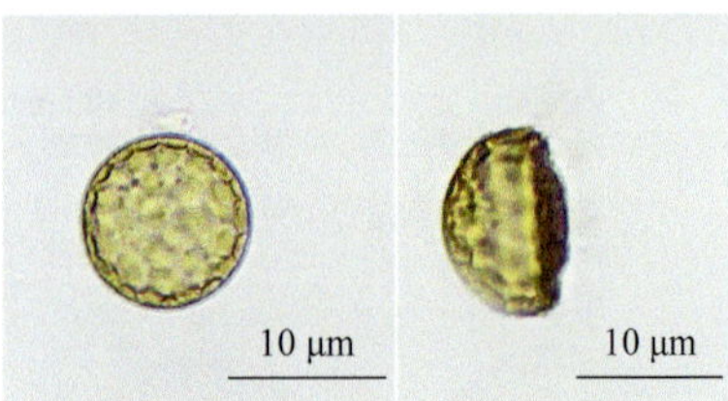

四角小环藻 *Cyclotella quadrijuncta*

12. 四角小环藻 *Cyclotella quadrijuncta* (Schroter) Hustedt, 1928

又称四联小环藻。壳面中央呈放射状结构，边缘结构有阴影线，粗糙。群体由多个细胞组成，类似链状群体。

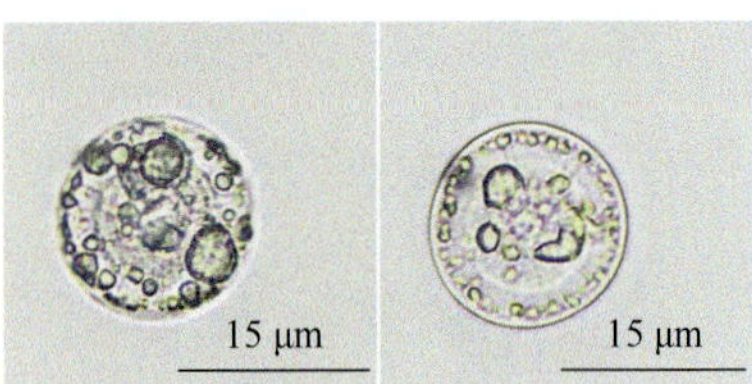

广缘小环藻 *Cyclotella bodanica*

13. 广缘小环藻 *Cyclotella bodanica* Eulenstein, 1878

细胞圆盘形至鼓形，直径 15 ～ 75 μm。壳面边缘带较宽，具放射状线纹，10 μm 内 12 ～ 15 条，其中略短的线纹末端都具一个显著的点纹，线纹间又具有短粗线纹，10 μm 内 5 ～ 11 条。中心区具密集的呈放射状的点纹，中央部具一透明圈，其中具不规则点纹。多为近山区湖泊浮游种类。

星冠盘藻小型变种
Stephanodiscus astraea var. *minutula*

14. 星冠盘藻小型变种 *Stephanodiscus astraea* var. *minutula* (Kützing) Grunow, 1881

隶属圆筛藻科 Coscinodiscaceae，冠盘藻属 *Stephanodiscus*。单细胞或形成短的链状群体。细胞圆盘形，直径 8 ～ 30 μm。壳面具束状的放射状点纹。中心区点纹不规则。近壳缘处两束点纹间具粗短刺。

15. 扎卡四棘藻 *Attheya zachariasi* Brun, 1894

隶属中心纲 Centricae，盒形藻目 Biddulphiales，盒形藻科 Biddulphicaceae，四棘藻属 *Attheya*。单细胞或 2 ～ 3 个细胞连成链状群体。细胞扁圆柱形，细胞壁薄，带面长方形，具多数环状间生带，末端楔形，无隔片。壳面扁椭圆形，中间凹入，由每个角状图延长成一条粗而长的长刺。色素体小盘状，4 个。细胞长 35 ～ 110 μm，宽 11.5 ～ 42 μm，刺长 12.5 ～ 100 μm，分布广。

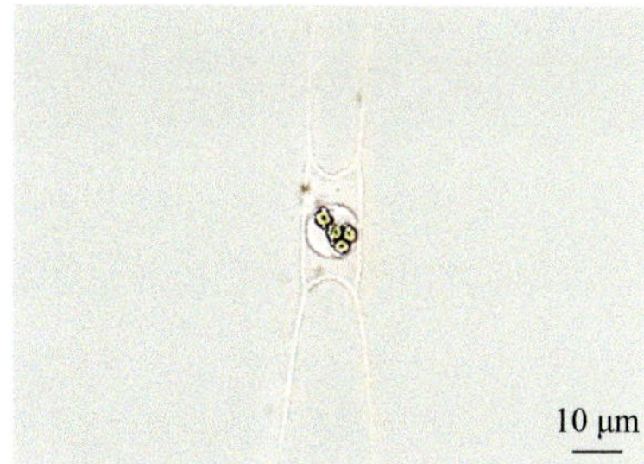

扎卡四棘藻 *Attheya zachariasi*

16. 钝脆杆藻 *Fragilaria capucina* Desmazières, 1825

隶属羽纹纲 Pennatae，无壳缝目 Araphidiales，脆杆藻科 Fragilariaceae，脆杆藻属 *Fragilaria*。单细胞，细胞长线形，壳面狭披针形，多为直的，末端头状。细胞常以壳面相连形成长带状群体。细胞长 25 ～ 220 μm，宽 2 ～ 7 μm。横线纹细，假壳缝线形。中心区矩形，无线纹。带面长方形。

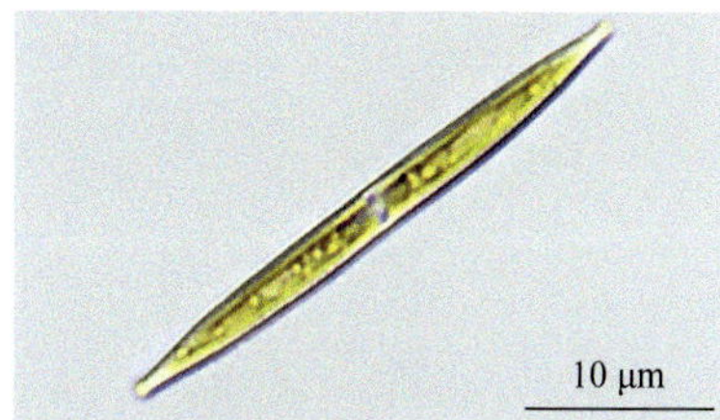

钝脆杆藻 *Fragilaria capucina*

17. 连结脆杆藻 *Fragilaria construens* (Ehrenberg) Grunow, 1862

壳面宽线形，中部向两侧凸出。细胞以壳面相连成带状群体。细胞长 7 ～ 25 μm，宽 5 ～ 12 μm，以壳面相连呈带状群体。壳面中心区两侧具线纹。壳面具细线纹。

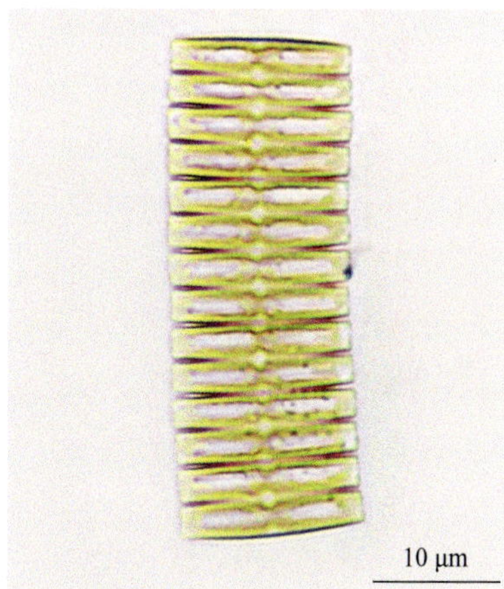

连结脆杆藻 *Fragilaria construens*

18. 克罗脆杆藻 *Fragilaria crotonensis* Kitton, 1869

又称巴豆叶脆杆藻。细胞常以壳面相连形成长带状群体。壳面线形，末端钝圆形；横线纹细。山区普生种，在水库、泉水及溪沟中较常见。

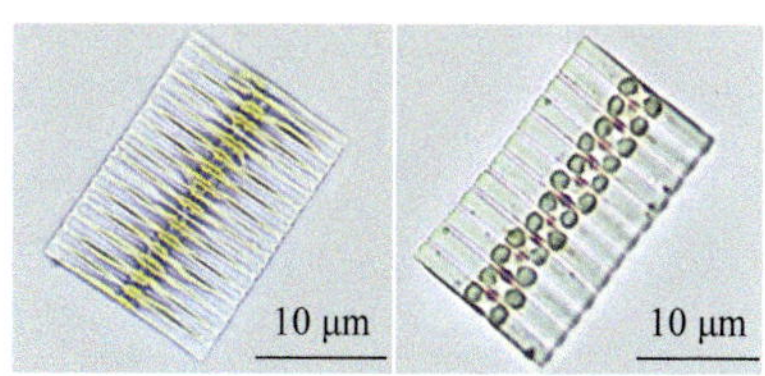

克罗脆杆藻 *Fragilaria crotonensis*

19. 肘状脆杆藻 *Fragilaria ulna* (Nitzsch) Lange-Bertalot, 1980

原称肘状针杆藻 *Synedra ulna*。单细胞，壳面线状披针形，壳体极细长，中部略宽，几乎不扩大，末端近头状。长 50 ～ 350 μm，宽 5 ～ 9 μm。横线纹粗，10 μm 内 10 条，中央区两侧无线纹。带面线形或长方形，有明显线纹。有 2 片色素体。

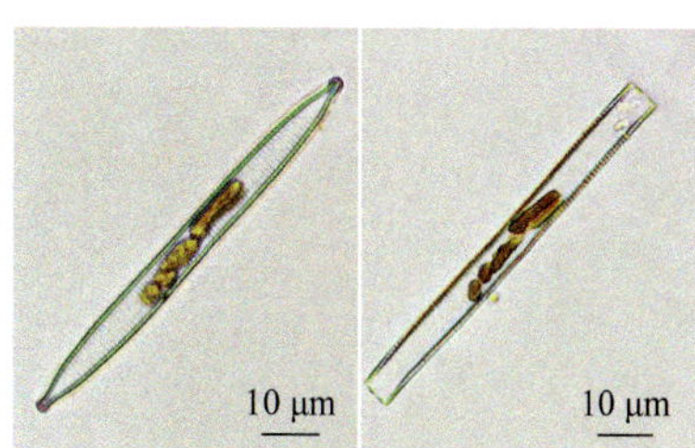

肘状脆杆藻 *Fragilaria ulna*

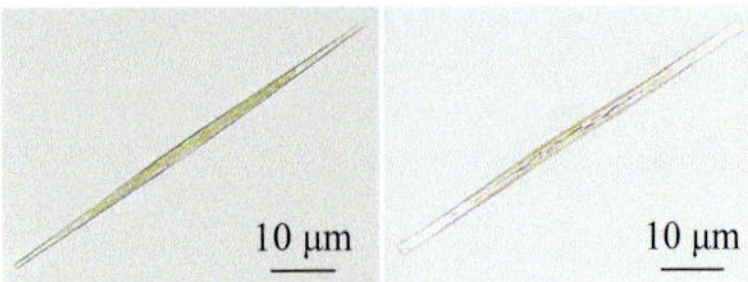

尖脆杆藻 *Fragilaria acus*

20. 尖脆杆藻 *Fragilaria acus* (Kützing) Lange-Bertalot, 2000

原称尖针杆藻 *Synedra acus* Kützing, 1844。壳面线形披针形，中部宽近平行，向两端逐步狭窄。末端圆形或近头状。长 62 ～ 300 μm，宽 3 ～ 6 μm。横线纹细，10 μm 内 10 ～ 18 条。有线形假壳缝，中心区矩形，无花纹。带面细线形。

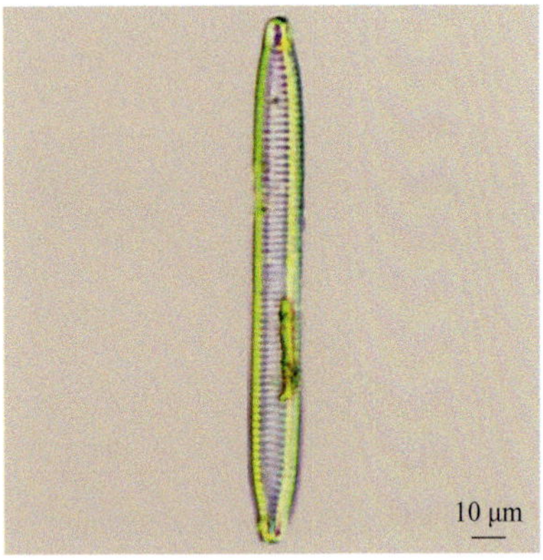

中型脆杆藻 *Fragilaria intermedia*

21. 中型脆杆藻 *Fragilaria intermedia* (Grun.) Grunow, 1881

细胞常连接成带状群体。壳面披针形，从中部向两端逐渐狭窄，末端略膨大呈头状，假壳缝狭线形，中部一侧无线纹，横线纹在 10 μm 内 9 ～ 14 条，细胞长 15 ～ 60 μm，宽 2.5 ～ 5 μm。

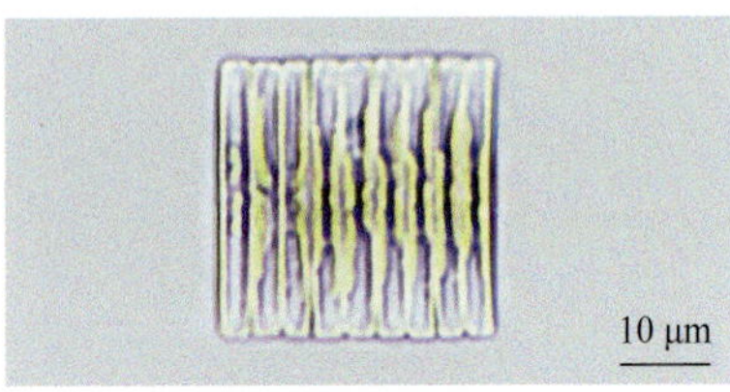

变绿脆杆藻 *Fragilaria virescens*

22. 变绿脆杆藻 *Fragilaria virescens* Ralfs, 1843

细胞连接成带状群体，壳面线形，两侧平直或略凸出，两端突然变狭延长，末端钝圆喙状。假壳缝线形，无中央区，横线纹很细，每 10 μm 内 12 ～ 19 条。带面长方形。细胞长 8 ～ 32 μm，宽 3.5 ～ 10 μm。

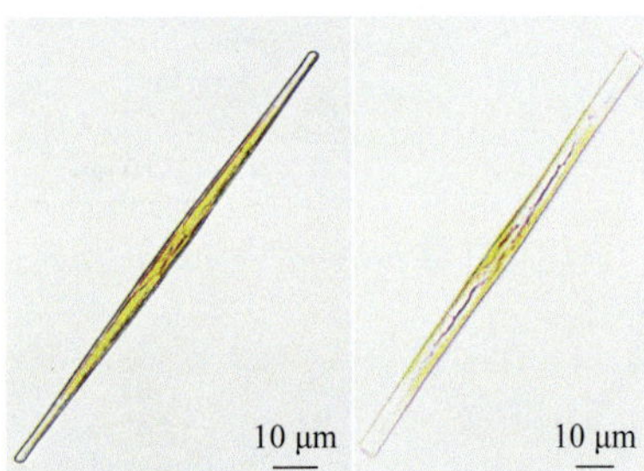

双头脆杆藻 *Fragilaria amphicephala*

23. 双头脆杆藻 *Fragilaria amphicephala* (Kützing) Lange-Bertalot, 1980

原称双头针杆藻 *Synedra amphicephala*。壳面狭披针形，从中部向两端逐渐尖细，末端呈明显的头状，长 9 ～ 75 μm，宽 2 ～ 4 μm。横线纹细，10 μm 内 11 ～ 18 条，通常 10 μm 内 15 ～ 16 条。假壳缝狭线形，有中心区或无，环面矩形。

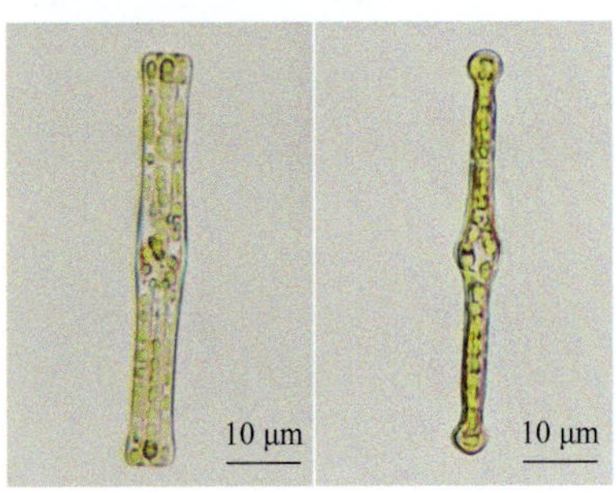

窗格平板藻 *Tabellaria fenestrata*

24. 窗格平板藻 *Tabellaria fenestrata* (Lyngbye) Kützing, 1844

隶属脆杆藻科 Fragilariaceae，平板藻属 *Tabellaria*。藻体多细胞，细胞壳面棒形或线形，末端钝圆形，中部略膨大。群体曲尺链状。壳面横肋纹细，假壳缝狭窄。壳环面两端各具 2 个垂直的长形纵隔片。为湖泊中的浮游植物。

25. 近缘平板藻 *Tabellaria affinis* (Kützing) Snoeijs, 1992

即近缘针杆藻 *Synedra affinis* Kützing, 1844。壳面披针形，中部宽，向两端明显狭窄尖细，末端头状。长 60 ～ 150 μm，宽 2 ～ 5 μm。横线纹很短，在中部不间断，10 μm 内 11 ～ 14 条。假壳缝披针形，无中心区。带面线形长方形。

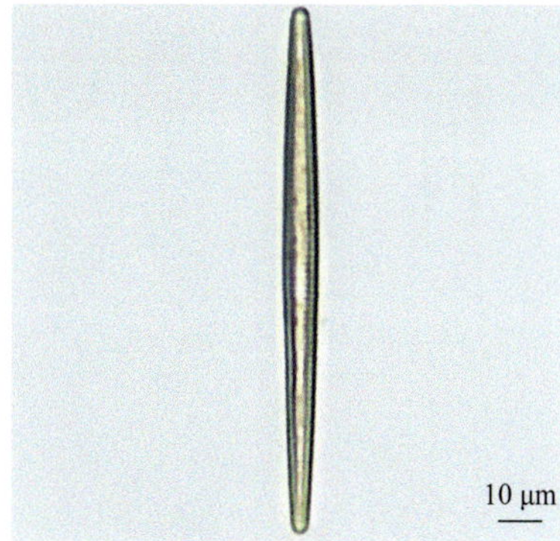

近缘平板藻 *Tabellaria affinis*

26. 普通等片藻 *Diatoma vulgaris* Bory, 1824

隶属脆杆藻科 Fragilariaceae，等片藻属 *Diatoma*。长 30 ～ 60 μm。群体曲尺链状；壳面横肋纹细，10 μm 内少于 6 条。壳体薄，壳面细长线形，两端略膨大。带面长方形，角圆，间生带细。

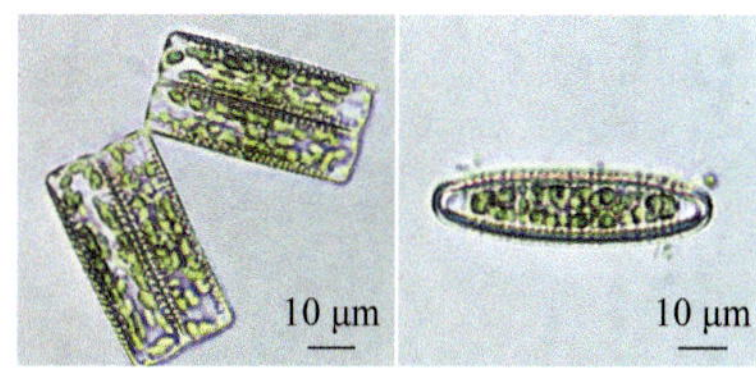

普通等片藻 *Diatoma vulgaris*

27. 美丽星杆藻 *Asterionella formosa* Hassall, 1850

隶属脆杆藻科 Fragilariaceae，星杆藻属 *Asterionella*。细胞壳面呈棒状，两端异形，通常一端扩大，细胞以一端连成星状、螺旋状。假壳缝不明显。

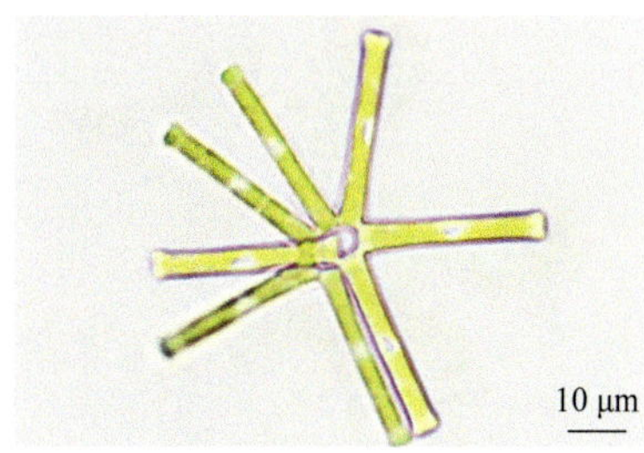

美丽星杆藻 *Asterionella formosa*

28. 蓖形短缝藻 *Eunotia pectinalis* (Kützing) Rabenhorst, 1864

隶属羽纹纲 Pennatae，拟壳缝目 Raphidionales，短壳缝科 Eunotiaceae，短缝藻属 *Eunotia*。单细胞，壳面狭长线形，背缘平直略凸出，腹缘直或略凹入，末端钝圆。长 40 ～ 140 μm，宽 5 ～ 10 μm。具横线纹，每 10 μm 内 7 ～ 12 条。

蓖形短缝藻 *Eunotia pectinalis*

29. 弧形短缝藻 *Eunotia arcus* Ehrenberg, 1837

单细胞，壳面弓形，背缘外凸呈拱形，中部平直，腹缘明显凹入，两侧明显缢缩并向背缘反曲，末端头状，极节大，明显，位于近末端的腹缘。具横线纹，平行排列，每 10 μm 内 11 ～ 18 条。环面长方形，长 25 ～ 70 μm，宽 3 ～ 11 μm。分布于各种淡水水体。

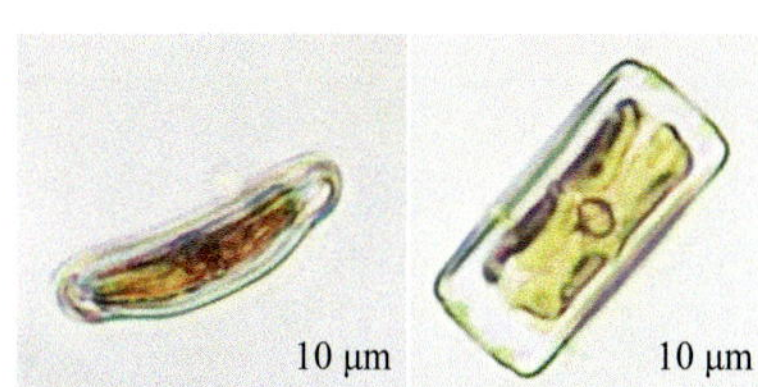

弧形短缝藻 *Eunotia arcus*

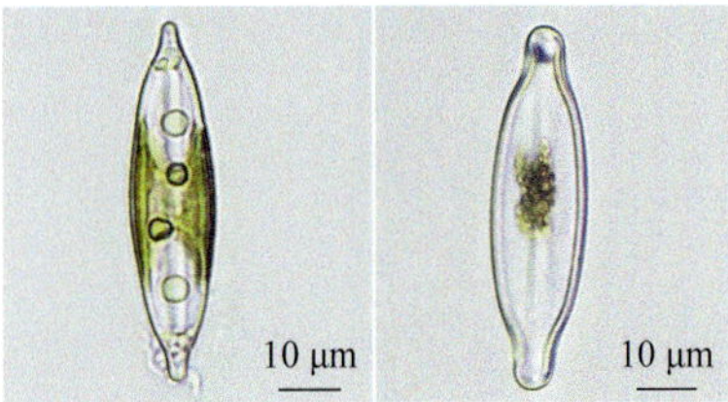

双头舟形藻 *Navicula dicephala*

30. 双头舟形藻 *Navicula dicephala* Ehrenberg, 1838

隶属羽纹纲 Pennatae，双壳缝目 Biraphidinales，舟形藻科 Naviculaceae，舟形藻属 *Navicula*。单细胞，壳面椭圆形，末端略呈头状或喙状，长 20 ～ 40 μm，宽 7 ～ 13 μm。中央区狭窄。

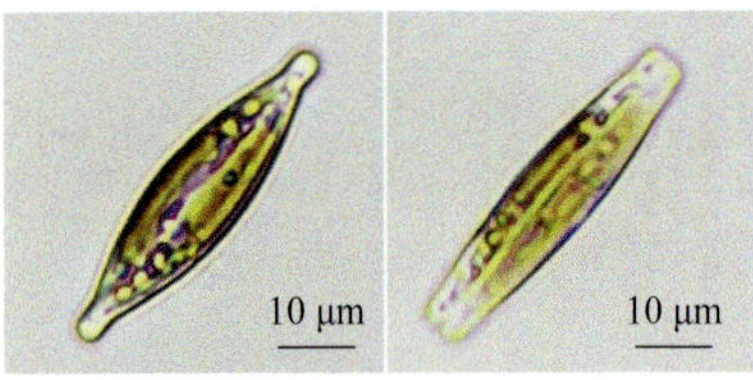

隐头舟形藻 *Navicula cryptocephala*

31. 隐头舟形藻 *Navicula cryptocephala* Kützing, 1844

壳面两端延长，末端略为喙状。长 13 ～ 45 μm，宽 4 ～ 9 μm。放射性横线纹很细。分布广，淡水、半咸水均有分布。

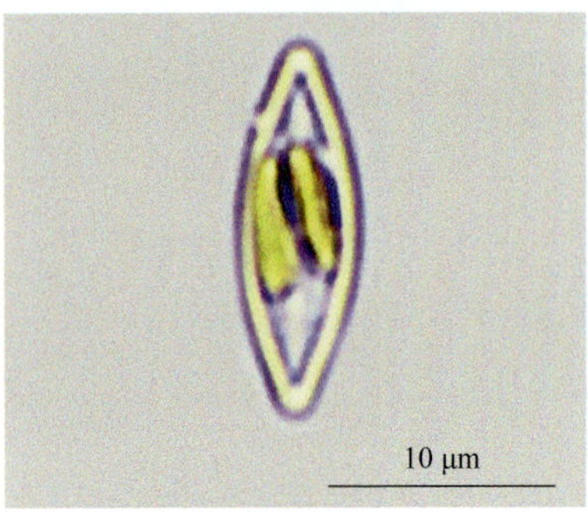

短小舟形藻 *Navicula exigua*

32. 短小舟形藻 *Navicula exigua* W. Gregory, 1854

壳面两端不延长，末端略为喙状。长 15 ～ 35 μm，宽 5 ～ 15 μm。横线纹放射性排列。为普生种，淡海水均有分布。

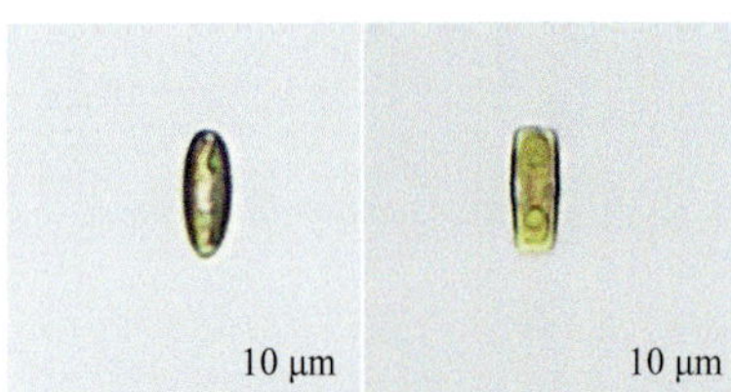

微型舟形藻 *Navicula minima*

33. 微型舟形藻 *Navicula minima* Grunow, 1880

壳面呈线性椭圆形，末端广圆形；中轴区很狭窄、线性，中央区横矩形，壳缝直，其两侧的横线纹细，除中间部分近平行外，均略呈放射状斜向中央区，在 10 μm 内 22 ～ 30 条。细胞长 8 ～ 18 μm，宽 2.5 ～ 5 μm。为普生种。

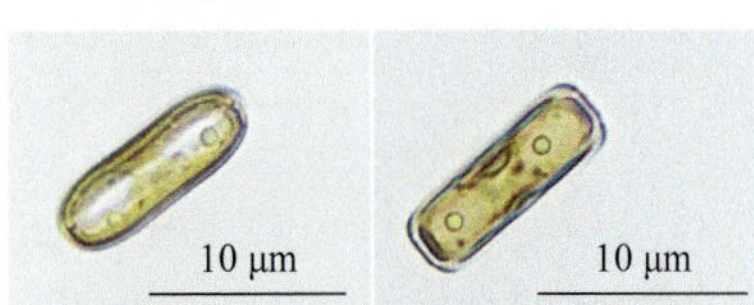

瞳孔舟形藻 *Navicula pupula*

34. 瞳孔舟形藻 *Navicula pupula* Kützing, 1844

壳面两侧缘略凸出，末端广圆。长 20 ～ 40 μm，宽 6 ～ 10 μm。横线纹纤细，放射状排列，10 μm 内 22 ～ 26 条。壳面中部两侧线纹短并排列稀疏，极节无线纹。为普生种。

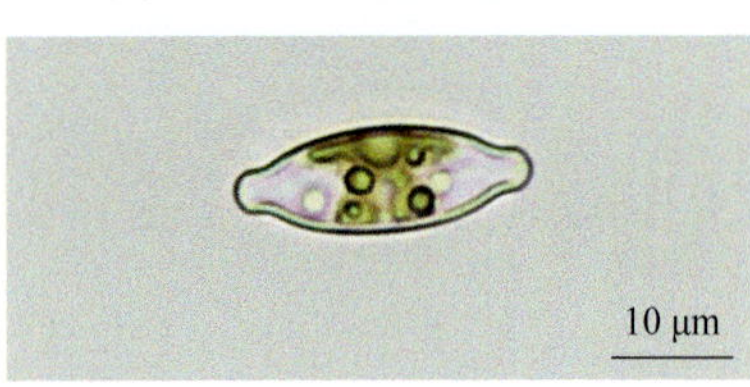

凸出舟形藻 *Navicula protracta*

35. 凸出舟形藻 *Navicula protracta* Grunow, 1880

壳面线性披针形，两端宽喙状，末端截形；中轴区狭窄，中部略放宽，中央区小，圆形，壳缝两侧的横线纹略呈放射状斜向中央区，两端近平行，在中间部分的横线纹彼此间较稀疏，有时在中央区横线纹长短不一。细胞长 16 ～ 39.5 μm，宽 5 ～ 10 μm。为普生种。

36. 喙头舟形藻 *Navicula rhynchocephala* Kützing, 1844

壳面两端喙状至头状，长 24 ～ 60 μm，宽 5 ～ 13 μm。横线纹在壳面中部呈放射状排列，两端斜向极节，10 μm 内 9 ～ 18 条。淡水普生种。

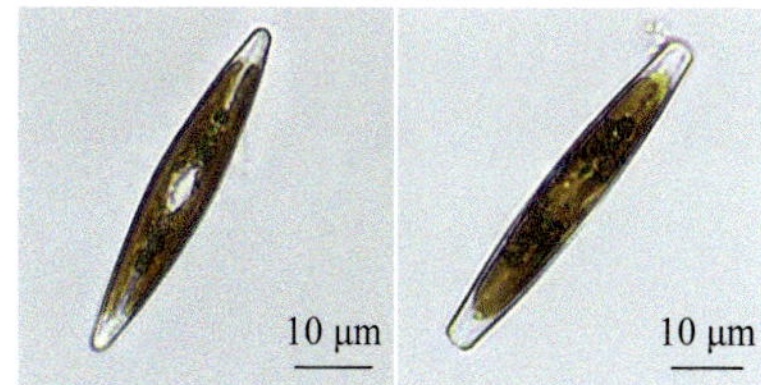

喙头舟形藻 *Navicula rhynchocephala*

37. 放射舟形藻 *Navicula radiosa* Kützing, 1844

壳面线形披针形，两端逐渐狭窄，末端狭、钝圆；中轴区狭窄，中央区小、菱形，中轴区和中央节比壳面其他区域的硅质较厚些，壳缝两侧绝大部分的横线纹略呈放射状斜向中央区，两端略斜向极节。细胞长 36.5 ～ 120 μm，宽 5 ～ 19 μm。为普生种。

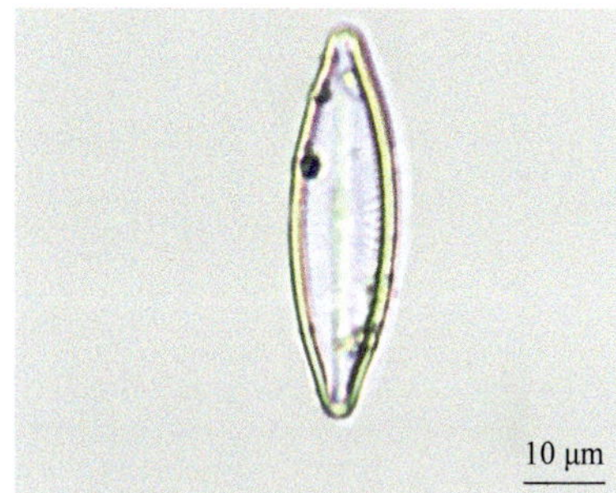

放射舟形藻 *Navicula radiosa*

38. 扁圆舟形藻 *Navicula placentula* (Ehrenberg) Kützing, 1844

壳面椭圆披针形，两端钝喙状，长 30 ～ 70 μm，宽 14 ～ 28 μm。横线纹在壳面中部呈放射状排列，两端斜向极节，横线纹粗，呈放射状排列，10 μm 内 6 ～ 9 条。淡水普生种。

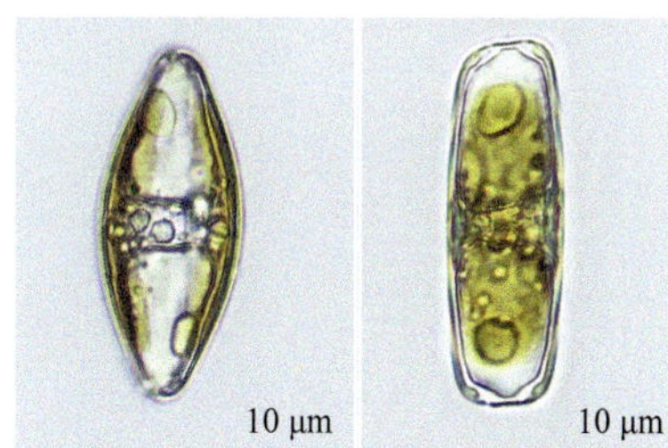

扁圆舟形藻 *Navicula placentula*

39. 尖布纹藻 *Gyrosigma acuminatum* (Kützing) Rabenhorst, 1853

隶属舟形藻科 Naviculaceae，布纹藻属 *Gyrosigma*。壳面披针形，呈“S”形弯曲，末端钝圆。长 82 ～ 200 μm，宽 11 ～ 20 μm。纵横线纹等粗等距离，垂直交叉呈布纹状。普生种，也分布于半咸水和海洋。

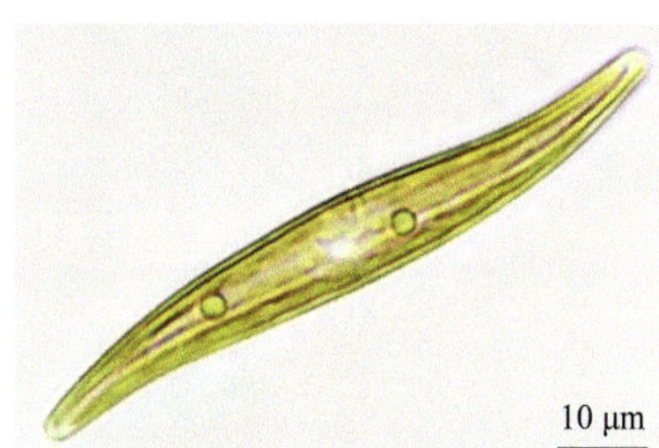

尖布纹藻 *Gyrosigma acuminatum*

40. 尖辐节藻 *Stauroneis acuta* W. Smith, 1853

隶属舟形藻科 Naviculaceae，辐节藻属 *Stauroneis*。壳面菱形披针形，中部略凸出，末端钝圆。长 70 ～ 170 μm，宽 11 ～ 40 μm。壳缝直，中轴区宽线形，中心区横带状，辐节宽。色素体 2 块片状。点纹。

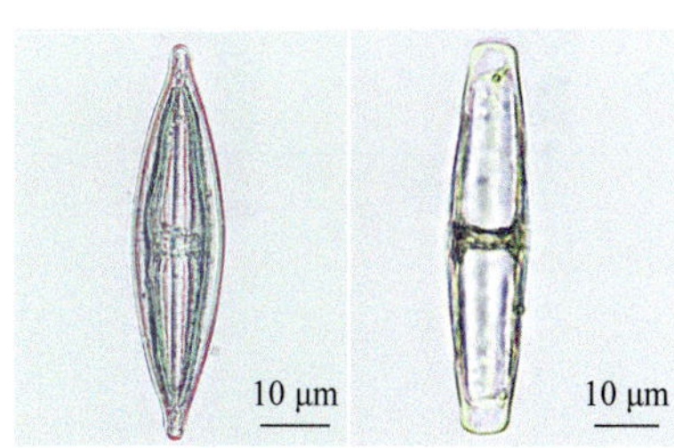

尖辐节藻 *Stauroneis acuta*

双头辐节藻 *Stauroneis anceps*

41. 双头辐节藻 *Stauroneis anceps* Ehrenberg, 1843

单细胞，中轴区极狭。中心区扩展到壳缘，呈横带状。细胞两端延长，末端略呈头状，具隔膜。壳面两侧边缘具 3 个波纹状弯曲。

菱形肋缝藻 *Frustulia rhomboides*

42. 菱形肋缝藻 *Frustulia rhomboides* (Ehrenberg) De Toni, 1891

隶属舟形藻科 Naviculaceae，肋缝藻属 *Frustulia*。壳面菱形披针形，两端钝圆，壳长 45 ～ 160 μm，宽 11.5 ～ 30 μm。中轴区中部具短的中央极节，两条硅质肋条由中央节向两端极节伸出，壳缝位于两肋条之间。点纹组成的横线纹不明显，10 μm 内 23 ～ 30 条。环面长方形，没有间生带。为普生种。

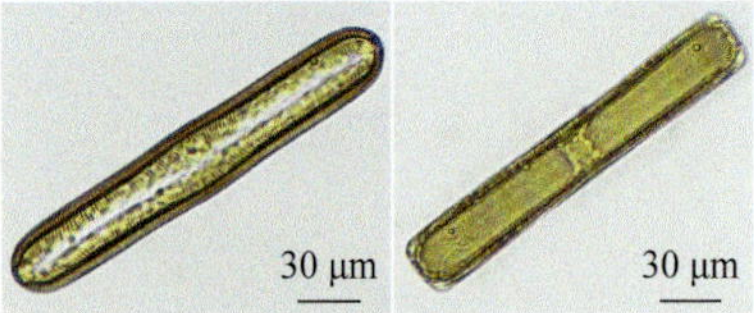

大羽纹藻 *Pinnularia major*

43. 大羽纹藻 *Pinnularia major* (Kützing) Rabenhorst, 1853

隶属舟形藻科 Naviculaceae，羽纹藻属 *Pinnularia*。壳面长椭圆形，长 140 ～ 200 μm，宽 25 ～ 40 μm。两侧平行或中部略膨大，两端圆。壳面具横肋纹，10 μm 内 4.5 ～ 5 条，并有两条平行纵线纹与横肋纹交叉。肋纹全部呈放射状排列。末端无横线纹。壳缝在中线上，直或扭曲，到末端呈分叉状。壳面花纹由肋纹组成。中心区横矩形。

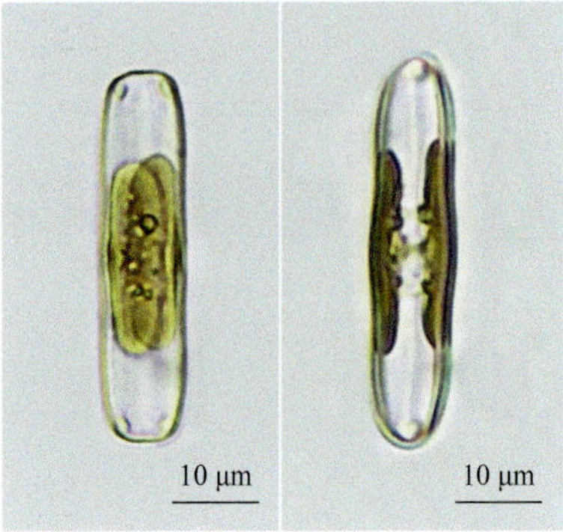

短角美壁藻 *Caloneis silicula*

44. 短角美壁藻 *Caloneis silicula* (Ehrenberg) Cleve, 1894

隶属舟形藻科 Naviculaceae，美壁藻属 *Caloneis*。壳面线形披针形，壳缘两侧各具 3 个波状突起，末端楔形或广圆形，长 25 ～ 120 μm，宽 6 ～ 20 μm。壳缝直，中轴区线形披针形，中心区圆形。壳面边缘两侧各具一条纵线纹，横线纹略呈放射状排列，10 μm 内 17 ～ 19 条。

45. 舒曼美壁藻 *Caloneis schumanniana* (Grunow) Cleve, 1894

壳面线性椭圆形，中部略凸出，末端广圆形，壳缝直，中轴区狭长披针形。中央区椭圆形扩大，两侧各具一月形增厚，横线纹略呈放射状，在 10 μm 内 16 ～ 26 条，两侧近壳缘各具一条与横线纹交叉的纵线纹。细胞长 22 ～ 101 μm，宽 5.5 ～ 16 μm。分布广泛。

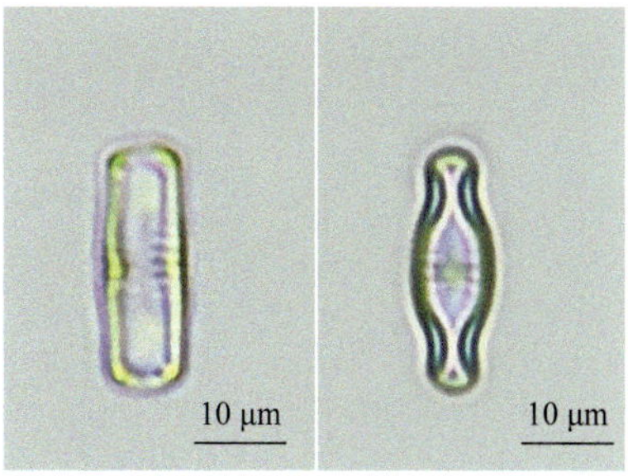

舒曼美壁藻 *Caloneis schumanniana*

46. 卵圆双壁藻 *Diploneis ovalis* (Hilse) Cleve, 1891

隶属舟形藻科 Naviculaceae，双壁藻属 *Diploneis*。壳面椭圆形，两侧边缘略凸出，长 20 ～ 100 μm，宽 9.5 ～ 35 μm；中央节很大，近圆形；具有明显的平行的角状突起，两侧纵沟狭窄，中部略宽，明显弯曲。横肋纹粗，略成放射状排列，10 μm 内 8 ～ 14 条（多数为 13 ～ 19 条），肋纹间有小点纹，在 10 μm 内 14 ～ 21 个。壳环面长方形。色素体两块，板状。分布在淡水、半咸水中。

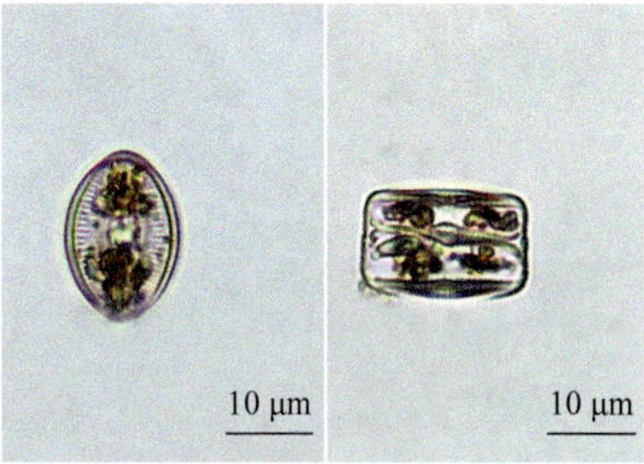

卵圆双壁藻 *Diploneis ovalis*

47. 美丽双壁藻 *Diploneis puella* (Schumarm) Cleve, 1894

壳面椭圆形，末端广圆形，长 12 ～ 27 μm，宽 6 ～ 14 μm。中央节大小中等，方形。角清楚，纵沟很窄，线形，中部较宽。横肋纹细，略呈放射状，10 μm 内 10 ～ 22 条，肋纹间有很细的点纹。常分布于淡水中。

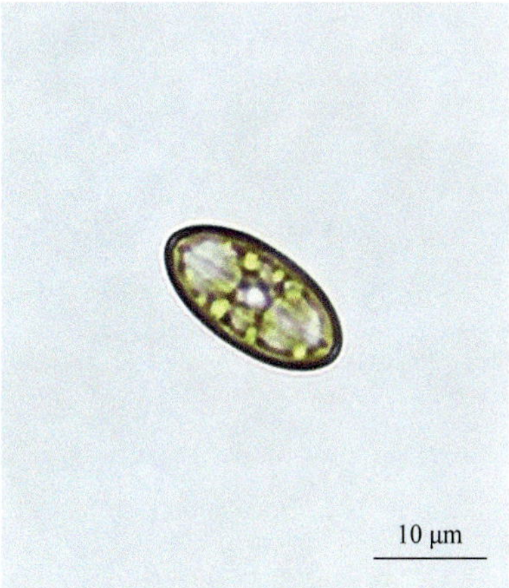

美丽双壁藻 *Diploneis puella*

48. 翼茧形藻 *Amphiprora alata* Kützing, 1844

隶属舟形藻科 Naviculaceae，茧形藻属 *Amphiprora*。藻体单个生活，壳环面呈双凹的椭圆形，壳面梭形，两端渐大，至顶端圆钝。壳上有龙骨点，壳缝“S”形，色素体大，1 个，呈板状。分布广，淡水、半咸水、海水均有分布。

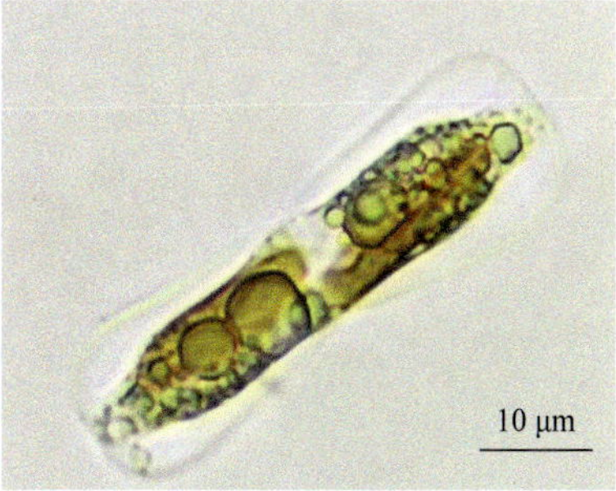

翼茧形藻 *Amphiprora alata*

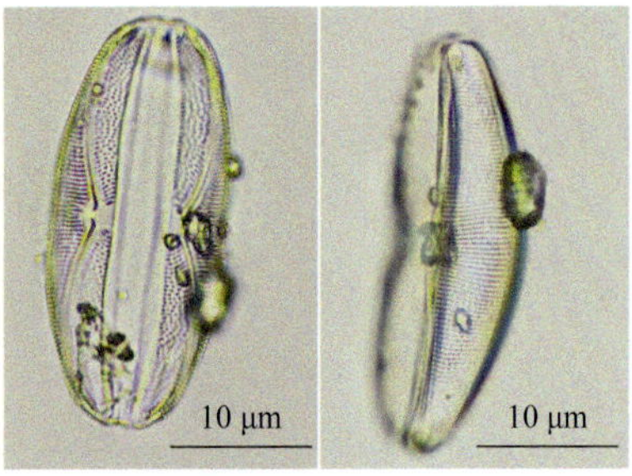

卵圆双眉藻 *Amphora ovalis*

49. 卵圆双眉藻 *Amphora ovalis* (Kützing) Kützing, 1844

隶属羽纹纲 Pennatae，双壳缝目 Biraphidinales，桥弯藻科 Cymbellaceae，双眉藻属 *Amphora*。壳面新月形，腹侧凹入，末端钝圆形；中轴区狭窄，中心区仅在腹侧明显；壳缝略呈波状。腹侧横线纹中部间断，末端斜向极节，横线纹在背侧呈放射状排列，10 μm 内 9 ～ 16 条。环面广椭圆形，末端平截形，长 20 ～ 140 μm，宽 6 ～ 9.5 μm，两侧边缘均为弧形。

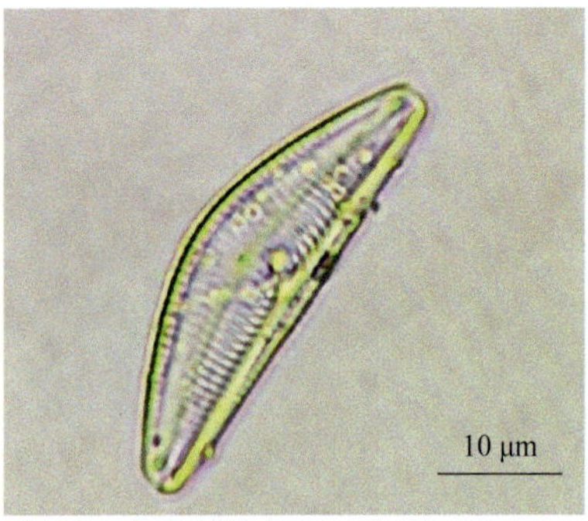

胡斯特桥弯藻 *Cymbella hustedtii*

50. 胡斯特桥弯藻 *Cymbella hustedtii* Krasske, 1923

隶属桥弯藻科 Cymbellaceae，桥弯藻属 *Cymbella*。壳面椭圆披针形，不对称，背面边缘凸出，腹侧边缘中部平直或略凸出，末端钝圆，长 12 ～ 35 μm，宽 6 ～ 9 μm。中轴区狭窄，中心区不扩大，壳缝略偏于腹侧。横线纹粗，放射状，10 μm 内 10 ～ 14 条。分布于淡水。

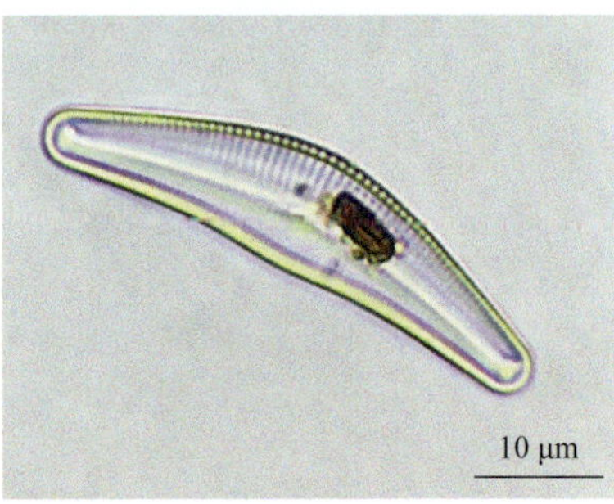

细小桥弯藻 *Cymbella pusilla*

51. 细小桥弯藻 *Cymbella pusilla* Grunow in A. W. F. Schmidt, 1875

壳面新月形，背面边缘凸出，腹侧边缘相对平直或略凸，末端圆，长 17 ～ 40 μm，宽 3.5 ～ 7.5 μm。中轴区狭窄，中央节处略扩大，壳缝直偏于腹侧。横线纹在中部放射状排列，10 μm 内 15 ～ 21 条，两端平行或斜向极节，10 μm 内 20 条。分布于淡水、半咸水和海水。

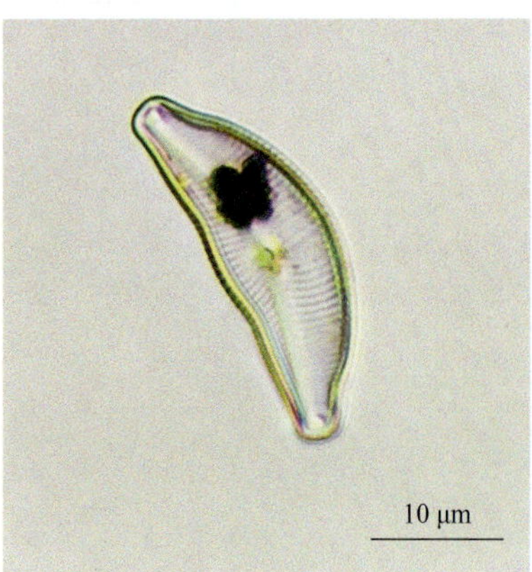

膨胀桥弯藻 *Cymbella tumida*

52. 膨胀桥弯藻 *Cymbella tumida* (Brébisson) Van Heurck, 1880

壳面椭圆披针形，不对称，背面边缘凸出，腹侧边缘中部平直，中部略凸出，末端宽截圆形，长 37 ～ 75 μm，宽 14 ～ 20 μm。中轴区狭窄，中心区相当大，圆形，壳缝略偏于腹侧，略弯曲。在腹侧靠近中央节有 1 单独的点纹。横线纹粗，放射状，10 μm 内 8 ～ 12 条（中）和 12 ～ 22 条（端）。普生种。

53. 胀大桥弯藻 *Cymbella turgidula* Grunow, 1875

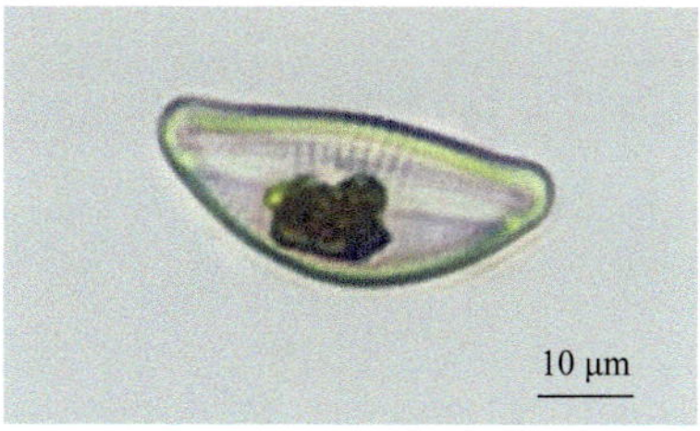

胀大桥弯藻 *Cymbella turgidula*

壳面新月形，背缘凸出，腹缘略凸出，末端短、钝略呈喙状；中轴区狭窄，线形，中央区略扩大。壳缝略偏于腹侧，中央节与腹侧横线纹之间常具有 1 ～ 3 个单独的点纹。横线纹由点纹构成，略呈放射状斜向中央区，背侧中部 10 μm 内 7 ～ 9 条，腹侧中部则为 9 ～ 11 条。细胞长 20 ～ 50 μm，宽 8 ～ 15 μm。

54. 平滑桥弯藻 *Cymbella laevis* Nägeli, 1863

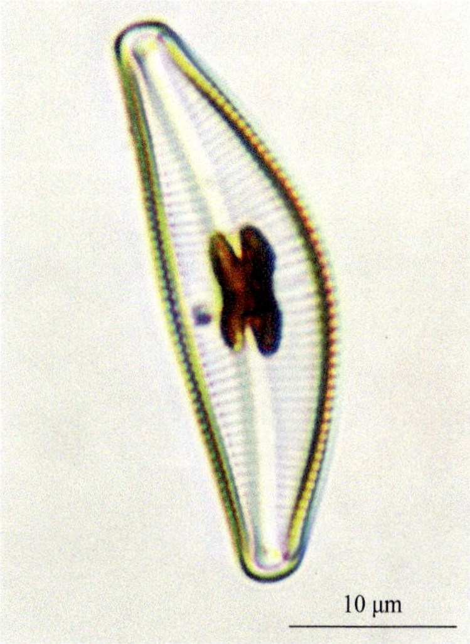

平滑桥弯藻 *Cymbella laevis*

壳面半披针形，两侧明显不对称，背面边缘凸出，腹侧边缘略凸出，末端钝圆，长 18 ～ 45 μm，宽 6 ～ 12 μm。中轴区狭窄，中心节处不扩大，壳缝偏于腹侧。横线纹粗，放射状，10 μm 内 8 ～ 14 条（中）和 15 ～ 20 条（端）。山区淡水普生种。

55. 新月形桥弯藻 *Cymbella cymbiformis* C. Agardh, 1830

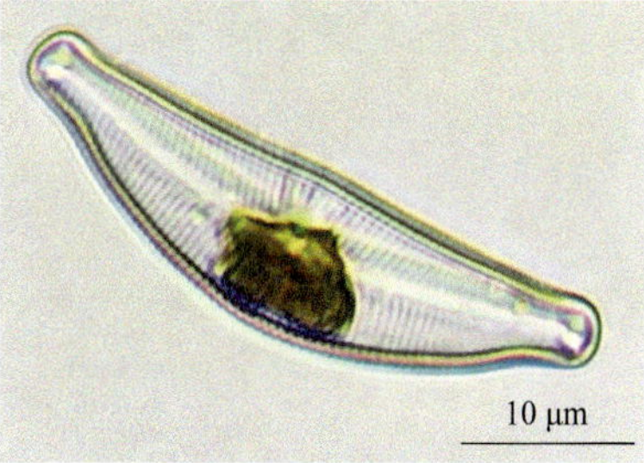

新月形桥弯藻 *Cymbella cymbiformis*

壳面新月形，两侧明显不对称，背侧边缘凸出，腹侧边缘平直，中部略凸出，末端钝圆，长 30 ～ 100 μm，宽 9 ～ 16 μm。中轴区狭窄至中央节处略扩大，壳缝略偏于一侧，腹侧线纹间有 1 单独点纹。横线纹粗，呈放射状，中部 10 μm 内背侧有 6 ～ 9 条，两端有 10 ～ 14 条。淡水普生种，常分布于湖泊沿岸带。

56. 披针形桥弯藻 *Cymbella lanceolata* (Ehrenberg) Kirchner, 1878

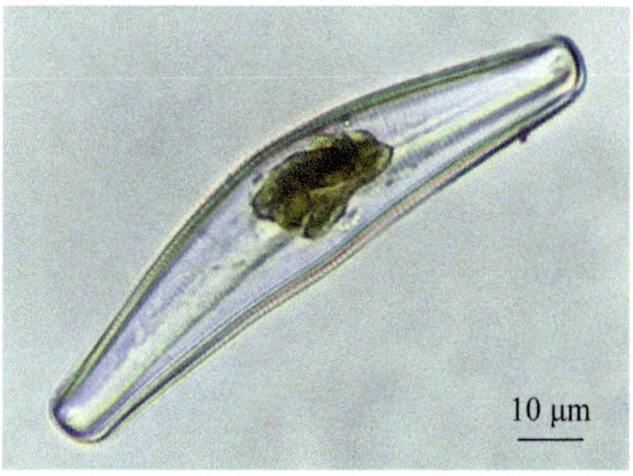

披针形桥弯藻 *Cymbella lanceolata*

壳面新月形，明显不对称，背面边缘凸出，腹侧边缘凹入，中部凸出，末端钝圆，长 84 ～ 234 μm，宽 16 ～ 40 μm。中轴区狭窄，中央节略扩大，圆形。壳缝直略偏于腹侧，略弯曲。在腹侧靠近中央节有一个单独的点纹。横线纹放射状排列，10 μm 中有 7 ～ 12 条（中）和 10 ～ 15 条（端）。淡水普生种。

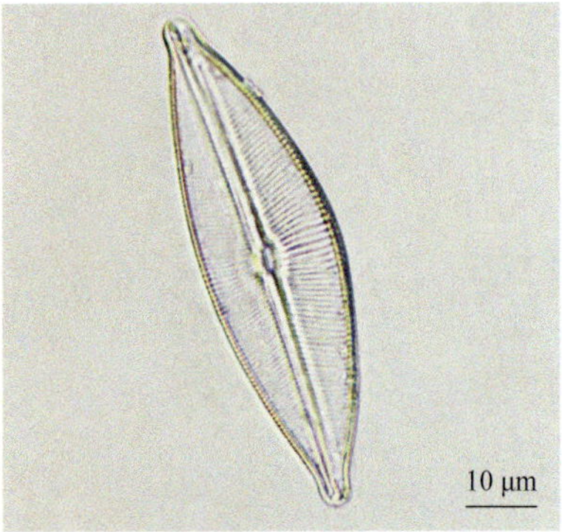

埃伦桥弯藻 *Cymbella ehrenbergii*

57. 埃伦桥弯藻 *Cymbella ehrenbergii* Kützing, 1844

壳面广椭圆形至菱形披针形，两侧不对称，背腹面边缘均明显凸出，末端钝圆呈喙状，长 50 ～ 220 μm，宽 15 ～ 50 μm。中轴区很宽，披针形，中央节圆形扩大，壳缝直略偏于腹侧。在腹侧靠近中央节有一个单独的点纹。横线纹粗，放射状排列，10 μm 内 7 ～ 10 条。淡水普生种。

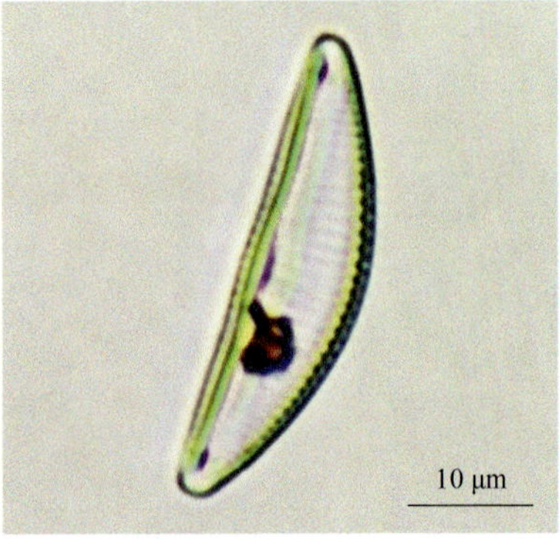

极小桥弯藻 *Cymbella perpusilla*

58. 极小桥弯藻 *Cymbella perpusilla* Cleve-Euler, 1895

壳面线形披针形，两侧明显不对称，背面边缘略凸出，腹侧边缘略凸出，末端钝圆，长 16 ～ 30 μm，宽 3 ～ 6 μm。中轴区狭窄。中央区不扩大，壳缝直偏于腹侧。横线纹略呈放射状，背侧中部 10 μm 内 8 ～ 9 条，腹侧中部 10 μm 内 9 ～ 11 条。山区水域普生种。

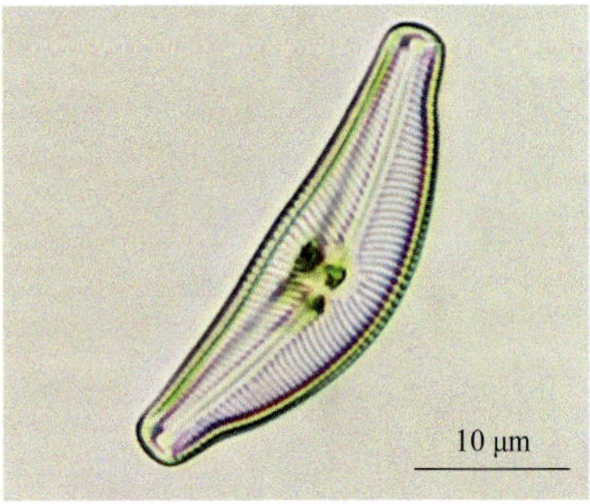

近缘桥弯藻 *Cymbella affinis*

59. 近缘桥弯藻 *Cymbella affinis* Kützing, 1844

壳面明显不对称，半披针形或半椭圆形，背缘凸出，腹侧略凸出或近于平直，末端多为短喙状，钝圆至截形。长 20.5 ～ 42 μm，宽 6 ～ 10 μm。中轴区狭窄。中央区略扩大，壳缝直偏于腹侧，腹侧中心区具一单独的点纹。背侧横线纹 10 μm 内 8 ～ 12 条，腹侧为 12 ～ 15 条。淡水普生种。

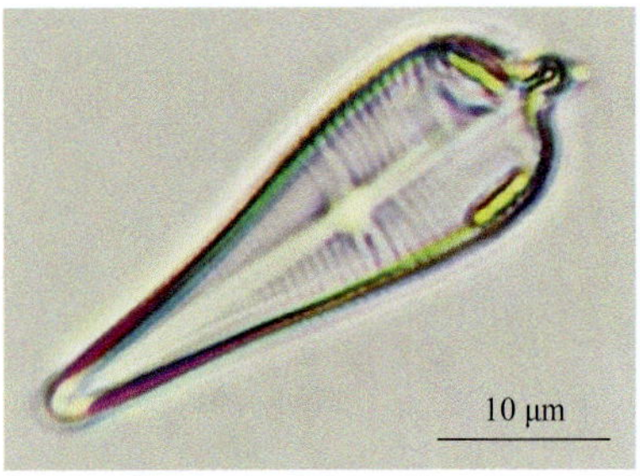

尖异极藻 *Gomphonema acuminatum*

60. 尖异极藻 *Gomphonema acuminatum* Ehrenberg, 1832

隶属双壳缝目 Biraphidinales，异极藻科 Gomphonemaceae，异极藻属 *Gomphonema*。本属主要特征是壳面两端明显不对称。细胞常着生在叉状分枝的胶质柄上。该种环面倒梯形，壳面楔形，壳面上端宽头状，略凹入，中部略凸出，下端明显逐渐狭窄，长 20 ～ 70 μm，宽 5 ～ 11 μm。中轴区狭窄，中心区大小中等，在其一侧有一个单独的点纹，横线纹放射状排列，10 μm 内 10 ～ 13 条。

61. 尖异极藻布雷变种 *Gomphonema acuminatum* var. *brebissonii* (Kützing) Grunow, 1880

壳面呈楔形，上端两侧略收缢。中部略凸出，下端明显逐渐狭窄。长 25 ～ 110 μm，宽 5 ～ 17 μm。

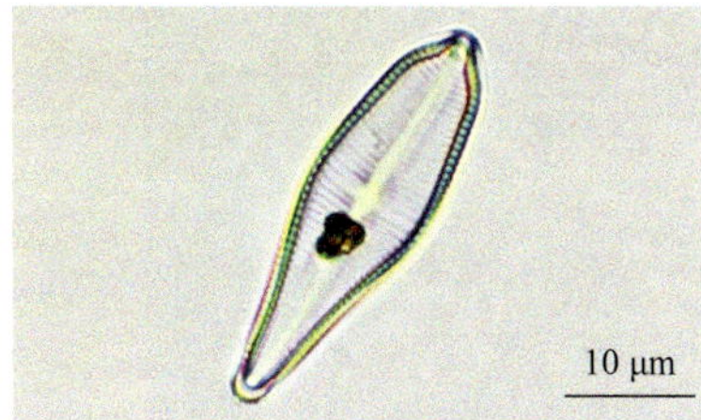

尖异极藻布雷变种
Gomphonema acuminatum var. *brebissonii*

62. 缢缩异极藻 *Gomphonema constrictum* Ehrenberg, 1830

单细胞，壳面棒状，在上部与中部之间有一显著缢部，上端宽，末端扁平或头状。形状披针形，上下几乎对称，中部凸出至末端接近直线。长 25 ～ 65 μm，宽 4.5 ～ 14 μm。环面倒梯形。

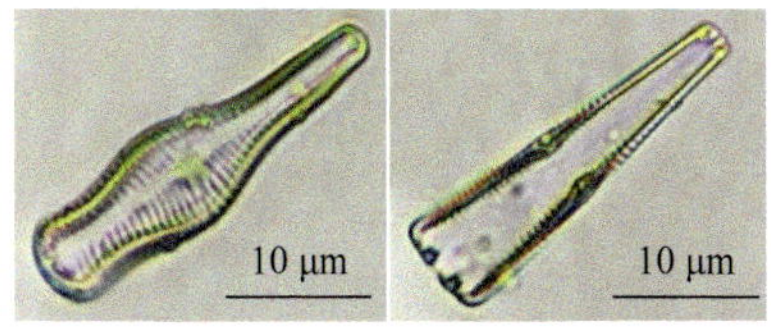

缢缩异极藻 *Gomphonema constrictum*

63. 缢缩异极藻头状变种 *Gomphonema constrictum* var. *capitatum* (Ehrenberg) Grunow, 1880

此变种与原变种的不同为细胞壳面上部和中部之间几乎无缢缩，上部前端广圆形，横线纹在中间部分 10 μm 内 10 ～ 15 条。细胞长 22 ～ 65 μm，宽 6 ～ 12 μm。国内外广泛分布。

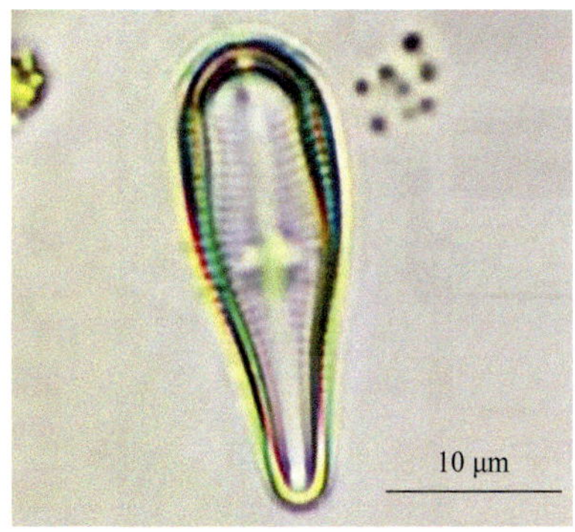

缢缩异极藻头状变种
Gomphonema constrictum var. *capitatum*

64. 纤细异极藻 *Gomphonema gracile* Ehrenberg, 1838

壳面披针形，从中部向两端逐渐狭窄，末端尖圆形。长 25 ～ 70 μm，宽 4 ～ 11 μm。中轴区狭窄，线形。中心区小，圆形并横向放宽，在其一侧有一个单独的点纹，横线纹放射状排列，10 μm 内 9 ～ 17 条。普生种。

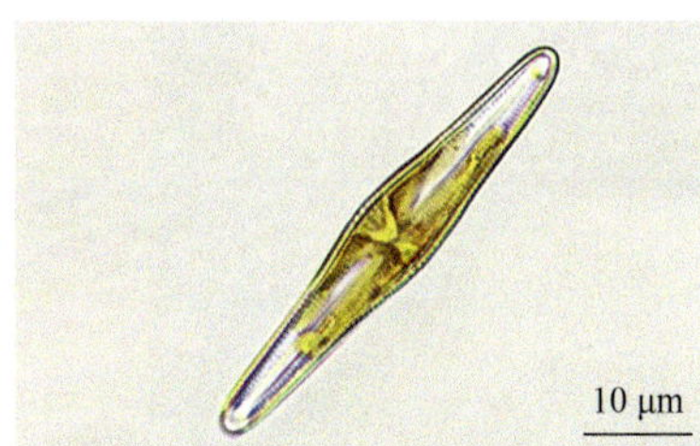

纤细异极藻 *Gomphonema gracile*

65. 窄异极藻 *Gomphonema angustatum* (Kützing) Rabenhorst, 1864

壳面细长棒状，末端钝圆，长 12 ～ 45 μm，宽 5 ～ 9 μm。中轴区狭窄，线形。中心区一侧有一个单独的点纹。横线纹放射状排列，10 μm 内 9 ～ 14 条。普生种。

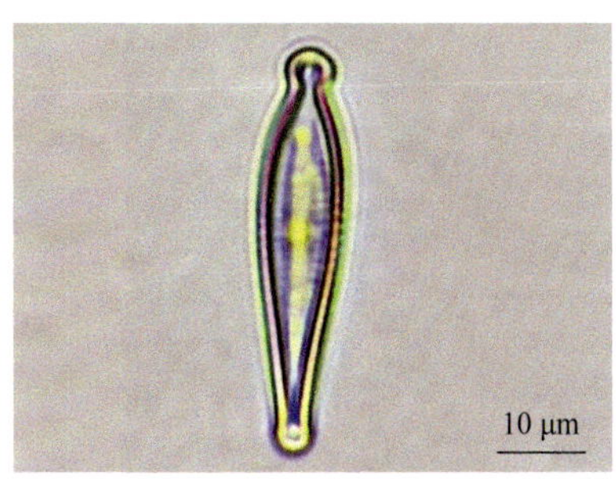

窄异极藻 *Gomphonema angustatum*

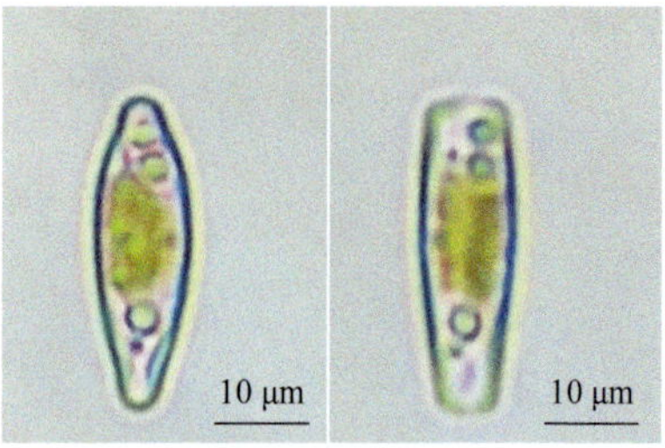

小形异极藻 *Gomphonema parvulum*

66. 小形异极藻 *Gomphonema parvulum* Kützing, 1849

又称微细异极藻。壳面棒状披针形，逐渐向前端变狭，前端喙状或头状，中部最宽，向下逐渐狭窄，末端狭圆。中轴区和中央区均狭，在其一侧有1个点纹，壳缝两侧的横线纹在中部近平行，在两侧放射状排列，中部10 μm内10～18条。细胞长12～30 μm，宽4～7 μm。

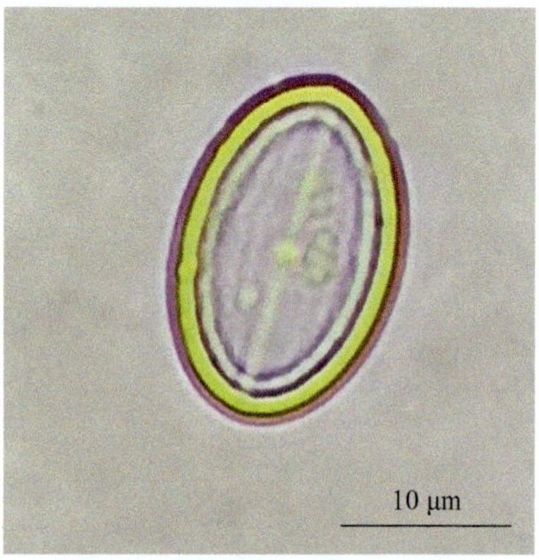

扁圆卵形藻 *Cocconeis placentula*

67. 扁圆卵形藻 *Cocconeis placentula* Ehrenberg, 1838

隶属羽纹纲Pennatae，单壳缝目Monoraphidales，曲壳藻科Achnanthaceae，卵形藻属*Cocconeis*。壳面宽椭圆形。长11～70 μm，宽8～40 μm。上壳壳面中部一侧无马蹄形的无纹中心区。上壳中线有假壳缝，有孔纹。下壳有壳缝、中央极节和端极节，有线纹，靠壳边缘断开形成围绕壳周的环形平滑区。壳的横轴略有弯曲，所以带面呈现长方形或为弧形。色素体1个。

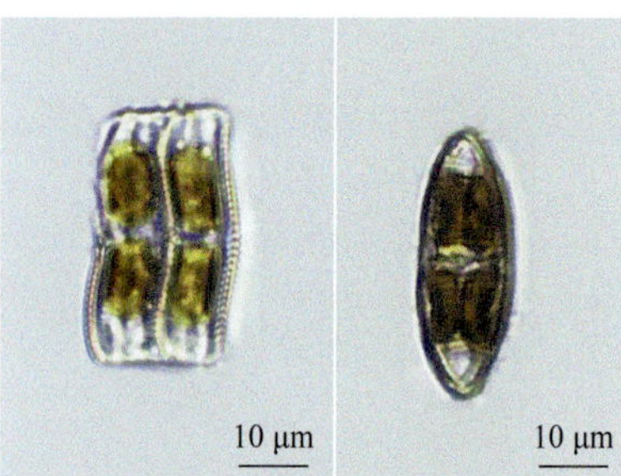

短小曲壳藻 *Achnanthes exigua*

68. 短小曲壳藻 *Achnanthes exigua* Grunow, 1880

隶属曲壳藻科Achnanthaceae，曲壳藻属*Achnanthes*。壳面一面具壳缝，一面具假壳缝。壳面呈线性椭圆形，两端延长呈喙状，末端钝圆，长7～17 μm，宽4～6 μm。环面弯曲，呈弧形。

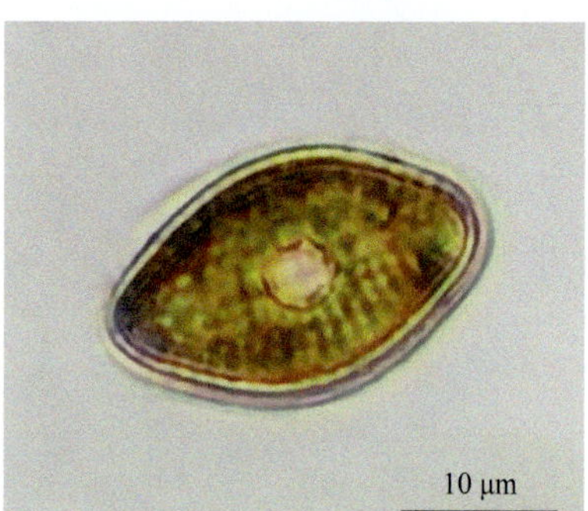

披针曲壳藻喙头变种
Achnanthes lanceolata var. *rostrata*

69. 披针曲壳藻喙头变种 *Achnanthes lanceolata* var. *rostrata* Schulz, 1926

壳面呈宽椭圆形，两端具喙状突起，末端钝圆，中央膨大。长8～40 μm，宽4～10 μm。环面弯曲，呈弧形。假壳缝一面假壳缝显著，在中部的一侧有1个马蹄形的无纹区。有壳缝的一面，中央极节显著。两个壳面均有横线纹，10 μm内13～17条。

70. 放射菱形藻 *Nitzschia holsatica* Hustedt, 1924

隶属羽纹纲 Pennatae，管壳缝目 Aulonoraphidinales，菱形藻科 Nitzschiaceae，菱形藻属 *Nitzschia*。原称放射针杆藻 *Synedra actinastroides* Lemmermann, 1900。细胞以一端相连呈放射状排列。壳面狭披针形，从中部向两端逐渐尖细，末端略呈的头状，长 44 ～ 55 μm，宽 2.5 ～ 2.7 μm。

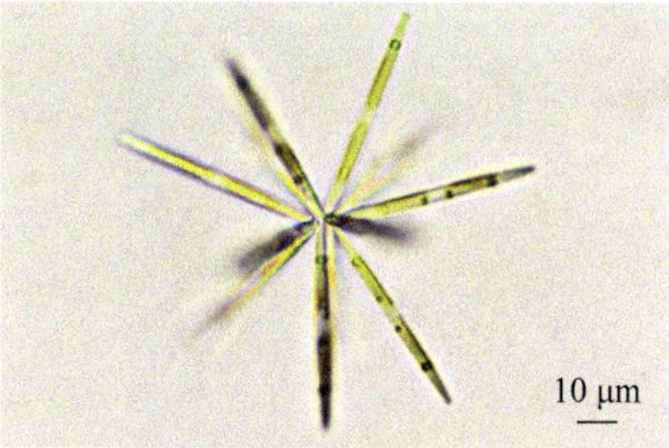

放射菱形藻 *Nitzschia holsatica*

71. 线形菱形藻 *Nitzschia linearis* W. Smith, 1930

壳面线形，两侧平行，具龙骨突起的一侧边缘中部缢入，两端逐渐狭窄，末端凸出呈头状；龙骨点在 10 μm 内 8 ～ 14 个，横线纹在 10 μm 内 28 ～ 32 条。细胞长 46 ～ 180 μm，宽 5 ～ 6 μm。

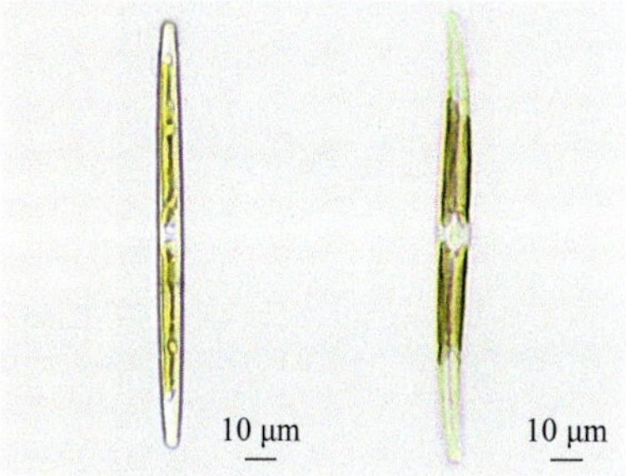

线形菱形藻 *Nitzschia linearis*

72. 洛伦菱形藻 *Nitzschia lorenziana* Grunow, 1879

藻体细胞略呈“S”形，壳面长，针杆状，末端钝圆。长 130 ～ 225 μm，宽 6 ～ 12.5 μm。世界广布种。通常底栖，亦可浮游。分布于半咸水和海洋，淡水也有分布。

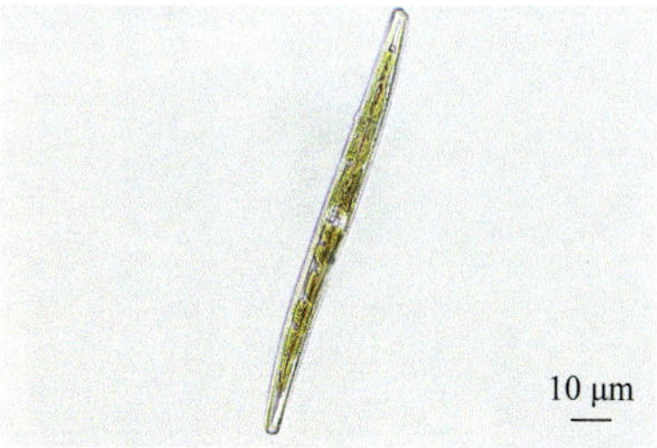

洛伦菱形藻 *Nitzschia lorenziana*

73. 谷皮菱形藻 *Nitzschia palea* (Kützing) W. Smith, 1930

细胞线形披针形，两端逐渐狭窄，中部膨大。单细胞。从壳面观管壳缝常在一侧。管壳缝常不易看到，只能看到龙骨点。花纹左右排列，无中央节和端节。长 20 ～ 65 μm，宽 2.5 ～ 5.5 μm。

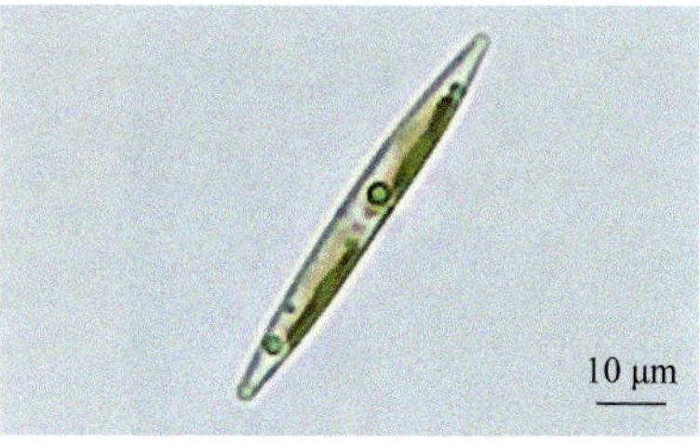

谷皮菱形藻 *Nitzschia palea*

74. 池生菱形藻 *Nitzschia stagnorum* Rabenhorst, 1930

壳面线形，两侧中部边缘略凹入，两端逐渐狭窄略延长，末端楔形，长 22 ～ 60 μm，宽 3 ～ 10 μm。龙骨很窄，龙骨点小，略圆，在 10 μm 内 7 ～ 12 个，横线纹在 10 μm 内 20 ～ 28 条。环面线形，两侧平行或略凹入，末端宽截形。普生种。

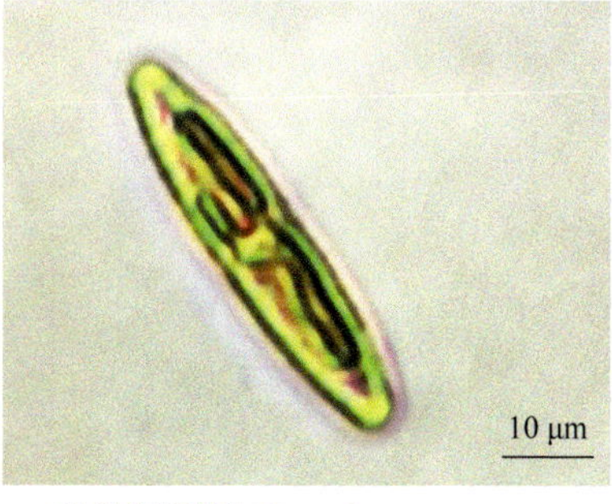

池生菱形藻 *Nitzschia stagnorum*

75. 两栖菱形藻 *Nitzschia amphibia* Grunow, 1862

壳面线形至披针形，两端短楔形，逐渐狭窄，末端尖圆形，长 10 ～ 50 μm，宽 2.5 ～ 5 μm。龙骨点 10 μm 内 6 ～ 14 个。点纹组成的横线纹 10 μm 内 14 ～ 25 条。环面长方形。淡水普生种。

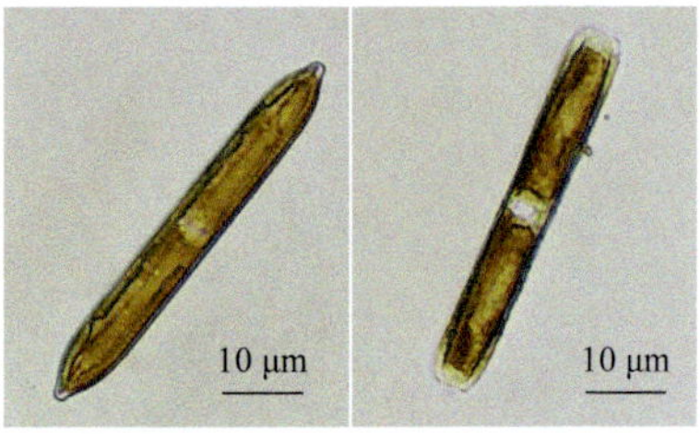

两栖菱形藻 *Nitzschia amphibia*

76. 长菱形藻 *Nitzschia longissima* (Brébisson) Ralfs, 1861

单细胞，延长。壳面两端尖长，中间略膨大。从壳面观管壳缝常在一侧，常不易看到，只能看到龙骨点。花纹左右排列。无中央节和端节。长 250 ～ 300 μm，宽 10 ～ 12 μm。色素体 2 个，位居中央，上下位。淡水、半咸水和海水中均有分布。

长菱形藻 *Nitzschia longissima*

77. 草履波缘藻 *Cymatopleura solea* (Brébisson) W. Smith, 1851

隶属管壳缝目 Aulonoraphidinales，双菱藻科 Surirellaceae，波缘藻属 *Cymatopleura*。壳面宽线形，中部缢缩，末端钝圆楔形，整个藻体草鞋形。长 30 ～ 300 μm，宽 10 ～ 40 μm，龙骨点在 10 μm 内 7 ～ 9 个，肋纹短，在 10 μm 内 6 ～ 9 条，横线纹在 10 μm 内 15 ～ 20 条。环面长方形，两侧具明显的波状皱褶。淡水普生种，多见于湖泊沿岸带。

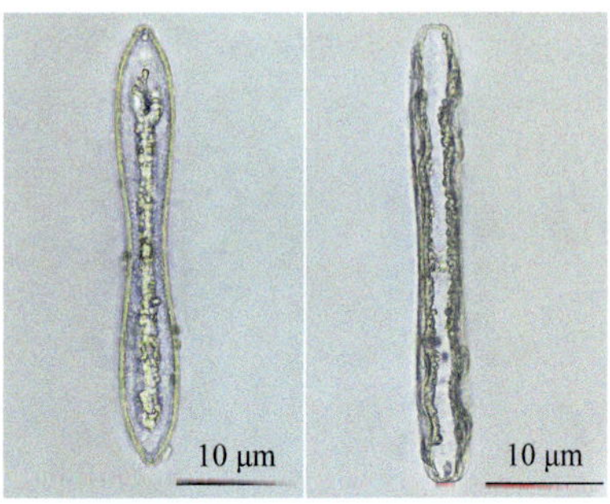

草履波缘藻 *Cymatopleura solea*

78. 椭圆波缘藻 *Cymatopleura elliptica* (Brébisson) W. Smith, 1930

壳面广椭圆形，末端宽平圆形。长 30 ～ 220 μm，宽 40 ～ 90 μm。肋纹短，10 μm 内 2.5 ～ 5 条，横线纹在 10 μm 内 15 ～ 20 条。环面长方形，两侧具明显的波状皱褶。淡水普生种。

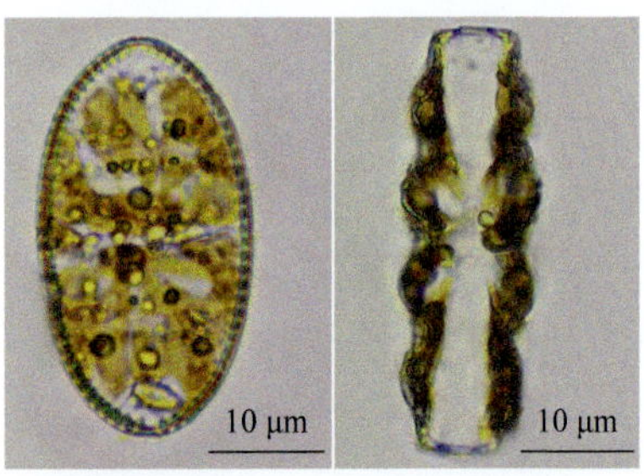

椭圆波缘藻 *Cymatopleura elliptica*

79. 粗壮双菱藻 *Surirella robusta* Ehrenberg, 1930

隶属双菱藻科 Surirellaceae，双菱藻属 *Surirella*。壳面两端对称。壳面具明显翼状突起。长 150 ～ 400 μm，宽 50 ～ 150 μm。翼状管 100 μm 内 7 ～ 15 条。壳环面楔形。普生种。

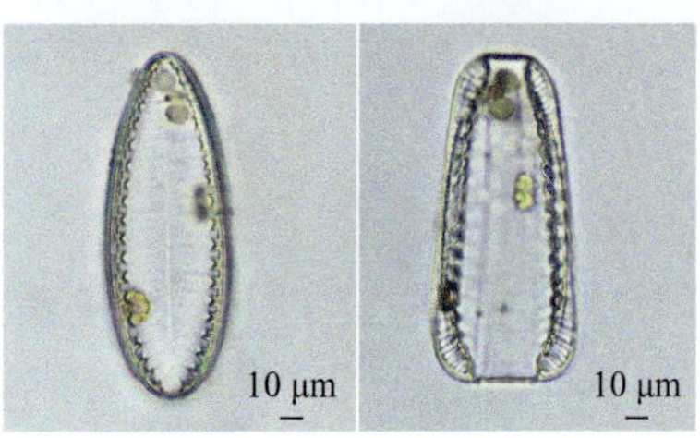

粗壮双菱藻 *Surirella robusta*

80. 线形双菱藻 *Surirella linearis* W. Smith, 1930

壳面两端同形等宽，壳面长椭圆形，两侧中部平行或略外凸，两端狭窄略呈楔形，末端钝圆，长 20 ～ 125 μm，宽 9 ～ 25 μm。翼狭窄，翼状管 100 μm 内 20 ～ 30 条。环面长方形。普生种。

线形双菱藻 *Surirella linearis*

81. 卵形双菱藻 *Surirella ovata* Kützing, 1930

壳体两端异形，壳面呈卵形，末端钝圆。长 15 ～ 70 μm，宽 8 ～ 23 μm。龙骨不发达，没有翼状突起。翼状管 100 μm 内 40 ～ 70 条，横线纹 10 μm 内 16 ～ 20 条。环面略呈楔形。淡水或半咸水普生种。

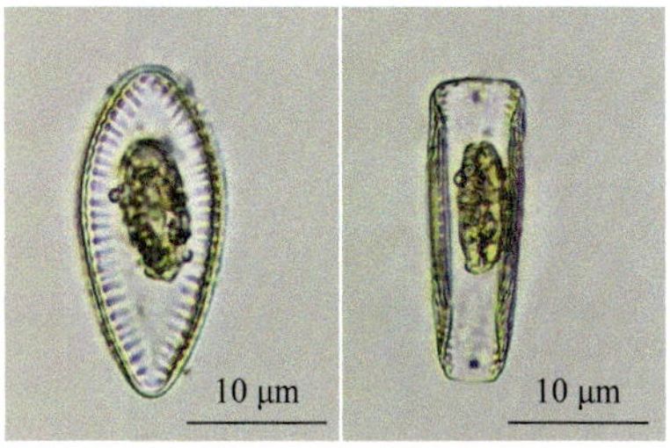

卵形双菱藻 *Surirella ovata*

82. 端毛双菱藻 *Surirella capronii* Brébisson & Kitton, 1930

又称卡氏双菱藻。细胞不扭曲。壳面两端不对称，一端宽，另一端窄。长 120 ～ 350 μm，宽 58 ～ 125 μm。壳面具明显翼状突起。壳面宽端有刺状端毛，环面观亦可见到。翼状管 10 μm 内 1.5 ～ 2 条。壳环面广楔形。淡水、半咸水、海水均有分布。

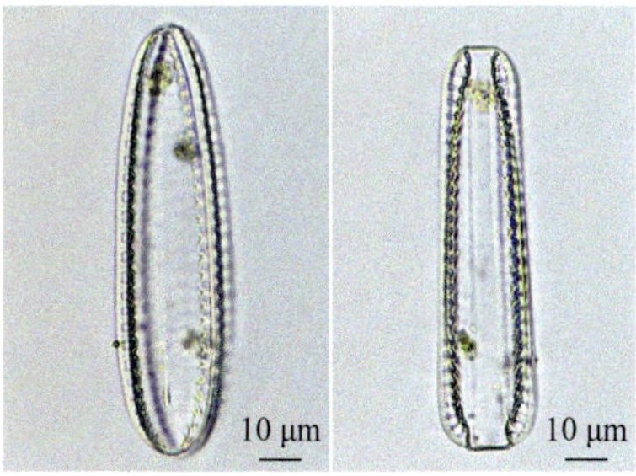

端毛双菱藻 *Surirella capronii*

（三）金藻门 Chrysophyta

1. 卵形色金藻 *Chromulina ovalis* Klebs, 1893

隶属金藻纲 Chrysophyceae，色金藻目 Chromulinales，色金藻科 Chromulinaceae，色金藻属 *Chromulina*。原称卵形单鞭金藻。单细胞，略呈椭圆形，前端斜截，后端形态可变，圆形或短尾状。鞭毛 1 条，为体长的 1.5 倍。细胞表质平滑。长 9 ～ 14 μm，宽 6 ～ 9 μm。带状色素体 1 个，黄褐色，环绕细胞原生质体的大部分。核不明显。

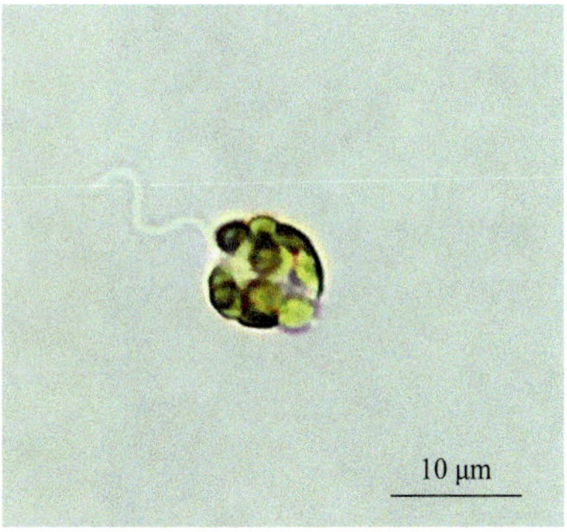

卵形色金藻 *Chromulina ovalis*

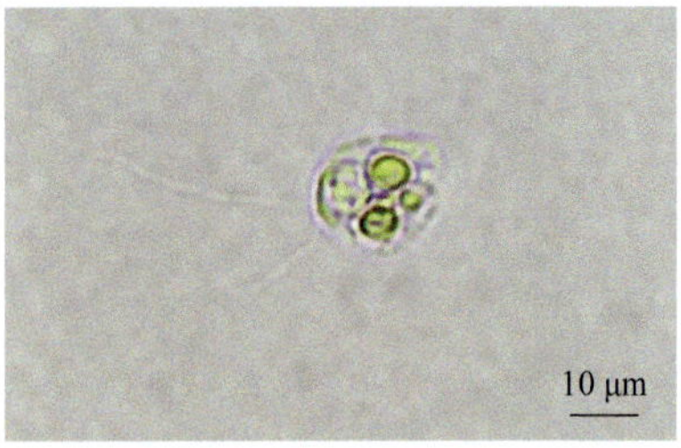

变形棕鞭藻 *Ochromonas mutabilis*

2. 变形棕鞭藻 *Ochromonas mutabilis* Klebs, 1893

隶属色金藻目 Chromulinales，棕鞭藻科 Ochromonadaceae，棕鞭藻属 *Ochromonas*。细胞变形，常为椭圆形、卵形或球形，前端钝圆略凹入，尾部可伸长或缩短，长 15 ～ 30 μm，宽 8 ～ 22 μm。鞭毛 2 个，一长一短，长鞭毛为身长的 1.5 ～ 2 倍，短鞭毛为身长的 1/4。眼点点状。伸缩泡 2 个。色素体 2 个，片状，周生，位于细胞两侧。

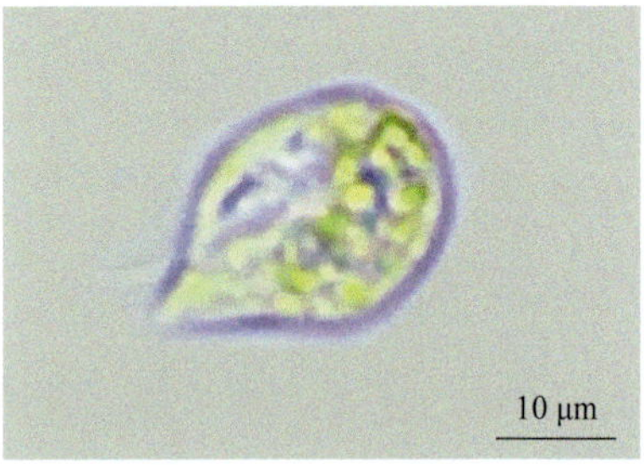

谷生棕鞭藻 *Ochromonas vallesiaca*

3. 谷生棕鞭藻 *Ochromonas vallesiaca* Chodat, 1968

细胞常为倒卵形，变形，有时有伪足，前端截形或微凹，顶端具有 2 条不等长的鞭毛，长鞭毛为体长的 1 ～ 2 倍，短鞭毛为体长的 1/3 ～ 2/3。鞭毛基部具 1 ～ 3 个伸缩泡。色素体 1 个，周生，带状，黄褐色到金黄色。眼点 1 个，线形，位于细胞前端。细胞长 7 ～ 9 μm，宽 6 ～ 8 μm。

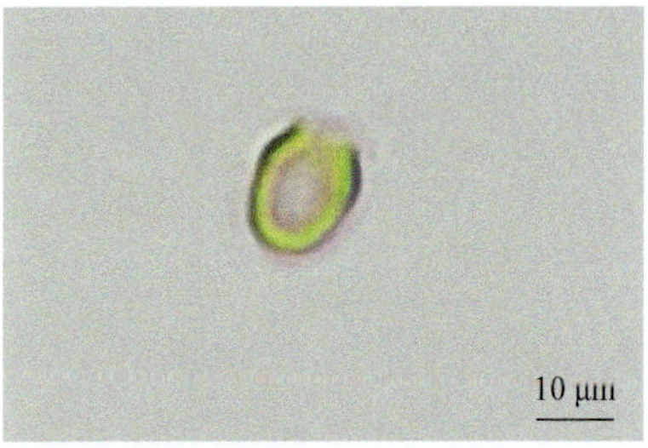

锥形拟金杯藻 *Kephyriopsis cincta*

4. 锥形拟金杯藻 *Kephyriopsis cincta* J. Schiller, 1926

隶属锥囊藻科 Dinobryonaceae，拟金杯藻属 *Kephyriopsis*。藻体单细胞，囊壳圆锥形，鞭毛 2 根。

分歧锥囊藻 *Dinobryon divergens*

5. 分歧锥囊藻 *Dinobryon divergens* O. E. Imhof, 1887

隶属锥囊藻科 Dinobryonaceae，锥囊藻属 *Dinobryon*。植物体为树状群体。细胞具圆锥形或钟形、含硅的纤维素果胶的囊壳；囊壳前端为圆形喇叭状开口，后端锥形，透明或黄褐色，表面平滑或具花纹，两侧呈波状。囊壳长 30 ～ 65 μm，宽 8 ～ 11 μm。原生质体为纺锤形、圆锥形或卵形，前端具两条不等长鞭毛，长的一条伸出在囊壳开口处，基部以细胞质短柄附着于囊壳的底部。细胞内有 1 眼点。1 至多个收缩胞。色素体 1 ～ 2 个，片状，周生。同化产物为白糖素，常为一个大的球状体，位于细胞后端。

6. 密集锥囊藻 *Dinobryon sertularia* Ehrenberg, 1833

植物体为树状群体。细胞钟形，粗而短。含硅的纤维素 - 果胶的囊壳；囊壳前端为圆形喇叭状开口，中上部略收缢，后端短而渐尖，淡黄色，表面平滑，两侧不呈波状。囊壳长 30 ～ 40 μm，宽 10 ～ 14 μm。

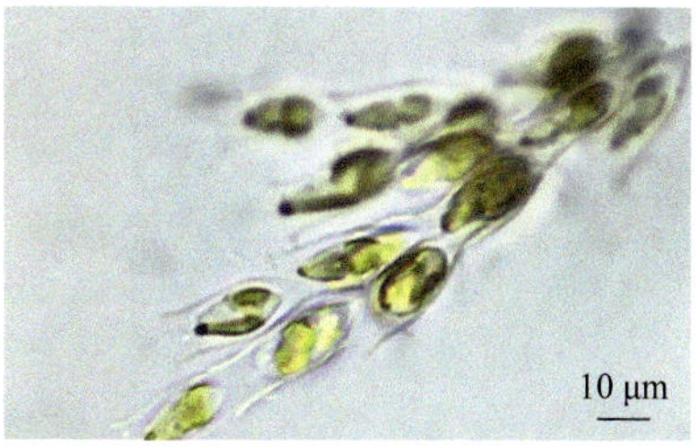

密集锥囊藻 *Dinobryon sertularia*

7. 长锥形锥囊藻 *Dinobryon bavaricum* O. E. Imhof, 1890

形态同上，区别是囊壳在群体中靠近，群体细胞较少。囊壳细长，长 50 ～ 120 μm，宽 6 ～ 10 μm。细胞前端杯状扩大，后端尖细，略向一侧弯曲，两侧略呈波状或无。

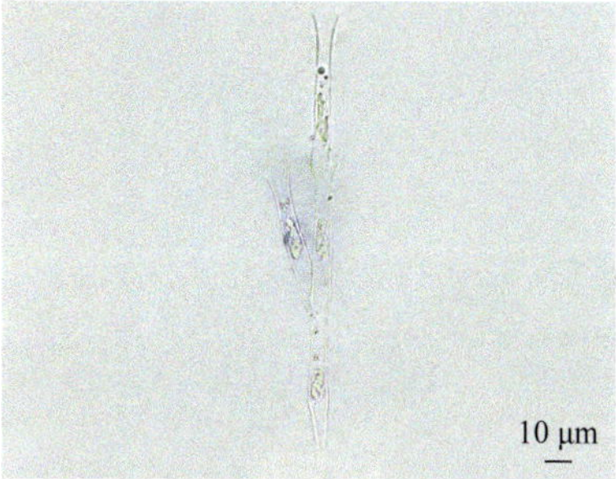

长锥形锥囊藻 *Dinobryon bavaricum*

8. 具尾鱼鳞藻 *Mallomonas caudate* Ivanoff, 1899

隶属黄群藻纲 Synurophyceae，黄群藻目 Synurales，鱼鳞藻科 Mallomonadaceae，鱼鳞藻属 *Mallomonas*。单细胞或群体，细胞卵形，表质上具覆瓦状排列的鳞片及长刺，细胞前端具 1 根鞭毛。细胞长 18 ～ 59 μm，宽 11 ～ 25 μm，刺长 15 ～ 17 μm。

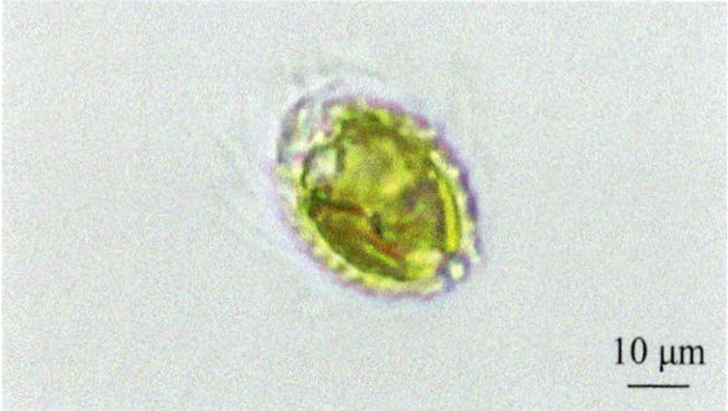

具尾鱼鳞藻 *Mallomonas caudate*

9. 黄群藻 *Synura uvella* Ehrenberg, 1834

隶属黄群藻目 Synurales，黄群藻科 Synuraceae，黄群藻属 *Synura*。群体球形或长卵形，直径 100 ～ 400 μm。细胞长圆形，长 20 ～ 40 μm，宽 8 ～ 17 μm，前端广圆，后端的胶柄或短粗或细长；表质有覆瓦状鳞片，细胞前部或中部的鳞片上具一粗壮而空心的小刺，后部的鳞片无刺。

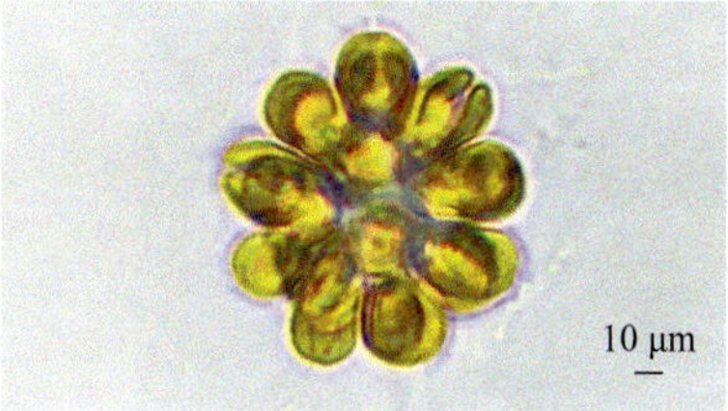

黄群藻 *Synura uvella*

（四）黄藻门 Xanthophyta

1. 小型黄丝藻 *Tribonema minus* (Wille) Hazen, 1902

隶属黄藻纲 Xanthophyceae，黄丝藻目 Tribonematales，黄丝藻科 Tribonemataceae，黄丝藻属 *Tribonema*。植物体为不分枝丝状体，细胞为圆柱形或两侧略膨大呈腰鼓形，长为宽的 2 ～ 4 倍。长 10 ～ 40 μm，宽 4 ～ 6 μm。细胞壁由 2 个相等的“H”形节片套合而成。细胞内含有 2 ～ 4 个带状的色素体，常两两相对排列，单核。

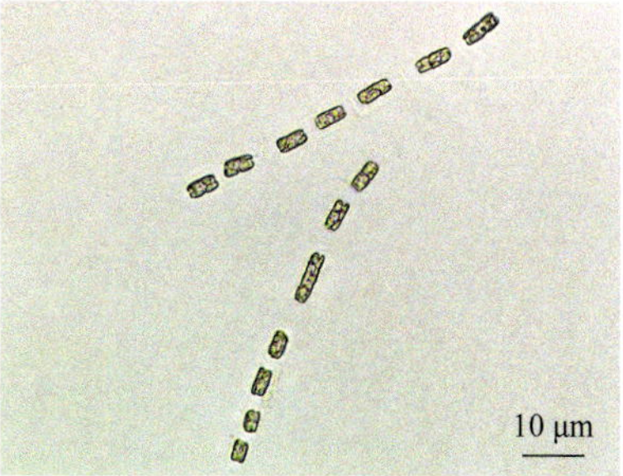

小型黄丝藻 *Tribonema minus*

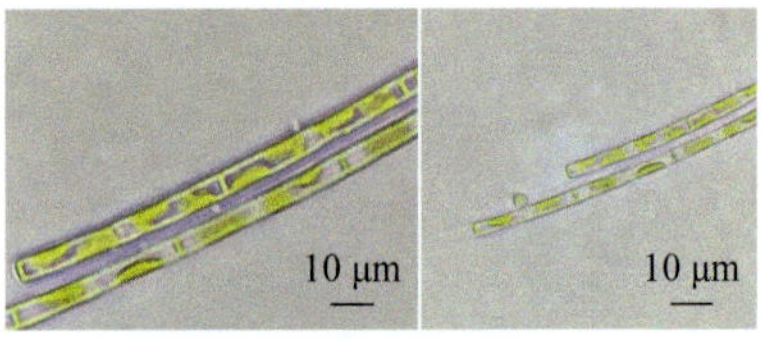

近缘黄丝藻 *Tribonema affine*

2. 近缘黄丝藻 *Tribonema affine* (Kützing) G.S. West, 1904

植物体为不分枝丝状体，直而细。常聚集呈疏松絮状。细胞长圆柱形，长可达宽的 14 倍。通常长 30 ～ 40 μm，宽 5 ～ 6 μm。细胞壁由 2 个相等的“H”形节片套合而成。细胞内含有 1 ～ 3 个片状或带状的色素体，常交错排列。

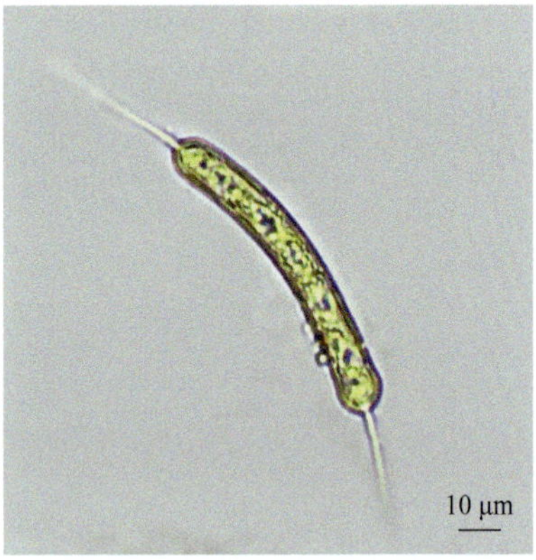

头状黄管藻 *Ophiocytium capitatum*

3. 头状黄管藻 *Ophiocytium capitatum* Wolle, 1887

隶属黄藻纲 Xanthophyceae，柄球藻目 Mischococcales，黄管藻科 Ophiocytiaceae，黄管藻属 *Ophiocytium*。藻体单细胞，长圆柱形，两端圆形或渐尖，各具一长刺。宽 5 ～ 10 μm，长 45 ～ 150 μm。色素体短带状，多数。

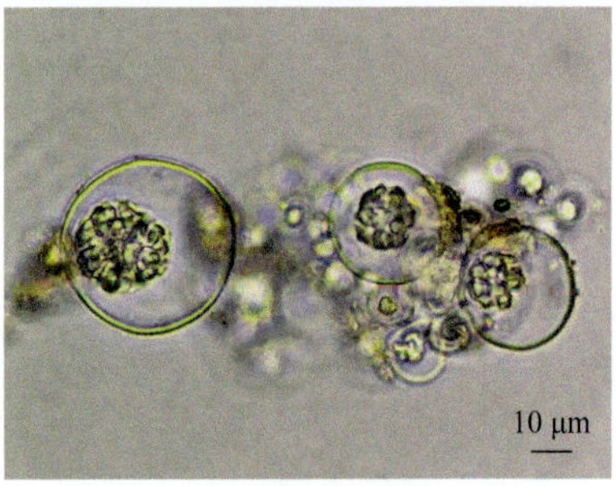

无根拟气球藻 *Botrydiopsis arhiza*

4. 无根拟气球藻 *Botrydiopsis arhiza* Borzi, 1968

隶属黄藻纲 Xanthophyceae，气球藻目 Botrydiales，气球藻科 Botrydiaceae，拟气球藻属 *Botrydiopsis*。藻体为单细胞，球形，细胞壁薄，个体大小相差很大，大细胞中央有一个液泡。幼细胞有 1 ～ 2 色素体，成熟后色素体多数，椭圆形、多角形或盘状，周生。

（五）隐藻门 Cryptophyta

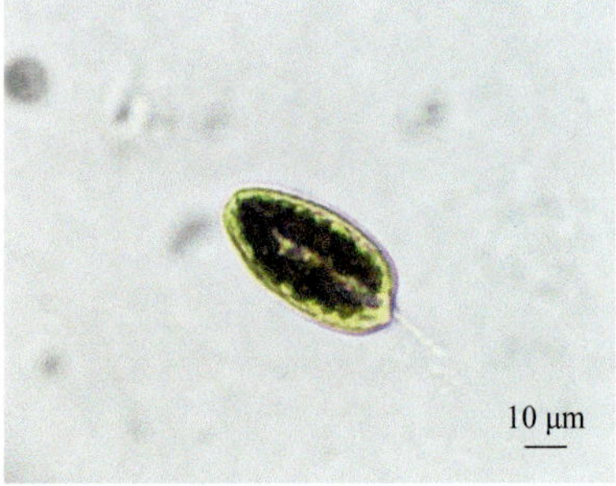

卵形隐藻 *Cryptomonas ovata*

1. 卵形隐藻 *Cryptomonas ovata* Ehrenberg, 1838

隶属隐藻纲 Cryptophyceae，隐藻目 Cryptomonadales，隐鞭藻科 Cryptomonadaceae，隐藻属 *Cryptomonas*。单细胞，前端斜截，从此着生 2 条近等长鞭毛，能运动。细胞有背腹之分，背部隆起，腹部平直或略凹。细胞后端宽圆形，纵沟明显。细胞长 20 ～ 80 μm，宽 6 ～ 20 μm，厚 5 ～ 18 μm。

2. 啮蚀隐藻 *Cryptomonas erosa* Ehrenberg, 1838

单细胞，前端斜截，从此着生 2 条近等长鞭毛，能运动。细胞有背腹之分，背部隆起，腹部平直或略凹。细胞后端尖，纵沟不明显。细胞长 15 ～ 32 μm，宽 8 ～ 16 μm。分布广，湖泊、鱼池极常见。

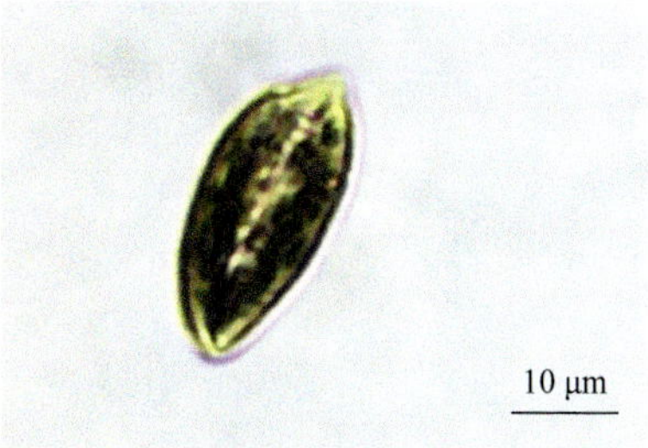

啮蚀隐藻 *Cryptomonas erosa*

3. 反曲隐藻 *Cryptomonas reflexa* Skuja, 1939

单细胞，前端斜截，具 2 条近等长鞭毛，能运动。细胞有背腹之分，背部隆起，腹部平直或略凹。细胞椭圆形。细胞后端渐窄，并弯向背侧，末端钝圆。

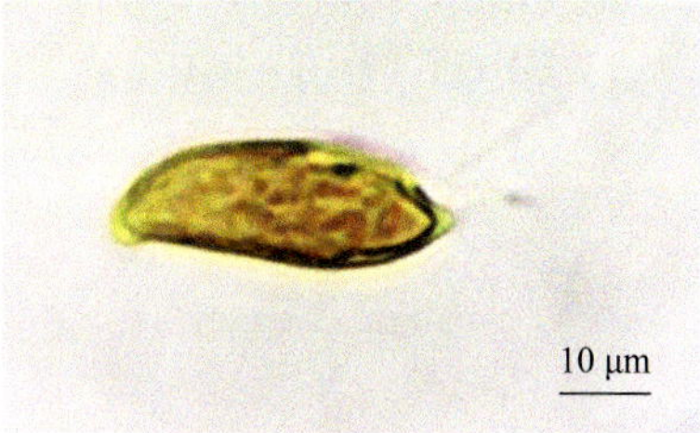

反曲隐藻 *Cryptomonas reflexa*

4. 尖尾蓝隐藻 *Chroomonas acuta* Utermöhl, 1950

隶属隐鞭藻科 Cryptomonadaceae，蓝隐藻属 *Chroomonas*。单细胞，前端斜截，具 2 条近等长鞭毛，能运动。细胞有背腹之分，背部隆起，腹部平直或略凹。细胞卵形或椭圆形。细胞后端渐尖，向腹侧弯曲。色素体 1 个，蛋白核 1 个。细胞长 7 ～ 10 μm，宽 4.5 ～ 5.5 μm。

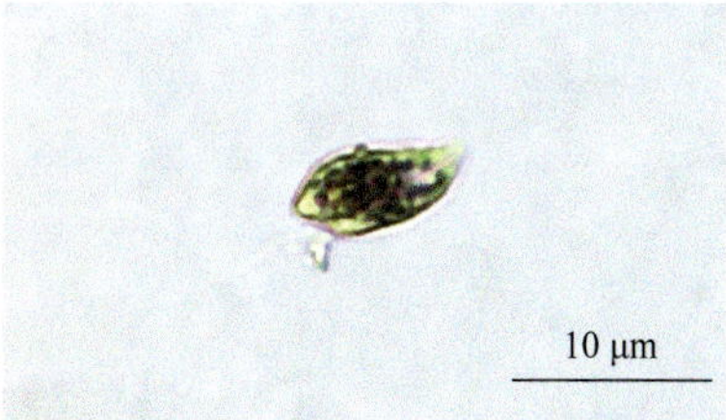

尖尾蓝隐藻 *Chroomonas acuta*

5. 长形蓝隐藻 *Chroomonas oblonga* (Playfair) Pascher, 1925

单细胞，前端斜截，具 2 条近等长鞭毛，能运动。细胞有背腹之分，背部隆起，腹部平直或略凹。细胞卵形或椭圆形。色素体 1 个，蛋白核 1 个。细胞长 7 ～ 10 μm，宽 4.5 ～ 5.5 μm。

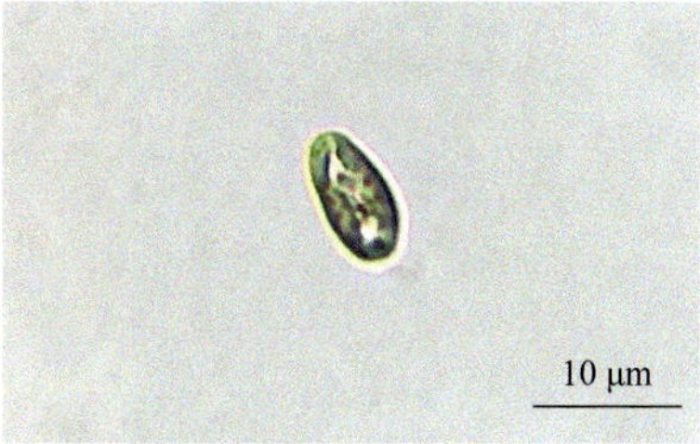

长形蓝隐藻 *Chroomonas oblonga*

6. 具尾蓝隐藻 *Chroomonas caudata* L. Geitler, 1997

单细胞，细胞卵形，前端宽，斜截，向后渐狭。背部略隆起，腹侧平。具 2 条近等长鞭毛，能运动。细胞卵形或椭圆形。两纵列刺丝胞颗粒位于纵沟两侧，纵沟不明显。色素体 1 个，蛋白核 1 个。细胞长 8.5 ～ 17.5 μm，宽 4 ～ 8（～ 10）μm。分布广，鱼池中常见。

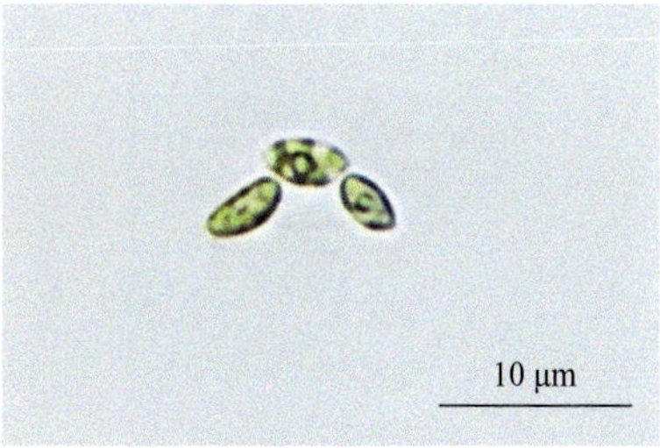

具尾蓝隐藻 *Chroomonas caudata*

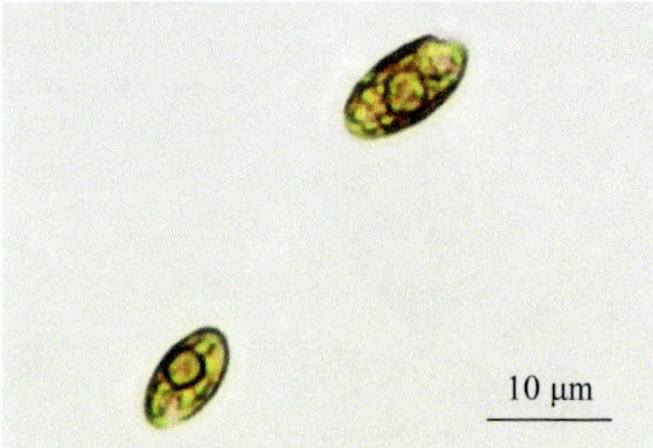

湖生红胞藻 *Rhodomonas lucustris*

7. 湖生红胞藻 *Rhodomonas lucustris* Pascher *et* Rutther, 1913

隶属隐鞭藻科 Cryptomonadaceae，红胞藻属 *Rhodomonas*。或称湖沼红胞藻。藻体前端斜截，鞭毛 2 根等长，色素体 1 个，内有 1 个蛋白核。生活的藻体呈红褐色。细胞平均长 18 μm，宽 9 μm。冬季冰下常见。

（六）甲藻门 Pyrrophyta

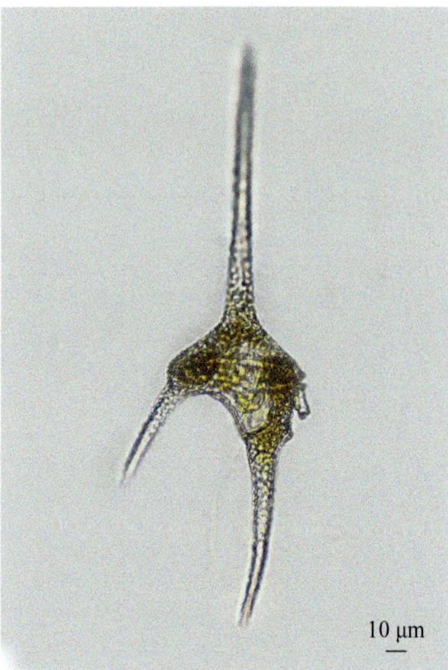

飞燕角甲藻 *Ceratium hirundinella*

1. 飞燕角甲藻 *Ceratium hirundinella* (O.F. Müller) Dujardin, 1841

隶属甲藻纲 Dinophyceae，甲藻亚纲 Dinophycidae，多甲藻目 Peridiniales，角甲藻科 Ceratiaceae，角藻属 *Ceratium*。单细胞，扁平。有纵横沟。横沟将植物体分为上、下甲，纵沟略上伸到上壳。胞壁厚，具平滑或具窝孔状的板片，其间具板间带，具或不具顶孔，顶板 4 块，前间插板 0 至 3 块，沟前板 7 块，沟后板 5 块，底板 2 块。鞭毛 2 条，色素体多数，颗粒状，呈黄、褐色，部分种类具蛋白核。具或不具眼点。常具 1 个搏动泡。具 1 个间核型细胞核。壳由许多具花纹的板片组成，这些纹板组成 1 个前角和通常 2 ～ 3 个后角。有季节变异。细胞长，甲片式：4′，5″，5‴，2⁗。藻体长 90 ～ 150 μm。

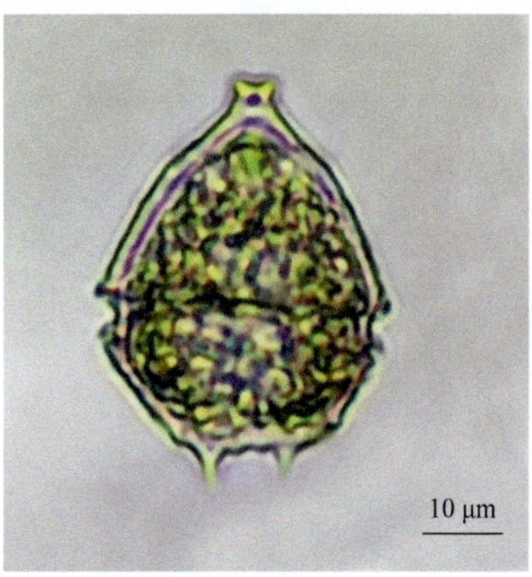

挨尔拟多甲藻
Peridiniopsis elpatiewskyi

2. 挨尔拟多甲藻 *Peridiniopsis elpatiewskyi* (Ostenfeld) Bourrelly, 1968

隶属多甲藻目 Peridiniales，多甲藻科 Peridiniaceae，拟多甲藻属 *Peridiniopsis*。亦称埃尔多甲藻 *Peridinium elpatiewskyi* (Ostenfeld) Lemmermann, 1910。细胞卵圆形，背腹扁平，具顶孔。横沟环状，不呈螺旋形。纵沟略伸入上甲，向下逐渐显著扩大。上甲圆锥形，比下甲大。两底板等大，下甲背面板间带具刺。无间插板，甲片式：4′，0a，7″，5‴，2⁗。细胞长 30 ～ 45 μm，宽 28 ～ 35 μm。分布广，湖泊、池塘常见。

3. 楯形多甲藻 *Peridinium umbonatum* F. Stein, 1883

隶属多甲藻科 Peridiniaceae，多甲藻属 *Peridinium*。细胞长卵圆形，背腹扁平，具顶孔。横沟明显左旋。纵沟略伸入上甲，向下扩大但未达下甲末端。上甲铃形，明显比下甲大。两底板等大，下甲背面板间带具刺。有2个前间插板，甲片式：4′，2a，7″，5‴，2⁗。细胞长25～35 μm，宽21～32 μm。

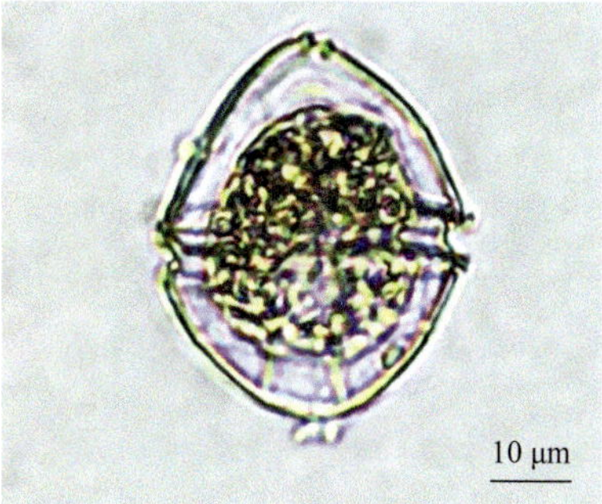

楯形多甲藻 *Peridinium umbonatum*

4. 微小多甲藻 *Peridinium pusillum* (Pénard) Lemmermann, 1901

细胞卵形，背腹扁平，具顶孔。横沟几近一圆圈，纵沟略伸入上壳，较宽，向下略增宽。上壳圆锥形，略大于下壳。细胞长18～25 μm，宽13～20 μm。湖泊、水库常见。

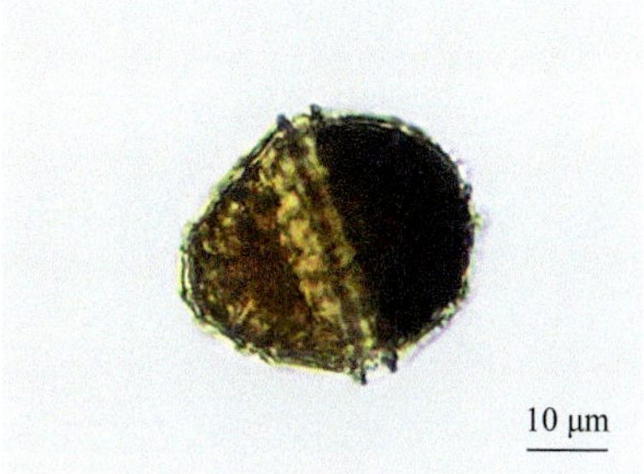

微小多甲藻 *Peridinium pusillum*

5. 薄甲藻 *Glenodinium pulvisculus* (Ehrenberg) F. Stein, 1883

隶属于多甲藻目 Peridiniales，裸甲藻科 Gymnodiniaceae，薄甲藻属 *Glenodinium*。单细胞，近球形，横断面椭圆形或肾形，横沟环状或呈螺旋状环绕，纵沟明显。胞壁薄，整块或由大小不等的多角形板片组成，板片平滑，具点纹、线纹或乳头状突起；下壳的板片数目恒定。纵沟和横沟中各具1条鞭毛。色素体多数，圆盘形，淡黄绿或褐色。细胞长23 μm，宽18.4 μm。

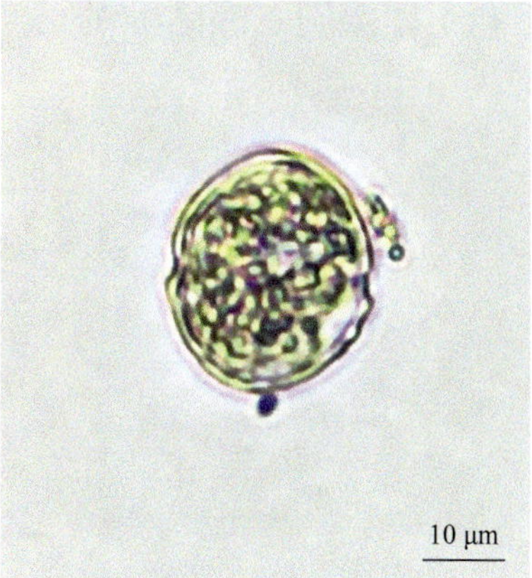

薄甲藻 *Glenodinium pulvisculus*

6. 光甲藻 *Glenodinium gymnodinium* Penard, 1891

细胞卵形，长略等于宽，背部呈弓形，腹部略平。上甲与下甲几乎相等，上甲角锥形，下甲广圆形。横沟略左旋，纵沟宽，直达下壳末端，不伸入上壳；细胞壁薄、柔软、整块。色素体多数、密集、圆盘状，绿色或黄褐色。眼点位于纵沟一侧。细胞长20～40 μm，宽25～40 μm。

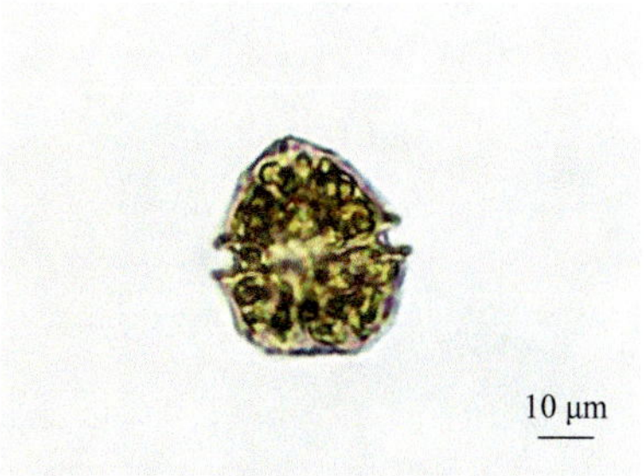

光甲藻 *Glenodinium gymnodinium*

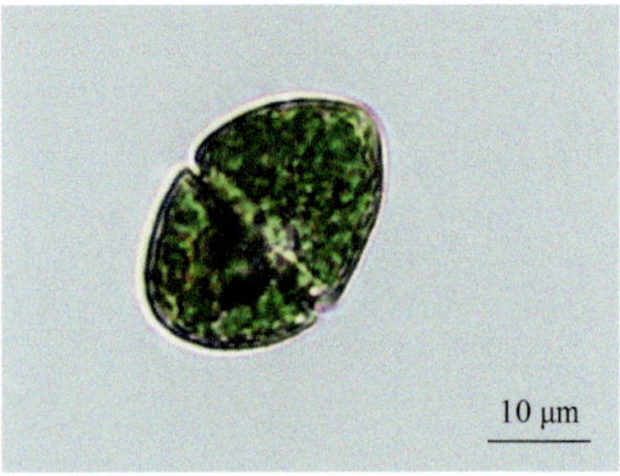

真蓝裸甲藻 *Gymnodinium eucyaneum*

7\. 真蓝裸甲藻 *Gymnodinium eucyaneum* H. J. Hu, 1983

隶属多甲藻目 Peridiniales，裸甲藻科 Gymnodiniaceae，裸甲藻属 *Gymnodinium*。单细胞，长形。背腹扁平。细胞裸露。上甲与下甲等大或比下甲略大而狭，铃形、钝圆形，下甲略宽，底部末端平，常具浅的凹入。横沟环状，略左旋，深陷，纵沟宽，向上伸入上锥部，向下达下锥部末端。鞭毛 2 条，色素体盘状多数，蓝绿色。无眼点。鞭毛 2 条，色素体数多，盘状、狭椭圆状、棒状，周生或辐射状排列，呈黄、褐、绿或蓝色。异养型。细胞宽 16 ～ 19 μm，长 29 ～ 45 μm，厚 13 ～ 15 μm。

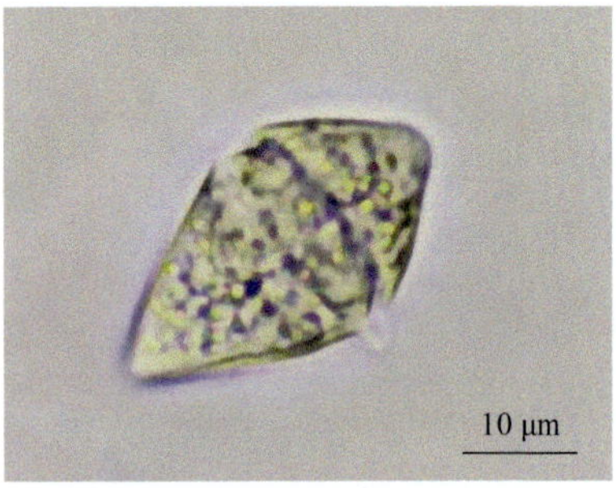

裸甲藻 *Gymnodinium aeruginosum*

8\. 裸甲藻 *Gymnodinium aeruginosum* F. Stein, 1883

单细胞，细胞侧扁。椭圆形。横沟在细胞中部，略下旋，环绕细胞一周。纵沟宽，向上伸入上壳，向下达到下壳下端，色素体盘状，多数。细胞长 33 ～ 34（～ 40）μm，宽 21 ～ 22（～ 35）μm。

（七）裸藻门 Euglenophyta

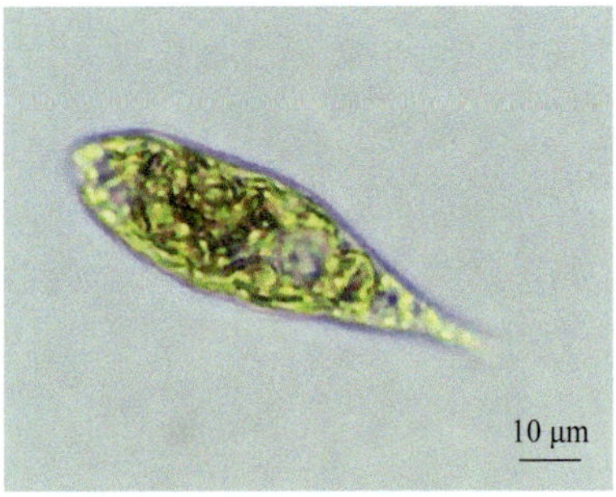

绿色裸藻 *Euglena viridis*

1\. 绿色裸藻 *Euglena viridis* Ehrenberg, 1830

隶属裸藻纲 Euglenophyceae，裸藻目 Euglenales，裸藻科 Euglenaceae，裸藻属 *Euglena*。单细胞，易变形，通常梭形，绿色。前端略圆，后端尖削，体表被覆有弹性带斜纹的表膜。细胞核球形后位，星状色素体 1 个。同时还有许多颗粒状透明的光合作用产物——副淀粉体。前端有一鞭毛，常做螺旋运动。鞭毛由胞咽经胞口伸出，是由细胞质伸展形成极细小的丝状构造。细胞长 31 ～ 52 μm，宽 14 ～ 26 μm。肥水中常见。

尖尾裸藻 *Euglena oxyuris*

2\. 尖尾裸藻 *Euglena oxyuris* Schmarda, 1846

细胞近圆柱形，稍侧扁，略变形。具窄的螺旋形纵沟，前段圆形或平截形，有时略呈头状，后尾收缢成尖尾刺。表质具有自右向左的螺旋线纹。色素体小盘形，多数，无蛋白核。副淀粉 2 个大的环形，分别位于核的前后两侧，其余的为杆形、卵形或环形小粒。核中位。鞭毛为体长的 1/4 ～ 1/2。眼点明显。细胞长 100 ～ 450 μm，宽 16 ～ 61 μm。

3. 梭裸藻 *Euglena acus* Ehrenberg, 1830

细胞狭长圆柱形，略变形。前端狭窄，圆形或平截形，有时略呈头状，后端尖细呈长尖尾状。表质具有自左向右的螺旋线纹。色素体小盘形，多数，无蛋白核。副淀粉棒状多数，细胞核中位。鞭毛为体长的 1/8 ～ 1/2。眼点盘状，淡红色。细胞长 60 ～ 195 μm，宽 5 ～ 28 μm。

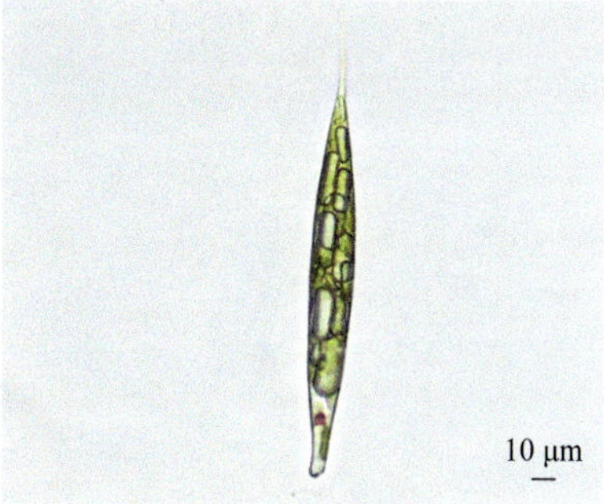

梭裸藻 *Euglena acus*

4. 多形裸藻 *Euglena polymorpha* Dangeard, Botan., 1901

细胞变形，后端短尾状，表质有螺旋形线纹。副淀粉卵形和环形小颗粒，鞭毛为体长的 1 ～ 1.5 倍。眼点深红色，细胞长 70 ～ 87 μm，宽 7 ～ 25 μm。

多形裸藻 *Euglena polymorpha*

5. 近轴裸藻 *Euglena proxima* Dangeard, 1901

细胞易变形，前端狭圆形，后端有一无色尾，表质有螺旋形纹。副淀粉小颗粒状，鞭毛为体长的 1 ～ 1.5 倍。眼点深红色，细胞长 50 ～ 97 μm，宽 9 ～ 25 μm。

近轴裸藻 *Euglena proxima*

6. 血红裸藻 *Euglena sanguinea* Ehrenberg, 1830

细胞变形，前端圆后端渐尖尾状。后端短尾状，表质有螺旋形线纹。星状色素体多数，副淀粉卵形和短杆状小颗粒，数多，鞭毛为体长的 1 ～ 2 倍。眼点深红色，细胞长 35 ～ 170 μm，宽 17 ～ 44 μm。可形成水华。

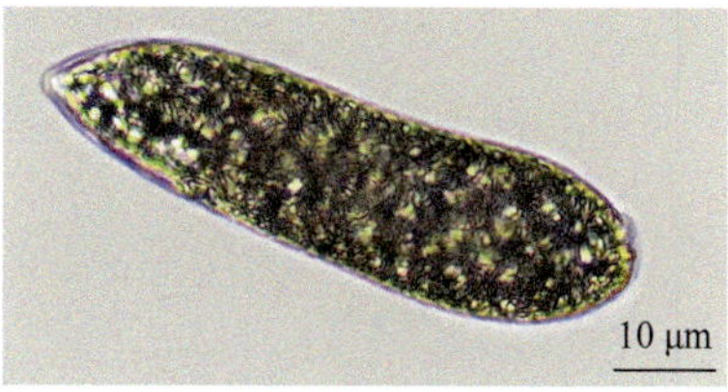

血红裸藻 *Euglena sanguinea*

7. 带形裸藻 *Euglena ehrenbergii* Klebs, 1883

细胞易变形。近带形略扭曲，前端截形，表质有螺纹，副淀粉长杆状，15 μm。鞭毛短，易脱落，为体长 1/16 ～ 1/2 或更长，细胞长 80 ～ 375 μm，宽 9 ～ 66 μm。

带形裸藻 *Euglena ehrenbergii*

8. 鱼形裸藻 *Euglena pisciformis* Klebs, 1883

细胞两侧的色素体各有 1 个蛋白核，鞭毛几乎超过体长。眼点明显，前端斜截，后端形成短钝尾。细胞长 18 ～ 51 μm，宽 5 ～ 17 μm。

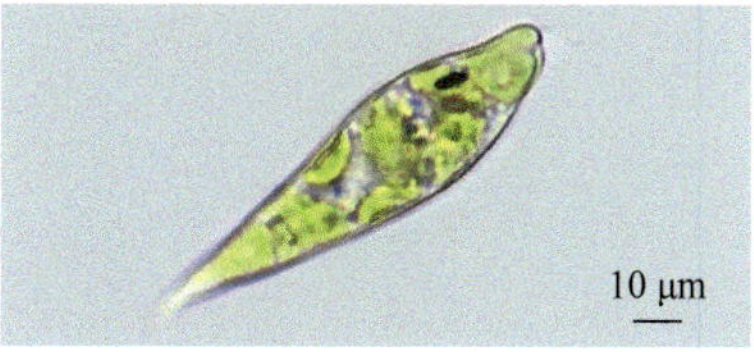

鱼形裸藻 *Euglena pisciformis*

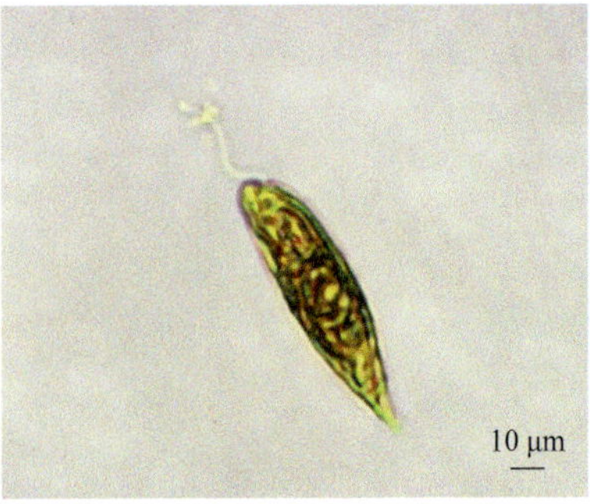

密盘裸藻 *Euglena wangii*

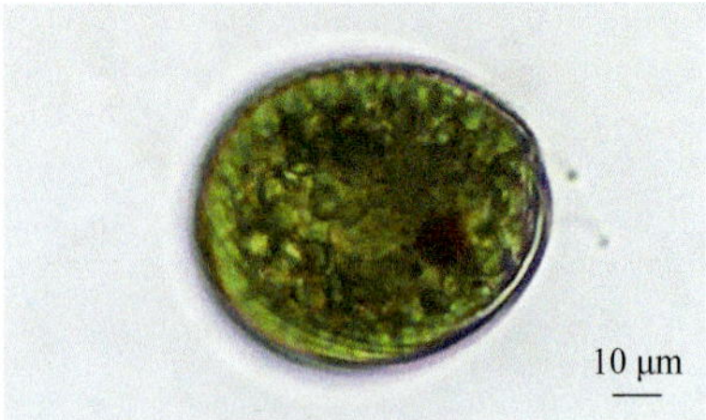

编织鳞孔藻 *Lepocinclis texta*

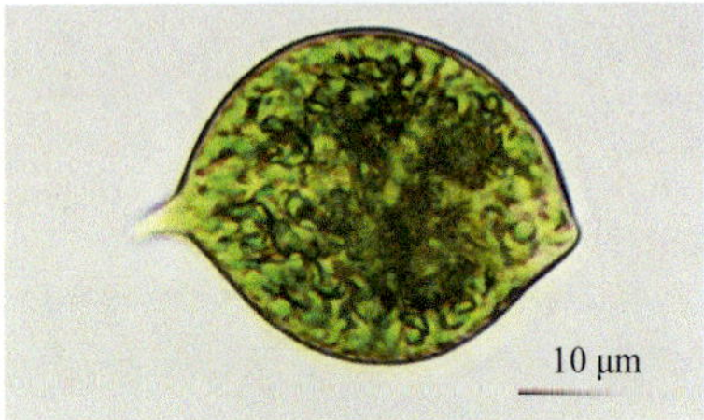

卵形鳞孔藻 *Lepocinclis ovum*

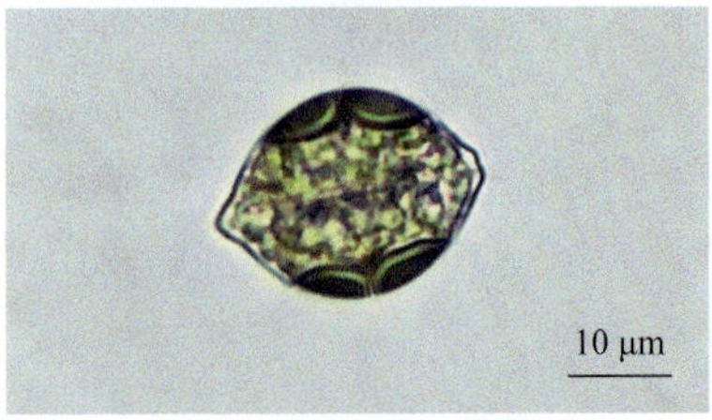

椭圆鳞孔藻 *Lepocinclis steinii*

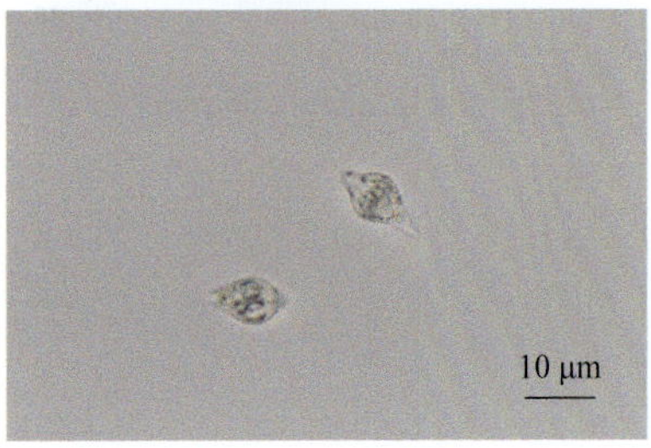

梭形鳞孔藻 *Lepocinclis marssonii*

9. 密盘裸藻 *Euglena wangii* S.P.Chu, 1946

细胞略变形，前端截或圆形，后端尖，短尾状。后端短尾状，副淀粉多数，为较大的盘状副淀粉，紧贴于表质内，分布于细胞内的为卵形颗粒，鞭毛为体长的 1/2 ～ 3/4。眼点小而明显，细胞长 50 ～ 65 μm，宽 10 ～ 13 μm。

10. 编织鳞孔藻 *Lepocinclis texta* (Dujardin) Lemmermann em. Conr., 1901

隶属裸藻科 Euglenaceae，鳞孔藻属 *Lepocinclis*。细胞体形稳定，卵形或者椭圆形，前端不对称地凹入，后端宽圆，副淀粉多数，圆形或椭圆形。鞭毛 1 条，略超过体长。细胞长 30 ～ 64 μm，宽 24 ～ 45 μm。分布较广，湖泊及小型静水常见。

11. 卵形鳞孔藻 *Lepocinclis ovum* (Ehrenberg) Lemmermann, 1901

细胞椭圆形，两端宽圆。后端凸出成锥形短尾或乳头状突起。表质具明显的线纹或凸纹。副淀粉 2 个，较大环状侧生。鞭毛为体长的 1 ～ 2 倍。细胞长 16 ～ 38 μm。宽 11 ～ 25 μm，尾刺长 1 ～ 3 μm。鞭毛 1 条，为体长 1 ～ 2 倍。

12. 椭圆鳞孔藻 *Lepocinclis steinii* Lemmermann em. Conr., 1910

细胞椭圆形，前端平截或略凸，顶端中央凹入。后端有短尾，刺锥状。副淀粉 2 个，较大环状侧生。鞭毛为体长的 1 ～ 2 倍。细胞长 20 ～ 30 μm，宽 8 ～ 17 μm。

13. 梭形鳞孔藻 *Lepocinclis marssonii* Lemmermann em. Conr., 1905

细胞长纺锤形，前端略呈颈状，顶端呈头状，顶部平截或略凹入，后端渐细成尾刺。表质具纵线纹。副淀粉 2 个，较大，环形，侧生，有时具几个杆形或卵形的颗粒。鞭毛约为体长的 0.5 ～ 1 倍。核多数后位。细胞长 23 ～ 64 μm，宽 8 ～ 19 μm，尾刺长 5.5 μm。

14. 旋转囊裸藻 *Trachelomonas volvocina* Ehrenberg, 1833

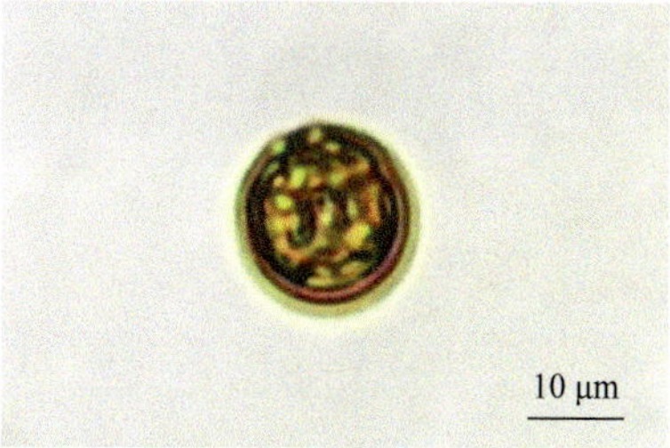

旋转囊裸藻 *Trachelomonas volvocina*

隶属裸藻科 Euglenaceae，囊裸藻属 *Trachelomonas*。单细胞，囊壳球形。黄色、黄褐色或红褐色，略透明，表面光滑。鞭毛孔有或无环状加厚圈，少数具低领。鞭毛 1 条，为体长的 2 ～ 3 倍。囊壳直径长 10 ～ 25 μm。分布较广，是常见种。

15. 华丽囊裸藻 *Trachelomonas superba* Swirenko. em. Delf., 1926

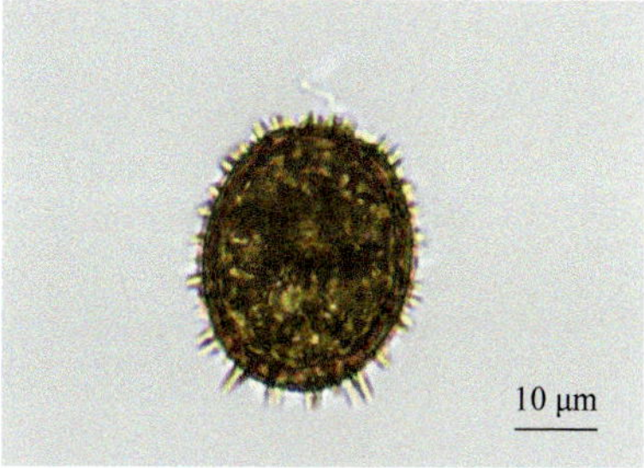

华丽囊裸藻 *Trachelomonas superba*

单细胞，囊壳椭圆形，形状稳定，表面具粗壮的锥形刺，长度不等，2 ～ 10 μm，同时具密集点纹。黄绿色。鞭毛孔有或无环状加厚圈，有时具低领，领口具有齿刻。鞭毛 1 条。囊壳长 26 ～ 55 μm，宽 21 ～ 39 μm。

16. 密集囊裸藻 *Trachelomonas crebea* Kellicott, 1887

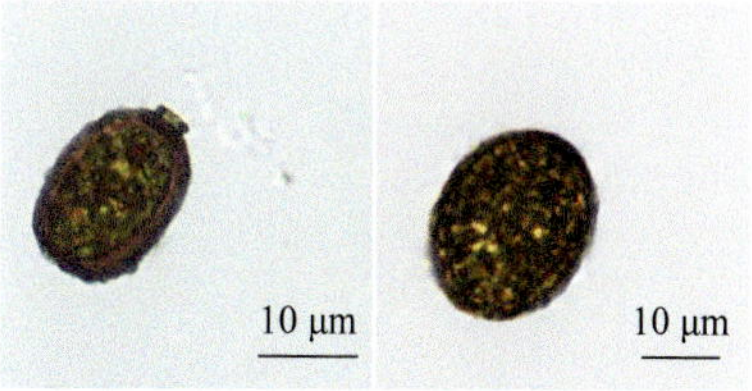

密集囊裸藻 *Trachelomonas crebea*

囊壳椭圆形，表面粗糙，具不规则点纹或颗粒。鞭毛孔具领。直或向外扩展，领口具细齿刻。黄褐色或深褐色。囊壳长 19 ～ 27 μm，宽 15 ～ 21 μm，领高 2.5 ～ 4.5 μm，领宽 5 ～ 5.5 μm。

17. 糙纹囊裸藻 *Trachelomonas scabra* Playflair, 1915

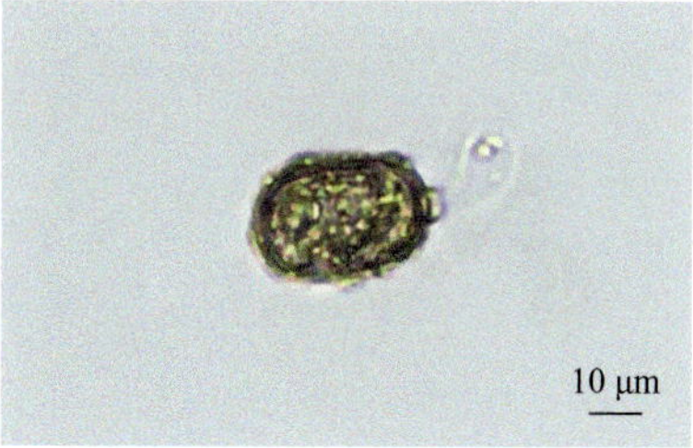

糙纹囊裸藻 *Trachelomonas scabra*

囊壳椭圆形，有时后端略窄。表面粗糙，具不规则颗粒。鞭毛孔具直领，较宽，领口平截或斜截略扩展。浅黄色或黄褐色。囊壳长 29 ～ 33 μm，宽 15 ～ 24 μm，领高 3 ～ 4 μm，领宽 9 ～ 10 μm。

18. 颗粒囊裸藻 *Trachelomonas granulata* Swirenko em. Deflandre, 1926

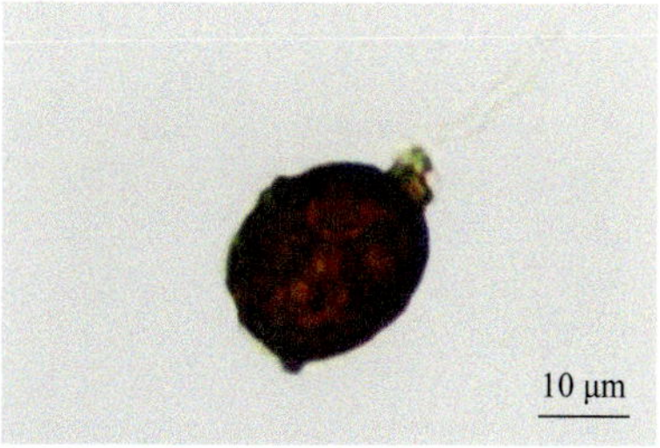

颗粒囊裸藻 *Trachelomonas granulata*

囊壳不规则椭圆形，侧扁，表面粗糙，具不规则的瘤状突或刺状突，均匀密集。鞭毛孔具领状突起，较宽，领口有不规则的齿刻。鞭毛约为体长的 3 ～ 4 倍。囊壳长 22 ～ 29 μm，宽 17 ～ 22 μm，领宽 2.5 ～ 3.5 μm。

19. 棘刺囊裸藻 *Trachelomonas hispida* (Perty) Stein em. Deflandre, 1926

囊壳椭圆形；表面具锥形短刺或乳突，排列规则或不规则，密集或稀疏，刺或突起间常具点纹。鞭毛孔有或无环状加厚圈，少数具低领。黄褐色或红褐色。鞭毛为体长的 1.5 ～ 2 倍。囊壳长 25 ～ 42 μm，宽 15 ～ 32 μm。

棘刺囊裸藻 *Trachelomonas hispida*

20. 棘刺囊裸藻具冠变种 *Trachelomonas hispida* var. *coronata* Lemmermann, 1913

与棘刺囊裸藻的区别是鞭毛孔有一圈直向的尖锥刺，囊壳长 30 ～ 40 μm，宽 19 ～ 25 μm。

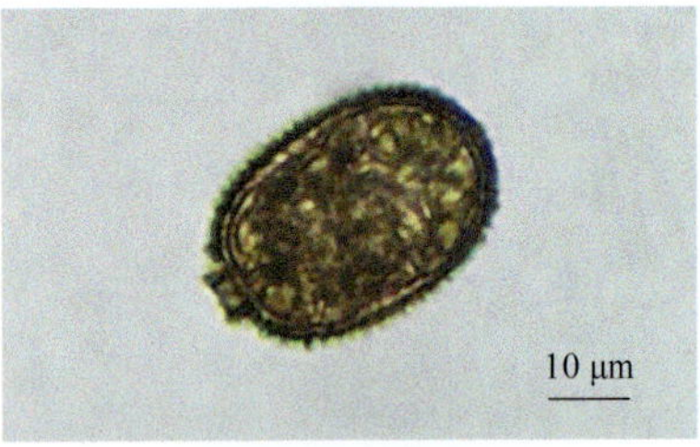

棘刺囊裸藻具冠变种
Trachelomonas hispida var. *coronata*

21. 相似囊裸藻 *Trachelomonas similis* A. Stokes, 1890

囊壳椭圆形，表面具点纹。鞭毛孔具领状突起，倾斜或弯曲，领口有不规则的齿刻。囊壳长 20 ～ 25 μm，宽 15 ～ 18 μm，领高 2.5 ～ 3.5 μm，领宽 3.5 μm。

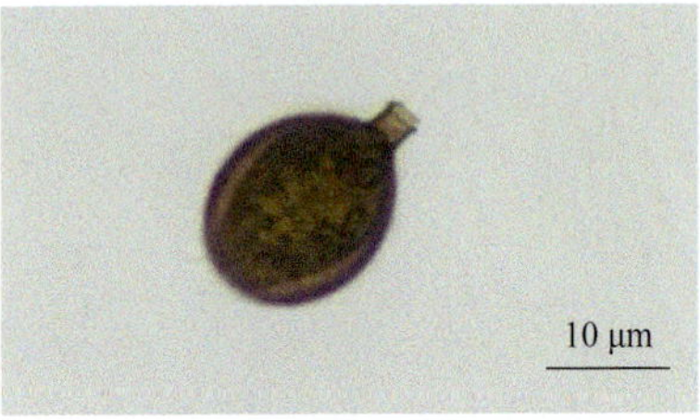

相似囊裸藻 *Trachelomonas similis*

22. 密刺囊裸藻细小变种 *Trachelomonas sydneyensis* var. *minima* Playfair, 1915

单细胞，囊壳长椭圆形，前端宽圆，表面具密集的针状锥刺，鞭毛孔具低领，较宽。领口向外扩展具刺状齿刻。鞭毛 1 条，为体长的 2 倍。囊壳长 31 ～ 45 μm，宽 22 ～ 26 μm，领高 1.0 ～ 3.0 μm，领宽 6 ～ 10 μm。

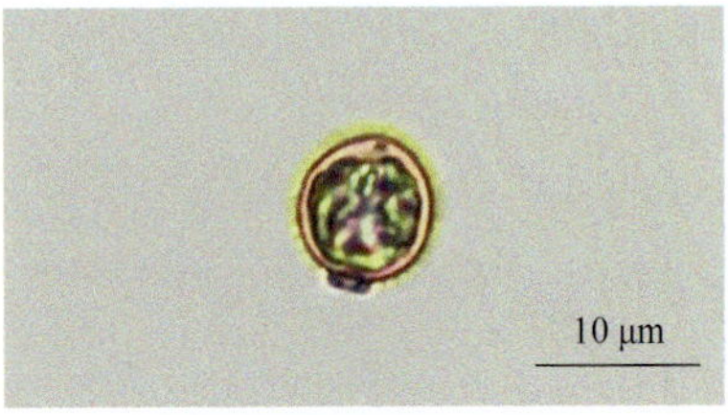

密刺囊裸藻细小变种
Trachelomonas sydneyensis var. *minima*

23. 尾棘囊裸藻 *Trachelomonas armata* (Ehrenberg) F. Stein, 1878

囊壳椭圆形或卵圆形，后端有一圈长锥刺，8 ～ 11 根，略向内弯。鞭毛孔有时具领状突起或低领。领口处平截或具细齿刻。黄褐色或红褐色。鞭毛 1 条，约为体长的 2 倍。囊壳长 32 ～ 40 μm，宽 24 ～ 30 μm，领高 3 ～ 3.5 μm。

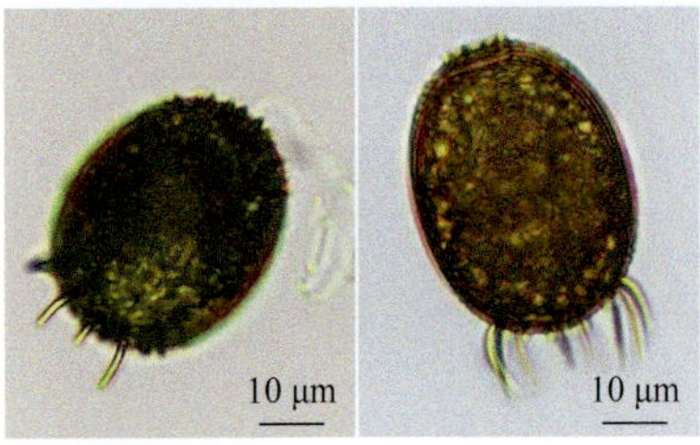

尾棘囊裸藻 *Trachelomonas armata*

24. 曲尾扁裸藻 *Phacus lismorensis* Playfair, 1921

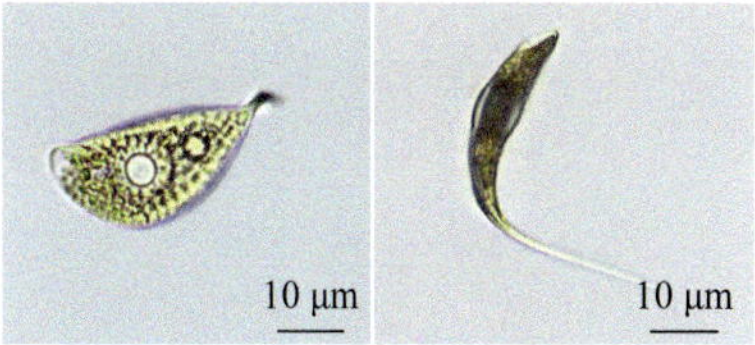

曲尾扁裸藻 *Phacus lismorensis*

隶属裸藻科 Euglenaceae，扁裸藻属 *Phacus*。细胞长椭圆形，不对称。后端有一个细长而弯曲的长刺，表质有纵线纹。副淀粉 1 ～ 2 个常重叠成假环形，细胞长（不含尾刺）50 ～ 60 μm，宽 30 μm，刺长约 35 μm。

25. 哑铃扁裸藻 *Phacus peteloti* Lefèvre, 1980

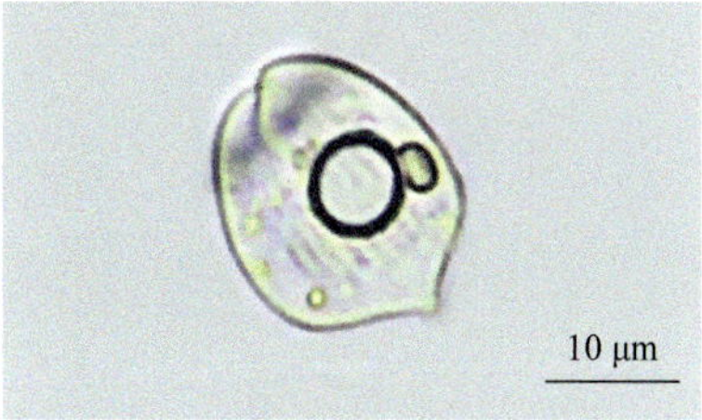

哑铃扁裸藻 *Phacus peteloti*

细胞宽卵形或近圆形，有时形状不规则，较厚。前端窄圆形，顶沟短，或达中部，后端宽圆，具有 1 短的尾刺，钩状弯向一侧。表质有纵线纹，副淀粉 1 个，较大，哑铃形或线轴形，有时还有 1 个或数个小颗粒，环形或球形。鞭毛与体长相近。细胞长 32 ～ 40 μm，宽 23 ～ 30 μm，尾刺长 3 ～ 4 μm。

26. 宽扁裸藻 *Phacus pleuronectes* Dujardin, 1841

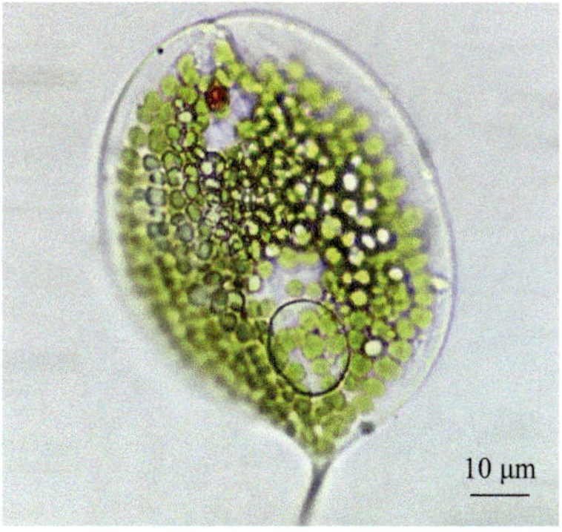

宽扁裸藻 *Phacus pleuronectes*

细胞圆形，后端有 1 尖的尾刺，呈钩状，弯向一侧。表质有纵线纹，副淀粉 1 个，较大，假环形。鞭毛为体长的 2/3。细胞长 40 ～ 80 μm，宽 30 ～ 50 μm，尾刺长 12 ～ 18 μm。

27. 梨形扁裸藻 *Phacus pyrum* (Ehrenberg) Stein, 1878

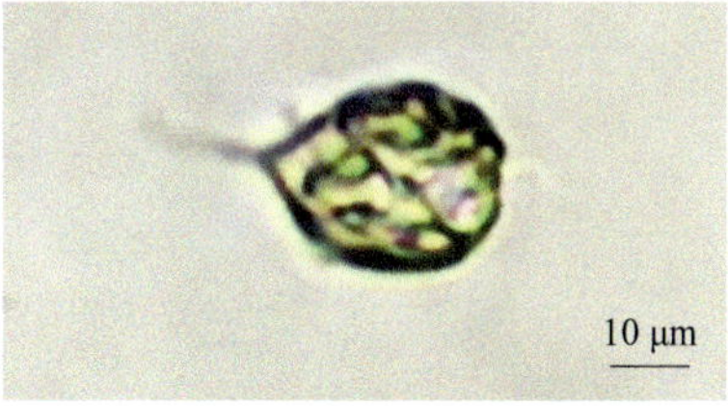

梨形扁裸藻 *Phacus pyrum*

细胞梨形，顶端中央微凹。尾刺尖。表质有 7 ～ 9 条肋纹，自左向右螺旋形排列。副淀粉 2 个。鞭毛为体长的 1/2 ～ 2/3。细胞长 30 ～ 55 μm，宽 13 ～ 21 μm，尾刺长 12 ～ 14 μm。

28. 钩状扁裸藻 *Phacus hamatus* Pochmann, 1942

钩状扁裸藻 *Phacus hamatus*

细胞长卵圆形，前端明显狭窄，后端宽圆，后端有 1 尖的尾刺，呈钩状，弯向一侧。细胞仅一侧有波形缺刻。表质有纵线纹，副淀粉 1 个，较大，假环形。鞭毛为体长的 3/4。细胞长 38 ～ 55 μm，宽 25 ～ 35 μm，尾刺长约 17 μm。

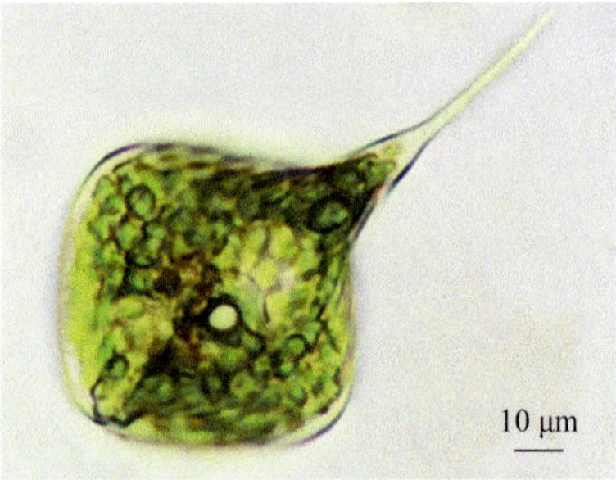

扭曲扁裸藻 *Phacus tortus*

29. 扭曲扁裸藻 *Phacus tortus* (Lemmermann) Skvortzow, 1928

细胞沿纵轴呈螺旋形扭转约 1 周，后端渐窄，呈一尖长的尾刺，有时略弯曲。表质有纵线纹，副淀粉 1 至数个，球形、环形或哑铃形。鞭毛约与体长相等。细胞长 69 ～ 112 μm，宽 32 ～ 52 μm，尾刺长 17 μm。

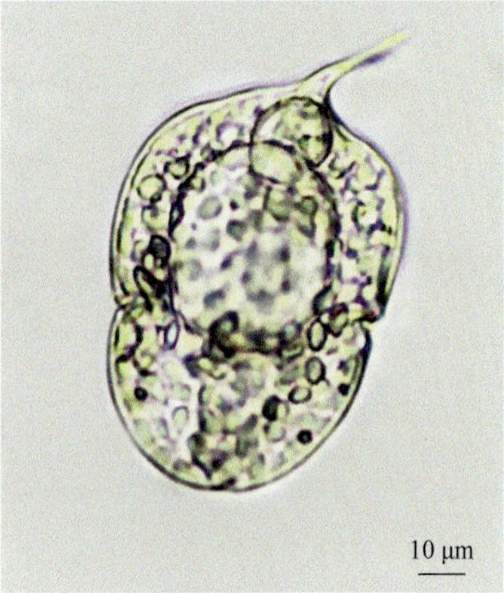

波形扁裸藻 *Phacus undulatus*

30. 波形扁裸藻 *Phacus undulatus* (Skv.) Pochmann, 1942

细胞卵圆形或梯形，两侧不对称，具波形缺刻，两端圆形，前端略窄，后端具粗壮而尖锐的尾刺，向一侧弯曲。表质有纵线纹，副淀粉 1 ～ 2 个，较大，圆盘形或环形。细胞长 50 ～ 82 μm，宽 30 ～ 48 μm，尾刺长 12 ～ 18 μm。

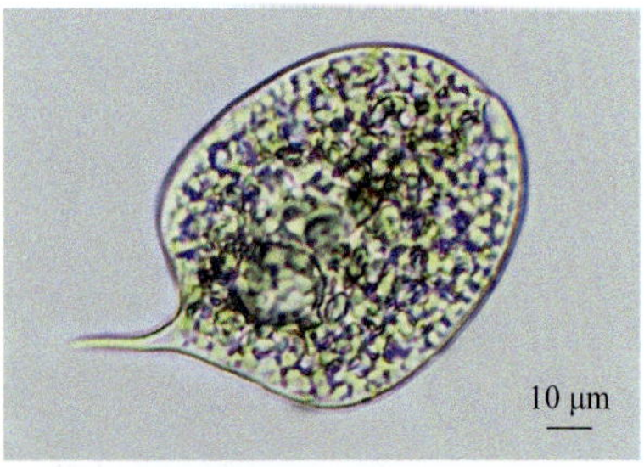

三棱扁裸藻 *Phacus triqueter*

31. 三棱扁裸藻 *Phacus triqueter* (Ehrenberg) Dujardin, 1841

细胞长卵形，两端宽圆，前端略窄，后端具尖尾刺，向一侧弯曲，具龙骨状的背脊突起，高二尖伸至后部，顶面观三棱形，腹面弧形或平直。表质有纵线纹。副淀粉 1 ～ 2 个，环形或圆盘形，较大。鞭毛与体长等长。细胞长 37 ～ 68 μm，宽 30 ～ 45 μm，尾刺长 11 ～ 14 μm。

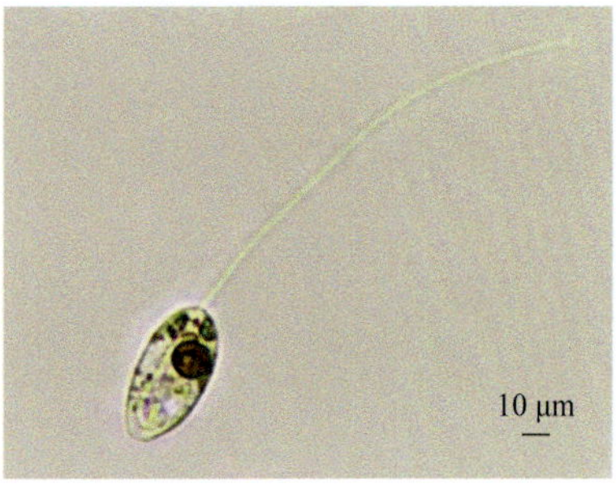

葡萄异鞭藻 *Anisonema acinus*

32. 葡萄异鞭藻 *Anisonema acinus* Dujardin, 1841

隶属裸藻目 Euglenales，瓣胞藻科 Petalomonadaceae，异鞭藻属 *Anisonema*。表质硬化，形态固定，卵圆形。背面隆起，腹面平直具纵沟。表质光滑或具线纹。鞭毛 2 根，游泳鞭毛短约为体长的 3/4，向前，拖曳鞭毛长，向后。核位于一侧。细胞长 28 ～ 40 μm，宽 15 ～ 25 μm，厚 10 ～ 14 μm。分布于有机质丰富的水体。

33. 平滑袋鞭藻披针变种 *Peranema glabrum* var. *lanceolatum* Shi, 1999

隶属裸藻目 Euglenales，袋鞭藻科 Peranemaceae，袋鞭藻属 *Peranema*。细胞变形，游泳时细胞圆柱形，前端渐狭呈锥形，后端圆形。表质线纹不易见到。游泳鞭毛约为体长的 1.5 倍，拖曳鞭毛不易见到。副淀粉粒小，数个，杆形或椭圆形。杆状器明显。核椭圆形，偏后位。细胞较大。细胞长 30 ～ 50 μm，宽 6 ～ 10 μm。分布较广。

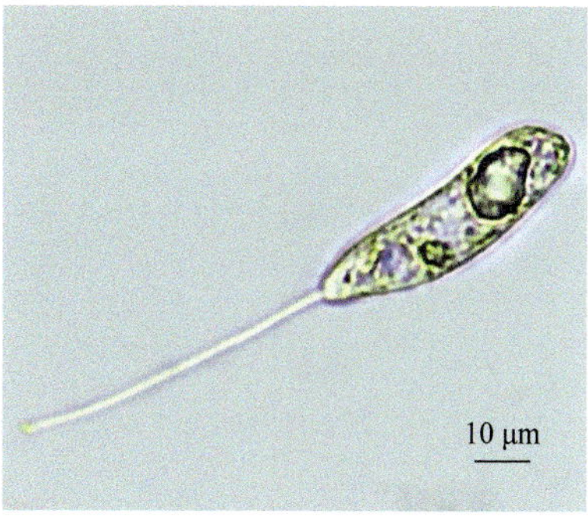

平滑袋鞭藻披针变种
Peranema glabrum var. *lanceolatum*

（八）绿藻门 Chlorophyta

1. 德巴衣藻 *Chlamydomonas debaryana* Goroschankin, 1891

隶属绿藻纲 Chlorophyceae，团藻目 Volvocales，衣藻科 Chlamydomonadaceae，衣藻属 *Chlamydomonas*。单细胞椭圆形、不纵扁。细胞壁明显而坚固。细胞前端中央具 1 个大的呈半球形的乳头状突起，具两条等长的鞭毛，鞭毛与体长相近，鞭毛基部具 2 个伸缩泡。具 1 个大型杯状色素体，基部明显加厚，具 1 个横椭圆形蛋白核。眼点圆形，位于细胞前端 1/3 处的一侧，橘红色。细胞核一般位于细胞的中央偏前端。细胞长 12 ～ 20 μm，宽 7.5 ～ 10 μm。

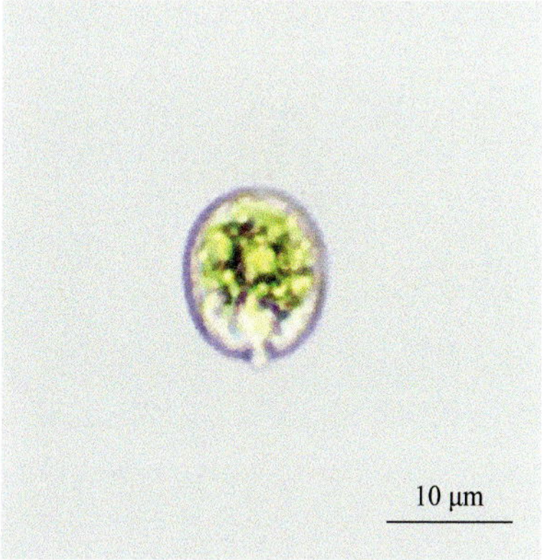

德巴衣藻 *Chlamydomonas debaryana*

2. 球衣藻 *Chlamydomonas globosa* Snow, 1902

细胞小，多数近球形，直径 5 ～ 10 μm，少数椭圆形。常具无色透明胶被。细胞前端中央不具乳头状突起，具两条稍长于体长的等长鞭毛，鞭毛基部具 1 个伸缩泡。色素体 1 个，杯状，基部增厚，具 1 个大的蛋白核。眼点位于细胞前端近 1/3 处，不明显。细胞核位于细胞中央。细胞直径 5 ～ 10 μm。

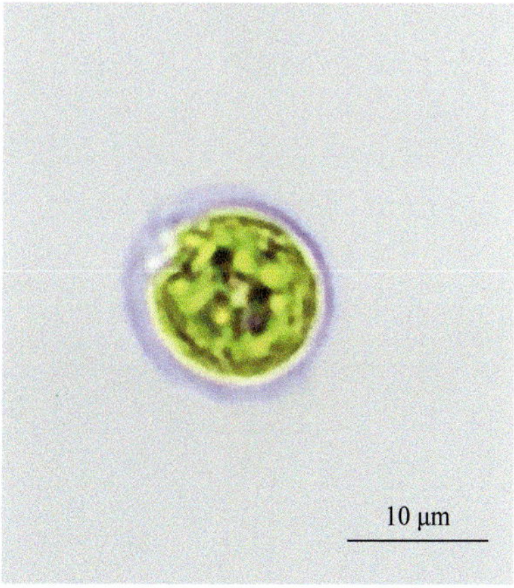

球衣藻 *Chlamydomonas globosa*

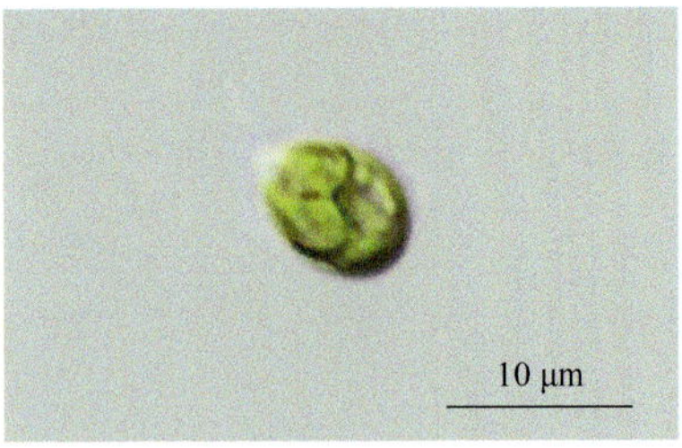

卵形衣藻 *Chlamydomonas ovalis*

3. 卵形衣藻 *Chlamydomonas ovalis* Pascher, 1927

细胞卵形，前端尖圆，胞壁柔软。鞭毛 2 条，等长，为细胞长的 1.5 倍。色素体片状，位于细胞的侧面，内有 1 个球形的蛋白核，细胞长 12 ～ 29 μm，宽 8 ～ 17 μm。

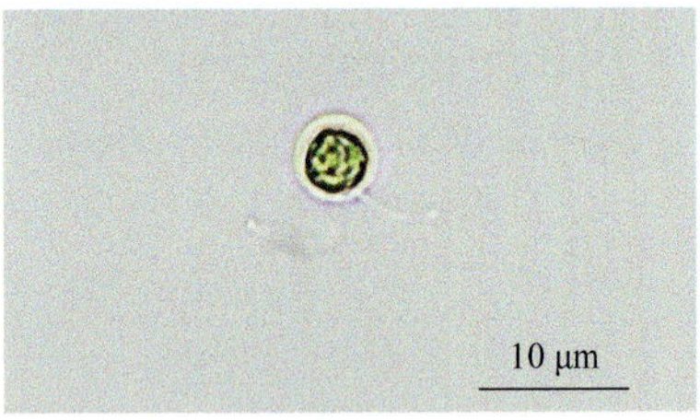

微球衣藻 *Chlamydomonas microsphaerella*

4. 微球衣藻 *Chlamydomonas microsphaerella* Pascher & Jahoda, 1928

细胞比球衣藻略大，球形，细胞宽 3 ～ 7 μm，长 6 ～ 8 μm。细胞壁厚，细胞前端中央具乳头状突起，具 2 条等长鞭毛，与细胞等长，鞭毛基部具 2 个伸缩泡。色素体 1 个，杯状，具 1 个广圆形的蛋白核。细胞核位于细胞中央。

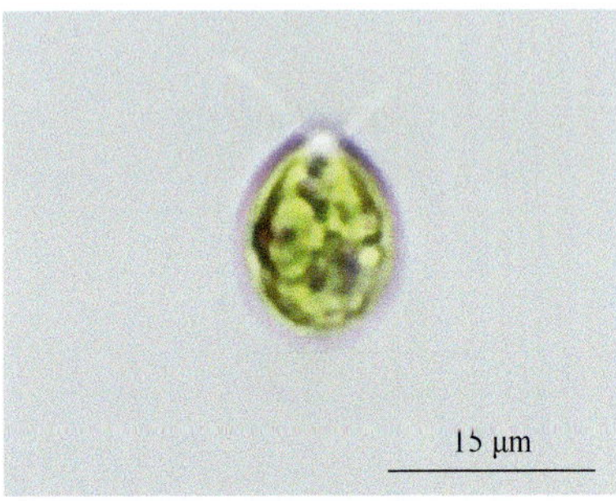

莱哈衣藻 *Chlamydomonas reinhardtii*

5. 莱哈衣藻 *Chlamydomonas reinhardtii* Dangeard, 1888

单细胞球形或椭圆形，后端广圆，前端略狭，不纵扁。细胞壁平滑。细胞前端中央不具乳头状突起，具 2 条等长的鞭毛，不超过体长的 1.5 倍。鞭毛基部具 2 个伸缩泡。杯状色素体较大，具 1 个蛋白核。细胞长 14 ～ 22 μm，宽 14 ～ 18 μm。

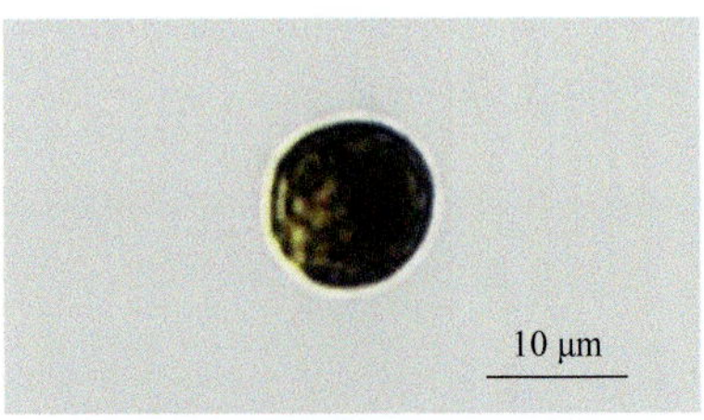

简单衣藻 *Chlamydomonas simplex*

6. 简单衣藻 *Chlamydomonas simplex* Pascher, 1927

细胞球形，直径 9 ～ 21 μm。细胞壁薄而柔软，细胞前端中央具不明显的乳头状突起，具 2 条等长鞭毛，与细胞等长，鞭毛基部具 2 个伸缩泡。色素体 1 个，杯状，具 1 个球形略长的蛋白核。眼点 1 个，细胞核位于细胞中央。

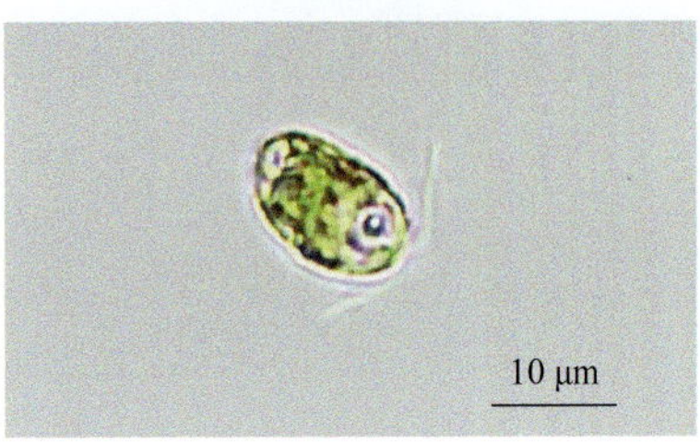

斯诺衣藻 *Chlamydomonas snowiae*

7. 斯诺衣藻 *Chlamydomonas snowiae* Printz, 1914

细胞卵形或椭圆形，长 10 ～ 21 μm，宽 6.5 ～ 16 μm。细胞前端中央乳头状突起不明显，具 2 条等长鞭毛，与细胞等长。色素体 1 个，杯状，具 1 个球形的蛋白核。

8. 长绿梭藻 *Chlorogonium elongatum* (P. A. Dangeard) France, 1899

隶属衣藻科 Chlamydomonadaceae，绿梭藻属 *Chlorogonium*。细胞长纺锤形，长为 20 ～ 45 μm，宽 2 ～ 7 μm，长度超过宽度 9 ～ 15 倍。前端狭长喙状，后端尖，透明。钝顶具 2 条等长鞭毛，鞭毛约为体长一半。色素体块状或片状，位于细胞一侧。细胞核位于细胞中部。蛋白核 2 个，细胞核位于 2 个蛋白核之间。眼点小，位于细胞前端。

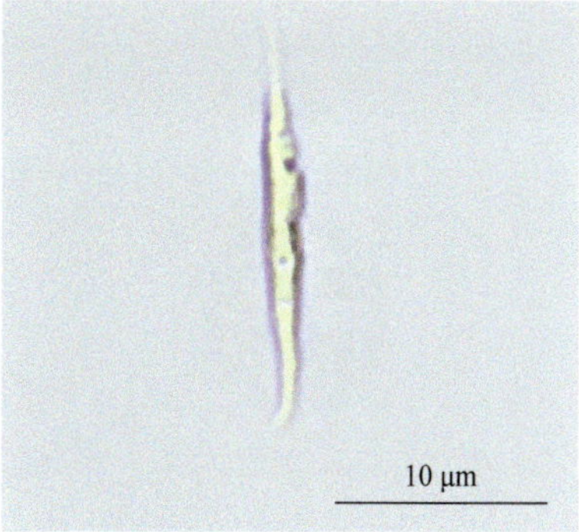

长绿梭藻 *Chlorogonium elongatum*

9. 克莱四鞭藻 *Carteria klebsii* (P.A. Dangeard) France, 1893

隶属衣藻科 Chlamydomonadaceae，四鞭藻属 *Carteria*。细胞椭圆形。细胞前端具一小的半球形的乳头状突起，具 4 条略短于体长的鞭毛。基部 2 个伸缩泡。色素体杯状，1 个蛋白核。眼点长椭圆形。位于细胞前端 1/4 处，深黑红色。细胞核中前位。细胞长 13 ～ 35 μm，宽 9 ～ 17 μm。

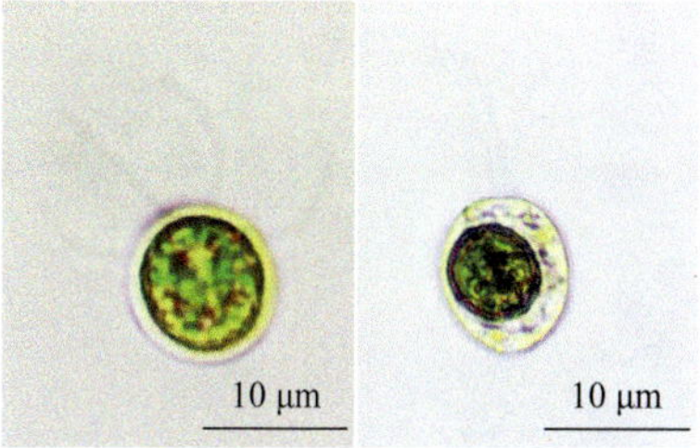

克莱四鞭藻 *Carteria klebsii*

10. 球四鞭藻 *Carteria globulosa* Stein, 1927

细胞球形，细胞壁柔软，直径 10 ～ 28 μm，具 4 条等长鞭毛，鞭毛等于或略长于细胞本体。

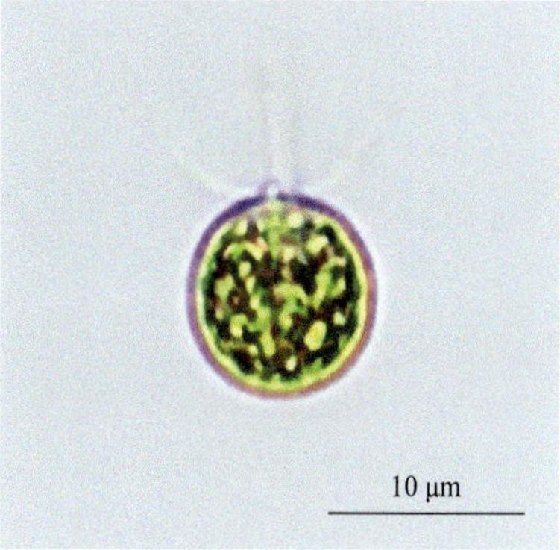

球四鞭藻 *Carteria globulosa*

11. 球粒藻 *Coccomonas orbicularis* F. Stein, 1878

隶属团藻目 Volvocales，壳衣藻科 Phacotaceae，球粒藻属 *Coccomonas*。单细胞，具囊壳，卵形或椭圆形，常具钙或者铁化合物沉积呈黑褐色。原生质体小于囊壳，前端贴近，后端远离。衣藻形细胞，前具乳头状突起，2 条等长鞭毛从囊壳前端一个开孔伸出，基部具 2 个伸缩泡。细胞长 17 ～ 25 μm，宽 17 ～ 19 μm，原生质体长 14 ～ 14.5 μm，宽 8 ～ 10 μm。

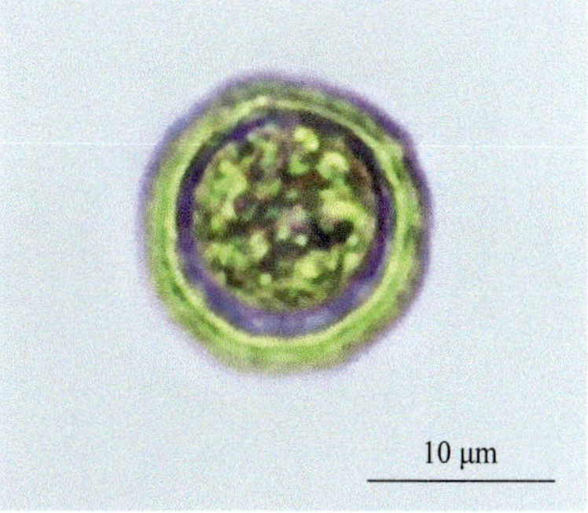

球粒藻 *Coccomonas orbicularis*

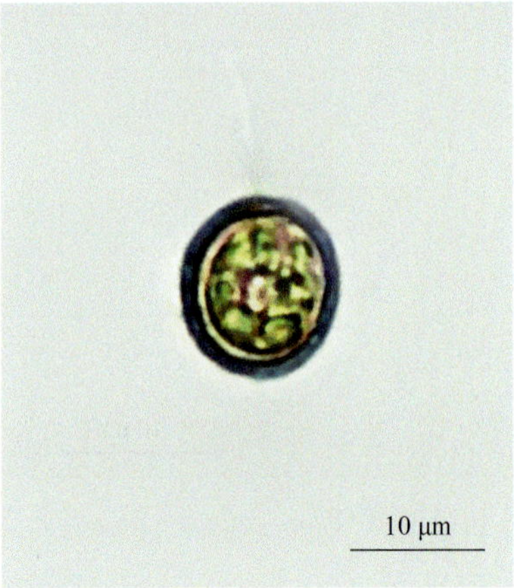

异形藻 *Dysmorphococcus variabilis*

12. 异形藻 *Dysmorphococcus variabilis* Takeda, 1916

隶属壳衣藻科 Phacotaceae，异形藻属 *Dysmorphococcus*。细胞略扁，囊壳正面观广椭圆形，侧面观前端广圆，顶部中间微凹，向后逐渐呈圆锥形。垂直面观椭圆形，两端中间微凹。囊壳褐色，壳面有很多六角形小孔。原生质体卵形，小于囊壳，前端与囊壳贴近，其间空隙充满胶状物质，2 条近等长鞭毛从囊壳前端 2 个开孔分别伸出，基部具两个伸缩泡。色素体大，杯状，基部具 1 个蛋白核。细胞长 14 ～ 16 μm，宽 10 ～ 17 μm，原生质体长约 9 μm，宽 6 ～ 7 μm。

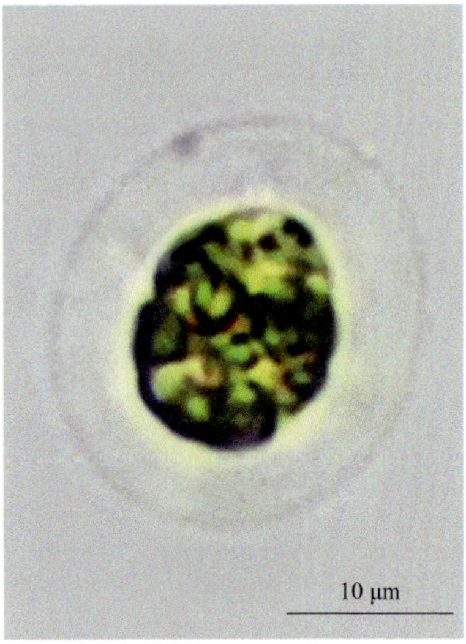

透镜壳衣藻 *Phacotus lenticularis*

13. 透镜壳衣藻 *Phacotus lenticularis* (Ehrenberg) Diesingm, 1866

隶属壳衣藻科 Phacotaceae，壳衣藻属 *Phacotus*。细胞纵扁，囊壳褐色，表面粗糙，具大小不等的颗粒，正面观圆形，侧面观双凸透镜形。囊壳由 2 个对称的半片组成，半片接合处有一条缝线。原生质卵形，体小于囊壳，前端贴近囊壳，其间空隙充满胶质。具 2 条等长鞭毛，略长于体长，有囊壳前端 1 个开孔伸出，基部 2 个伸缩泡。色素体杯状，1 个蛋白核，眼点位于前端约 1/3 处。细胞核位于中前端。细胞长 20 μm，宽 18 ～ 20 μm，厚 11 μm，原生质体长 17 μm，宽 14 μm，厚 9 μm。

实球藻 *Pandorina morum*

14. 实球藻 *Pandorina morum* (Müller) Bory, 1824

隶属团藻目 Volvocales，团藻科 Volvocaceae，实球藻属 *Pandorina*。定形群体圆球形或椭圆形，由 4、8、16 或 32 个细胞埋藏在 1 个共同的胶被内构成。群体均为实心球体，没有中央空腔；每个细胞含 1 个细胞核、1 个叶绿体、1 个眼点和 2 个伸缩泡，1 对鞭毛均伸出胶被之外。细胞由于相互挤压有变形。群体直径 20 ～ 60 μm，细胞直径 7 ～ 17 μm。

15. 美丽团藻 *Volvox aureus* Ehrenberg, 1832

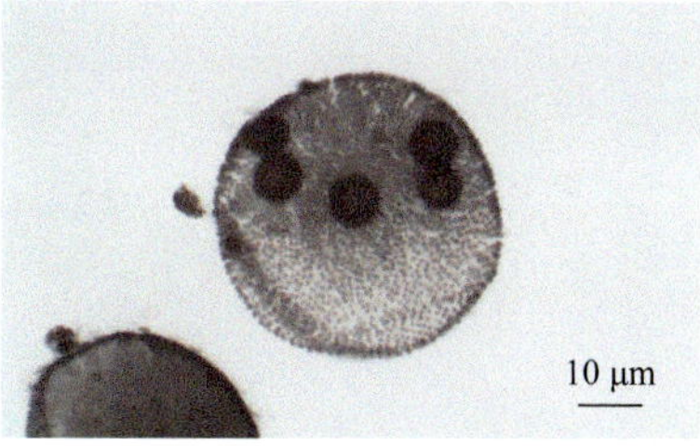

美丽团藻 *Volvox aureus*

隶属团藻科 Volvocaceae，团藻属 *Volvox*。群体球形或椭圆形，由 500 ～ 4000 个细胞组成。群体细胞彼此分离，排列在群体胶被周边。细胞彼此由极细的细胞质连丝连接，细胞胶被彼此融合。细胞卵形到椭圆形，前端中央具 2 条等长的鞭毛，基部具 2 个伸缩泡。色素体盘状，具 1 个蛋白核。眼点位于近细胞前端的一侧。群体多为雌雄异株，少数为雌雄同株，成熟群体具 9 ～ 21 个卵细胞，合子壁平滑。群体直径 150 ～ 800 μm，细胞直径 4 ～ 9 μm。

16. 湖生绿星球藻 *Asterococcus liemneticus* G. M. Smith, 1918

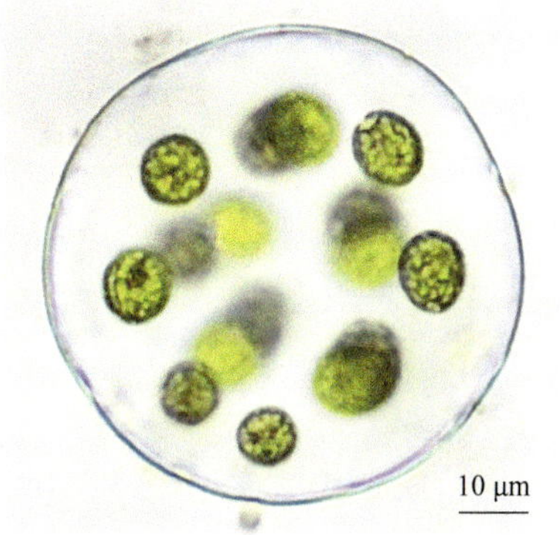

湖生绿星球藻 *Asterococcus liemneticus*

隶属绿藻纲 Chlorophyceae，四孢藻目 Tetrasporales，四集藻科 Palmellaceae，绿星球藻属 *Asterococcus*。由 4、8 或 16 个细胞组成的群体。胶被不分层，群体宽 50 ～ 125 μm。细胞直径 7 ～ 18（～ 35）μm。多见于肥沃的浅水湖泊。

17. 粘四集藻 *Palmella mucosa* Kützing, 1843

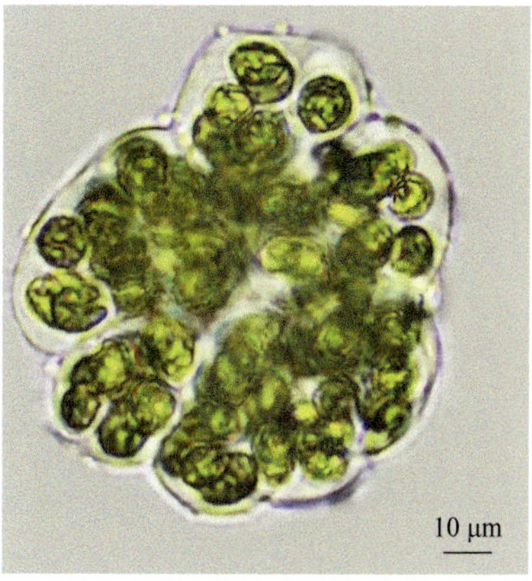

粘四集藻 *Palmella mucosa*

隶属四孢藻目 Tetrasporales，四集藻科 Palmellaceae，四集藻属 *Palmella*。群体为无定形的胶质团块，具不规则突起，大型，胶被透明、不分层，单个或 2、4、8 个细胞为一组无规则地分散在胶被中，个体胶被与群体胶被融合，橄榄绿色；群体细胞幼时椭圆形，长成后球形，色素体周生、杯状，具 1 个蛋白核。细胞直径 6 ～ 14 μm。

18. 红色四集藻 *Palmella miniata* (Leibl.) Chodat, 1984

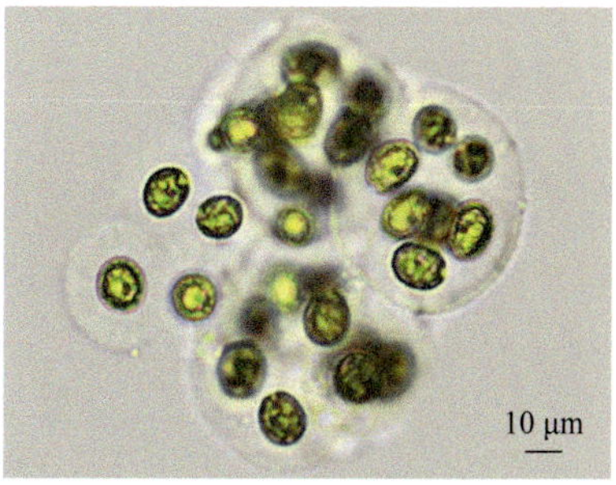

红色四集藻 *Palmella miniata*

群体为无定形的胶质团块，具不规则突起，大型，胶被透明分层，单个或 2、4、8 个细胞为一组无规则地分散在胶被中，个体胶被与群体胶被融合，红色或橙色。群体细胞球形，色素体周生、杯状，具 1 个蛋白核。细胞直径 3 ～ 5 μm。

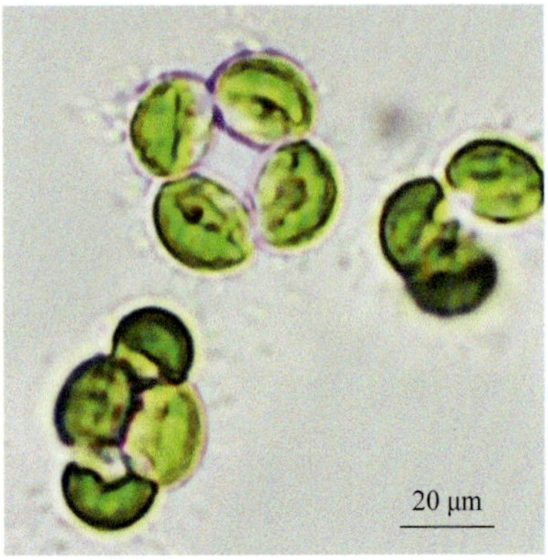

湖生四孢藻 *Tetraspora lacustris*

19. 湖生四孢藻 *Tetraspora lacustris* Lemmermann, 1898

隶属四孢藻目 Tetrasporales，四孢藻科 Tetrasporaceae，四孢藻属 *Tetraspora*。藻体为小形球形群体，群体宽度 100 ～ 300 μm。细胞球形，常 2 个或 4 个细胞一组，分散于群体胶被中，细胞直径 5 ～ 10 μm。伪鞭毛 2 条，长为细胞长的 6 ～ 8 倍。色素体周生，杯状或分散。1 个蛋白核。分布于湖泊。

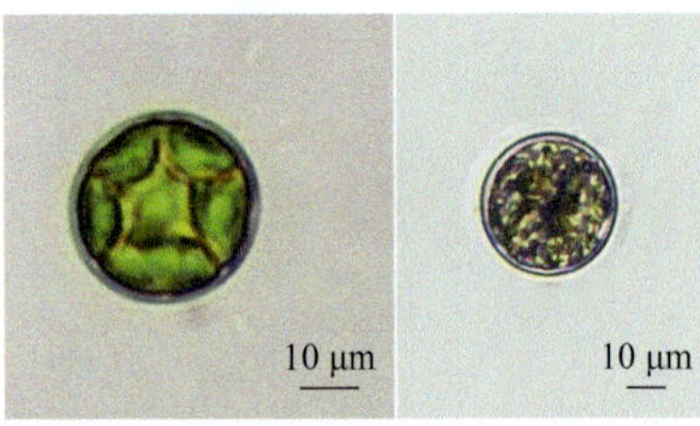

集球藻 *Palmellococcus miniatus*

20. 集球藻 *Palmellococcus miniatus* (Kützing) Chodat, 1894

隶属绿藻纲 Chlorophyceae，绿球藻目 Chlorococcales，小球藻科 Chlorellaceae，集球藻属 *Palmellococcus*。单细胞或数个细胞成一膜状薄层。细胞球形，绿色或红褐色。色素体周生盘状，3 ～ 6 个。色素体上常聚集红色的油滴。无蛋白核。细胞直径 3 ～ 15 μm。

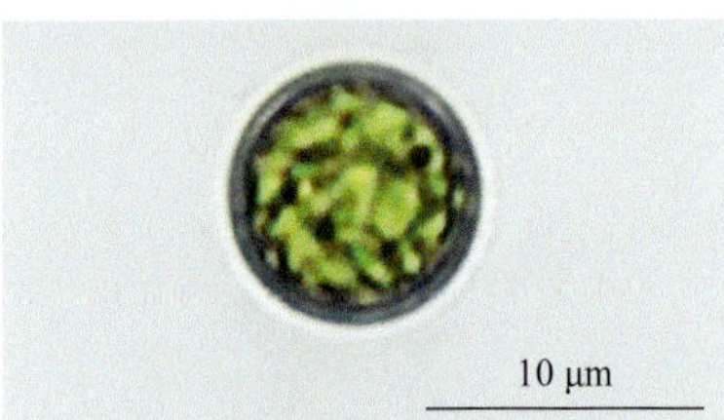

普通小球藻 *Chlorella vulgaris*

21. 普通小球藻 *Chlorella vulgaris* Beijerinck, 1890

隶属小球藻科 Chlorellaceae，小球藻属 *Chlorella*。单细胞，直径 5 ～ 10 μm。细胞球形、椭圆形，内有一个周生、杯状或片状的色素体。无性繁殖，每个细胞可以产生 2、4、8 或 16 个似亲孢子，成熟时母细胞破裂，孢子逸出，长大后即为新个体。世界各地均有分布。

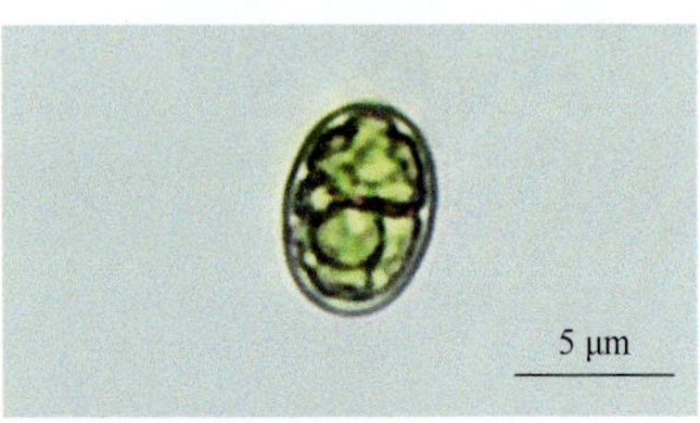

椭圆小球藻 *Chlorella ellipsoidea*

22. 椭圆小球藻 *Chlorella ellipsoidea* Gerneck, 1907

单细胞，椭圆形。色素体杯状周生。以似亲孢子繁殖，长 7 ～ 12 μm，宽 4.5 ～ 8 μm。生殖个体可达 13 μm。

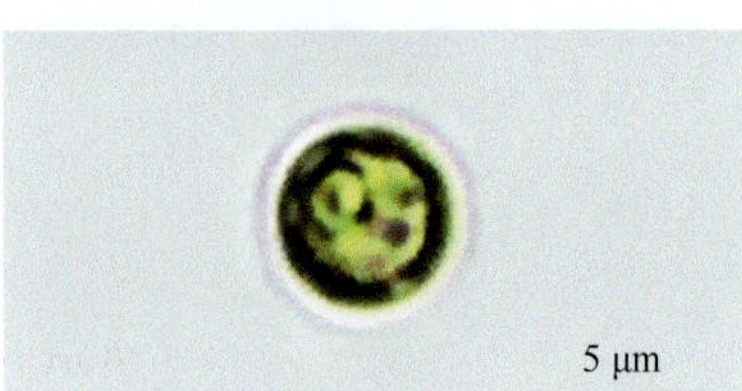

蛋白核小球藻 *Chlorella pyrenoidosa*

23. 蛋白核小球藻 *Chlorella pyrenoidosa* Chick, 1903

单细胞，直径 3 ～ 5 μm。细胞球形，内有一个周生、杯状或片状的色素体。具 1 个明显的蛋白核。生殖个体可达 23 μm。淡水藻类。

24. 三角四角藻 *Tetraëdron trigonum* (Nägeli) Hansgirg, 1888

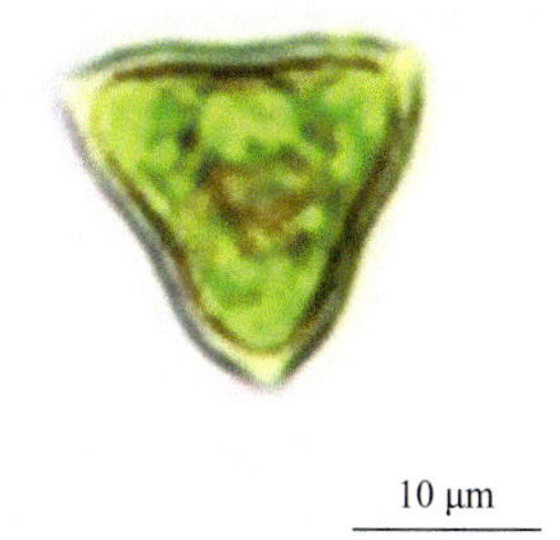

三角四角藻 *Tetraëdron trigonum*

隶属小球藻科 Chlorellaceae，四角藻属 *Tetraëdron*。藻体单细胞，细胞扁平，或者为呈对称的三角形或四角形，角顶不分歧。色素体侧生，盘状，或者一个充满整个细胞，蛋白核有或无，幼细胞单核，老细胞多核，为 2、4 或 8 个。池塘、湖泊等静水中常见。

25. 三叶四角藻 *Tetraëdron trilobulatum* (Reinsch) Hansgirg, 1889

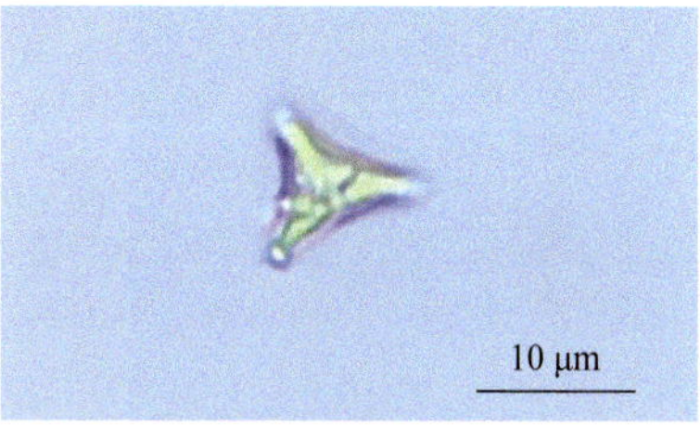

三叶四角藻 *Tetraëdron trilobulatum*

单细胞，扁平，三角形，侧缘凹入，角宽，末端钝圆，细胞壁平滑。细胞宽 25 μm，厚 5 ～ 9 μm。生长在池塘、湖泊中。

26. 膨胀四角藻 *Tetraëdron tumidulum* (Reinsch) Hansgirg, 1889

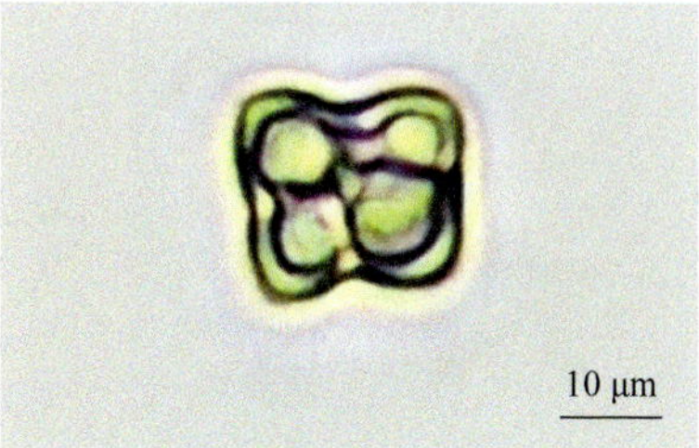

膨胀四角藻 *Tetraëdron tumidulum*

藻体单细胞藻类，细胞扁平，四角形。角顶钝圆，色素体侧生，盘状或者多角形，或者一个充满整个细胞，蛋白核有或者无，幼年细胞单核，老细胞多核，为 2、4 或 8 个。池塘，湖泊等静水中常见。细胞宽 15 ～ 53 μm。

27. 具尾四角藻 *Tetraëdron caudatum* (Corda) Hansgirg, 1888

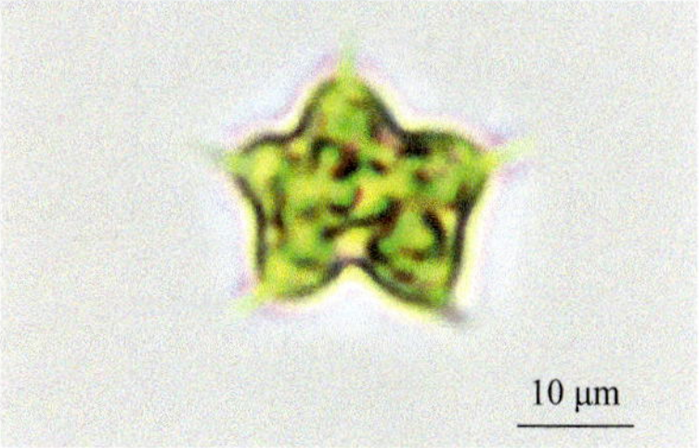

具尾四角藻 *Tetraëdron caudatum*

细胞扁平，三角形，宽 6 ～ 22 μm。角顶端具 1 条粗刺，刺长 1 ～ 4 μm。侧缘凸出或平直。

28. 微小四角藻 *Tetraëdron minimum* (A.Braun) Hansgirg, 1888

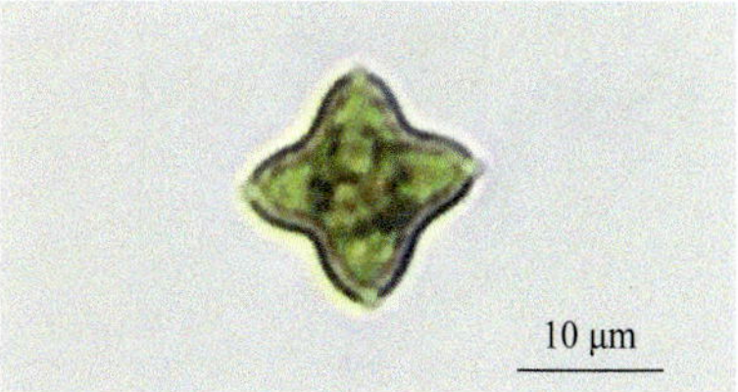

微小四角藻 *Tetraëdron minimum*

细胞小型，扁平，正面观四方形，宽 6 ～ 20 μm。角顶圆形无突起。侧缘凹入，表面平滑或具颗粒。色素体单个，片状，具 1 个蛋白核。

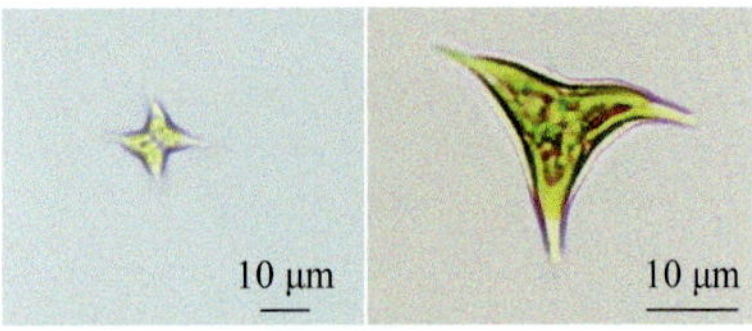

整齐四角藻 *Tetraëdron regulare*

29. 整齐四角藻 *Tetraëdron regulare* Kützing, 1845

又称规则四角藻，单细胞，三角锥形，侧缘略凹入或平直或凸出，具 4 个角，角顶具 1 条粗短刺。细胞宽 14 ～ 45 μm，刺长 2 ～ 9 μm。分布广，分布于池塘、湖泊、水库。

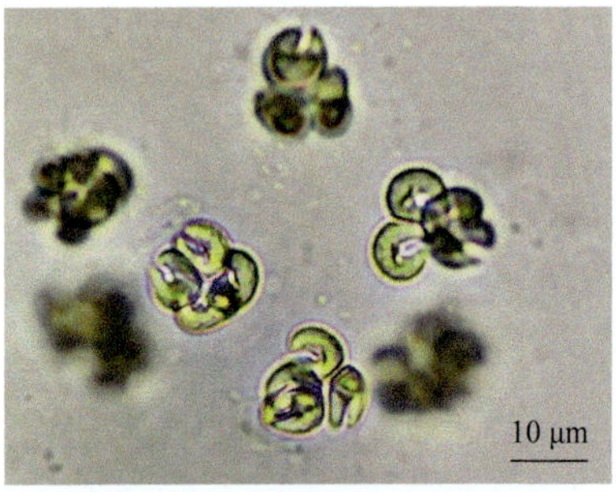

扭曲蹄形藻 *Kirchneriella contorta*

30. 扭曲蹄形藻 *Kirchneriella contorta* (Schmidle) Bohlin, 1897

隶属小球藻科 Chlorellaceae，蹄形藻属 *Kirchneriella*。单细胞或 16 个细胞组成的群体。群体球形，由 4 个细胞为一组包被在胶质的群体胶被中。细胞圆柱体、弓形或不在一个平面上弯曲呈马蹄形（螺旋不超过 1.5 圈），两端尖锐，长 7 ～ 20 μm，宽 1 ～ 2 μm。色素体充满整个细胞，无蛋白核。

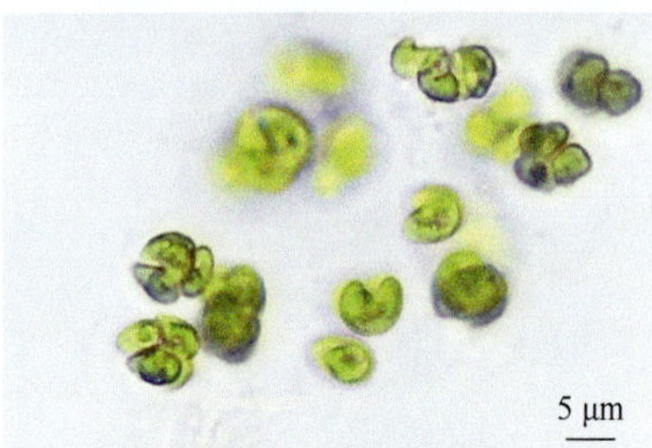

肥壮蹄形藻 *Kirchneriella obesa*

31. 肥壮蹄形藻 *Kirchneriella obesa* (West) West & G. S. West, 1893

单细胞或群体。群体球形，由 4 或 8 个细胞为一组包被在胶质的群体胶被中，直径 30 ～ 80 μm。细胞在一个平面上弯曲呈马蹄形，两端略细，不尖锐，缺口为“U”型，中侧两端近平行，长 6 ～ 12 μm，宽 3 ～ 8 μm。色素体 1 个，片状，除凹侧中部以外充满整个细胞；具 1 个蛋白核。

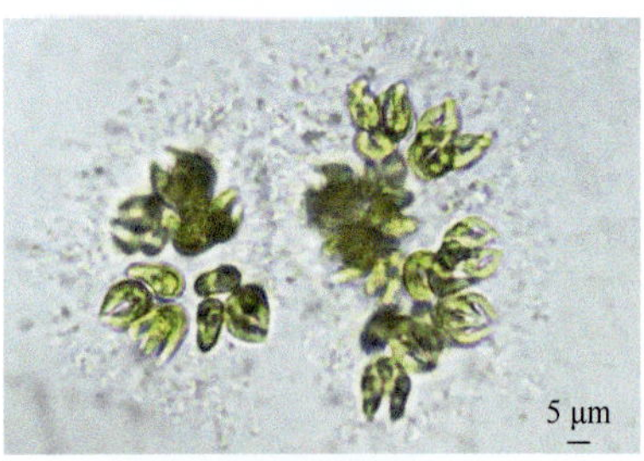

蹄形藻 *Kirchneriella lunaris*

32. 蹄形藻 *Kirchneriella lunaris* (Kirchner) Möebius, 1894

群体球形，直径 80 ～ 250 μm，由 4 或 8 个细胞为一组包被在胶质的群体胶被中。细胞在一个平面上弯曲呈马蹄形，两端渐尖细，顶端锥形，较尖，长 6 ～ 13 μm，宽 3 ～ 8 μm。

月牙藻 *Selenastrum bibraianum*

33. 月牙藻 *Selenastrum bibraianum* Reinsch, 1867

隶属小球藻科 Chlorellaceae，月牙藻属 *Selenastrum*。细胞月牙形或镰形，两端尖，较宽短，多为 4、8、16 或上百个细胞背靠背形成的群体。细胞宽 5 ～ 8 μm，长 20 ～ 38 μm。

34. 端尖月牙藻 *Selenastrum westii* G. M. Smith, 1920

细胞新月形，两端尖，多为 4 或 8 个细胞背靠背形成的群体。细胞长 13 ～ 30 μm，宽 1.5 ～ 2.5 μm。

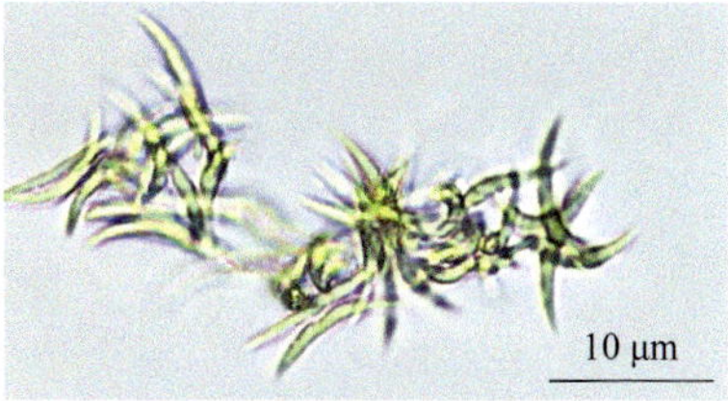

端尖月牙藻 *Selenastrum westii*

35. 纤细月牙藻 *Selenastrum gracile* Reinsch, 1867

细胞月牙形或镰形，两端同向中心弯曲。中间大部分近等宽，两端尖，较狭长，细胞背靠背形成 8、16、32 或 64 个细胞形成的群体。细胞长 15 ～ 30 μm，宽 3 ～ 5 μm。

纤细月牙藻 *Selenastrum gracile*

36. 小形月牙藻 *Selenastrum minutum* (Nägeli) Collinus, 1907

细胞新月形，多为单细胞，有时形成不规则群体。细胞长 20 ～ 30 μm，宽 2 ～ 3 μm。

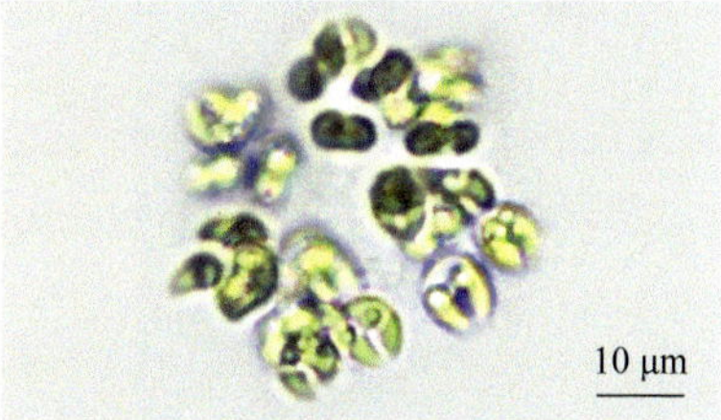

小形月牙藻 *Selenastrum minutum*

37. 十字顶棘藻 *Chodatella wratislaviensis* (Schröder) Ley, 1948

隶属小球藻科 Chlorellaceae，顶棘藻属 *Chodatella*。细胞椭圆形，两端钝圆。色素体 1 个，蛋白核 1 个。长 7 ～ 14 μm，宽 2.5 ～ 8.5 μm。顶端中央和细胞中部两侧各有一个长刺，呈十字形排列在一个平面上。刺的基部略膨大，刺长 8 ～ 27 μm。

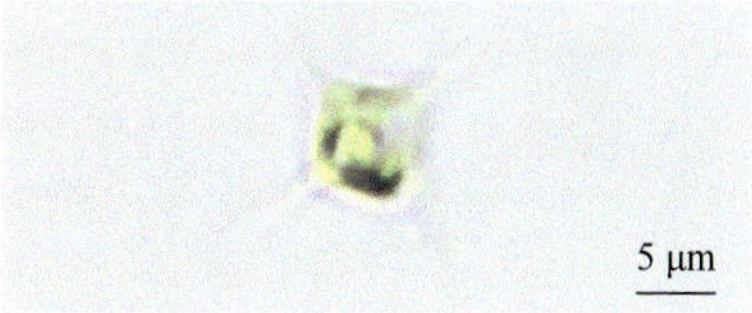

十字顶棘藻 *Chodatella wratislaviensis*

38. 四刺顶棘藻 *Chodatella quadriseta* Lemmermann, 1898

细胞长圆柱形，色素体片状，内无蛋白核。细胞长 6 ～ 10 μm，宽 4 ～ 6 μm。细胞两端各有 2 根长刺，斜向伸出，刺长 15 ～ 20 μm。分布于肥水池塘。

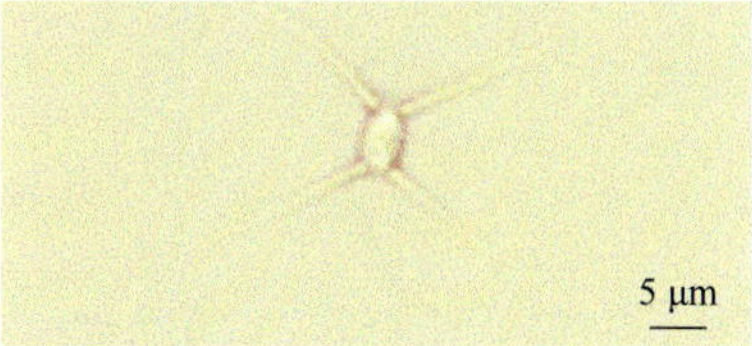

四刺顶棘藻 *Chodatella quadriseta*

39. 纤毛顶棘藻 *Chodatella ciliata* (Lagerheim) Lemmermann, 1898

细胞长卵形，两端钝圆，色素体片状，内具 1 个蛋白核。细胞长 10 ～ 21 μm，宽 6 ～ 18 μm。细胞两端各有 6 ～ 8 根长刺，刺长 15 ～ 20 μm。常见于有机质丰富的小体。

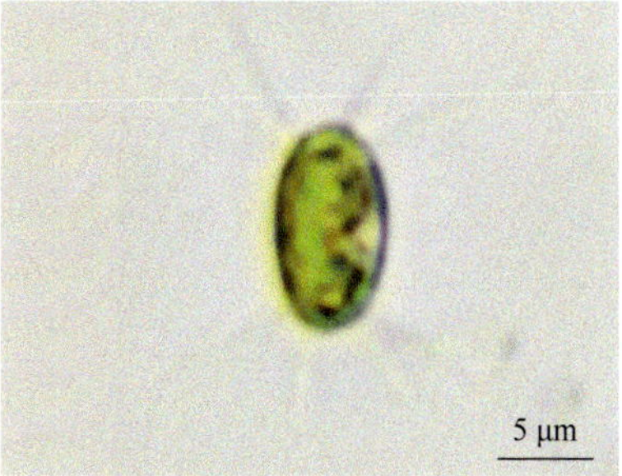

纤毛顶棘藻 *Chodatella ciliata*

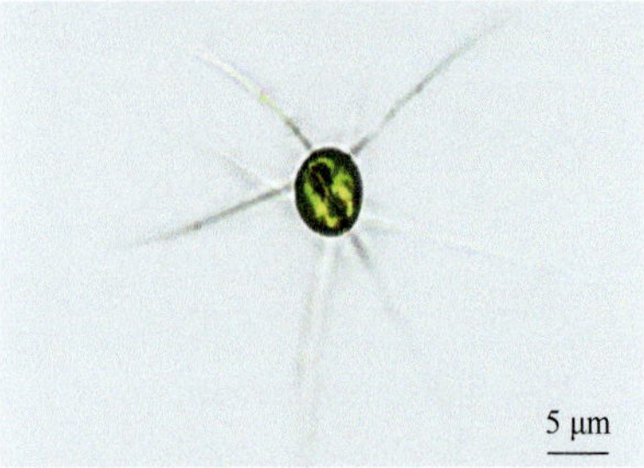

长刺顶棘藻 *Chodatella longiseta*

40. 长刺顶棘藻 *Chodatella longiseta* Lemmermann, 1898

细胞长椭圆形，两端钝圆，色素体片状，内无蛋白核。细胞长 6 ～ 13 μm，宽 5 ～ 8 μm。细胞两端各有 4 ～ 10 根长刺，刺长 35 ～ 55 μm。常见于有机质丰富的小水体。

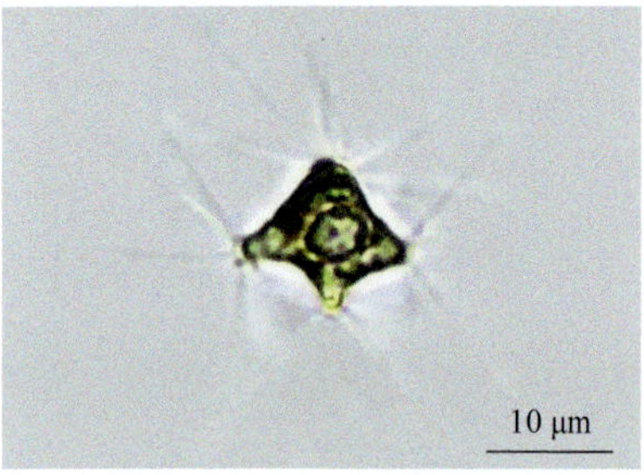

多突藻 *Polyedriopsis spinulosa*

41. 多突藻 *Polyedriopsis spinulosa* (Schmidle) Schmidle, 1899

隶属小球藻科 Chlorellaceae，多突藻属 *Polyedriopsis*。单细胞，扁平四角形或五角锥形，宽 12 ～ 25 μm。角端截平，其上有 3 ～ 10 条细长的刺毛，长达 40 μm。色素体周生，片状，1 个蛋白核。多生活于偏酸水体。

针形纤维藻 *Ankistrodesmus acicularis*

42. 针形纤维藻 *Ankistrodesmus acicularis* (A. Braun) Korschikoff, 1953

隶属小球藻科 Chlorellaceae，纤维藻属 *Ankistrodesmus*。单细胞，针形，直或仅一端微弯或两端微弯，从中部到两端渐尖细，末端尖锐。色素体充满整个细胞。无蛋白核。细胞长 40 ～ 80 μm，有时能达到 210 μm，宽 2.5 ～ 3.5 μm。分布于浅湖、水库及池塘。

卷曲纤维藻 *Ankistrodesmus convolutus*

43. 卷曲纤维藻 *Ankistrodesmus convolutus* Corda, 1839

藻体单细胞或 2 ～ 4 个细胞形成群体。细胞粗而短，形状不一，常弯曲呈弓形、月形或“S”形，自中部向两端逐渐狭窄，不延长成针形，末端尖锐或略钝圆。色素体片状，1 个，具 1 个蛋白核。细胞长 11 ～ 35 μm，宽 3.5 ～ 5 μm。

螺旋纤维藻 *Ankistrodesmus spiralis*

44. 螺旋纤维藻 *Ankistrodesmus spiralis* (W. B. Turner) Lemmermann, 1908

单细胞，常由 4 个、8 个或更多个细胞在中部彼此相互卷绕成束，两端均游离，细胞狭长纺锤形，近“S”形弯曲，两端渐尖。细胞长 20 ～ 63 μm，宽 1 ～ 3.5 μm。

45. 镰形纤维藻 *Ankistrodesmus falcatus* (Corda) Ralfs, 1848

单细胞，或多由4个、8个、16个或更多细胞聚集成群，常在细胞中部略凸出处相互贴靠，并以其长轴互相平行成为束状，有时略弯曲呈弓形或镰形，自中部向两端逐渐尖细。色素体片状，1个，具1个蛋白核。细胞长20～80 μm，宽1.5～4 μm。

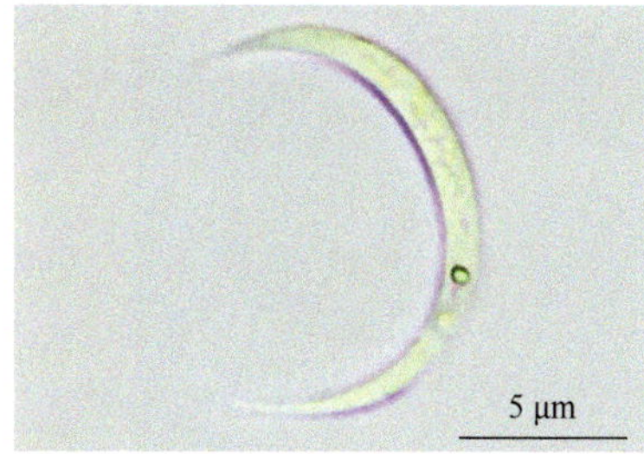

镰形纤维藻 *Ankistrodesmus falcatus*

46. 镰形纤维藻奇异变种 *Ankistrodesmus falcatus* var. *mirabilis* G.S. West, 1904

单细胞细长，呈“S”形，比原种大。长48～150 μm，宽2～3.5 μm。细胞中部常被大型空泡断裂。

镰形纤维藻奇异变种
Ankistrodesmus falcatus var. *mirabilis*

47. 狭形纤维藻 *Ankistrodesmus angustus* (C. Bernard) Oettli, 1908

单细胞或数个细胞稀疏地聚集成群；细胞螺旋状盘曲，多为1～2次旋转，自中部向两端逐渐狭窄，两端尖锐。色素体片状，1个，除在细胞中央凹入处具一曲口外，几乎充满整个细胞，无蛋白核。细胞长24～60 μm，宽1.5～3 μm。

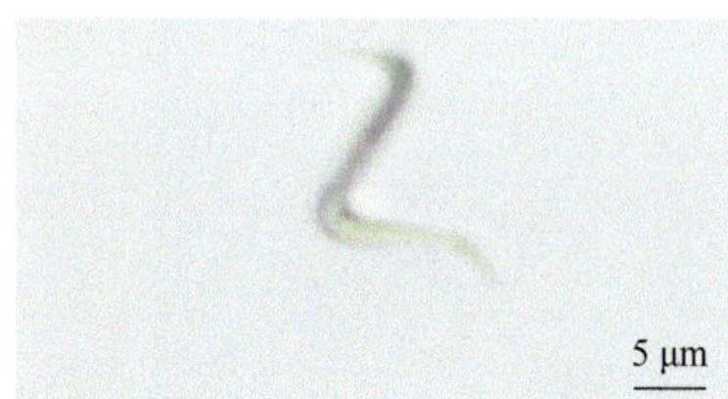

狭形纤维藻 *Ankistrodesmus angustus*

48. 粗刺四棘藻 *Treubaria crassispina* G.M.Smith, 1926

隶属小球藻科Chlorellaceae，四棘藻属*Treubaria*。细胞大，扁平，三角锥形。刺较粗，顶端急尖，细胞本体宽12～15 μm，刺较长，刺长30～60 μm。基部宽4～6 μm。分布于浅湖和肥水池塘中。

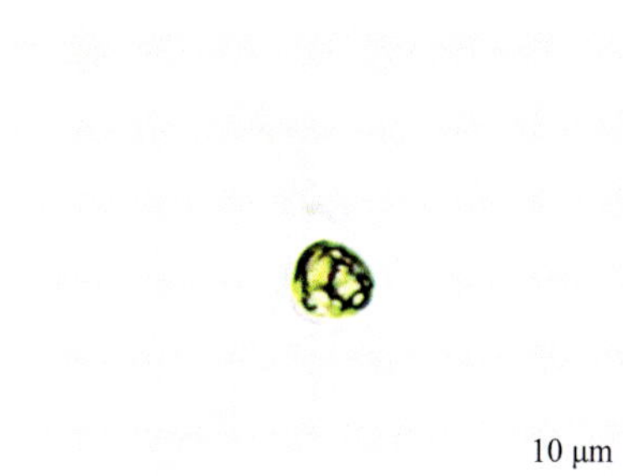

粗刺四棘藻 *Treubaria crassispina*

49. 水溪绿球藻 *Chlorococcum infusionum* (Schrank) Meneghini, 1842

隶属绿球藻目Chlorococcales，绿球藻科Chlorococcaceae，绿球藻属*Chlorococcum*。细胞球形，有时压扁，老年细胞细胞壁加厚，并明显分层，大小很不一致，有时单细胞，有时聚集成薄膜状。细胞宽13～50 μm。幼小细胞细胞壁薄，杯状色素体，具1个蛋白核。老年细胞一片绿色，具几个蛋白核和多数淀粉颗粒。

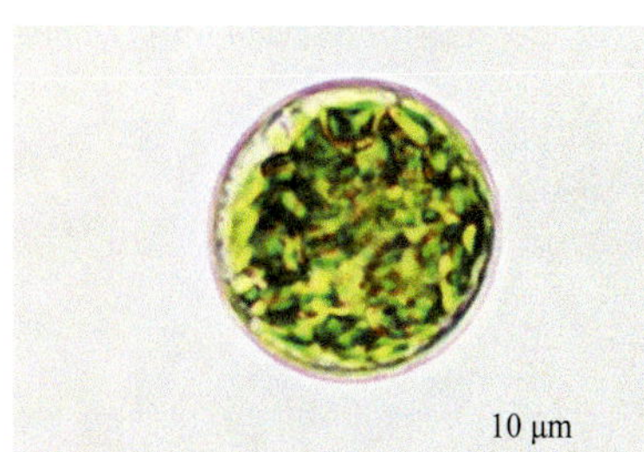

水溪绿球藻 *Chlorococcum infusionum*

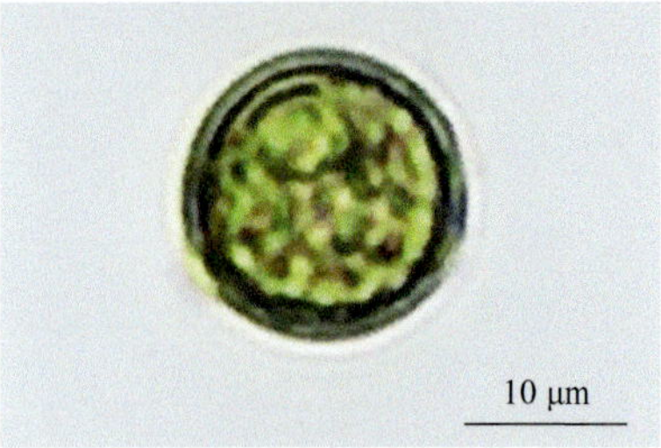

土生绿球藻 *Chlorococcum humicola*

50. 土生绿球藻 *Chlorococcum humicola* (Nägeli) Rabenhorst, 1980

细胞球形，常因多数聚集积压而变形，细胞壁薄，细胞大小变化较大，5 ～ 25 μm。水体沿岸肥沃的生境常见。

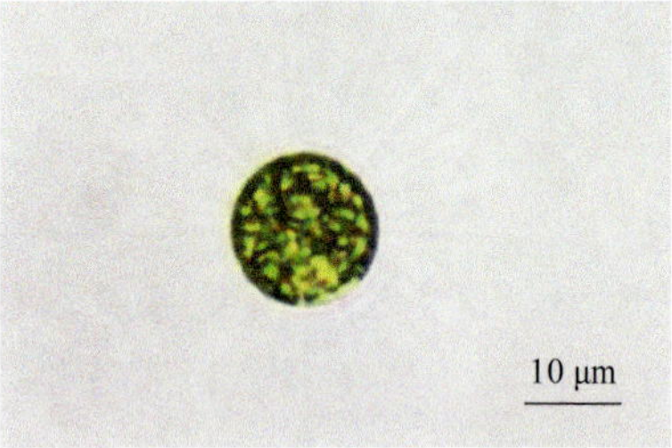

疏刺多芒藻 *Golenkinia paucispina*

51. 疏刺多芒藻 *Golenkinia paucispina* West & G. S. West, 1902

隶属绿球藻科 Chlorococcaceae，多芒藻属 *Golenkinia*。单细胞，球形，直径 8 ～ 16（～ 19）μm。表面伸出长刺，刺稀疏，细而短，长 8 ～ 18 μm。

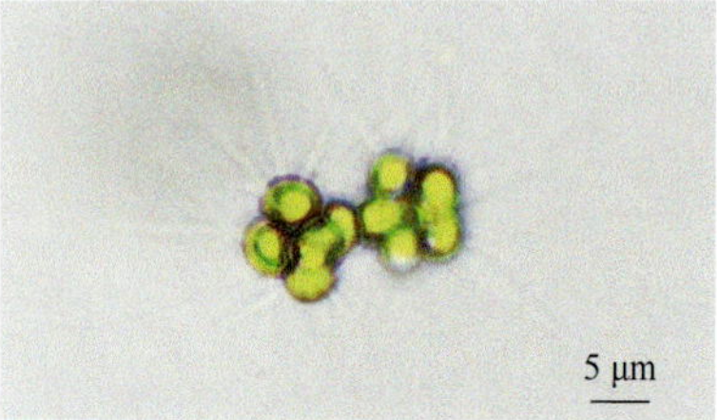

微芒藻 *Micractinium pusillum*

52. 微芒藻 *Micractinium pusillum* Frasenius, 1858

隶属绿球藻科 Chlorococcaceae，微芒藻属 *Micractinium*。群体由 4、8、16、32 或 64 个球形细胞组成。细胞直径 3 ～ 7 μm，有 1 ～ 5 条长刺，刺长 20 ～ 35 μm。多分布于小水体及浅水湖泊。

近直立小桩藻 *Characium substrictum*

53. 近直立小桩藻 *Characium substrictum* substrictum Jao, 1947

隶属绿球藻目 Chlorococcales，小桩藻科 Characiaceae，小桩藻属 *Characium*。单细胞，单生或多个丛生。细胞长椭圆形或圆柱形，上端钝圆或广圆，下端略尖细，常不对称，具柄，粗短，其末端略膨大。色素体鲜绿色，最初单个，1 个蛋白核，后分裂成多个。细胞长 32 ～ 43 μm，宽 7 ～ 10 μm。

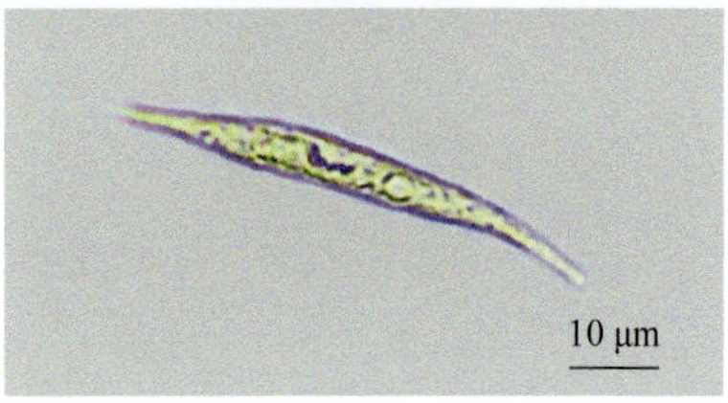

湖生小桩藻 *Characium limneticum*

54. 湖生小桩藻 *Characium limneticum* Lemmermann, 1903

单细胞，长纺锤形或柱状纺锤形，略弯曲或近于新月形，自中部向两侧向两端逐渐尖细，顶端细胞壁逐渐延长为无色针状长刺。柄尖细，末端不膨大。色素体周生片状，1 个。细胞蛋白核幼体 1 个，成体多个。长 25 ～ 120 μm，宽 3 ～ 7 μm。柄长 8 ～ 16 μm。

55. 硬弓形藻 *Schroederia robusta* Korschikoff, 1953

隶属小桩藻科 Characiaceae，弓形藻属 *Schroederia*。细胞纺锤形，两端渐尖呈新月形。2 ～ 4 个蛋白核。长 50 ～ 140 μm，宽 6 ～ 9 μm。刺长 20 ～ 30 μm。

硬弓形藻 *Schroederia robusta*

56. 拟菱形弓形藻 *Schroederia nitzschioides* (G. S. West) Korschikoff, 1953

细胞纺锤形，较直，两端具长刺，呈长菱形。2 ～ 4 个蛋白核。长可达 100 ～ 130 μm，宽 3.5 ～ 13 μm，刺长 20 ～ 35 μm。

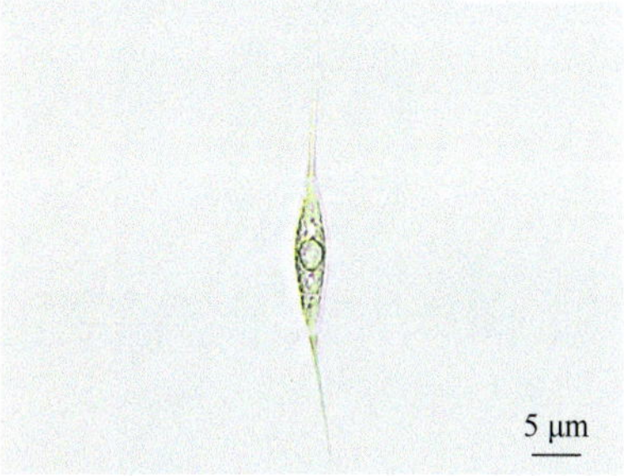

拟菱形弓形藻 *Schroederia nitzschioides*

57. 螺旋弓形藻 *Schroederia spiralis* (Printz) Korschikoff, 1953

单细胞，弧曲形或螺旋形弯曲。常具 1 个蛋白核。长 30 ～ 90 μm，宽 3 ～ 7 μm，刺长 8 ～ 16 μm。湖泊、池塘常见。

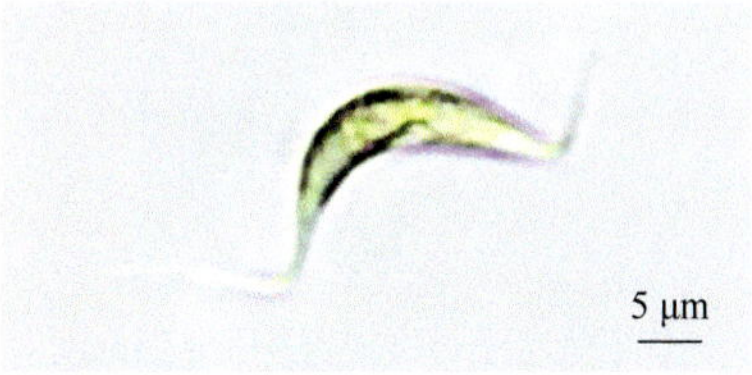

螺旋弓形藻 *Schroederia spiralis*

58. 球囊藻 *Sphaerocystis schroeterii* Chodat, 1897

隶属绿球藻目 Chlorococcales，卵囊藻科 Oocystaceae，球囊藻属 *Sphaerocystis*。球形群体，有胶被，无色透明，由 4、8、16 或 32 个细胞组成。细胞球形，杯状色素体 1 个，蛋白核 1 个。群体细胞分裂不同步，所以细胞大小不一，有子群体。群体直径 34 ～ 500 μm。分布于富营养化湖泊中。

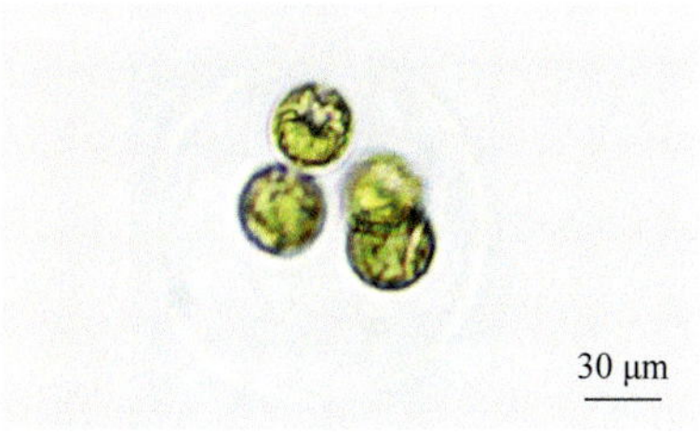

球囊藻 *Sphaerocystis schroeterii*

59. 柯氏并联藻 *Quadrigula chodatii* (Tanner-Füllemann) G.M.Smith, 1920

隶属卵囊藻科 Oocystaceae，并联藻属 *Quadrigula*。群体为宽纺锤形。细胞亦为长纺锤形或弧曲形，两端尖细。色素体周生，片状；在细胞中部略凹入，具 2 个蛋白核。细胞长 18 ～ 80 μm，宽 2.5 ～ 7 μm。分布于湖泊水库等浅水。

柯氏并联藻 *Quadrigula chodatii*

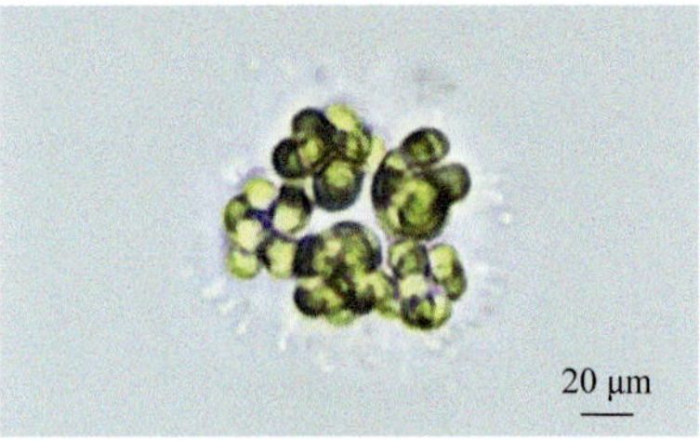

浮球藻 *Planktosphaeria gelatinosa*

60. 浮球藻 *Planktosphaeria gelatinosa* G.M.Smith, 1918

隶属卵囊藻科 Oocystaceae，浮球藻属 *Planktosphaeria*。单细胞或群体，细胞球形，宽 10 ～ 25 μm。群体胶被无色透明均匀。

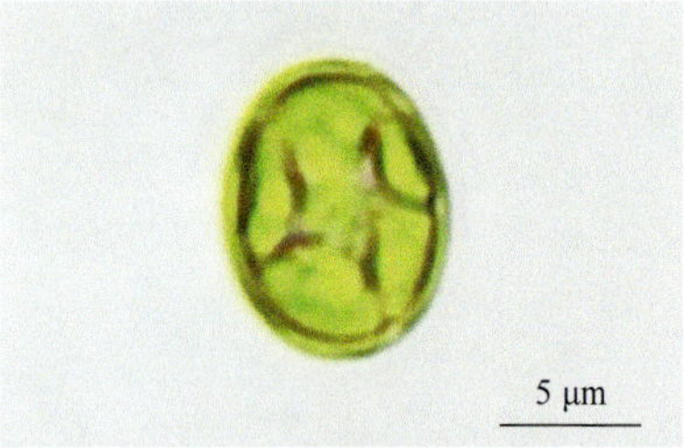

单生卵囊藻 *Oocystis solitaria*

61. 单生卵囊藻 *Oocystis solitaria* Wittrock, 1879

隶属卵囊藻科 Oocystaceae，卵囊藻属 *Oocystis*。单细胞或 2、4、8 个包在母细胞壁上的群体。细胞椭圆形，两端钝圆，并具短圆锥状增厚部。色素体多角形块状，多数，常 12 ～ 25 个。各具 1 个蛋白核。细胞长 7 ～ 35 μm，宽 3 ～ 20 μm。

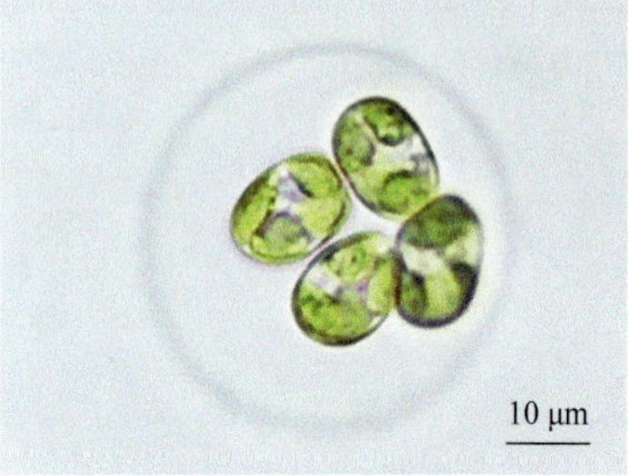

波吉卵囊藻 *Oocystis borgei*

62. 波吉卵囊藻 *Oocystis borgei* J.W. Snow, 1903

群体椭圆形，2 ～ 8 个细胞。细胞椭圆形或呈卵圆形，两端广圆，无圆锥状增厚。色素体片状，幼藻常为 1 个，成熟细胞为 2 ～ 4 个，各具 1 个蛋白核。细胞长 10 ～ 30 μm，宽 9 ～ 15 μm。小水体和浅湖常见。

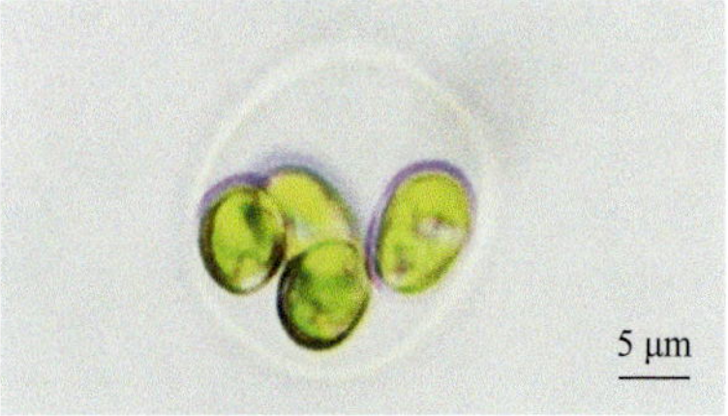

湖生卵囊藻 *Oocystis lacustris*

63. 湖生卵囊藻 *Oocystis lacustris* Chodat, 1897

单细胞或由 2、4、8、16 个细胞形成的群体，有群体胶被。群体椭圆形。细胞椭圆形，两端渐尖，有短圆锥状增厚部。色素体片状或盘状，1 ～ 4 个，边缘不规则，常各具 1 个蛋白核。细胞长 14 ～ 32 μm，宽 8 ～ 22 μm。浅湖和沼泽常见。

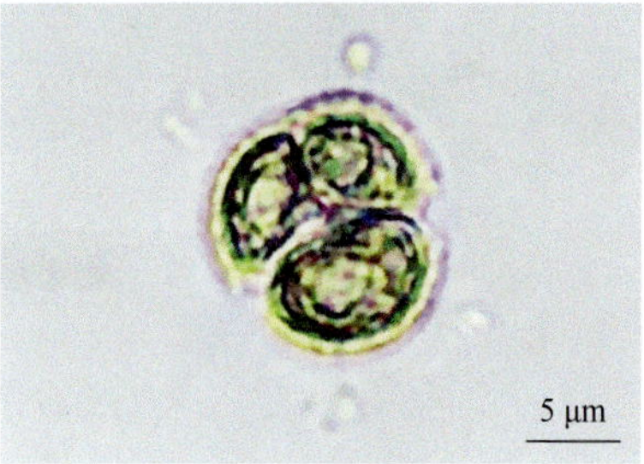

小形卵囊藻 *Oocystis parva*

64. 小形卵囊藻 *Oocystis parva* West & G. S. West, 1898

通常为 2、4 和 8 个细胞组成的群体。细胞广纺锤形或椭圆形，两端渐尖，无圆锥形增厚部，长 6 ～ 20 μm，宽 4 ～ 10 μm。色素体片状或盘状，1 ～ 3 个，具蛋白核或无。

65. 肾形藻 *Nephrocytium agardhianum* Nägeli, 1849

隶属卵囊藻科 Oocystaceae，肾形藻属 *Nephrocytium*。卵囊藻科肾形藻属，群体具 2、4 或 8 个细胞。细胞肾形，两端钝圆，长 6 ～ 28 μm，宽 2 ～ 12 μm。池塘和浅湖常见。

肾形藻 *Nephrocytium agardhianum*

66. 胶星藻 *Gloeoactinium limneticum* G. M. Smith, 1926

隶属卵囊藻科 Oocystaceae，胶星藻属 *Gloeoactinium*。群体胶球状，群体中每 2 个或 4 个细胞的基部互相靠近以其长轴呈辐射状排成一组，各组细胞又以其长轴呈辐射状排列在群体胶被周边，浮游；细胞卵形，基部广圆，顶端尖细，色素体片状、1 个，无蛋白核。群体直径 20 ～ 53 μm，细胞长 3.5 ～ 7.5 μm，宽 1.5 ～ 3.5 μm。湖泊、池塘中的浮游种类。

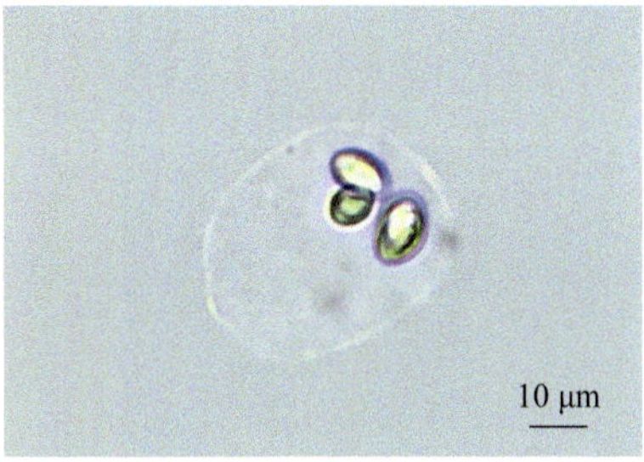

胶星藻 *Gloeoactinium limneticum*

67. 胶带藻 *Gloeotaenium loitelsbergerianum* Hansgirg, 1890

隶属卵囊藻科 Oocystaceae，胶带藻属 *Gloeotaenium*。植物体 2、4 或 8 个细胞包被在不胶化的母细胞中，各细胞有胶被。有时单细胞，细胞卵形，略扁平。色素体充满细胞，无或具 1 个蛋白核。群体长 40 ～ 114 μm，宽 40 ～ 78 μm。细胞宽 22 ～ 40 μm，厚 20 ～ 30 μm。

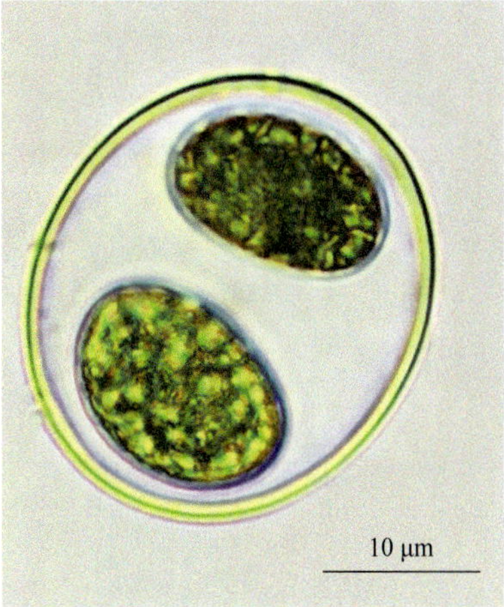

胶带藻 *Gloeotaenium loitelsbergerianum*

68. 美丽网球藻 *Dictyosphaerium pulchellum* H.C.Wood, 1872

隶属绿球藻目 Chlorococcales，网球藻科 Dictyosphaeraceae，网球藻属 *Dictyosphaerium*。藻体为 $2n$ 个细胞组成的复合群体，有群体胶被。群体各个细胞由母细胞残余部分形成的胶质柄相连，常 4 个细胞一组，多为 8、16 或 32 个细胞，细胞幼时为卵形，成熟为球形，直径 3 ～ 10 μm；细胞基部具一个杯状叶绿体。在各种水体中广泛分布的常见种类，浮游。能在一些营养丰富的小水体形成水华。

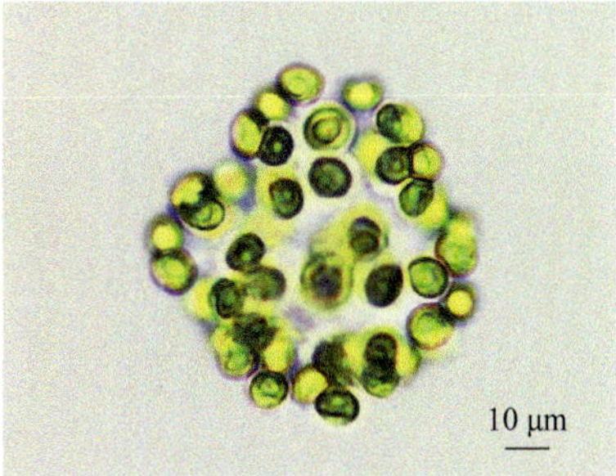

美丽网球藻 *Dictyosphaerium pulchellum*

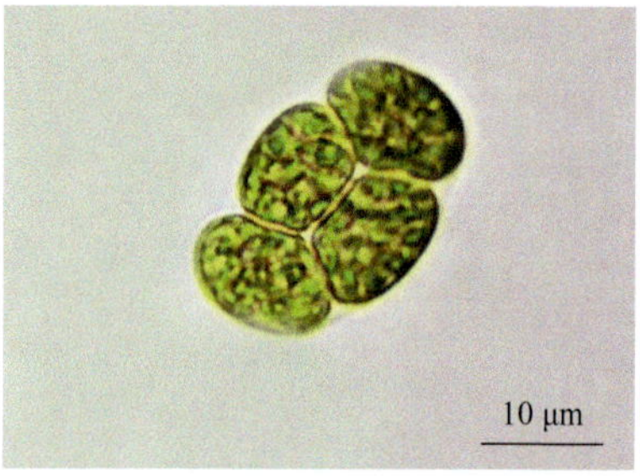

四球藻 *Tetrachlorella alternans*

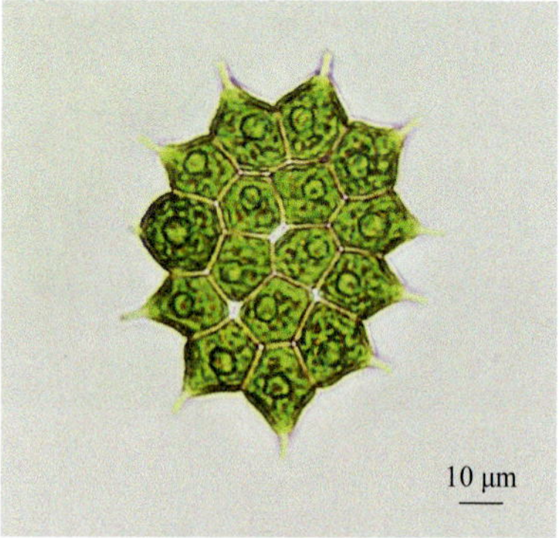

单角盘星藻原变种
Pediastrum simplex var. *simplex*

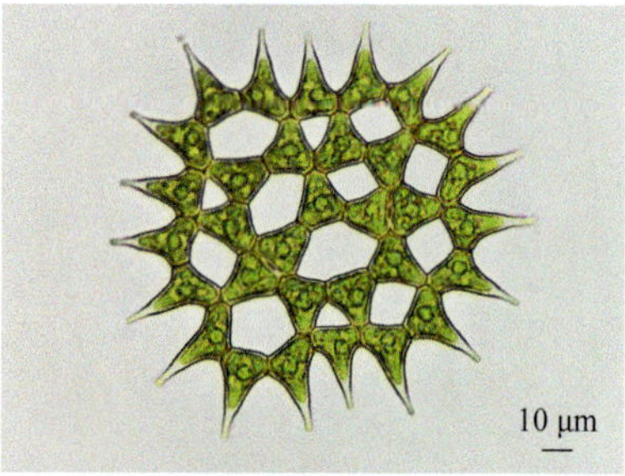

单角盘星藻具孔变种
Pediastrum simplex var. *duodenaarium*

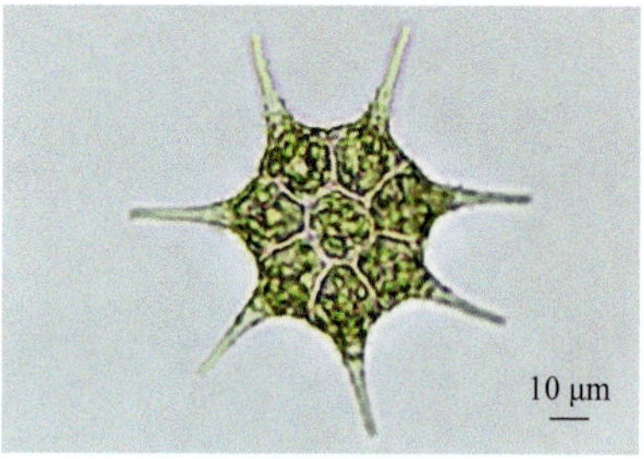

单角盘星藻粒刺变种
Pediastrum simplex var. *echinulatum*

69. 四球藻 *Tetrachlorella alternans* (G. M. Smith) Korschikoff, 1939

隶属网球藻科 Dictyosphaeraceae，四球藻属 *Tetrachlorella*。为原始定形群体，由 4 个（有时为 2 个或 8 个）细胞组成，具宽而透明的胶被，群体细胞藻群体中心略呈纵斜向交错排列，细胞椭圆形，两端广圆或有时略尖，细胞壁平滑，色素体周生、片状，1 ～ 2 个，位于细胞一侧，各具 1 个蛋白核。细胞长 7 ～ 12 μm，宽 5 ～ 8 μm。

70. 单角盘星藻原变种 *Pediastrum simplex* var. *simplex* Meyen, 1829

隶属绿球藻目 Chlorococcales，盘星藻科 Pediastraceae，盘星藻属 *Pediastrum*。真性定形群体，由 16、32 或 64 个细胞组成，群体细胞间无穿孔；群体边缘细胞常为五边形，外壁具 1 个圆锥形的角状突起，突起两侧凹入，群体内层细胞五边形或六边形，细胞壁常具颗粒。细胞（不含突起）长 12 ～ 18 μm，宽 12 ～ 18 μm。

71. 单角盘星藻具孔变种 *Pediastrum simplex* var. *duodenaarium* (Bailey) Rabenhorst, 1868

此变种与原种不同之处为真性定形群体细胞间具穿孔；群体边缘的细胞为三角形。细胞长 27 ～ 28 μm，宽 11 ～ 15 μm。

72. 单角盘星藻粒刺变种 *Pediastrum simplex* var. *echinulatum* Wittrock, 1883

本变种以细胞壁密被颗粒状小刺与原变种有所不同。细胞长 15 ～ 30 μm，宽 6 ～ 15 μm。国内分布于福建、湖北、贵州、台湾等。

73. 斯氏盘星藻 *Pediastrum sturmii* Reinsch, 1867

真性定形群体由 4、16 或 32 个细胞组成，群体无穿孔；群体细胞三角形或四边形，群体边缘细胞外壁具 1 个长突起。以细胞基部与邻近细胞相连接。细胞壁具小颗粒或光滑。细胞长 9 ～ 20 μm，宽 7 ～ 15 μm。国内分布于湖北、台湾，国外分布于德国、瑞士和奥地利。

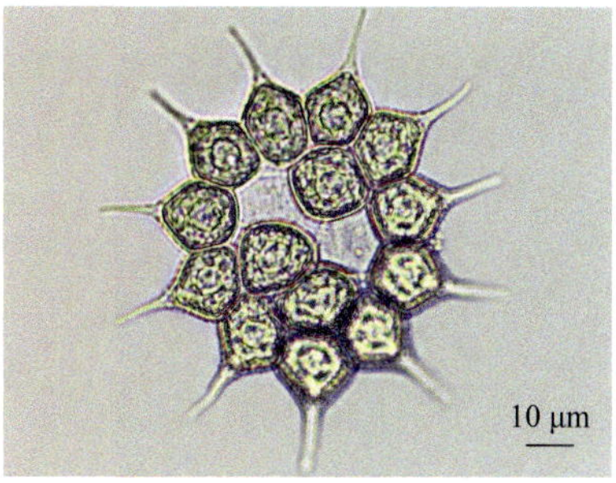

斯氏盘星藻 *Pediastrum sturmii*

74. 二角盘星藻原变种 *Pediastrum duplex* var. *duplex* Meyen, 1829

植物体为真性定形群体，由 8、16、32、64、128 个细胞（常为 16 个或 32 个细胞）组成，群体细胞间具小的透镜状的穿孔，群体边缘细胞四边形，其外壁扩展成 2 个圆锥形钝顶状的短突起，突起末端无缺刻，群体内层细胞或多或少呈四方形，侧壁中部略凹入，邻近细胞间细胞侧壁的中部彼此不相连接，细胞壁平滑。细胞长 11 ～ 21 μm，宽 8 ～ 21 μm。

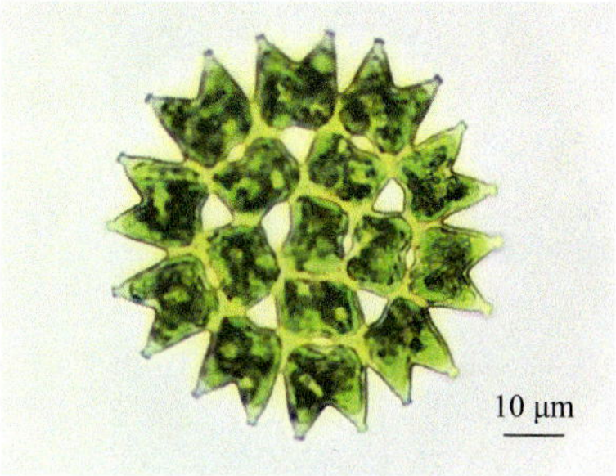

二角盘星藻原变种
Pediastrum duplex var. *duplex*

75. 二角盘星藻纤细变种 *Pediastrum duplex* var. *gracillimum* G. et G. S. West, 1895

植物体星状，细胞窄长，具大的穿孔。外层细胞突起的宽度相等，由 16 个细胞连成一层盘状结构，外层有 10 个细胞，中央 6 个细胞，外层细胞各具 2 个角突。内外层细胞相似，色素体黄绿色，充满整个细胞。细胞长 12 ～ 32 μm，宽 10 ～ 22 μm。

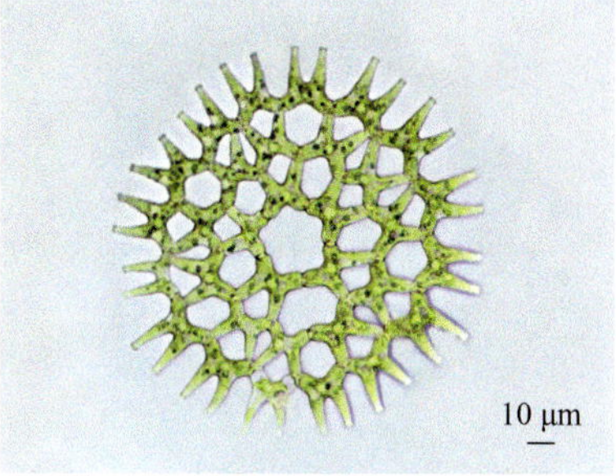

二角盘星藻纤细变种
Pediastrum duplex var. *gracillimum*

76. 二角盘星藻圆形变种 *Pediastrum duplex* var. *rotundatum* Lucks, 1907

本变种的主要特征在于植物体外层细胞具粗壮而凸出的两裂瓣，裂瓣比原变种的较靠拢；集结体直径 52 ～ 56 μm，外层细胞长 12 ～ 13 μm（其中角长 4 ～ 5 μm），宽 8 ～ 9 μm。内层细胞长 8 ～ 9 μm，宽 10 ～ 13 μm。

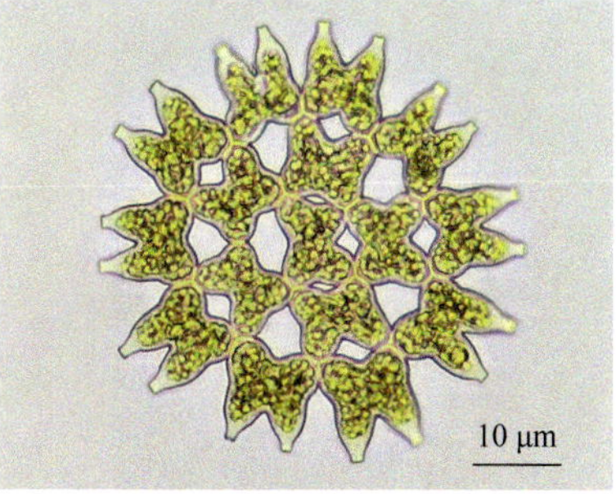

二角盘星藻圆形变种
Pediastrum duplex var. *rotundatum*

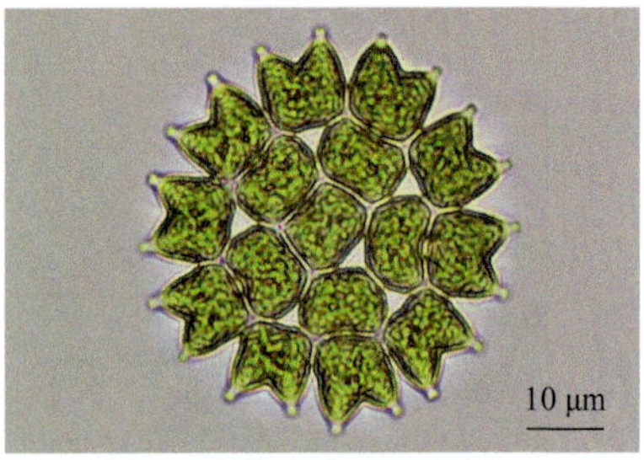

二角盘星藻山西变种
Pediastrum duplex var. *shanxiensis*

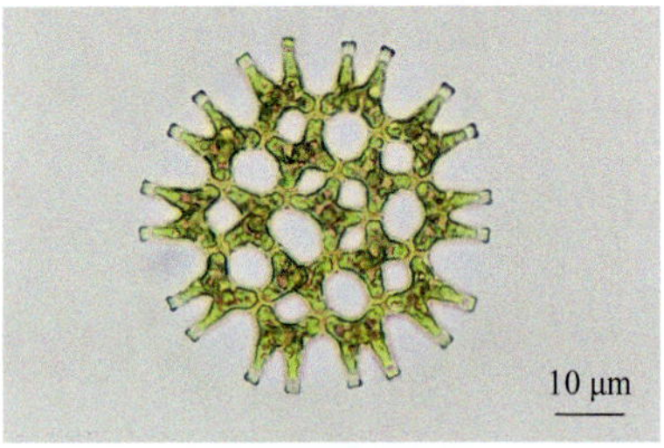

二角盘星藻网状变种
Pediastrum duplex var. *reticulatum*

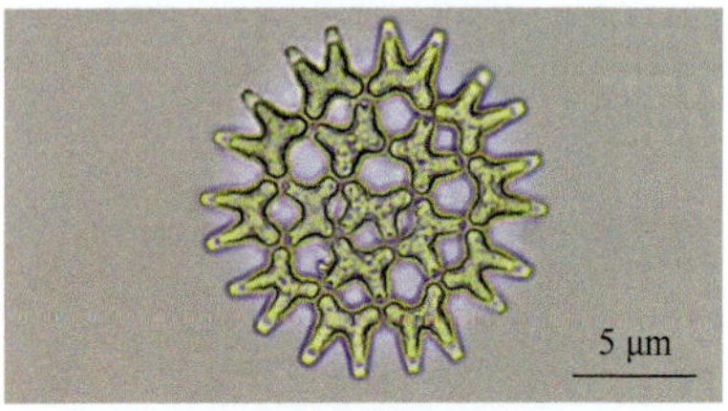

二角盘星藻大孔变种
Pediastrum duplex var. *clathratum*

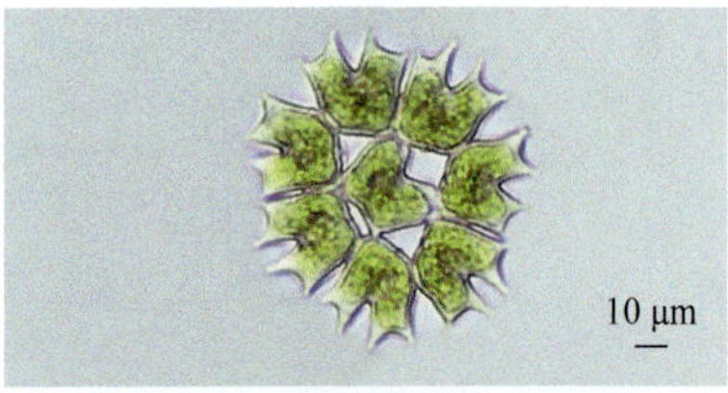

双射盘星藻 *Pediastrum biradiatum*

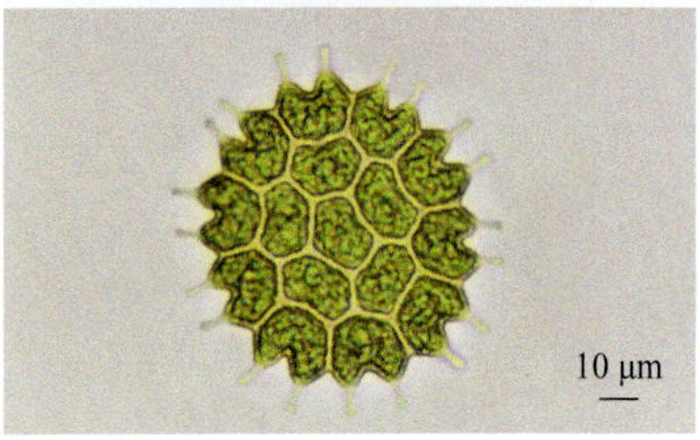

短棘盘星藻 *Pediastrum boryanum*

77. 二角盘星藻山西变种 *Pediastrum duplex* var. *shanxiensis* S. L. Xie, 1993

本变种的主要特征是集结体内部细胞近方形，内外层细胞以侧壁相连。分布于山西、北京北运河和碧流河水库。

78. 二角盘星藻网状变种 *Pediastrum duplex* var. *reticulatum* Lagerheim, 1882

本变种的主要特征是植物体具大型穿孔，外层细胞具两个长而近平行的角突，角突末端平截。

79. 二角盘星藻大孔变种 *Pediastrum duplex* var. *clathratum* (Braun) Legerheim, 1967

本变种植物体具较大的穿孔，其直径可达 10 μm，4 个细胞的集结体呈中央大孔。内层细胞不为四方形。分布于山西、黑龙江、福建、河南、云南。为世界普生种，生长于各种水体。

80. 双射盘星藻 *Pediastrum biradiatum* Meyen, 1829

群体由 4 ～ 64 个细胞排列成一层细胞厚的定形群体，呈盘状或星状，具穿孔。细胞壁平滑或具花纹，幼小细胞色素体周生，盘状，具 1 个蛋白核；细胞长大后扩散，具多个蛋白核。边缘细胞具 2 个裂片状突起，突起末端具缺刻，内层细胞也具有 2 个裂片状突起，末端不具缺刻。细胞壁凹入，平滑，细胞长 15 ～ 30 μm，宽 10 ～ 22 μm。为世界普生种。

81. 短棘盘星藻 *Pediastrum boryanum* (Turpin) Meneghini, 1840

真性定形群体由 4、8、16、32 或 64 个细胞组成，群体具穿孔；群体细胞五边形或六边形，群体边缘细胞外壁具 2 钝的角状突起，以细胞基部与邻近细胞相连接，细胞壁具颗粒。细胞长 15 ～ 21 μm，宽 10 ～ 14 μm。分布广。

82. 短棘盘星藻长角变种 *Pediastrum boryanum* var. *longicorne* Rac., 1867

真性定形群体由 4、8、16、32 或 64 个细胞组成，群体具穿孔；群体细胞五边形或六边形，群体边缘细胞外壁具 2 个长突起，突起末端常膨大呈小球状。以细胞基部与邻近细胞相连接，细胞壁具颗粒。细胞宽 20 ～ 35（～ 40）μm。分布广，为世界普生种。

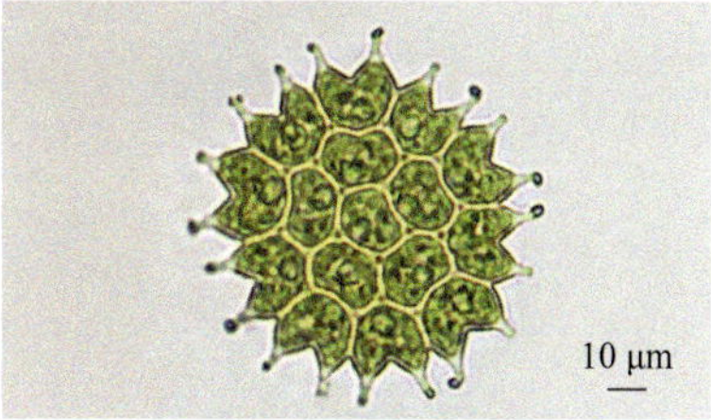

短棘盘星藻长角变种
Pediastrum boryanum var. *longicorne*

83. 短棘盘星藻颗粒变种 *Pediastrum boryanum* var. *granulatum* (Kützing) Braun, 1855

本变种的主要形态特征是细胞壁上具颗粒。国内分布于山西、黑龙江、福建、广西、湖北、云南、西藏，国外分布于欧洲。

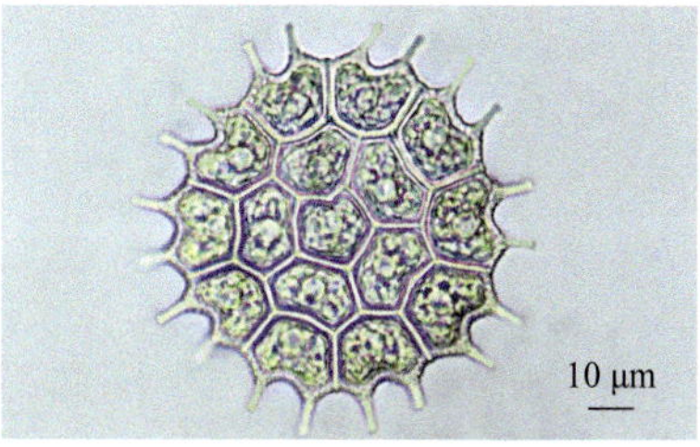

短棘盘星藻颗粒变种
Pediastrum boryanum var. *granulatum*

84. 整齐盘星藻 *Pediastrum integrum* Nägeli, 1849

集结体通常由 4、8、16、32 或 64 个细胞组成，定形群体无穿孔，细胞常为五边形，外层细胞外侧平整或具 2 个短小突起。两突起间略凹入或平直。细胞壁具颗粒纹。细胞长 15 ～ 22 μm，宽 16 ～ 25 μm，其中角突长 1.5 ～ 4.5 μm。内层细胞长 9 ～ 16 μm，宽 10 ～ 17 μm。为世界普生种。

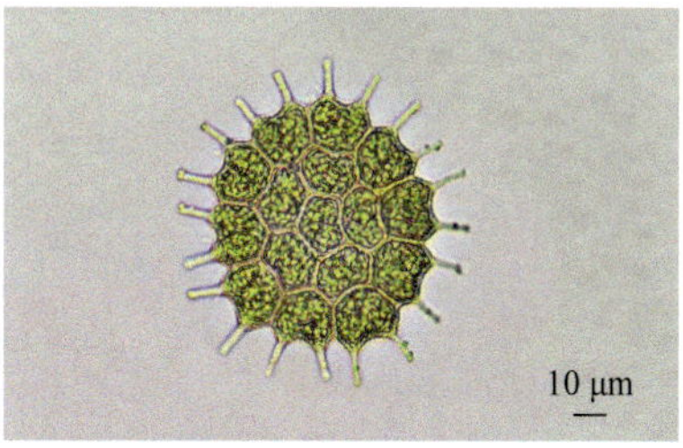

整齐盘星藻 *Pediastrum integrum*

85. 四角盘星藻四齿变种 *Pediastrum tetras* var. *tetraodon* (Corda) Rabenhorst, 1868

本变种在集结体外层细胞的外壁具深缺刻，被缺刻分成的 2 个裂瓣的外壁延伸出 2 个尖的角突，一长一短。细胞长 16 ～ 18 μm，宽 12 ～ 15 μm。分布广，为世界普生种。

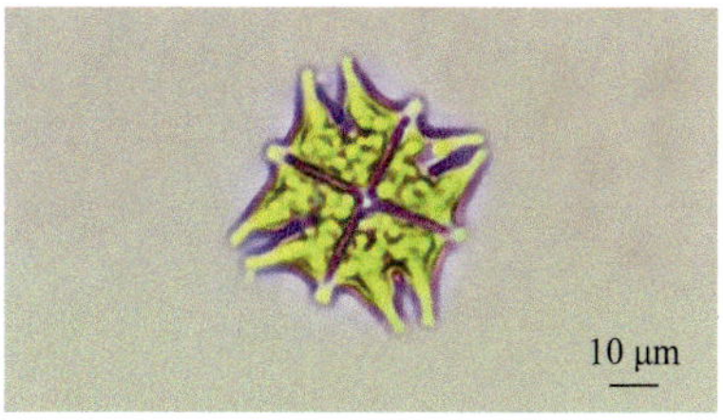

四角盘星藻四齿变种
Pediastrum tetras var. *tetraodon*

86. 水网藻 *Hydrodictyon reticulatum* (Linnaeus) Lagerheim, 1883

隶属绿球藻目 Chlorococcales，水网藻科 Hydrodictyaceae，水网藻属 *Hydrodictyon*。植物体大型，大多小于 1 m，有的可达 2 m。由圆柱形细胞彼此以两端连接形成囊状的网，网眼为五边形或六边形，幼小时为片状，具 1 个蛋白核，长成后为网状，具多个蛋白核，细胞核多个。细胞长 1250 ～ 1 000 000 μm，宽 100 ～ 200 μm。

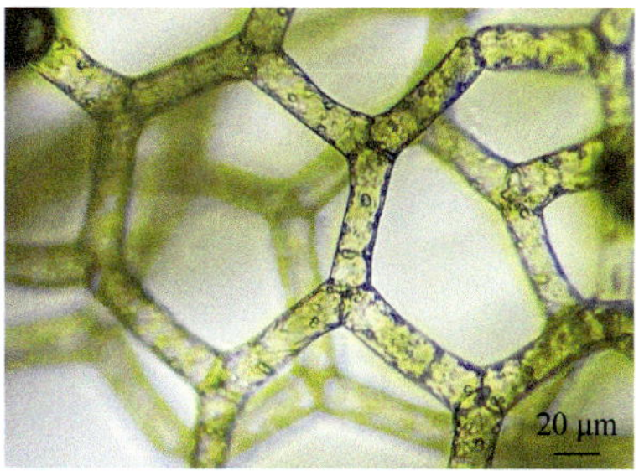

水网藻 *Hydrodictyon reticulatum*

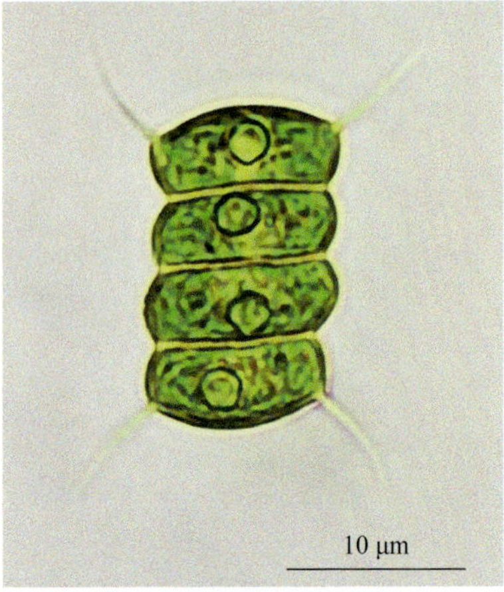

四尾栅藻 *Scenedesmus quadricauda*

齿牙栅藻 *Scenedesmus denticulatus*

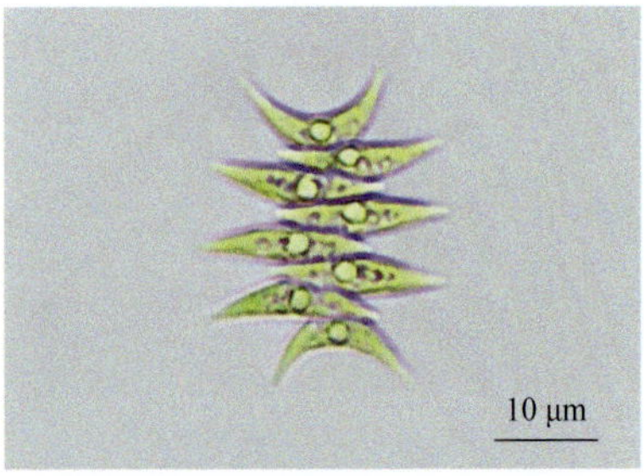

尖细栅藻 *Scenedesmus acuminatus*

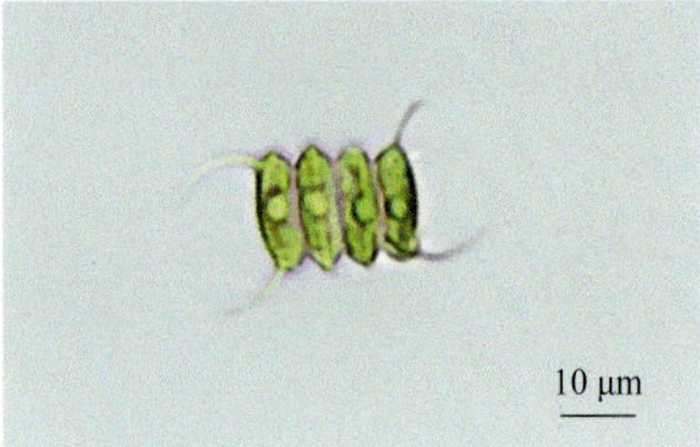

被甲栅藻 *Scenedesmus armatus*

87. 四尾栅藻 *Scenedesmus quadricauda* (Turpin) Brébisson, 1835

隶属绿球藻目 Chlorococcales，栅藻科 Scenedesmaceae，栅藻属 *Scenedesmus*。定形群体扁平，由 2、4、8、16 个细胞组成，常见的为 4 ～ 8 个细胞的群体，群体细胞排列成一直线。细胞为长圆形、圆柱形、卵形，上下两端广圆。群体两侧细胞的上下两端，各具 1 长或直或略弯曲的刺，中间部分细胞的两端及两侧细胞的侧面游离部上，均无棘刺。4 细胞的群体宽 10 ～ 24 μm，细胞长 8 ～ 16 μm，宽 3.5 ～ 6 μm，刺长 10 ～ 13 μm。

88. 齿牙栅藻 *Scenedesmus denticulatus* Lagerheim, 1882

真性定形群扁平，常为 4 个或 8 个细胞组成的，群体细胞直线排列成一行，平齐或互相交错排列；细胞卵形、椭圆形，细胞上下两端或一端具 1 ～ 2 个齿状突起。4 个细胞的群体宽 20 ～ 28 μm，细胞长 9.5 ～ 16 μm，宽 5 ～ 7 μm。

89. 尖细栅藻 *Scenedesmus acuminatus* (Lagerheim) Chodat, 1902

真性定形群由 4 个或 8 个细胞组成，群体细胞不排列成一直线，以中部侧壁互相连接；细胞弓形、纺锤形或新月形，每个细胞的上下两端逐渐尖细，细胞壁平滑。4 个细胞的群体宽 7 ～ 14 μm，细胞长 19 ～ 40 μm，宽 3 ～ 7 μm。

90. 被甲栅藻 *Scenedesmus armatus* (Chodat) Chodat, 1913

通常由 2、4、8 个细胞构成的定形群体，直线或略交错排成 1 行；细胞卵形或长椭圆形；两个外侧细胞两极各具 1 根长刺，每个细胞内有 1 个周位的、片状的叶绿体，1 个蛋白核，1 个细胞核；群体细胞游离面的中央线上各有 1 条隆起线，此隆起线的中段常常模糊不清或中断。4 个细胞群体宽 16 ～ 25 μm，细胞长 7 ～ 16 μm，宽 6 ～ 8 μm，刺长 7 ～ 15 μm。分布广。

91. 珊瑚栅藻 *Scenedesmus corallines* Chodat, 1926

集结体由 2 个或 4 个细胞组成，细胞线形紧密排列，内层细胞圆柱形，顶端钝圆或尖圆。外层细胞外侧中部明显外突，顶端斜生短刺，接近细胞长度或更短，同样的刺也着生在细胞中部，偶尔也着生在内层细胞顶端，但更短。细胞直径 3 ～ 3.5 μm，细胞长 7 ～ 10 μm。

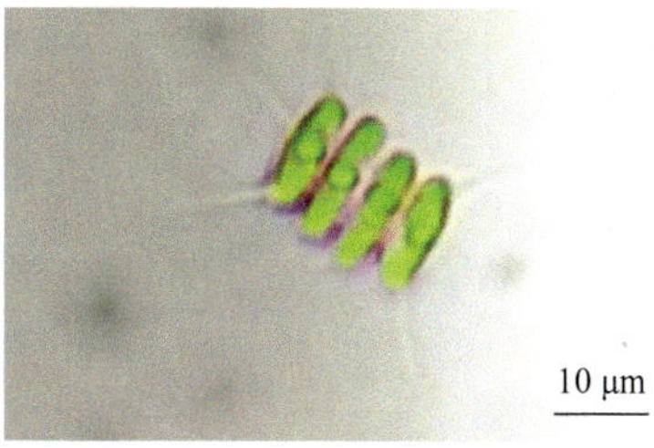

珊瑚栅藻 *Scenedesmus corallines*

92. 二形栅藻 *Scenedesmus dimorphus* (Turpin) Kützing, 1834

藻体为由 4 个或 8 个细胞组成的群体。群体细胞直线排列成一行或相互交错排列；中间细胞纺锤形，上下两端渐尖，较直；两侧细胞弯曲，新月形或镰形，上下两端渐尖，细胞壁平滑。4 个细胞的群体宽 11 ～ 20 μm，细胞长 16 ～ 23 μm，宽 3 ～ 5 μm。

二形栅藻 *Scenedesmus dimorphus*

93. 单列栅藻 *Scenedesmus linearis* Komarek, 1974

亦称双列栅藻细小变形 *Scenedesmus bijugus* f. *tenuissimus* Jao, 1940。集结体由 8、16 或 32 个细胞连成，平直或略不整齐地排成一行，但不相互交错，细胞圆柱形到长圆形，两端圆或广圆。细胞平滑。细胞长 10 ～ 20 μm，宽 4 ～ 8 μm。分布广。

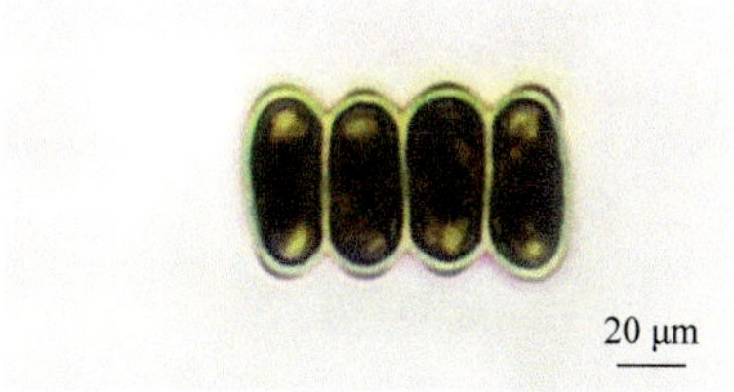

单列栅藻 *Scenedesmus linearis*

94. 阿库栅藻 *Scenedesmus acunaee* Comas, 1980

集结体由 4 个细胞组成，细胞线形排列，偶尔交错。细胞以 4/5 细胞壁部分相连。细胞宽卵圆形或圆柱形，两端钝圆，或顶加厚，两侧细胞稍短，外侧微凸。细胞长 9 ～ 17 μm，宽 4 ～ 6 μm。

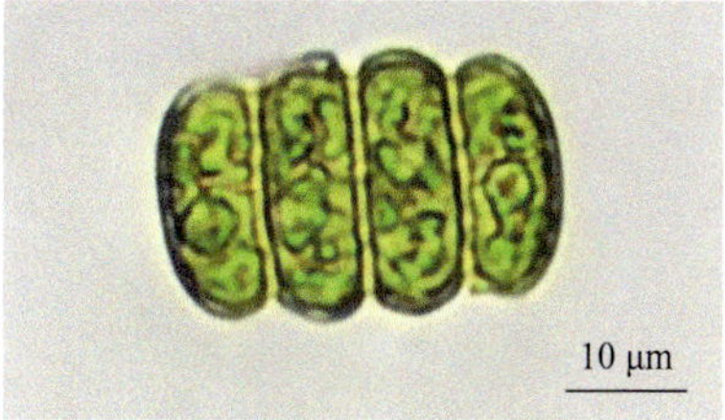

阿库栅藻 *Scenedesmus acunaee*

95. 双尾栅藻 *Scenedesmus bicaudatus* (Hansgirg) Chodat, 1926

群体扁平，常为 2、4 或 8 个细胞组成的。细胞纺锤形，群体外侧细胞的上下两极处，仅一侧各具 1 条长而粗且向外弯曲的刺。

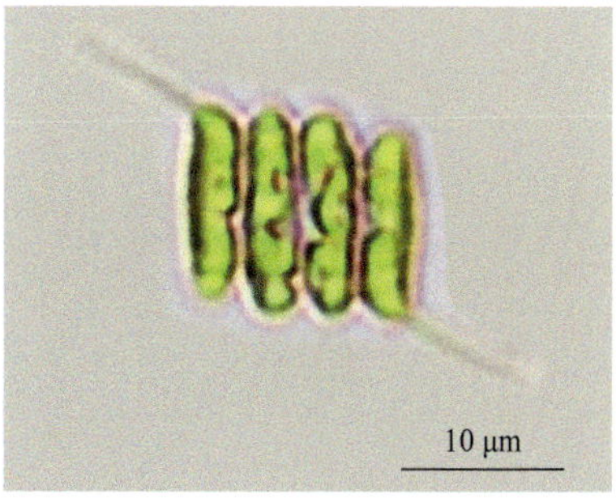

双尾栅藻 *Scenedesmus bicaudatus*

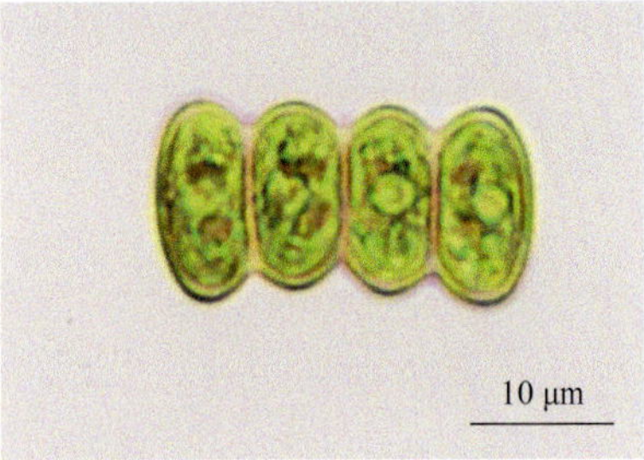

光滑栅藻 *Scenedesmus ecornis*

96. 光滑栅藻 *Scenedesmus ecornis* (Ehrenberg) Chodat, 1926

集结体由 2、4 或 8 个（罕见 16 个或 32 个）细胞组成，直线排成 1 行或 2 行，略弯曲，细胞不在一个平面上，细胞以 3/4 细胞长相连接，细胞圆柱形至长圆形，两端广圆，无刺。细胞直径 2.5 ～ 6 μm，长 6 ～ 16 μm。

厚顶栅藻 *Scenedesmus incrassatulus*

97. 厚顶栅藻 *Scenedesmus incrassatulus* Bohlin, 1897

定形群体由 2、4 或 8 个细胞组成，交错或呈直线排列成 1 行或 2 行。细胞披针形或纺锤形，外侧细胞的游离面略外凸，所有细胞的两端均具乳突，4 个细胞的群体宽 11 ～ 20 μm，细胞长 9 ～ 17 μm，宽 3 ～ 9 μm。

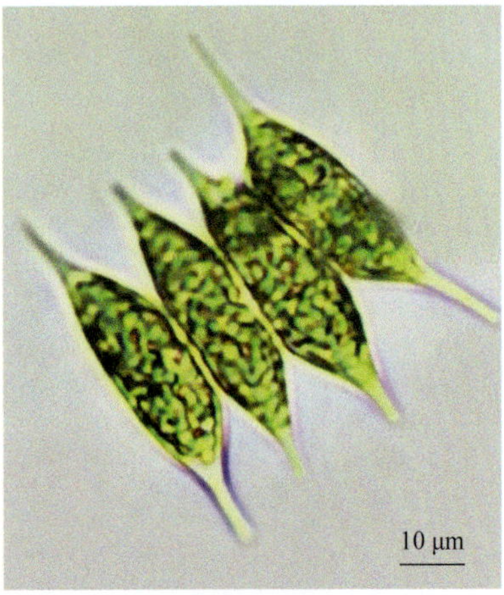

纤维形栅藻
Scenedesmus ankisrtrodesmoides

98. 纤维形栅藻 *Scenedesmus ankisrtrodesmoides* Jao *et* Hu, 1995

定形群体由 4 个细胞排成一行；细胞均为柱形对称的狭长纺锤形。较直，两端延长渐尖细，顶部尖锐，以近 1/3 长相互连接，细胞长 18 ～ 20 μm，宽 2.5 ～ 3.0 μm。

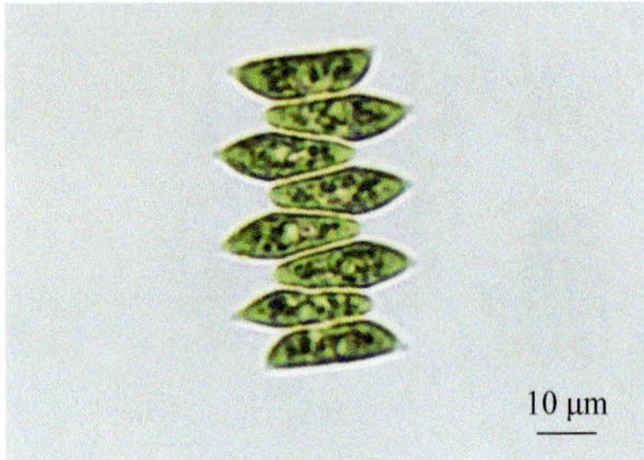

斜生栅藻 *Scenedesmus obliquus*

99. 斜生栅藻 *Scenedesmus obliquus* (Turpin) Kützing, 1834

定形群体由 2、4、8 个细胞组成，扁平，常为 4 个细胞组成，群体细胞排列成一直线或略做交互排列；细胞纺锤形，上下两端逐渐尖细，群体两侧细胞的游离面有时凹入，有时凸出，细胞壁平滑，各细胞以侧壁 1/3 或 1/2 相连接。4 个细胞的群体宽 12 ～ 34 μm，细胞长 10 ～ 21 μm，宽 3 ～ 9 μm。

100. 巴西栅藻 *Scenedesmus brasiliensis* Bohlin, 1897

真性定形群，群体扁平，由2、4、8个细胞组成，常为4个细胞组成，群体细胞并列排成单列。细胞卵圆柱形或长椭圆形，细胞上下两端各具1～4个小齿状突起，群体细胞游离面的中央线上各有1条自一端纵向伸至另一端的隆起线。4个细胞的群体宽12～22 μm，细胞长11～24 μm，宽3～5.5 μm。

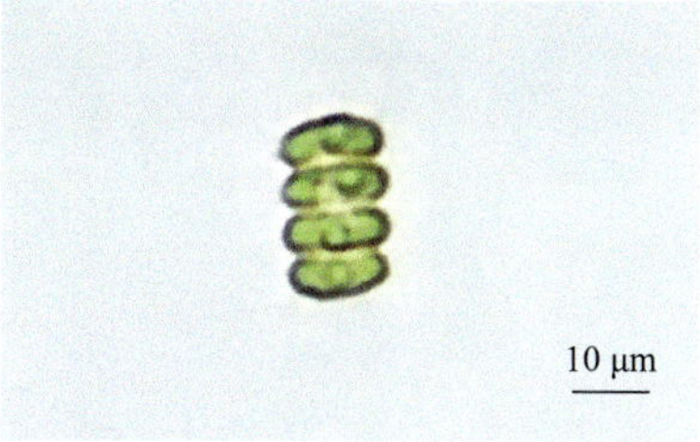

巴西栅藻 *Scenedesmus brasiliensis*

101. 多刺栅藻 *Scenedesmus spinosus* Chodat, 1913

群体扁平，常为4个细胞组成，群体细胞直线排列成一行，罕见交错排列的。细胞长椭圆形或椭圆形，群体外侧细胞上下两端各具一向外斜向的直或略弯曲的刺，其外侧壁中部具1或2条长刺，两中间细胞上下两端无刺或具很短的棘刺。4个细胞的群体宽14～24 μm，细胞长8～16 μm，宽3.5～6 μm。

多刺栅藻 *Scenedesmus spinosus*

102. 龙骨栅藻 *Scenedesmus carinatus* (Lemmermann) Chodat, 1913

群体扁平，常为2、4、8个细胞组成的。细胞纺锤形，群体外侧细胞的上下两极处，各具1条长而粗且向外弯曲的刺，各细胞上下两极常具1或2个齿状突起。各细胞中央轴上有纵贯的隆起线。4个细胞的群体宽28～38 μm，细胞长15～24 μm，宽7～9.5 μm。

龙骨栅藻 *Scenedesmus carinatus*

103. 盘状栅藻 *Scenedesmus disciformis* (Chodat) Fott & Komárek, 1960

集结体扁平，通常是由8个细胞构成的定形群体；群体上下两排，每排4个细胞。单个细胞肾形或弯曲的长卵形，细胞间无缝隙。两端钝圆。内有1个周生、片状的色素体，1个蛋白核，1个细胞核；细胞壁平滑，无突起和棘刺。细胞直径2～4 μm，长6～12 μm。

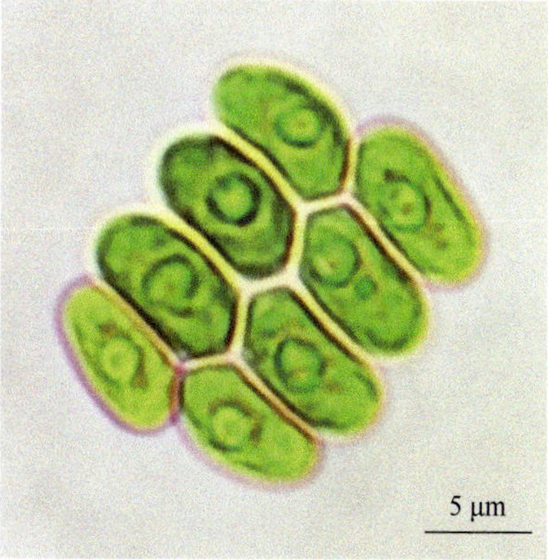

盘状栅藻 *Scenedesmus disciformis*

钝形栅藻 *Scenedesmus obtusus*

104. 钝形栅藻 *Scenedesmus obtusus* Meyen, 1829

又称扁盘栅藻 *Scenedesmus platydiscus* (G. M. Smith) Chodat, 1926。定形群体扁平，常为 8 个细胞组成。排列成上下 2 行，上下 2 行细胞平行或交互组合。细胞长椭圆形，细胞间偶具间隙，细胞壁平滑。8 个细胞的群体宽 17 ～ 30 μm，细胞直径 4 ～ 10 μm，长 6 ～ 20 μm。世界广布种。

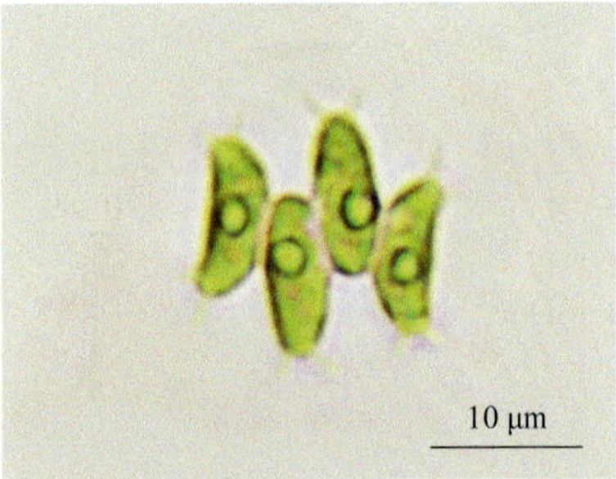

史密斯栅藻 *Scenedesmus smithii*

105. 史密斯栅藻 *Scenedesmus smithii* Teiling, 1942

集结体由 4 个细胞组成，细胞略呈舟形。两侧细胞的两端各具 2 根短刺；中间细胞只有游离端各具两根短刺；直径 4 ～ 7 μm，长 9 ～ 15 μm，刺长 1 ～ 3 μm。与齿牙栅藻易混淆。史密斯栅藻细胞为长椭圆形，刺 2 个，而齿牙栅藻为宽卵圆形，刺 1 ～ 2 个。分布较广。

线形拟韦氏藻 *Westellopsis linearis*

106. 线形拟韦氏藻 *Westellopsis linearis* (G. M. Smith) Jao, 1959

隶属栅藻科 Scenedesmaceae，拟韦氏藻属 *Westellopsis*。群体由每 4 个细胞一组组成，每组呈线形排列。细胞球形，直径 3 ～ 6 μm。色素体 1 个，周生，杯状，无蛋白核。湖泊常见。

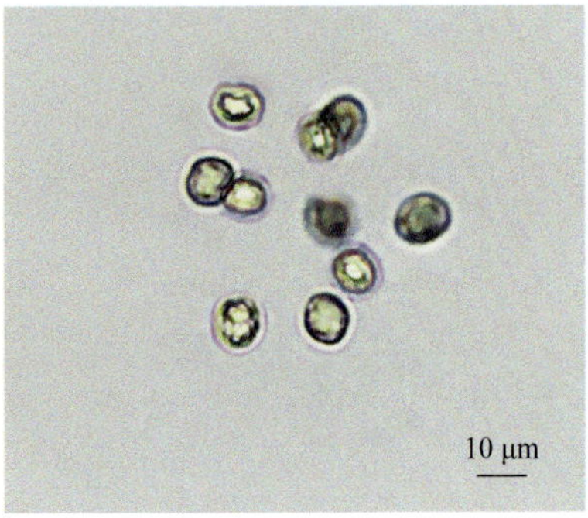

韦氏藻 *Westella botryoides*

107. 韦氏藻 *Westella botryoides* (West) De Wildeman, 1897

隶属栅藻科 Scenedesmaceae，韦氏藻属 *Westella*。复合真性定形群体，群体由 4 个细胞一组，四方形排列于一个平面上。细胞球形，直径 3 ～ 9 μm，色素体周生，杯状，有 1 个蛋白核。湖泊、水库常见。

108. 顶锥十字藻 *Crucigenia apiculata* (Lemmermann) Schmidle, 1901

隶属栅藻科 Scenedesmaceae，十字藻属 *Crucigenia*。即小尖十字藻。定形群体椭圆形或卵形，由 4 个细胞一组排列成 4、8、16、32 个细胞群体，细胞壁外侧游离面两端各有 1 个短锥形突起，群体胶被明显。子群体粘连为板状复合真性定形群体。细胞色素体周生，片状，具 1 个蛋白核。细胞长 5 ～ 10 μm，宽 3 ～ 7 μm。分布广。

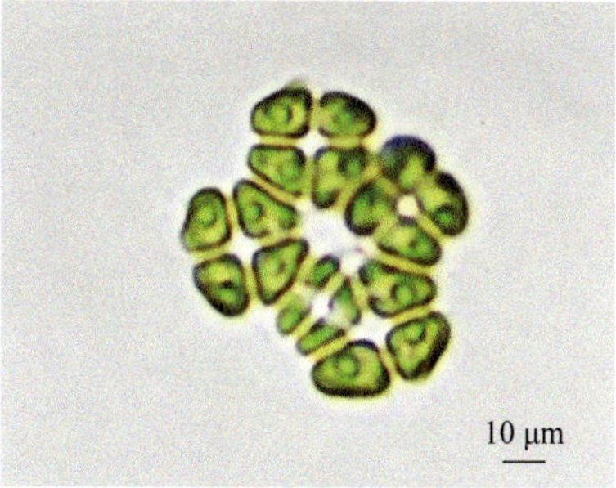

顶锥十字藻 *Crucigenia apiculata*

109. 四足十字藻 *Crucigenia tetrapedia* (Kirchner) Kuntze, 1898

定形群体，由 4 个三角形细胞排列成方形，细胞壁外侧平直。群体常具不明显胶被，子群体粘连为板状复合真性定形群体。细胞色素体周生，片状，具 1 个蛋白核。细胞长 3.5 ～ 9 μm，宽 5 ～ 12 μm。

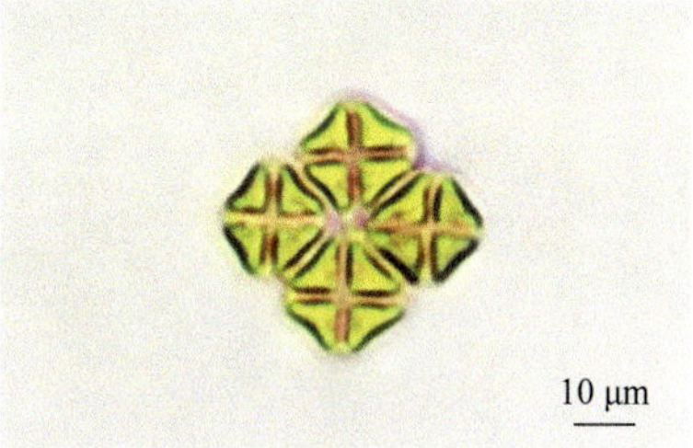

四足十字藻 *Crucigenia tetrapedia*

110. 四角十字藻 *Crucigenia quadrata* Morren, 1830

定形群体圆形，细胞三角形，细胞壁外侧游离面明显凸出。由 4 个细胞以平直面相连，常具不明显胶被。子群体通过胶被连成一个平面复合真性定形群体。细胞色素体多数，周生，片状或圆盘状，有或无蛋白核。细胞长 2 ～ 6 μm，宽 1.5 ～ 6 μm。

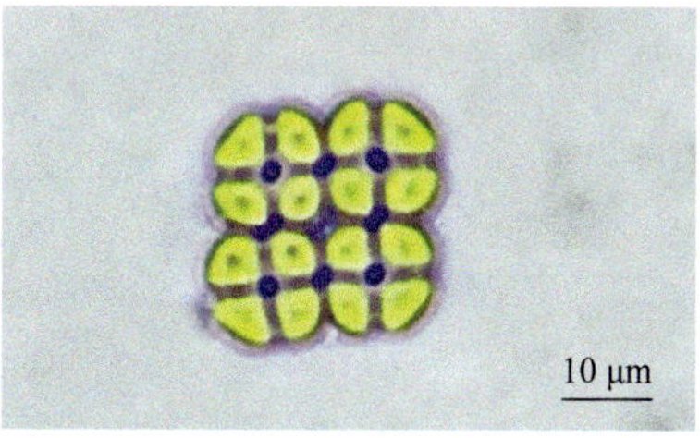

四角十字藻 *Crucigenia quadrata*

111. 直角十字藻 *Crucigenia rectangularis* (Nägeli) Gay, 1891

定形群体长方形，细胞椭圆形，由 4 个细胞以端部直角相连，细胞色素体多数，周生，片状或圆盘状，有或无蛋白核。细胞长 5 ～ 10 μm，宽 2.5 ～ 7 μm。分布于碧流河水库。

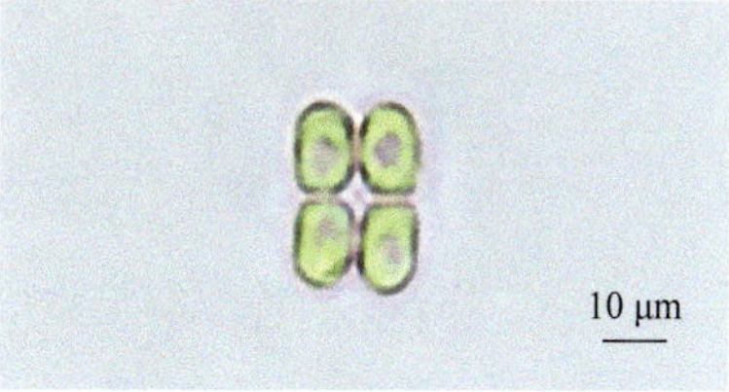

直角十字藻 *Crucigenia rectangularis*

112. 华美十字藻 *Crucigenia lauterbornii* (Schmidle) Schmidle, 1901

定形群体，细胞半球形，由 4 个细胞以端部部分细胞壁相连，其中心具方形的细胞间隙，形成 16 个细胞的定形群体。细胞色素体 1 个，位于细胞外侧凸出面，有 1 个蛋白核。细胞长 8 ～ 15 μm，宽 5 ～ 9 μm。

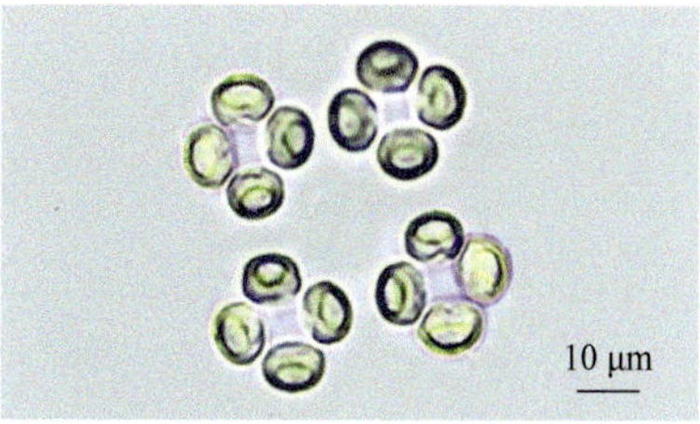

华美十字藻 *Crucigenia lauterbornii*

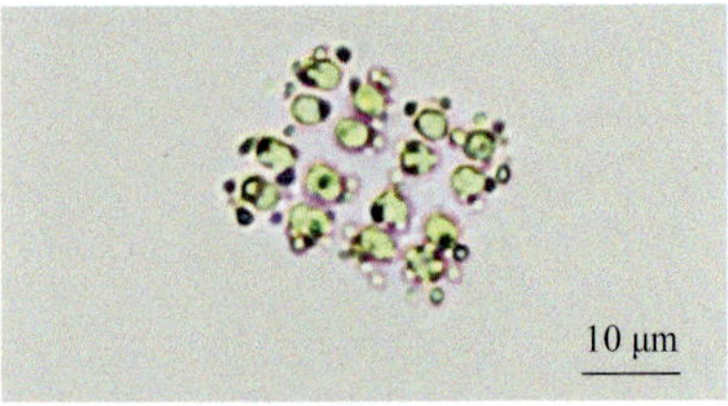

铜钱形十字藻 *Crucigenia fenestrata*

113. 铜钱形十字藻 *Crucigenia fenestrata* Schmidle, 1901

真性定形群体，由 4 个细胞组成，排成方圆形，中心是一个大的空隙，似铜钱。细胞椭圆形，外壁游离面凸出。细胞长 7 ～ 9 μm，宽 3.5 ～ 4.5 μm。

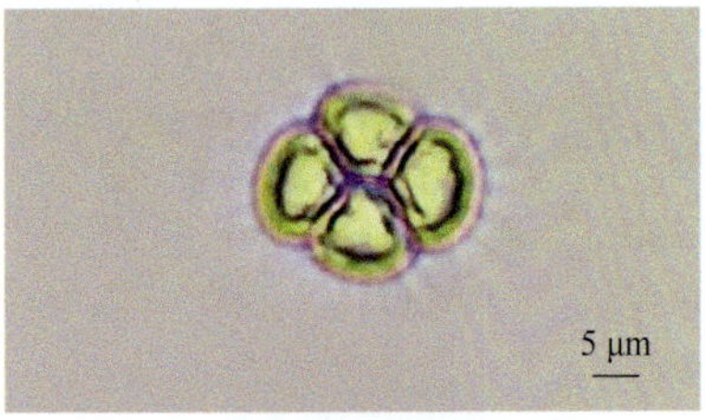

短刺四星藻
Tetrastrum staurogeniaeforme

114. 短刺四星藻 *Tetrastrum staurogeniaeforme* (Schröder) Lemmermann, 1900

隶属栅藻科 Scenedesmaceae，四星藻属 *Tetrastrum*。定形群体，4 个细胞呈十字形排列，群体细胞间隙很小，细胞外侧凸出，有 4 ～ 6 条短刺毛。细胞宽 3 ～ 6 μm。色素体周生，圆盘状，每个细胞 1 ～ 4 个，有时有蛋白核。

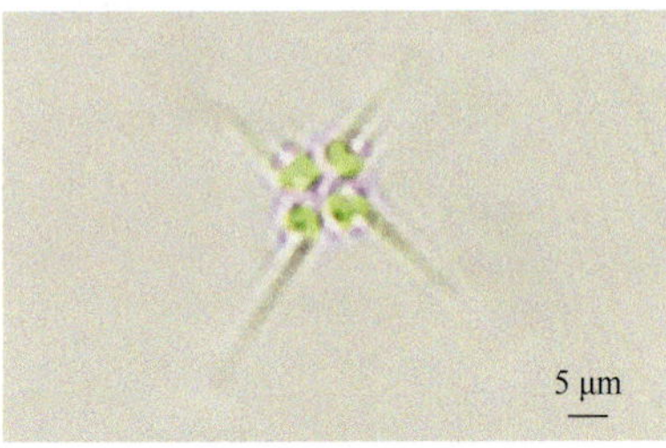

异刺四星藻 *Tetrastrum heterocanthum*

115. 异刺四星藻 *Tetrastrum heterocanthum* (Nordstedt) Chodat, 1895

4 个细胞组成的定形群体。细胞三角形，细胞外侧略凹入，在其两角处各具一短一长的刺毛，群体短刺毛与长刺毛相间排列。细胞长 3 ～ 6 μm。短刺毛长 3 ～ 8 μm，长刺毛长 12 ～ 14 μm。大型水库常见。

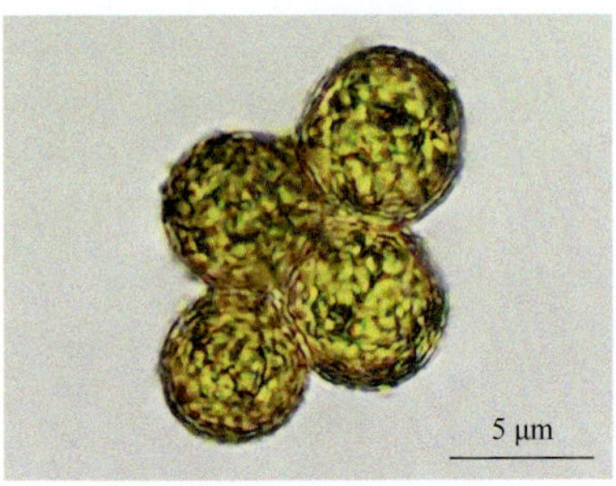

平滑四星藻 *Tetrastrum glabrum*

116. 平滑四星藻 *Tetrastrum glabrum* (Roll) Ablstrom & Tiffany, 1934

定形群体由 4 个细胞组成，群体细胞呈十字形排列，在群体中央具或不具小孔，具水化的群体胶被，有时群体间由胶质丝相连形成复合群体。细胞呈具角的球形或卵形，细胞外侧游离面圆形，细胞壁平滑。色素体片状 1 个，具 1 个蛋白核。细胞直径 4 ～ 5 μm，刺毛长约 7 μm。

集星藻 *Actinastrum hantzschii*

117. 集星藻 *Actinastrum hantzschii* Lagerheim, 1882

隶属栅藻科 Scenedesmaceae，集星藻属 *Actinastrum*。群体由 4、8 或 16 个细胞组成，细胞长圆柱形或纺锤形。以其一端在群体中心彼此相连呈辐射状排列。群体无胶被。色素体周生，片状，具 1 个蛋白核。细胞长 12 ～ 22 μm，宽 3 ～ 6 μm。

118. 小空星藻 *Coelastrum microporum* Nägeli, 1855

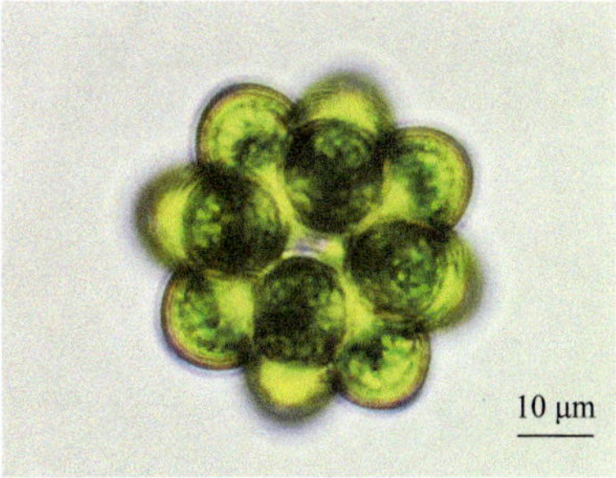

小空星藻 *Coelastrum microporum*

隶属栅藻科 Scenedesmaceae，空星藻属 *Coelastrum*。定形群体，由 8、16、32 到 64 个细胞组成球形到卵形的空球体。细胞具一层薄的胶鞘，以或长或短的细胞壁胶质突起互相连接，细胞间隙小于细胞直径。细胞宽 10 ～ 18 μm。细胞壁平滑。幼小细胞的色素体杯状，蛋白核 1 个，成熟后扩散，常充满整个细胞。群体细胞紧密连接，常不易分散。

119. 空星藻 *Coelastrum sphaericum* Nägeli, 1849

空星藻 *Coelastrum sphaericum*

定形群体卵形，细胞圆锥形，以窄的一端向外。细胞以其基部侧壁互相连接，无明显的细胞壁突起，群体中心的空隙等于或稍小于细胞的宽度。细胞包括鞘宽 10 ～ 18 μm，不包括鞘宽 8 ～ 13 μm。

120. 网状空星藻 *Coelastrum reticulatum* (P.A.Dangeard) Senn, 1899

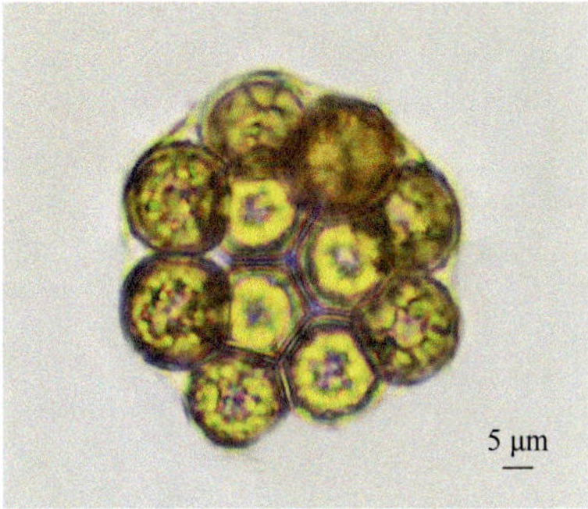

网状空星藻 *Coelastrum reticulatum*

定形群球形，由 8、16、32、64 个细胞组成。常见复合定形群体。细胞球形，具一层薄的胶鞘，并具有 6 ～ 9 条细长的胶质突起。细胞间靠胶质突起连接，细胞包括鞘直径 5 ～ 24 μm，不包括鞘直径 4 ～ 23 μm。

121. 细丝藻 *Ulothrix tenerrima* (Kützing) Kützing, 1843

细丝藻 *Ulothrix tenerrima*

隶属绿藻纲 Chlorophyceae，丝藻目 Ulotrichales，丝藻科 Ulotrichaceae，丝藻属 *Ulothrix*。藻体为不分枝丝状体，组成藻丝的细胞形态相同，以长形基细胞附着在基质上。细胞宽 8 ～ 10 μm，长为宽的 1 ～ 1.5 倍或长宽相等。色素体环带状，位于细胞一边，1 个蛋白核。不利条件下，色素体仅位于细胞一侧。丝状体极长达 10 cm。早期着生，后漂浮。分布广。

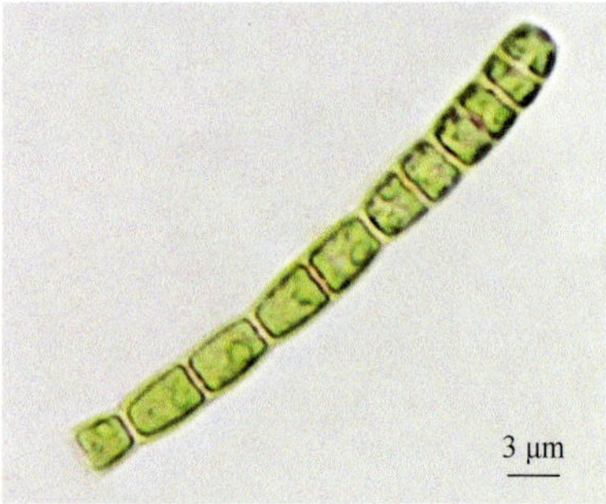

环丝藻 *Ulothrix zonata*

122. 环丝藻 *Ulothrix zonata* (F.Weber & Mohr) Kützing, 1843

丝状体极长，由一列圆柱形细胞构成。有基细胞，早期着生，后漂浮。细胞宽 10 ～ 50 μm，长为宽的 0.3 ～ 1.5 倍。色素体环带状，周生，具儿个蛋白核。分布广。

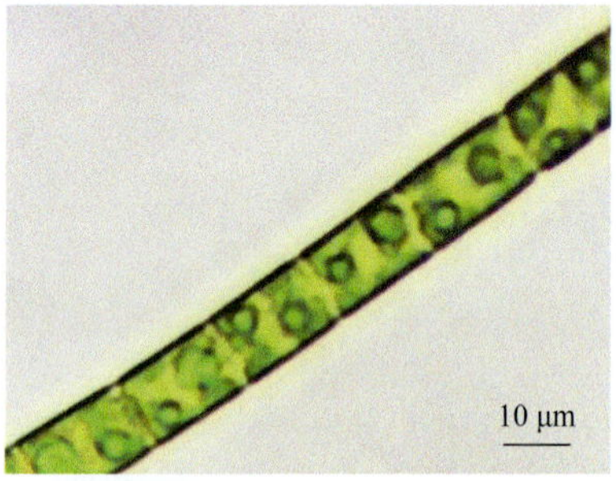

细克里藻 *Klebsormidium subtile*

123. 细克里藻 *Klebsormidium subtile* (Kützing) Wei, 1996

隶属丝藻科 Ulotrichaceae，克里藻属 *Klebsormidium*。丝状体由数目极多的圆柱形细胞构成，两端钝圆。细胞壁薄，宽 5 ～ 7（～ 10）μm，长为宽的 1 ～ 3 倍。色素体椭圆形，具 1 个蛋白核。

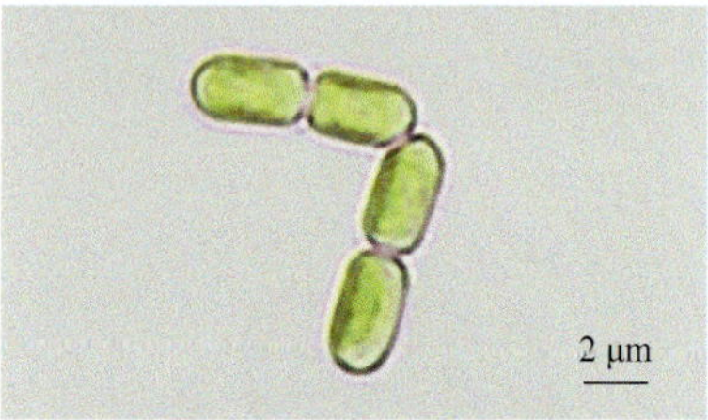

杆裂丝藻 *Stichococcus bacillaris*

124. 杆裂丝藻 *Stichococcus bacillaris* Nägeli, 1849

隶属丝藻科 Ulotrichaceae，裂丝藻属 *Stichococcus*。藻体为少数细胞组成的不分枝的短丝体，藻丝灰绿色，由 2 ～ 6 个细胞组成，细胞圆柱形，宽 2 ～ 3 μm，长为宽的 2 ～ 6 倍，横壁处略缢缩。色素体周生，片状，仅占细胞壁周的小部分，无蛋白核。

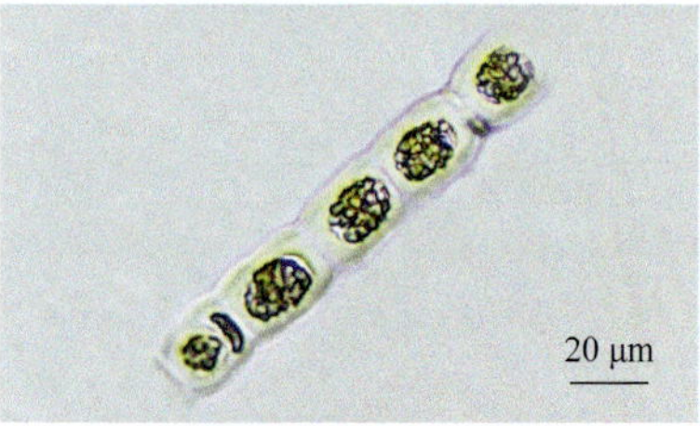

筒藻 *Cylindrocapsa geminella*

125. 筒藻 *Cylindrocapsa geminella* Wolle, 1887

隶属丝藻目 Ulotrichales，筒藻科 Cylindrocapsaceae，筒藻属 *Cylindrocapsa*。丝状不分枝，群体单列。细胞圆柱形、椭圆形或三角形。幼时着生，成长后漂浮。细胞壁厚，有同心层理。色素体星状，轴生。中央 1 个蛋白核。

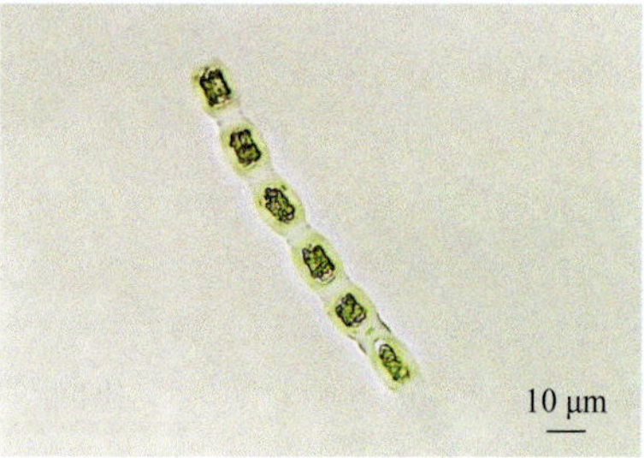

厚壁微孢藻 *Microspora pachyderma*

126. 厚壁微孢藻 *Microspora pachyderma* (Wille) Lagerheim, 1887

隶属丝藻目 Ulotrichales，微孢藻科 Microsporaceae，微孢藻属 *Microspora*。丝体细长，细胞圆柱状，近方形，无横壁收缢。细胞宽 7 ～ 12 μm，长为宽的 1 ～ 3 倍。细胞壁略厚，2.5 ～ 3.5 μm，“H”形顶片在某些藻丝可见。一般生于静水水体。

127. 枝鞘藻 *Oedocladium* sp.

隶属绿藻纲 Chlorophyceae，鞘藻目 Oedogoniales，鞘藻科 Oedogoniaceae，枝鞘藻属 *Oedocladium*。植物体为不分枝的单列细胞构成的丝状体。每个细胞圆柱状，叶绿体网状，每次细胞分裂后都在细胞一端留下 1 个鞘帽。无性生殖产生具多鞭毛的动孢子，有性生殖为卵式生殖。该属有 470 种，中国有 246 种。广布于淡水池塘、沟渠、稻田等浅水中，多附生于水生植物或其他物体上。

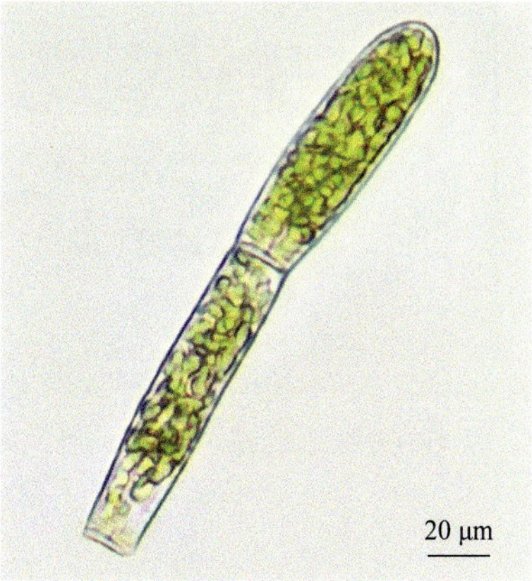

枝鞘藻 *Oedocladium*

128. 脆弱刚毛藻 *Cladophora fracta* (Müller ex Vahl) Kützing, 1843

隶属绿藻纲 Chlorophyta，刚毛藻目 Cladophorales，刚毛藻科 Cladophoraceae，刚毛藻属 *Cladophora*。植物体由粗的不规则分枝形成的亮绿色的丝团，漂浮或沉底。形态变化很大，主轴假二叉分枝，分枝常弯曲。细胞呈卵形、梨形、棒状或膨胀等，顶端细胞圆柱形或轻微锥形。主枝细胞宽 60 ～ 120 μm，长为宽的 1 ～ 3 倍；最小分枝宽 20 ～ 40 μm，长为宽的 3 ～ 6 倍。可无性生殖或产生游孢子，有性生殖为同配接合，生活史为同型世代交替。分布广。

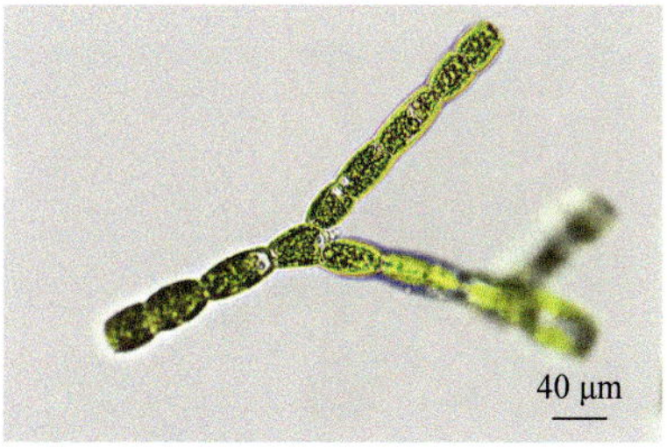

脆弱刚毛藻 *Cladophora fracta*

129. 双星藻 *Zygnema* sp.

隶属双星藻纲 Zygnematophyceae，双星藻目 Zygnematales，双星藻科 Zygnemataceae，双星藻属 *Zygnema*。植物体为不分枝丝状体，细胞长为宽的 2 ～ 5 倍，每个细胞具上下排列的星芒状色素体，每个色素体中央有 1 个大的蛋白核。2 个色素中央有 1 个细胞核。梯形接合。

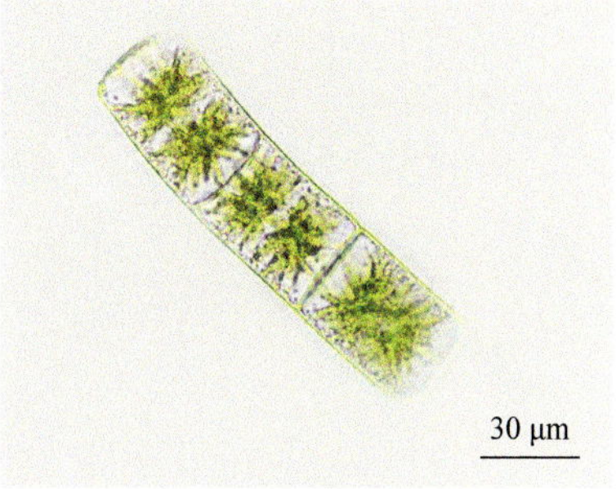

双星藻 *Zygnema*

130. 水绵 *Spirogyra* sp.

隶属双星藻科 Zygnemataceae，水绵属 *Spirogyra*。植物体为不分枝丝状体，细胞圆柱形，色素体螺旋带状，其上一列蛋白核。1 ～ 16 条。梯形接合。成年黄绿色，棉絮状，漂浮于水面。该属种类较多，中国有 100 多种。

水绵 *Spirogyra*

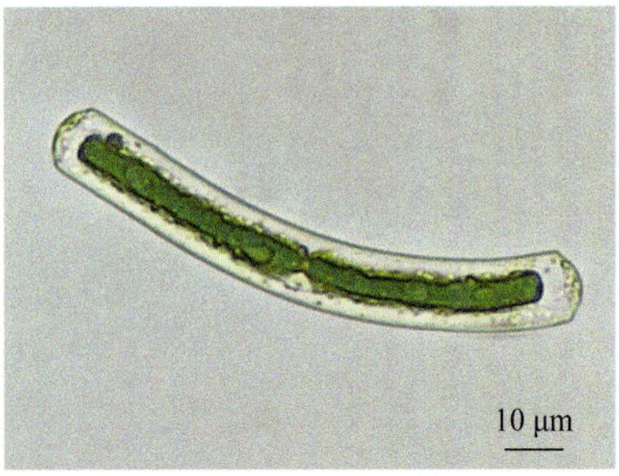

微细转板藻 *Mougeotia parvula*

131. 微细转板藻 *Mougeotia parvula* Hassall, 1843

隶属双星藻科 Zygnemataceae，转板藻属 *Mougeotia*。植物体为不分枝丝状体，细胞圆柱形，细胞长为宽的 4 倍以上，色素体板状，1 个，轴生，蛋白核 4～6 个。梯形接合。细胞长 48～115 μm，宽 8～132 μm。

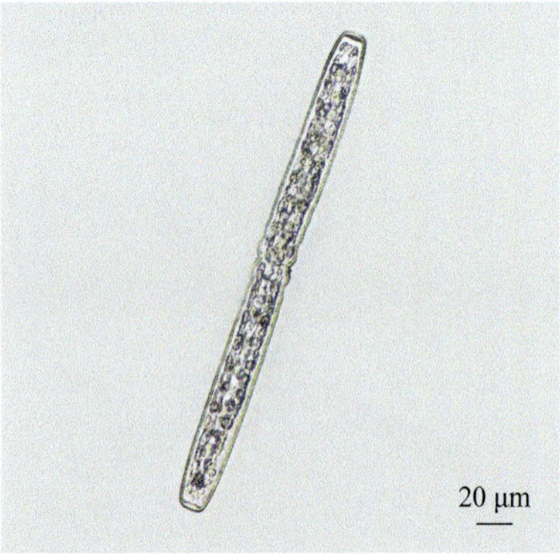

棒形鼓藻 *Gonatozygon monotaemium*

132. 棒形鼓藻 *Gonatozygon monotaemium* De Bary, 1856

隶属双星藻纲 Zygnematophyceae，鼓藻目 Desmidiales，鼓藻科 Desmidiaceae，棒形鼓藻属 *Gonatozygon*。细胞长圆柱形，长为宽的 10～25 倍，顶部略膨大。细胞壁具稠密的小颗粒，颗粒有时稀疏。色素体 2 个，轴生，带状，从细胞的一端伸展到细胞中部，每个色素体具 6～9 个蛋白核。细胞长 82～284 μm，宽 7.5～17 μm，顶部宽 9～18 μm。

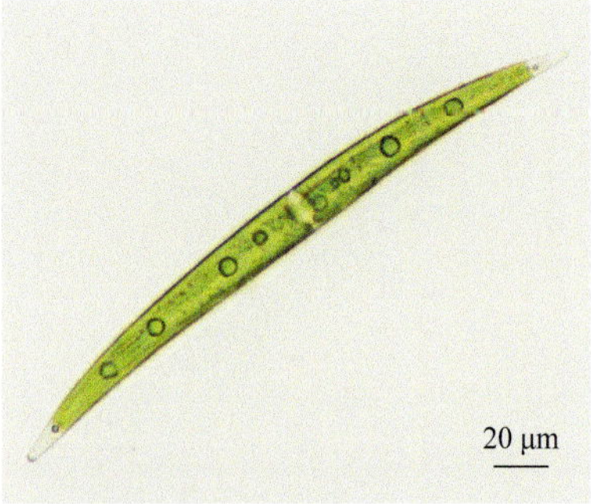

厚顶新月藻 *Closterium dianae*

133. 厚顶新月藻 *Closterium dianae* Ehrenberg ex Ralfs, 1838

隶属鼓藻科 Desmidiaceae，新月藻属 *Closterium*。细胞新月形，长为宽的 8～14 倍。明显弯曲。细胞长 106～332 μm，宽 12～29 μm，顶部宽 3～7 μm，末端细胞有很多运动颗粒。

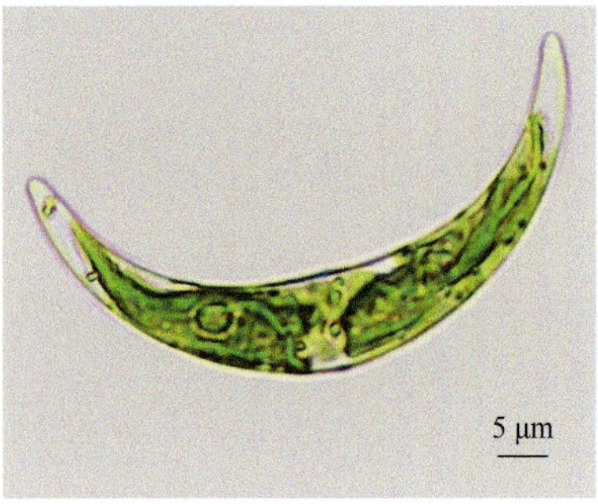

小新月藻 *Closterium venus*

134. 小新月藻 *Closterium venus* Kützing ex Ralfs, 1845

单细胞，新月形，显著弯曲，中部不凹入，腹缘中间不膨大；顶部尖或尖圆。细胞壁平滑，具纵向的线纹或纵向的颗粒、无色，或因铁盐沉淀而呈淡褐色或褐色。每个半细胞有 1 个色素体，具 1 个纵向脊片，具 1～2 个蛋白核，多为 2 个蛋白核。细胞两端各具 1 个液泡，含 1 个或者多个运动的石膏晶粒。细胞长 48～95 μm，宽 5～16 μm，顶部宽 1～2.5 μm。

135. 月牙新月藻 *Closterium cynthia* De Notaris, 1867

单细胞，新月形，略弯曲或显著弯曲，少数平直，中部不凹入，腹缘中间不膨大或膨大；顶部钝圆，平直圆形，喙状或渐尖。细胞壁平滑，具纵向的线纹或纵向的颗粒、无色，或因铁盐沉淀而呈淡褐色或褐色。每个半细胞有 1 个色素体，由 1 个或数个纵向脊片组成，具多个蛋白核，中轴纵列或不规则散生；细胞两端各具 1 个液泡，含 1 个或者多个运动的石膏晶粒。细胞长 75 ～ 134 μm，宽 9 ～ 13 μm，顶部宽 2 ～ 4.5 μm。

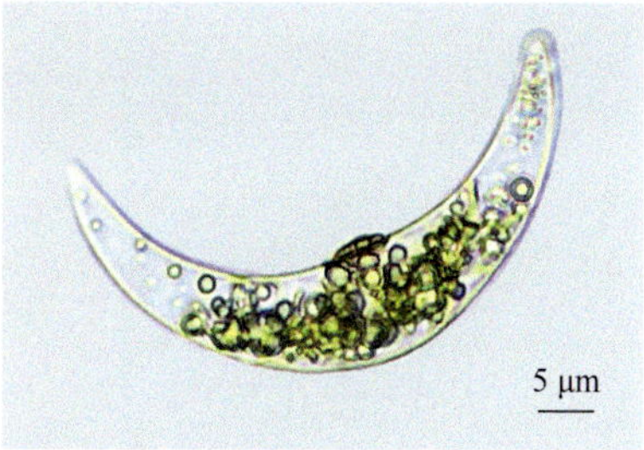

月牙新月藻 *Closterium cynthia*

136. 纤细新月藻 *Closterium gracile* Brébisson ex Ralfs, 1839

细胞小，细长，线形，细胞长 211 ～ 784 μm，宽 6.5 ～ 18 μm，顶部宽 2 ～ 4 μm。长为宽的 18 ～ 70 倍。细胞长度一半以上两端近平行，向顶部渐窄，顶部向腹部略弯曲，顶端钝圆。细胞壁平滑，无色。每个半细胞具一个色素体，近波状，中轴具 1 列蛋白核，4 ～ 7 个，末端液泡具 1 个至数个运动颗粒。

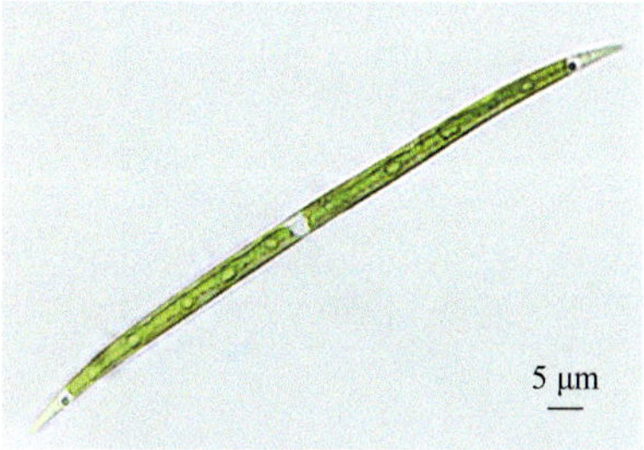

纤细新月藻 *Closterium gracile*

137. 莱布新月藻 *Closterium leibleinii* Kützing, 1833

细胞中等大小，长为宽的 4 ～ 8 倍，明显的弯曲，背缘呈 130° ～ 190° 弓形弧度，腹缘明显地凹入，中部略膨大，逐渐向顶部变狭，顶部尖圆。细胞壁平滑、无色，较稀少为金黄色或淡黄褐色；色素体约具 6 条纵脊，中轴具一列 2 ～ 11 个蛋白核，末端液泡大，具数个运动颗粒。细胞长 90 ～ 280 μm，宽 13 ～ 40 μm，顶部宽 2.5 ～ 4 μm。

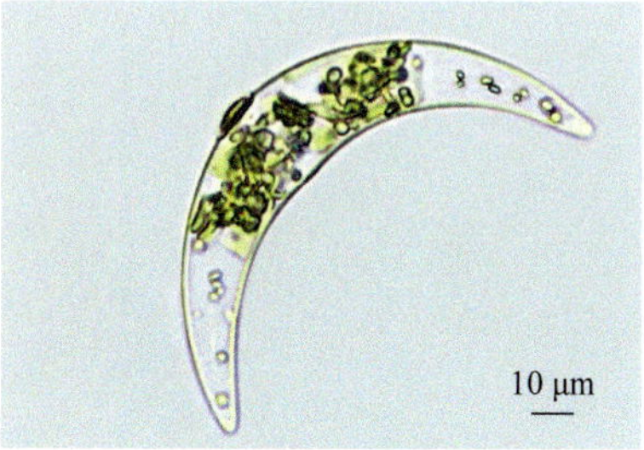

莱布新月藻 *Closterium leibleinii*

138. 披针新月藻 *Closterium lanceolatum* Kützing ex Ralfs, 1845

细胞大，近披针形，长 228 ～ 455 μm，宽 32 ～ 72 μm，顶部宽 5 ～ 9 μm。长为宽的 5 ～ 10 倍。背缘略弯曲，腹缘直或略膨大，向顶部渐窄。顶端尖圆形。细胞壁平滑，无色。每个半细胞具一个色素体，约由 8 个脊片组成，中轴具一列蛋白核，6 ～ 12 个，末端液泡具几个运动颗粒。

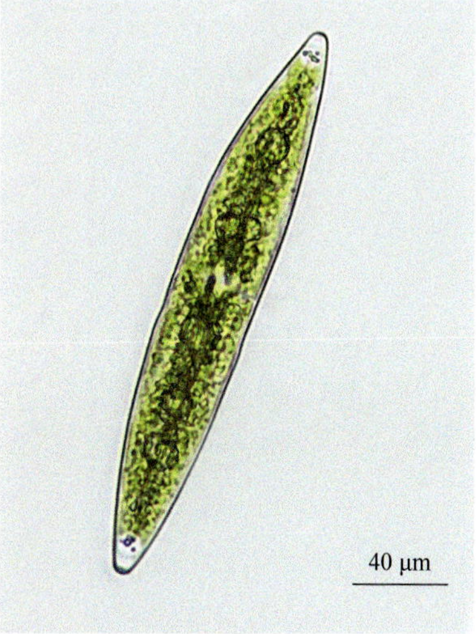

披针新月藻 *Closterium lanceolatum*

库津新月藻 *Closterium kuetzingii*

139. 库津新月藻 *Closterium kuetzingii* Brébisson, 1856

细胞较大，近披针形，长 143 ～ 564 μm，宽 11 ～ 24 μm，顶部宽 2.5 ～ 4 μm。长为宽的 20 ～ 28 倍。细胞纵直，中部纺锤形至披针形。向顶部形成长的无色的长臂状突起，顶部略向腹缘弯曲。顶端圆形，略膨大。细胞壁平滑，无色，具 8 ～ 11 条纵线纹。每个半细胞具 1 个色素体，约由 8 个脊片组成，中轴具一列蛋白核，4 ～ 7 个，末端液泡具许多运动颗粒。

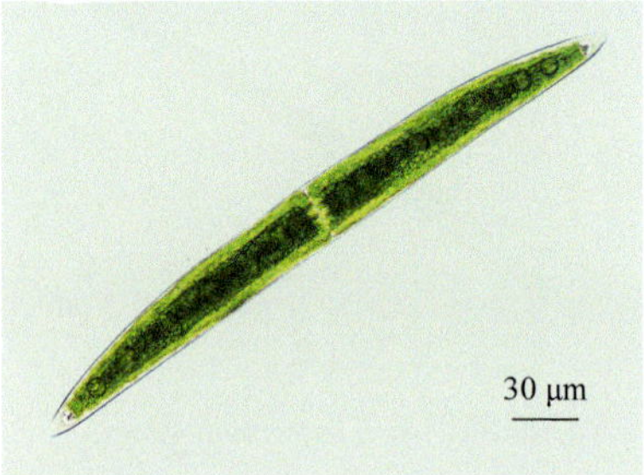

锐新月藻 *Closterium acerosum*

140. 锐新月藻 *Closterium acerosum* Ehrenberg ex Ralfs, 1848

细胞大，狭纺锤形。细胞长 260 ～ 682 μm，宽 32 ～ 85 μm，顶部宽 4 ～ 13 μm。长为宽的 7 ～ 16 倍。背缘略弯曲，腹缘略平直。向顶部逐渐狭窄，顶端略向背部反曲，顶端平直圆形，常略增厚。细胞壁平滑，无色。每个半细胞具 1 个色素体，脊状，中轴具一列蛋白核，5 ～ 29 个，末端液泡具几个运动颗粒。

微小新月藻 *Closterium parvulum*

141. 微小新月藻 *Closterium parvulum* Nägeli, 1849

细胞小，新月形，细胞长 85 ～ 210 μm，宽 9 ～ 20 μm，顶部宽 1 ～ 3 μm。长为宽的 6.5 ～ 15 倍。明显弯曲，腹缘中部不膨大，向顶部逐渐狭窄，顶端尖圆不增厚。细胞壁平滑，每个半细胞具 1 个色素体，中轴具 2 ～ 6 个蛋白核。

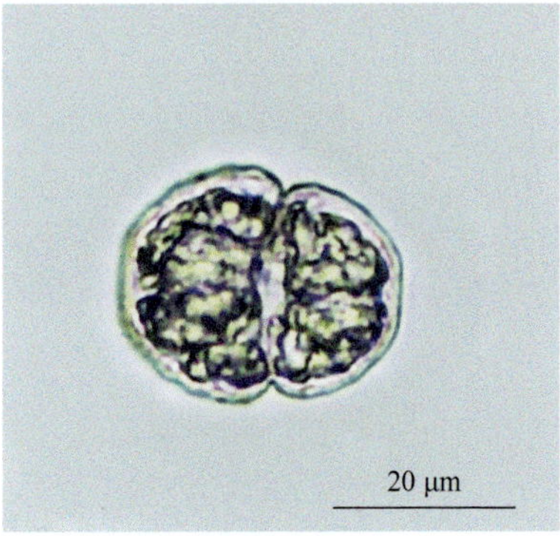

近前膨胀鼓藻
Cosmarium subprotumidum

142. 近前膨胀鼓藻 *Cosmarium subprotumidum* Nordstedt, 1876

隶属鼓藻科 Desmidiaceae，鼓藻属 *Cosmarium*。细胞小，长宽相近。半细胞正面观梯形至近半圆形，顶部平直具 2 ～ 4 个小波纹。缢部上端具 3 列颗粒组成的隆起。细胞长 20 ～ 36.5 μm，宽 17.5 ～ 33.5 μm，缢部宽 5 ～ 11 μm，厚 10 ～ 18.5 μm。

143. 圆鼓藻 *Cosmarium circulare* (Hassall ex Ralfs) Kützing, 1849

细胞圆形，长宽相等。缢缝深凹，狭线形，向外张开。垂直面观长椭圆形。细胞壁薄，细胞长 50 ～ 60 μm，宽 42 ～ 49 μm，缢部宽 13 ～ 14 μm，厚 24 ～ 27 μm。

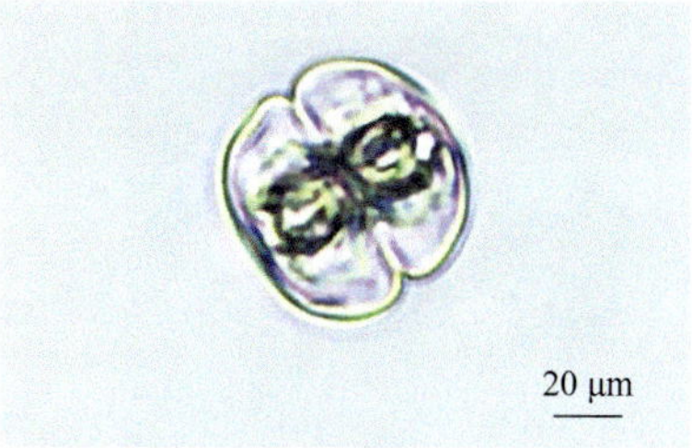

圆鼓藻 *Cosmarium circulare*

144. 扁鼓藻 *Cosmarium depressum* (Nägeli) P. Lundell, 1871

细胞小，长略小于宽。缢缝深凹，狭线形，向外张开。半细胞正面观横椭圆形，顶部凸或平直，两侧圆。侧面观圆形，顶面观椭圆形。细胞长 17 ～ 45 μm，宽 20 ～ 50 μm，缢部宽 5 ～ 14 μm，厚 10 ～ 22.5 μm。厚宽比为 1 ∶ 2.2。

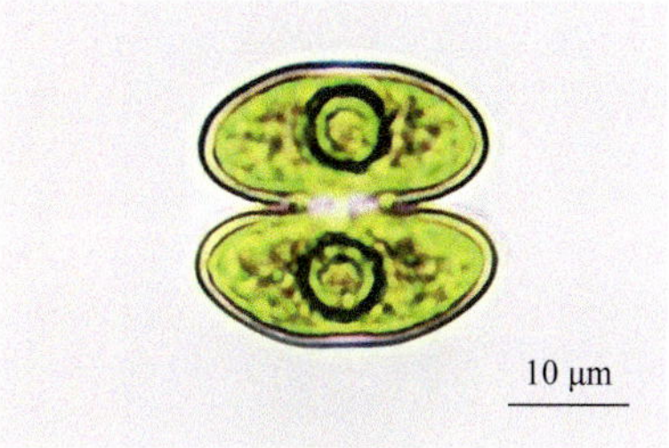

扁鼓藻 *Cosmarium depressum*

145. 方鼓藻 *Cosmarium quadrum* P. Lundell, 1871

细胞较大，长方形。细胞长宽相近。半细胞正面观近长方形，有 34 ～ 37 个颗粒，颗粒间无点纹。细胞长 50 ～ 88 μm，宽 43 ～ 93 μm。

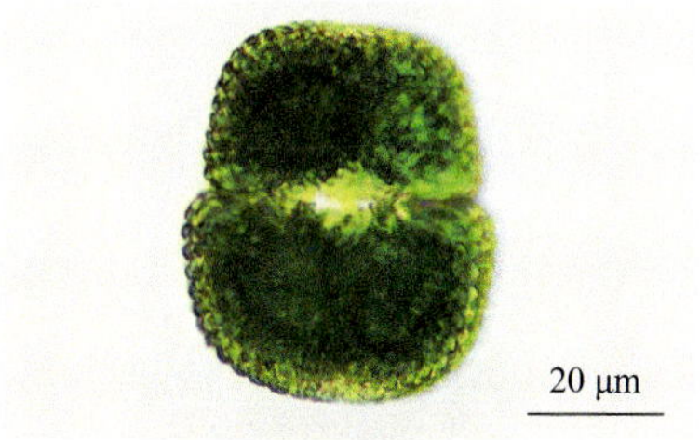

方鼓藻 *Cosmarium quadrum*

146. 球鼓藻 *Cosmarium globosum* Bulnheim, 1859

细胞小，长为宽的 1.7 倍。缢缝浅内凹，向外呈钝角。半细胞正面观近圆形（2/3 圆）。顶面观圆形。长 25.5 ～ 36 μm，宽 16 ～ 25 μm，缢部宽 12 ～ 19 μm。

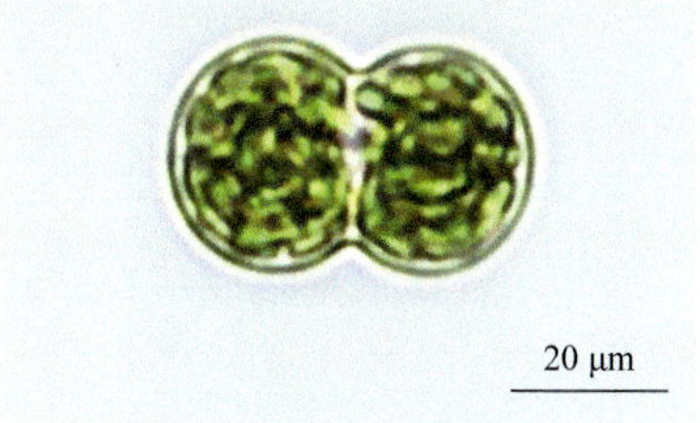

球鼓藻 *Cosmarium globosum*

147. 三叶鼓藻 *Cosmarium trilobulatum* Reinsch, 1866

细胞小，长略大于或近于宽的 1.5 倍。缢缝深凹，狭线形。外端略扩大，半细胞正面观截顶角锥，具三叶，叶片短，近矩形，角圆，顶叶宽，顶缘平直或略凸起，顶叶与侧叶间略凹入，侧叶短；半细胞侧面观椭圆形；垂直面观椭圆形，厚与宽比例约为 1 ∶ 2。细胞长 13.5 ～ 35 μm，宽 10 ～ 27.5 μm，缢部宽 3.5 ～ 8 μm，厚 5.5 ～ 17.5 μm。

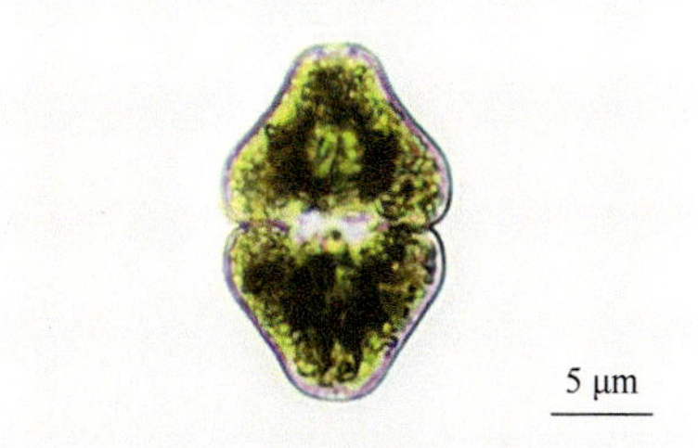

三叶鼓藻 *Cosmarium trilobulatum*

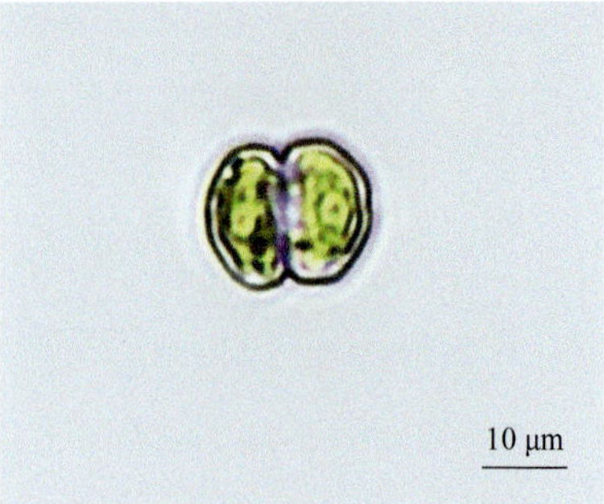

雷尼鼓藻 *Cosmarium regnellii*

148. 雷尼鼓藻 *Cosmarium regnellii* Wille, 1884

单细胞，小型。长为宽的1.5倍。细胞侧扁，缢缝深凹，狭线形，外端扩大。顶缘圆、平直或平直圆形。半细胞正面观梯形或六角形或三叶状，顶叶宽，矩形，顶缘平直，中间略凹入；侧叶短，缘边中央略凹入，基角近直角。半细胞侧面观卵形，垂直面观长椭圆形。细胞宽11～22 μm，长13～22 μm，缢部宽3～7 μm，厚6～12.5 μm。

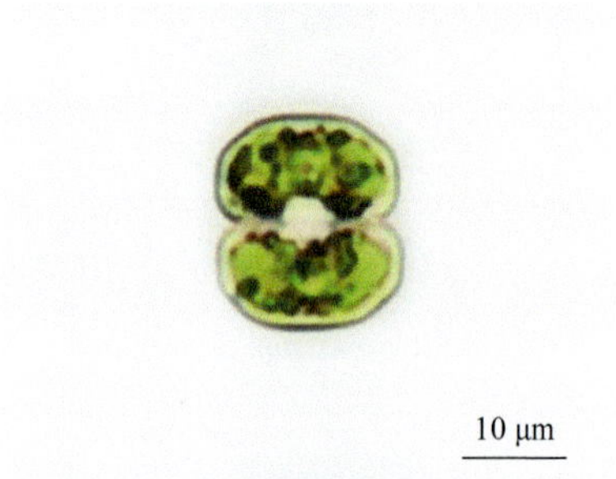

梅尼鼓藻 *Cosmarium meneghinii*

149. 梅尼鼓藻 *Cosmarium meneghinii* Brébisson ex Ralfs, 1848

细胞小，长约为宽的1.5倍。半细胞正面观近六角形，侧角不凸出，顶缘略凹入。细胞长12.5～24 μm，宽9.5～17 μm。

150. 美丽鼓藻 *Cosmarium formosulum* Hoff, 1888

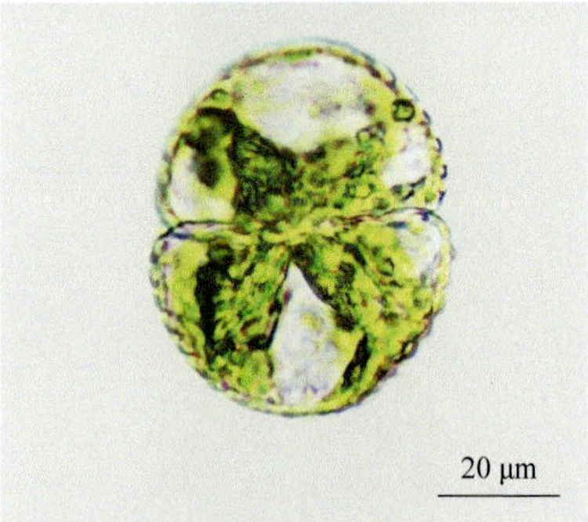

美丽鼓藻 *Cosmarium formosulum*

细胞中等大小，长为宽的1.1～1.2倍。缢缝深凹，狭线形，外端略扩大。半细胞正面观梯形或半圆形，顶缘平直，有4个圆齿，侧缘略凸起。具6个圆齿，每个圆齿由2个颗粒组成。中部有6～8列垂直的由颗粒联结成的脊状隆起。细胞长37.5～60 μm，宽32～48 μm，缢部宽9～18 μm，厚21～30 μm，顶部宽11～19 μm。

151. 钝鼓藻 *Cosmarium obtusatum* (Schmidle) Schmidle, 1898

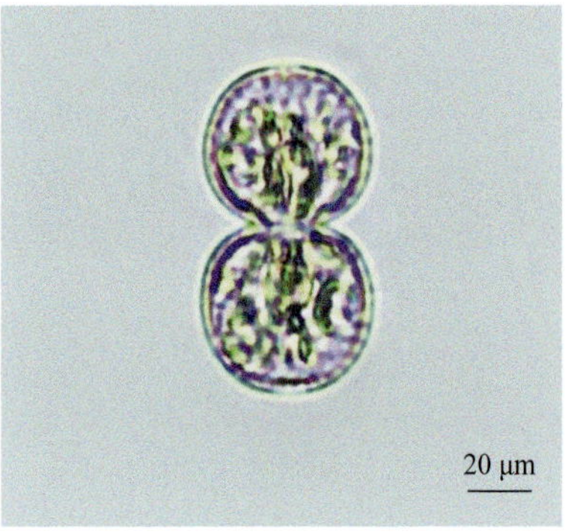

钝鼓藻 *Cosmarium obtusatum*

细胞中等大小，长为宽的1.2倍。缢缝深凹，狭线形，顶端扩大。半细胞正面观为截顶角锥形，顶缘平直，基角略圆，侧缘凸出，具8个波纹，波内具2列明显颗粒。半细胞侧面观广椭圆形，垂直面观长椭圆形。厚与宽比例约为1∶2。侧缘波形，缘内具4～5列近平行的波纹。细胞壁具点纹。细胞长44.5～80 μm，宽39.5～65 μm，缢部宽12.5～23 μm，厚22～37 μm。

152. 布莱鼓藻 *Cosmarium blyttii* Wille, 1880

细胞小，长略大于宽。缢缝深凹，狭线形。半细胞正面观梯形至半圆形，顶缘平直，具4个圆齿，缘内具1～2列小颗粒，基角近直角，侧缘常具4个圆齿，缘内具1～2列小颗粒，侧缘圆齿和缘内颗粒变化较大。半细胞中央具1个近乳头状颗粒；半细胞侧面观近圆形，侧缘中央具1个近乳头状颗粒；垂直面观椭圆形，两端中间具1个近乳头状颗粒。细胞长10～31 μm，宽12～23 μm，缢部宽3～8 μm，厚8～15 μm。

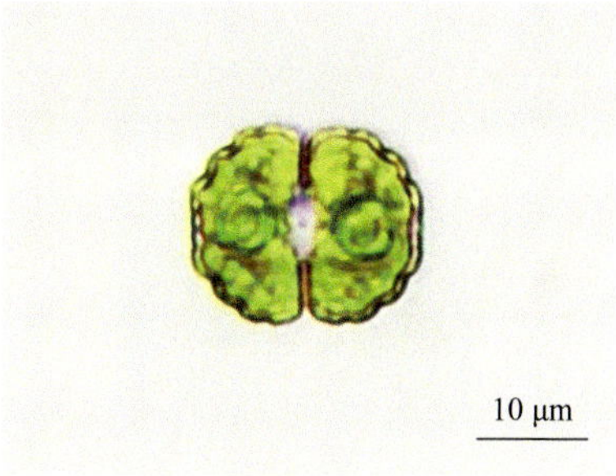

布莱鼓藻 *Cosmarium blyttii*

153. 光滑鼓藻 *Cosmarium laeve* Rabenhorst, 1868

细胞小，顶缘尖、平直或凹入。长为宽的1.5倍，顶面观椭圆形，侧面观花生壳形。细胞长15～42 μm，宽11.5～31 μm。

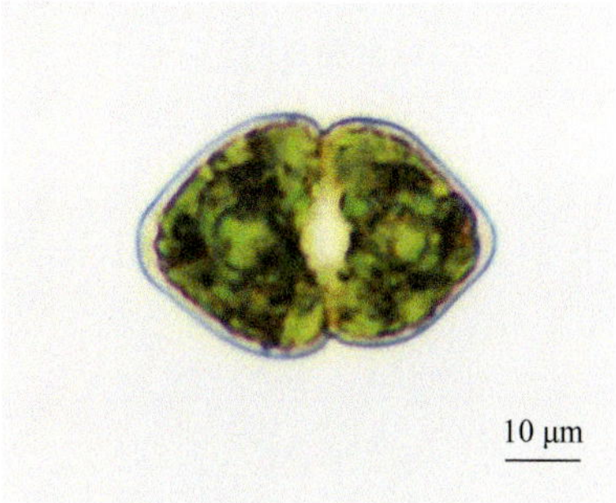

光滑鼓藻 *Cosmarium laeve*

154. 四列鼓藻 *Cosmarium quadrifarium* P. Lundell, 1871

细胞中等大小。长38～66 μm，宽32～50 μm，缢部宽10～19 μm，厚20～25 μm。半细胞正面观半圆形，边缘有12～17个中间微凹的瘤，共4列。顶缘近平直，具4个中间微凹的瘤，侧缘上部略凹入。缢缝深凹，狭线形。顶面观椭圆形，细胞壁常具点纹。

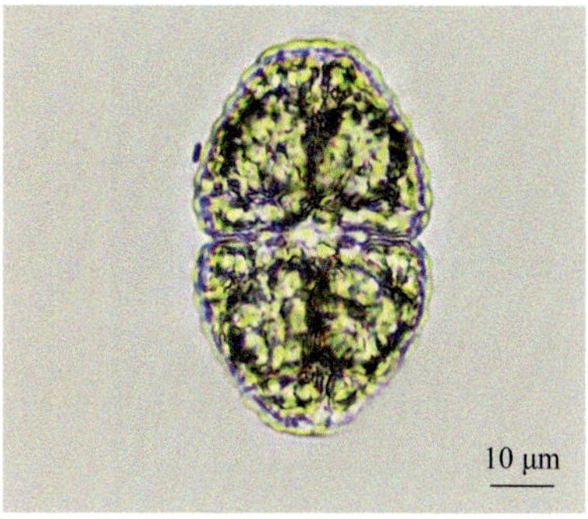

四列鼓藻 *Cosmarium quadrifarium*

155. 短鼓藻 *Cosmarium abbreviatum* Raciborski, 1885

细胞小，圆形。长宽相近，缢缝深凹，狭线形。顶端略扩大。半细胞正面观梯形或六角形，顶缘宽而平直，侧角凸出，圆，侧缘上部明显凹入。侧面观卵形。细胞长12.5～22 μm，宽13～22 μm，缢部宽5～7 μm，厚7～9.5 μm。

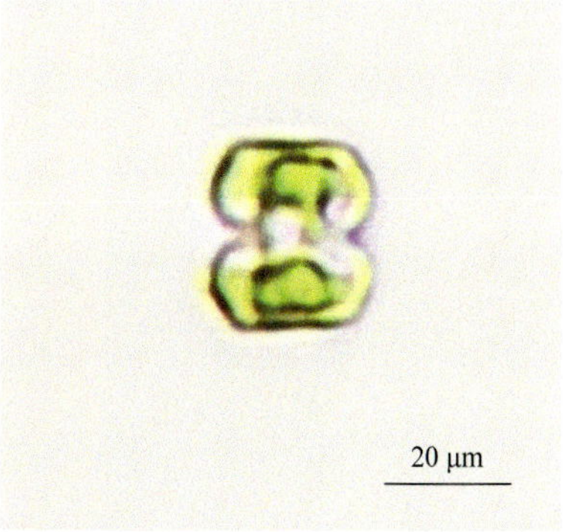

短鼓藻 *Cosmarium abbreviatum*

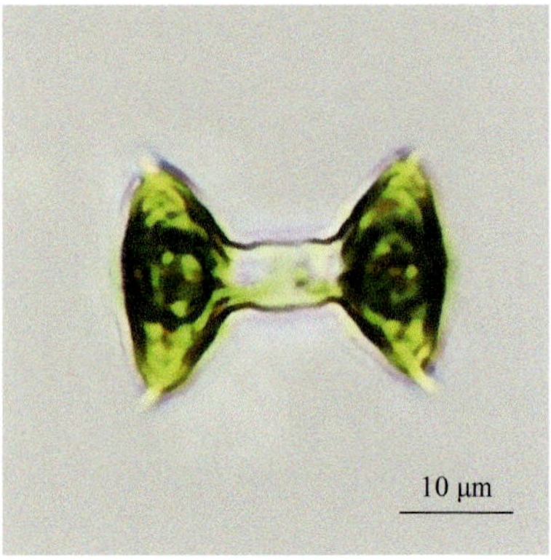

珍珠角星鼓藻
Staurastrum margaritaceum

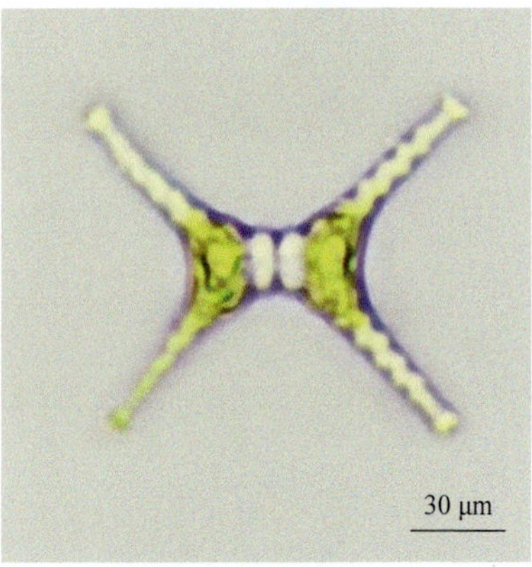

纤细角星鼓藻 *Staurastrum gracile*

156. 珍珠角星鼓藻 *Staurastrum margaritaceum* Meneghini ex Ralfs, 1848

隶属鼓藻科 Desmidiaceae，角星鼓藻属 *Staurastrum*。单细胞小，长约等于或略大于宽。缢缝浅，向外张开。半细胞正面观形状变化较大，杯形，近圆形或近纺锤形。半细胞顶角水平向或略向下延长形成短而钝的突起。细胞壁具小颗粒，围绕角呈同心圆排列。半细胞基部有时具 1 轮明显的颗粒；垂直面观三至九角形，常为四至六角形，侧缘凹入，顶部中央平滑，角延长形长短而钝的突起。细胞长 22 ～ 46 μm，宽 16 ～ 48 μm，缢部宽 6 ～ 14 μm。

157. 纤细角星鼓藻 *Staurastrum gracile* Ralfs ex Ralfs, 1848

单细胞，小或中等大，长为宽的 1.5 倍。半细胞正面观杯形，顶缘宽略凸出，侧缘略斜向上。顶角水平向或向上延伸形成长而细的突起，具数轮小齿，缘边波形，末端具 3 ～ 4 个刺。垂直面观三角形。细胞宽包括突起，细胞长 27 ～ 60 μm，宽 44 ～ 110 μm，缢部宽 5.5 ～ 13 μm。

二、浮游动物 Zooplankton

（一）原生动物界 Protozoa

1. 大变形虫 *Amoeba proteus* Leidy, 1878

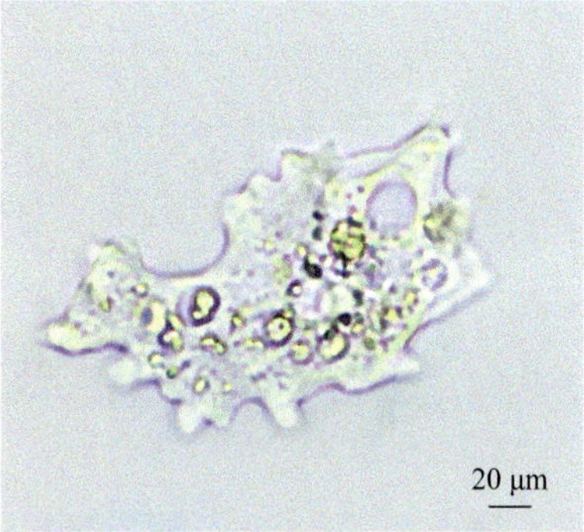

大变形虫 *Amoeba proteus*

隶属肉鞭动物门 Sarcomastigophora，肉足亚门 Sarcodina，根足亚纲 Rhizopoda，叶足纲 Lobosea，变形目 Amoebida，变形虫科 Amoebidae，变形虫属 *Amoeba*。虫体大，直径 200 ～ 250 μm，有时可达 600 μm。活体变形较大。结构简单，体表为一层极薄的质膜。在质膜之下为一层无颗粒、均质透明的外质（ectoplamsm）。外质之内为内质（endoplasm），内质流动，具颗粒，其中有扁盘形的细胞核、伸缩泡、食物泡及处在不同消化程度的食物颗粒等。内质又可再分为两部分，处在外层相对固态的称为凝胶质（plasmagel），在其内部是液态的称为溶胶质（plasmasol）。分布很广，生活在清水池塘或在水流缓慢藻类较多的浅水中。

2. 点滴筒变形虫 *Amoeba guttula* Dujardin, 1875

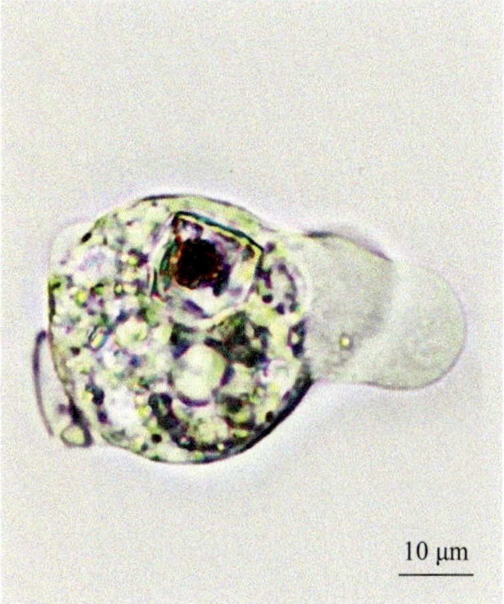

点滴筒变形虫 *Amoeba guttula*

亦称点滴盘变形虫 *Discamieba guttula* (Dujardin, 1835)。虫体小，一般呈扁平的卵圆形或近似圆球形，前端新月形透明区可较深入地向两侧伸展，后端小，有很多乳头突起。体形变化不大，没有褶皱。有一个囊状核。体长 30 ～ 45 μm，宽 20 ～ 30 μm，分布广泛，尤以沉水植物较多的静水或流水中分布较多。

3. 蛞蝓变形虫 *Amoeba limax* Dujardin, 1841

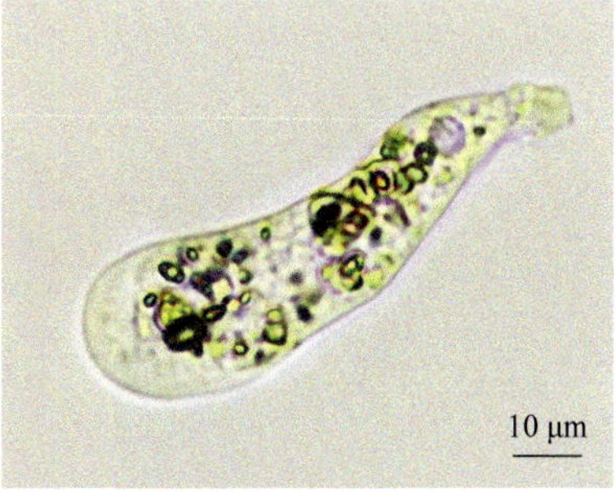

蛞蝓变形虫 *Amoeba limax*

虫体一般较小，形体变化较大，多圆柱状，不分枝。转向时有伪足。内有颗粒状的内质，在顶端有半球形的透明帽。身体后端如有小球，则为桑葚状球，很少是绒毛状球，细胞核呈颗粒状。

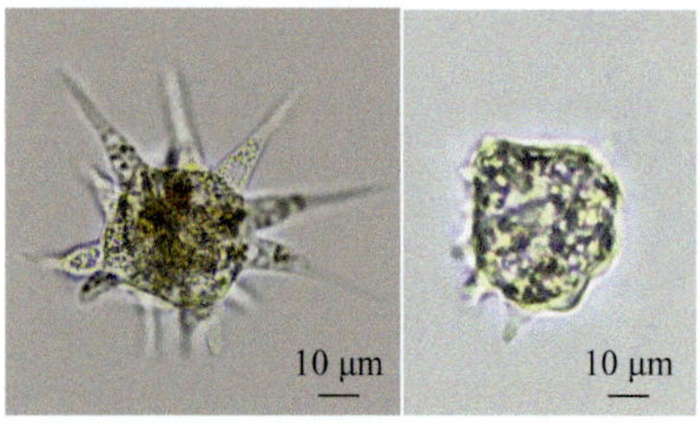

辐射变形虫 *Amoeba radiosa*

4. 辐射变形虫 *Amoeba radiosa* Ehrenberg, 1838

伪足发散放射状，通常 3 ～ 10 个，最长者为虫体体长的 4 ～ 5 倍。体长 15 ～ 30 μm。分布广。

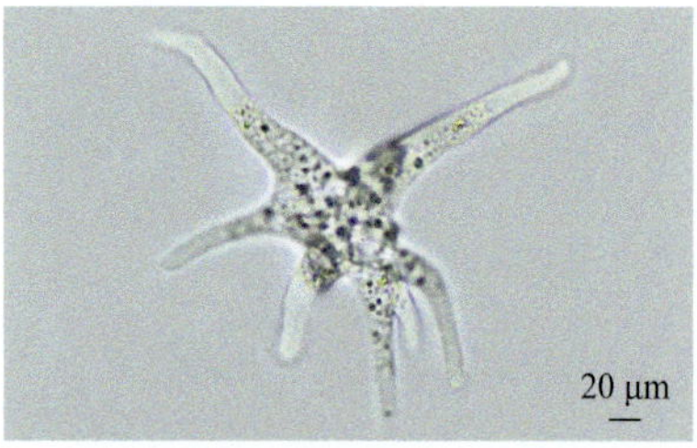

蝙蝠变形虫 *Amoeba vespertilis*

5. 蝙蝠变形虫 *Amoeba vespertilis* Penard, 1902

虫体一般较大，圆柱状，分枝或不分枝。多伪足，伪足圆柱状或管状，内有颗粒状的内质，细胞核呈颗粒状。变形，蝙蝠状。漂浮型的辐射状伪足末端钝圆。能包裹小环藻、舟形藻、小型轮虫等为食。

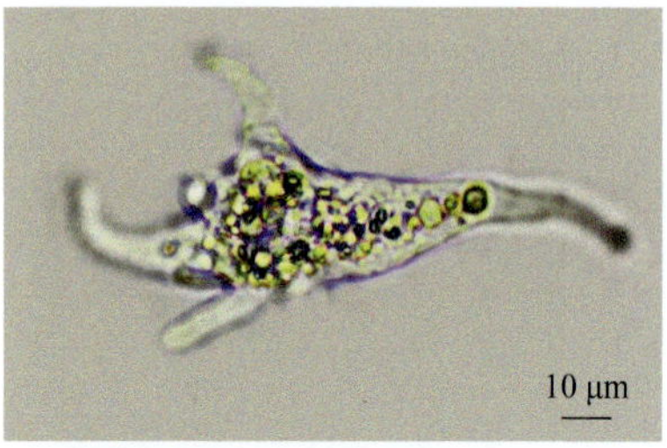

囊毛变形虫 *Trichamoeba osseosaccus*

6. 囊毛变形虫 *Trichamoeba osseosaccus* Schaeffer, 1926

隶属变形科 Aamoebidae，毛变形虫属 *Trichamoeba*。虫体一般较大，多圆柱状，与蛞蝓变形虫相似。虫体可伸出几个宽的叶状伪足，经常在前端膨胀成蛞蝓状，其他伪足在行进中消失或保留一点微波，这时只有一个宽大的细胞质向前平稳流动的单伪足。长宽比不超过 4 ∶ 1。长 70 ～ 175 μm。颗粒核 1 个，伸缩泡 1 个，后位。

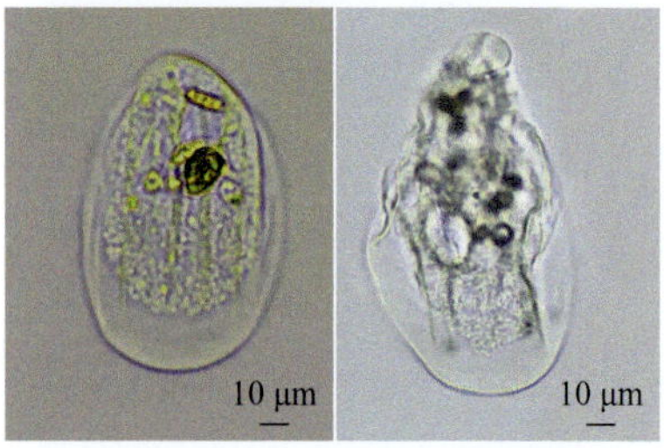

四线甲变形虫 *Thecamoeba quadrilineata*

7. 四线甲变形虫 *Thecamoeba quadrilineata* Carter, 1856

隶属变形目 Amoebina，甲变形科 Thecamoebidae，甲变形虫属 *Thecamoeba*。虫体扁平长卵圆形，外质表膜化，故行动时大都出现纵向的表面褶皱，一般有 4 个褶线，透明质在前端呈新月形，无亚伪足。个体较大，大于 100 μm。

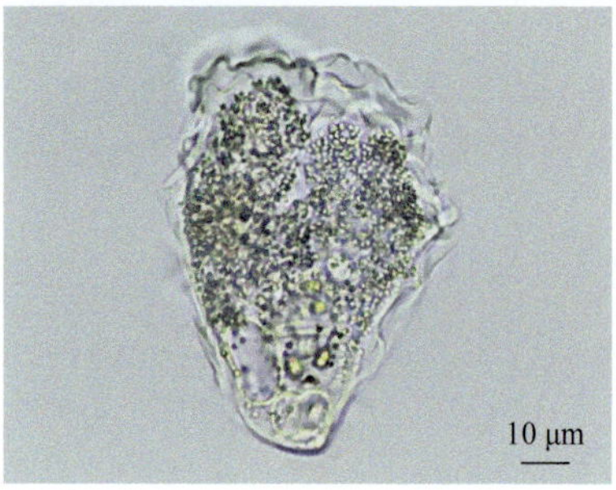

扇形马氏虫 *Mayorella penardi*

8. 扇形马氏虫 *Mayorella penardi* Page, 1972

隶属变形目 Amoebina，马氏科 Mayorellidae，马氏虫属 *Mayorella*。虫体呈扁平的扇形，体前宽，后端常有球形或桑葚形或鳞片状覆盖物。亚伪足有透明钝锥形的基部，前面收缩成指状或乳头状，一般等长。分布广。

9. 速焰变虫 *Flamella citrensis* Bovee, 1956

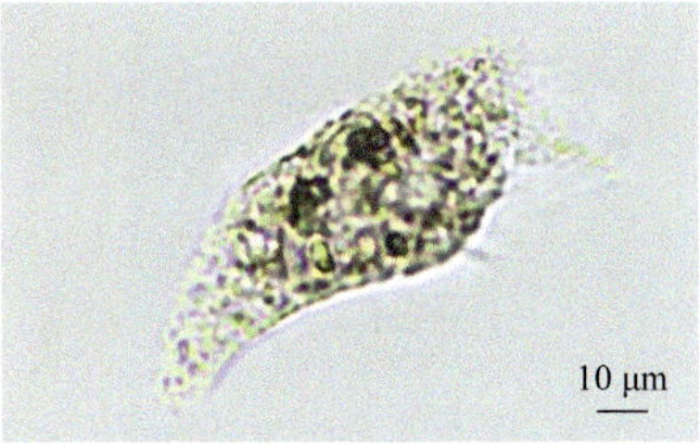

速焰变虫 *Flamella citrensis*

隶属变形目 Amoebina，扇变形科 Flabellulidae，焰变虫属 *Flamella*。虫体扁平，呈规则的卵形或扇形，从颗粒质的前部常伸出 20 ～ 30 个柔软、透明、锥状的伪足，并融合于透明区内，行动和变形都很快。偶尔在后端有少数短的、拖曳的丝。

10. 透明螺足虫 *Cochliopodium bilimbosum* Auerbach, 1856

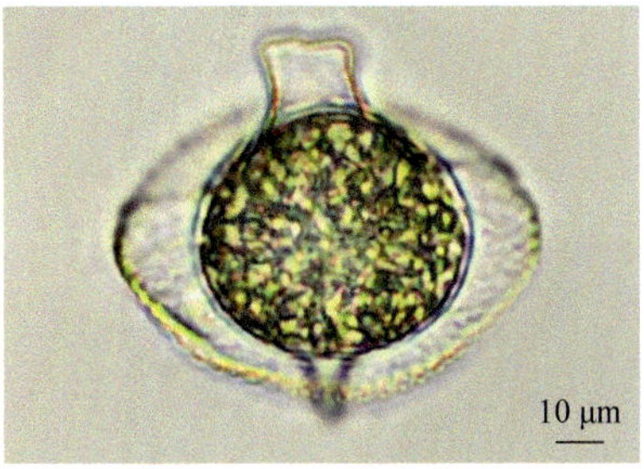

透明螺足虫 *Cochliopodium bilimbosum*

隶属叶足纲 Phyllopoda，表壳虫目 Arcellinidae，螺足科 Cochliopodiidae，螺足虫属 *Cochliopodium*。虫体有几丁质外壳，透明柔软富有弹性。侧面观半球形，并有上下锥顶，顶面观平盘状。壳内有变形虫体。伪足基部原生质膜形成排列整齐的圆点颗粒。壳直径 25 ～ 65 μm。各种淡水水体可见。

11. 小螺足虫 *Cochliopodium minutum* West, 1901

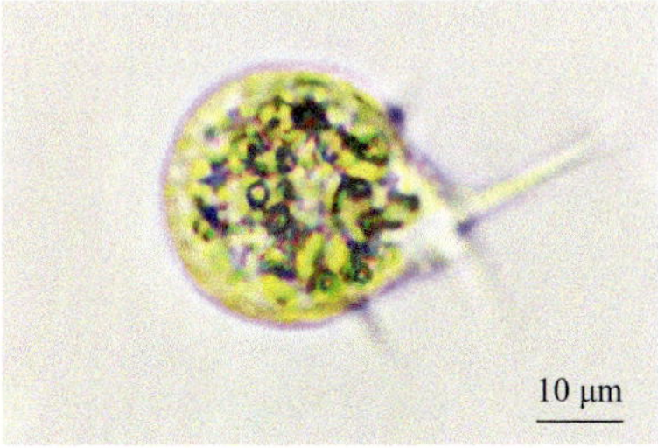

小螺足虫 *Cochliopodium minutum*

虫体小，壳呈杯状，柔软可变形，壳口十分宽，内为变形虫体。伪足基部光滑，无原生质形成的颗粒，壳直径 10 ～ 20 μm。

12. 大口表壳虫 *Arcella megastoma* Penard, 1913

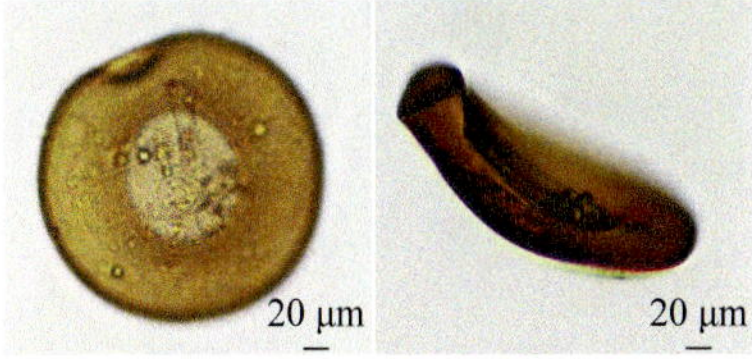

大口表壳虫 *Arcella megastoma*

隶属表壳目 Arcellinida，表壳科 Arcellida，表壳虫属 *Arcella*。原生质被表状壳，伪足由壳口伸出。壳盘状，背面观和腹面观均呈圆形，壳口特别大，约为壳宽的一半，壳口周围有一圈细小的微孔。侧面观平坦，呈 1/4 圆。直径 224 ～ 320 μm，壳高 50 ～ 60 μm，壳口直径 96 ～ 120 μm。壳呈黄色。

13. 盘状表壳虫 *Arcella discoides* Ehrenberg, 1871

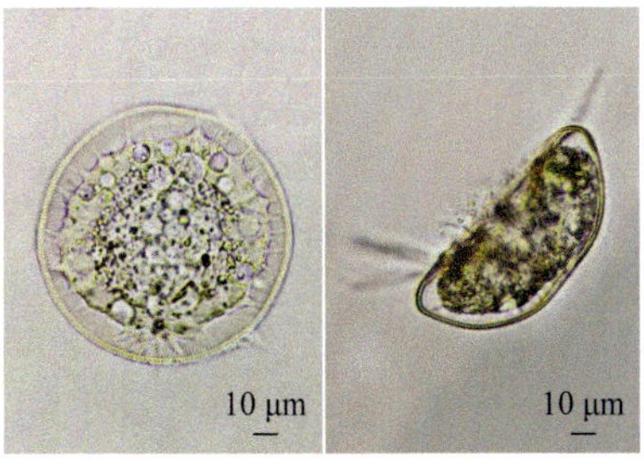

盘状表壳虫 *Arcella discoides*

壳盘状，背面观和腹面观均呈圆形，侧面观平坦，呈 1/4 圆。直径 128 ～ 152 μm，壳口直径 42 ～ 46 μm。壳口大而圆，下陷较深，有口管。细胞黄褐色或红褐色。

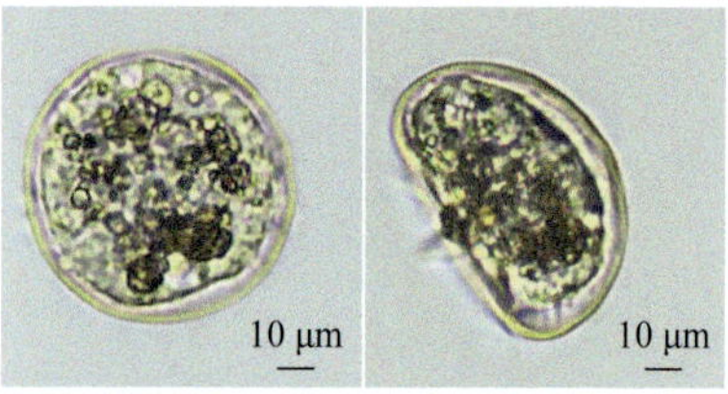

普通表壳虫 *Arcella vulgaris*

14. 普通表壳虫 *Arcella vulgaris* Ehrenberg, 1832

壳淡黄色至深棕色。顶面观和腹面观均呈圆形，侧面观半圆形。壳背光滑，较平坦地滑向两侧，没有翘出的基角。背面和腹面连接的基角浑圆。壳口圆，周围没有微孔，下陷相当深，几乎及壳高的一半，有口管。

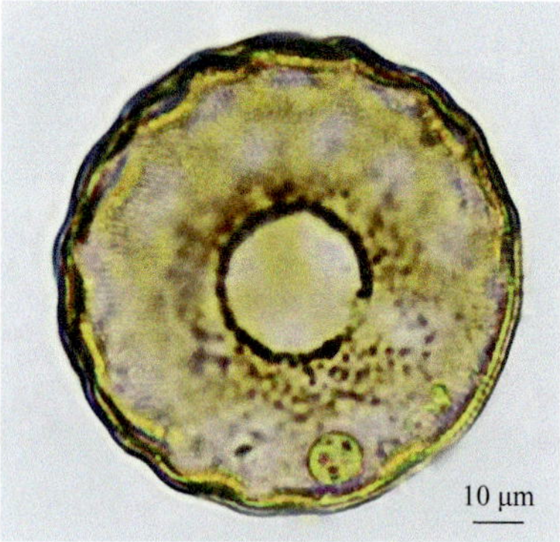

砂表壳虫 *Arcella arenaria*

15. 砂表壳虫 *Arcella arenaria* Greef, 1866

腹面观壳呈圆形或椭圆形，侧面观半圆形，有十分明显的环状龙骨。龙骨上面矮锥形壳顶，龙骨下面像一个反口的盆形。侧面观壳高约为壳宽的一半。壳口小，常有 8 ～ 12 个微孔组成的环包围壳口。壳黄棕色，壳表面除了细的点纹外，有时还有许多砂粒黏附。直径。78 ～ 80 μm，壳高 40 μm，壳口直径 18 μm。

尖顶砂壳虫 *Difflugia acuminata*

16. 尖顶砂壳虫 *Difflugia acuminata* Ehrenberg, 1838

隶属表壳目 Arcellinida，砂壳科 Difflugiidze，砂壳虫属 *Difflugia*。壳圆筒形，自前端壳口处向后逐渐扩张，以壳后 2/3 处为最宽。再向后端逐渐变窄，并延伸为一直的尖角。壳长为壳宽的 3 ～ 4 倍。壳表面粗糙，通常有砂粒黏附，壳口圆。壳长（含刺）256 ～ 258 μm，壳宽 94 ～ 98 μm，壳口直径 42 ～ 52 μm，角长 50 ～ 56 μm。

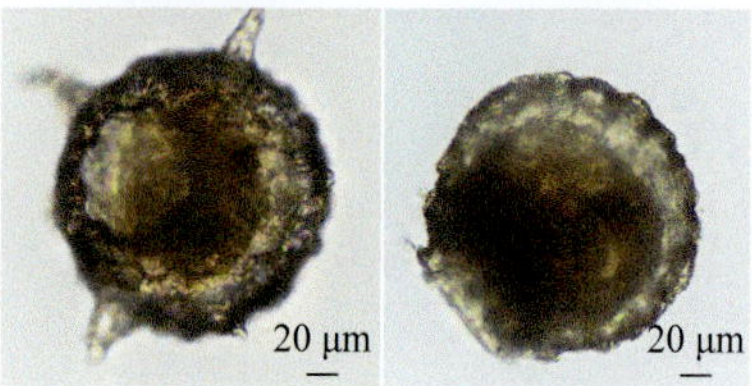

冠砂壳虫 *Difflugia corona*

17. 冠砂壳虫 *Difflugia corona* Wallich, 1864

虫体整个原生质包在一个冠状硬壳内。壳内层有几丁质膜，外面为黏附着砂粒等构成的粗糙表层。壳球形，反壳口端有 5 ～ 7 个角，呈皇冠状。壳口边缘呈瓣片状，一般有 12 个瓣片，最多可达 20 个。壳直径长（不含角）160 ～ 200 μm，壳口直径 48 ～ 55 μm，角长 40 ～ 60 μm。虫体摄食或行走时，可伸出 2 ～ 6 个指状伪足。

18. 长圆砂壳虫 *Difflugia oblonga* Ehrenberg, 1838

壳长圆筒形，壳向壳口处收缩，略呈颈状。壳后部浑圆，壳口较狭小。壳面附有很多砂粒。壳长 110 ～ 240 μm，壳宽 94 ～ 98 μm，壳口端宽 45 ～ 92 μm，壳口宽 19 ～ 45 μm。

长圆砂壳虫 *Difflugia oblonga*

19. 球形砂壳虫 *Difflugia globulosa* Dujardin, 1837

壳较小，球形或卵圆形，棕色。壳上覆盖大砂粒，有时也混有硅藻的空壳，所以一般较为粗糙，壳口浑圆，位于腹面中央。壳口边缘的砂粒均小。壳长 27 ～ 92.5 μm，壳宽 24 ～ 92.5 μm，壳口宽 12 ～ 40 μm。

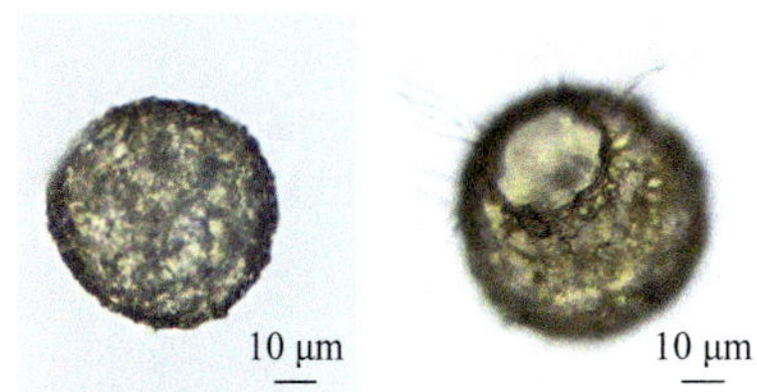

球形砂壳虫 *Difflugia globulosa*

20. 叉口砂壳虫 *Difflugia gramen* Penard, 1902

壳小，多半呈卵形，偶尔呈亚球形或梨形。壳口近三角形，侧面观壳口中间略凹入形成分叉。指状伪足 2 ～ 6 个，从壳口伸出，壳口周围被一圈排列整齐的砂粒包围，但没有形成颈状部分。壳面附有砂粒。分布于湖泊、水库等大水体。

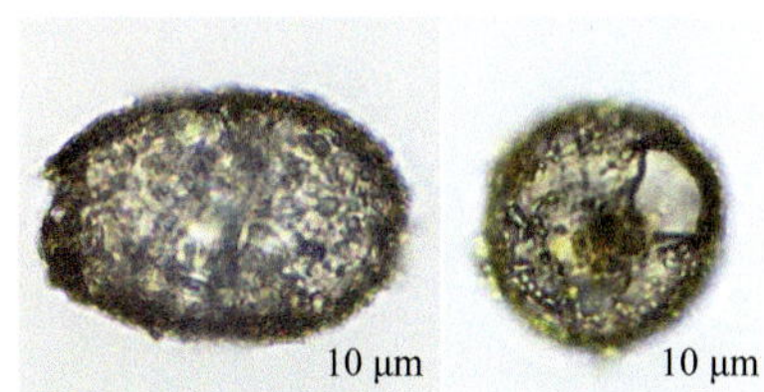

叉口砂壳虫 *Difflugia gramen*

21. 湖沼砂壳虫 *Difflugia limnetica* Levander, 1900

壳体近球形。壳前端有短领，壳口为三叶形。除了内层有几丁质膜外，其外还附着很多砂粒，以致壳面粗糙而不透明，横切面大多呈圆形。口在壳体的一端，位于主轴正中，壳口的边缘有的光滑，有的呈齿状或片状。胞质占了壳腔的大部分，常用原生质线固着于壳的内壁。核一般只有 1 个，伸缩泡 1 至多个，伪足指状，2 ～ 6 个。壳全长 70 ～ 120 μm，宽 55 ～ 100 μm，壳口宽 24 ～ 36 μm。分布于湖泊、水库等大水体。

湖沼砂壳虫 *Difflugia limnetica*

22. 瓶砂壳虫 *Difflugia urceolata* Cartet, 1864

虫体外壳球形。前部凸出一个短的颈部，壳口圆形，边缘外翻，口缘光滑，无齿。壳面附有少量砂粒，体内有时有摄食的硅藻。壳直径 60 ～ 200 μm，领宽 25 μm。

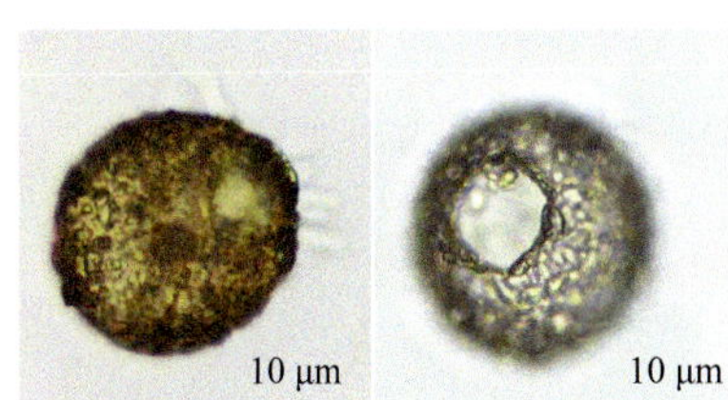

瓶砂壳虫 *Difflugia urceolata*

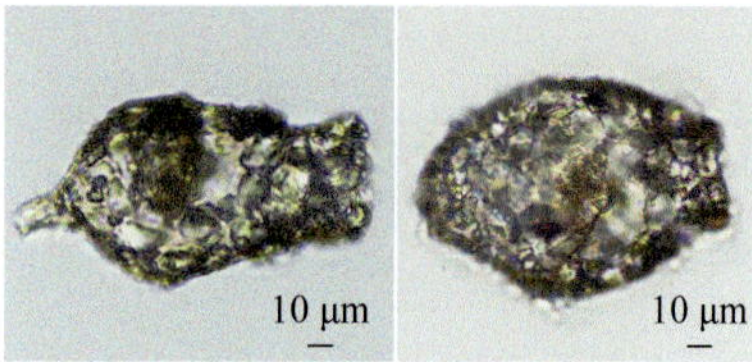

窄巧砂壳虫 *Difflugia elegans angustata*

23. 窄巧砂壳虫 *Difflugia elegans angustata* Deflandre, 1926

壳花瓶状，两侧向壳口处收缩，延伸出一颈部，但在壳口处像花瓶口似的向外微扩大。壳口圆形，周围被细小的砂粒包围，有时还可以看到花状似的堆积了许多石粒把壳口堵住。壳体横切面为圆形，壳后端延伸为一细长的角，常呈弯曲状。构成壳体中部的砂粒较颈和角的砂粒稍大些。壳长 90 ～ 100 μm，壳宽 36 ～ 41 μm，壳口直径 16 ～ 18 μm，颈长 20 ～ 30 μm，角长 16 ～ 18 μm。分布较广。

本亚种与巧砂壳虫 *Difflugia elegans* Penard, 1890（Penard，1890；沈韫芬，1983）的主要区别是，前者有一显著伸长的颈部，因此使壳体显得较瘦长，后者颈部短，且体肥胖。此外，前者壳口显著小于后者。

琵琶砂壳虫 *Difflugia biwae*

24. 琵琶砂壳虫 *Difflugia biwae* Kawamura, 1918

壳呈花瓶状，壳较厚，呈褐色。顶部外翻呈喇叭状，伪足由此伸出。颈部有明显收缢，底部有一刺状突起。壳长（不包括突起）115 ～ 128 μm，壳宽 59 ～ 70 μm，突起长 45 μm。

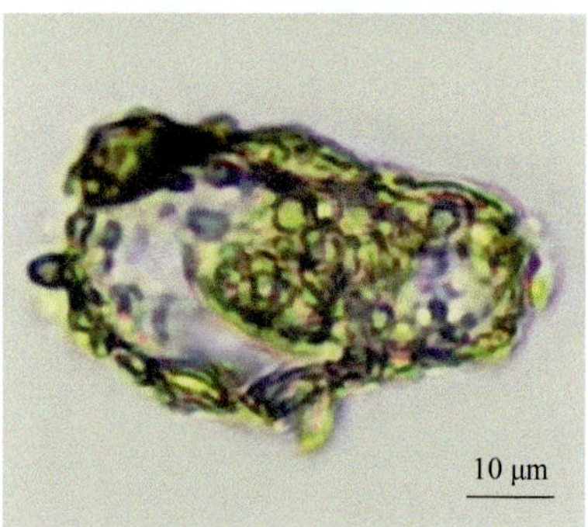

蚤砂壳虫 *Difflugia pulex*

25. 蚤砂壳虫 *Difflugia pulex* Penard, 1902

壳小，圆形壳体向前延伸成颈状部分，壳口圆，沿缘有一圈小砂粒。壳表附少量小砂粒，壳半透明，呈黄褐色。壳长 44 μm，壳宽 28 μm，壳口宽 18 μm。

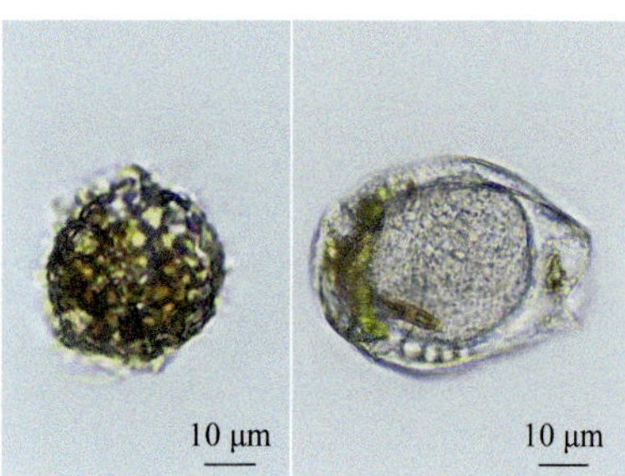

鳐颌砂壳虫 *Difflugia pristis*

26. 鳐颌砂壳虫 *Difflugia pristis* Penard, 1902

壳小，卵圆形，长为宽的 2 倍，壳口在前圆形。壳表附很多小砂粒，壳黑而往往不透明。壳长 32 ～ 45 μm，壳宽 22 ～ 38 μm，壳口宽 3 ～ 14 μm。

27. 切割咽壳虫 *Pontigulasia incisa* Rhumvler, 1896

隶属表壳虫目 Arcellinidae，砂壳科 Difflugiidze，咽壳虫属 *Pontigulasia*。壳呈梨形，略侧扁。圆球形壳体向前延伸为颈，颈与壳体分界明显，占壳体 1/3，有缢束，顶面观壳口圆，颈与壳体有一隔板相隔，有左右两个眉状侧孔，伪足由此眉孔穿过最后从壳口伸出。壳表面覆盖砂粒，并混杂硅藻空壳。壳长 145 μm，壳宽 90 μm，壳口宽 40 μm。

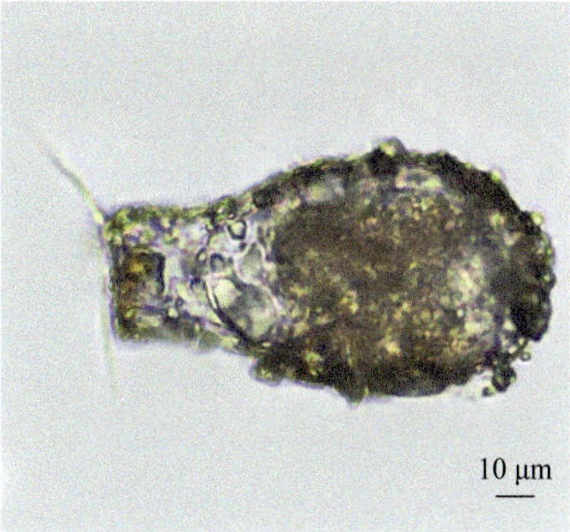

切割咽壳虫 *Pontigulasia incisa*

28. 针棘匣壳虫 *Centropyxis aculeata* Ehrenberg, 1838

隶属砂壳科 Difflugiidze，匣壳虫属 *Centropyxis*。壳的内层是一几丁质构成的膜，外层覆盖一层其本身分泌的生质体，包括砂质、硅质、石英质的无机矿物粒，有时还有硅藻残壳黏附其上。腹面观壳口近圆形，侧面观壳的前部扁平，壳前缘尤甚，向后逐渐鼓起。壳口呈圆形、椭圆形或叶形，偏离壳的中心。壳在壳口之后的两侧及后端均有刺，一般 4 ～ 6 个。壳呈淡黄色或深棕色。胞质无色，伪足指状。

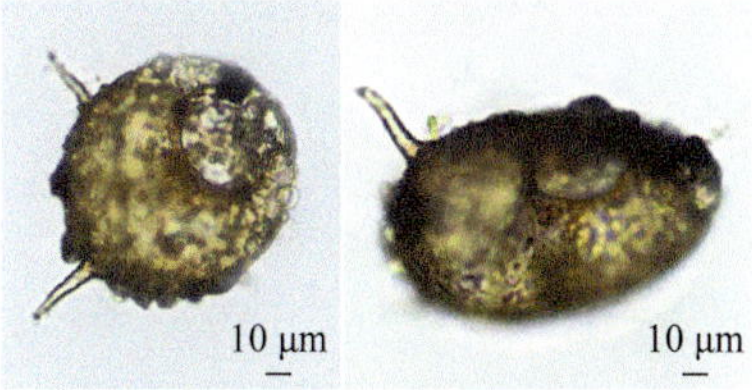

针棘匣壳虫 *Centropyxis aculeata*

29. 盘状匣壳虫 *Centropyxis discoides* Penard, 1890

腹面观壳十分扁平，近圆盘形。壳口圆形或不规则形，略偏离中心。壳后部有刺，短，1 ～ 7 个，壳上附着物稀疏。与针棘匣壳虫比较相似，但十分扁平，体较大，壳长 120 ～ 200 μm，壳宽 115 ～ 186 μm，壳口直径 50 ～ 70 μm，壳刺长 11 ～ 25 μm。

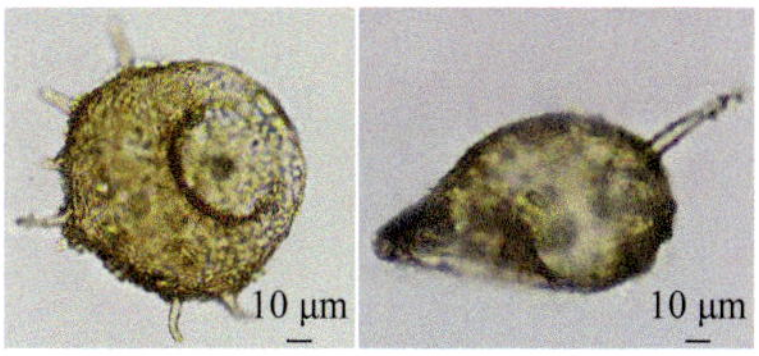

盘状匣壳虫 *Centropyxis discoides*

30. 圆口无棘匣壳虫 *Centropyxis ecornis leudyi* Thomas, 1957

壳近圆形，背腹扁平，壳表面覆盖较大颗粒，壳口呈规则的圆形，直径为壳长的 1/3。壳长 145 ～ 176 μm，壳宽 135 ～ 170 μm，壳口直径 50 ～ 70 μm。

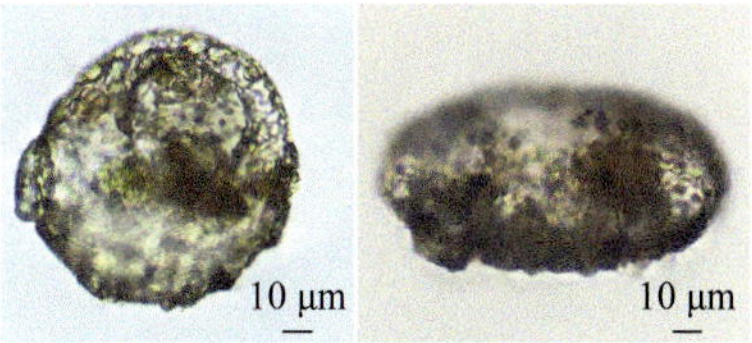

圆口无棘匣壳虫
Centropyxis ecornis leudyi

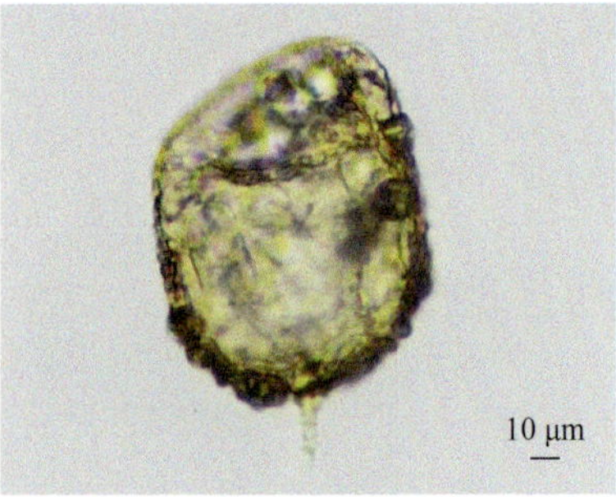

凸背匣壳虫 *Centropyxis gibba*

31. 凸背匣壳虫 *Centropyxis gibba* Deflandre, 1929

腹面观壳椭圆形，壳口靠近前端，口大，扁椭圆形。侧面观后背部耸起呈驼背状，其高度和宽度相等。壳表面覆盖细砂粒，壳后端有刺数个，驼背上也有刺，但刺很短。壳长 100 ～ 130 μm，壳宽 78 ～ 97 μm，壳口宽 38 ～ 50 μm，壳口高 26 ～ 32 μm。

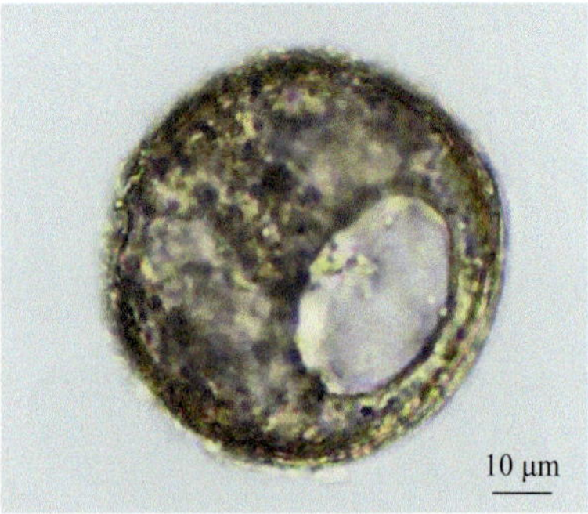

宽口圆壳虫 *Cyclopyxis eurostoms*

32. 宽口圆壳虫 *Cyclopyxis eurostoms* Deflandre, 1929

隶属砂壳科 Difflugiidze，圆壳虫属 *Cyclopyxis*。背腹面观壳和壳口均呈圆形，壳直径 52 ～ 60 μm，壳口大，位于前端正中央稍内陷，直径 30 ～ 32 μm，壳高 42 ～ 45 μm，约占壳径的 3/4。壳表面附有砂粒。

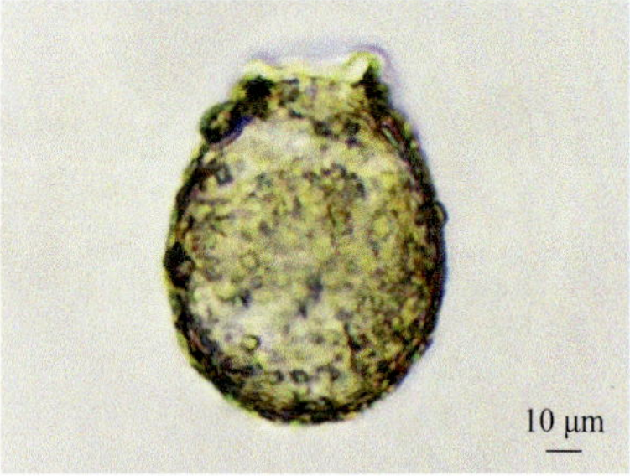

杂葫芦虫 *Cucurbitella mespiliformis*

33. 杂葫芦虫 *Cucurbitella mespiliformis* Penard, 1902

隶属砂壳科 Difflugiidze，葫芦虫属 *Cucurbitella*。虫体椭球形，几丁质壳由颈部和本体两部分组成，分界明显。壳表面附有大小不等的砂粒，颈部砂粒少。壳长 88 ～ 130 μm，壳宽 77 ～ 104 μm。侧面观壳口处有领状突起，颈长 15 ～ 16 μm，颈宽 31 ～ 44 μm，壳口顶面观呈 3 裂叶形。

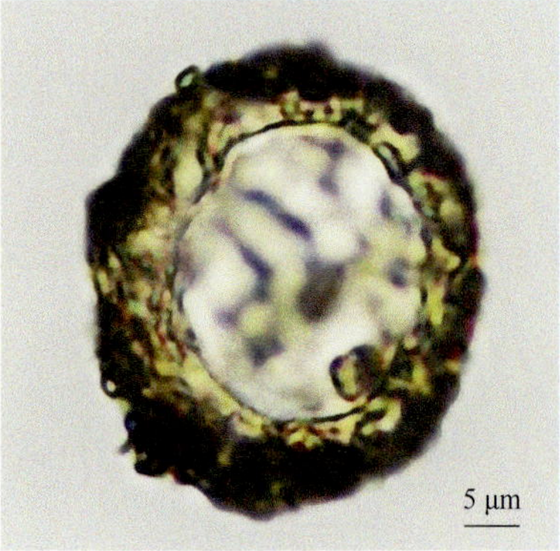

半球法帽虫 *Phryganella hemisphaericaa*

34. 半球法帽虫 *Phryganella hemisphaericaa* Penard, 1902

隶属表壳目 Arcellinidae，隐砂壳科 Cryptodiffluguidae，法帽虫属 *Phryganella*。壳较小，直径 40 ～ 55 μm，壳高 22 ～ 32 μm，壳口 25 ～ 32 μm。背腹面观均呈圆形，侧面观半球形。壳呈黄色或黄褐色，壳上附有砂粒或硅藻空壳。

35. 结节鳞壳虫 *Euglypha tuberculata* Dujardin, 1841

隶属表壳虫目 Arcellinidae，鳞壳科 Euglyphidae，鳞壳虫属 *Euglypha*。壳呈宽阔的或长的卵圆形，透明光滑无刺，壳口垂直于总轴。横切面是圆的，不侧扁，壳顶浑圆，壳口也是圆的。壳本体的鳞片呈圆形或卵圆形，作覆瓦状排列。壳口的鳞片共计 8 ～ 12 片，列为 2 行，其鳞片有细致的、4 ～ 5 片的锯齿状缺刻。

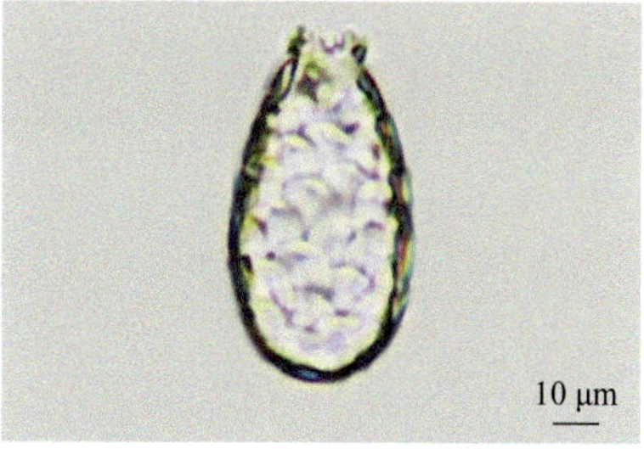

结节鳞壳虫 *Euglypha tuberculata*

36. 矛状鳞壳虫 *Euglypha laenis* Perty, 1852

壳体光滑无刺，壳口垂直于总轴。壳卵圆形，侧扁，横切面椭圆形。壳口呈卵圆形，有 8 个鳞片包围，该鳞片是尖的。细胞质无色。

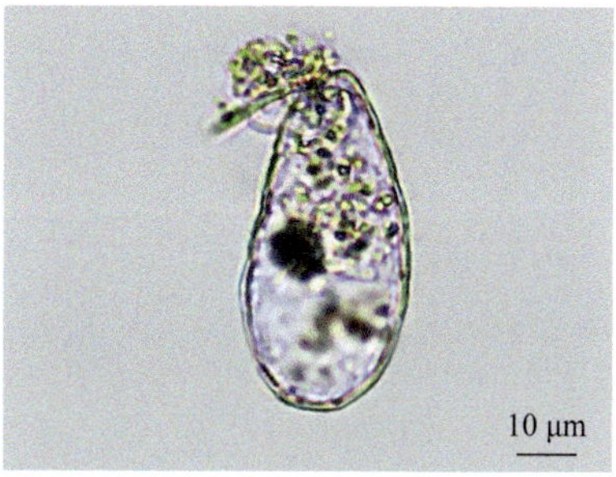

矛状鳞壳虫 *Euglypha laenis*

37. 有棘鳞壳虫 *Euglypha acanthophora* Perty, 1849

壳呈卵圆形，后部较浑圆，向壳口略变窄，壳不侧扁，横切面圆形。壳体后端有 3 ～ 7 个刺，长而分散，有时无刺。壳长 72 ～ 100 μm，壳宽 42 ～ 55 μm。壳口宽 22 ～ 30 μm，刺长 18 ～ 35 μm。

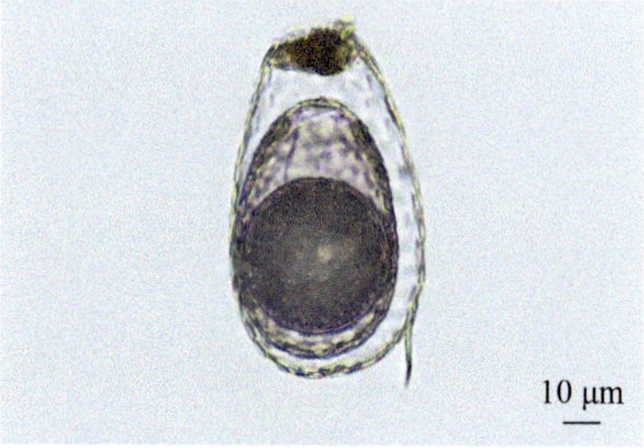

有棘鳞壳虫 *Euglypha acanthophora*

38. 长圆鳞壳虫 *Euglypha rotunda* Wailes, 1912

壳呈长圆形，侧扁，横切面椭圆形，后部浑圆。壳体光滑无刺，壳口垂直于总轴。狭面宽为宽面宽的 3/4。壳口圆形，围有 6 ～ 8 个尖的鳞片。壳体上的鳞片椭圆形。壳长 50 μm，壳宽 28 μm，壳口宽 12 μm。

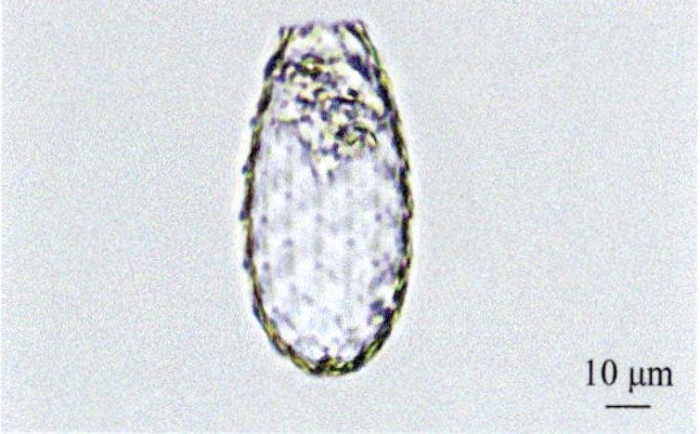

长圆鳞壳虫 *Euglypha rotunda*

39. 线条三足虫 *Trinema lineare* Penard, 1890

隶属鳞壳科 Euglyphidae，三足虫属 *Trinema*。壳小，长卵圆形，透明或黄色、红褐色。侧扁，除几丁质内膜外，表面覆盖着来自生质体的硅质圆形鳞片，呈覆瓦状互相重叠，但很模糊，表面光滑，壳两侧弧形。壳口离开腹面前端很远，圆形，内陷较深。原生质清澈，内有 1 个细胞核，1 ～ 2 个伸缩泡。伪足线状，不分枝，常伸出 3 个伪足。壳长 25 ～ 30 μm，壳宽 10 ～ 14 μm，壳口 5 ～ 7 μm。

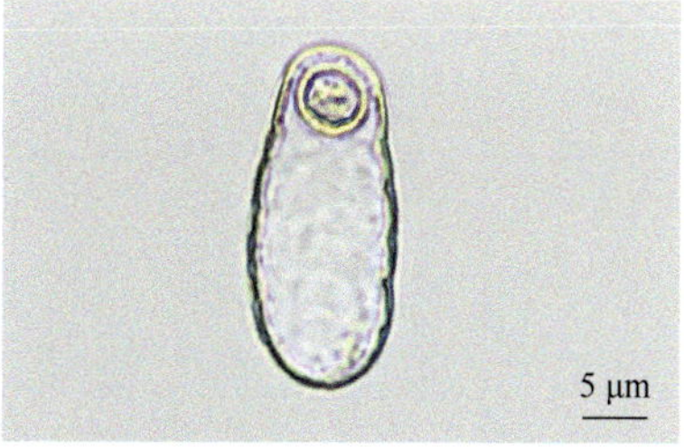

线条三足虫 *Trinema lineare*

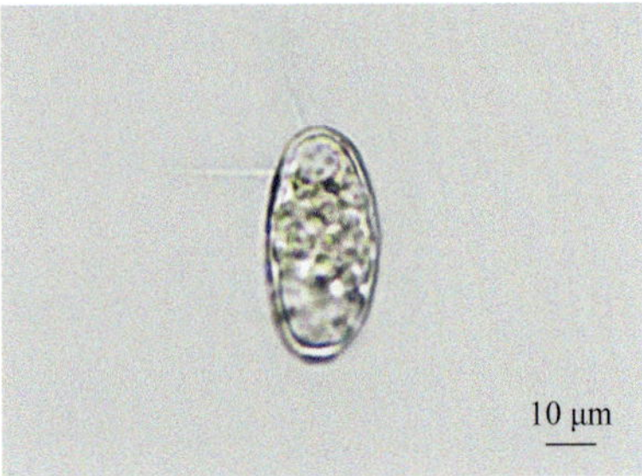

斜口三足虫 *Trinema enchelys*

40. 斜口三足虫 *Trinema enchelys* Erenberg, 1838

壳较大，长卵圆形。伪足线状，常见 3 个伪足。鳞片卵圆形。壳长 35 ～ 80 μm，壳宽 14 ～ 45 μm，壳口直径 6 ～ 16 μm。

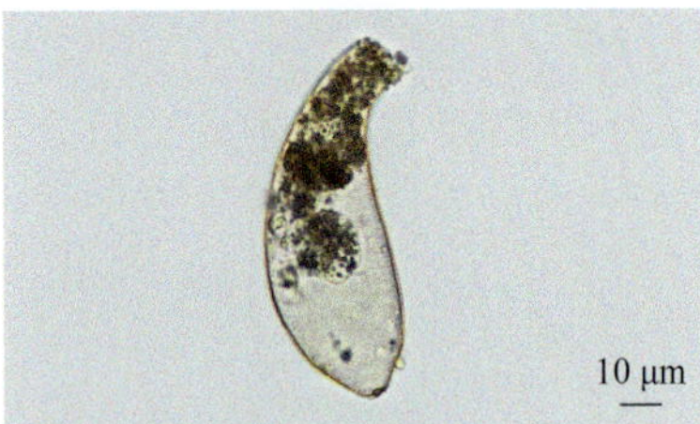

透明坛状曲颈虫
Cyphoderia ampulla vitraea

41. 透明坛状曲颈虫 *Cyphoderia ampulla vitraea* Wailes. Et Penard, 1911

隶属鳞壳科 Euglyphidae，曲颈虫属 *Cyphoderia*。虫体外有一硅质壳，透明。外层有花纹，壳形扭曲成曲颈瓶状。壳长 62 μm，壳宽 30 μm。壳口宽 11 μm。

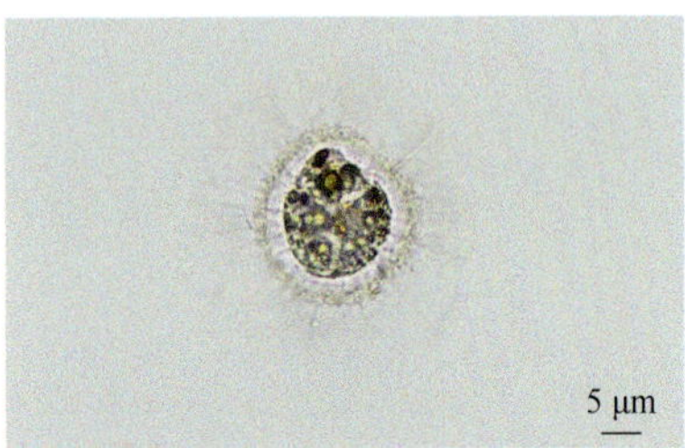

针棘刺胞虫 *Acanthocystis aculeata*

42. 针棘刺胞虫 *Acanthocystis aculeata* Hertwig & Lasser, 1874

隶属叶足纲 Phyllopoda，太阳目 Heliozona，刺胞科 Acanthocystidae，刺胞虫属 *Acanthocystis*。由几层正切排列的鳞片组成外包的里层，相当厚实。其外有辐射伸出的刺，刺长不超过身体的 1/2，刺的基部粗壮，向前削尖，末端很尖，直或微弯，整个刺呈鞋钉状，是本种的主要特征。鳞片铲形或杆形，原生质灰色，内、外质界限不明显，细胞核偏位。1 个伸缩泡。轴丝由中心体伸出。伪足长而细，可达身体直径的 4 ～ 5 倍。

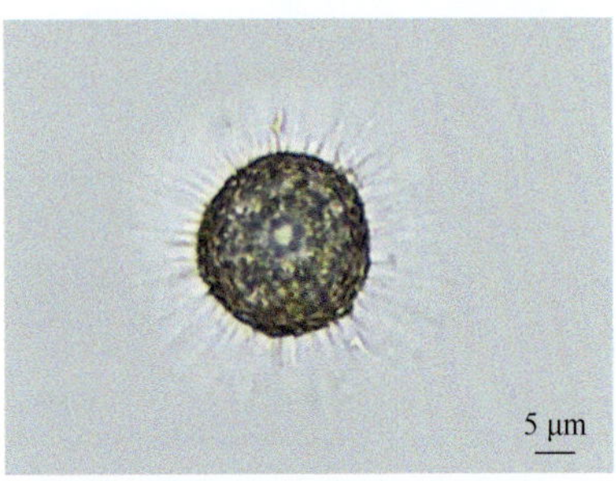

短棘刺胞虫 *Acanthocystis brevicirrhis*

43. 短棘刺胞虫 *Acanthocystis brevicirrhis* Perty, 1852

与针棘刺胞虫相似，主要区别为棘刺较短。

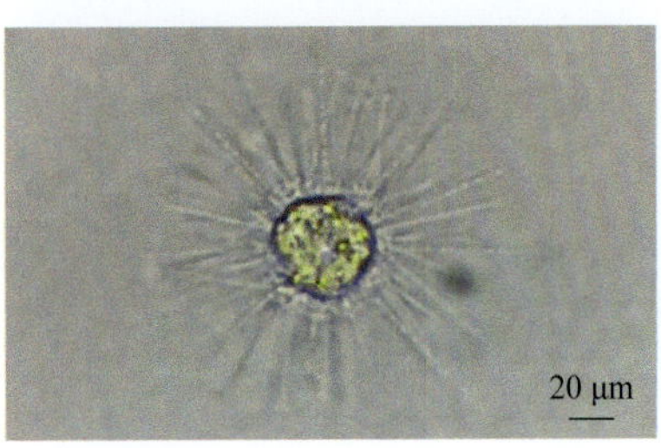

叉棘刺胞虫 *Acanthocystis chactophora*

44. 叉棘刺胞虫 *Acanthocystis chactophora* Schrank, 1803

棘刺长短相间排列，短刺末端分叉。鳞片铲形或杆形，原生质灰色，内、外质界限不明显，细胞核偏位。1 个伸缩泡。轴丝由中心体伸出。伪足长而细，可达身体直径的 4 ～ 5 倍。

45. 轴丝光球虫 *Actinosphaerium eichhorni* Ehrenberg, 1840

隶属太阳虫目 Heliozona，太阳科 Actinophryidae，光球虫属 *Actinosphaerium*。外壳为二层不规则的空泡构成，十分透明。内质的原生质较为致密，不透明，也有空泡，但小很多，有 2 个伸缩泡。核数个，分散在内质中。伪足的轴丝自内、外质之间辐射伸出，有外质包围轴丝。

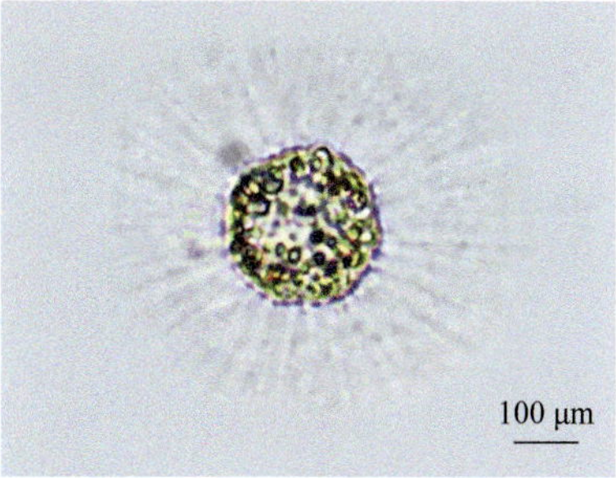

轴丝光球虫 *Actinosphaerium eichhorni*

46. 放射太阳虫 *Actinophrys sol* Ehrenberg, 1830

隶属太阳科 Actinophryidae，太阳虫属 *Actinophrys*。虫体呈圆球形，外有光滑的膜状外包，体内中央有 1 个大的细胞核，外包与核之间充满着细胞质。外质透明，内含许多大的空泡，还可见 1 ～ 3 个伸缩泡。内质呈颗粒状，所含空泡却小得多。有众多细长的轴足。轴足内含轴纤丝，轴纤丝终止于细胞核，轴纤丝在一定条件下可装配与分解，因此轴足可伸展与萎缩。

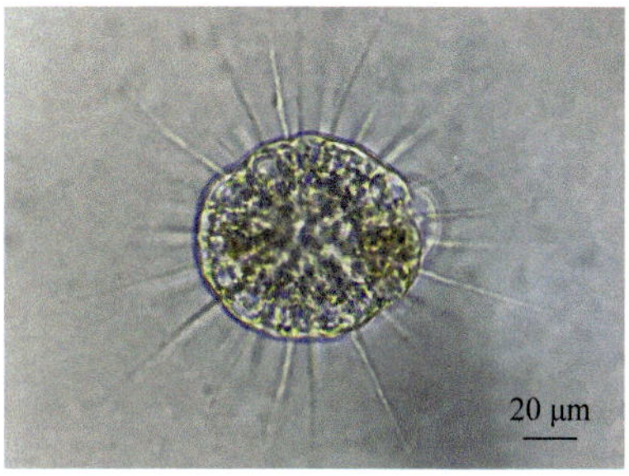

放射太阳虫 *Actinophrys sol*

47. 团球领鞭虫 *Sphaeroeca volvox* Lauterborn, 1894

隶属肉鞭动物门 Sarcomastigophora，鞭毛亚门 Mastigophora，动鞭毛纲 Zoomastigophorea，领鞭目 Choanoflagellida，单鞭毛科 Monosigidae，球领鞭虫属 *Sphaeroeca*。虫体为球形群体。虫体呈梨形或卵圆形，周质形成的领围着前面的鞭毛，有柄，排在胶状球形的表面，鞭毛直接伸出群体外。每个群体体细胞数目大，游动时为旋转的椭圆形群体，浮游。分布于淡水和半咸水。

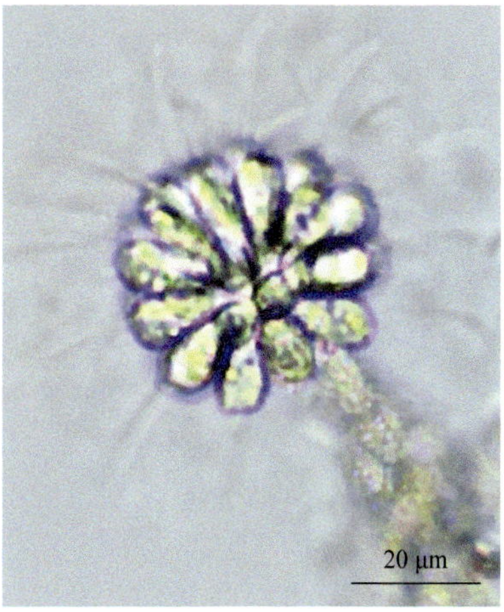

团球领鞭虫 *Sphaeroeca volvox*

48. 腔裸口虫 *Holophrya atra* Svec, 1897

隶属纤毛门 Ciliophora，动基片纲 Kinetofragminophora，裸口亚纲 Gymnostomatia，前口目 Prostomatida，裸口科 Holophryidae，裸口虫属 *Holophrya*。体呈卵圆形，柔软，略能伸缩。胞口位于前端，圆形。胞咽漏斗状，短，没有刺杆。体纤毛短而密，分布均匀。大核 1 个，椭圆形，小核 1 个，贴附于大核上。伸缩泡 1 个，位于后端。体长 70 μm，固定收缩后体长 40 ～ 50 μm。

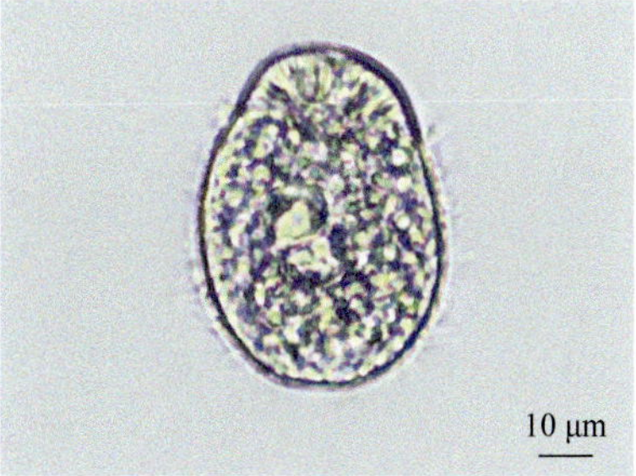

腔裸口虫 *Holophrya atra*

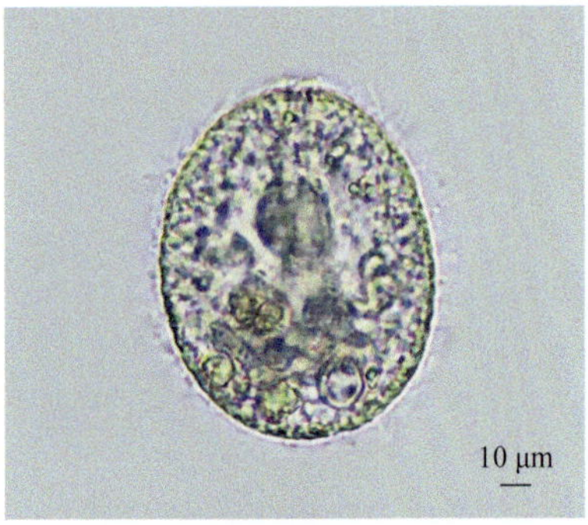

绿色前管虫 *Prorodon viridis*

49. 绿色前管虫 *Prorodon viridis* Ehrenberg-Kahl, 1927

隶属前口目 Prostomatida，前管科 Prorodonntidae，前管虫属 *Prorodon*。体呈椭圆形，两端较为平直。胞口位于前端，由双层刺杆组成胞咽。胞口边缘有弯向口内较长的纤毛，此外还有背刚毛。体纤毛密，行距较宽，约 60 行，后端有一束较长的尾纤毛。外质发亮，内质刚毛共生绿藻，故呈黑绿色，也能吞食藻类和细菌。大核 1 个，圆形，位于体中央，伸缩泡 1 个，位于后端。体长 120 μm。

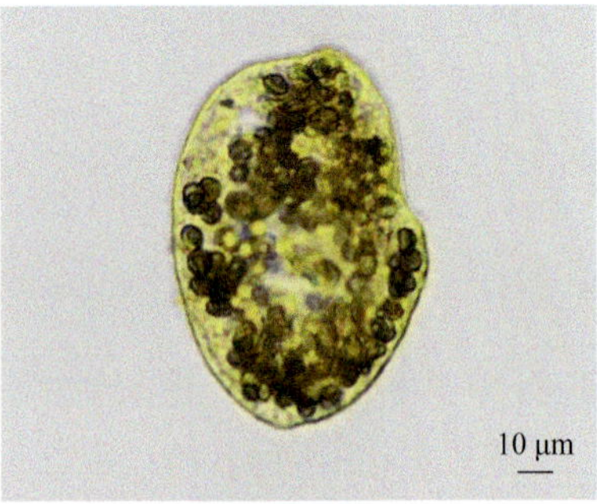

卵圆前管虫 *Prorodon ovum*

50. 卵圆前管虫 *Prorodon ovum* Ehrenberg-Kahl, 1930

体较小，呈规则的卵圆形，体长 80 ～ 100 μm。胞口圆形，位于前端，由双层刺杆组成胞咽，漏斗状伸向体内。纤毛短而密，行距较宽，共 45 ～ 80 行，有时有数根略长于体纤毛的尾纤毛。背面毛明显，较直。大核 1 个，椭圆形，小核 1 个贴附于大核上。伸缩泡 1 个，位于后端。

毛板壳虫 *Coleps hirtus*

51. 毛板壳虫 *Coleps hirtus* Nitzach, 1817

隶属前口目 Prostomatida，板壳科 Colepidae，板壳虫属 *Coleps*。体呈榴弹形或圆筒形。亦称榴弹虫。体长为体宽的 2 倍，外质有 15 ～ 20 行板壳，亦有横沟分为 6 段。围口板偶尔向外伸出的侧刺。围肛板有 3 个很凸出的刺。有 1 根尾纤毛。分布广。

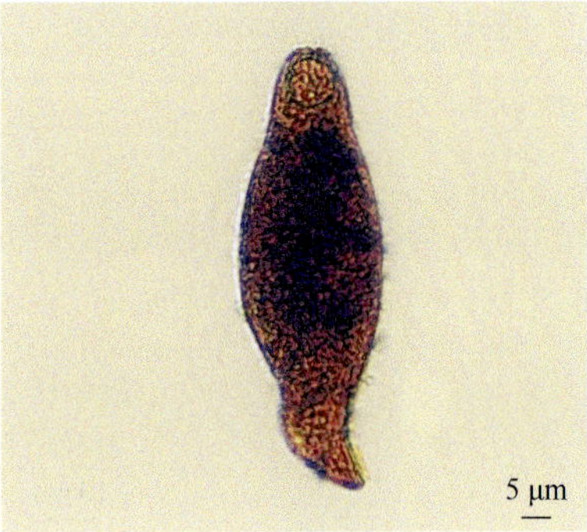

刀刀口虫 *Spathidium spathula*

52. 刀刀口虫 *Spathidium spathula* Müller, 1786

隶属前口目 Prostomatida，刀口科 Spathidiidae，刀口虫属 *Spathidium*。体呈袋状，左右侧扁，体长 60 ～ 150 μm，口面平截而倾斜。胞口裂缝状，口缘隆起，内充满毒丝泡，体纤毛均匀，3 列背触毛，体毛基索 18 ～ 24 行，大核腊肠状，伸缩泡 1 个，后位。

53. 唇斜吻虫 *Enchelydium labeo* Pennard, 1922

隶属刀口科 Spathidium，斜吻虫属 *Enchelydium*。体小，呈不对称的卵圆形，前部向腹面微弯。前端胞口隆起物厚，略呈颈状与虫体分开，胞口呈狭长的穴洞向咽内陷入，咽内具有刺丝泡。体上纤毛行距较宽，分布稀疏。有背刚毛，大核 1 个，椭圆形。伸缩泡 1 个，在虫体后端。体长 42 ～ 50 μm。

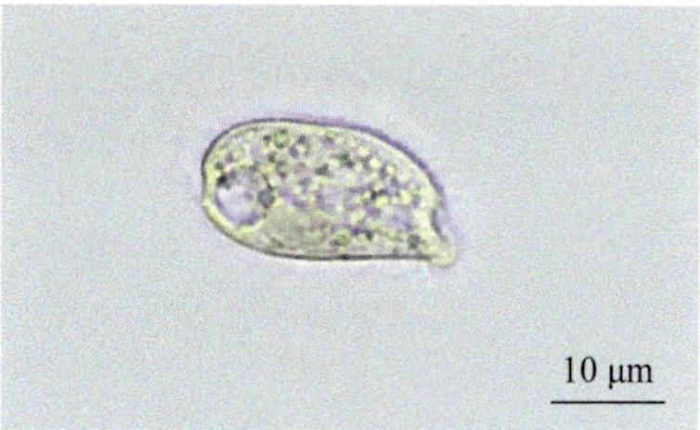

唇斜吻虫 *Enchelydium labeo*

54. 锥瓶口虫 *Lagynophrya conifera* Kahl, 1930

隶属前口目 Prostomatida，斜吻虫科 Enchelyidae，瓶口虫属 *Lagynophrya*。体呈不对称的卵圆形，前端有一个栓塞状突起，呈圆锥形收缩，在此有胞咽伸入体内，胞咽有明显的刺杆，体纤毛行距非常窄，纤毛长而密，全身均匀分布。大核肾形，位于体中部，伸缩泡 1 个，在后端。体长 80 μm。

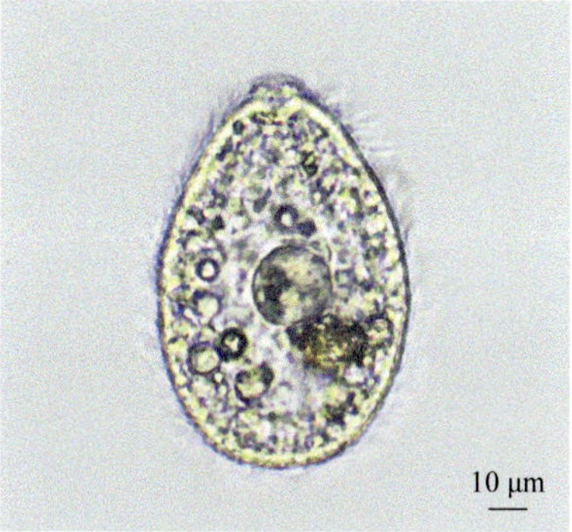

锥瓶口虫 *Lagynophrya conifera*

55. 匕瓶口虫 *Lagynophrya doliform*

隶属斜吻虫科 Enchelyidae，瓶口虫属 *Lagynophrya*。体呈卵圆形，柔软，略能伸缩。胞口位于前端，圆形。胞咽漏斗状，长，匕首状，没有刺杆。体纤毛短而密，分布均匀。大核 1 个，椭圆形，小核 1 个，贴附于大核上。伸缩泡 1 个，位于后端。

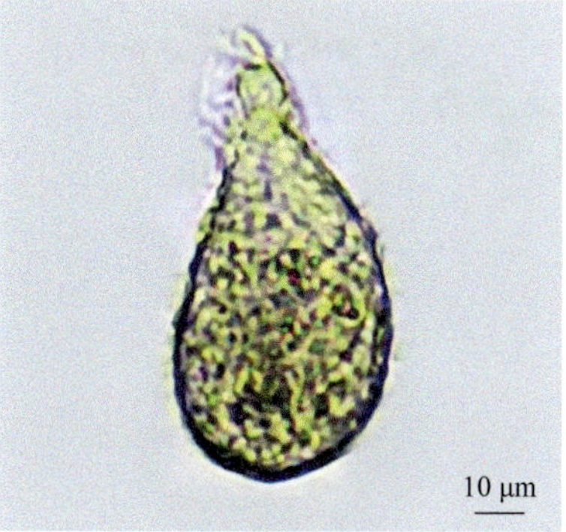

匕瓶口虫 *Lagynophrya doliform*

56. 天鹅长吻虫 *Lacrymaria olor* O. F. Müller, 1776

隶属斜吻虫科 Enchelyidae，长吻虫属 *Lacrymaria*。体大，250 ～ 400 μm，呈纵长纺锤形，躯干部分较宽，后端尖，向前延伸一个长的、伸缩性强的、伸缩自如的细颈，颈可延伸为体躯的 4 ～ 5 倍。“头节”有环沟分为上、下两部，环沟内有密而长的硬纤毛，胞口在顶端，胞咽有刺杆，体后端宽圆或窄而钝尖，体纤毛向右呈螺旋状排列，大核 2 个，伸缩泡 2 个，在体前后部。

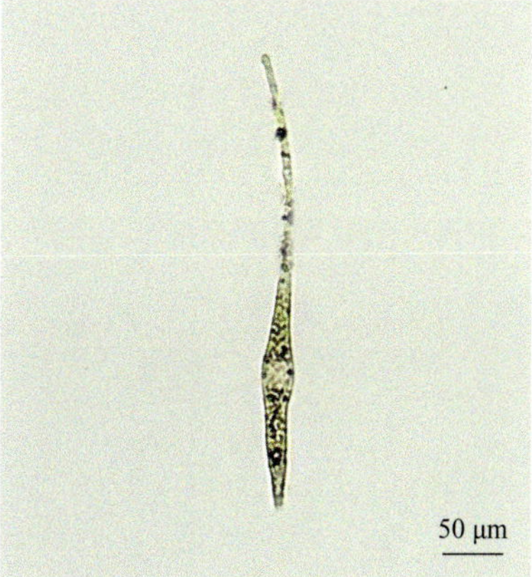

天鹅长吻虫 *Lacrymaria olor*

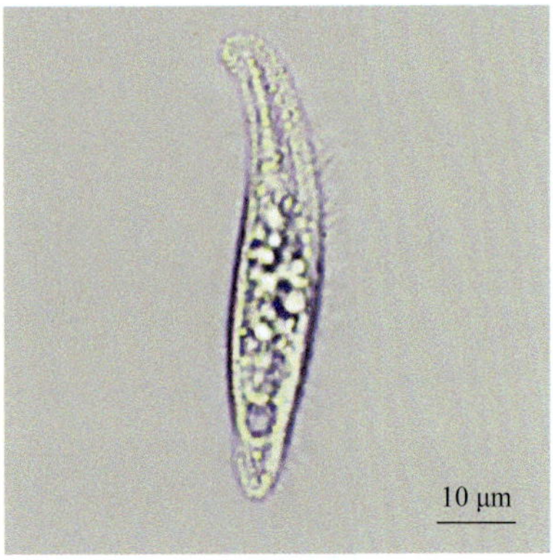

卑怯管叶虫 *Trachelophyllum pusillum*

57. 卑怯管叶虫 *Trachelophyllum pusillum* Perty-Claparede & Lachmann, 1858

隶属斜吻虫科 Enchelyidae，管叶虫属 *Trachelophyllum*。体矛状和针叶状。长度约为宽度的 4 倍。1/3 前端为颈状。后端浑圆。胞口和胞咽系狭窄的长管，由刺杆组成。胞咽不向前伸出。体纤毛长而稀。大核 2 个，椭圆形，伸缩泡 1 个，后位。长 40 ～ 55 μm，宽 10 ～ 14 μm。

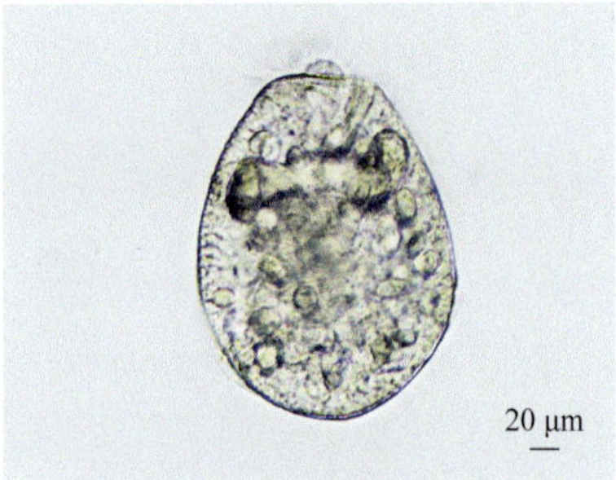

单环栉毛虫 *Didinium balbianii*

58. 单环栉毛虫 *Didinium balbianii* Fabre-Domergue, 1888

隶属钩刺目 Haptorida，栉毛科 Didiniidae，栉毛虫属 *Didinium*。虫体圆桶形，体长为体宽的 2 倍，前端伸出的吻短而宽，顶端为胞口，引入胞咽，咽内有刺杆，后端浑圆。体前有一圈纤毛环，环上纤毛栉为斜向排列。体表面有很弱的纵走条纹，纤毛退化。内质清澈，无色，含有少量颗粒。大核马蹄形，位于体中部，小核不易看到。伸缩泡 1 个，后位。体长 66 μm。

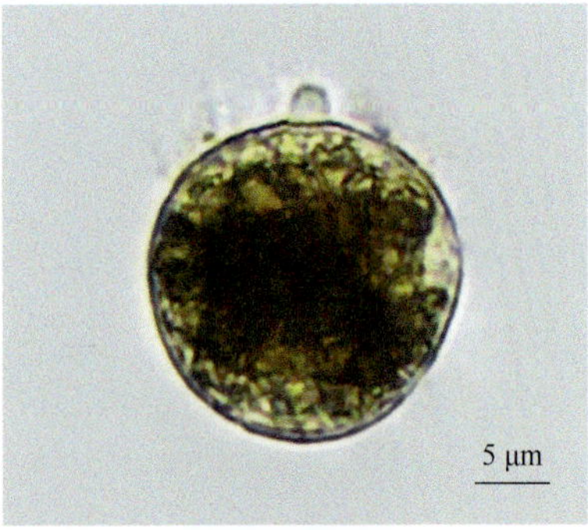

小单环栉毛虫
Didinium balbianit nanum

59. 小单环栉毛虫 *Didinium balbianit nanum* Kahl, 1930

虫体椭圆形或球形，前端中央有一短的吻突，胞口在吻突的顶端。胞咽有长的刺杆支撑。体纤毛退化，由一个排列整齐的梳状纤毛桎形成的纤毛环围绕。大核 1 个肾形或长椭圆形，伸缩泡 1 个，在后端中央。体长 20 ～ 30 μm。

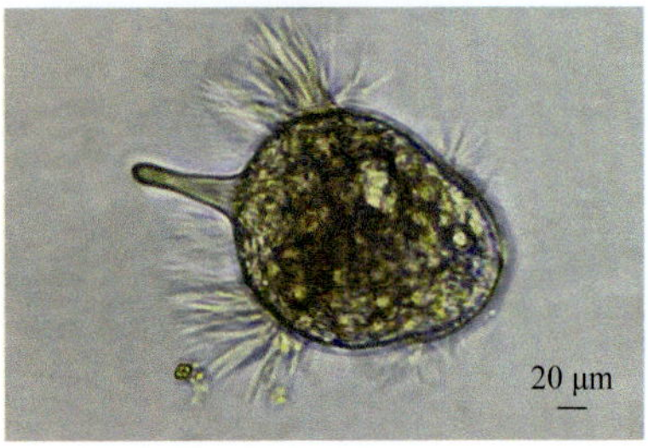

双环栉毛虫 *Didinium nasufum*

60. 双环栉毛虫 *Didinium nasufum* O. F. Müller, 1786

细胞呈圆桶形，前端中央有一吻突，胞口位于吻突的顶端。身体前端和中部各有 1 圈纤毛环绕，纤毛环上的纤毛整齐排列成梳状的纤毛栉，身体其他部分无纤毛。1 个大核在体中部，马蹄形。2 ～ 4 个小核。伸缩泡 1 个在体后端，其两侧有辅助泡。体长 80 ～ 150 μm，固定后收缩体长最长约 120 μm。

61. 团焰毛虫 *Askenasia volvox* Claparede and Lachmann, 1858

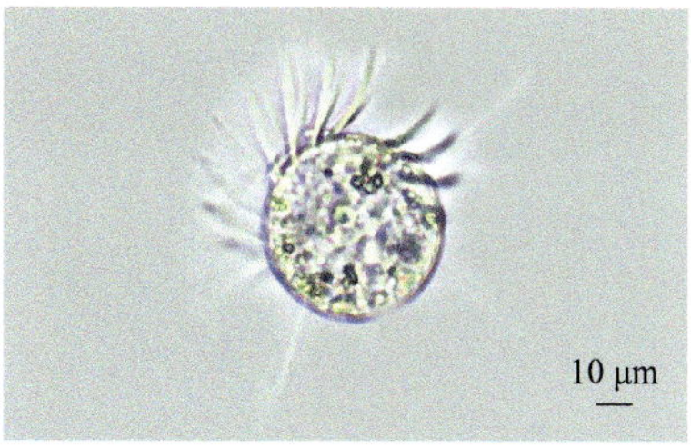

团焰毛虫 *Askenasia volvox*

隶属栉毛科 Didiniidae，焰毛虫属 *Askenasia*。虫体卵圆形，体向前呈圆锥形凸出，顶端不凸出成吻，体有两环栉纤毛环。体长约 50 μm。分布有机质较多的水体，在培养缸中常常大量出现。

62. 贪食射纤虫 *Actinobolina vorax* Wenrick, 1929

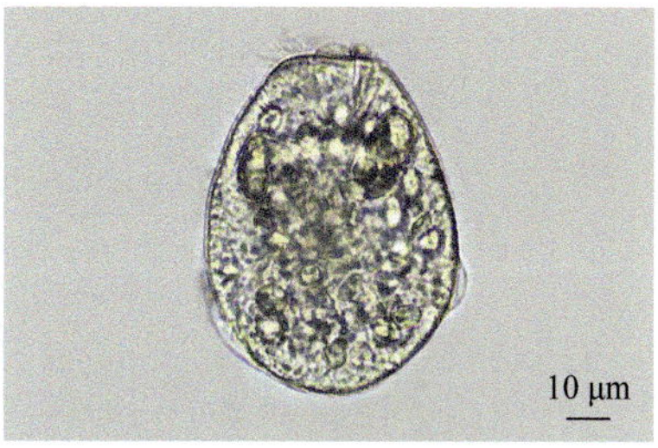

贪食射纤虫 *Actinobolina vorax*

隶属钩刺目 Haptorida，射纤科 Actinobolinidae，射纤虫属 *Actinobolina*。体呈规则的卵形，前部总较狭窄。胞口在前端，胞咽内有刺杆。触手均匀地分布于体纤毛间。大核呈卷曲的长带形，伸缩泡 1 个，分布于后端。体长 100 μm，收缩后 76 μm。

63. 钝漫游虫 *Litonotus obtusus* Maupas, 1888

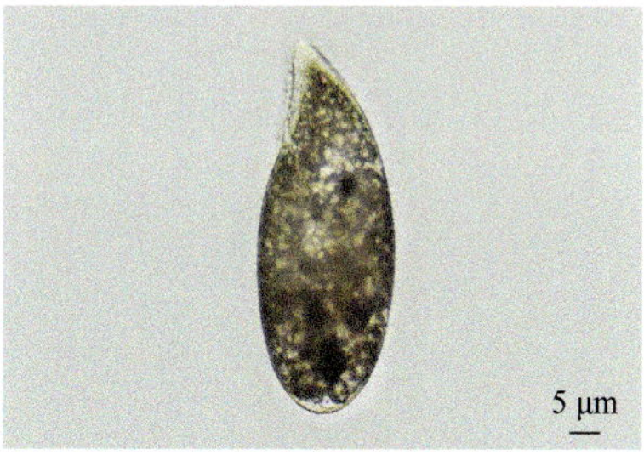

钝漫游虫 *Litonotus obtusus*

隶属裸口亚纲 Gymnostomatia，侧口目 Pleurostomatida，裂口虫科 Amphileptidae，漫游虫属 *Litonotus*。体呈矛状，侧扁，左面躯干部分显著隆起，口在前侧缘裂缝状，口缘有柔细的刺丝泡。颈尾分界不明显，伸缩泡 2 个。体长 48 ～ 80 μm。分布广。

64. 片状漫游虫 *Litonotus fasciola* Ehrenberg-Wrzeaniowski, 1870

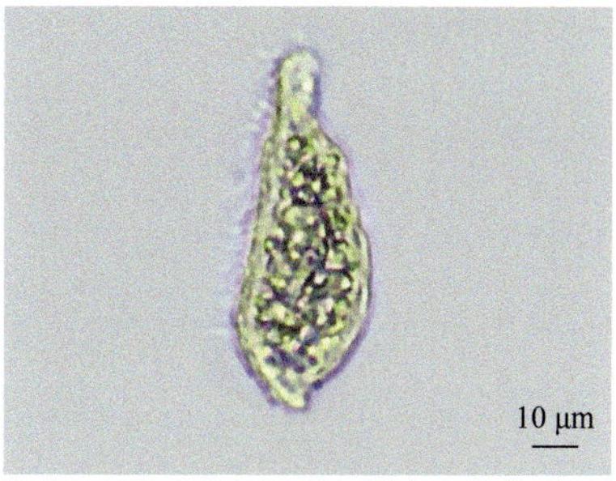

片状漫游虫 *Litonotus fasciola*

体呈矛状，侧扁，左面躯干部分显著隆起，有细颈和长尾。口在前侧缘裂缝状，无刺丝泡。颈尾分界明显，伸缩泡 2 个。体长 48 ～ 80 μm。

65. 僧帽斜管虫 *Chilodonella cucullulus* O. F. Müller, 1786

僧帽斜管虫 *Chilodonella cucullulus*

隶属动基片纲 Kinetofragminophora，下口亚纲 Hypostomata，管口目 Cyrtophorida，斜管科 Chilodonellidae，斜管虫属 *Chilodonella*。体大，呈不规则的椭圆形，前半部较后半部宽。左前缘有不明显的吻突，整个腹面均有纤毛，约 19 ～ 20 行。大核在中部，椭圆形，伸缩泡多个，分散。

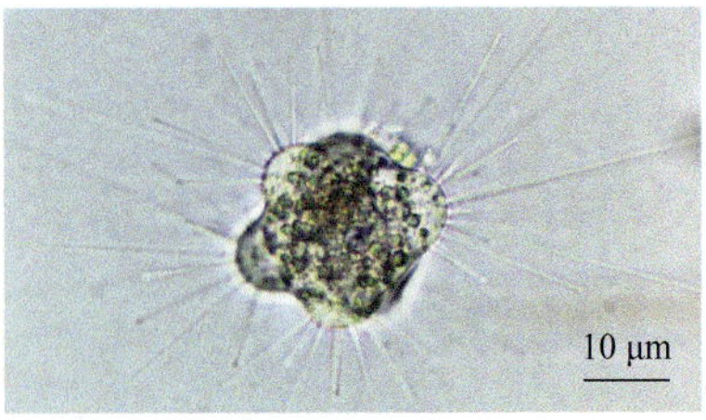

累枝毛吸管虫 *Trichophrya epistylidis*

66. 累枝毛吸管虫 *Trichophrya epistylidis* Claparede & Lachmann, 1861

隶属动基片纲 Kinetofragminophora，吸管亚纲 Suctoria，吸管虫目 Suctorida，枝管科 Dendrosomidae，毛吸管虫属 *Trichophrya*。虫体为不规则的球形，无柄，乳头状触手长，很规则地成簇排列。大核马蹄形。伸缩泡多个。

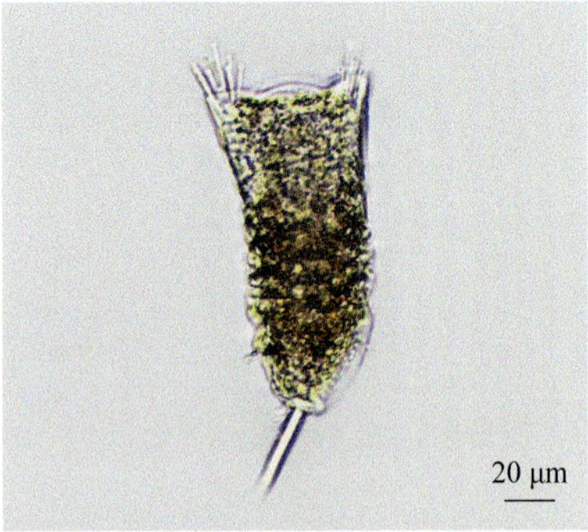

结节壳吸管虫 *Acineta tatuberrosa*

67. 结节壳吸管虫 *Acineta tatuberrosa* Ehrenberg, 1838

隶属吸管虫目 Suctorida，壳吸管科 Acineta，壳吸管虫属 *Acineta*。幼体有纤毛，成虫纤毛消失，有长短不一的吸管。虫体有鞘，扁平，后端有柄，柄长约为体长的 1.5 倍。吸管汇集 2 簇，分别在虫体前端两侧。壳长 60 ～ 120 μm，柄长 50 ～ 380 μm。

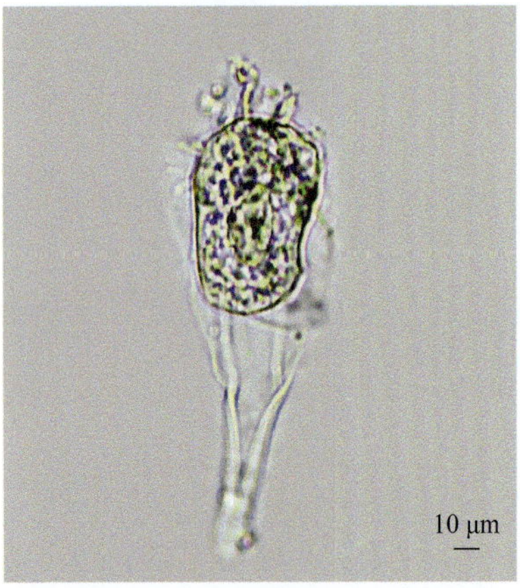

长柄球吸管虫 *Metacineta macrocaulis*

68. 长柄球吸管虫 *Metacineta macrocaulis* (Stokes, 1887) Matthes, 1954

隶属吸管虫目 Suctirida，足吸管科 Podophrya，球吸管虫属 *Metacineta*。虫体由椭圆形细胞和透明的鞘组成，细胞位于鞘的上部。虫体细胞顶面观球形，鞘为一多边形结构围着细胞体，鞘上部膨大为倒钟形，且在两侧各有 2 列突起。下端呈柄状，通常以鞘底端固着生活，吸管 33 个，在细胞顶部放射状均匀分布，末端膨大成球。大核 1 个，呈球形或楔形，伸缩泡 1 个，位于细胞边缘。

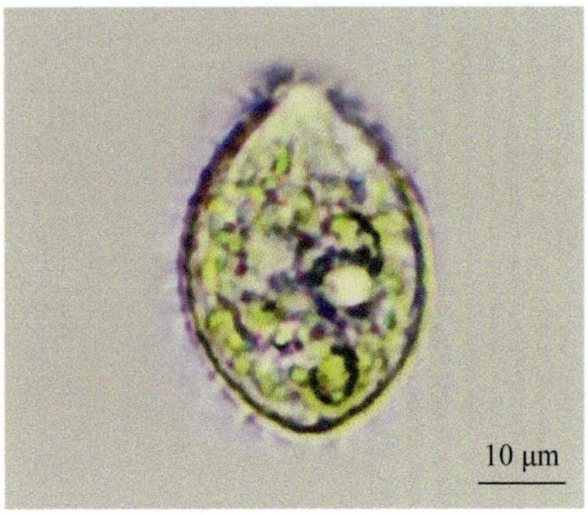

梨形四膜虫 *Tetrahymena pyrifomis*

69. 梨形四膜虫 *Tetrahymena pyrifomis* Ehrenberg, 1830

隶属纤毛门 Ciliophora，寡膜纲 Oligohymenophorea，膜口目 Hymenostomatida，四膜科 Tetrahymennidae，四膜虫属 *Tetrahymena*。身体较小，呈梨形，前端略尖削，后端浑圆。体长 39 ～ 43 μm，长宽比约 2 ∶ 1，一般在身体中部最宽，背腹面不大会压缩。胞口位于腹面接近前端，呈两侧对称的梨形、很小、它的长度只有体长的 1/9 左右；纵轴和体轴相并行，胞口左侧下面有一由外质表膜所形成的隆起之脊，但不显著。沿着胞口右侧有一相当宽的波动膜，左侧有 3 片很小的波状小膜。分布在全身的纤毛很均匀，纵长，行列 17 ～ 23 行，其中 2 行位于后端。内质往往含有较多的食物泡和颗粒。大核圆形，通常位于身体中部，小核 1 个或无，附着在大核上。

70. 尾草履虫 *Paramecium caudatum* Ehrenberg, 1838

隶属膜口目 Hymenostomatida，草履科 Parameciidae，草履虫属 *Paramecium*。体细长 150 ～ 300 μm，较大，背腹面不侧扁，后端明显尖削。口沟发达，口沟引入口腔，口腔内右边有 1 个口内膜，左边有 2 个波动膜及 1 个四分膜。全身均匀地布满体纤毛。外质有刺丝泡，大核 1 个，小核 1 个。伸缩泡 2 个，一前一后，每个主泡周围有几个辐射状的收集管伸向全身。

尾草履虫 *Paramecium caudatum*

71. 绿草履虫 *Paramecium bursaria* (Ehrenberg) Socke, 1836

体细长 110 ～ 150 μm，与尾草履虫不同的是体较短而宽，背腹面稍许侧扁，后端浑圆。大核 1 个，小核 1 个。体内有共生绿藻。

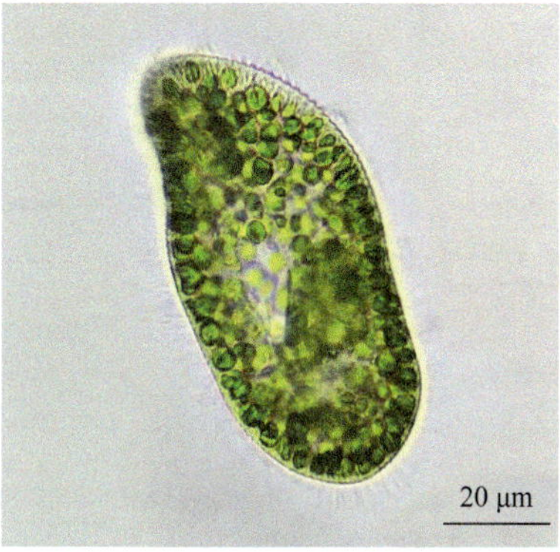

绿草履虫 *Paramecium bursaria*

72. 尖前口虫 *Frontonia acuminata* Ehrenberg, 1833

隶属膜口目 Hymenostomatida，前口虫科 Frontoniidae，前口虫属 *Frontonia*。体宽卵形，前端浑圆，后端微窄，末端有一细小的尖突，胞口在 1/3 的腹面，大核及伸缩泡各 1 个，中位，有 2 ～ 3 个排泄小孔。

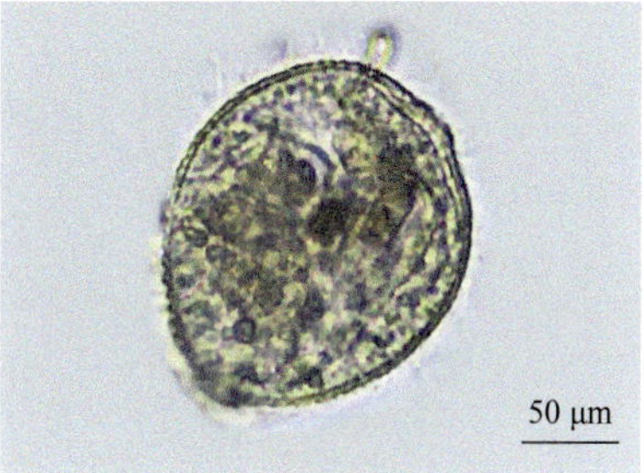

尖前口虫 *Frontonia acuminata*

73. 暗尾丝虫 *Uronema nigricans* (Müller) Maupas, 1883

隶属寡膜纲 Oligohymenophorea，盾纤目 Scuticociliatida，尾丝科 Uronematidae，尾丝虫属 *Uronema*。体长卵形，长宽比 2 ∶ 1。前端平截而稍下陷，后端宽而浑圆。腹面前端偏向右侧扁平，有一微弱凹陷，胞口即在凹陷的底部。胞口右侧有一小的舌形纤毛膜。表膜有波曲的条纹。除前端平截处外，体纤毛均匀分布。体后端有 1 根长纤毛。大核圆形，在前半部，小核附其上。伸缩泡 1 个在后端。体长 30 ～ 50 μm，宽 15 ～ 24 μm。分布广，海淡水均有分布。

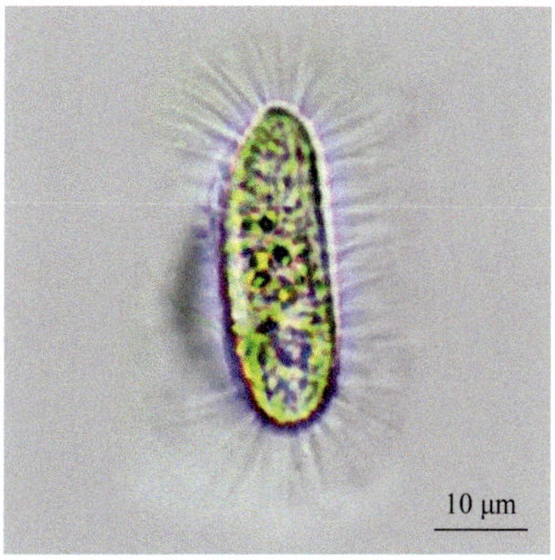

暗尾丝虫 *Uronema nigricans*

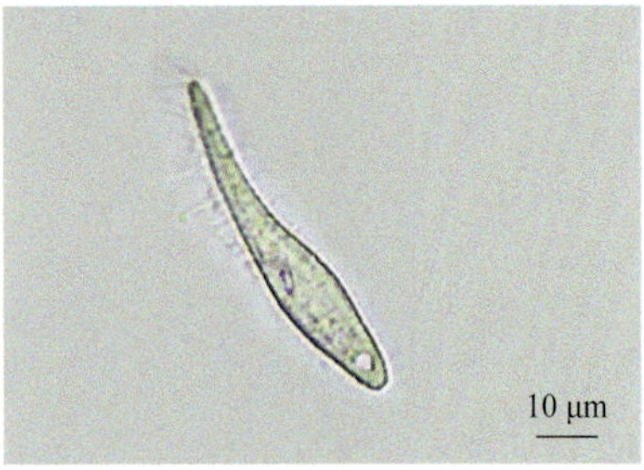

细小康纤虫 *Cohnilembus pusillus*

74. 细小康纤虫 *Cohnilembus pusillus* Quennestedt, 1869

隶属盾纤目 Scuticociliatida，康纤虫科 Cohnilembidae，康纤虫属 *Cohnilembus*。体呈纵长的纺锤形，柔软，前端尖，微向后弯，口凹从前端一直延伸至体中部，右缘具 2 个波动膜。体纤毛均匀，后端有 1 ～ 2 根长的尾毛。大核中位，卵形。伸缩泡 1 个，后位。体长 32 μm。

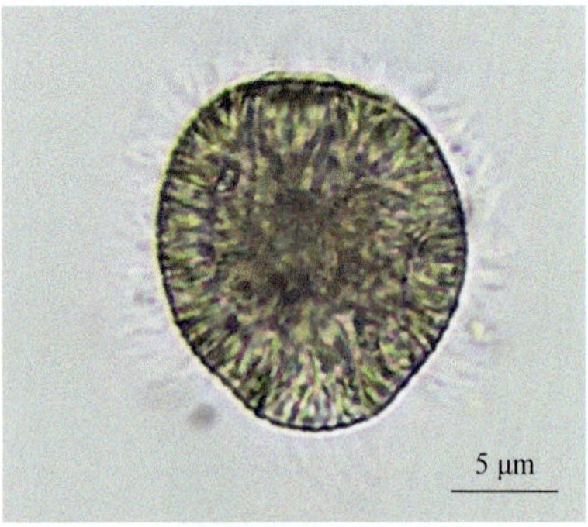

珍珠映毛虫 *Cinetochilum margaritaceum*

75. 珍珠映毛虫 *Cinetochilum margaritaceum* Perty, 1852

隶属盾纤目 Scuticociiliatida，映毛虫科 Cinetochilidae，映毛虫属 *Cinetochilum*。虫体小，扁平，卵圆形或近椭圆形，长大于宽。背腹扁平，前端圆，末端略平截，从左向上倾斜。胞口在后半部右侧，两侧各有 1 片膜，体纤毛仅限于腹面，稀，纤毛列呈马蹄形围绕着胞口，口后区无纤毛，后端有 3 ～ 4 根尾纤毛，大核 1 个，圆形，中位，小核贴附其上。伸缩泡 1 个，后端左侧。体长 15 ～ 45 μm，宽 11 ～ 35 μm。

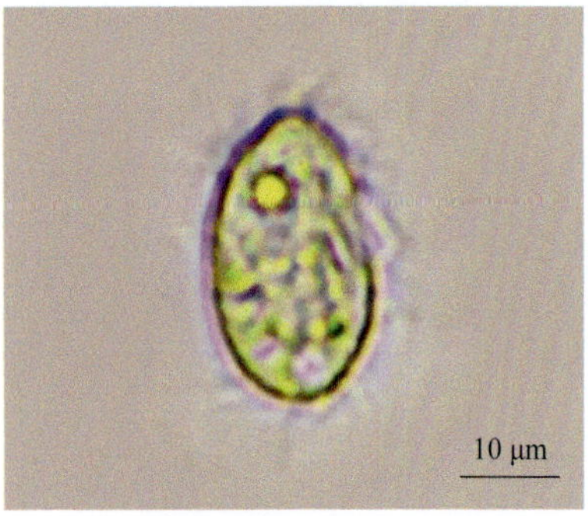

瓜形膜袋虫 *Cyclidium citullus*

76. 瓜形膜袋虫 *Cyclidium citullus* Cohn, 1865

隶属盾纤目 Scuticociiliatida，膜袋科 Cyclidiidae，膜袋虫属 *Cyclidium*。虫体略呈纺锤形，后端稍凹入，口缘区较长，约占体长的 2/3。大核圆，质均匀，体长 25 ～ 30 μm，宽 12 μm，尾纤毛 12 根。伸缩泡 1 个后位。分布广。

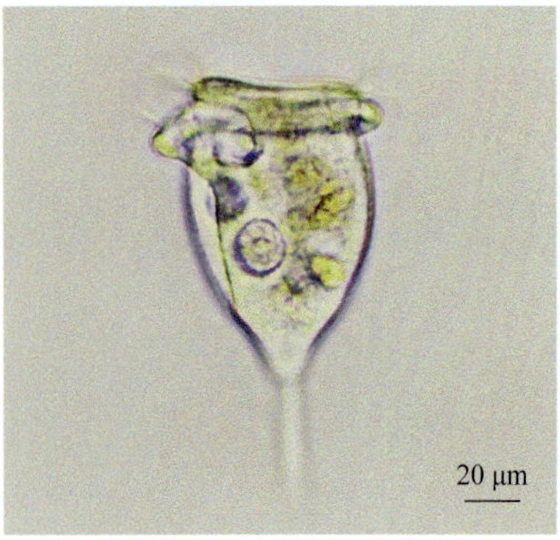

钟形钟虫 *Vorticella campanula*

77. 钟形钟虫 *Vorticella campanula* Ehrenberg, 1831

隶属寡膜纲 Oligohymenophorea，缘毛目 Peritrichida，钟形科 Vorticellidae，钟虫属 *Vorticella*。体呈宽阔的钟形，口围和口围盘均很宽，口围直径可达体长的 1/4 ～ 4/5。表膜横纹弱。内质常充满暗色的贮藏颗粒，使得该虫常呈黑色。大核带状，纵位，稍微弯曲。伸缩泡 1 个，靠近口前庭。柄比其他钟虫略粗，柄相当长，柄内肌丝上有许多微小圆形颗粒。体长 79 ～ 122 μm。

78. 溞钟虫 *Vorticella kahli* Stiller, 1931

体小，呈钟形或卵圆形。口围直径阔，稍小于体最宽处。口围盘较大，略小于口围，少许凸出于口围边缘之外。口前庭、胞咽较发达，接近虫体中部。表膜上横纹显著。大核 1 个，带状，纵或横位。伸缩泡 1 个，较大，靠近口前庭。柄较短，最长不超过体长的 2 倍。一般外附于枝角类或桡足类等壳上。

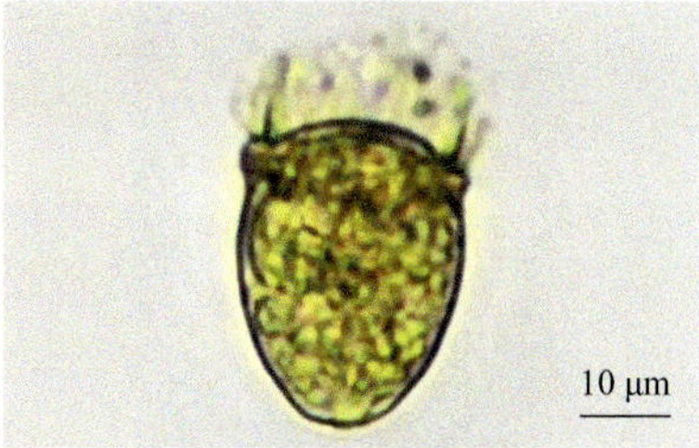

溞钟虫 *Vorticella kahli*

79. 小口钟虫 *Vorticella microstoma* Ehrenberg, 1830

体小，呈卵圆形或近球形，体长略超出体宽。口围较小表膜上横纹不明显。大核 1 个，“C” 形带状，纵或横位。伸缩泡 1 个，较大，靠近口前庭。柄细长。一般固着于其他物体上。体宽 22 ～ 48 μm，口围直径 12 ～ 25 μm。分布广。

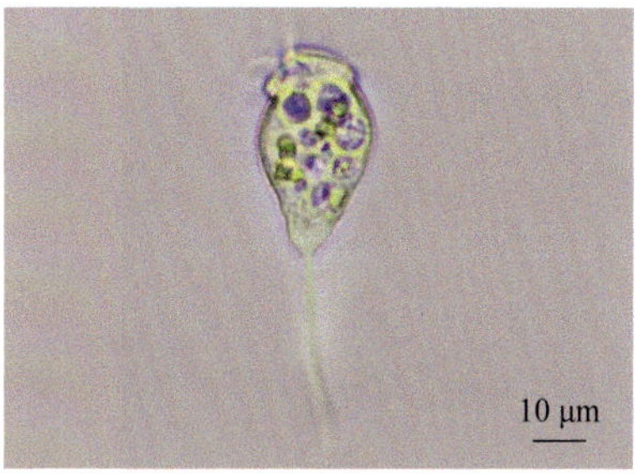

小口钟虫 *Vorticella microstoma*

80. 尾刺怪游虫 *Astylozoon faurei* Kahl, 1935

隶属缘毛目 Peritrichida，怪游虫科 Astylozoidae，怪游虫属 *Astylozoon*。体呈梨形，口缘窄，中部宽，后部浑圆有一乳头状尾突，其上有一粗而短的刺状刚毛，表膜上有横纹，明显而密。大肠粗香肠形。体长 40 ～ 50 μm。分布于水库。

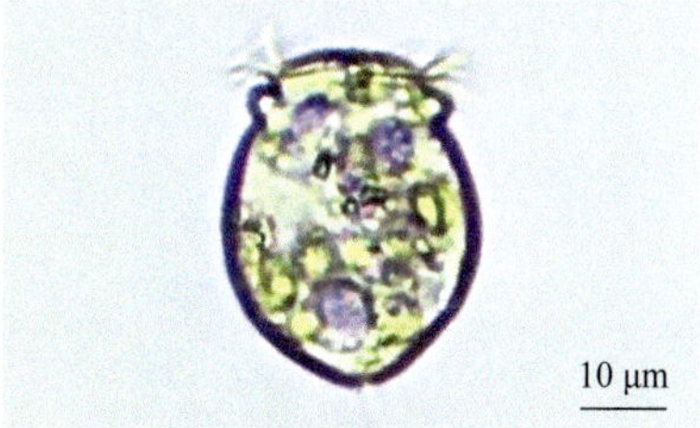

尾刺怪游虫 *Astylozoon faurei*

81. 溞累枝虫 *Epistylis daphniae* Faure-Fremiet, 1905

隶属缘毛目 Peritrichida，累枝科 Epistylida，累枝虫属 *Epistylis*。体小，体呈圆筒形，体长为体宽的 1.5 倍，前端围口唇最宽，后部窄。表膜横纹清楚。大核马蹄形，横位，伸缩泡 1 个，位于前端。群体小，柄薄而长，无条纹，有时具横带。末柄较短，最对为体长的 1/2。体长 30 ～ 37 μm，总柄长 165 μm。

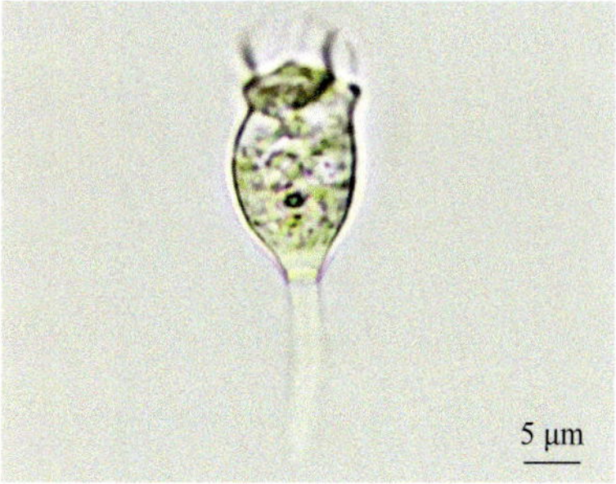

溞累枝虫 *Epistylis daphniae*

82. 湖累枝虫 *Epistylis lacustris* Imhoff, 1844

体小，体长 50 ～ 70 μm。体呈长圆筒形或漏斗状，体长为体宽的 2 ～ 3 倍，前端围口唇最宽，后部窄。表膜横纹密而细。大核马蹄形，纵位，伸缩泡 1 个，位于前端。群体可含 32 ～ 70 个个体，柄交叉型、双叉型或杆柱型分枝。

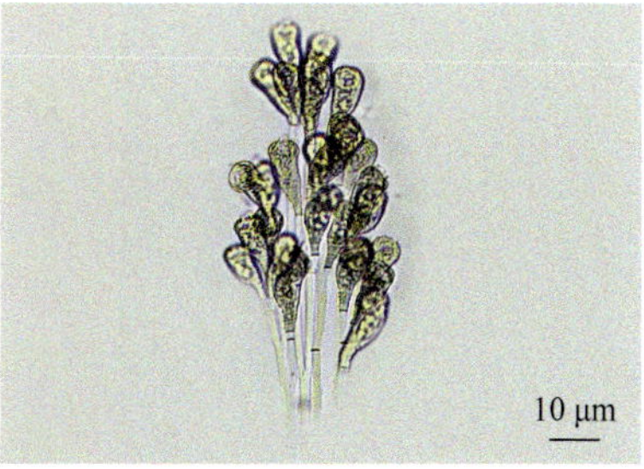

湖累枝虫 *Epistylis lacustris*

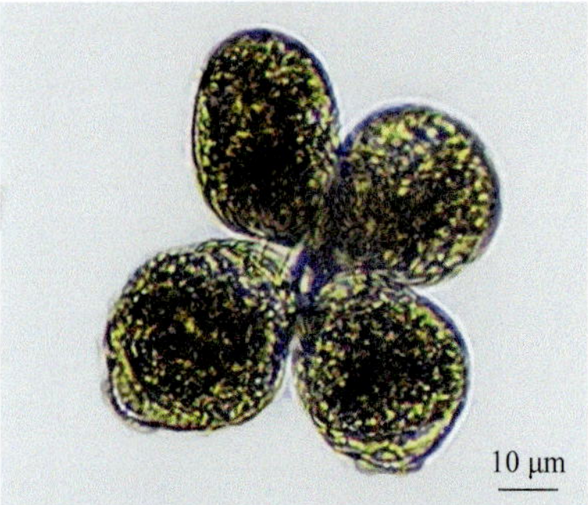

无秽累枝虫 *Epistylis anastatica*

83. 无秽累枝虫 *Epistylis anastatica* Linne, 1767

虫体纵长而柔软，呈钟形或漏斗形，伸展时体长可达体宽的 3 倍，体中部稍微紧缩，前端口围处最阔，后端削细，口围盘略小于口围而微凸于口围边缘之上。表膜上有相当密而细的横纹。大核带状，纵位。伸缩泡靠近口前庭。分枝双叉型。柄十分细长，表面光滑，没有条纹体长 70 ～ 90 μm。

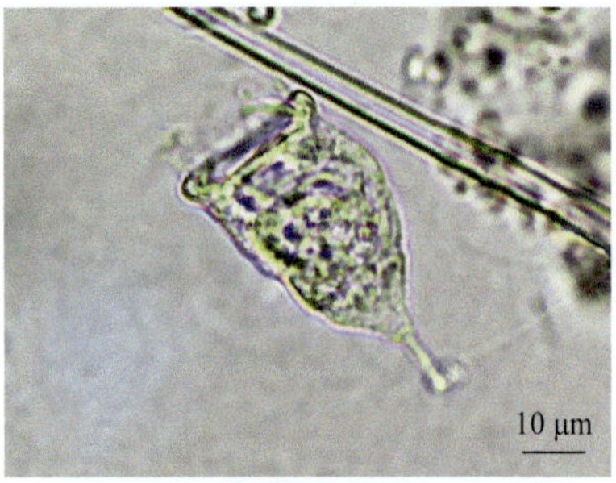

固着短柱虫 *Rhabdostyla sessilis*

84. 固着短柱虫 *Rhabdostyla sessilis* Penard, 1922

隶属累枝科 Epistylida，短柱虫属 *Rhabdostyla*。体呈宽阔圆柱形，长宽比为 2 ∶ 1。虫体后端有一个显著的环形沟痕。大核长带状，后端较膨大，纵位。伸缩泡 1 个，位于前端。柄非常短而宽。宽大于长。体长 40 ～ 47 μm，宽 25～ 28 μm，柄长 2 ～ 2.5 μm。

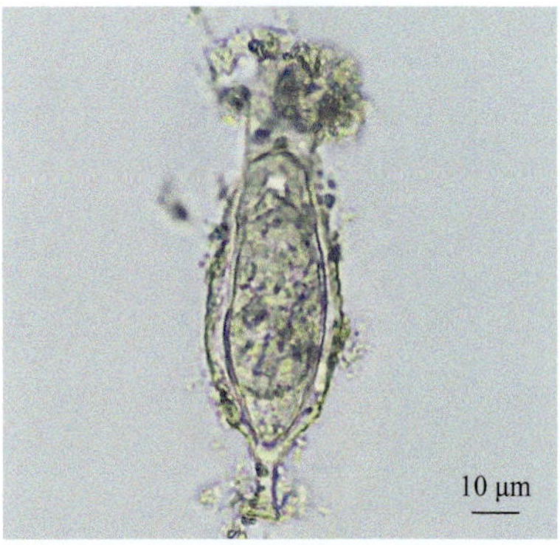

长圆靴纤虫 *Cothurnia oblonga*

85. 长圆靴纤虫 *Cothurnia oblonga* Kahl, 1935

隶属缘毛目 Peritrichida，鞘居虫科 Vaginicolidae，靴纤虫属 *Cothurnia*。鞘呈对称的圆筒形，鞘虫 72 ～ 80 μm，鞘长为宽的 3 ～ 4 倍，鞘后部稍膨大，然后向后收缩，后端形成一短的外柄，并有底座以贴附于基质上。鞘内的虫体在后端也有内柄，内柄固着于鞘底，内柄与外柄有鞘壁相隔。虫体 1/3 可伸出鞘外。

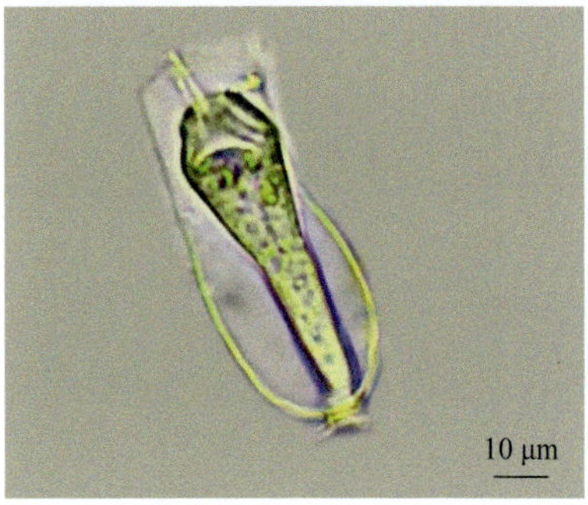

袋扉门虫 *Thuricola folliculata*

86. 袋扉门虫 *Thuricola folliculata* O. F. Müller, 1786

隶属鞘居虫科 Vaginicolidae，袋扉门虫属 *Thuricola*。鞘呈圆筒形，长为宽的 3 倍左右，为微侧扁。宽面观后部近 1/4 处有 2 个阶梯状缩细，形成扁圆的底座以固着于基质上。鞘口微向外展。狭面观鞘边缘不均匀。在鞘前部近 1/4 处有由很多纤维杆构成的盖子。虫体收缩时，盖子能关闭盖住鞘口。鞘内 2 个细胞，完全伸展时虫体一般 1/3 ～ 1/2 伸出鞘外。表膜横纹清楚，大核细长带状，伸缩泡 1 个，位于口前底一侧。

87. 放射矛刺虫 *Hastatella radians* Erlanger, 1890

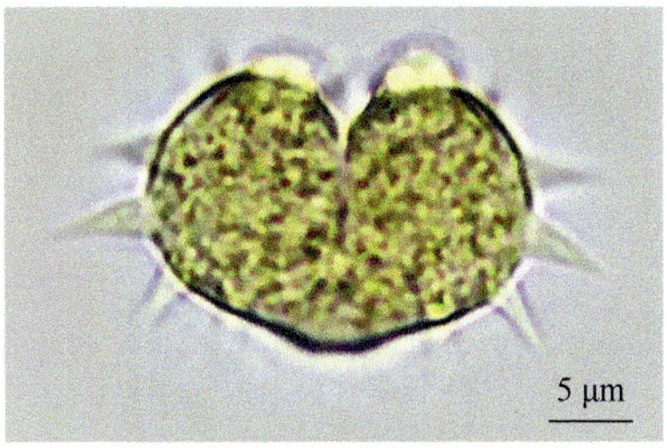

放射矛刺虫 *Hastatella radians*

隶属缘毛目 Peritrichida，矛刺科 Hastatellidae，矛刺虫属 *Hastatella*。虫体单体，无柄，呈梨形，自由游泳，虫体在围口唇和虫体中部各有一圈圆锥形外质棘刺，呈放射状排列。大核呈弯曲的腊肠形。体长 30 ～ 50 μm。

88. 多态喇叭虫 *Stentor polymorphus* O. F. Müller, 1786

多态喇叭虫 *Stentor polymorphus*

隶属多膜纲 Polyhymenophora，旋毛亚刚 Spirotrichia，异毛目 Heterotrichida，喇叭科 Stentoridae，喇叭虫属 *Stentor*。虫体呈喇叭形，口缘区有较发达的纤毛，右旋。大核卵圆形，伸缩泡在前部左侧。可浮游，亦可用尖削的体后端附着他物上兼附着或底栖生活。

89. 大弹跳虫 *Halteria grandinella* O. F. Müller, 1786

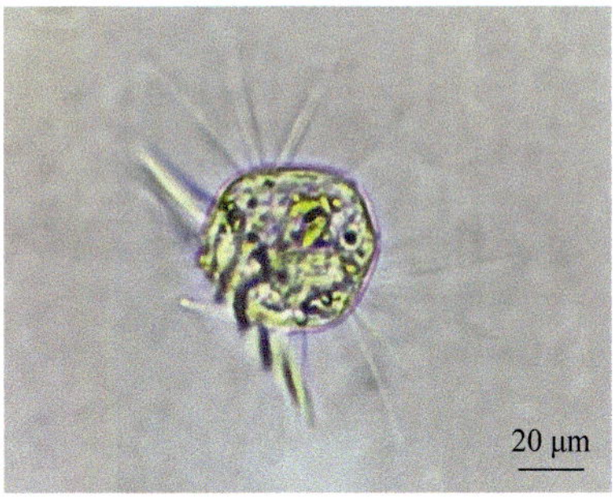

大弹跳虫 *Halteria grandinella*

隶属旋毛亚纲 Spirotrichia，寡毛目 Oligotrichida，弹跳虫科 Halteriidae，弹跳虫属 *Halteria*。虫体亚球形至纺锤形，虫体赤道线上有一圈刚毛束。伸缩泡在赤道线前左侧。卵圆形大核位于正中。体长 27 ～ 45 μm。

90. 旋回侠盗虫 *Strobilidium gyrans* Stokes, 1887

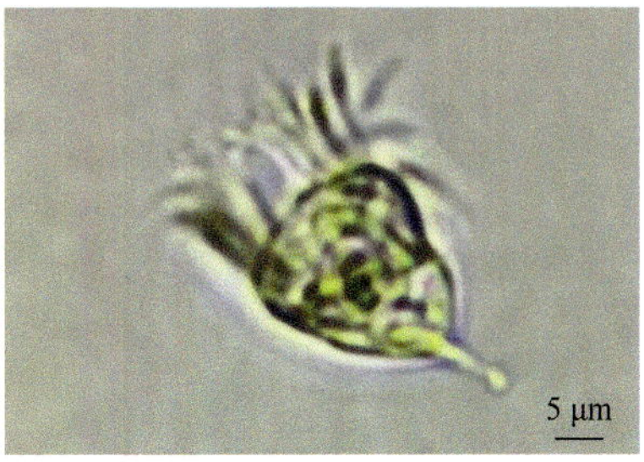

旋回侠盗虫 *Strobilidium gyrans*

隶属寡毛目 Oligotrichida，侠盗科 Strobilidiidae，侠盗虫属 *Strobilidium*。虫体倒锥形或梨形，体纤毛退化，小膜口缘区右旋。后端细，常有一黏丝用以附着他物。体长为体宽的 1.5 倍。体表有 5 ～ 6 行螺旋纹。大核马蹄形，横于前部，伸缩泡在体后部，体长 36 ～ 48 μm。

91. 陀螺侠盗虫 *Strobilidium velox* Faure & Fremeit, 1924

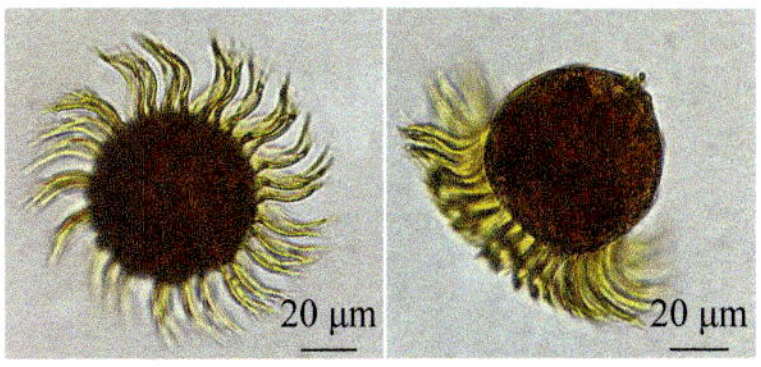

陀螺侠盗虫 *Strobilidium velox*

小膜口缘区发达，虫体陀螺状，末端有一个尖刺。个体较大。大核马蹄形，横于前部，伸缩泡在体后部，体长 100 μm。

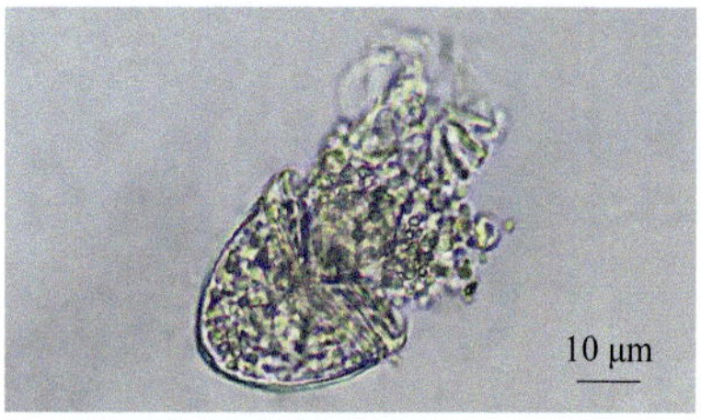

绿急游虫 *Strombidium viride*

92. 绿急游虫 *Strombidium viride* Stein, 1859

隶属寡毛目 Oligotrichida，急游科 Strombidiidae，急游虫属 *Strombidium*。虫体以中部腰带为界上下均呈锥体状态。伸缩泡为粗管并开口于腹面。体内共生绿藻。体长 36 ～ 57 μm。

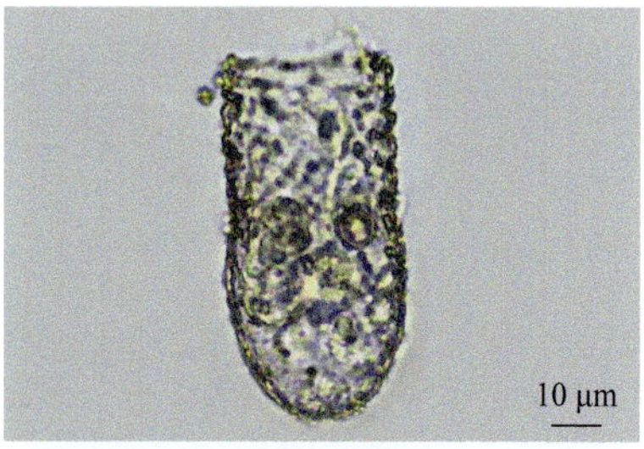

中华拟铃壳虫 *Tintinnopsis sinensis*

93. 中华拟铃壳虫 *Tintinnopsis sinensis* Nie, 1933

旋毛亚刚 Spirotricha，丁丁虫目 Tintinnida，铃壳科 Codonellidae，拟铃虫属 *Tintinnopsis*。壳很长大，呈钟形，包括长筒状的颈部和体部。长为口径的 2.16 倍。口缘不平整。长 62 ～ 67 μm，口径 27 ～ 33 μm。颈部有几道环纹，靠近口缘处比较清晰，往下则不太清楚。体部近球形，最大直径为口径的 1.18 倍。底端广圆形或略呈锥形。壳面附有很多较粗的砂粒。分布广，湖泊、水库、池塘常见。

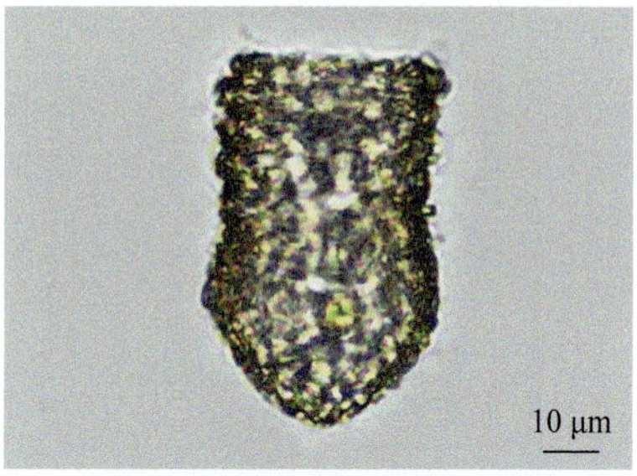

王氏拟铃虫 *Tintinnopsis wangi*

94. 王氏拟铃虫 *Tintinnopsis wangi* Nie, 1933

壳呈烧瓶形或钟形，口缘不平整。颈部与钵部界限明显。长 42 ～ 65 μm，口径 27 ～ 35 μm。长为口径的 1.6 倍。颈部筒状，不呈倒截锥形，通常有 4 ～ 6 个环纹。钵部球形，底端圆或锥形。最大直径为口径的 1.5 倍。壳面附有很多较粗的砂粒。分布广，湖泊、水库、池塘常见。

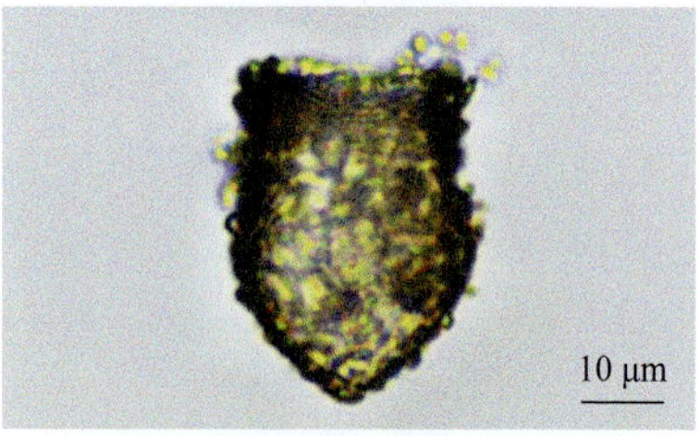

雷殿拟铃虫 *Tintinnopsis leidyig*

95. 雷殿拟铃虫 *Tintinnopsis leidyig* Jiang, 1956

壳呈钟形，口缘外展，较平整。颈部与钵部界限明显。长 38 ～ 49 μm，口径 31 ～ 41 μm。颈短，占全长的 1/5 ～ 1/3，呈倒截锥形，通常有 1 ～ 2 个环纹。钵部球形，底端头尖锥形。壳面附有很多较粗的砂粒。

锥形拟铃虫 *Tintinnopsis conicus*

96. 锥形拟铃虫 *Tintinnopsis conicus* Jiang, 1956

虫体较小，圆锥形，口缘破碎状不完整。壳壁薄，壳面附有较细的砂粒。体长 28 ～ 55 μm，口径 25 ～ 46 μm。分布于湖泊、水库。

97. 倪氏拟铃虫 *Tintinnopsis niei* Jiang, 1956

体小，壳呈杯状，上细下宽，颈部与钵部界限不明显。体长 28 ～ 38 μm，口径 15 ～ 18 μm。多分布于湖泊、水库。

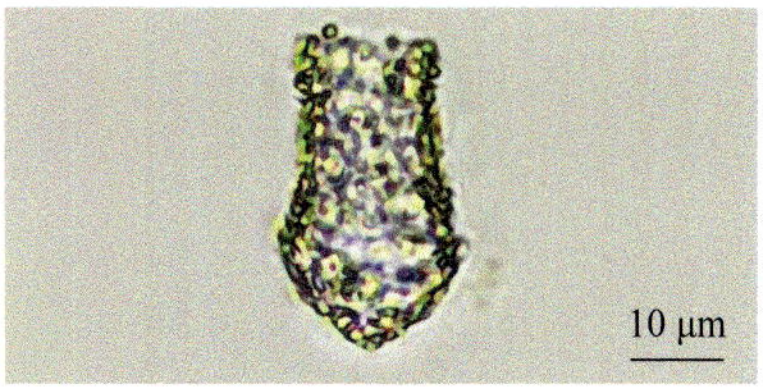

倪氏拟铃虫 *Tintinnopsis niei*

98. 长筒拟铃虫 *Tintinnopsis longus* Jianxiezhi, 1956

虫体长，试管状。长为口径的 6 倍。长 132（120 ～ 162）μm，口径 31.2（30 ～ 35）μm。长为口径的 4.11 倍。颈部无环纹，几近与体宽相同。钵部球形，底端圆形。最大直径为口径的 1.5 倍。壳面附有很多较粗的砂粒。

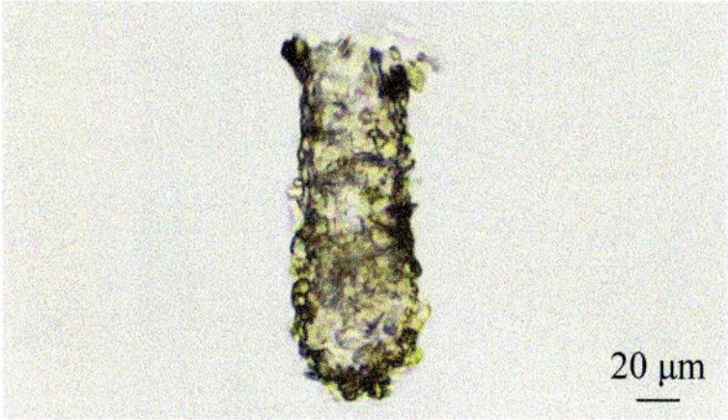

长筒拟铃虫 *Tintinnopsis longus*

99. 淡水筒壳虫 *Tintinnidium fluviatile* (Stein, 1863) kent, 1882

隶属丁丁虫目 Tintinnida，筒壳虫科 Tintinnidiidae，筒壳虫属 *Tintinnidium*。虫体呈圆锥形，大都有外壳，其上的颗粒大小不一致，排列无序。无领。体长，84 ～ 148 μm，口径 45 ～ 57 μm。

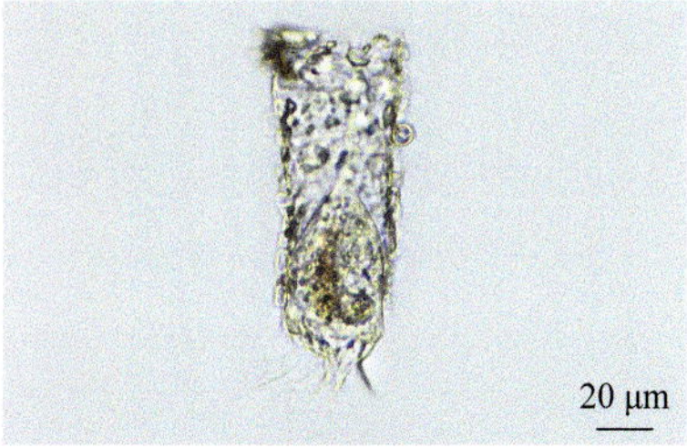

淡水筒壳虫 *Tintinnidium fluviatile*

100. 恩茨筒壳虫 *Tintinnidium entzii* Jiang, 1956

壳长为宽的 2.6 倍。壳口缘参差不齐。体长 47 ～ 65 μm，口径 14 ～ 16 μm。

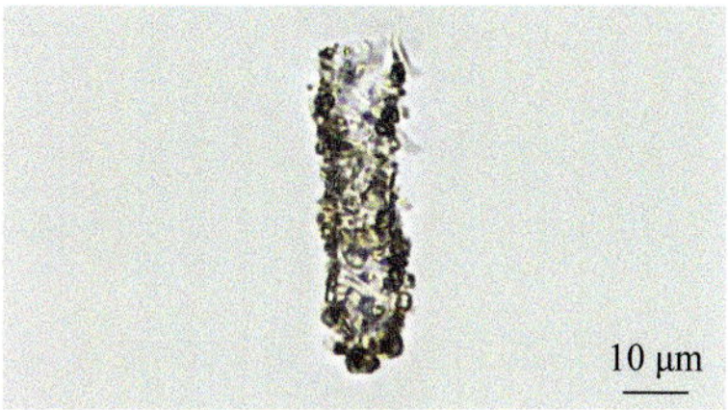

恩茨筒壳虫 *Tintinnidium entzii*

101. 小筒壳虫 *Tintinnidium pusillum* Entz Jr., 1909

壳长为宽的 3.6 倍。壳口缘非常粗糙。壳较坚实，上部薄、底部厚。体长 47 ～ 65 μm，口径 14 ～ 16 μm。

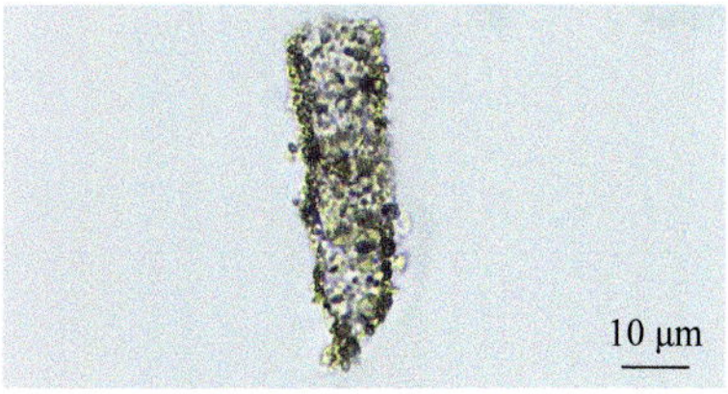

小筒壳虫 *Tintinnidium pusillum*

102. 伪尖毛虫 *Oxytricha fallax* Stein, 1859

隶属旋毛亚纲 Spirotrichia，腹毛目 Hypotrichida（即下毛目），尖毛科 Oxytrichidae，尖毛虫属 *Oxytricha*。虫体呈长卵形，1/3 的前端较窄，后部宽。前、腹及臀触毛为 8、5、5 形式。2 个大核卵圆形，2 个小核。体长 130 ～ 156 μm，体宽 54 ～ 65 μm。分布较广。

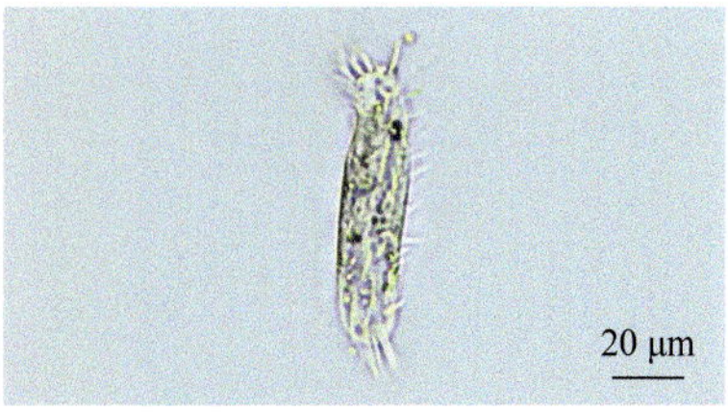

伪尖毛虫 *Oxytricha fallax*

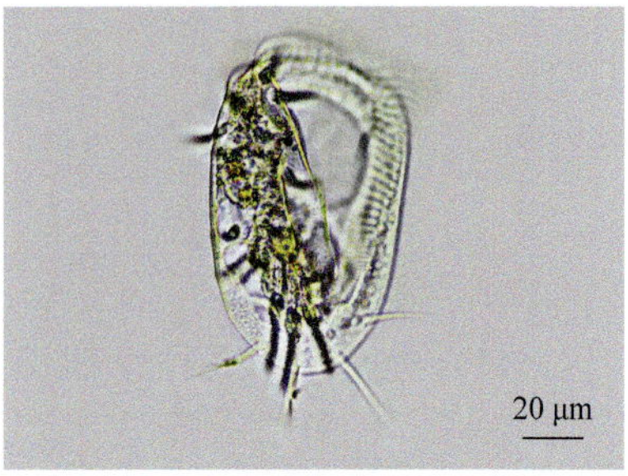

阔口游仆虫 *Euplotes eurystomus*

103. 阔口游仆虫 *Euplotes eurystomus* Wrzensniowski, 1870

隶属旋毛亚刚 Spirotricha，游仆虫目 Euplotida，游仆虫科 Euplotidae，游仆虫属 *Euplotes*。虫体宽阔，椭圆形，体长 100 ～ 230 μm，宽 75 ～ 98 μm。小膜口缘区自左向右下旋，中部有一明显的扭曲，背面光滑无肋。大核长带形。

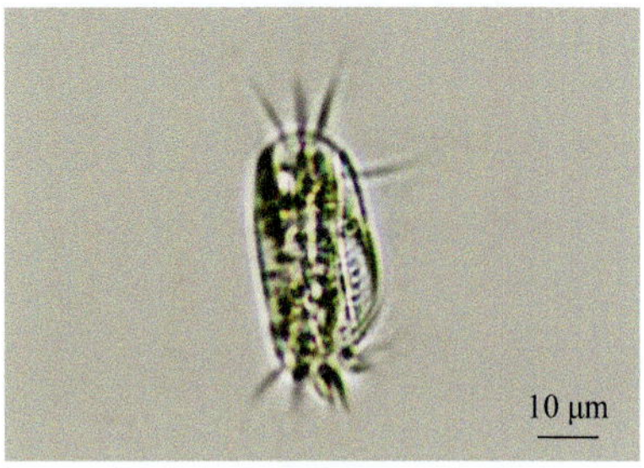

土生游仆虫 *Euplotes terricola*

104. 土生游仆虫 *Euplotes terricola* Penard, 1922

虫体小，卵圆形，后端尖削，有 5 条纵长隆起的肋脊，腹面较平，缘触毛已退化，仅余 2 根位于右侧，离边缘较远，前触毛 6 根，臀触毛 5 根，倾斜排列。小膜口缘区较长，超过虫体中间，右缘有很宽的口下垂片。有 10 根尾触毛，体长 50 μm。分布广，盐水水体亦常见。

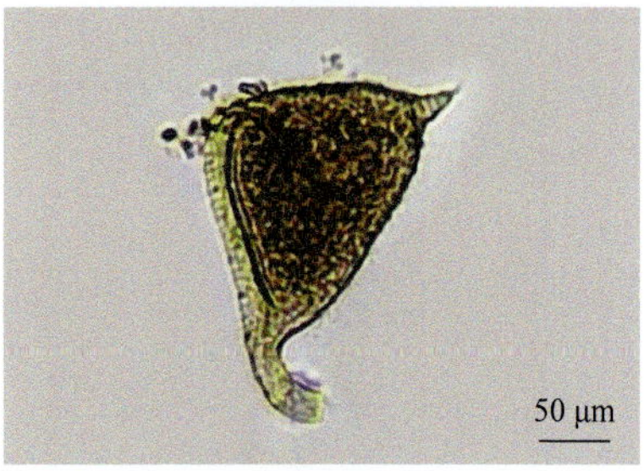

卵圆口虫 *Trachelius ovum*

105. 卵圆口虫 *Trachelius ovum* (Ehrenberg) Ehrenberg, 1833

隶属纤毛门 Ciliophora，舌吻纲 Litostomatea，钩吻亚纲 Rhynchostomatia，圆口虫科 Trachellidae，圆口虫属 *Trachelius*。虫体较大，卵圆形。胞口圆形，围口一侧具有一指状突起，称吻突，后端圆。胞咽漏斗状，具刺杆。体纤毛分布均匀，纵列。大核 1 ～ 2 个，伸缩泡多个，散布于整个虫体。分布广。

（二）轮虫门 Rotifera

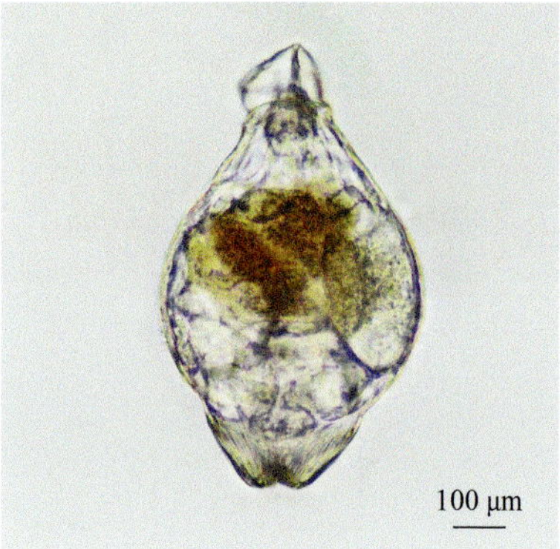

转轮虫 *Rotaria rotatoria*

1. 转轮虫 *Rotaria rotatoria* (Pallas) Harring, 1913

隶属双巢纲 Digononta，蛭态目 Bidelloidea，旋轮科 Philodinidae，轮虫属 *Rotaria*。无被甲，体表为一薄层角质层，十分透明且可弯曲，运动时，体型有很大变化，固定后不能保持原来形状，头冠有 2 个纤毛环，即双轮型头冠，枝型咀嚼器。形体有假节，能做套筒式伸缩。有足，足或长或短，有 1 个或 2 个或几个能伸缩的环节，光滑或有假节。足有 2 距 3 趾。体长 450 ～ 1050 μm。

2. 长足轮虫 *Rotaria neptunia* (Ehrenberg) Harring, 1913

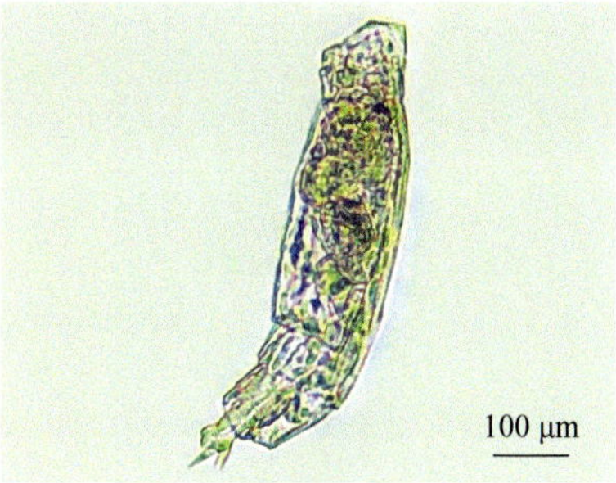

长足轮虫 *Rotaria neptunia*

虫体特别纵长，蠕形，具假体节，能做套筒式伸缩。卵巢一对，没有侧触手。无雄体。有足，足的长度总是超过头和躯干的长度，足长为头和躯干的 1.5 ～ 2 倍。棘刺 2 节，趾 3 个。体长 505 ～ 1640 μm。棘刺长 35 ～ 55 μm。分布广。

3. 红眼旋轮虫 *Philodina erythrophthalma* Ehrenberg, 1832

红眼旋轮虫 *Philodina erythrophthalma*

隶属旋轮科 Philodinidae，旋轮属 *Philodina*。体纵长，纺锤形。无色而透明。枝形咀嚼器退化。体长 320 ～ 460 μm。眼点一对位于背触手后面的脑背面。足有 4 趾。砧枝内侧无圆锥状凸出。

4. 角突臂尾轮虫 *Brachionus angularis* Gosse, 1851

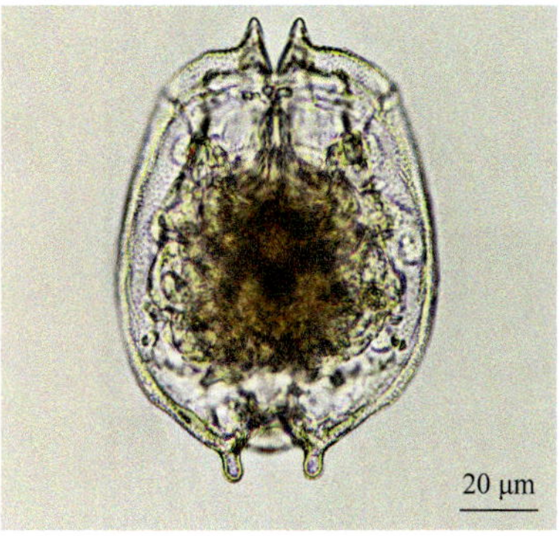

角突臂尾轮虫 *Brachionus angularis*

隶属单巢纲 Monogononta，游泳目 Ploima，臂尾轮科 Brachionidae，臂尾轮属 *Brachionus*。该属种类较多，其特征为被甲宽，多数种类近方形。背甲前端有 1 ～ 3 对棘刺。足孔有或无棘刺。足长，可伸缩，能摆动。其上有环沟纹，不分节，有的分叉。趾一对。槌形咀嚼器。角突臂尾轮虫体近长方形，被甲背腹扁平，被甲前棘刺 2 个，足孔旁有一对刺状突起或无，角状。全长 110 ～ 205 μm，宽 85 ～ 165 μm。分布广。

5. 萼花臂尾轮虫 *Brachionus calyciflorus* Pallas, 1766

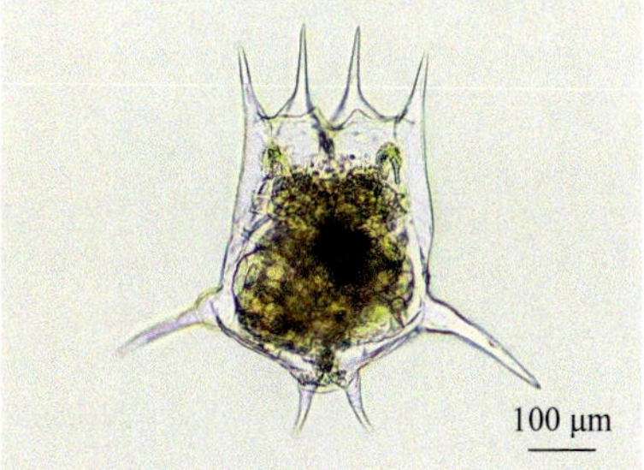

萼花臂尾轮虫 *Brachionus calyciflorus*

体长 300 ～ 350 μm，宽约 200 μm。被甲透明，前棘刺 4 个，中间一对棘刺较两侧的两个为大，被甲后端有一具环状沟纹的长足，能自由弯曲。在周期性变异中其被甲后半部膨大之处，生出一对侧棘刺。分布广。

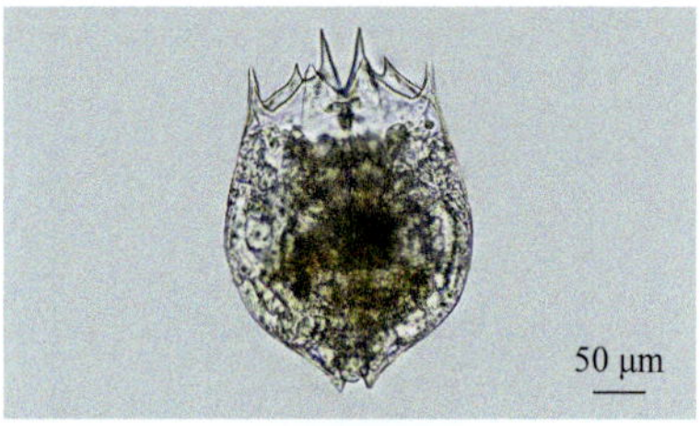

壶状臂尾轮虫 *Brachionus urceus*

6. 壶状臂尾轮虫 *Brachionus urceus* Linnaeus, 1758

虫体背腹扁平，壶状，背甲前端有 6 个棘刺，后端浑圆，无棘刺，足孔圆形，除 3 对背部前棘刺外另具 2 个腹前棘突。背甲长 200 ～ 240 μm，宽 150 ～ 200 μm。

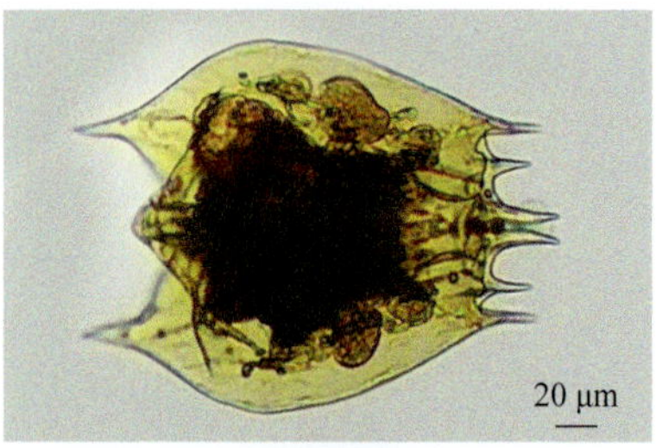

方形臂尾轮虫 *Brachionus quadridentatus*

7. 方形臂尾轮虫 *Brachionus quadridentatus* Hermanns, 1783

亦称花箧臂尾轮虫 *Brachionus capsuliflorus* Pallas, 1766。被甲宽阔，宽度超过长度。前棘刺 3 对，足孔位于一个显著管状突上面，后棘刺有或无，长或短。被甲长 135 μm，宽 150 μm。后端棘刺长 63 μm，有时很短。广布种，能适应盐碱水。

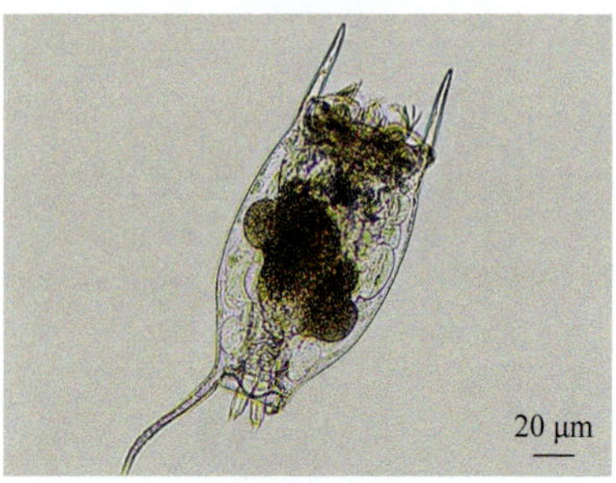

裂足臂尾轮虫 *Brachionus diversicornis*

8. 裂足臂尾轮虫 *Brachionus diversicornis* Daday, 1883

前棘刺 4 个或 6 个，被甲后端尖削，后棘刺不对称，一般右侧远长于左侧。足后端约 1/3 处裂开呈叉形，各具 2 个趾。背甲长 175 ～ 210 μm，宽 90 ～ 170 μm。

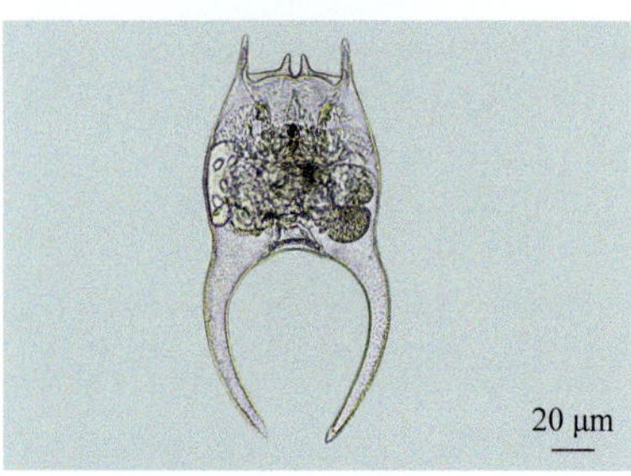

剪形臂尾轮虫 *Brachionus forficula*

9. 剪形臂尾轮虫 *Brachionus forficula* Wierzeiski, 1891

被甲前缘棘刺 4 个，中间一对较小。后棘刺 2 个。小型背甲长 95 μm，宽 85 μm。一般背甲长 105 ～ 120 μm，宽 100 ～ 115 μm。左后棘刺长 65 ～ 115 μm，右后棘刺长 75 ～ 125 μm。

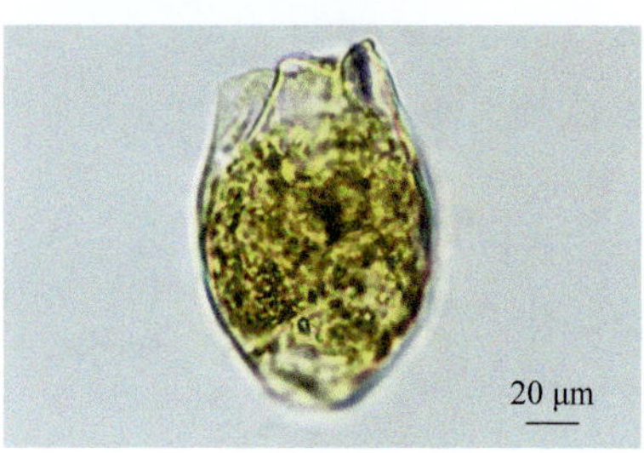

裂痕龟纹轮虫 *Anuraeopsis fissa*

10. 裂痕龟纹轮虫 *Anuraeopsis fissa* Gosse, 1851

隶属臂尾轮科 Brachionidae，龟纹轮属 *Anuraeopsis*。被甲截锥形，身体末端皱褶，背腹愈合，带有大型泡状卵附在体末端。无足，有肠和肛门，有胃，排出的非需精卵常弯向腹面。眼点 1 个，深红色，圆形，靠近泄殖腔孔一端较细，且有一短柄。体长 85 ～ 120 μm，被甲长 76 ～ 98 μm。

11. 爱德里亚狭甲轮虫 *Colurella adriatica* Ehrenberg, 1831

隶属臂尾轮科 Brachionidae，狭甲轮属 *Colurella*。个体小，背甲纵长。背面观瘦长形。前端下沉凹陷较深。足分 3 节。体全长 125 ～ 152 μm，被甲长 98 ～ 115 μm，趾长 27 ～ 37 μm。分布广，海、淡水及内陆盐水均有分布。

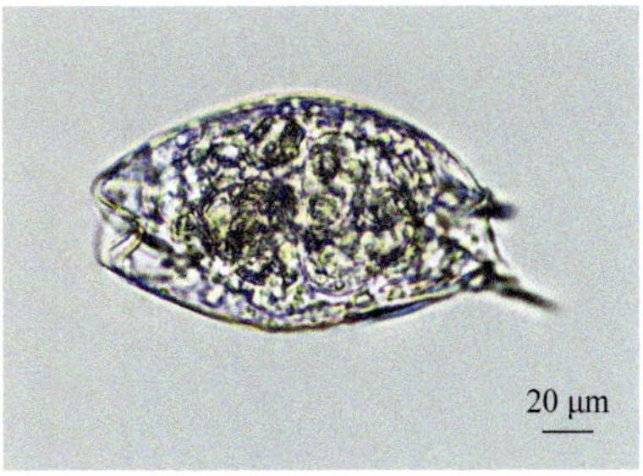

爱德里亚狭甲轮虫 *Colurella adriatica*

12. 钩状狭甲轮虫 *Colurella uncinata* (O. F. Müller) Bory de St. Vincent, 1824

被甲侧扁，背腹面观长卵圆形，被甲后端两旁尖角不凸出。趾 1 对，长，左右两趾往往并在一起。体全长 105 ～ 120 μm，被甲长 80 ～ 98 μm，趾长 18 ～ 25 μm。

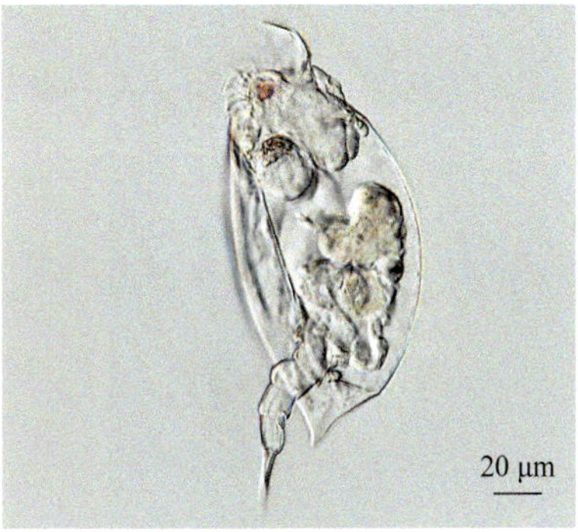

钩状狭甲轮虫 *Colurella uncinata*

13. 大肚须足轮虫 *Euchlanis dilalata* Ehrenberg, 1832

隶属臂尾轮科 Brachionidae，须足轮属 *Euchlanis*。虫体卵圆形，背甲浑圆的后端形成一“V”或“U”形缺刻。背甲隆起，由平稳的弧形到高三角形，无龙骨突起。背甲长 224 ～ 304 μm，宽 300 ～ 320 μm，趾长 64 μm。分布广。

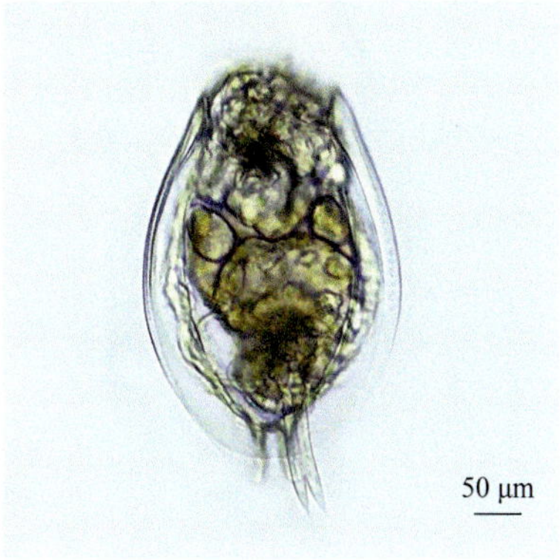

大肚须足轮虫 *Euchlanis dilalata*

14. 螺形龟甲轮虫 *Keratella cochlearis* Gosse, 1851

隶属臂尾轮科 Brachionidae，龟甲轮属 *Keratella*。被甲背腹扁平，背甲隆起凸出，腹甲扁平或凹入。背甲表面有线条凸出，把背甲分成 11 个小板块，其上有网纹。中央凸出为龙骨。被甲前缘具 6 个前棘刺。被甲后端通常具 1 个后棘刺，可长可短，甚至缺乏。被甲长 95 μm，宽 65 μm。前缘中央 2 棘刺长 30 μm，后棘刺长 55 μm。

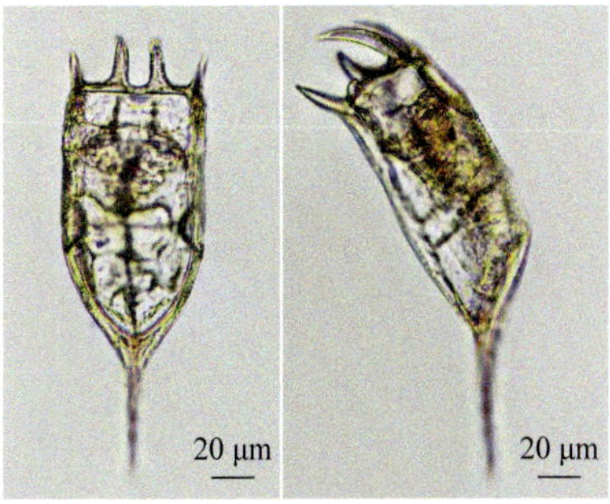

螺形龟甲轮虫 *Keratella cochlearis*

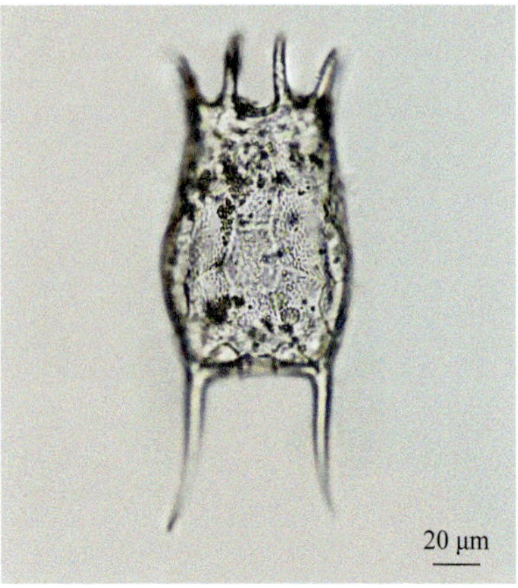

矩形龟甲轮虫 *Keratella quadrata*

15. 矩形龟甲轮虫 *Keratella quadrata* Müller, 1786

前棘刺 6 个，背甲中央稍隆起但无线条状凸出。前端完全封闭的中龟板或多或少呈六角形，龟板末端具分叉线。后棘刺 2 个，一般较长，有时也较短，近等长。被甲长 105 ～ 135 μm，宽 75 ～ 90 μm。前缘中央 2 棘刺长 40 ～ 45 μm，后棘刺长 1 ～ 115 μm。休眠卵椭球形，长 80 μm，宽 60 μm。壳面除网络状结构还具粗短突起，镜下呈粗细不均的颗粒状花纹。壳缘粗颗粒约 30～40 个，但无棘突。

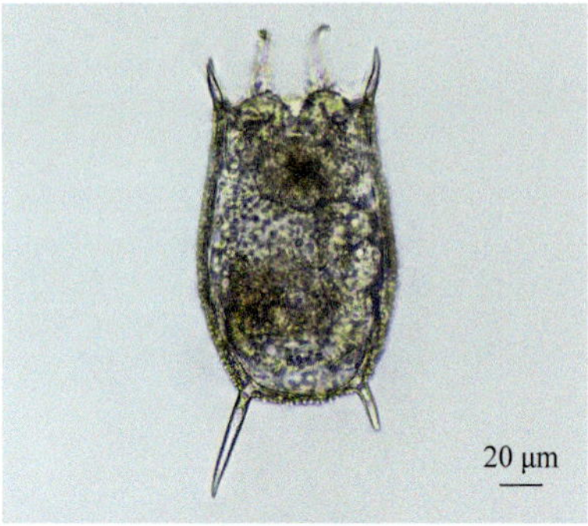

曲腿龟甲轮虫 *Keratella valga*

16. 曲腿龟甲轮虫 *Keratella valga* (Ehrenberg) Ahlstrom, 1934

被甲长方形，背腹扁平，被甲前缘具 6 个前棘刺。后棘刺 2 个，在被甲后端两旁各 1 个，左短右长。被甲长 102 ～ 120 μm，宽 74 ～ 90 μm。左后棘刺长 11 ～ 37 μm，右后棘刺长 56 ～ 74 μm。被甲上有粒状网纹。

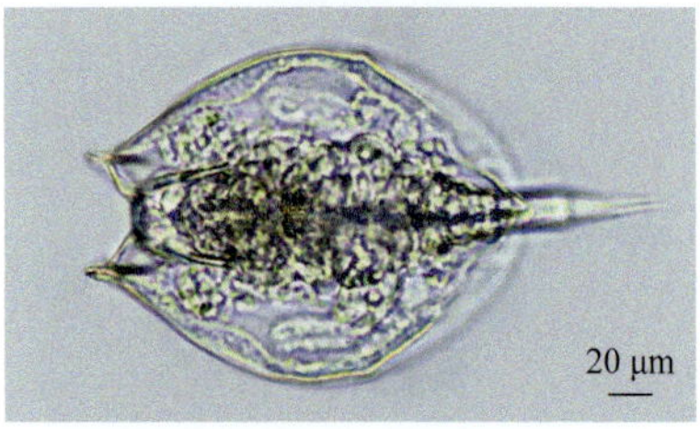

盘状鞍甲轮虫 *Lepadella tripera*

17. 盘状鞍甲轮虫 *Lepadella tripera* (O. F. Müller) Bory, 1826

隶属臂尾轮科 Brachionidae，鞍甲轮属 *Lepadella*。被甲较厚，背腹扁平，背腹面厚度约为长度的 1/3。足粗壮，约为全长的 1/5。趾 1 对，趾长为被甲长的 1/3。全长 125 ～ 140 μm，被甲长 98 ～ 110 μm，宽 130 μm，趾长 25 ～ 30 μm。分布广，为常见种。

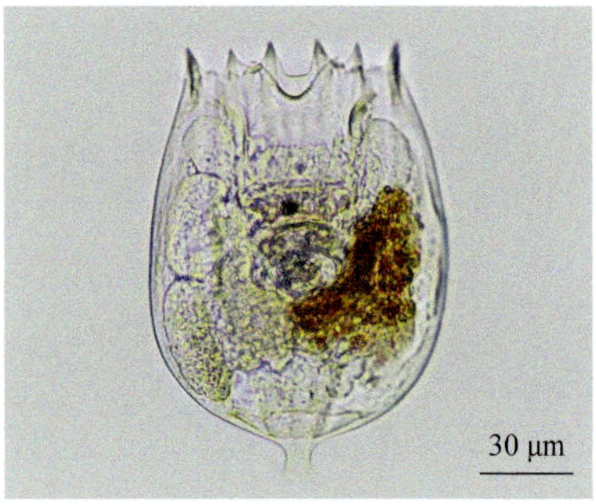

唇形叶轮虫 *Notholca labis*

18. 唇形叶轮虫 *Notholca labis* Gosse, 1887

隶属臂尾轮科 Brachionidae，叶轮属 *Notholca*。虫体卵圆形，背腹扁平，被甲薄而透明，表面有纵条纹，无足。前棘刺 6 个，后端有一个舌状突起或短柄。被甲全长 137 μm，宽 89 μm。分布广，各类内陆水域均有出现。

19. 鳞状叶轮虫 *Notholca sqwmoda* (O. F. Müller) Voigst, 1957

被甲呈宽阔卵圆形，扁平透明，背面有 10 ～ 12 条纵长条纹，后缘浑圆无凸出。前棘刺 6 个，被甲长 115 ～ 175 µm，宽 102 ～ 160 µm。分布广。

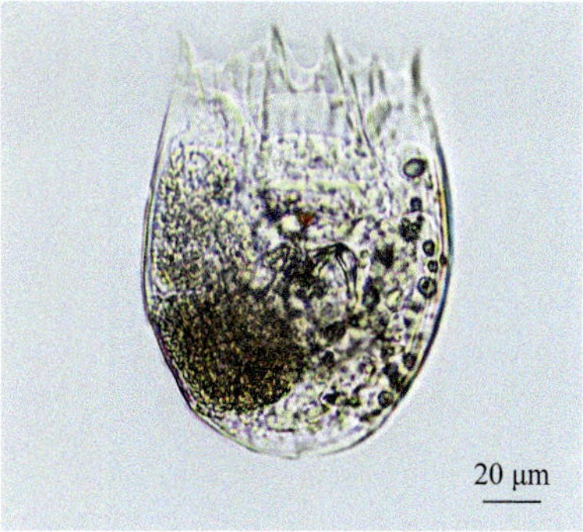

鳞状叶轮虫 *Notholca sqwmoda*

20. 四角平甲轮虫 *Platyias quadricornis* Ehrenberg, 1832

隶属臂尾轮科 Brachionidae，平甲轮属 *Platyias*。被甲卵圆形，背部有网纹，三个闭环。前棘刺 2 个，后棘刺 2 个。被甲长 150 ～ 290 µm，宽 120 ～ 210 µm。前棘刺长 28 ～ 45 µm，后棘刺长 18 ～ 52 µm。

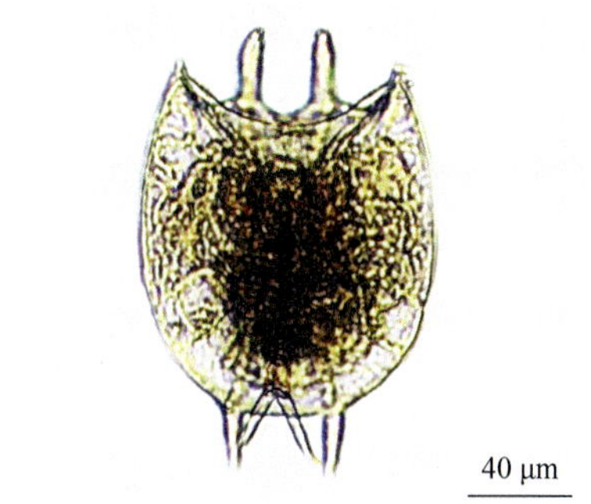

四角平甲轮虫 *Platyias quadricornis*

21. 方块鬼轮虫 *Trichotria tetractis* (Ehrenberg) Harring, 1913

隶属臂尾轮科 Brachionidae，鬼轮属 *Trichotria*。头与躯干一起呈菱形或方形，凸出的甲片左右两侧各有 5 块，足 3 节，趾细长，长度超过足长，末节下端中央两趾之间无棘刺。全长 192 ～ 240 µm，头及躯干长 94 ～ 108 µm，足长 48 ～ 60 µm，趾长 50 ～ 72 µm。分布广，常见于沼泽、池塘、小湖和水库。

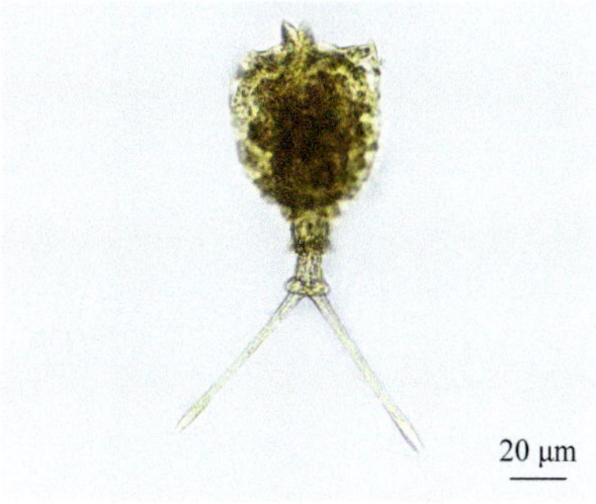

方块鬼轮虫 *Trichotria tetractis*

22. 郝氏皱甲轮虫 *Ploesoma hudsoni* (Imhof) Jennings, 1894

隶属游泳轮虫目 Ploima，疣毛轮科 Synchaetidae，皱甲轮属 *Ploesoma*。被甲倒圆锥形，甲上有网状刻纹或肋条。足总是由躯干腹面近中央伸出，足很长，不分节但有环形沟痕，趾 1 对，相当发达，呈矛状，双趾呈钳状。本种被甲腹面无纵长裂缝，周围有网状刻纹，背面有一圆丘形隆起的盾饰，其中央有一“V”形肋纹。咀嚼器为枝形，变态接近钳形。体长 320 ～ 450 µm，足趾长 195 ～ 280 µm，趾长 60 µm。分布广，湖泊水库夏季常见。

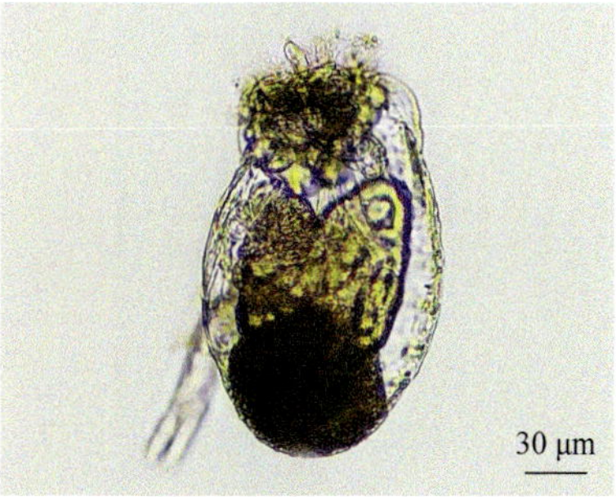

郝氏皱甲轮虫 *Ploesoma hudsoni*

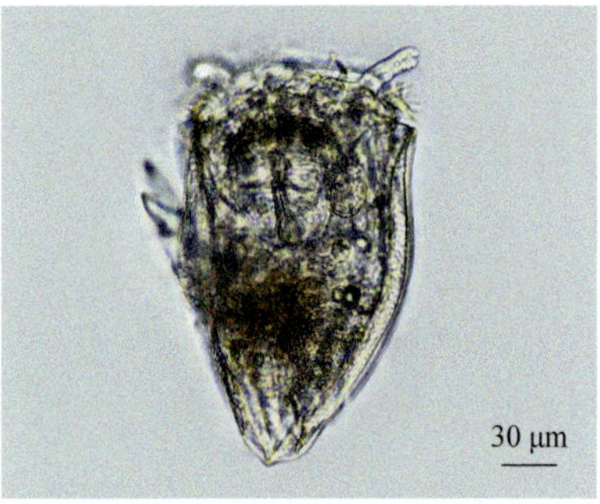

截头皱甲轮虫 *Ploesoma truncatum*

23. 截头皱甲轮虫 *Ploesoma truncatum* (Levander) Veber, 1898

被甲呈宽阔卵圆形，背面观前端略呈四方形。背面前缘近平直，有波浪状起伏，后端细而钝圆或钝角状。被甲腹面裂开成裂缝，甲上有肋条和沟痕。足由躯干腹面近中央伸出，很长，有环纹，趾 1 对相当发达，呈矛状。背腹中央均略凸出，因而侧面观呈椭圆形，晶囊轮虫型头冠，变态的枝形咀嚼器接近钳形。体长 165 ～ 280 μm，宽 90 ～ 120 μm。分布广，湖泊水库夏季常见。

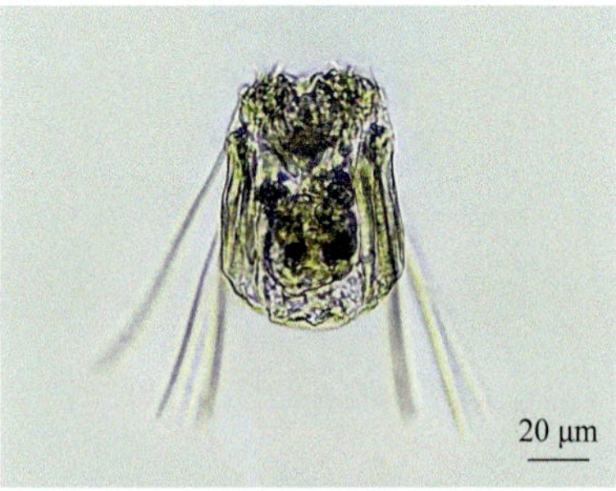

针簇多肢轮虫 *Polyarthra triglea*

24. 针簇多肢轮虫 *Polyarthra triglea* Ehrenberg, 1834

隶属疣毛轮科 Synchaetidae，多肢轮属 *Polyarthra*。体较小，无被甲，圆筒形或长方形。无足，体两旁有 12 个羽状附肢，分 4 束，每束 3 条，背腹各 2 束，用以跳跃或浮游。体长 112 μm，宽 84 μm。极常见，池塘湖泊尤多。

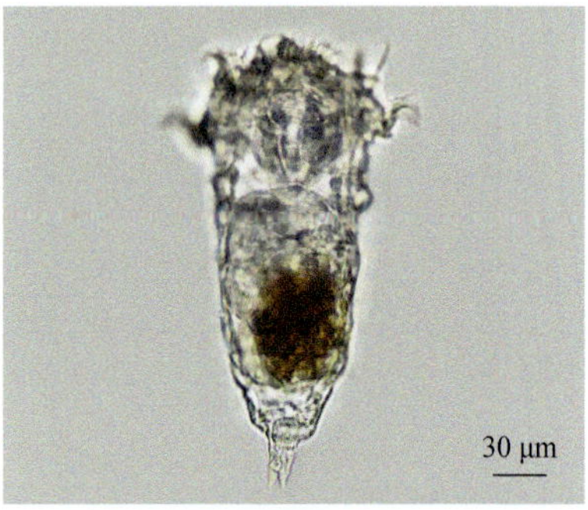

尖尾疣毛轮虫 *Synchaeta stylata*

25. 尖尾疣毛轮虫 *Synchaeta stylata* Wierzejski, 1893

隶属疣毛轮科 Synchaetidae，疣毛轮属 *Synchaeta*。体呈倒圆锥形，形态变化较大。足与躯干分界不明显。盘顶大而发达。足很长，足趾长为虫体全长的 1/5 ～ 1/4，趾较小，躯干中部膨大向两侧凸出，侧触手从膨大处下方向外射出。体全长 220 ～ 300 μm。分布广，夏季多出现。

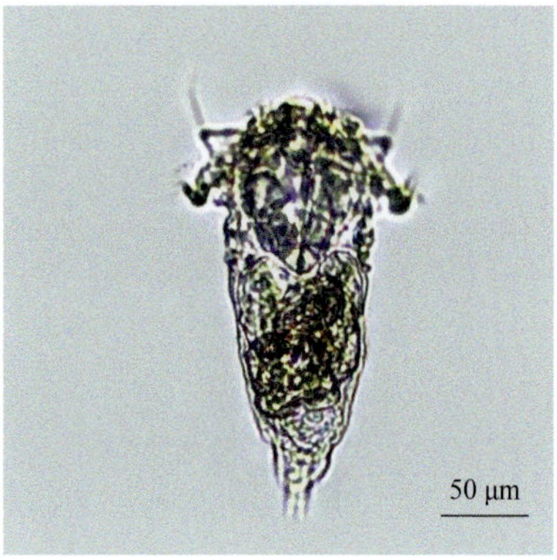

长圆疣毛轮虫 *Synchaeta oblonga*

26. 长圆疣毛轮虫 *Synchaeta oblonga* Ehrenberg, 1832

体呈倒钟形，有足，足有趾，无被甲，体表为一角质层，十分透明且可弯曲。在运动时体型有很大变化，固定后不能保持原来形状。身体和足不能蠕动，头冠无盘顶触手，足短或中等长，2 个趾，无距，有后肠和肛门，足在后端，头部两侧具 2 个耳状突起，头冠具 4 根粗的感觉刚毛。体长 220 ～ 260 μm，雄体长 105 μm。分布广。

27. 梳状疣毛轮虫 *Synchaeta pectinata* Ehrenberg, 1832

虫体呈倒钟形。头冠上有 2 个着生纤毛的盘顶触手，乳头状。足短而粗壮，两耳特别长大，收缩后呈卵形。体长 360 ～ 590 μm，雄体长 160 μm。

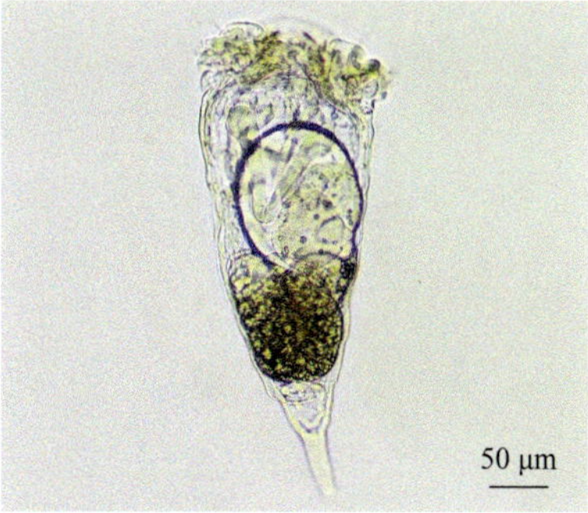

梳状疣毛轮虫 *Synchaeta pectinata*

28. 没尾无柄轮虫 *Ascomorpha ecaudis* Perty, 1850

隶属游泳轮虫目 Ploimida，腹尾轮科 Gastropodidae，无柄轮属 *Ascomorpha*。虫体无被甲，呈卵圆囊袋状，前窄后宽，变形。无足，身体无刺，亦无针样或肢样突起。头冠上有感觉触手。无肠和肛门，胃大，充满体腔，常具有明显绿色内含物，并具有 4 个黑色的污秽胞。体长 140 ～ 180 μm。分布广。

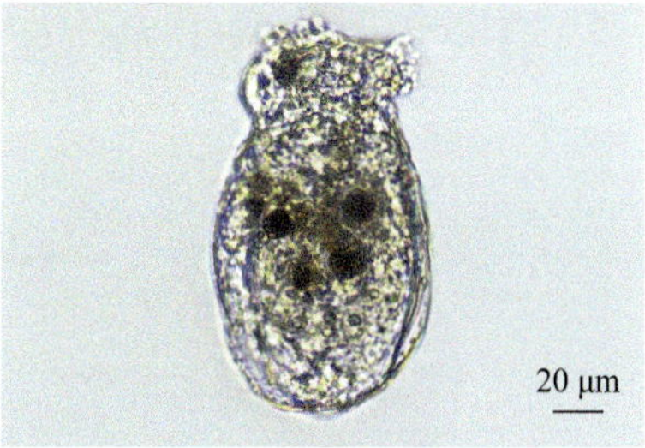

没尾无柄轮虫 *Ascomorpha ecaudis*

29. 舞跃无柄轮虫 *Ascomorpha saltans* Bartsch, 1870

虫体有背甲，卵圆形，其上有 4 条纵长肋纹。头冠上有感觉触手和盘顶触手。无足，身体无刺，亦无针样或肢样突起，无肠和肛门，胃大，充满体腔，常具有明显绿色内含物，并具有 1 ～ 3 个黑色的污秽胞。常做舞蹈式动作。体长 132 ～ 150 μm。分布广。

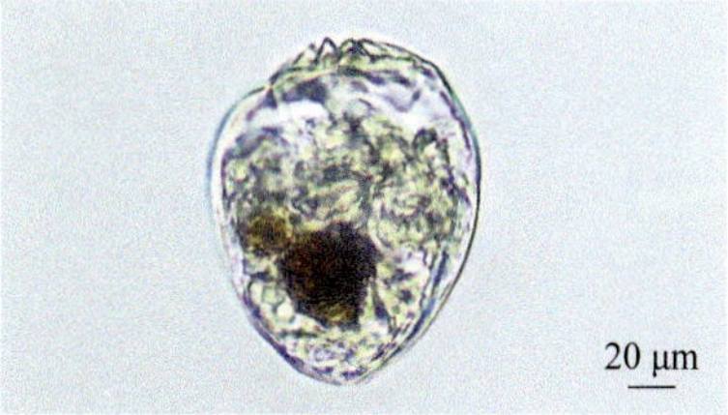

舞跃无柄轮虫 *Ascomorpha saltans*

30. 腹足腹尾轮虫 *Gastropus hyplopus* (Ehrenberg) Weber, 1898

隶属腹尾轮科 Gastropodidae，腹尾轮属 *Gastropus*。体形似军用水壶，侧面观呈宽阔的卵圆形，在腹面 1/3 处有一孔口，足在此孔口伸出缩入。后端浑圆，体长 172 μm，宽 135 μm，足趾长 27 μm。分布广。

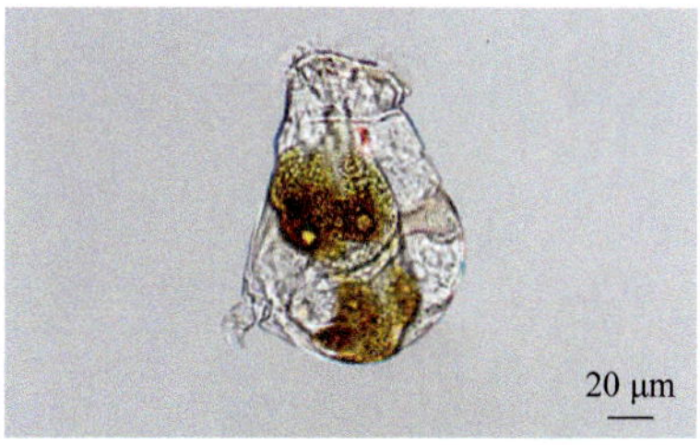

腹足腹尾轮虫 *Gastropus hyplopus*

31. 前节晶囊轮虫 *Asplanchna priodonta* Gosse, 1850

隶属游泳轮虫目 Ploima，晶囊轮科 Asplanchnidae，晶囊轮属 *Asplanchna*。体长为 300 ～ 1300 μm，宽为 100 ～ 500 μm。身体透明，呈囊袋形，像电灯泡。中部或后半部较前部宽阔。无足，无肛门。头冠顶盘大而发达，口位于盘顶，为三叉形裂缝状。咀嚼板系典型的砧形；砧基比较短，砧枝发达，每一砧枝前半部的内侧具有 4 ～ 16 个参差不齐的锯齿。卵胎生。卵巢和卵黄腺呈圆球形。生活时体呈淡粉或白色。

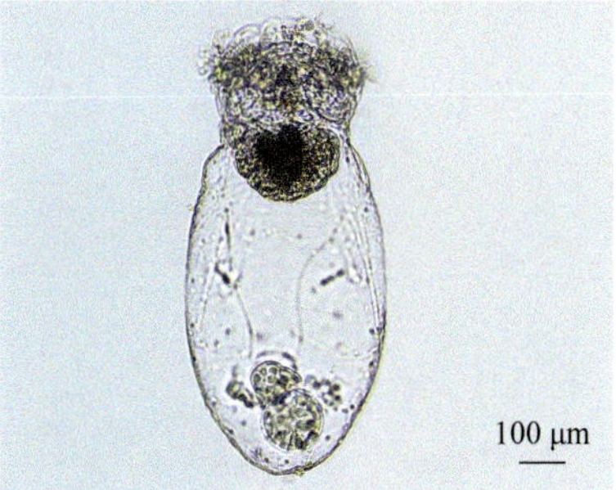

前节晶囊轮虫 *Asplanchna priodonta*

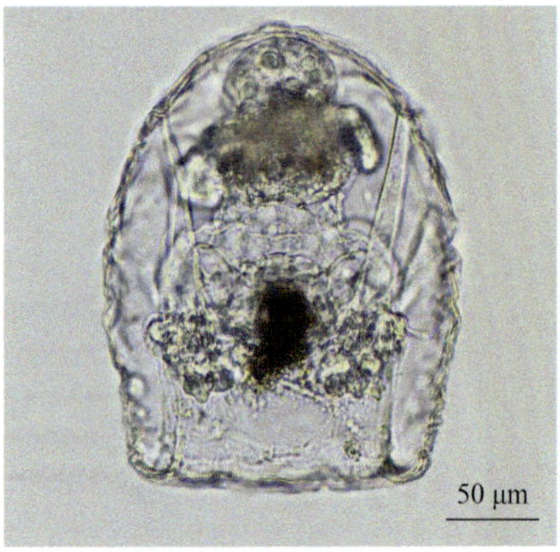

卜氏晶囊轮虫 *Asplanchna brightwelli*

32. 卜氏晶囊轮虫 *Asplanchna brightwelli* Gosse, 1830

体长为 250 ～ 1400 μm。虫体透明，呈囊袋形。中后部较前部宽阔。无足，无肛门。头冠顶盘大而发达，口位于盘顶，为三叉形裂缝状。咀嚼器砧形，砧枝前半部的内侧边缘有一个从中部伸出的大齿。卵胎生。卵巢和卵黄腺带状马蹄形。卵黄腺内细胞核一端表面有裂痕。原肾管上焰茎球 10 ～ 20 个。

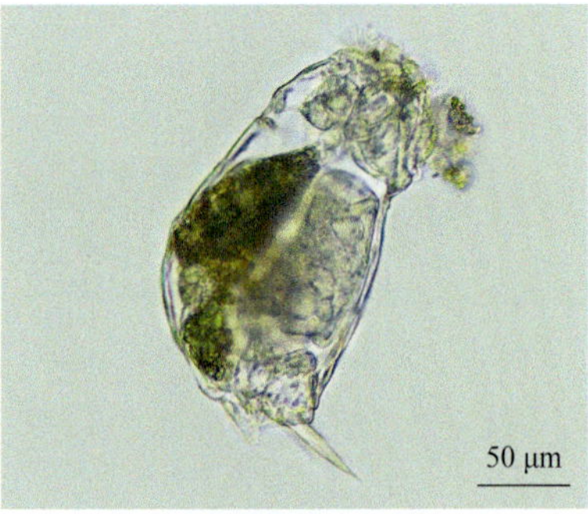

凸背巨头轮虫 *Cephalodella gibba*

33. 凸背巨头轮虫 *Cephalodella gibba* Ehrenberg, 1832

隶属游泳轮虫目 Ploimida，椎轮科 Notommatidae，巨头轮属 *Cephalodella*。体中等大，纵长，长圆筒形，杖形咀嚼器，被甲薄而光滑，无刻纹。头和躯干部有颈圈凹痕。背部明显凸出，腹部近平直或略凹。趾长大约超过体长 1/3，多少向背面弯转。消化腺小，有脑后囊。虫体全长 256 μm，趾长 104 μm。常见种，多分布于沉水植物较多的水体。

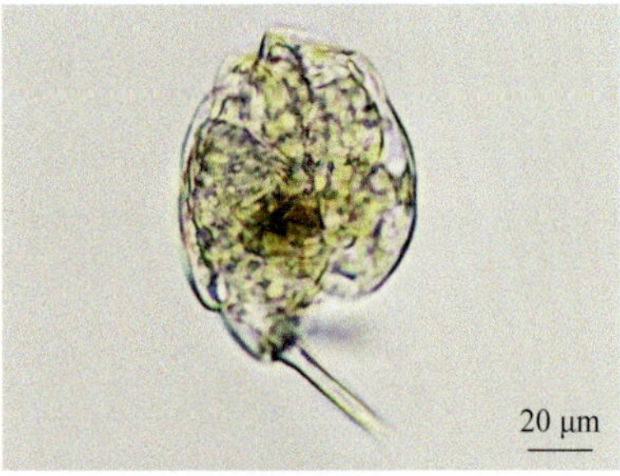

小巨头轮虫 *Cephalodella exigna*

34. 小巨头轮虫 *Cephalodella exigna* (Gosse) Harrying & Meers, 1924

体小，短粗，长圆筒形，杖形咀嚼器，被甲薄而光滑，无刻纹。足短而趾细长，头略向腹面弯转，头与躯干前端同样宽阔，向后渐窄而尖削。足后端背面有 1 束感觉刚毛。虫体长 65 ～ 98 μm，趾长 18 ～ 24 μm。分布于沉水植物较多的水体。

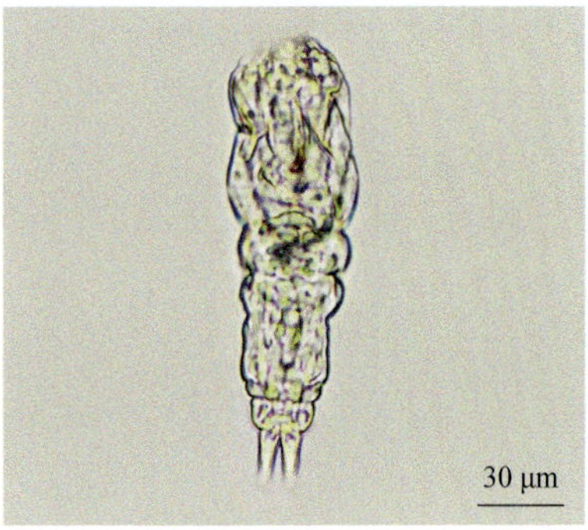

简单前翼轮虫 *Proales simplex*

35. 简单前翼轮虫 *Proales simplex* Wang, 1961

隶属椎轮科 Notommatidae，前翼轮属 *Proales*。虫体背面观似蠕形，侧面观长圆锥形。虫体最宽处在中部，有长的较发达的脑后囊。长足短而阔不分节，趾 2 个，倒圆锥形。全长 125 μm，趾长 9 μm。多生活于小而浅的水草丛生水体。

36. 高跷轮虫 *Scaridium longicaudum* (O. F. Müller) Ehrenberg, 1830

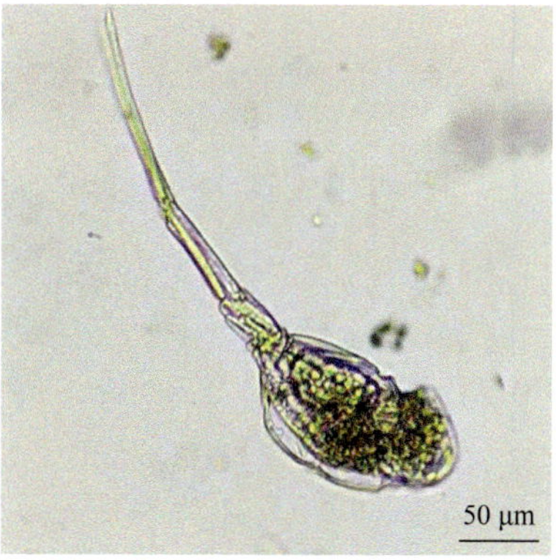
高跷轮虫 *Scaridium longicaudum*

隶属椎轮科 Notommatidae，高跷轮属 *Scaridium*。虫体纵长，长圆筒形，扁平，背甲略隆起，头部梯形，伸在背甲外面。足细而长，与头与躯干部合起来长度接近，分三节，基节短而粗壮，第三节长而细。趾一对细长，长与足长或接近。足有发达的肌肉。虫体全长 356 ~ 428 μm，头与躯干长 128 ~ 130 μm，足长 120 ~ 126 μm，趾长 108 ~ 172 μm。分布于水草丛生水体，4 ~ 11 月常见。

37. 暗小异尾轮虫 *Trichocerca pusilla* (Lauterborn) Harring, 1913

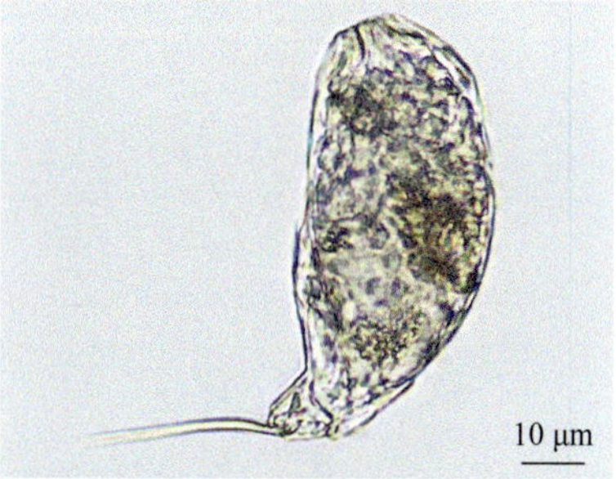
暗小异尾轮虫 *Trichocerca pusilla*

隶属游泳轮虫目 Ploimida，鼠轮科 Trichocercidae，异尾轮属 *Trichocerca*。被甲短小而厚实，背面光滑无龙骨和前齿。背腹面高度约为长度的一半。1 ~ 2 个趾，右趾高度退化。体长 85 μm，左趾长 60 μm。

38. 二突异尾轮虫 *Trichocerca bicrislata* (Gosse) Harring, 1913

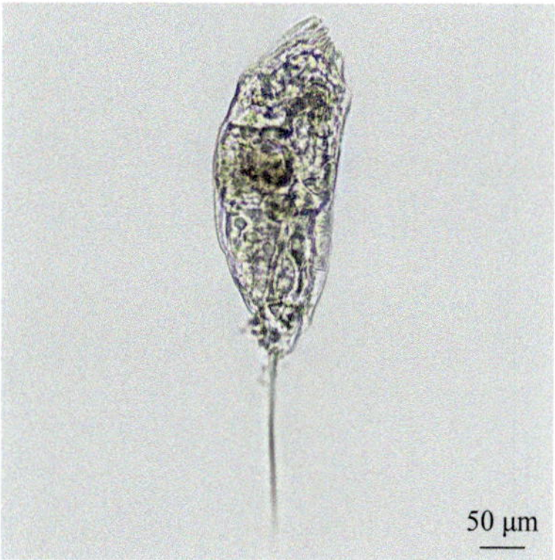
二突异尾轮虫 *Trichocerca bicrislata*

体型在同属中较大，虫体呈宽阔椭圆形。背腹面高为长的 1/2，背面宽为长的 1/3。背面有 2 个高而长的脊状隆起，从前端延伸到它的 1/3 的后端为止。被甲前端平。2 个趾，左趾特长，右趾退化，并有附趾 2 ~ 7 个。体长 303 μm，左趾长 280 μm。

39. 等刺异尾轮虫 *Trichocerca stylata* Gosse, 1851

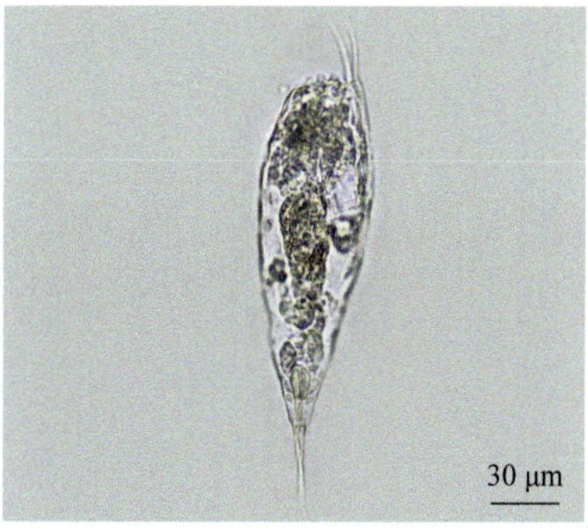
等刺异尾轮虫 *Trichocerca stylata*

虫体纵长，呈倒圆锥形，有些弯曲。趾 2 个，细长刺状，不超过体长的 1/3，右趾略短于左趾。被甲前端背面有两个齿，细长刺状，近等长，稍许能摆动。体长 175 ~ 185 μm，背齿长 32 μm，左趾长 40 ~ 45 μm。

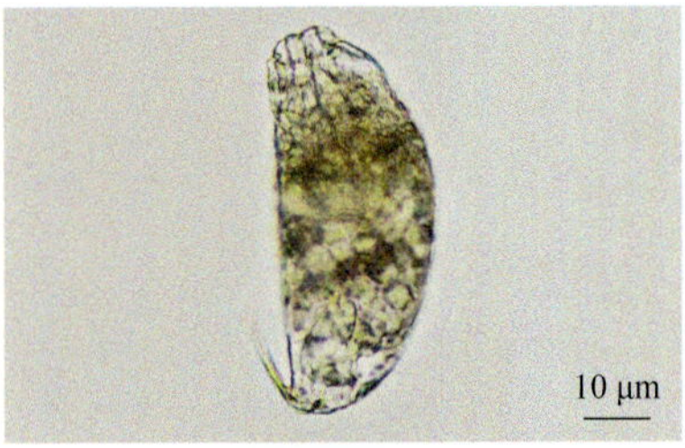

罗氏异尾轮虫 *Trichocerca rousseleti*

40. 罗氏异尾轮虫 *Trichocerca rousseleti* Voigt, 1901

虫体纵长，呈倒圆锥形，有些弯曲。趾 2 个，细长刺状，不超过体长的 1/3，右趾略短于左趾。被甲前端边缘有 9 个齿，背侧右边齿最长，其余 8 齿同样大小，短刺状。体长 95 μm，左趾长 30 μm。

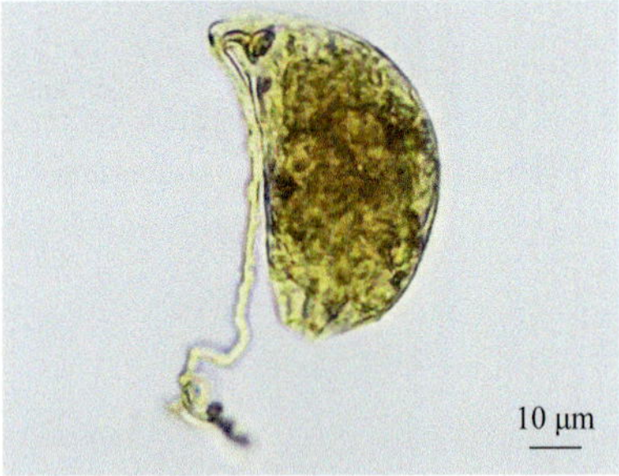

韦氏异尾轮虫 *Trichocerca weberi*

41. 韦氏异尾轮虫 *Trichocerca weberi* Jennings, 1903

被甲短而粗壮，高度弯转，被甲头部与躯干部区分明显。趾 2 个，左趾略长于右趾，被甲前端左侧有 1 粗刺，有背部脊状隆起。体长 120 μm，左趾长 36 μm。

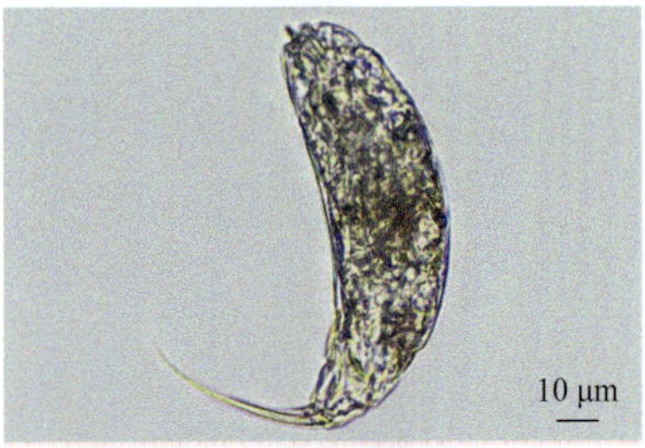

细异尾轮虫 *Trichocerca gracilis*

42. 细异尾轮虫 *Trichocerca gracilis* (Tessin) Carlin, 1939

体纵长弯曲，背面显著凸出，腹面凹入或平直。头部与躯干间有一个紧缩的颈圈。被甲前端背面右侧有一个小尖齿。头部被甲伸展时无折痕，收缩时有很多折痕将口孔关闭，折痕与右侧细齿相混杂。足粗短，左右 2 趾不等长，左趾长度约为被甲长度的 1/3 ～ 1/2。体长 160 μm，左趾长 75 μm，右趾长 28 μm。分布广，个体丰度小。

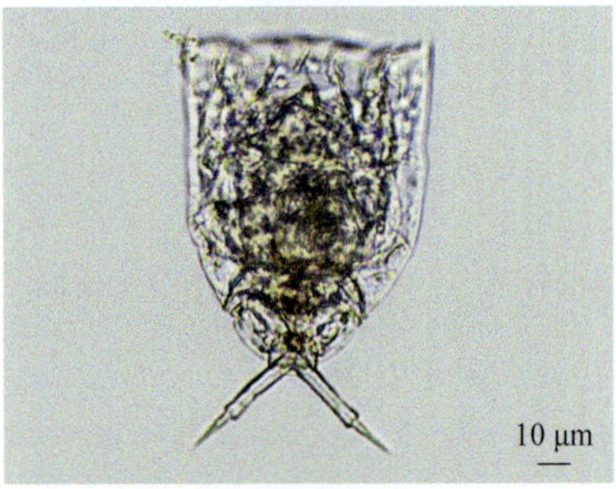

真胫腔轮虫 *Lecane eutarsa*

43. 真胫腔轮虫 *Lecane eutarsa* Harring & Myers, 1926

隶属游泳轮虫目 Ploima，腔轮科 Lecanidae，腔轮属 *Lecane*。被甲呈长椭圆形，前边缘微凹，左右有刺。背甲有刻纹。趾较长，末端爪状。被甲长 93 μm，宽 68 μm，趾长 35 μm。分布广，池塘和浅湖常见。

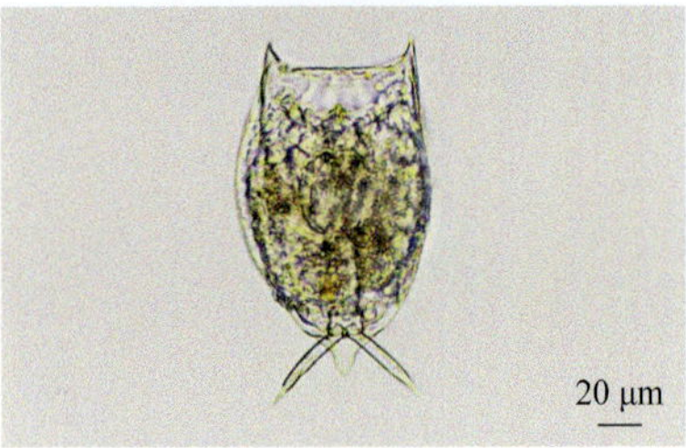

罗氏腔轮虫 *Lecane ludwigii*

44. 罗氏腔轮虫 *Lecane ludwigii* Eckstein, 1893

被甲呈长椭圆形，前边缘微凹左右有刺。甲后节向后尖削的后半部呈三角形。趾较长。被甲长 162 μm，宽 79 μm，趾长 47 μm。分布广，池塘和浅湖常见。

45. 月形腔轮虫 *Lecane buna* O. F. Müller, 1776

无前侧刺，被甲光滑无刻纹，前缘凹，呈弯月形。被甲长 215 μm，趾长 58 ～ 62 μm，爪长 9 ～ 10 μm。分布广。

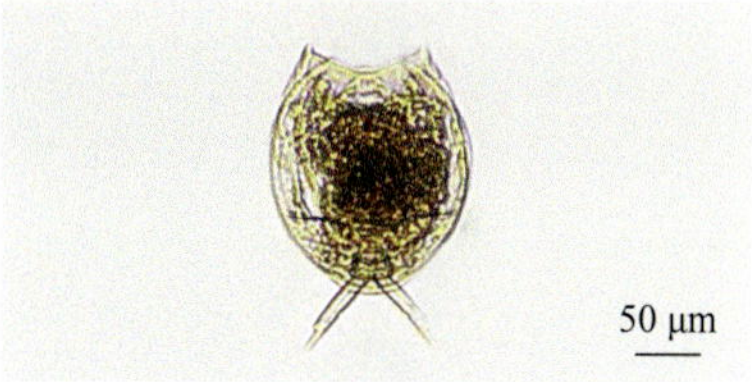

月形腔轮虫 *Lecane buna*

46. 瘤甲腔轮虫 *Lecane nodosa* Hauer, 1938

被甲呈宽阔卵圆形，长宽相近。背甲表面密布圆丘形瘤状突起。被甲长 64 μm，宽 74 μm，趾长 27 μm。分布广。池塘和浅湖常见。

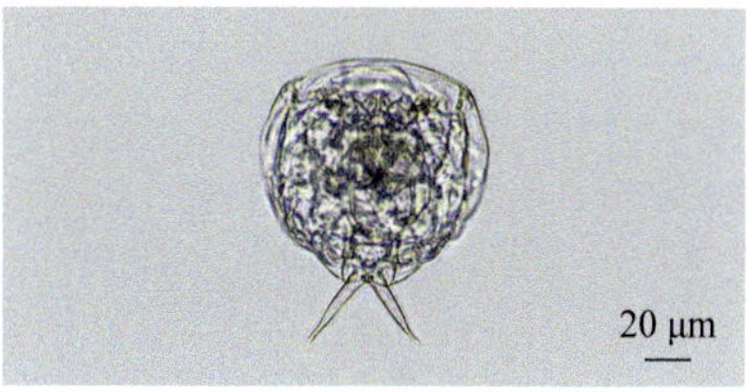

瘤甲腔轮虫 *Lecane nodosa*

47. 囊形单趾轮虫 *Monostyla bulla* Gosse, 1851

隶属腔轮科 Lecanidae，单趾轮属 *Monostyla*。被甲长椭圆形，前端窄。趾长约为被甲长的 1/2。被甲长 132 ～ 180 μm，宽 100 ～ 152 μm。趾长 64 ～ 112 μm，爪长 6 μm。分布广。

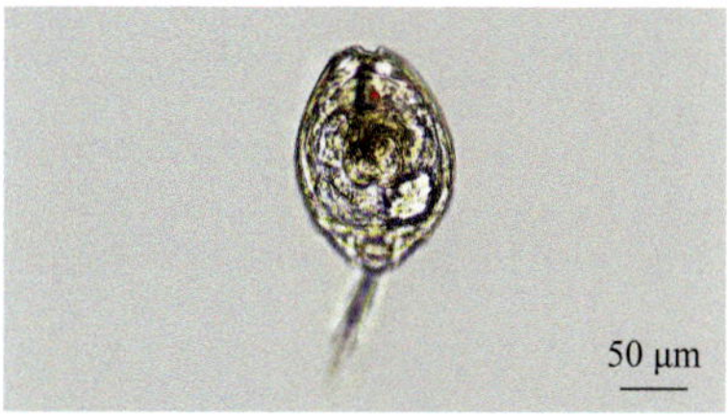

囊形单趾轮虫 *Monostyla bulla*

48. 尖趾单趾轮虫 *Monostyla closterocerca* Schmarda, 1859

被甲近圆形，长宽相等。背腹甲前端一致，形成“V”形凹痕。趾末端尖削。被甲长 65 μm，宽 60 μm。趾长 22 μm。

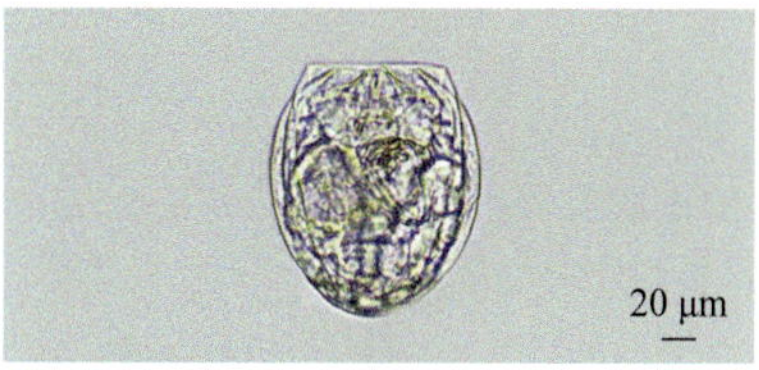

尖趾单趾轮虫 *Monostyla closterocerca*

49. 月形单趾轮虫 *Monostyla lunaris* Ehrenberg, 1838

背腹扁平，被甲前缘呈月牙形凹陷，单趾，趾有 2 个环节。被甲长 126 ～ 128 μm，宽 103 ～ 106 μm，趾长 74 ～ 76 μm。世界广布种。

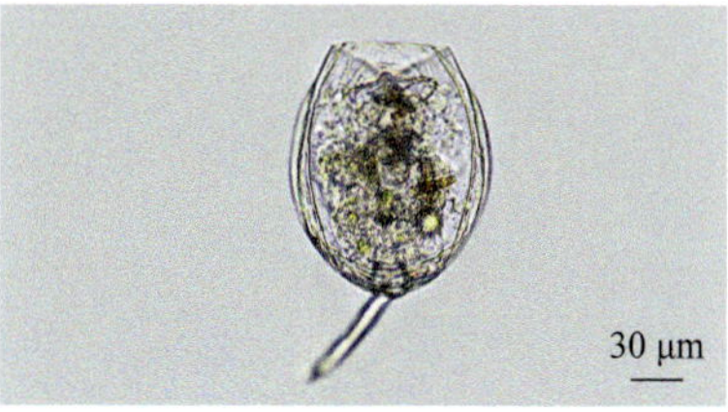

月形单趾轮虫 *Monostyla lunaris*

50. 尖角单趾轮虫 *Monostyla hamata* Stokes, 1896

被甲长卵圆形，宽度约为长度的 2/3。被甲隆起，腹甲宽度除前端外比背甲狭。被甲全长 152 μm，宽 78 μm，趾长 37 μm。背甲的前端边缘显著下沉，下沉半月形的凹痕。腹甲前缘凹痕很深，呈“V”形，两侧具尖角。

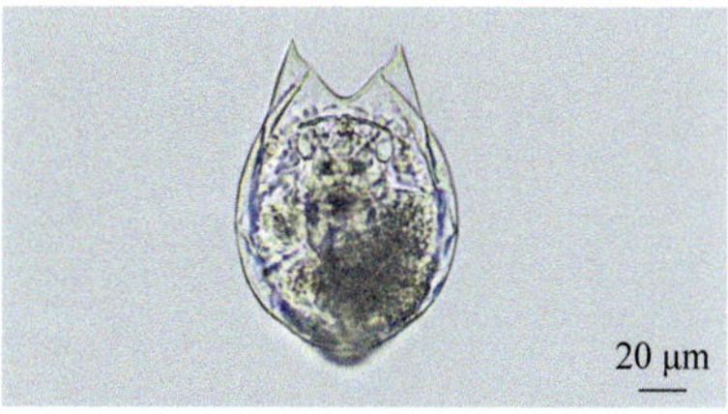

尖角单趾轮虫 *Monostyla hamata*

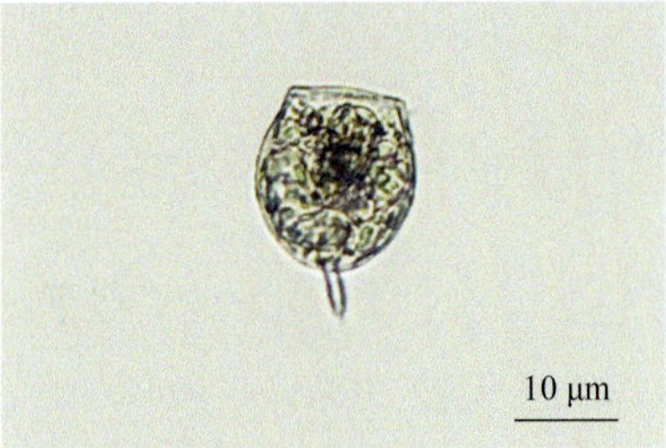

梨形单趾轮虫 *Monostyla pyriformis*

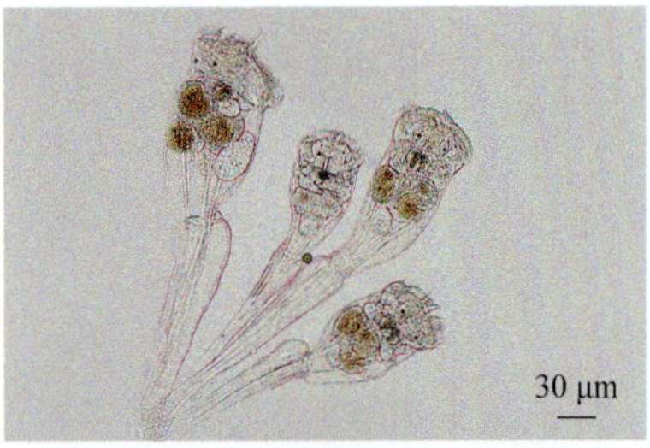

独角聚花轮虫 *Conochilus unicornis*

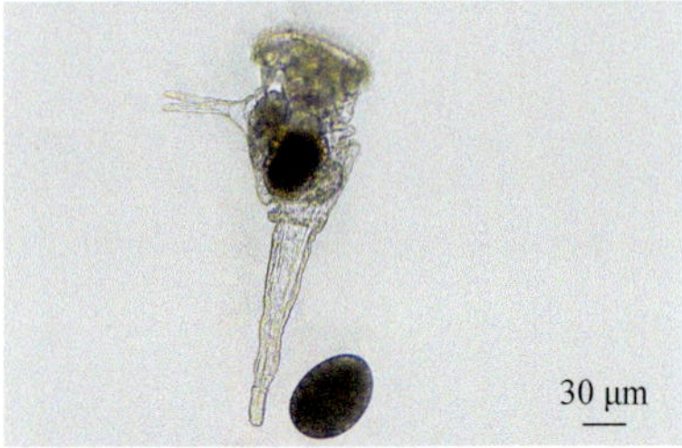

叉角聚花轮虫 *Conochilus dossuarius*

长三肢轮虫 *Filinia longiseta*

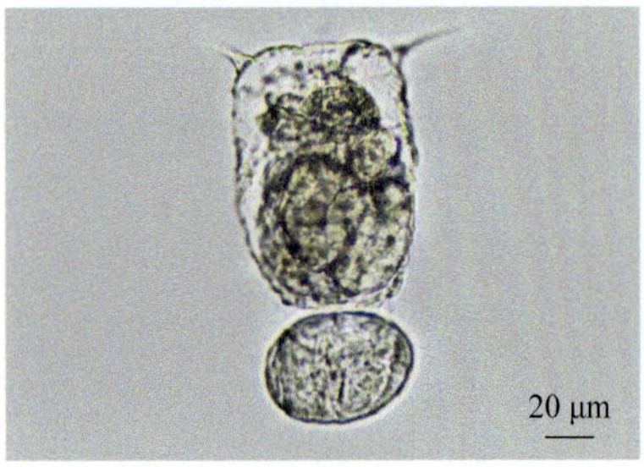

小三肢轮虫 *Filinia minuta*

51. 梨形单趾轮虫 *Monostyla pyriformis* Daday, 1905

被甲为很阔的卵圆形，宽度约为长度的 5/6。被甲和腹甲的前端边缘彼此符合一致，很平直，伸展到两旁侧面的边缘。趾比较长，它的长度约为全长的 1/3。全长 82 μm，被甲长 54 μm，趾长 27 μm。为小型的种类之一，分布广，比较适宜生存于微带酸性的水体。

52. 独角聚花轮虫 *Conochilus unicornis* Rousselet, 1892

隶属单巢纲 Monogononta，神轮目 Gnesiotrocha，簇轮亚目 Flosculariacea，聚花轮科 Conochilidae，聚花轮属 *Conochilus*。头冠边缘无裂片，呈马蹄形，头冠纤毛 2 排，足较粗壮，无吸盘。单生或多个虫体形成球形群体。个体长 280 ～ 379 μm，群体直径 500 ～ 1000 μm。分布广，为典型的浮游种类，大型深水湖泊水库常见。

53. 叉角聚花轮虫 *Conochilus dossuarius* Hudson, 1885

无被甲。单生或群体。腹触手基部合并，末端分叉并具纤毛。收缩后全长 212 μm。为典型的浮游种类，分布于小水体。

54. 长三肢轮虫 *Filinia longiseta* Ehrenberg, 1834

隶属簇轮亚目 Flosculariacea，镜轮科 Testudinellidae，三肢轮属 *Filinia*。虫体卵圆形，无被甲，有 3 根长的附肢，后肢 1 根，不动，从躯干腹部伸出。2 个前肢。前肢长 320 ～ 500 μm，后肢长 180 ～ 380 μm，本体长 110 ～ 160 μm。分布广。

55. 小三肢轮虫 *Filinia minuta* Smirnov, 1982

体卵圆形，无被甲，有 4 个等长的附肢，均从腹面四角伸出，附肢短，小于虫体长。池塘常见。

56. 迈氏三肢轮虫 *Filinia maior* (Colditz) Carlin, 1943

虫体卵圆形，无被甲，有 3 根长的附肢，后肢 1 根，不动，较短从躯干腹部伸出。2 个前肢明显长于后肢。分布广。

迈氏三肢轮虫 *Filinia maior*

57. 扁平泡轮虫 *Pompholyx complanata* Gosse, 1851

隶属簇轮亚目 Flosculariacea，镜轮科 Testudinellidae，泡轮属 *Pompholyx*。被甲薄而透明，有足孔而无足，有黏液管从足孔伸出。被甲背腹高度压缩而扁平，光滑无沟痕。末端不突然尖削。被甲长 70 ~ 90 μm，宽 60 ~ 75 μm。休眠卵长 56 ~ 65 μm，宽 35 μm。分布广。

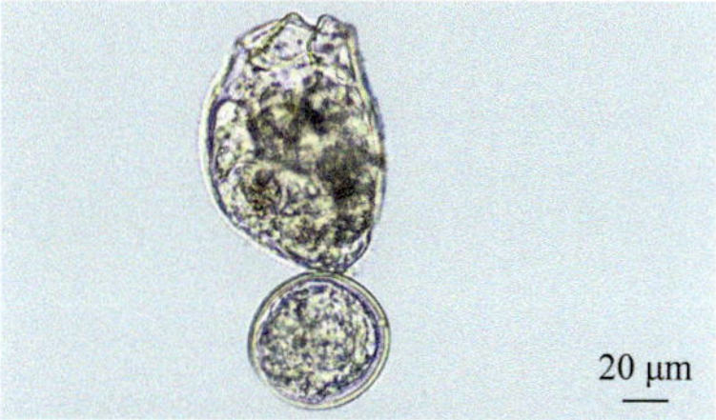

扁平泡轮虫 *Pompholyx complanata*

58. 多态胶鞘轮虫 *Collotheca ambingua* Hudson, 1883

隶属单巢纲 Monogononta，胶鞘轮虫目 Collothecacea，胶鞘轮科 Collothecidae，胶鞘轮属 *Collotheca*。本体呈喇叭状，头冠周围有 5 束长而发达的刚毛。足很长，前半部分的 1/3 的前端外表具有环纹，时有排出的非需精卵附着其上。身体长 650 ~ 790 μm。

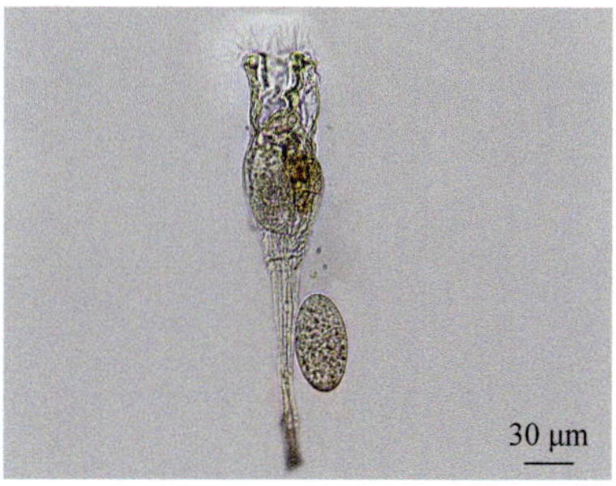

多态胶鞘轮虫 *Collotheca ambingua*

（三）枝角类 Cladocera

1. 方形尖额溞 *Alona quadrangularis* O. F. Müller, 1785

节肢动物门 Arthropoda，甲壳动物亚门 Crustacea，鳃足纲 Branchiopoda，枝角亚本 Cladocera，异足目 Anomopoda，盘肠溞科 Chydoridae，尖额溞属 *Alona*。雌体长 0.60 ~ 0.85 mm。体近长方形。浅黄色或黄褐色。壳纹 10 余条，明显。第二触角刚毛式为 0-0-3/1-1-3，其中内肢第一节上刚毛不分节。胸肢 5 对。肠盘曲一圈以上。后腹部很大，末背角圆，前后宽度几乎相等。有 15 ~ 18 个肛刺，侧面有栉毛 10 余束。尾爪长大，只有 1 个爪刺，其凹侧无小刺。雄体长 0.52 ~ 0.56 mm。壳瓣背缘较直；腹缘中部呈弧状凸出。吻部更短。第一触角前后各侧共有 2 根触毛。第一胸肢具壮钩。后腹部无肛刺。习居于湖泊、池塘，终年可见，数量不多。

方形尖额溞 *Alona quadrangularis*

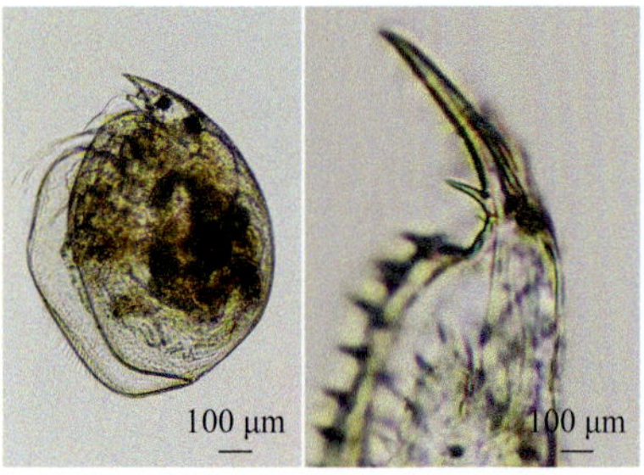

圆形盘肠溞 *Chydorus sphaericus*

2. 圆形盘肠溞 *Chydorus sphaericus* O. F. Müller, 1785

隶属盘肠溞科 Chydoridae，盘肠溞属 *Chydorus*。雌性体长 0.25 ～ 0.45 mm。体圆形。浅黄色或黄褐色。壳瓣短而高，背缘弓起；后缘极低，腹缘的后半部内褶并列生刚毛。后背角不明显。壳面呈六角形和多角形网纹。头部低。吻部长且尖，紧贴壳瓣前端。单眼比复眼小，它到复眼的间距比到吻尖短。第一触角前侧偏末端 1/3 处生长 1 根触毛。第二触角的游泳刚毛式为 0-1-3/0-0-3。肠管末部具 1 盲囊。唇片尖舌状，脊上无刻齿。后腹部短，前肛角明显凸出，具 8 ～ 10 个肛刺。尾爪基部有 2 个爪刺。雄性体长 0.23 ～ 0.32 mm。壳瓣的后背角外凸明显。腹缘比背缘更加凸出，全部列生刚毛。吻部短钝，从顶面观可见 2 个细小的突起。第一触角粗壮，有多根触毛。第一胸肢具强钩。后腹部在肛门后方收缢呈棒状。肛刺和爪刺均缺如，或呈刚毛状。

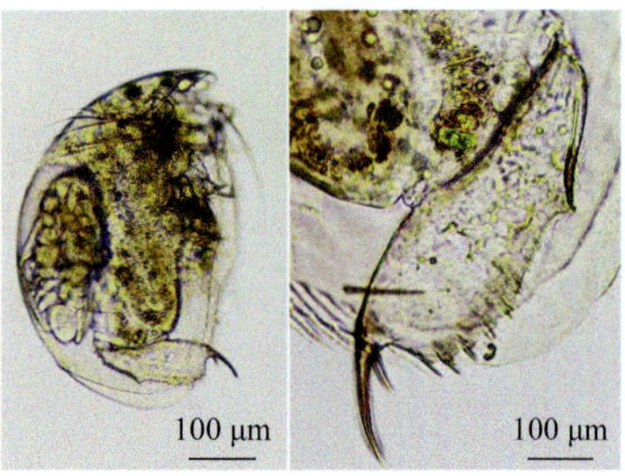

萨氏矩形溞 *Coronatella rectangula*

3. 萨氏矩形溞 *Coronatella rectangula* Sars, 1861

隶属盘肠溞科 Chydoridae，矩形溞属 *Coronatella*。原称矩形尖额溞 *Alona rectangula* Sars, 1861。壳面侧面观矩形，头甲中线上头孔有 3 个主孔和 2 个小的侧孔。第一触角前端有 1 根触毛，末端具 1 束嗅毛。后腹部的末背角浑圆；尾爪与后腹部后缘之间的角度较大。壳瓣后腹缘沿边无锯齿或棘刺。后腹部不扩大，或仅在中部稍微扩大。体长通常在 0.5 mm 以下，雌体长 0.38 ～ 0.45 mm，雄体长 0.34 ～ 0.37 mm。肛刺排列不结集成束。肛刺 8 ～ 10 个，粗短，有爪刺 1 个。肠管盘曲近 2 圈。壳面纵纹 10 余条。第二触角刚毛式为 0-0-3/1-1-3。世界广布种，栖息于湖泊沿岸、池塘、水库等水体。

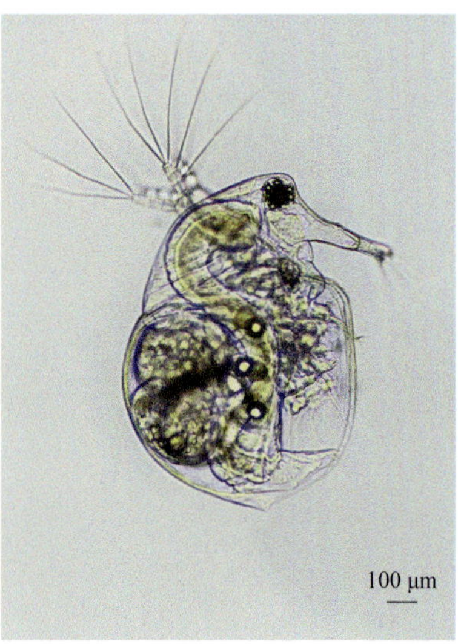

颈沟基合溞 *Bosminopsis deitersi*

4. 颈沟基合溞 *Bosminopsis deitersi* Richard, 1895

隶属异足目 Anomopoda，象鼻溞科 Bosminidae，基合溞属 *Bosminopsis*。雌性体长 0.28 ～ 0.58 mm。体呈宽卵形。无色或带淡黄色。有颈沟。壳瓣腹缘列生 4 ～ 10 个棘刺。棘刺的长度随着龄期的增高反而逐渐变短，完全成长的个体大多无棘刺。壳纹不很明显，大多呈六角形。头部很大。吻较短，与第一触角的基部完全愈合，二者之间已无明显的界限。壳弧不发达。第一触角的基部愈合，左右共 2 根触毛，末端部分离，各向左右腹侧弯曲，顶端有相当长的嗅毛 7 ～ 11 根（通常为 8 根）。第二触角内、外肢均分 3 节，游泳刚毛式为 0-0-3/1-1-3。后腹部背侧陡削，末端变细。在肛门之前的背缘稍内陷，各侧列生微细的肛刺。尾爪粗大，稍弯曲，基部有一个大爪刺。雄性体长 0.20 ～ 0.50 mm。颈沟不显著。壳瓣腹缘列生的棘刺通常较长。第一触角非常长大，不与吻愈合而可以活动。第一胸肢具钩及较长的鞭毛。

5. 长额象鼻溞 *Bosmina longirostris* O. F. Müller, 1786

隶属象鼻溞科 Bosminidae，象鼻溞属 *Bosmina*。雌体体长 0.40 ～ 0.60 mm。无色透明。壳瓣的背缘弓起而腹缘平直。后腹角延伸成一壳刺。壳纹呈六角形或菱形，不明显。额毛位于复眼与吻端之间的正中。壳弧为一条隆线。第一触角状如象鼻，较短而钝，末端有时弯曲或呈钩状。第二触角刚毛式为 0-0-1-3/1-1-3。后腹部有 4 ～ 5 个微细的肛刺，侧面有许多簇刚毛。尾爪栉状刺，基部一列刺较长，共 4 ～ 10 个，中部的一列刺短，15 个。雄体长 0.33 ～ 0.45 mm。壳瓣狭长，背缘平直。吻钝。无额毛。第一触角不与吻愈合可以活动。其基部的前侧共着生 2 根触毛。第一胸肢有钩与长鞭。后腹部的末端向内凹陷很深，显得尾爪着生的突起特别长。尾爪短，无明显的栉状刺。本种与简弧象鼻溞显著差别为其尾爪基部与中部各有一行栉刺；额毛着生于复眼与吻部末端间的中央。

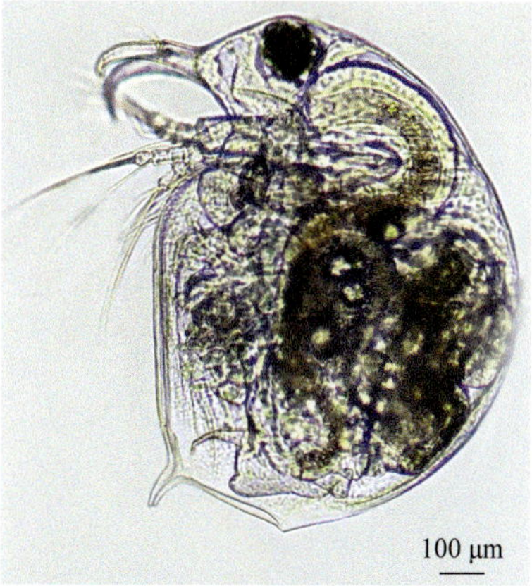

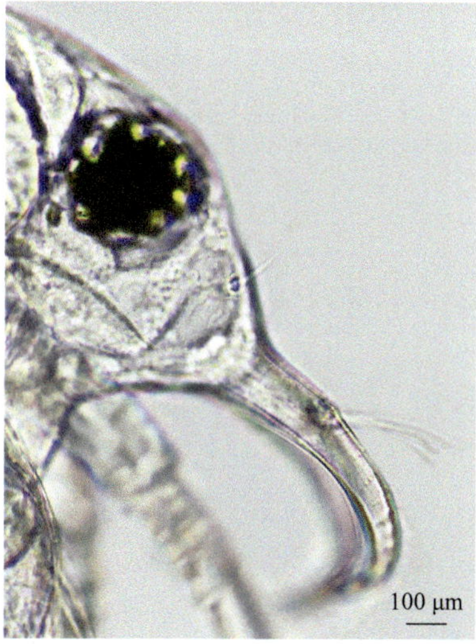

长额象鼻溞 *Bosmina longirostris*

6. 简弧象鼻溞 *Bosmina coregoni* Baird, 1857

雌性体长 0.34 ～ 0.65 mm。外形与长额象鼻溞相似。无色透明或带黄褐色。壳瓣背缘隆起，比长额象鼻溞要高。后腹角的壳刺很长。壳面大多光滑无纹。额毛非常靠近吻部末端。壳弧为一条隆线，亦不分叉。复眼较小。第一触角大多很长，末端决不会弯曲呈钩状。后腹部末端

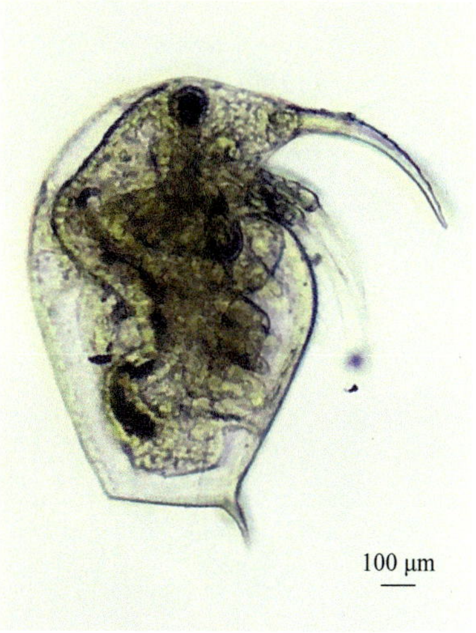

简弧象鼻溞 *Bosmina coregoni*

内凹，末背角比长额象鼻溞更加凸出，有 4 ～ 8 个细小的肛刺，侧面有很多簇刚毛。壳瓣腹缘前端有 10 ～ 16 个羽状刚毛。尾爪均匀弯曲，只在基部有一列栉状刺，5 ～ 10 个，往后有一列刚毛，25 ～ 40 根。雄性体长 0.30 ～ 0.70 mm。壳刺非常退化或完全消失。第一触角特别长。后腹部末端削尖，其他特征与长额象鼻溞的相似。体型变化甚大。头部与躯干之间无颈沟。第一触角与吻愈合，不能活动。壳弧为一隆线；库尔茨毛细长。

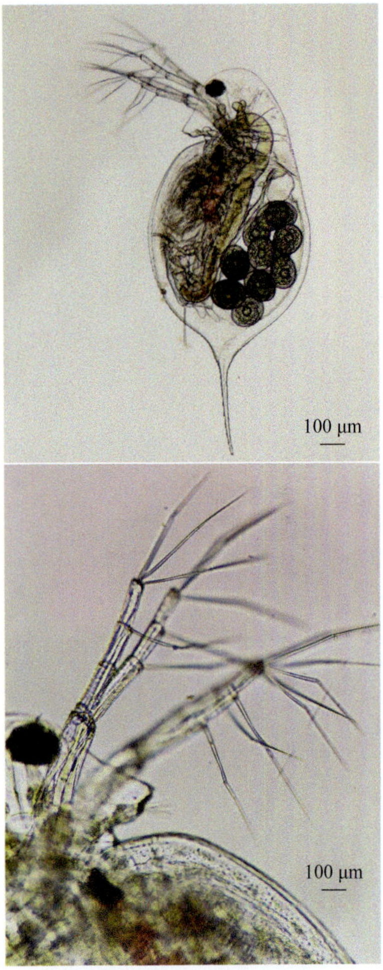

透明溞 *Daphnia hyalina*

7. 透明溞 *Daphnia hyalina* Leydig, 1860

隶属异足目 Anomopoda，溞科 Daphniidae，溞属 *Daphnia*。亦称盔形溞 *Daphnia galeata* G. O. Sars, 1864。雌性体长 1.30 ～ 3.04 mm，背侧脊棱一直伸展到头部。壳刺细长，肛刺 9 ～ 15 个。雄性体长 1.06 ～ 1.43 mm，壳刺亦长，肛刺 7 个。有单眼，有时有头盔。广温性，大型贫营养湖泊多见，是湖泊水库敞水区典型浮游种类。

8. 老年低额溞 *Simocephalus vetulus* O. F. Müller, 1776

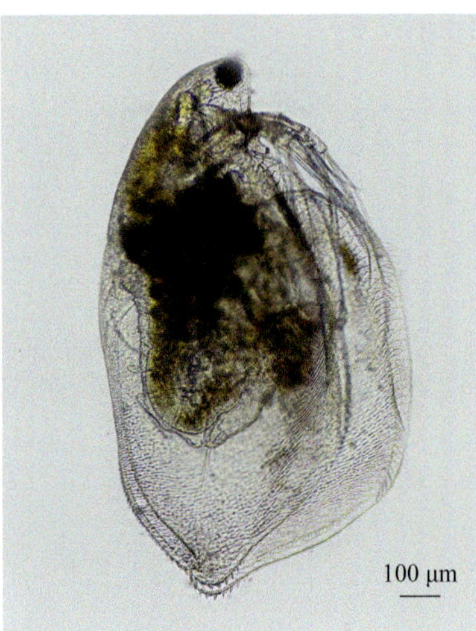

老年低额溞 *Simocephalus vetulus*

隶属溞科 Daphniidae，低额溞属 *Simocephalus*。雌性体长 1.23 ～ 1.87 mm。体宽卵形。暗绿色或黄褐色。壳瓣背缘弓起；腹缘微凸，内侧列生刚毛；后缘向外不凸出。后背角上披有小棘。壳面有许多条与后缘相平行的花纹。头部小而低垂，额圆。吻小而尖。复眼不大。单眼细长，呈纺锤形或菱形。有颈沟。第一触角颇小，呈短棒状，前侧有一突起，上面生长一根触毛，末端为一簇嗅毛。第二触角刚毛式为 0-0-1-3/1-1-3。后腹部短而宽，在肛门之前的背侧形成一个直角状突起。肛刺 8 ～ 10 个，愈近尾爪的肛刺愈大。尾爪细长，无栉状刺，只有一列篦毛。雄性体长 1.00 mm 左右。第一触角粗，其前侧靠近基部和中部各有一根触毛。第一胸肢具短小的钩，其外肢具 1 根大的和 3 根小的刚毛。后腹部的肛刺比雌性的少，只有 5 ～ 6 个。喜在水草茂密、泥土较深的湖岸边和池塘里生活，通常用其游泳刚毛攀附在水草上而不在水域中心飘浮。

9. 拟老年低额溞 *Simocephalus vetuloides* Sars, 1898

雌性体长 1.73 ～ 2.13 mm。淡黄色透明。与老年低额溞形态相似，区别为壳瓣背缘部分向外凸出随后又内凹，形成凸出的后背角。头更小，肛刺 8 ～ 9 个。

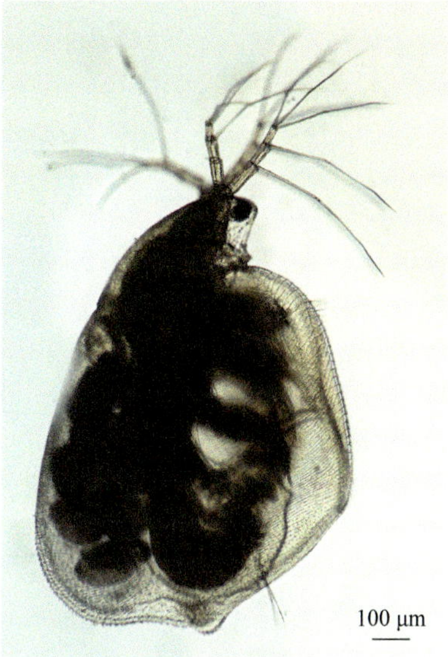

拟老年低额溞 *Simocephalus vetuloides*

10. 角突网纹溞 *Ceriodaphnia cornuta* Sars, 1885

隶属溞科 Daphniidae，网纹溞属 *Ceriodaphnia*。雌性体长 0.30 ～ 0.39 mm。体呈卵圆形，侧扁。无色透明或淡棕色。壳瓣背缘与腹缘弓起；怀冬卵的雌性背缘后半部平直。后背角显著凸出，很像短的壳刺。后俯角浑圆。壳纹清晰，大部分为六角形或五角形的网纹。头部宽而低，向腹侧倾斜，几乎与躯干部形成一直角。颈沟深，壳弧不发达，弯曲呈“S”形。无吻，但在吻的部位有一尖而向下的突起，这是本种与同属其余种类最显著的不同之处。复眼大，靠近额部。单眼小，位于复眼与第一触角基部的中间。第一触角着生在尖的突起之下，稍能活动，短而粗，末端有一束比触角略短的嗅毛。此外，在靠近末端的背侧还有一突起，其上生出一根粗的嗅毛。触毛长约为触角本身的一倍半。后腹部长，向后逐渐削细。肛刺 5 ～ 7 个。尾爪长，均匀弯曲，光滑无刺，或只有非常纤细的梳妆刚毛。尾刚毛很长。

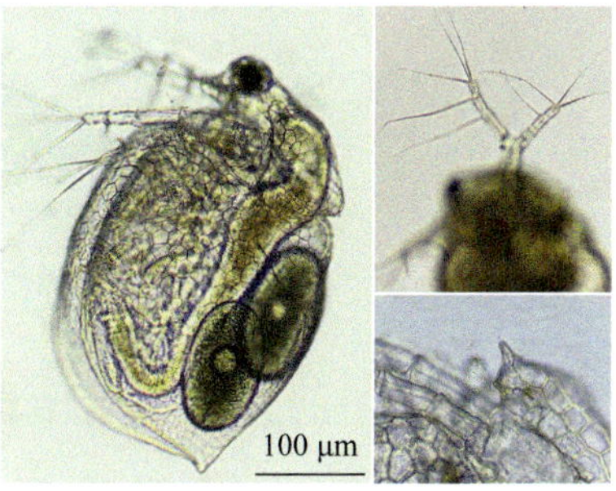

角突网纹溞 *Ceriodaphnia cornuta*

11. 微型裸腹溞 *Moina micrura* Kurz, 1874

隶属异足目 Anomopoda，裸腹溞科 Moinidae，裸腹溞属 *Moina*。雌性体长 0.53 ～ 0.61 mm。体呈宽卵形。壳无色、透明。壳瓣背缘凸出，腹缘微凸，列生刚毛 11 ～ 25 根。头大、眼上凹及颈沟明显。复眼大、靠近头顶、无单眼，无吻。第一触角棒状，末端生有一簇嗅毛，其中部有一触毛。第二触角大，游泳刚毛式为 0-0-1-3/1-1-3。后腹部向后端趋窄，裸出壳外，两侧各具羽状刚刺 4 ～ 7 根，近尾爪有一个叉状肛刺。尾爪大、基部有 10 ～ 12 个栉状刺，卵鞍内藏冬卵 1 个。雌性体长 0.65 ～ 0.83 mm，雄性体长 0.53 ～ 0.61 mm。第一触角很长，约为体长的一半。体长小于雌体。嗜暖性，生活于富营养的池塘和浅水湖泊中，偶见半咸水水体。

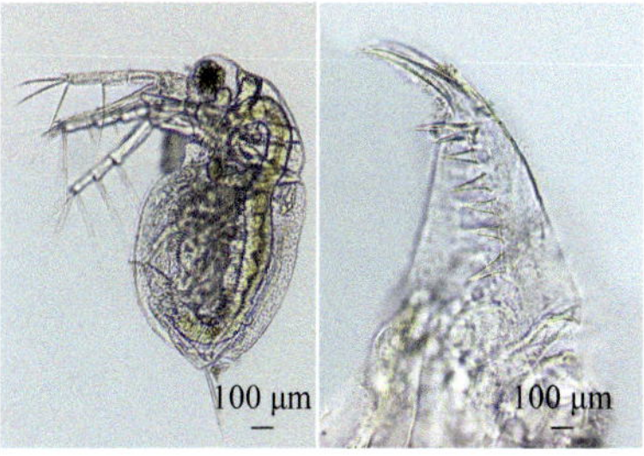

微型裸腹溞 *Moina micrura*

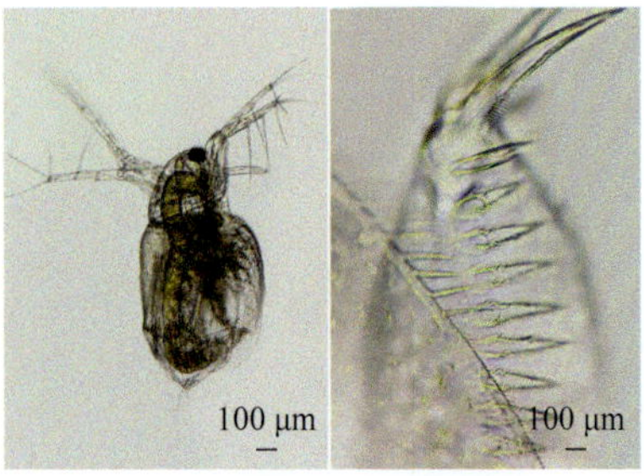

多刺裸腹溞 *Moina macrocopa*

12. 多刺裸腹溞 *Moina macrocopa* Straus, 1820

雌性体长 0.83 ～ 1.20 mm。体形与微型裸腹溞相似，但个体较大。无色透明或带浅红棕色。壳瓣与头部全部覆盖细毛。壳瓣的腹缘有一列 55 ～ 65 根长刚毛，随后为许多成束的短刚毛。复眼 1 个，位于头部中央，无单眼。第一触角棒形，中部略粗，环围细毛。第二触角刚毛式为 0-0-1-3/1-1-3。胸肢 5 对。第一胸肢最后第二节的前侧刚毛的腹面具刺。后腹部的背缘有 7 ～ 11 个羽状肛刺和 1 个叉状肛刺。尾爪基部内缘无栉状刺，仅有一列轻微的梳状毛。基部的腹侧为 1 ～ 2 个刺。卵鞍内藏纳冬卵 2 个。雄性体长 0.63 ～ 0.82 mm。表面覆盖稠密的细毛。第一触角很长，中部弯曲。在此附近生长 2 根触毛。末端有 5 ～ 7 根钩状刚毛。第一胸肢具壮钩和长鞭毛。

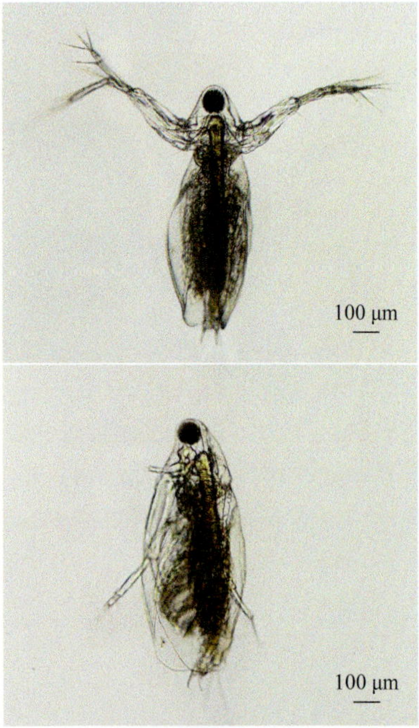

短尾秀体溞
Diaphanosoma brachyurum

13. 短尾秀体溞 *Diaphanosoma brachyurum* Lièven, 1848

隶属栉足目 Ctenopoda，仙达溞科 Sididae，秀体溞属 *Diaphanosoma*。雌性体长 0.85 ～ 1.20 mm。体近长椭圆形。透明或呈浅黄色。壳瓣的腹缘没有褶片，沿缘具 17 ～ 25 根棘齿和许多细刺，还有 10 ～ 17 根长刚毛。棘齿与长刚毛重叠排列。头部大，额顶较平，头背面无吸附器。具颈沟。无吻。复眼顶位而偏于腹侧。第一触角能动，不分节，末端 1 根触毛的长度为触角长的 2 倍以上。第二触角强大，但向后伸展时，外肢的末端达不到壳瓣的后缘。外肢 2 节，内肢 3 节；游泳刚毛式为 4-8/0-1-4。后腹部向末端趋窄，背缘无肛刺，仅在靠近肛门处有若干簇栉毛。尾爪长大，具 3 个爪刺，还有一列栉毛。雄体长 0.68 ～ 0.84 mm。壳瓣腹缘的长刚毛一般为 8 ～ 10 根。第一触角呈鞭状，列生细小的刺毛。第一胸肢具钩。交媾器 1 对，较细长，侧面观呈研杆状。一般分布于湖泊的敞水区；沿岸区的水草丛中亦有，池塘和沼地则少见。没有显著的垂直移动。初夏和中秋季节繁殖旺盛。

14. 长肢秀体溞 *Diaphanosoma leuchtenbergianum* Fischer, 1854

雌性体长 0.84 ～ 1.23 mm。体形同短尾秀体溞非常相像。体无色透明。壳瓣的腹缘亦无褶片，沿缘的棘齿、细刺以及长刚毛的布列情况亦与短尾秀体溞相同。两种主要区别为本种的第二触角特别长，当向后伸展时，其外肢的末端能够达到甚至超过壳瓣的后缘。此外，本种的头顶呈锥形突起；复眼较小，离头顶较远且贴近头腹面。雄性体长 0.91 ～ 0.95 mm。它同短尾秀体溞的雄体也很相似。同样可用第二触角外肢的末端是否达到壳瓣后缘这一特征加以区分。交媾器相当长，但比短尾秀体溞的稍短，末端的圆锥突起也不很明显。

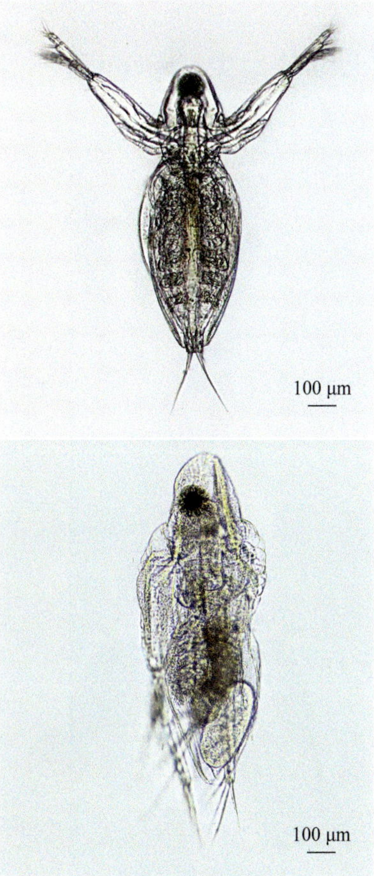

长肢秀体溞
Diaphanosoma leuchtenbergianum

15. 透明薄皮溞 *Leptodora kindti* Focke, 1844

隶属单足目 Haplopoda，薄皮溞科 Leptodoridae，薄皮溞属 *Leptodora*。雌体长 3.0 ～ 8.5 mm。体形瘦长，呈圆筒形。无色透明，分节明显。头部长。复眼位于额顶，周缘约有 300 个水晶体。除了由冬卵孵出的第一代外，其余各代个体均无单眼。第一触角小，位于复眼后方的腹缘上，能动。第二触角强大，基节很长，内、外肢各分 4 节，外肢共有游泳刚毛 26 ～ 30 根，内肢 30 ～ 34 根，刚毛式一般为 0-10(12)-6(7)-10(11)/6(7)-11(13)-5(6)-8。壳瓣仅包被孵育囊；躯干和胸肢全部裸出壳外。胸肢 6 对，其外肢完全退化。后腹部的末端为 1 对粗大的尾爪，各爪上有 10 余个粗刺以及许多细刺。食道特别长，始自头部，通过胸部，直达第三腹节的后端。肛门位于左右尾爪基部之间。雄性体长 2.0 ～ 6.85 mm。壳瓣完全退化，残留部位微凸而成背盾。第一触角呈长鞭状，列生 21 ～ 70 根棍状嗅毛。第一胸肢最末一节的腹侧具钩。本种的冬卵间接发育，先孵出后期六肢幼体，然后变态而成幼溞。

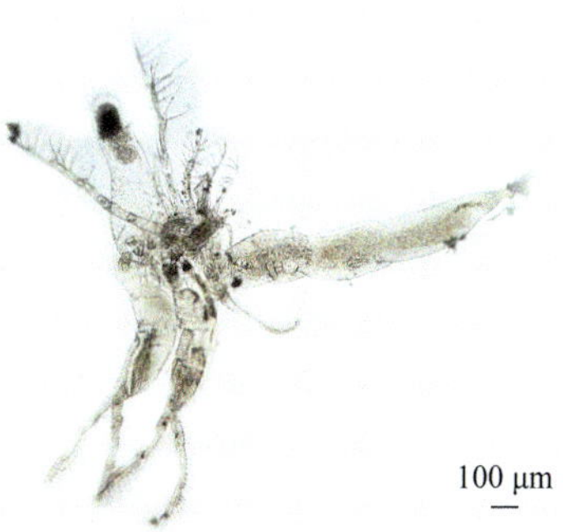

透明薄皮溞 *Leptodora kindti*

（四）桡足类 Copepoda

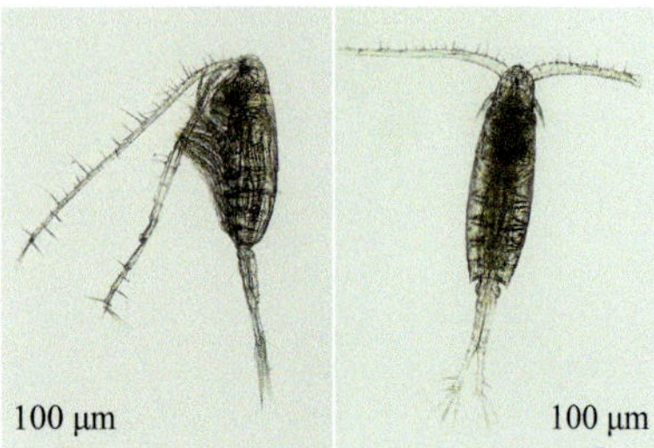

汤匙华哲水蚤 *Sinocalanus dorrii*

1. 汤匙华哲水蚤 *Sinocalanus dorrii* Brehm, 1909

隶属哲水蚤目 Calanoida，胸刺水蚤科 Centropagidae，华哲水蚤属 *Sinocalanus*。身体呈长筒状，长 1 ～ 2 mm。头胸部分 6 节，腹部在雌性可见 3 节，在雄性有 5 节。雌性的第五胸足左右对称，雄性的不对称。右足第二基节内缘基部伸出 1 个匙状突起是本种最显著的特征。广泛分布于中国东北、东南和华中各省份。纯淡水小型浮游桡足类，生活于湖泊、池塘和河流中，终年可见。本种为滤食型，滤食水中藻类、细菌、原生动物和腐殖质等。

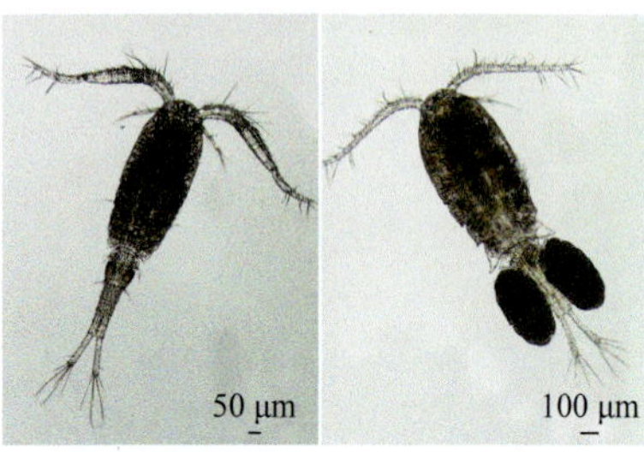

近邻剑水蚤 *Cyclops vicinus*

2. 近邻剑水蚤 *Cyclops vicinus* Uljanin, 1875

隶属剑水蚤目 Cyclopoida，剑水蚤科 Cyclopidae，剑水蚤亚科 Cyclopinae，剑水蚤属 *Cyclops*。雌体长 1.45 ～ 1.65 mm。体形较大，第四胸节的后侧角凸出成锐角三角形，第五胸节的后侧角甚锐，向两侧凸出。生殖节的长度大于宽度，纳精囊呈椭圆形。尾叉的长度约当宽度的 6 ～ 8 倍，背面有一纵行隆线。第一触角分 17 节。第一至四胸足外肢第 3 节的刺式为 2、3、3、3。第四胸足内肢第三节的长度约当宽度 2.85 倍，末端的外刺短细，内刺较长而粗，唯短于节本部，约当外刺长度的 2.16 倍。第五胸足分 2 节，基节的外末角具 1 根刚毛，末节的内缘中部具 1 短刺，末端具羽状刚毛 1 根。雄性体长 1.20 ～ 1.45 mm。第六胸足外侧刚毛最长，内刺最短。生活于淡水湖泊、水库、鱼池、小型水域以及缓流的河流中。广温性种类。对 pH 的适应范围是 5.9 ～ 9.1。全年可见。

广布中剑水蚤 *Mesocyclops leuckarti*

3. 广布中剑水蚤 *Mesocyclops leuckarti* Claus, 1851

隶属剑水蚤亚科 Cyclopinae，中剑水蚤属 *Mesocyclops*。雌体长 0.85 ～ 1.20 mm。头胸部卵圆形，生殖节瘦长，纳精囊呈“T”形。尾叉长度约为宽度的 3 ～ 4 倍。第一触角 17 节。P_1 第 2 基节的内末角无羽状刚毛。P_4 连接板的后缘两端具三角状短齿；内肢第 3 节的长度约为宽度的近 4 倍，末端的内外 2 个刺的长度相差无几，2 个刺均短于节本部。第五胸足分 2 节，第 1 节外末角具 1 根羽状刚毛，第 2 节狭长，近内缘中部具 1 长刚毛，但短于末端的另 1 根羽状刚毛。雄体长 0.64 ～ 0.95 mm。第一触角 15 节，第 13、14 节可弯曲，末节爪状。体形中等大小，雌性体长 1 mm 左右，尾叉的长度约为宽度的 3 倍。生活于池塘、水库和泉水中。为浮游性、暖水性与肉食性种类，能侵袭鱼苗。它是多种寄生蠕虫的中间宿主。

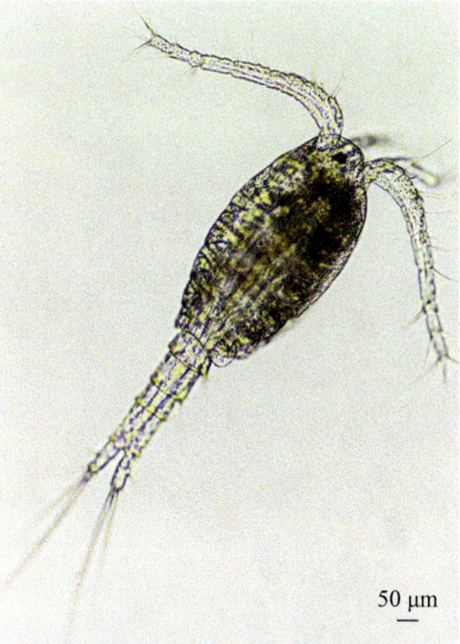

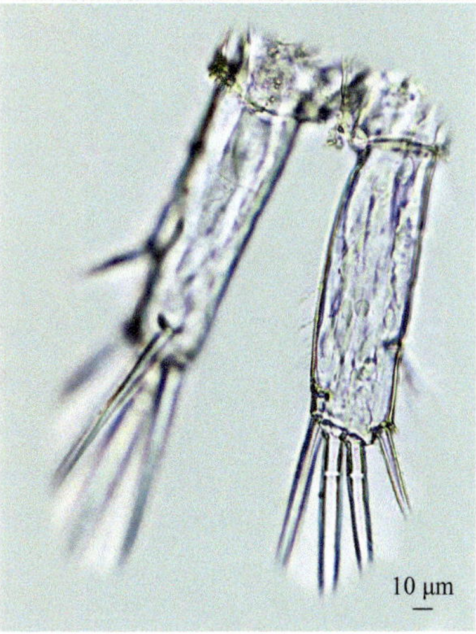

扁平小剑水蚤 *Microcyclops uenoi*

4. 扁平小剑水蚤 *Microcyclops uenoi* Kiefer, 1937

隶属剑水蚤亚科 Cyclopinae，小剑水蚤属 *Microcyclops*。雌体长 0.76 mm，头胸部扁平，第三、四胸节后侧角向后凸出而钝圆，第五胸节后侧角向两侧凸出。生殖节长大于宽，纳精囊前后呈唇形。尾叉长为宽的 3 ～ 3.25 倍。A_1 粗壮，11 节。分布于小水体。

5. 透明温剑水蚤 *Thermocyclops hyalinus* Rehberg, 1880

隶属剑水蚤亚科 Cyclopinae，温剑水蚤属 *Thermocyclops*，雌体长 0.73 ～ 0.98 mm。头胸部椭圆形，第五胸节稍宽于生殖节。生殖节的长度稍大于宽度。纳精囊呈“T”形，卵囊 1 对，各储卵 10 ～ 16 枚。尾叉的长度约当宽度的 2.33 倍。A_1 17 节，末 2 节具广阔的透明膜。P_4 内肢第 3 节的长度约当宽度的 3.0 倍，约当内刺长度的 1.3 ～ 1.4 倍，即内刺短于节本部。内刺约当外刺长度的 2 倍。第四胸足连接板后缘两侧的乳状突起显著，各具小刺 3 ～ 5 个。第五胸足第 1 节的外末角具刚毛 1 根；第 2 节窄长，内末缘具 1 刺，末端具 1 稍短的刚毛。雄性体长 0.53 ～ 0.74 mm。A_1 16 节，第六胸足具 1 内刺及 2 根刚毛。分布广。

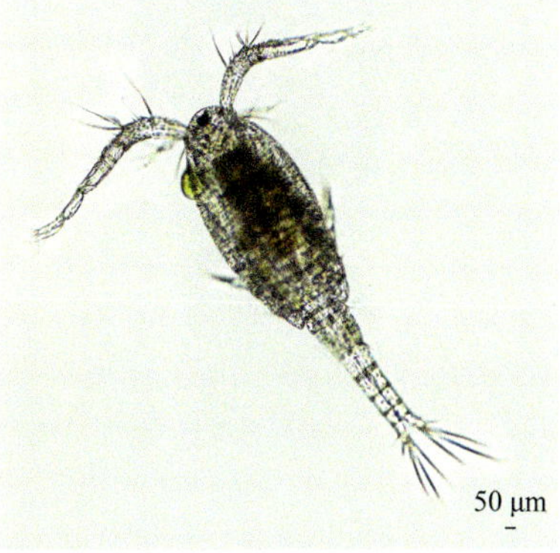

透明温剑水蚤
Thermocyclops hyalinus

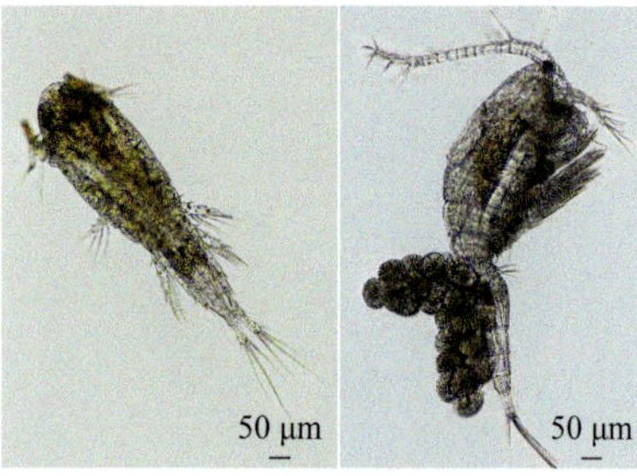

台湾温剑水蚤
Thermocyclops taihokuensis

6. 台湾温剑水蚤 *Thermocyclops taihokuensis* Harada, 1931

形态与透明温剑水蚤相似，显著的区别是该种第四胸足内肢末节的内刺长于节本部，内刺约为外刺长的 3.5 倍以上。分布广。

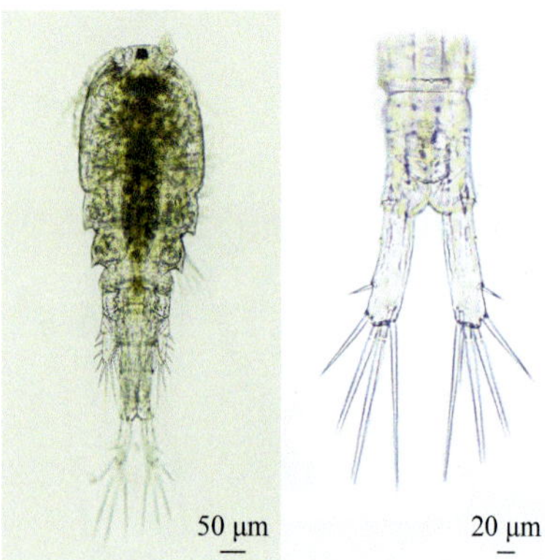

锯缘真剑水蚤 *Eucyclops serrulatus*

7. 锯缘真剑水蚤 *Eucyclops serrulatus* Fischer, 1851

隶属剑水蚤科 Cyclopidae，真剑水蚤亚科 Eucyclopinae，真剑水蚤属 *Eucyclops*。雌体长 0.80 ～ 1.12 mm。体形窄长。第四胸节的后侧角包围着第五胸节，第五胸节的后侧角呈钝圆形，边缘具短毛。纳精囊分为前、后两个窄横条。尾叉的长度可为宽度的 3.5 ～ 5.0 倍，外缘具一列锯齿。第一尾毛呈刺状，外缘具小刺，内缘具细毛。第一触角 12 节，末 3 节细长而具透明膜。第一至四胸足外肢第 3 节的刺式为 3、4、4、3。第一胸足第 2 基节内末角的羽状刚毛可达内肢第 3 节的中部。第四胸足内肢第 3 节的长度约为宽度的 2.6 ～ 3.0 倍，末端的内刺约当节本部长度的 1.0 ～ 1.3 倍，约当外刺长度的 1.4 ～ 1.5 倍。第五胸足仅 1 节，具 1 根刺及 2 根刚毛。雄性体长 0.60 ～ 0.80 mm。第六胸足具 1 根刺、2 根刚毛。广温性种类，分布广。

中华咸水剑水蚤 *Halicyclops sinensis*

8. 中华咸水剑水蚤 *Halicyclops sinensis* Kiefer, 1928

隶属剑水蚤科 Cyclopidae，咸水剑水蚤亚科 Halicyclopinae，咸水剑水蚤属 *Halicyclops*。雌体长 0.54 ～ 0.68 mm。头胸部呈长卵形。生殖节的两侧具角状突起，背面具 1 小刺，腹部各节的后缘具一横列细齿。尾节后侧缘有小刺，后缘中部内裂很深。尾叉小而近方形。第一触角短粗，分 6 节。第二触角 3 节。第五胸足的基节与第五胸节愈合，末节近卵圆形，具 3 根刺及 1 根刚毛。雄性体长 0.49 mm。生殖节含豆形精荚 1 对。第一触角末两节之间可弯曲，末节呈爪状。第六胸足内刺粗壮，外侧具刚毛 1 根，居中的 1 根刚毛短小。沿海地区的低盐咸淡水及淡水中。

9. 猛水蚤 *Harpacticoida* spp.

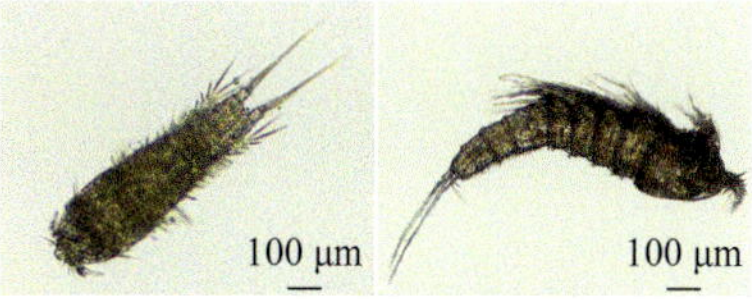

猛水蚤 *Harpacticoida* spp.

隶属猛水蚤目 Harpacticoida。前体部略宽于后头部，一般 1 个卵囊。活动关节有或无，若有在第四、五胸节之间。A_1 短，5 ～ 9 节。短的仅为头节的 1/5，长的也不超过头节末端。以底栖生活为主。

10. 无节幼体 Nauplius

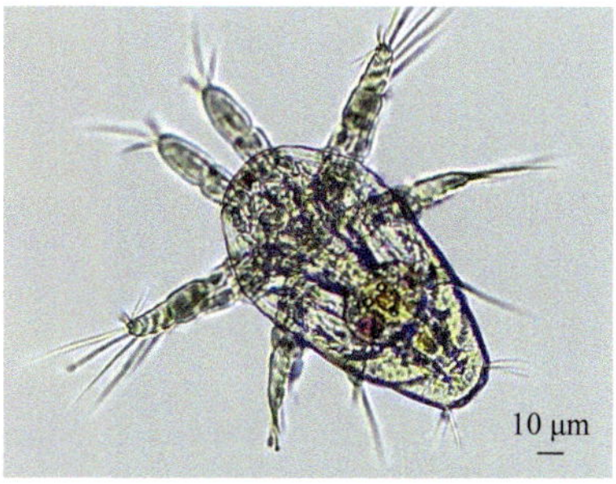

无节幼体 Nauplius

无节幼体是桡足类变态发育的早期幼体，一般有 6 期。身体尚不分为头胸部和腹部，呈扁平椭圆形，在正中线前方有眼 1 个，其后方有口和消化管（肛门尚未开启），左右具第一触角、第二触角和大颚等 3 对附肢。第二触角和大颚为双肢型，其原肢上均有朝向内方，即朝向口之突起（颚基，gnathobase），司捕食和咀嚼之功能。附肢均由数个关节构成，具游泳刚毛。继无节幼体期为后无节幼虫期。

11. 桡足幼体 Copepodid

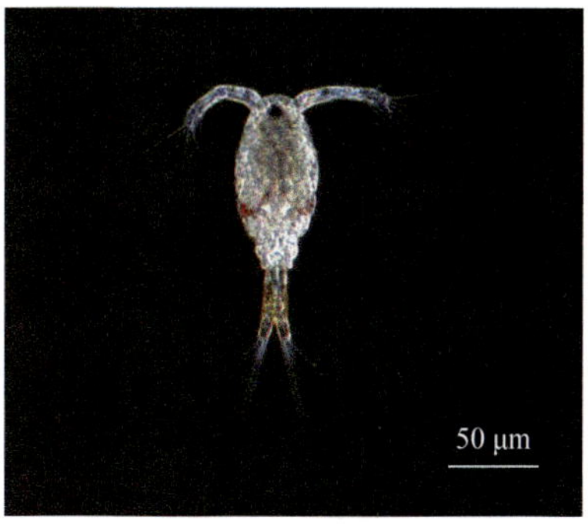

桡足幼体 Copepodid

桡足幼体是甲壳动物桡足类的后无节幼体经最后一次蜕皮后变成的幼体。形状与成体相似，但腹部尚未完全分化，胸肢也未完全发育完好。有 5 个桡足幼体期。

三、底栖动物 Zoobenthos

（一）环节动物门 Annelida

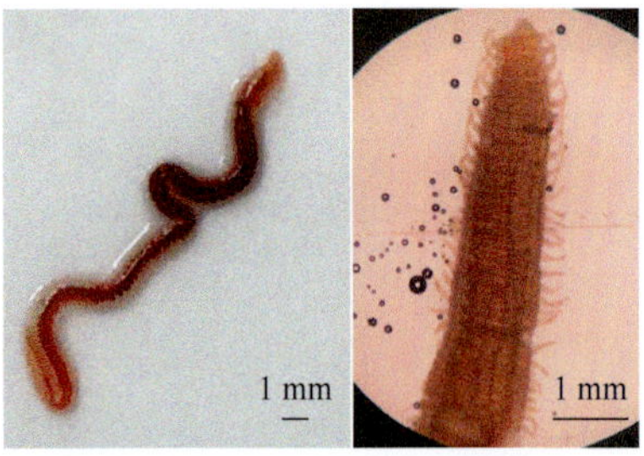

苏氏尾鳃蚓 *Branchiura sowerbyi*

1. 苏氏尾鳃蚓 *Branchiura sowerbyi* Beddard, 1892

隶属近孔寡毛纲 Oligochaeta plesiopora，颤蚓目 Tubificida，颤蚓科 Tubificidae，尾鳃蚓属 *Branchiura*。颤蚓类中最大体形的种类，体长约 150 mm，体色淡红或淡紫色。从虫体后部约 1/3 处开始，每节有 1 对丝状鳃着生于背、腹两面，前面最短，后面逐渐增长，约有 60 ～ 160 对。腹刚毛前面每束 4 ～ 7 条，单尖，以后逐渐减少，变成二叉，远叉极小，至后部远叉更小或消灭。背刚毛自Ⅱ节始，1 ～ 8 条发状刚毛，约 2 mm 长，至体中部数目逐渐减少且短，至有鳃部消失；5 ～ 12 条钩状刚毛。环带在 1/2 Ⅹ～Ⅻ节，隆肿状。

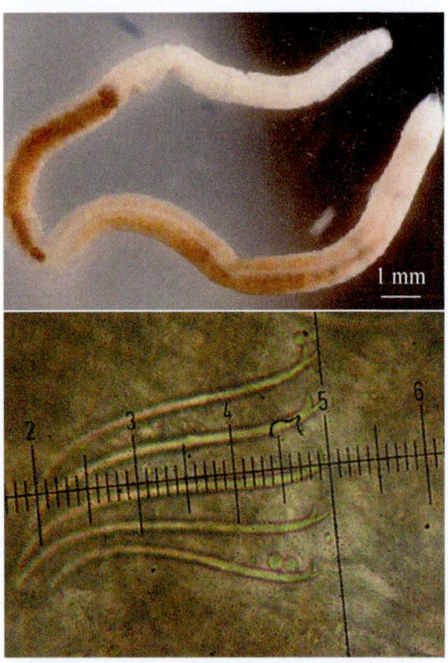

霍甫水丝蚓 *Limnodrilus hoffmeisteri*

2. 霍甫水丝蚓 *Limnodrilus hoffmeisteri* Claperède, 1861

隶属颤蚓科 Tubificidae，水丝蚓属 *Limnodrilus*。体长 35 ～ 55 mm，宽 0.5 ～ 1 mm，约 150 节。口前叶小，圆锥形。固定标本身体最前端每节常有 2 体环。全身刚毛钩状，始于Ⅱ节，背腹同型。环带明显，在Ⅺ～ 1/2 Ⅻ节。受精囊腔呈雪梨形，壁薄，中有 1、2 精荚；受精囊管筒状，通常弯转，管壁有较厚的肌肉层，在与囊腔交界处有时膨大如结节，壁亦变薄。生殖孔在Ⅺ节腹刚毛束位置上，输精管长、盘曲，精管膨部为长纺锤形。阴茎鞘呈长筒状，全长约为最宽部的 10 ～ 14 倍，末端呈喇叭状。

3. 克拉泊水丝蚓 *Limnodrilus claparedeianus* Ratzel, 1868

隶属颤蚓科 Tubificidae，水丝蚓属 *Limnodrilus*。体长 20 ～ 30 mm，体宽 0.35 ～ 0.40 mm，60 ～ 85 节。刚毛双叉，远叉从体前部到体后部逐渐缩短，且每束刚毛数也减少，体前部刚毛 4 ～ 6 条每束，中部每束 3 ～ 4 条，后部每束 1 ～ 2 条。阴茎鞘特长，但长为最宽处的 20 ～ 40 倍，末端较宽，微弯，口扩张，边缘翻转，但各缘外翻程度不同，故不对称。

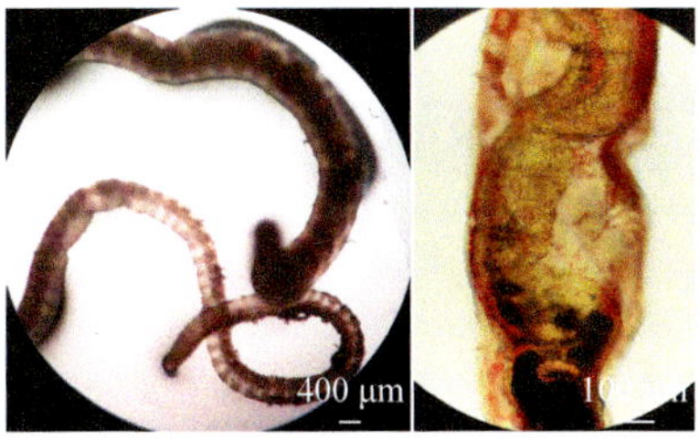

克拉泊水丝蚓
Limnodrilus claparedeianus

4. 瑞士水丝蚓 *Limnodrilus helveticus* Piguet, 1913

隶属颤蚓科 Tubificidae，水丝蚓属 *Limnodrilus*。体长约 10 ～ 15 mm，体宽 0.75 mm，50 ～ 70 节。口前叶小，呈圆锥形。钩状刚毛，背腹同型，前端 7 ～ 8 条一束，长 90 ～ 115 μm，毛节在远端，叉弯转，远叉稍短或两叉相等，至体中部，每束减至 3 ～ 4 条，长度亦减至 75 ～ 80 μm，两叉相等或远叉稍短；在身体最末端每束 1 ～ 2 条，远叉略短，且直，故叉间夹角增大。环带明显，在XI～ 1/2 XII节。受精囊孔一对在 X 节腹刚毛束前面，受精囊腔球形，直径约 250 μm，内有 5 ～ 7 个精荚，受精囊管短而膨大，且增厚如结节，表面围绕一薄层疏松的细胞，囊腔与囊管交界处隘缩。输精管较短，精管膨部呈较短的纺锤形，其长度约为宽度之 4 倍，通常弯曲如人胃状，前列腺连膨部的中部较小。阴茎鞘筒状，壁比奥特开水丝蚓的厚，基部较宽，向末端逐渐缩小，末端边缘外翻，翻转的程度四边一致，故显得对称，阴茎鞘全长等于直径的 4.6 ～ 5.6 倍。

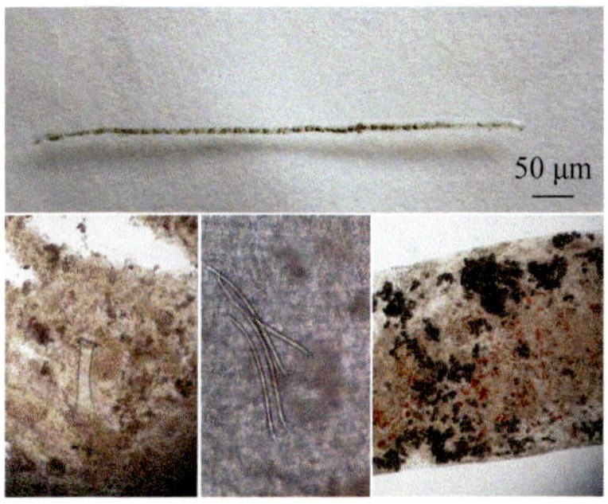

瑞士水丝蚓 *Limnodrilus helveticus*

5. 奥特开水丝蚓 *Limnodrilus udekemianus* Claparède, 1862

隶属颤蚓科 Tubificidae，水丝蚓属 *Limnodrilus*。体长约 65 mm，体宽约 1 mm。70 节左右。口前叶圆锥形。全身只有钩状刚毛，背、腹同型，前端 5 ～ 6 条一束，毛干粗壮，毛节靠远端，两叉不等，远叉钩转，粗长，近叉瘦短。向后，每束刚毛数目减少，最后端仅 1 ～ 2 条，远叉变得较直，仍较粗长，但程度不如前端者显著。环带在XI～ 1/2 XII节。受精囊棒状。前列腺小。精管膨部纺锤形，作弧形弯转，末端连阴茎，阴茎鞘筒状，直径前后一致，壁薄，末端扩展，呈龟头状，但边缘不真正向外翻转，且各边扩展的程度不一致，其长约为宽的 3 ～ 4 倍。

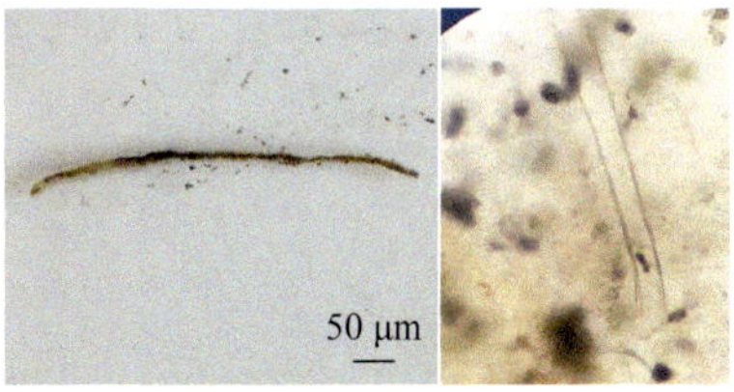

奥特开水丝蚓
Limnodrilus udekemianus

（二）节肢动物门 Arthropoda

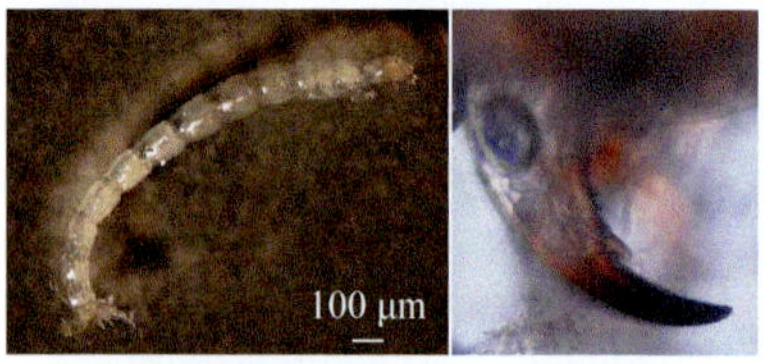

前突摇蚊属 A 种 *Procladius* sp. A

前突摇蚊属 B 种 *Procladius* sp. B

前突摇蚊属 C 种 *Procladius* sp. C

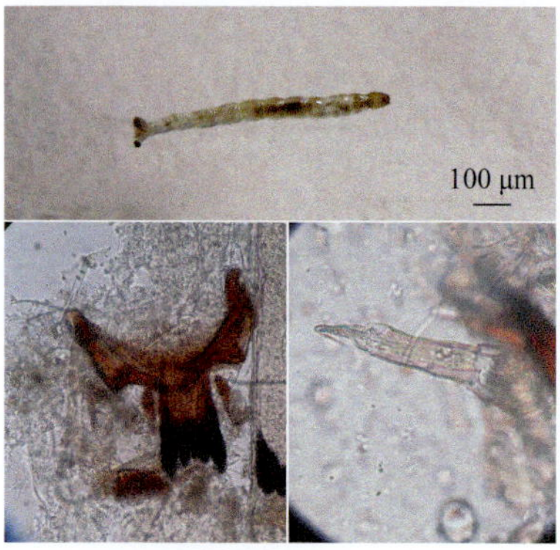

拟杂色大粗腹摇蚊

Macropelopia paranebulosa

1. 前突摇蚊属 A 种 *Procladius* sp. A

隶属节肢动物门，昆虫纲 Insecta，双翅目 Diptera，摇蚊科 Chironomidae，长足摇蚊亚科 Tanypodinae，前突摇蚊属 *Procladius*。幼虫体长 6 ～ 11 mm，体色微红。触角与上颚等长，触角比 3.5 ～ 5.0。第 1 节长为宽的 5 倍，基半部或端部具环器。第 2 节长为宽的 3.5 倍。触角芒伸达第 3 节。触角叶与鞭节等长或仅伸达末节。触角副叶比第 2 节长。背颏齿 11 对，唇舌 5 个齿，长为宽的 1.5 倍。侧唇舌内缘 1 个齿，外缘 5 个齿。上颚端齿长为基部宽的 2.6 倍。分布湖泊软泥中。

2. 前突摇蚊属 B 种 *Procladius* sp. B

幼虫体长 6 ～ 11 mm，体色微红。触角与上颚等长，触角比 3.5 ～ 5.0。第 1 节长为宽的 5 倍，基半部或端部具环器。第 2 节长为宽的 3.5 倍。触角芒伸达第 3 节。触角叶与鞭节等长或仅伸达末节。触角副叶比第 2 节长。背颏齿 6 对，唇舌 5 个齿，长为宽的 1.5 倍。侧唇舌内缘 1 个齿，外缘 5 个齿。上颚端齿长为基部宽的 2.8 倍。河流流水。

3. 前突摇蚊属 C 种 *Procladius* sp. C

幼虫体长 6 ～ 11 mm，体色微红。触角与上颚等长，触角比 3.5 ～ 5.0。第 1 节长为宽的 5 倍，基半部或端部具环器。第 2 节长为宽的 4.8 倍。触角芒伸达第 3 节。触角叶与鞭节等长或仅伸达末节。触角副叶比第 2 节长。背颏齿 7 对，唇舌 5 个齿，长为宽的 1.5 倍，中齿相对小。侧唇舌内缘 2 个齿，外缘 4 个齿。上颚端齿长为基部宽的 3 倍。栖息水库淤泥中。

4. 拟杂色大粗腹摇蚊 *Macropelopia paranebulosa* Fittkau, 1962

隶属摇蚊科 Chironomidae，长足摇蚊亚科 Tanypodinae，大粗腹摇蚊属 *Macropelopia*。幼虫大型，体红色，体长 12 ～ 14 mm。触角第 1 节长为宽的 5.5 倍，近端部具 1 环器。触角芒超过第 3 节，触角叶长于或短于鞭节，副叶伸达第 3 节。背颊具 7 对齿，唇舌 5 个齿，外齿为中齿长的 2 倍。舌栉毛 17 个。尾刚毛 12 ～ 13 根，肛管 4 个呈长锥形。

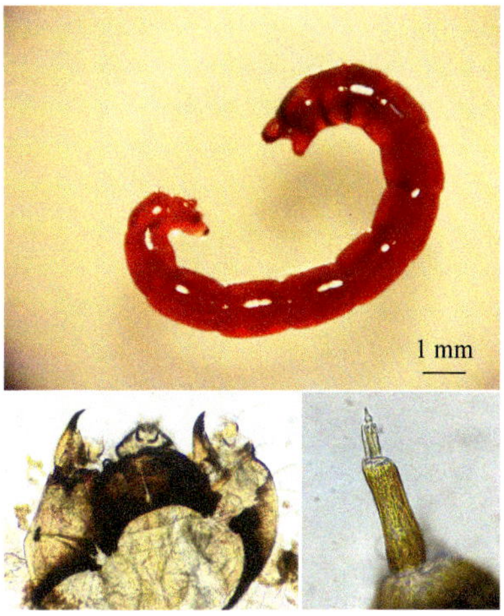

红裸须摇蚊 *Propsilocerus akamusi*

5. 红裸须摇蚊 *Propsilocerus akamusi* (Tokunaga, 1938)

隶属摇蚊科 Chironomidae，直突摇蚊亚科 Glossiphonia，裸须摇蚊属 *Propsilocerus*。中型幼虫，体长约 8 mm。头部背面具额唇基。触角 4 节，各节依次缩小。劳氏器为第 3 节长的 1/2，触角芒为劳氏器的 2 倍。触角叶与第 2 节等长或稍长。上颚端齿比 4 个内齿的宽度长或者等长。上颚刷 5 ～ 11 根。下颚毛简单。负唇须片具叶状棘毛。颏侧齿 10 对。腹颏板极度发达，端半部向上膨出。尾毛 6 ～ 7 根。肛管短。

裸须摇蚊属 A 种 *Propsilocerus* sp. A

6. 裸须摇蚊属 A 种 *Propsilocerus* sp. A

体长 8 ～ 18 mm。触角 4 节，环器在第 1 节基部近 1/4 处。触手叶末端达第 3 节端部。劳氏器为第 3 节的 1/2，触角芒长为劳氏器的 2 倍。上颚端齿比 4 个内设齿的宽度长。颏中齿 2 个，侧齿 7 对。第 2 对侧齿小，基部与第 1 侧齿融合。

7. 喙隐摇蚊 *Cryptochironomus rostratus* Kieffer, 1921

隶属摇蚊科 Chironomidae，摇蚊亚科 Chironominae，摇蚊族 Chironomini，隐摇蚊属 *Cryptochironomus*。属中大型幼虫，体长 15 mm。无侧腹管和腹管。触角 5 节，第 1 节比鞭节等长或略长，端半部具环器。触角叶伸达或超过触角末节，触角副叶短，触角芒位于第 2、3 节端部。无劳氏器。颏中齿宽、色淡，侧齿 6 对，向中部倾斜。第 1 侧齿一般与中齿融合。最外齿中间具凹刻。上颚刷 4 根，前 2 根羽状。

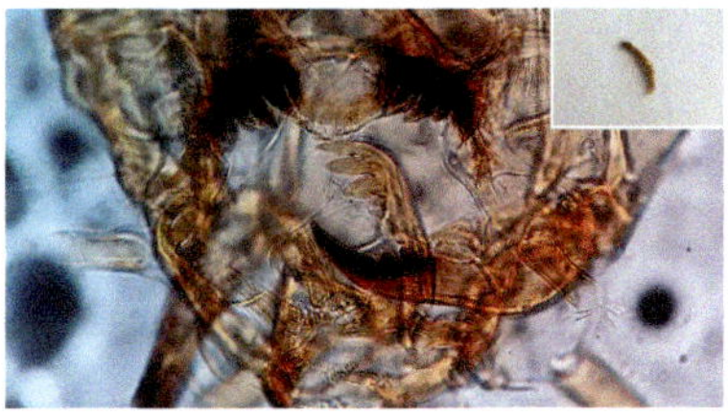

喙隐摇蚊 *Cryptochironomus rostratus*

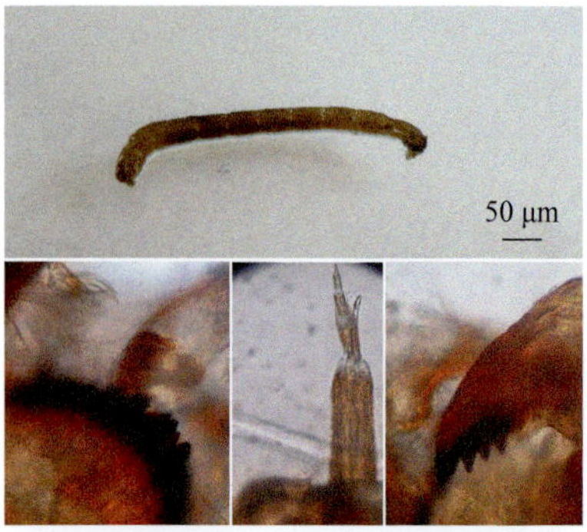

拟踵突多足摇蚊 *Polypedilum paraviceps*

8. 拟踵突多足摇蚊 *Polypedilum paraviceps* Niitsuma, 1992

隶属摇蚊亚科 Chironominae，多足摇蚊属 *Polypedilum*。幼虫 5 ～ 12 mm，红色。触角通常 5 节，第 1 节比鞭节长，环器在第 1 节基部近 1/4 处。触手叶比与 2 ～ 5 节近等长。劳氏器对生，颏中齿 2 对，第 2 对较小，侧齿 6 对，上颚内缘具 3 个刺。腹颏板中间的距离为颏宽的 0.5 倍，影线粗壮，前缘具钝凸。河流流水多见。

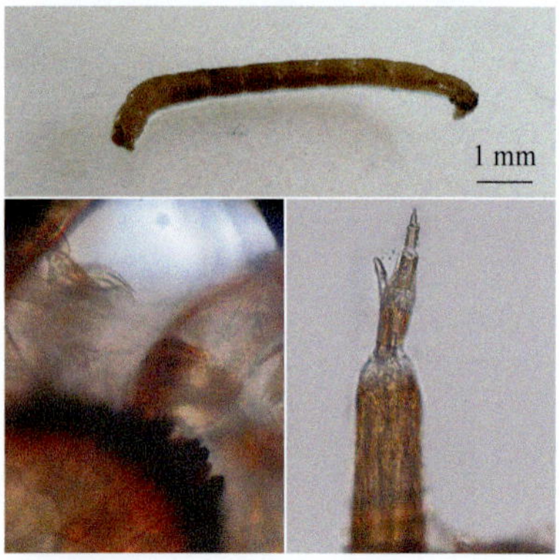

小云多足摇蚊 *Polypedilum nubeculosum*

9. 小云多足摇蚊 *Polypedilum nubeculosum* (Meigen, 1804)

幼虫体长 8 mm，触角 5 节，触角叶约与触角末节等长。劳氏器对生。上颚背齿显著，黑色。齿下毛细长。颏的第 2 对中齿小，上颚内缘聚 3 个刺，腹颏板中间的距离约为颏宽的 0.2 倍。

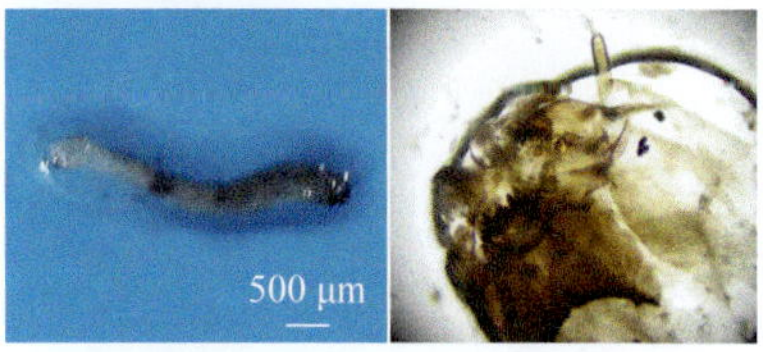

长跗摇蚊属 A 种 *Tanytarsus* sp. A

10. 长跗摇蚊属 A 种 *Tanytarsus* sp. A

隶属摇蚊亚科 Chironominae，长跗摇蚊属 *Tanytarsus*。中至大型，体长 9 cm。触角 5 节，第 1 节比鞭节长，长度为宽度的 7.6 倍，基部具 1 环器，近中部具 1 根刚毛。第 2 节与 3 ～ 5 节长或等长。触角叶不超过第 2 节。劳氏器小，柄细长，远超过触角末节，为末 3 节长的 2.3 倍。颏中齿圆形，侧缘具缺刻，中间比侧区色淡，侧齿 5 对。肛鳃发达。无触角托，额唇毛羽状。喜流水。

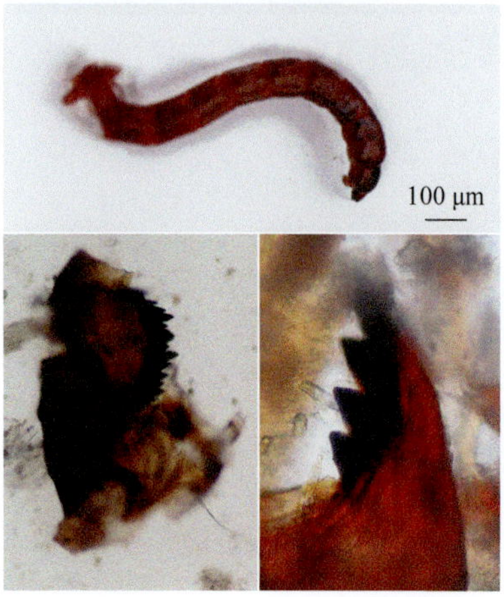

喜盐摇蚊 *Chironomus salinarius*

11. 喜盐摇蚊 *Chironomus salinarius* Kiffer, 1915

隶属摇蚊亚科 Chironominae，摇蚊属 *Chironomus*。体长 14 mm，幼虫血红色。后部第 7 节无侧腹管，第 8 节无腹管。肛鳃长为后原足的 1/2。大触角环器位于第 1 节近基部。触角叶不超过触角末节，劳氏器着生于第 2 节端部。颏中齿三分叶，侧齿 6 对。

12. 苍白双叶摇蚊 *Chironomus pallidivittatus* Malloch, 1915

幼虫红色，体长 12 mm。上颚背齿 2 个。上唇 S Ⅰ 刚毛羽状或梳状，内唇栉具 15 个齿。颏中齿三分叶。侧齿 6 对。第 1 和第 2 侧齿紧靠在一起。齿尖，腹颏板明显弯曲。

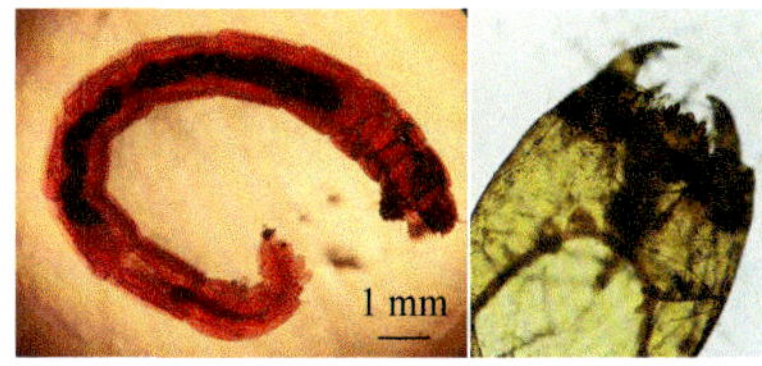

苍白双叶摇蚊 *Chironomus pallidivittatus*

13. 若西摇蚊 *Chironomus yoshimatusui* Martin & Sublette, 1972

幼虫红色，体长 7 mm。触角 5 节，劳氏器和触角芒着生在第 2 端部。上颚背齿色淡、端齿黑色，内齿 3 个。上颚栉发达，上颚刷羽状，基部外表面有一排放射状纹。颏中齿三分叶，侧齿 6 对。腹颏板扇形，中间分离的距离为颏宽的 1/4。腹部第 8 节的 2 对腹管前 1 对稍短，后 1 对长且弯曲。内唇栉 11 个齿。

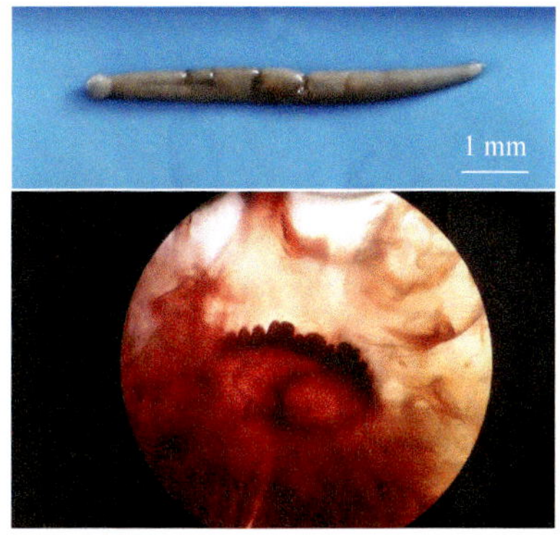

若西摇蚊 *Chironomus yoshimatusui*

14. 溪流摇蚊 *Chironomus riparius* Meigen, 1804

幼虫红色，体长 10 mm。触角 5 节，环器位于第 1 节近中部。劳氏器和触角芒在第 2 节端部。上颚背齿色淡、端齿黑色，内齿 3 个。齿下毛简单。腹部第 7 节无侧管。腹部第 8 节的 2 对腹管长，约为其着生体节宽的 2 倍。内唇栉 13 ~ 15 个齿。

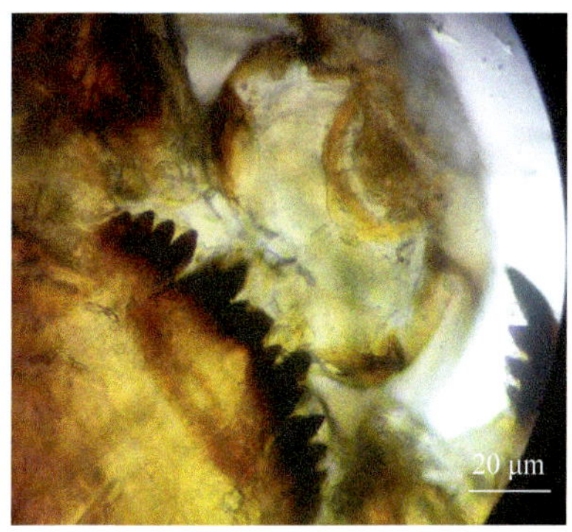

溪流摇蚊 *Chironomus riparius*

15. 分齿恩非摇蚊 *Einfeldia dissidens* (Walker, 1856)

中型幼虫，体长 10 mm。红色。触角 5 节，第 1 节基部近 1/2 处具 1 大的环器。第 2 节比第 3 节长，触角叶大末鞭节顶端。颏中齿两侧具微刻，侧齿 6 对，第 4 侧齿小。腹部第 8 节具 1 对腹管。分布广。

分齿恩非摇蚊 *Einfeldia dissidens*

（三）软体动物门 Mollusca

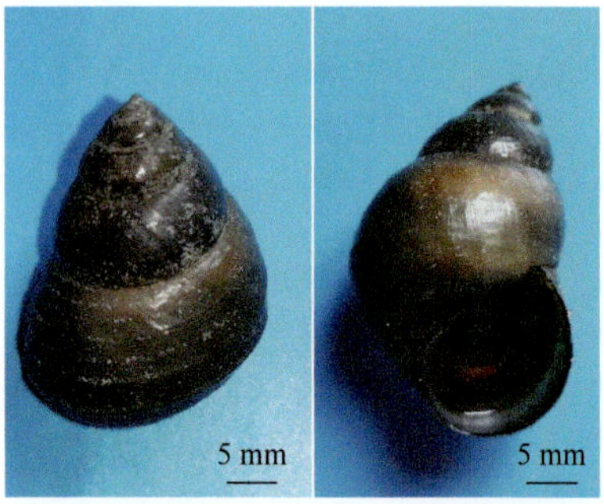

铜锈环棱螺 *Bellamya aeruginosa*

1. 铜锈环棱螺 *Bellamya aeruginosa* Reeve, 1863

隶属腹足纲 Gastropoda，中腹足目 Mesogastropoda，田螺科 Viviparidae，环棱螺属 *Bellamya*。成体一股壳高 25 mm 左右，壳宽约 15 mm。壳质厚、坚硬、外形呈长圆锥形。有 6 ～ 7 个螺层，各螺层增长缓慢，不外凸，螺旋部呈尖圆锥形，体螺层略膨大。缝合线浅。壳面光滑，具有明显的生长线，呈铜锈色或绿褐色，体螺层上具有 3 条螺棱，最下面的一条最为显著。壳口呈卵圆形，上方有一锐角，周缘完整，外唇简单，内唇肥厚，上方贴覆于体螺层上。脐孔明显，呈缝状。

中国圆田螺
Cipangopaludina chinensis

2. 中国圆田螺 *Cipangopaludina chinensis* Gray, 1834

隶属田螺科 Viviparidae，圆田螺属 *Cipangopaludina*。中型个体，壳高 43 ～ 59 mm，壳宽 28.5 ～ 40 mm。贝壳近长圆锥形，具 6 ～ 7 个螺层，每个螺层均向外膨胀。螺旋部的高度大于壳口高度，体螺层明显膨大。壳顶尖。缝合线较深。壳面无滑无肋，呈黄褐色。壳口近卵圆形，边缘完整，薄，具有黑色框边。厣为角质薄片，具有同心圆的生长纹，厣核位于内唇中央。

中华圆田螺
Cipangopaludina cathayensis

3. 中华圆田螺 *Cipangopaludina cathayensis* (Heude, 1890)

贝壳大，薄而坚。体型较中国圆田螺略小，壳高 50 mm，宽 35 mm，呈卵圆形。螺层 6 ～ 7 层。螺旋部较短而宽，体螺层特别膨圆。壳顶尖，缝合线深。壳面绿褐色或黄褐色。壳口卵圆形，周围具黑色框边。外唇简单；内唇厚，遮盖脐孔。犀角质。分布于晓月湖、后海、小清河、拒马河七渡和官厅水库。

4. 耳萝卜螺 *Radix auricularia* Linnaeus, 1758

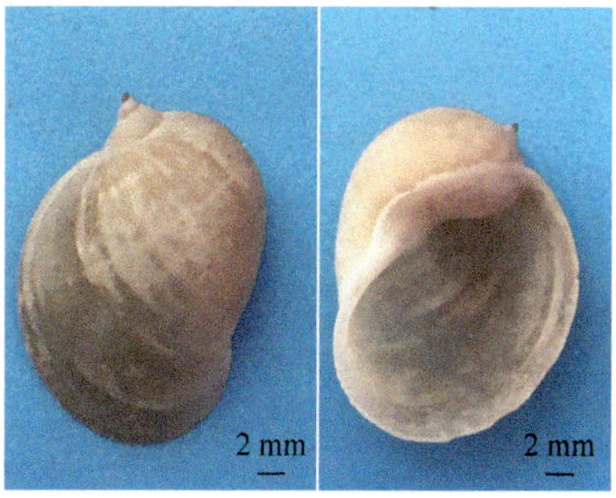

耳萝卜螺 *Radix auricularia*

隶属腹足纲 Gastropoda，基眼目 Basommatophora，椎实螺科 Lymnaeidae，萝卜螺属 *Radix*。壳大，壳高 29 ~ 31 mm，壳宽 23 ~ 27 mm，有 4 个螺层，螺旋部极短、尖锐，体螺层膨大，形成贝壳的绝大部分；壳面呈黄褐色或茶褐色，具有明显的生长纹，或者具有“锤击”的凹痕。壳口很大，向外扩张，呈耳形，外缘薄，呈半圆形，内缘贴覆盖于体螺层上，轴缘略扭成“S”形。脐孔位于皱褶的后边。采自北京千家店、栗榛寨水库、怀柔水库、沙厂水库、密云水库、官厅水库、周口店、三渡、七渡。

5. 椭圆背角无齿蚌 *Anodonta woodiana* Lea, 1834

椭圆背角无齿蚌 *Anodonta woodiana*

隶属双壳纲 Bivalvia，真瓣鳃目 Eulamellibranchia，蚌科 Unionidae，无齿蚌属 *Anodonta*。俗称河蚌。贝壳大型，壳质薄而脆，易碎，两壳极膨胀，外形呈有角突的卵圆形。壳长大于壳高的 1.5 倍，贝壳两侧不等称。壳前部短，后部长，呈斜切状，末端钝尖。壳顶膨胀，约位于背缘，距离前端的 1/3 处，常被腐蚀，具有粗的肋脉。贝壳的后背缘向上极倾斜，与后缘的背部形成一个显著钝角突起，后缘呈斜切状，腹缘呈弧形，壳面呈绿褐色或黄褐色，平滑，仅有微细的同心圆的轮脉，后背部并有自壳顶射出的 3 条不明显肋脉，最下条肋脉末端在贝壳中线上。珍珠质层呈淡蓝色。分布广。

6. 褶纹冠蚌 *Cristaria plicata* Leach, 1815

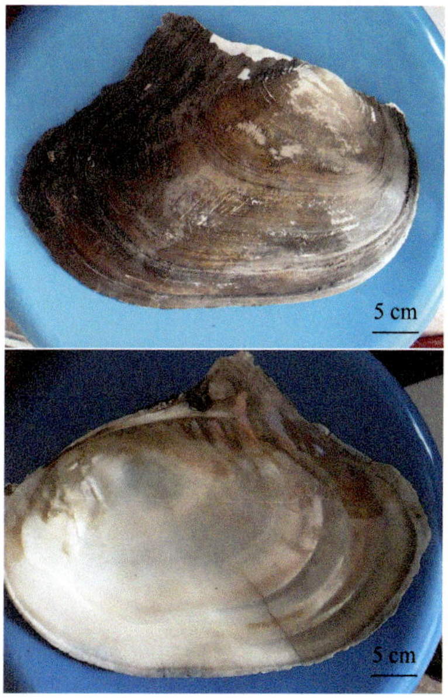

褶纹冠蚌 *Cristaria plicata*

隶属蚌科 Unionidae，冠蚌属 *Cristaria*。壳大，壳长 162 ~ 228 mm，壳高 121 ~ 165 mm，壳宽 44 ~ 59 mm，呈不等边三角形，前背缘突出不明显，后背缘伸展成巨大的冠。壳后背部有一列粗大的纵肋。铰合部不发达，左、右壳各有 1 枚大的后侧齿及 1 枚细弱的前侧齿。栖息于缓流的河流、湖泊及池塘内的泥底或泥沙底。雌雄异体。

（四）底栖甲壳动物 Benthic crustaceans

日本沼虾 *Macrobrachium nipponense*

1. 日本沼虾 *Macrobrachium nipponense* De Haan, 1849

隶属节肢动物门，甲壳动物亚门 Crustacea，十足目 Decapoda，长臂虾科 Palaemonidae，沼虾属 *Macrobrachium*。俗称青虾或河虾。体外被有甲壳，分头胸部和腹部。前者由头部 6 体节与胸部 8 体节相互愈合而成，节间界限已完全消失；背面包被一块特别发达的甲壳，称为头胸甲。头胸甲略呈圆筒状，前端有一尖的突起称为额剑。额剑短于头胸甲本身之长，左右侧扁，上缘几乎平直，带锯齿 9 ～ 13 个，下缘向上弧曲，有锯齿 2 ～ 3 个。头胸甲前缘在第一触角基部处有 1 对触角刺；触角刺之后，头胸甲左右两侧还有 1 对肝刺。无鳃甲刺。头胸甲有被护躯体、附肢和鳃的功能；额剑可能在游泳中起平衡身体的作用。腹部呈长柱形，肌肉发达，分为 6 节。第二腹节的侧甲覆盖在第一腹节的侧甲上。第六腹节末端还有 1 尾节；尾节略呈长三角形，肌肉不发达，背面有 2 对短小的活动刺。体长一般为 50 ～ 90 mm，呈青灰色或青绿色，带有棕色斑点。

秀丽白虾 *Leander modestus*

2. 秀丽白虾 *Leander modestus* Heller, 1862

隶属十足目 Decapoda，长臂虾科 Palaemonidae，瘦虾属 *Leander*。俗名白米虾、太湖白虾、水晶虾等。体呈圆筒形，体表光滑，身体透明，成虾体长一般为 35 ～ 80 mm，体重 0.4 ～ 2.4 g。头胸甲有鳃甲刺、触角刺而无肝刺。额角发达，上下缘皆有锯齿，上缘基部呈鸡冠状隆起，末部尖细部分上缘无齿，但近末端处常有 1 或 2 个附加小齿，下缘末有小齿数个。腹部第 2 节侧甲覆于第 1、第 3 节侧甲外面，第 4 ～ 6 节向后趋细而短小，尾节窄长，末端尖。大颚有由 2 节构成的触须。第 1、2 步足有螯，第 3 ～ 5 对步足爪状或细长柱状。

3. 中华小长臂虾 *Palaemonetes sinensis* Sollaud, 1911

中华小长臂虾 *Palaemonetes sinensis*

隶属长臂虾科 Palaemonidae，小长臂虾属 *Palaemonetes*。身体较透明，虾体上有 7 条棕色条纹，以第三腹节色最浓，俗称花腰。属小型虾类，体长一般为 20 ～ 40 mm，体重 0.25 ～ 1.4 g。额角短于头胸甲，平直前伸，上具 4 ～ 6 齿。头胸甲具触角刺、鳃甲刺、无肝刺，鳃甲沟伸至头胸甲中部之前。尾节末端尖刺状，两侧具一大一小 2 刺。大颚不具触须。眼睛比一般沼虾属物种大且眼柄与身体的角度也较大，但不如秀丽白虾。此虾有一对鲜明的白色触须，向上竖起并时不时地抽动。常见种。

4. 中华绒螯蟹 *Eriocheir sinensis* H. Milne-Edwards, 1853

中华绒螯蟹 *Eriocheir sinensis*

隶属甲壳动物亚门 Crustacea，软甲纲 Malacostraca，真软甲亚纲 Eumalacostraca，十足目 Decapoda，腹胚亚目 Pleocyemata，弓蟹科 Varunidae，绒螯蟹属 *Eriocheir*。俗名河蟹、大闸蟹，英文名 Chinese mitten crab。体近圆形，头胸甲背面为草绿色或墨绿色，腹面灰白，头胸甲额缘具 4 尖齿突，前侧缘亦具 4 齿突，第 4 齿小而明显。腹部平扁，雌体呈卵圆形至圆形，雄体呈细长钟状，但幼蟹期雌雄个体腹部均为三角形，不易分辨。螯足用于取食和抗敌，其掌部内外缘密生绒毛，绒螯蟹因此而得名。4 对步足是主要爬行器官，长节末前角各有 1 尖齿。腹肢雌性 4 对，位于第 2 ～ 5 腹节，双肢型，密生刚毛，内肢主要用以附卵。雄蟹仅有第 1 和第 2 腹肢，特化为交接器。

四、水生大型植物 Aquatic macrophytes

水生维管束植物是生态学范畴上的类群，是不同分类群植物通过长期适应水环境而形成的趋同性生态适应类型。水生植物的生活型代表了水生植物对水环境的不同适应程度。水生植物绝大部分生活在淡水中，小部分生活在海水或盐碱水体中，根据其生活型一般可分为挺水植物、沉水植物、浮叶植物、漂浮植物四大生物类群。

挺水植物：根生泥中，植株的茎或叶挺出水面。

沉水植物：根生泥中，植株全沉没于水中，水下开花，或花期少部分茎叶伸出水面。

浮叶植物：根生泥中，植株的大部分沉没于水中，叶片较宽阔，浮于水面，叶柄细长。

漂浮植物：植株漂浮水面，根悬垂于水中，有的仅有叶状体，无根。

分布于我国各类淡水水体中的维管束植物有近 200 种，主要隶属蕨类植物门和被子植物门。碧流河水库及其上下游河道中检出水生维管束植物 24 种，对其形态特征描述如下。

（一）挺水植物 Emergent plants

荆三棱 *Bolboschoenus yagara*

1. 荆三棱 *Bolboschoenus yagara* (Ohwi) Yang & Zhan, 1987

隶属植物界 Plantae，被子植物门 Angiospermae，单子叶植物纲 Monocotyledoneae，莎草目 Cyperales，莎草科 Cyperaceae，三棱草属 *Bolboschoenus*。异名为 *Scirpus yagara* Ohwi, 1944。根状茎粗而长，呈匍匐状，顶端生球状块茎，常从块茎又生匍匐根状茎。秆高大粗壮，高 70 ～ 150 cm，锐三棱形，平滑，基部膨大，具秆生叶。叶扁平，线形，宽 5 ～ 10 mm，稍坚挺，上部叶片边缘粗糙，叶鞘很长，最长可达 20 cm。叶状苞片 3 ～ 4 枚，通常长于花序；长侧枝聚伞花序简单，具 6 ～ 8 个辐射枝，辐射枝最长达 7 cm；每辐射枝具 1 ～ 4 个小穗；小穗卵形或长圆形，绣褐色，长 1 ～ 2 cm，宽 5 ～ 10 mm，具多数花；鳞片密复瓦状排列，膜盾，长圆形，长约 7 mm，外面被短柔毛，面具一条中肋，顶端具芒，芒长 2 ～ 3 mm；下位刚毛 6 条，几与小坚果等长，上有倒刺；雄蕊 3，花药线形，长约 4 mm；花柱细长，柱头 3 枚。小坚果倒卵形，三棱形，黄白色。花期 5 ～ 7 月。采自碧流河水库上游碧流河河道和下游大坝下河道。

2. 翼果苔草 *Carex neurocarpa* Maxim, 1859

隶属莎草科 Cyperaceae，苔草属 *Carex*。叶长于或短于秆，宽 2～3 mm。穗状花序呈尖塔状圆柱形，长 2.5～8 cm，宽 1～1.8 cm；小穗多数，紧密，卵形，雄雌顺序，长 5～8 mm；下部苞片叶状，长于花序，上部苞片刚毛状；雌花鳞片矩圆卵形，长 2～4 mm，宽约 1.5 mm，中间黄白色，两侧淡锈色，膜质，顶端具芒尖，脉 3 条。果囊卵状椭圆形，长于鳞片，长 2.5～4 mm，膜质，褐棕色，两面有多数细脉，基部圆，里面具海绵状组织，中部以上边缘具宽翅，翅缘有啮蚀状齿，顶端急缩成中等长的喙，喙口具 2 齿。小坚果卵形，柱头 2。生于水边或草丛中。见于碧流河水库上游河道和库区。

翼果苔草 *Carex neurocarpa*

3. 扁穗莎草 *Cyperus compressus* Linnaeus, 1753

隶属莎草科 Cyperaceae，莎草属 *Cyperus*。丛生草本；根为须根。秆稍纤细，高 5～25 cm，锐三棱形，基部具较多叶。叶短于秆，或与秆几等长，宽 1.5～3 mm，折合或平张，灰绿色；叶鞘紫褐色。苞片 3～5 枚，叶状，长于花序；长侧枝聚伞花序简单，具（1～）2～7 个辐射枝，辐射枝最长达 5 cm；穗状花序近于头状；花序轴很短，具 3～10 个小穗；小穗排列紧密，斜展，线状披针形，长 8～17 mm，宽约 4 mm，近于四棱形，具 8～20 朵花；鳞片紧贴的复瓦状排列，稍厚，卵形，顶端具稍长的芒，长约 3 mm，背面具龙骨状突起，中间较宽部分为绿色，两侧苍白色或麦秆色，有时有锈色斑纹，脉 9～13 条；雄蕊 3，花药线形，药隔突出于花药顶端；花柱长，柱头 3，较短。小坚果倒卵形，三棱形，侧面凹陷，长约为鳞片的 1/3，深棕色，表面具密的细点。花果期 7～12 月。分布于碧流河水库大坝下河道。

扁穗莎草

Cyperus compressus

4. 头状穗莎草 *Cyperus glomeratus* Linnaeus, 1756

隶属莎草科 Cyperaceae，莎草属 *Cyperus*。为一年生草本，具须根。秆散生，粗壮，高 50～95 cm，钝三棱形，平滑，基部稍膨大，具少数叶。叶短于秆，宽 4～

头状穗莎草
Cyperus glomeratus

8 mm，边缘不粗糙；叶鞘长，红棕色。叶状苞片 3 ～ 4 枚，较花序长，边缘粗糙；复出长侧枝聚伞花序具 3 ～ 8 个辐射枝，辐射枝长短不等，最长达 12 cm；穗状花序无总花梗，近于圆形、椭圆形或长圆形，长 1 ～ 3 cm，宽 6 ～ 17 mm，具极多数小穗；小穗多列，排列极密，线状披针形或线形，稍扁平，长 5 ～ 10 mm，宽 1.5 ～ 2 mm，具 8 ～ 16 朵花；小穗轴具白色透明的翅；鳞片排列疏松，膜质，近长圆形，顶端钝，长约 2 mm，棕红色，背面无龙骨状突起，脉极不明显，边缘内卷；雄蕊 3，花药短，长圆形，暗血红色，药隔突出于花药顶端；花柱长，柱头 3，较短。小坚果长圆形，三棱形，长为鳞片的 1/2，灰色，具明显的网纹。花果期 6 ～ 10 月。分布广。分布于碧流河水库大坝下河道。

水莎草 *Juncellus serotinus*

5. 水莎草 *Juncellus serotinus* (Rottb.) C. B. Clarke, 1893

隶属莎草科 Cyperaceae，水莎草属 *Juncellus*，即 *Cyperus serotinus*。多年生草本，散生。根状茎长。秆高 35 ～ 100 cm，粗壮，扁三棱形，平滑。叶片少，短于秆或有时长于秆，宽 3 ～ 10 mm，平滑，基部折合，上面平张，背面中肋呈龙骨状突起。苞片常 3 枚，少 4 枚，叶状，较花序长一倍多，最宽至 8 mm；复出长侧枝聚伞花序具 4 ～ 7 个第一次辐射枝；辐射枝向外展开，长短不等，最长达 16 cm。每一辐射枝上具 1 ～ 4 个穗状花序，每一穗状花序具 5 ～ 17 个小穗；花序轴被疏的短硬毛；小穗排列稍松，近于平展，披针形或线状披针形，长 8 ～ 20 mm，宽约 3 mm，具 10 ～ 34 朵花；小穗轴具白色透明的翅。鳞片初期排列紧密，后期较松，纸质，宽卵形，顶端钝或圆，有时微缺，长 2.5 mm，背面中肋绿色，两侧红褐色或暗红褐色，边缘黄白色透明，具 5 ～ 7 条脉；雄蕊 3，花药线形，药隔暗红色；花柱很短，柱头 2，细长，具暗红色斑纹。小坚果椭圆形或倒卵形，平凸状，长约为鳞片的 4/5，棕色，稍有光泽，具凸起的细点。花果期 7 ～ 10 月。分布于碧流河水库大坝下河道。

6. 荸荠 *Eleocharis dulcis* (N. L. Burman) Trinius ex Henschel, 1833

荸荠 *Eleocharis dulcis*

隶属莎草科 Cyperaceae，荸荠属 *Eleocharis*。又名马蹄、田荠、田藕、水栗、乌芋等，为多年生湿生草本植物。有细长的匍匐根状茎，在匍匐根状茎的顶端生块茎。秆多数，丛生，直立，圆柱状，30 ~ 100 cm，有多数横膈膜，干后秆表面现有节，但不明显，灰绿色，光滑无毛。叶缺如，只在秆的基部有 2 ~ 3 个叶鞘；鞘近膜质，绿黄色，紫红色或褐色。小穗顶生，圆柱状，长 1.5 ~ 4 m，直径 5 ~ 6 mm。在小穗基部有两片鳞片中空无花，抱小穗基部一周；其余鳞片全有花；较小坚果长 1.5 倍，有倒刺；柱头 3。小坚果宽倒卵形，双凸状，顶端不缢缩；花柱基从宽的基部急骤变狭变扁而呈三角形。花果期 5 ~ 10 月。分布广，中国各地均可栽培。分布于碧流河水库下游河道。

7. 三棱水葱 *Schoenoplectus triqueter* (Linnaeus) Palla, 1888

三棱水葱 *Schoenoplectus triqueter*

隶属莎草科 Cyperaceae，水葱属 *Schoenoplectus*。亦称海三棱藨草、席草等。匍匐根状茎长，直径 1 ~ 5 mm。秆散生，粗壮，高 20 ~ 90 cm，三棱形，基部具 2 ~ 3 个鞘，鞘膜质，横脉明显隆起，最上一个鞘顶端具叶片。叶片扁平，长 1.3 ~ 5.5（~ 8）cm，宽 1.5 ~ 2 mm。苞片 1 枚，为秆的延长，三棱形，长 1.5 ~ 7 cm。假侧生长侧枝聚伞花序，有 1 ~ 8 个辐射枝；辐射枝三棱形，棱上粗糙，长可达 5 cm，每辐射枝顶端有 1 ~ 8 个簇生的小穗；小穗卵形或长圆形，长 6 ~ 12（~ 14）mm，宽 3 ~ 7 mm，密生许多花；鳞片长圆形、椭圆形或宽卵形，顶端微凹或圆形，长 3 ~ 4 mm，膜质，黄棕色，背面具 1 条中肋，稍延伸出顶端呈短尖，边缘疏生缘毛；下位刚毛 3 ~ 5 条，几等长或稍长于小坚果，全长都生有倒刺；雄蕊 3，花药线形，药隔暗褐色，稍突出；花柱短，柱头 2，细长。小坚果倒卵形，平凸状，长 2 ~ 3 mm，成熟时褐色，具光泽。花果期 6 ~ 10 月。分布广，几乎遍布全国。

球穗扁莎 *Pycreus flavidus*

8. 球穗扁莎 *Pycreus flavidus* (Retzius) T. Koyama, 1976

隶属莎草科 Cyperaceae，扁莎草属 *Pycreus*。异名球穗扁莎 *Pycreus globosus* (All.) Reichb., 1789。一年生草本植物。亦称香附子、回头青。植株丛生，较细，有三钝棱，一面有沟，株高 7 ～ 50 cm。叶较秆短，叶鞘棕红色。具 2 ～ 4 个叶状苞片，底下的 1 ～ 2 片较花序长；侧枝长，聚伞花序较简单，具 2 ～ 6 条长短不一的辐射枝，每枝有小穗 2 ～ 20 个；小穗条形，有花 6 ～ 36 个；小穗轴具狭翅；有 2 列长圆状卵形鳞片，背面有绿色龙骨状突起，两侧深紫褐色至红褐色，生有白色透明的狭边。小坚果褐色倒卵形，端尖短，略扁。除内蒙古、西藏、西北部分省区未见报道外，全国各地均有分布。主要危害水稻、菰等水生作物。

水田稗 *Echinochloa oryzoides*

9. 水田稗 *Echinochloa oryzoides* (Ard.) Flitsch, 1982

隶属单子叶植物纲 Monocotyledoneae，禾本目 Graminales，禾本科 Gramineae，稗属 *Echinochloa*。俗名水稗 *Echinochloa phyllopogon* (Stapf) Koss, 1940。秆直立或基部稍倾斜，鞘口具长柔毛，其根出叶鞘及叶片常密生柔毛；叶片扁平，线形，圆锥花序狭窄，直立或垂头，分枝互生，分枝上不具小枝；小穗卵状椭圆形，脉上具硬刺毛或有时疏被疣基毛，先端渐尖，脉上粗糙或疏被刺毛；第二颖等长于小穗，先端长渐尖，脉上疏被刺毛；第一外稃革质或至少中部革质，有光泽，花果期 7 ～ 10 月。分布广。分布于水库上下游河道。

10. 芦苇 *Phragmites australis* Trinius ex Steudel, 1840

隶属禾本目 Graminales，禾本科 Gramineae，芦苇属 *Phragmites*。多年生挺水植物，根状茎十分发达。秆直立，高 1 ～ 3（8）m，直径 1 ～ 4 cm，具 20 多节，基部和上部的节间较短，最长节间位于下部第 4 ～ 6 节，长 20 ～ 25（40）cm，节下被蜡粉。叶鞘下部者短于上部者，长于其节间；叶舌边缘密生一圈长约 1 mm 的短纤毛，两侧缘毛长 3 ～ 5 mm，易脱落；叶片披针状线形，长 30 cm，宽 2 cm，无毛，顶端长渐尖成丝形。圆锥花序大型，长 20 ～ 40 cm，宽约 10 cm，分枝多数，长 5 ～ 20 cm，着生稠密下垂的小穗；小穗柄长 2 ～ 4 mm，无毛；小穗长约 12 mm，含 4 花；颖具 3 脉，第一颖长 4 mm；第二颖长约 7 mm；第一不孕外稃雄性，长约 12 mm，第二外稃长 11 mm，具 3 脉，顶端长渐尖，基盘延长，两侧密生等长于外稃的丝状柔毛，与无毛的小穗轴相连接处具明显关节，成熟后易自关节上脱落；内稃长约 3 ～ 4 mm，两脊粗糙；雄蕊 3，花药长 1.5 ～ 2 mm，黄色；颖果长约 1.5 mm。生于江河湖泽、池塘沟渠沿岸和低湿地。为全球广泛分布的多型种。

芦苇 *Phragmites australis*

11. 狭叶香蒲 *Typha angustifolia* Linnaeus, 1753

隶属单子叶植物纲 Monocotyledoneae，露兜树目 Pandanales，香蒲科 Typhaceae，香蒲属 *Typha*。别称水烛、水蒲草。为多年生挺水草本。根状茎白色或淡黄色。地上茎直粗，高约 1.5 ～ 2.5（～ 3）m。叶片长 54 ～ 120 cm，宽 0.4 ～ 0.9 cm，上部扁平，中部以下腹面微凹，背面向下逐渐隆起呈凸形，下部横切面呈半圆形，细胞间隙大，呈海绵状；叶鞘抱茎。雌雄花序相距 2.5 ～ 6.9 cm，雄花序轴具褐色扁柔毛，单出或分叉；叶状苞片 1 ～ 3 枚，花后脱落；雌花序长 15 ～ 30 cm，基部具 1 枚叶状苞片，通常比叶片宽，花后脱落；雄花由 3 枚雄蕊合生，有时 2 枚或 4 枚组成，花药长约 2 mm，长距圆形，花粉单体，近球形、卵形或三角形，纹饰网状，花丝短，细弱，下部合生成柄，长（1.5 ～）2 ～ 3 mm，向下渐宽；雌花具小苞片，孕性雌花柱头窄条形或披针形，长 1.3 ～ 1.8 mm，花柱长 1 ～ 1.5 mm，子房纺锤形，长约 1 mm，具褐色斑点，子房柄纤细，长约 5 mm，不孕雌花子房倒圆锥形，长 1 ～ 1.2 mm，具褐色斑点，先端黄褐色，不育柱头短尖；白色丝状毛着生于子房柄基部，并向上延伸，与小苞片近等长，均短于柱头。小坚果长椭圆形，长约 1.5 mm，具褐色斑点，纵裂。种子深褐色，长 1 ～ 1.2 mm。花果期 6 ～ 9 月。

狭叶香蒲 *Typha angustifolia*

12. 雨久花 *Monochoria korsakowii* Regel & Maack, 1861

雨久花 *Monochoria korsakowii*

隶属单子叶植物纲 Monocotyledoneae，百合目 Liliflorae，雨久花科 Pontederiaceae，雨久花属 *Monochoria*。为多年生挺水或湿生草本。亦称浮蔷、蓝花菜。株高 30 ～ 70 cm。全株光滑无毛。具短根状茎。茎直立或稍倾斜。叶多型；挺水叶互生，具短柄，阔卵状心形，长 4 ～ 10 cm，宽 3 ～ 8 cm，先端急尖或渐尖，全缘，基部心形，绿色，草质；沉水叶具长柄，狭带形，基部膨大成鞘，抱茎；浮水叶披针形。花两性；花序梗长 5 ～ 10 mm；总状花序顶生，有时排成总状圆锥花序；花被片 6，蓝紫色；雄蕊 6；子房上位。蒴果卵状三角形，长 10 ～ 12 mm。种子短圆柱形，深棕黄色，具纵棱，能自播。花期 7 ～ 8 月。果期 9 ～ 10 月。性强健，耐寒，多生于沼泽地、水沟及池塘的边缘。分布在碧流河水库下游河道。

13. 千屈菜 *Lythrum salicaria* Linnaeus, 1753

隶属被子植物门 Angiospermae，双子叶植物纲 Dicotyledoneae，桃金娘目 Myrtales，千屈菜科 Lythraceae，千屈菜属 *Lythrum*。多年生草本，根茎横卧于地下，粗壮；茎直立，多分枝，全株青绿色，略被粗毛或密被绒毛，枝通常具 4 棱。叶对生或三叶轮生，披针形或阔披针形，顶端钝形或短尖，基部圆形或心形，有时略抱茎，全缘，无柄。花组成小聚伞花序，簇生，因花梗及总梗极短，因此花枝全形似一大型穗状花序；苞片阔披针形至三角形；附属体针状，直立，红紫色或淡紫色，倒披针状长椭圆形，基部楔形，着生于萼筒上部，有短爪，稍皱缩；伸出萼筒之外；子房 2 室，花柱长短不一。蒴果扁圆形。分布于大雅河和荷韵公园。

千屈菜 *Lythrum salicaria*

14. 莲 *Nelumbo nucifera* Gaertner, 1788

隶属双子叶植物纲 Magnoliopsida，毛茛目 Ranunculales，睡莲科 Nymphaeaceae，莲属 *Nelumbo*。多年生挺水草本植物。根状茎横走，粗而肥厚，节间膨大，内有纵横通气孔道，节部缢缩。叶基生，挺出水面，盾形，直径 25 ～ 90 cm，波状边缘，上面深绿色，下面浅绿色。叶柄有小刺，长 1 ～ 2 m，挺出水面。花单生，直径 10 ～ 20 cm，椭圆花瓣多数，白色或粉红色；花柄长 1 ～ 2 m。花托在果期膨大，直径 5 ～ 10 cm，海绵质。坚果椭圆形和卵圆形，长 1.8 ～ 2.5 cm，灰褐色。种子卵圆形，长 1.2 ～ 1.7 cm，种皮红棕色。生于池塘、浅湖及稻田中。经济价值高。人们习惯上称种子为“莲子”、地下茎为“藕”、花托为“莲蓬”、叶为“荷叶”。花期 6 ～ 8 月，果期 8 ～ 10 月。分布广，中国南北各省区均有自生或栽培。分布于碧流河水库上游渔场池塘。

莲 *Nelumbo nucifera*

15. 水蓼 *Polygonum hydropiper* Linnaeus, 1753

隶属双子叶植物纲 Magnoliopsida，石竹目 Caryophyllales，蓼科 Polygonaceae，蓼属 *Polygonum*。亦称辣蓼。一年生草本，高 40 ～ 70 cm。茎直立，多分枝，无毛，节部膨大。叶狭，柳叶形或椭圆披针形，长 4 ～ 8 cm，宽 0.5 ～ 2.5 cm，顶端渐尖，基部楔形，边缘全缘，具缘毛，两面无毛，被褐色小点，有时沿中脉具短硬伏毛，具辛辣味；叶柄长 4 ～ 8 mm；托叶鞘筒状。总状花序呈穗状，顶生或腋生，长 3 ～ 8 cm，通常下垂，花稀疏，下部间断；苞片漏斗状，长 2 ～ 3 mm，绿色，边缘膜质，疏生短缘毛，每苞内具 3 ～ 5 花；花梗比苞片长；花被 5 深裂，稀 4 裂，绿色，上部白色或淡红色，被黄褐色透明腺点，花被片椭圆形，长 3 ～ 3.5 mm；雄蕊 5 ～ 8（平均为 6）；雌蕊 1，花柱 2 ～ 3 裂。瘦果卵形，扁平，少有 3 棱，长 2 ～ 3 mm，表面有小点，黑色无光，包在宿存的花被内。花期 5 ～ 9 月，果期 6 ～ 10 月。分布广。

水蓼 *Polygonum hydropiper*

16. 红蓼 *Polygonum orientale* Linnaeus, 1753

别名东方蓼、荭草、大红蓼。多年生宿根草本。茎直立，粗壮，高 1 ～ 2 m，上部多分枝，密被开展的长柔毛。叶宽圆形或卵状披针形，长 10 ～ 20 cm，宽 5 ～ 12 cm，顶端渐尖，基部圆形或近心形，微下延，边缘全缘，密生缘毛，两面密生短柔毛，叶脉上密生长柔毛；叶柄长

红蓼 *Polygonum orientale*

红蓼 *Polygonum orientale*

2 ～ 10 cm，具展开的长柔毛；托叶鞘筒状，膜质，长 1 ～ 2 cm，被长柔毛，具长缘毛，通常沿顶端具草质、绿色的翅。总状花序呈穗状，顶生或腋生，长 3 ～ 7 cm，花紧密，微下垂，通常数个再组成圆锥状；苞片宽漏斗状，长 3 ～ 5 mm，草质，绿色，被短柔毛，边缘具长缘毛，每苞内具 3 ～ 5 花；花梗比苞片长；花被 5 深裂，淡红色或白色；花被片椭圆形，长 3 ～ 4 mm；雄蕊 7，比花被长；花盘明显；花柱 2，中下部合生，比花被长，柱头头状。瘦果近圆形，双凹，直径长 3 ～ 3.5 mm，黑褐色，有光泽，包于宿存花被内。花期 6 ～ 9 月，果期 8 ～ 10 月。分布广。

（二）沉水植物 Submergent plants

金鱼藻

Ceratophyllum demersum

1. 金鱼藻 *Ceratophyllum demersum* Linnaeus, 1753

隶属双子叶植物纲 Dicotyledoneae，毛茛目 Ranunculales，金鱼藻科 Ceratophyllaceae，金鱼藻属 *Ceratophyllum*。俗称松针草。多年生沉水草本；茎长 40 ～ 150 cm，平滑，具分枝。叶 4 ～ 12 轮生，1 ～ 2 次二叉状分歧，裂片丝状，或丝状条形，长 1.5 ～ 2 cm，宽 0.1 ～ 0.5 mm，先端带白色软骨质，边缘仅一侧有数细齿。花直径约 2 mm；苞片 9 ～ 12，条形，长 1.5 ～ 2 mm，浅绿色，透明，先端有 3 齿及带紫色毛；雄蕊 10 ～ 16，微密集；子房卵形，花柱钻状。坚果宽椭圆形，长 4 ～ 5 mm，宽约 2 mm，黑色，平滑，边缘无翅，有 3 刺，顶生刺（宿存花柱）长 8 ～ 10 mm，先端具钩，基部 2 刺向下斜伸，长 4 ～ 7 mm，先端渐细成刺状。花期 6 ～ 7 月，果期 8 ～ 10 月。为世界广布种。采自碧流河水库下游河道。

2. 穗状狐尾藻 *Myriophyllum spicatum* Linnaeus, 1753

隶属双子叶植物纲 Dicotyledoneae，小二仙草目 Haloragales，小二仙草科 Haloragidaceae，狐尾藻属 *Myriophyllum*。亦称聚草。为多年生沉水草本。根状茎生于泥中，节部生须根。茎沉水性，长可达 1 ～ 2 m，径约 3 mm，细长圆柱形，常分枝。叶通常 4 或 5 枚轮生，长 2.5 ～ 5 cm，无柄，丝状全裂，裂片长 1 ～ 1.5 cm。穗状花序生于水上，长 5 ～ 10 cm，顶生或腋生；苞片长圆形或穗状花序生于水上，长 5 ～ 10 cm，顶生或腋生；苞片长圆形或卵形，全缘；小苞片近圆形，边缘具细锯齿；花两性或单性，雌雄同株，常 4 朵轮生，若单性花则雄花生于花序上部，雌花生于下部；萼片很小，4 深裂，萼筒极短；花瓣 4 或 5，卵圆形，先端钝圆，长约 2 mm；雄蕊 8，花药黄色，长圆形，花丝细长；雌花不具花瓣，子房下位，4 室，无花柱，柱头 4 裂，很短。果实卵圆形，径 1.5 ～ 3 mm，有 4 条纵裂隙。4 ～ 9 月陆续开花结果。分布广。采自碧流河水库上游河道和下游河道。

穗状狐尾藻 *Myriophyllum spicatum*

3. 罗氏轮叶黑藻 *Hydrilla verticillata* var. *roxburghii* Caspary, 1858

隶属木兰纲 Magnoliopsida，泽泻目 Alismatales，水鳖科 Hydrocharitaceae，黑藻属 *Hydrilla*。单子叶多年生沉水草本植物。茎直立细长，圆柱形，长 50 ～ 80 cm，叶带状披针形，4 ～ 8 片轮生，通常以 4 ～ 6 片为多，长 1.5 cm 左右，宽 1.5 ～ 2 cm。叶缘具小锯齿，叶无柄，具腋生小鳞片，主脉 1 条。植物以休眠芽繁殖为主。花果期 5 ～ 10 月。广布于池塘、湖泊和水沟中。采自碧流河水库下游河道。

罗氏轮叶黑藻
Hydrilla verticillata var. *roxburghii*

4. 菹草 *Potamogeton crispus* Linnaeus, 1753

隶属单子叶植物纲 Monocotyledoneae，沼生目 Helobiae，眼子菜科 Potamogetonaceae，眼子菜属 *Potamogeton*。又称虾藻、虾草。多年生沉水草本植物。茎扁圆形，具有分枝。叶披针形，先端钝圆，叶缘波状并具锯齿。具叶托，无叶柄。花序穗状。秋季发芽，冬春生长，4～5 月开花结果，夏季 6 月后逐渐衰退腐烂，同时形成鳞枝（冬芽）以度过不适环境。冬芽坚硬，边缘具有齿，形如松果，在水温适宜时开始萌发生长。叶条形，无柄。花果期 4 ～ 7 月。可作绿肥并可净化水质。分布广，我

菹草 *Potamogeton crispus*

竹叶眼子菜 *Potamogeton wrightii*

光叶眼子菜 *Potamogeton lucens*

国南北各省区均有，为世界广布种。生于池塘、湖泊、溪流中，静水池塘或沟渠较多，水体多呈微酸至中性。采自碧流河水库下游河道。

5. 竹叶眼子菜 *Potamogeton wrightii* Morong, 1886

亦称马来眼子菜，叶条形或条状披针形，具长柄，稀短于 2 cm，叶片长 5 ～ 19 cm，宽 1 ～ 2.5 cm，先端钝圆而具小凸尖，基部钝圆或楔形，边缘浅波状，有细微的锯齿，中脉显著，自基部至中部发出 6 至多条与之平行、并在顶端连接的次级叶脉，三级叶脉清晰可见；托叶大而明显，近膜质，无色或淡绿色，与叶片离生，鞘状抱茎，长 2.5 ～ 5 cm。穗状花序顶生，具花多轮，密集或稍密集，花序梗膨大，稍粗于茎，长 4 ～ 7 cm，花小，被片 4，绿色；雌蕊 4 枚，离生。花果期 7 ～ 9 月。采自碧流河水库下游河道。

6. 光叶眼子菜 *Potamogeton lucens* Linnaeus, 1753

多年生沉水草本，具根茎。茎圆柱形，直径约 2 mm，上部多分枝，节间较短，下部节间伸长，可达 20 cm。叶长椭圆形，无柄或具短柄，有时柄长可达 2 cm；叶片长 2 ～ 18 cm，宽 0.8 ～ 3.5 cm，质薄，先端尖锐，常具 0.5 ～ 2 cm 长的芒状尖头，基部楔形，边缘浅波状，疏生细微锯齿；叶脉 5 ～ 9 条，中脉粗大而显著，侧脉细弱，与中脉平行，顶端连接，次级叶脉细弱，但清晰可见；托叶大而显著，绿色，通常不为膜质，与叶片离生，长 1 ～ 5 cm，先端钝圆，常宿存。穗状花序顶生，具花多轮，密集；花序梗明显膨大呈棒状，较茎粗，长 3 ～ 20 cm，花小，被片 4，绿色；雌蕊 4 枚，离生。果实卵形，长约 3 mm，背部 3 脊，中脊稍锐，侧脊不明显。花果期 6 ～ 10 月。采自碧流河水库下游河道。

7. 篦齿眼子菜 *Stuckenia pectinata* (Linnaeus) Borner, 1912

隶属眼子菜科 Potamogetonaceae，篦齿眼子菜属 *Stuckenia*。亦称 *Potamogeton pectinatus* Linnaeus，1753。沉

水草本。根茎白色，直径 1 ～ 2 mm，具分枝。茎长 50 ～ 200 cm，近圆柱形，纤细，直径 0.5 ～ 4 mm，下部分枝稀疏，上部分枝稍密集。叶线形，长 2 ～ 10 cm，宽 0.3 ～ 1 mm，先端渐尖或急尖，基部与托叶贴生成鞘；鞘长 1 ～ 6.5 cm，绿色，边缘叠压而抱茎，顶端具长 4 ～ 8 mm 的无色膜质小舌片；叶脉 3 ～ 5 条，平行，顶端连接，中脉显著，有与之近于垂直的次级叶脉，边缘脉细弱而不明显。穗状花序顶生，具花 3 ～ 7 轮，间断排列；花序梗细长，与茎近等粗；花被片 4，圆形或宽卵形，径约 1 mm；雌蕊 4 枚，通常仅 1 ～ 2 枚可发育为成熟果实。果实倒卵形。花果期 5 ～ 10 月。生于河沟、水渠、池塘等各类水体，水体多呈微酸性或中性，在西北地区亦见于少数微碱性水体及咸水中，如晋南硝池，分布广。采自碧流河水库下游河道。

篦齿眼子菜 *Stuckenia pectinata*

（三）漂浮植物 Floating plants

浮萍 *Lemna minor* Linnaeus, 1753

隶属单子叶植物纲 Monocotyledoneae，天南星目 Arales，浮萍科 Lemnaceae，浮萍属 *Lemna*。亦称青萍、田萍、浮萍草、水浮萍，属漂浮植物。叶状体对称，表面绿色，背面浅黄色浮萍或绿白色或常为紫色，近圆形，倒卵形或倒卵状椭圆形，全缘，长 1.5 ～ 5 mm，宽 2 ～ 3 mm，上面稍凸起或沿中线隆起，脉 3，不明显，背面垂生丝状根 1 条，根白色，长 3 ～ 4 cm，根冠钝头，根鞘无翅。叶状体背面一侧具囊，新叶状体于囊内形成浮出，以极短的细柄与母体相连，随后脱落。雌花具弯生胚珠 1 枚，果实无翅，近陀螺状，种子具突出的胚乳并具 12 ～ 15 条纵肋。不常开花，以芽进行繁殖。采自碧流河水库下游河道。

浮萍 *Lemna minor*

五、游泳动物 Nekton——鱼类 Pisces

鲤 *Cyprinus carpio*

1. 鲤 *Cyprinus carpio* Linnaeus, 1758

隶属鲤科 Cyprinidae，鲤亚科 Cyprininae，鲤属 *Cyprinus*。俗称鲤鱼、鲤拐子，英文名 common carp。背鳍 iv-16-22；臀鳍 III -5；胸鳍 i-14 ～ 16；腹鳍 ii-8。侧线鳞 3 ～ 37，下咽齿 1 ～ 3 行，鳃耙 19 ～ 20。体延长，稍侧扁。体青黄色，尾鳍下叶红色。口下位，须 2 对，下咽齿呈臼齿形。背鳍、臀鳍均具硬刺，最后一硬刺的后缘具锯齿。背鳍基部较长。栖息水底层，杂食性，适应性强，卵黏性强，黏附于水草上发育。分布广，所调查水体均有分布。

鲫 *Carassius auratus*

2. 鲫 *Carassius auratus* Linnaeus, 1758

隶属鲤科 Cyprinidae，鲤亚科 Cyprininae，鲫属 *Carassius*。俗称鲫瓜子，英文名 crucian carp。背鳍 iii-15 ～ 19；臀鳍 iii-5；胸鳍 1-16 ～ 17；腹鳍 i-8。侧线鳞；背鳍前鳞 12 ～ 14，下咽齿 3 行，鳃耙 19 ～ 20。体侧扁而高，腹部圆，头较小，吻钝，口端位，眼较大，无须；体呈银灰色，背部较暗，鳍灰色。因生存的环境不同，形体与颜色也有所差异。鲫品种多。栖息于水的下层，为底栖性鱼类，食性杂。分布广，所调查水体均有分布。

唇䱻 *Hemibarbus labeo*

3. 唇䱻 *Hemibarbus labeo* Pallas, 1776

隶属鲤科 Cyprinidae，𬶋亚科 Gobioninae，䱻属 *Hemibarbus*。俗称重唇、唇唇。英文名 barbel steed。背鳍III -7；臀鳍 iii-6；胸鳍 i-17 ～ 20；腹鳍 i-8；侧线鳞 47 ～ 50，下咽齿 3 行；第一鳃弓外侧鳃耙 15 ～ 20。体延长，略呈圆柱状，上颌具须 1 对。吻钝而圆，眼位于头侧中轴之上。口下位，马蹄形，唇发达，下唇两侧叶宽厚，一般具有皱褶，唇后沟中断，间距甚窄。背鳍具有光滑硬刺，其起点至吻端较至尾端为近，侧线完全，前段微弯。鳔 2 室，后室末端尖细。鱼体略带银色金属光泽，背部淡青色，腹部银白色，尾鳍叉形。

4. 花䱻 *Hemibarbus maculatus* Bleeker, 1871

花䱻 *Hemibarbus maculatus*

俗称沙轱辘，英文名 barbel steed。背鳍 iii-7；臀鳍 iii-6；胸鳍 i-16 ～ 19；腹鳍 i-80；侧线鳞 47 ～ 48，下咽齿 3 行；鳃耙 67 ～ 10。体延长，略呈圆柱状，上颌具须 1 对。吻钝而圆，眼位于头侧中轴之上。口下位，马蹄形，唇稍薄，下唇两侧叶狭窄，唇后沟中断，间距较宽。分布广。

5. 麦穗鱼 *Pseudorasbora parva* Temminck *et* Schlegel, 1842

麦穗鱼 *Pseudorasbora parva*

隶属鲤科 Cyprinidae，鮈亚科 Gobioninae，麦穗鱼属 *Pseudorasbora*。俗称麦穗儿，英文名 stone moroko。背鳍 iii-7；臀鳍 iii-6；胸鳍 i-12 ～ 13；腹鳍 1-7；侧线鳞 34 ～ 38；下咽齿 1 行；鳃耙 14 ～ 15。体长，稍侧扁，无须，唇薄，唇后沟中断。臀鳍无硬刺，分枝鳍条 6 根。背鳍无硬刺。鳃耙退化，排列稀疏。侧线完全，体侧鳞片的后缘常具新月形黑斑。体长 37 ～ 102 mm。生活于池塘、湖泊、沟渠中，以枝角类、桡足类等为食。5 ～ 6 月繁殖，产黏性卵。雄鱼有护卵行为。

6. 棒花鱼 *Abbottina rivularis* Basilewsky, 1855

棒花鱼 *Abbottina rivularis*

隶属鮈亚科 Gobioninae，棒花鱼属 *Abbottina*。俗称爬虎，英文名 Chinese false gudgeon。背鳍 iii-7；臀鳍 iii-5；胸鳍 i-10 ～ 2；腹鳍 i-7，侧线鳞 35 ～ 39，下咽齿 1 行。体粗壮，稍侧扁。头较长，吻长，前端圆钝，唇厚，上唇的褶皱不显著；下唇侧叶光滑。眼小，侧上位，眼间宽平。背鳍无硬刺，胸鳍圆钝，均较短。尾鳍叉型。头背部稍黑，体侧具 1 不明显的纵纹，其上有 9 ～ 11 个黑点斑块，背部也具 8 ～ 11 个黑色斑块。背鳍和尾鳍具有由黑色小点组成的斑纹。背部深褐色，至体侧逐渐转淡，在体侧有 7 ～ 8 个黑色大斑块，腹部为淡黄色或乳白色，背部自背鳍起点至尾基有 5 个黑色大斑块，此外在整个背部自头至尾不规则地散布有许多大小黑点，在背鳍、胸鳍及尾鳍上由小黑色斑点组成比较整齐的横纹数行。在生殖期体色转深，雄鱼更为明显。

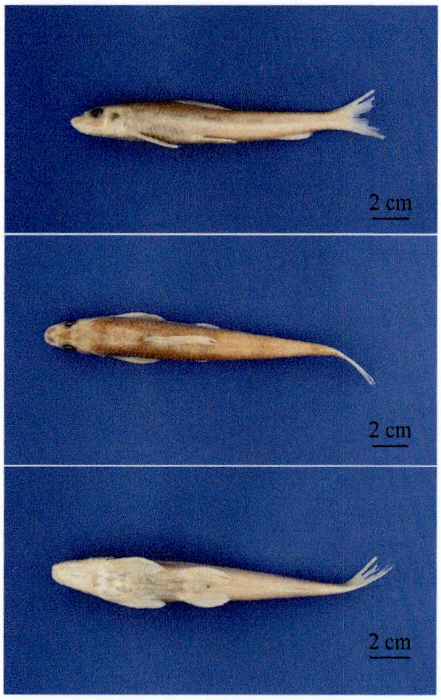

蛇鮈 *Saurogobio dabryi*

7. 蛇鮈 *Saurogobio dabryi* Bleeker, 1871

隶属鮈亚科 Gobioninae，蛇鮈属 *Saurogobio*。俗称船钉子。背鳍 iii-8；臀鳍 iii-6；胸鳍 i-13 ～ 15；腹鳍 i-7。侧线鳞 47 ～ 50；体延长，略呈圆筒形，背部稍隆起，腹部略平坦，尾柄稍侧扁。头较长，大于体高。吻突出，在鼻孔前下凹。口下位，马蹄形。唇发达，具有显著的乳突，下唇后缘游离。上下唇沟相通，上唇沟较深。口角须 1 对，其长度小于眼径。眼较大。背鳍无硬刺。侧线完整且平直。体背部及体侧上半部青灰色，腹部灰白色。体侧中轴有一条浅黑色纵带，上有 10 ～ 12 个不明显的黑斑块。背部中线隐约可见 4 ～ 5 个黑斑块。胸鳍、腹鳍及鳃盖边缘为黄色；背鳍、臀鳍及尾鳍为灰白色。为中下层小型鱼类，喜生活于缓水沙底。主要摄食水生昆虫或桡足类，同时也吃少量水草或藻类。雌鱼一般体长 10.6 cm 即达性成熟，生殖季节为 4 ～ 6 月，在河流中产漂浮性卵。

青鱼 *Mylopharyngodon piceus*

8. 青鱼 *Mylopharyngodon piceus* Richardson, 1846

隶属鲤科 Cyprinidae，雅罗鱼亚科 Leuciscinae，青鱼属 *Mylopharyngodon*。俗称青鲩，英文名 black carp。背鳍 iii-7；臀鳍 iii-8 ～ 9；胸鳍 i-16 ～ 18；腹鳍 ii-8。侧线鳞 43，下咽齿 1 行，鳃耙 17。体呈亚圆筒形。青黑色，各鳍灰黑色。头宽平，口端位，无须。腹部平圆，无腹棱。尾部稍侧扁。吻钝，但较草鱼尖突。上颌骨后端伸达眼前缘下方。咽齿 1 行，左右一般不对称，齿面宽大，臼状。鳞大，圆形。各鳍灰黑色，偶鳍尤深。咽头齿臼齿状。栖息中下层，主食螺蛳、蚌、虾和水生昆虫。

草鱼 *Ctenopharyngodon Idella*

9. 草鱼 *Ctenopharyngodon Idella* Valenciennes, 1844

隶属雅罗鱼亚科 Leuciscinae，草鱼属 *Ctenopharyngodon*。俗称鲩、草根，英文名 grass carp。背鳍 iii-7，臀鳍 iii-8；胸鳍 i-16；腹鳍 i-8，侧线鳞 39，下咽齿 2 行，鳃耙 15 ～ 19。体延长，亚圆筒形，体青黄色。头宽平，口端位，无须。咽齿梳状。栖息水的中下层，以水草为食。

胸、腹鳍略带灰黄，其他各鳍浅灰色，其体较长，腹部无棱。头部平扁，尾部侧扁。下咽齿 2 行，侧扁，呈梳状，齿侧具横沟纹。背鳍和臀鳍均无硬刺，背鳍和腹鳍相对。吻非常短，长度少于或者等于眼直径。眼眶后的长度超过 1/2 头长。

10. 拉氏大吻鱥 *Rhynchocypris lagowskii* Dybowski, 1869

拉氏大吻鱥 *Rhynchocypris lagowskii*

隶属雅罗鱼亚科 Leuciscinae，大吻鱥属 *Rhynchocypris*。原称洛氏鱥或拉氏鱥 *Rhoxinus lagowskii* Dybowski, 1869，俗称柳根，英文名 Chinese minnow。体延长，稍侧面，腹部圆，尾柄较细长，尾柄长为宽的 2 倍以上。头尖长。吻略长，口亚下位。眼较大，侧上位。体密布细小圆鳞。侧线完全。背鳍短小，后端略尖，胸鳍较长，后伸不达腹鳍起点。腹鳍小，其起点在背鳍起点之前。尾鳍深分叉，上下叶端尖。活体体色草灰色，背侧部色深，腹侧部银白色。体侧具一暗色纵带及多数稀疏的黑色小点，有时不明显。各鳍浅橘黄色。小型鱼类，体长 10 cm，最大 15 cm，有一定经济价值。

11. 马口鱼 *Opsariichthys bidens* Gunther, 1873

马口鱼 *Opsariichthys bidens*

隶属鲤科 Cyprinidae，鱼丹亚科 Danioninae，马口鱼属 *Opsariichthys*。俗称桃花鱼、马口、白条，英文名 mullet。背鳍 iii-7；臀鳍 iii-9 ～ 8；胸鳍 i-13 ～ 15；腹鳍 i-8。侧线鳞 39，下咽齿 3 行，鳃耙 8 ～ 10。体长而侧扁，腹部圆。吻短而钝，口大，口角具 1 对短须。口裂向上倾斜，下颌中端凸起，两侧各有一凹陷，恰与上颌前端和两侧的凹凸处相嵌合。眼中等大。侧线完全，前段弯向体侧腹方，后段向上延至尾柄正中。体背部灰蓝色，腹部银白色，体侧有浅蓝色垂直条纹，胸鳍、腹鳍和臀鳍为橙黄色。雄鱼在生殖期出现“婚装”，头部、吻部和臀鳍有显眼的珠星，臀鳍第 1 ～ 4 根分枝鳍条特别延长，全身具有鲜艳的婚姻色。性凶猛、以昆虫、小鱼等为食，幼鱼嗜食浮游生物。分布广，有一定经济价值。

宽鳍鱲 *Zacco platypus*

12. 宽鳍鱲 *Zacco platypus* Teemminck *et* Schlegel, 1846

隶属鲤科 Cyprinidae，鱼丹亚科 Danioninae，鱲属 *Zacco*。俗称桃花鱼、白条，英文名 freshwater minnow。背鳍 iii-7，臀鳍 iii-9 ～ 10，胸鳍 i-13 ～ 14；腹鳍 i-8。侧线鳞 41 ～ 45，下咽齿 3 行，鳃耙 8 ～ 10。体长而侧扁，腹部圆。头短，吻钝，口端位，稍向上倾斜，唇厚，眼较小。鳞较大，略呈长方形，在腹鳍基部两侧各有一向后伸长的腋鳞。侧线完全，在腹鳍处向下微弯，过臀鳍后又上升至尾柄正中。生活时体色鲜艳，背部呈黑灰色，腹部银白色，体侧有 10 ～ 13 条垂直的黑色条纹，条纹间有许多不规则的粉红色斑点。腹鳍为淡红色，胸鳍上有许多黑色斑点。背鳍和尾鳍灰色，尾鳍的后缘呈黑色。生殖季节雄体出现“婚装”，头部、吻部、臀鳍条上出现许多珠星，臀鳍第 1 ～ 4 根分枝鳍条特别延长，全身具有鲜艳的婚姻色。分布广。

䱗*Hemiculter leucisculus*

13. 䱗 *Hemiculter leucisculus* Basilewsky, 1855

隶属鲤科 Cyprinidae，鲌亚科 Cultrinae，䱗属 *Hemiculter*。俗称餐条鱼、白漂子、青鳞子，英文名 sharpbelly。背鳍 iii-7；臀鳍 iii-10 ～ 14；胸鳍 i-12；腹鳍 ii-7 ～ 8。侧线鳞 49（48）～ 52。下咽齿 3 行，鳃耙 15 ～ 20。头稍尖，侧扁。口端位，斜裂，眼中大。体被中等大圆鳞；侧线完全，在胸鳍上方急遽向下倾斜，有一显著角度，行至体之下半部，在尾柄处又折而向上至中央部位。体背青灰色，侧面及腹面为银白色，全身反光强，无其他任何花纹。尾鳍灰黑色，雄性在繁殖季节身体变成红蓝相间的彩色，非常漂亮。小型鱼，杂食性，常集群，分布广。

红鳍原鲌 *Cultrichthys erythropterus*

14. 红鳍原鲌 *Cultrichthys erythropterus* Basilewsky, 1855

隶属鲤科 Cyprinidae，鲌亚科 Cultrinae，原鲌属 *Cultrichthys*。亦称红鳍鲌，俗称翘嘴，英文名 pradatory carp。背鳍 iii-7；臀鳍 iii-24 ～ 29；胸鳍 i-14 ～ 16；腹鳍

ii-8。侧线鳞 63 ～ 69。下咽齿 3 行。体长而扁，自胸鳍基部至肛门有明显的腹棱。口小，上位，下颌上翘。鳞片中等大，下咽齿尖端呈钩状。背鳍具粗壮的硬刺。生殖期间雄鱼头部出现珠星。栖息于湖泊水草茂盛处或江河缓流区，幼鱼喜集群在浅水区觅食。肉食性，主要捕食小鱼，亦食无脊椎动物。产卵期 5 ～ 7 月，在静水湖泊中繁殖，卵黏附于水草上。

15. 团头鲂 *Megalobrama amblycephala* Yih, 1955

团头鲂 *Megalobrama amblycephala*

隶属鲌亚科 Cultrinae，鲂属 *Megalobrama*。俗称鳊鱼、武昌鱼，英文名 Wuchang bream。背鳍 iii-7；臀鳍 iii-26 ～ 29；胸鳍 i-14 ～ 16；腹鳍 ii-8。侧线鳞 52 ～ 56。下咽齿 3 行，鳃耙 13 ～ 18。体侧扁而高，呈菱形，口端位，口裂较宽，呈弧形，体呈青灰色。两侧灰黑色，在体侧形成数行深浅相交的纵纹。鳍呈灰黑色。体侧扁而高，呈菱形，背部较厚，自头后至背鳍起点呈圆弧形，腹部在腹鳍起点至肛门具腹棱，尾柄宽短。比较适合于静水性生活。平时栖息于底质为淤泥、生长有沉水植物的敞水区的中、下层，草食性鱼类。冬季喜在深水处越冬。为养殖种类，引自我国长江中下游湖泊。

16. 高体鳑鲏 *Rhodeus ocellatus* Kner, 1867

高体鳑鲏 *Rhodeus ocellatus*

隶属鲤科 Cyprinidae，鳑鲏亚科 Acheilognathinae，鳑鲏属 *Rhodeus*。俗称鳑鲏、火片子，英文名 rosy bitterling。背鳍 iii-10 ～ 12；臀鳍 iii-9 ～ 12；胸鳍 i-9 ～ 12；腹鳍 i-6 ～ 7。第一鳃弓外侧鳃耙 10 ～ 14。下咽齿 1 行。体高，极侧扁，长卵圆形，后背部急剧隆起，腹部微凸。头小，吻短钝。口小。端位，口裂呈弧形。无须，眼大，侧上位。体被圆鳞，鳞片排列整齐。侧线不完全，仅在靠近头部有 4 ～ 5 枚侧线鳞。背鳍基长，起点在体背中央最高处，胸鳍短小，后端尖；腹鳍起点在背鳍起点之前，后伸近臀鳍起点，尾鳍分叉。体背部及侧上部微黑色，近腹部颜色减淡，鳞片后缘具 1 黑斑，沿尾部中轴有 1 黑色纵纹，向前延伸渐细，可伸至背鳍中点稍前，活体尾鳍具 1 红色斑块，鳃盖后的体侧具前后 2 个亮黑色垂直斑块，雌鱼背鳍前中部具1黑色斑块，繁殖时雄性眼上半部红色，背鳍上前缘有1橘红色斑，臀鳍外缘有1窄黑边，短黑边内赤红色，向基部颜色渐深。雌鱼胸鳍、腹鳍和尾鳍浅灰色。分布广。

鲢 *Hypophthalmichthys molitrix*

17. 鲢 *Hypophthalmichthys molitrix* Cuvier *et* Valencinnes, 1844

隶属鲢亚科 Hypophthalmichthyinae，鲢属 *Hypophthalmichthys*。俗称白鲢、鲢子，英文名 silver carp。背鳍 iii-7；臀鳍 iii-11 ～ 13；胸鳍 i-16 ～ 17；腹鳍 i-7 ～ 8。侧线鳞 {[91（16-20-v）/（27-32）] 120}，下咽齿 1 行，齿式 4/4。体侧扁，较高，银灰色。口中大，眼下侧位。腹面腹鳍前后均具肉棱。胸鳍末端伸达腹鳍基底。咽齿齿冠有羽状细纹。栖息于水的中上层，以海绵状的鳃耙滤食浮游植物。性活泼，善跳跃。分布于各大水系，为中国主要的淡水鱼类养殖对象。

鳙 *Aristichthys nobilis*

18. 鳙 *Aristichthys nobilis* Richardson, 1844

隶属鲢亚科 Hypophthalmichthyinae，鳙属 *Aristichthys*。俗称花鲢、胖头、大头鱼，英文名 bighead carp。背鳍 iii-7 ～ 8（多数为 7）；臀鳍 iii-10 ～ 13；胸鳍 i-16 ～ 19；腹鳍 i-7 ～ 8。侧线鳞 {[91（13-19-v）/（20-28）] 108}，下咽齿 1 行，4/4。体侧扁较高，背面暗黑色，具小黑斑。头大，口中等大，眼下侧位。腹面从腹鳍至肛门具肉棱，胸鳍末端伸越腹鳍基底。咽齿齿冠光滑无纹。栖息于水的中上层，以浮游动物为食。喜欢生活于静水的中上层，动作较迟缓，不喜跳跃。

花鳅 *Cobitis taenia*

19. 花鳅 *Cobitis taenia* Linnaeus, 1758

隶属鲤形目 Cypriniformes，鳅科 Cobitidae，花鳅亚科 Cobitinae，花鳅属 *Cobitis*。亦称中华花鳅 *Cobitis sinensis* Sauvage & Dabry de Thiersant, 1874，花泥鳅，英文名 Siberian spiny loach。背鳍 3 ～ 6 ～ 7，臀鳍 3 ～ 5；胸鳍 1 ～ 8；腹鳍 1 ～ 6，鳃耙 11 ～ 14。体细长，侧扁，头部小，吻略突出。前后鼻孔位靠近，有一短管状皮突。

眼小，侧上位。口小，下位，不伸过后鼻孔。吻须 2 对；上颌须 1 对，较长，约达眼前缘下方。鳃孔侧位，下端略低于胸鳍基上缘。鳃耙钝短。肛门邻臀鳍始点。鳞微小，头无鳞。侧线侧中位。背鳍始于体正中央或略后，第一分枝鳍条最长。臀鳍似背鳍而窄小，距尾鳍基较距腹鳍基近。胸鳍侧下位。腹鳍始于背鳍第二至三分枝鳍条基下方，伸不到肛门。尾鳍圆形或截形。体背侧灰褐色，沿背中线有一行黑褐色大斑；腹侧白色。鳍淡黄色；背鳍、尾鳍有小黑点，尾鳍基上侧有一亮黑斑。为淡水小型底栖鱼类，环境适应力强，可行鳃呼吸和肠呼吸。

20. 泥鳅 *Misgurnus anguillicaudatus* Cantor, 1842

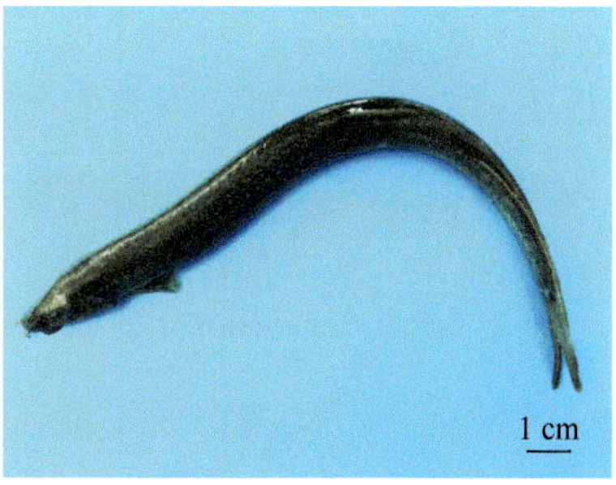

泥鳅 *Misgurnus anguillicaudatus*

隶属鳅科 Cobitidae，花鳅亚科 Cobitinae，泥鳅属 *Misgurnus*。背鳍 ii-7，臀鳍 ii-5；胸鳍 i-10；腹鳍 i-5 ～ 6；侧线鳞 150 左右。英文名 pond loach。泥鳅体较小，长圆筒形，腹部圆，后端侧扁。头部尖，吻部向前突出。口小，亚下位，呈马蹄形。眼小，覆盖皮膜。鳃裂止于胸鳍基部。须 5 对。无眼下刺。鳞小，埋于皮下。尾柄上皮褶棱低，与尾鳍相连。尾柄长大于尾柄高。尾鳍圆形。肛门靠近臀鳍。泥鳅的体表黏液丰富。体背及体侧 2/3 以上部位呈灰黑色，布有黑色斑点，体侧下半部灰白色或浅黄色。背鳍无硬刺，不分枝鳍条为 3 根，分枝鳍条为 8 根，共 11 根。背鳍与腹鳍相对，但起点在腹鳍之前，约在前鳃盖骨的后缘和尾鳍基部的中点。胸鳍距腹鳍较远，腹鳍短小，起点位于背鳍基部中后方，腹鳍不达臀鳍。尾鳍呈圆形。胸鳍、腹鳍和臀鳍为灰白色，尾鳍和背鳍具有黑色小斑点，尾鳍基部上方有显著的黑色斑点。分布广。

21. 北方须鳅 *Barbatula nuda* Bleeker, 1864

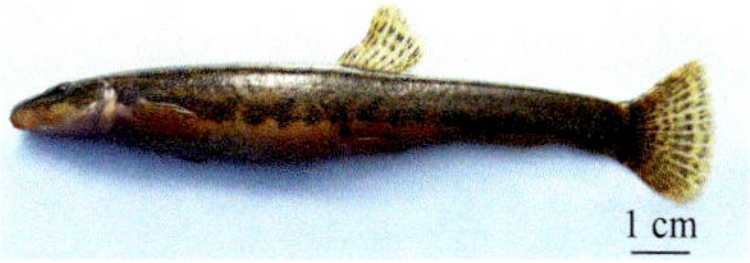

北方须鳅 *Barbatula nuda*

隶属鲤形目 Cypriniformes，鳅科 Cobitidae，条鳅亚科 Nemacheilinae。又称北方条鳅 *Nemacheilus toni* (Dybowski, 1869)。背鳍 iv-6 ～ 7，臀鳍 iii-iv-5，胸鳍 i-10 ～ 11，腹鳍 i-6 ～ 7。体较细长，躯干部略圆，后部侧扁，尾柄较高。吻略平扁，前端圆钝。口下位，唇稍厚，表面光滑或有褶皱，上颌中部有一“V”形缺刻，下唇口角处有向后延伸的唇叶。具3对发达的须。前后鼻孔分开一短距，前鼻孔在鼻瓣膜中，后鼻孔近圆形。眼侧上位。体被密鳞。无侧线。背鳍位置较后，外缘微凸，其起点距吻端远较距尾鳍基为远；胸鳍后缘圆钝形，后伸远不达腹鳍起点。腹鳍稍小，起点在背鳍起点稍前，后伸不达肛门。臀鳍稍发达；尾鳍后缘弧形。鳔2室，后室发达，呈长卵圆形。生活时，体背部暗褐色，下腹部浅黄或灰白，背部和体侧具多数不规则褐色斑块或斑点，沿体侧中部自吻端或头后至尾鳍有一个深褐色纵带；背鳍和尾鳍上具多数褐色小斑点，其他鳍浅灰色。5～6月产卵繁殖，个体小，数量少。分布于北方水体。

北鳅 *Lefua costta*

22. 北鳅 *Lefua costta* Kessler, 1876

俗称八须鳅，英文名 eight barbel loach。背鳍 iv-6～7，臀鳍 iii-iv-5，胸鳍 i-10～11，腹鳍 i-6～7。体延长，头部略平扁，躯干部圆，后腹鳍起点；腹鳍稍小，起点在背鳍起点略部侧扁，尾柄较高。头稍长，吻短钝。口下位，唇厚，表面光滑，上颌正常，下颌匙状。前后鼻孔分开一短距，前鼻孔在1短的管状突起中，顶端为须，有须4对，鼻须发达，后伸可达眼点，眼侧上位。体前无鳞，体后具小鳞。侧线完全较平直。胸鳍较发达，向后圆弧状。腹鳍小于背鳍，臀鳍稍发达，尾鳍后缘截或略凹。鳔2室，后室退化。生活时，体黄褐色，背侧具多数不规则褐色斑块或斑纹，背鳍、胸鳍和尾鳍上具多数褐色小斑点，其他鳍浅黄色。体较小，生殖期4～7月。分布于北方水体。

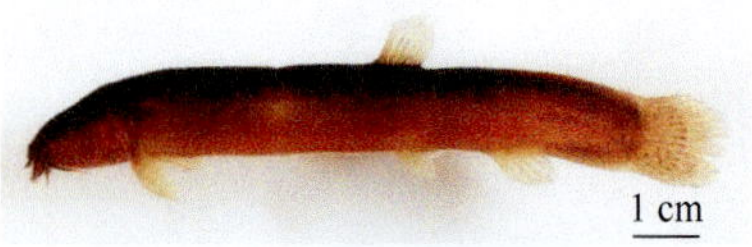

大鳞副泥鳅
Paramisgurnus dabryanus

23. 大鳞副泥鳅 *Paramisgurnus dabryanus* Dabry de Thiersant, 1872

隶属鳅科 Cobitidae，花鳅亚科 Cobininae，副泥鳅属 *Paramisgurnus*。背鳍Ⅳ-6～7，臀鳍Ⅲ-5，胸鳍Ⅰ-9～10，腹鳍Ⅰ-5～6。体长形，躯干部略圆，向后渐侧扁。头小，吻短而圆钝。口下位，马蹄形。须5对。眼较小，侧上位，无眼下刺。体被小细鳞。体表黏液腺发达。侧线完全，较平直。背鳍较短小，外缘微凸，位置稍后；胸鳍小，后缘圆。尾鳍后缘圆弧形。活体背侧暗灰褐色，下腹部浅黄或灰白。头背和体侧具多数褐色斑。各鳍特别是背鳍和尾鳍散布灰色小斑点。个体稍大。

24. 黄颡鱼 *Pelteobagrus fulvidraco* Richardson, 1846

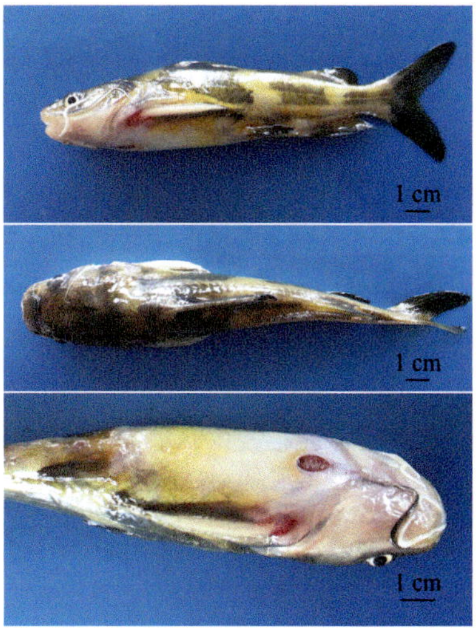

黄颡鱼 *Pelteobagrus fulvidraco*

隶属鲇形目 Siluriformes，鲿科 Bagridae，黄颡鱼属 *Pelteobagrus*。俗称嘎牙子，黄腊丁，英文名 yellow catfish。体长 5.0 ～ 24.8 cm。背鳍 II -6 ～ 7；臀鳍 16 ～ 20；胸鳍 I -7 ～ 9；腹鳍 6 ～ 7。鳃耙 13 ～ 16。腹面平直，体后半部侧扁，尾柄较细长。头大且扁平，吻短，圆钝，上、下颌略等长，口大，下位，两颜及腭骨上有绒毛状齿带。眼小，侧位。须 4 对，鼻须末端可伸至眼后，上颌须 1 对，最长，颐须 2 对，较上颌须短。体裸露无鳞，侧线完全。底层肉食性，5 ～ 6 月产卵，在生殖时期，雄鱼有筑巢习性。

25. 乌苏里拟鲿 *Pseudobagrus ussuriensis* Dybowski, 1872

乌苏里拟鲿 *Pseudobagrus ussuriensis*

隶属鲿科 Bagridae，拟鲿属 *Pseudobagrus*。别名乌苏里鮠，俗名牛尾巴、黄昂子、回鳇鱼等，英文名 bullhead。背鳍 I -6 ～ 7；臀鳍 II -15 ～ 19；胸鳍 I -6 ～ 9；腹鳍 i-5 ～ 6。鳃耙 9 ～ 13。身体较长，前部宽厚，后部侧扁。体表光滑无鳞，侧线完全，头扁平，头顶有皮膜覆盖，吻钝圆，口下位、横裂。前鼻孔呈短管状，与后鼻孔相距甚远。须 4 对，鼻须 1 对。背鳍刺强硬，其后缘仅具齿痕；胸鳍硬刺，后缘具锯齿。尾鳍浅凹，上片略长于下片，末端均圆钝。体背、体侧灰黄色，上部深于下部。腹部白色，背鳍、尾鳍末端为黑色。喜栖息在缓流中，人工养殖可以生活在静水中。

26. 鲇 *Silurus asotus* Linnaeus, 1758

鲇 *Silurus asotus*

隶属鲇科 Siluridae，鲇属 *Silurus*。俗称鲇鱼，英文名 catfish。背鳍 4 ～ 5，臀鳍 75 ～ 86；胸鳍 I -9 ～ 13；腹鳍 i-12 ～ 13。鳃耙 9 ～ 13。体长形，头部平扁，尾部侧扁。口下位，口裂小，末端仅达眼前缘下方。下颚突出。

齿间细，绒毛状，颌齿及梨齿均排列呈弯带状，梨骨齿带连续，后缘中部略凹入。眼小，被皮膜。成鱼须 2 对 4 根，上颌须可深达胸鳍末端，下颌须较短。幼鱼期须 3 对，体长至 60 mm 时 1 对颏须开始消失。多黏液，体无鳞。背鳍很小，无硬刺，有 4 ～ 6 根鳍条。无脂鳍。臀鳍很长，后端连于尾鳍。体色通常呈黑褐色或灰黑色，略有暗云状斑块。眼小，视力弱，昼伏夜出，全凭嗅觉和两对触须猎食。

怀头鲇 *Silurus soldatovi*

27. 怀头鲇 *Silurus soldatovi* Nikolsky *et* Soin, 1977

身体前部较宽，后部侧扁，腹部较大，微圆。背部多为浅黄色或灰褐色，身体两侧有金黄色的侧线，还有不规则的暗色斑块，腹部呈白色。

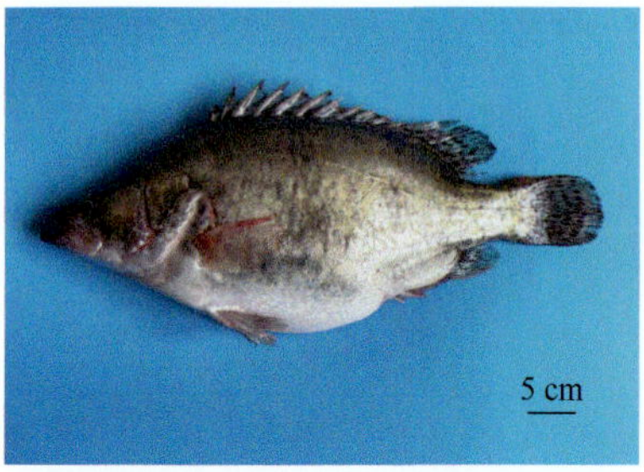

鳜 *Siniperca chuatsi*

28. 鳜 *Siniperca chuatsi* Basilewsky, 1855

隶属鲈形目 Perciformes，真鲈科 Percichthyidae。俗称桂鱼、桂花鱼，英文名 Mandarin fish。背鳍 XIII - 13 ～ 15，臀鳍III -9 ～ 11；胸鳍 II -13 ～ 14；腹鳍 1 ～ 5。侧线鳞 121 ～ 128，鳃耙 6 ～ 7。体较高而侧扁，背部隆起。口大，下颌明显长于上颌。上下颌、犁骨、口盖骨上都有大小不等的小齿，后鳃盖骨后缘有 2 个大棘。头部具鳞，鳞细小；侧线沿背弧向上弯曲。背鳍分二部分，彼此连接，前部为硬刺，后部为软鳍条。体黄绿色，腹部灰白色，体侧具有不规则的暗棕色斑点及斑块；自吻端穿过眼眶至背鳍前下方有一条狭长的黑色带纹。肉食性，广泛分布于中国东部平原的江河湖泊。肉嫩鲜美，无小刺，富含蛋白质。分布于水库、湖泊，为养殖的名贵鱼类。

斑鳜 *Siniperca scherzeri*

29. 斑鳜 *Siniperca scherzeri* Steindachner, 1892

隶属鲈形目 Perciformes，真鲈科 Percichthyidae，鳜属 *Siniperca*。英文名 Mandarin Fish。背鳍 XII - XIII -12；臀鳍III -8 ～ 9；胸鳍 14；腹鳍 I -5。侧线鳞 113 ～ 118，鳃耙 4。体长、侧扁，背为圆弧形，不甚隆起。口大，下颌特别突出，上下颌皆具尖齿。鳞片细小，侧线完整，位于体表中上部位。体色灰黄，头部具暗黑色的小圆斑，体侧有较多的环形斑，不形成条纹，与鳜不同。江河、湖泊中都能生活，尤喜栖息于流水环境。常栖息于底层，以小鱼、小虾为食。为一种名贵食用鱼类。

30. 波氏吻虾虎鱼 *Rhinogobius cliffordpopei* Nichols, 1925

波氏吻虾虎鱼
Rhinogobius cliffordpopei

隶属鲈形目 Perciformes，虾虎鱼科 Gobiidae，吻虾虎鱼属 *Rhinogobius*。背鳍Ⅵ -8；臂鳍Ⅰ -8。胸鳍 16 ～ 17，腹鳍Ⅰ -5，纵列鳞一般 28 ～ 29。体细长，略呈圆筒状。头略平扁。头部和背鳍前的背部裸露。口小，前位。腹鳍胸位，左右愈合成吸盘，尾鳍长圆形。体色黄褐色，背深腹浅，体侧常有 6 ～ 7 个深褐色纵斑。体长 50 ～ 80 mm。为肉食性为主的杂食性。多以水生昆虫、桡足类和枝角类为食。

31. 尾纹裸头鰕虎鱼 *Chaenogobius annularis* T.N. Gill, 1859

尾纹裸头鰕虎鱼
Chaenogobius annularis

隶属虾虎鱼科 Gobiidae，裸头虾虎鱼 *Chaenogobius*。又名条尾裸身虾虎鱼 *Gymnogobius urotaenia* (Hilgendorf, 1879)。背鳍Ⅴ - Ⅵ，Ⅰ -9 ～ 11；臀鳍Ⅰ -8 ～ 10。纵列鳞 61 ～ 61。鳃耙 9 ～ 11。椎骨 32 ～ 33。体细长，前部略呈圆柱形，后部渐侧扁。头较尖，吻较长。口大。端位，口裂稍斜。下颌突出于上颌。上颌后端伸达眼中央的下方。上下颌有细齿。眼小，位于头前部侧上方。眼间距宽。平坦。鳃孔小，鳃盖膜连于峡部。两背鳍分离；第一背鳍低于第二背鳍，第二背鳍起点在臀鳍起点之前。胸鳍低。腹鳍愈合为一，椭圆形。尾鳍圆形。体灰褐色，体侧有不规则褐灰色云斑。头有不规则的黑褐色斑点。背鳍、尾鳍有数行不连续的灰黑色斑条。臀鳍边缘灰黑色。

32. 斑尾复虾虎鱼 *Synechogobius ommaturus* Richardson, 1848

隶属虾虎鱼科 Gobiidae，复虾虎鱼属 *Synechogobius*。又称矛尾复虾虎鱼 *Synechogobius hasta* Temminck &

斑尾复虾虎鱼
Synechogobius ommaturus

Schlegel, 1845。俗称胖头鱼、沙光鱼、海鲇鱼、扔巴鱼。背鳍Ⅸ，19～20；臀鳍15～17；胸鳍20～21；腹鳍Ⅰ-5。纵列鳞52～55；横列鳞16～17。鳃耙3～4+8～9。椎骨42～43。体延长，前部呈圆筒形，后部侧扁而细；尾柄粗短。头宽大，稍平扁，头部具3个感觉管孔。为暖温性近岸底层中大型虾虎鱼类，生活于沿海，港湾及河口咸、淡水交混处，也进入淡水。喜栖息于底质为淤泥或泥沙的水域。多穴居。性凶猛，摄食各种幼鱼、虾、蟹和小型软体动物。

33. 葛氏鲈塘鳢 *Perccottus glehni* Dybowski, 1877

葛氏鲈塘鳢 *Perccottus glehni*

隶属沙塘醴科 Odontobutidae，鲈塘鳢属 *Perccottus*。俗称老头鱼，英文名 Amur sleeper 或 Chinese sleeper。背鳍Ⅶ，I-11～12；臀鳍 I-10；胸鳍16～18；腹鳍Ⅰ-5。体呈纺锤形，后部侧扁。头大，体被栉鳞，头背部和鳃盖圆鳞。无侧线。背鳍2个，较近。胸鳍大，腹鳍小，尾鳍圆形。体背部黑褐色，体侧有褐色斑块或间断的横纹。适应性强，肉食性。

34. 乌鳢 *Channa argus* (Cantor, 1842)

乌鳢 *Channa argus*

隶属鳢科 Channidae，鳢属 *Ophiocephalus*。原名为 *Ophicephalus argus* Cantor, 1842。俗名黑鱼、财鱼、斑鱼等，英文名 snakeheaded fish。鳍50～51，臀鳍33～36；胸鳍17～18；腹鳍6。侧线鳞62～74，鳃耙12～13。鱼体前部圆筒形，后部侧扁。头长，前部略平扁，后部稍隆起。吻短圆钝，口大，端位，口裂稍斜，并伸向眼后下缘，下颌稍突出。牙细小，带状排列于上下颌，下颌两侧齿坚利。眼小，上侧位。鼻孔两对，前鼻孔位于吻端呈管状，后鼻孔位于眼前上方，为一小圆孔。鳃裂大，左右鳃膜愈合，不与颊部相连，鳃耙粗短，排列稀疏，鳃腔上方左右各具一有辅助功能的鳃上器。体色灰黑色，体背和头顶色较暗黑，腹部淡白，体侧各有不规则黑色斑块，头侧各有2行黑色斑纹。奇鳍具黑白相间的斑点，偶鳍为灰黄色，间有不规则斑点。体披圆鳞，侧线平直，在肛门上方有一小曲折，向下移2行鳞片，行于体侧中部，后延至尾基。分布广。

35. 大银鱼 *Protosalanx chinensis* Basilewsky, 1855

大银鱼 *Protosalanx chinensis*

隶属胡瓜鱼目 Osmeriformes，银鱼科 Salangidae，大银鱼属 *Protosalanx*。俗称银鱼、面条鱼，英文名 clearhead icefish。背鳍Ⅱ-14～15，臀鳍Ⅲ-26～29，胸鳍Ⅰ-23，腹鳍Ⅰ-6，脊椎骨 60～64。体长 15 cm，最大体长 13～17 cm。头部上下扁平。吻尖，呈三角形。下颌长于上颌。背鳍起点至尾鳍基部的距离大于至胸鳍基部。体透明。两侧腹面各有 1 行黑色色素点。性成熟时雄鱼臀鳍呈扇形，基部有一列鳞片，胸鳍大而尖。海水、淡水中均有分布。肉食性，经济价值大。为大水面养殖种类，经济价值高，被广泛移植。1996 年引进碧流河水库。

主要参考文献

安浩, 谢在刚, 王美儒, 等. 2018. 2016年春季碧流河水库浮游生物的群落结构分析[J]. 吉林水利, (2): 39-44.

白洁, 李海燕, 赵阳国, 等. 2009. 黄海北部不同站位海洋细菌群落分布特征[J]. 微生物学报, 49(3): 343-350.

白洁, 刘小沙, 侯瑞, 等. 2014. 南海南部海域浮游细菌群落特征及影响因素研究[J]. 中国环境科学, 34(11): 2950-2957.

白雪梅, 徐兆礼. 2000. 底泥悬浮物对水生生物的影响[J]. 上海水产大学学报, 9(1): 65-68.

毕宝帅, 余宏昌, 张亚, 等. 2020. 上海东风西沙水库表层沉积物重金属含量及生态风险评价[J]. 上海海洋大学学报, 29(05): 709-719.

曹露, 张华, 李明月, 等. 2017. 碧流河下游农田土壤重金属污染状况分析与评价[J]. 生态科学, 36(6): 8-15.

曹新益, 徐慧敏, 王司辰, 等. 2016. 南京莫愁湖与紫霞湖浮游细菌群落结构的季节性变化及其与环境因子的关系[J]. 化学与生物工程, 33(12): 19-26+30.

常秀岭, 刘家寿, 胡传林, 等. 2010. 湖北浮桥河水库悬浮物的季节变化[J]. 湖泊科学, 22(2): 300-306.

常秀岭. 1995. 黑龙滩水库颗粒有机碎屑的初步研究[J]. 水利渔业, 77(3): 24-27.

陈静. 2011. 郭村水库重金属分布及污染评价[J]. 安徽农业科学, 39(11): 6653-6655.

陈立斌, 赵文, 殷守仁, 等. 2012. 官厅水库底栖动物的群落结构及其时空格局[J]. 大连海洋大学学报, 27(1): 44-52.

陈梦齐, 刘紫丹, 戴文芳, 等. 2016. 山港电厂温排水增温对浮游细菌群落空间分布的影响[J]. 生态学报, 36(20): 6574-6582.

陈修康, 张华俊, 顾继光, 等. 2012. 惠州市3座供水水库沉积物重金属污染特征[J]. 应用生态学报, 23(5): 1254-1262.

陈兆进, 丁传雨, 朱静亚, 等. 2017. 丹江口水库枯水期浮游细菌群落组成及影响因素研究[J]. 中国环境科学, 37(1): 336-344.

程麟钧, 张颖, 付强, 等. 2009. 官厅水库重金属污染状况调查研究[J]. 中国环境监测, 25(3): 82-85.

程柳, 毛宇翔, 王梅, 等. 2015. 小浪底水库水体中重金属含量的测定和健康风险评价[J]. 安全与环境学报, 15(1): 319-324.

程先, 王瑞霖, 王建力, 等. 2015. 海河流域西部地区水库沉积物重金属潜在生态风险评价[J]. 应用生态学报, 26(5): 1495-1500.

池艳峰, 李国宏. 2019. 蘑菇湖水库沉积物重金属污染特征及潜在生态风险评价[J]. 海峡科技与产业, (1): 179-181.

大连市碧流河水库管理局. 1996. 碧流河水库志[M]. 大连: 大连出版社.

戴欣, 周惠, 陈月琴, 等. 2002. 中国南海南沙海区沉积物中细菌16S rDNA多样性的初步研究[J]. 自然科学进展, 12(5): 479-484.

丁华, 翟虹, 邹芳玉, 等. 1998. 碧流河水库上游流域金矿开发对周围环境的影响及其评价[J]. 辽宁城乡环境科技, 18(3): 51-53.

丁薇. 2017. 河流水体有机碳研究综述[J]. 安徽农学通报, 23(9): 28-29+71.

董显坤, 赵文, 任剑申, 等. 2020. 南水北调后密云水库浮游动物多样性及水生态环境评价[J]. 吉林水利, (6): 1-6+11.

董聿茂, 戴爱云, 蒋燮治, 等. 1982. 中国动物图谱 甲壳动物. 一册. 二版[M]. 北京: 科学出版社.

杜瑜, 闫洪山, 张艳萍. 2006. 碧流河水库底栖动物及其鱼产力的研究[J]. 水利渔业, 26(3): 45-47.

冯泽晖. 2017. 浅谈微生物技术在城市污水处理中的应用[J]. 科技创新与应用, (12): 174.

高进长, 唐强, 龙翼, 等. 2020. 长寿湖水库沉积物中重金属来源及生态风险评价[J]. 人民长江, 51(4): 20-25.

高全洲, 陶贞. 2003. 河流有机碳的输出通量及性质研究进展[J]. 应用生态学报, 14(6): 1000-1002.

高炜程, 李修岭, 胡长伟, 等. 2018. 沂蒙山区大型水库水体悬浮物的时空变化[J]. 环境科学与技术, 41(S2): 80-87.

高星琪, 董志, 李令军, 等. 2019. 官厅水库上游河流水质空间变异多元统计分析[J]. 湿地科学, 17(1): 106-111.

高阳. 2020. 2018年锦凌水库水质及营养状态评价[J]. 黑龙江水利科技, 48(9): 7-11.

管桐, 姜淑坤, 孟祥哲, 等. 2015. 新立城水库水质现状分析及其富营养化评价[J]. 农业与技术, 35(5): 63-64.

郭成久, 洪梅, 闫滨. 2016. 基于综合营养状态指数法的石佛寺水库水质富营养化评价[J]. 沈阳农业大学学报, 47(1): 119-123.

郭非, 耿绪云, 李翔, 等. 2009. 天津近海可培养细菌多样性的初步调查[J]. 海洋科学, 33(6): 35-40.

郭赣林, 赵文, 曹欢, 等. 2006. 淡水鱼池浮游植物和浮游细菌数量动态及超微藻类对初级生产力的贡献[J]. 大连水产学院学报, 21(4): 350-356.

郭赣林, 赵文. 2006. 淡水鱼池生态系统的悬浮物结构及有机碳库储量[J]. 大连水产学院学报, 21(2): 127-130.

郭凯, 赵文, 王珊, 等. 2015. 白石水库颗粒有机物及沉积物中碳、氮稳定同位素的空间分布特征[J]. 环境科学, 36(12): 4430-4435.

郭凯, 赵文, 焉鸿启. 2013. 柴河水库浮游生物群落结构的时空格局及其渔产力研究[J]. 水生态学杂志, 34(6): 22-26.

郭云, 陈都, 王铭, 等. 2018. 阿哈水库沉积物中重金属分布特征及潜在生态风险评价[J]. 水生态学杂志, 39(04): 24-30.

国家环境保护总局. 2002. 水和废水监测分析方法[M]. 北京: 中国环境科学出版社.

韩博平. 2010. 中国水库生态学研究的回顾与展望[J]. 湖泊科学, 22(2): 151-160.

韩茂森, 束蕴芳. 1995. 中国淡水浮游生物图谱[M]. 北京: 海洋出版社, 1-375.

何成龙. 2015. 河流水体悬浮物的反射光谱研究[D]. 西南交通大学硕士学位论文.

何应, 李秋华, 唐黎, 等. 2019. 贵州红枫水库沉积物重金属污染评价及来源分析[J]. 生态学杂志, 38(3): 799-809.

何志辉, 王喜庆. 1992. 碧流河水库的水化学、浮游生物和初级生产力[J]. 大连水产学院学报, 7(Z1): 1-18.

何志辉, 严生良, 杨和荃. 1982. 淡水生物学(上册)[M]. 北京: 农业出版社, 1982.

何志辉. 1987a. 中国湖泊水库的初级生产力及其能量转化效率[J]. 水产科学, 6(1): 24-30.

何志辉. 1987b. 中国湖泊和水库的营养分类[J]. 大连海洋大学学报, 8(1): 1-10.

贺斌, 郭海英. 2010. 大伙房水库底质重金属污染分析[J]. 现代农业科技, (5): 259-260.

胡国成, 许振成, 彭晓武, 等. 2011. 广东长潭水库表层沉积物重金属污染特征与潜在生态风险评价研究[J]. 农业环境科学学报, 30(6): 1166-1171.

胡鸿钧, 李尧英, 魏印心, 等. 1980. 中国淡水藻类[M]. 上海: 上海科学技术出版社.

胡鸿钧, 魏印心. 2006. 中国淡水藻类: 系统、生态及分类[M]. 北京: 科学出版社.

胡素端. 2015. 水库水质动态监测与评价研究[D]. 大连理工大学硕士学位论文.

胡涛, 魏开建, 张桂蓉, 等. 2018. 密云水库大型底栖动物群落结构及水质生物学评价[J]. 水生态学杂志, 39(4): 79-88.

季世琛, 李媛, 赵文, 等. 2018. 碧流河水库及其流域河流浮游动物的群落结构研究[J]. 生物学杂志, 35(6): 68-73.

贾茜茜, 姜宇强, 袁刚, 等. 2016. 浙江大洋水库沉积物重金属、营养盐生态风险评价[J]. 大连海洋大学学报, 31(4): 410-415.

江涛, 刘小波, 韦秋莲, 等. 2017. 长湖水库沉积物重金属污染特征及释放机制[J]. 生态环境学报, 26(7): 1193-1200.

江文渊, 曾珍香. 2019. 于桥水库表层沉积物重金属分布特征及其与底栖动物的关系[J]. 水生态学杂志, 40(5): 32-39.

姜辉, 曹正梅, 叶庆春. 2017. 崂山水库底质重金属污染评价研究[J]. 青岛大学学报(自然科学版), 30(4): 122-125.

姜欣, 朱林, 许士国等. 2019. 水源水库季节性分层及悬浮物行为对铁锰迁移的影响——以辽宁省碧流河水库为例[J]. 湖泊科学, 31(2): 375-385.

姜志强, 刘健. 1995. 碧流河水库马口鱼的食性及渔业对策[J]. 水产科学, 14(3): 35-38.

姜志强, 秦克静, 杨书威, 等. 1995. 碧流河水库渔业基础调查和渔业利用的研究[J]. 大连水产学院学报, 10(1): 14-21.

蒋晓霞, 肖树林, 支崇远. 2009. 阿哈水库沉积物重金属污染及潜在生态风险评价[J]. 上海环境科学, 28(4): 149-152.

蒋燮治, 堵南山. 1979. 中国动物志, 淡水枝角类[M]. 北京: 科学出版社.

蒋燮治, 沈韫芬, 龚循矩. 1983. 西藏水生无脊椎动物[M]. 北京: 科学出版社, 1-492.

焦更生, 王闯, 王淑荣, 等. 2015. 潼关太峪水库重金属污染现状分析[J]. 渭南师范学院学报, 30(2): 49-52.

金相灿, 刘鸿亮, 屠清瑛, 等. 1990. 中国湖泊富营养化[M]. 北京: 中国环境科学出版社, 13-135.

金英学, 方文莉. 2007. 碧流河流域水文特性的变化规律分析[J]. 东北水利水电, 25(4): 28-30.

可华明, 杨清伟, 刘守江, 等. 2020. 嘉陵江亭子口水库沉积物重金属分布特征及风险评价[J]. 安全与环境学报, 20(06): 2389-2397.

克拉默 K, 兰格-贝尔塔洛 H. 2012. 欧洲硅藻鉴定系统[M]. 刘威, 朱远生, 黄迎艳, 译. 广州: 中山大学出版社, 1-493.

旷攀, 李秋华, 金爽, 等. 2021. 贵州高原普定水库水环境重金属的时空分布特征及风险评价[J]. 环境科学研究, 34(3): 576-588.

乐成峰, 李云梅, 查勇, 等. 2008. 太湖悬浮物对水体生态环境的影响及其高光谱反演[J]. 环境科学学报, 28(10): 2148-2155.

雷庆铎, 杨兴丽, 周晓林, 等. 2005. 南湾水库悬浮物的初步调查研究[J]. 水利渔业, (5): 65-67.

黎宁, 李华兴, 朱凤娇, 等. 2006. 菜园土壤微生物生态特征与土壤理化性质的关系[J]. 应用生态学报, 17(2): 285-290.

李冰, 王亚, 郑钊, 等. 2018. 丹江口水库调水前后表层沉积物营养盐和重金属时空变化[J]. 环境科学, 39(8): 3591-3600.

李东青, 郭逍宇, 梁籍, 等. 2015. 密云水库水质空间变异的多元统计分析[J]. 湿地科学, 13(1): 27-34.

李广波, 李学森. 2003. 汤河水库水环境质量评价及水质保护对策[J]. 沈阳农业大学学报, 34(2): 135-137.

李筠, 周宏霞, 刘佳琳, 等. 2006. 青岛近岸特征环境中海洋异养细菌的分布规律及其分子鉴定[J]. 中国海洋大学学报, 36(6): 965-970.

李茂亿, 张颖姬, 高裕雯, 等. 2020. 长江水库表层沉积物重金属现状及生态风险[J]. 四川化工, 23(3): 52-54.

李爽, 李睿, 李硕, 等. 2013. 南湾水库悬浮物结构及渔产力研究[J]. 水生态学杂志, 34(2): 46-52.

李万智, 杨进新, 石维新, 等. 2019. 南水入密云水库对水质及水环境的影响[J]. 人民黄河, 41(3): 89-93+99.

李雪. 2016. 碧流河水库底泥氨氧化微生物丰度及群落研究[D]. 大连理工大学硕士学位论文.

李沂軒, 鞠哲, 赵文, 等. 2016. 白石水库浮游植物的群落结构研究[J]. 大连海洋大学学报, 31(4): 404-409.

李永函, 赵文. 2002. 水产饵料生物学[M]. 大连: 大连出版社.

李由明, 黄翔鹄, 刘楚吾. 2007. 碳氮稳定同位素技术在动物食性分析中的应用[J]. 广东海洋大学学报, 27(4): 99-103.

李玉华, 许其功, 赵越, 等. 2013. 松花湖水体中不同空间分布的细菌群落结构分析[J]. 农业环境科学学报, 32(4): 764-770.

李媛, 赵文, 张家卫, 等. 2016. 碧流河水库及其流域河流浮游植物的群落结构研究[J]. 生物学杂志, 33(3): 70-74.

李忠义, 金显仕, 庄志猛, 等. 2005. 稳定同位素技术在水域生态系统研究中的应用[J]. 生态学报, 25(11): 260-268.

梁兆川, 杨书葳, 吴连秋, 等. 1993. 碧流河水库的底栖动物[J]. 水产科学, 12(4): 6-8.

梁晓林, 赵志楠, 张月明, 等. 2015. 2013年夏季昌黎生态监控区浮游植物群落结构特征分析[J]. 水产科学, 34(2): 89-93.

凌郡鸿, 张依章, 王民浩, 等. 2017. 深圳茅洲河下游柱状沉积物中碳氮同位素特征[J]. 环境科学, 38(12): 5081-5089.

刘丙阳, 赵文, 郭凯, 等. 2011. 辽宁汤河水库浮游动物的群落结构及其时空格局[J]. 大连海洋大学学报, 26(6): 526-531.

刘国才, 李德尚. 2000. 虾池生态系各有机碳库的储量[J]. 生态学报, 20(6): 1056-1060.

刘国才. 1999. 吐尔吉山水库养殖季细菌数量动态及其鱼产力的研究[J]. 生态学报, 19(2): 278-282.

刘国祥, 胡征宇. 2012. 中国淡水藻志 第十五卷 绿藻门 绿球藻目(下) 四孢藻目 叉管藻目 刚毛藻目[M]. 北京: 科学出版社, 1-166.

刘建康, 黄祥飞, 林婉莲, 等. 1995. 东湖生态学研究[M]. 北京: 科学出版社.

刘建康, 谢平. 1999. 揭开武汉东湖蓝藻水华消失之谜[J]. 长江流域资源与环境, 8(3): 85-92.

刘建康. 1995. 东湖生态学研究(二)[M]. 北京: 科学出版社, 75-91.

刘建康. 1999. 高级水生生物学[M]. 北京: 科学出版社.

刘键. 2001. 水库移植大银鱼试验[J]. 淡水渔业, 31(1): 24-25.

刘婷婷. 2013. 水源水库微生物种群结构与功能研究[D]. 西安建筑科技大学硕士学位论文.

刘文臣, 王荣. 1996. 海水中颗粒有机碳研究简述[J]. 海洋科学, (05): 21-23.

刘小波, 金凌波. 2019. 飞来峡水库水体富营养化及重金属污染评价[J]. 广东水利水电, (8): 54-58+63.

刘晓清, 祝雪萍, 郑秀清, 等. 2019. 碧流河水库流域降水和径流特征变化及成因分析[J]. 南水北调与水利科技, 17(04): 71-78+114.

刘妍. 2012. 临沂水源地(岸堤水库)水质现状调查与评价[D]. 中国海洋大学硕士学位论文.

刘月英. 1979. 中国经济动物志 淡水软体动物[M]. 北京: 科学出版社.

刘中, 唐作鹏, 石俊艳, 等. 2003. 白石水库渔业资源本底调查[J]. 水利渔业, (2): 43-46.

卢俊平, 崔志谋, 刘廷玺, 等. 2021. 内蒙古大河口水库水体重金属污染程度及健康风险评价[J]. 安全与环境学报, 21(2): 858-866.

路程. 2015. 王家崖供水水库重金属污染特征分析[J]. 科技视界, (18): 304-305.

罗根华, 荣楠, 张佳奇, 等. 2014. 桓仁水库小流域水质模糊综合评价[J]. 中国人口 • 资源与环境, 24(S2): 314-316.

罗燕, 秦延文, 张雷, 等. 2011. 大伙房水库表层沉积物重金属污染分析与评价[J]. 环境科学学报, 31(5): 987-995.

马溪平, 徐宏远, 张敬樵, 等. 1998. 汤河水库水质状况及微生物区系的研究[J]. 辽宁大学学报(自然科学版), 25(1): 73-79.

马秀娟, 沈建忠, 孙金辉, 等. 2012. 天津于桥水库大型底栖动物群落结构及其水质生物学评价[J]. 生态学杂志, 31(9): 2356-2364.

马秀巧, 姜霞, 王书航, 等. 2012. 高升桥水库沉积物重金属的生态风险评价[J]. 三峡环境与生态, 34(3): 45-51.

马徐发, 刘小玲, 熊邦喜. 2005. 道观河水库的细菌数量及其与环境因子的关系[J]. 水生态学杂志, 25(2): 58-60.

梅安新, 彭望禄, 秦其明, 等. 2005. 遥感导论[M]. 北京: 高等教育出版社.

米亮, 王光华, 金剑, 等. 2010. 黑土微生物群落呼吸功能多样性对温度的响应[J]. 应用生态学报, 21(6): 1485-1491.

牟秀林, 姜存有, 吴连秋, 等. 1982. 碧流河鱼类资源调查及水库建成后可能对鱼类区系的影响[J]. 水产科学,

(3): 58-62.

牟秀林. 1994. 水利建设对辽东半岛香鱼(*Plecoglossus altivelis*)的影响[J]. 生态学报, 14(3): 318-322.

穆春华, 包振民, 陈刚, 等. 2006. 西北太平洋沉积物中细菌多样性的研究[J]. 海洋学报, 28(4): 121-128.

庞雨佳, 赵文, 魏杰, 等. 2020. 桓仁水库和碧流河水库浮游生物群落结构及水环境特征的比较研究[J]. 大连海洋大学学报, 35(3): 407-416.

乔敏敏, 季宏兵, 朱先芳, 等. 2013. 密云水库沉积物中重金属形态分析及风险评价[J]. 农业环境科学学报, 32(7): 1423-1431.

邱阳凌, 林育青, 刘俊杰, 等. 2018. 淮河干流及主要支流夏季浮游植物群落生物多样性评价[J]. 环境科学学报, 38(4): 1665-1672.

任泓泉, 胡成. 2013. 大伙房水库表层沉积物重金属污染及潜在生态风险评价[J]. 气象与环境学报, 29(1): 108-112.

任丽娟, 何聃, 邢鹏, 等. 2013. 湖泊水体细菌多样性及其生态功能研究进展[J]. 生物多样性, 21(4): 422-433.

邵美玲, 韩新芹, 谢志才, 等. 2007. 香溪河流域梯级水库底栖动物群落比较[J]. 生态学报, 27(12): 4963-4971.

沈烽, 赵大勇, 黄睿, 等. 2017. 南京玄武湖浮游细菌群落结构的季节变化及其与环境因子的关系[J]. 湖泊科学, 29(3): 662-669.

沈嘉瑞. 1979. 中国动物志 节肢动物门 甲壳纲 淡水桡足类[M]. 北京: 科学出版社.

沈韫芬, 顾曼如. 1965. 武昌东湖原生动物生态初步研究[J]. 水生生物学报, 5(2): 146-182.

沈韫芬. 1999. 原生动物学[M]. 北京: 科学出版社, 1-656.

施沁璇, 郝贵杰, 叶霆, 等. 2021. 衢州地区渔业水域水库水体富营养化水平及驱动因子研究[J]. 渔业科学进展, 42(01): 18-28.

施之新. 1999. 中国淡水藻志 第六卷 裸藻门[M]. 北京: 科学出版社, 1-414.

史键, 赵文, 李赫, 等. 2013. 汤河水库和大伙房水库底栖动物群落结构、底层鱼类产量及水质生态评价[J]. 大连海洋大学学报, 28(4): 383-389.

史为良, 夏德昌. 1999. 香鱼增养殖及公鱼、银鱼和香鱼的种间关系[J]. 水利渔业, 19(1): 17-18.

史为良, 于精禄, 蔡九锡. 1960. 辽宁碧流河香鱼资源的初步调查[J]. 动物学杂志, (1): 27-29.

史玉强, 李树莹, 崔双发, 等. 2003. 辽宁大伙房水库水质及水生生物群落结构的研究[J]. 大连水产学院学报, 18(1): 23-28.

宋微波, Warren A, 胡晓钟. 2009. 中国黄渤海的自由生纤毛虫[M]. 北京: 科学出版社.

宋微波, 徐奎栋, 施心路, 等. 1999. 原生动物学专论[M]. 青岛: 青岛海洋大学出版社.

苏广宇. 2016. 碧流河水库滨库带水质保障技术研究[D]. 大连理工大学硕士学位论文.

孙丽娜. 2002. 碧流河上游金矿开发环境地球化学及其生态影响[D]. 东北大学博士学位论文.

谭慧娟, 夏晓玲, 吴川, 等. 2014. 基于碳稳定同位素示踪的金水河颗粒有机碳来源辨析[J]. 生态学报, 34(19): 5445-5452.

唐婧, 徐小蓉, 商传禹, 等. 2015. 南明河城区河段细菌多样性与环境因子的关系[J]. 微生物学报, 55(8): 1050-1059.

唐黎, 李秋华, 陈椽, 等. 2017. 贵州普定水库沉积物重金属分布及污染特征[J]. 中国环境科学, 37(12): 4710-4721.

唐涛, 蔡庆华, 刘建康. 2002. 河流生态系统健康及其评价[J]. 应用生态学报, 13(9): 1191-1194.

唐作鹏, 解涵, 解玉浩, 等. 2001. 碧流河水库大银鱼的生长及与其它鱼类的竞争关系[C]. 中国水产学会学术年会论文集, 160-164.

唐作鹏. 1997. 香鱼及其增养殖技术概述[J]. 水利渔业, (3): 3-6.

汪天祥. 2016. 水库水质动态分层监测分析与评价研究[D]. 大连理工大学博士学位论文.

王钢, 王灵, 郑春霞, 等. 2010. 乌鲁木齐乌拉泊水库水体中重金属健康风险评价[J]. 干旱环境监测, 24(1): 22-26+30.

王广森. 2016. 大连市碧流河水库水源涵养林工程设计浅析[J]. 水资源开发与管理, (6): 78-80.

王华, 吴佳, 冯文波, 等. 2015. 滇池及流域环境水中磷与悬浮物的相关性分析[J]. 环境科学与技术, 38(5): 84-89.

王欢, 李宇轩, 赵文, 等. 2018a. 辽宁省三座大型水源水库细菌数量的时空分布特征[J]. 微生物学杂志, 38(3): 75-83.

王欢, 赵文, 谢在刚, 等. 2018b. 碧流河水库细菌群落结构特征及其关键驱动因子[J]. 环境科学, 39(8): 3660-3669.

王佳, 徐世宾, 郑淏. 2011. 桃林口水库水质调查分析与预测[J]. 水科学与工程技术, (6): 23-27.

王家楫. 1961. 中国淡水轮虫志[M]. 北京: 科学出版社, 1-288.

王静. 2012. 北京官厅水库主要水质指标空间分布及人工湿地修复效果研究[D]. 中国林业科学研究院硕士学位论文.

王俊才, 王新华. 2011. 中国北方摇蚊幼虫[M]. 北京: 中国言实出版社.

王丽佳. 2019. 石佛寺水库水质现状及富营养化状态分析[C]. 水与水技术(第9辑), 120-124.

王蒙蒙, 宋刚福, 翟付杰, 等. 2020. 陆浑水库沉积物重金属空间分布特征及风险评价[J]. 环境科学学报, 40(04): 1331-1339.

王妙, 王胜, 唐鹊辉, 等. 2014. 粤西三座重要供水水库沉积物营养盐负荷与重金属污染特征[J]. 生态环境学报, 23(05): 834-841.

王敏, 李玉仙, 常思博, 等. 2016. 密云水库水源水微生物群落解析[J]. 中国给水排水, 32(21): 63-65.

王鹏, 陈波, 李传琼, 等. 2016. 赣江南昌段丰水期细菌群落特征[J]. 中国环境科学, 36(8): 2453-2462.

王琼, 李法云, 范志平, 等. 2016. 辽宁省大伙房水库及入库河流水质空间特征与河库水质关系[J]. 湖泊科学, 28(04): 775-784.

王玉玉, 于秀波, 张亮, 等. 2009. 应用碳、氮稳定同位素研究鄱阳湖枯水末期水生食物网结构[J]. 生态学报, 29(03): 1181-1188.

王毓军, 孙晓怡. 2005. 辽宁大伙房水库水中微生物变化及成因分析[J]. 黑龙江环境通报, 29(4): 60-61.

王哲, 尹东鹏, 赵文, 等. 2020. 南水北调后密云水库浮游植物多样性及水生态环境评价[J]. 吉林水利, (05): 1-6+17.

魏洪祥. 2021. 水丰水库浮游生物组成及初级生产力研究[J]. 水产学杂志, 34(1): 73-80.

吴坤杰, 杨东辉, 李睿, 等. 2012. 南湾水库表层沉积物重金属污染及潜在生态风险评价[J]. 河南农业科学, 41(03): 79-81.

吴立新, 姜志强. 1997. 碧流河水库斑鳜的食性及其渔业利用[J]. 中国水产科学, 4(4): 25-29.

吴雪飞, 倪奔. 2018. 青草沙水库底泥重金属含量分析与评价[J]. 净水技术, 37(S2): 5-8+20.

向贤芬, 虞功亮, 陈受忠. 2016. 长江流域的枝角类[M]. 北京: 中国科学技术出版社, 1-163.

肖克宇, 陈昌福. 2019. 水产微生物学(第2版)[M]. 北京: 中国农业出版社.

肖协文, 王玉玉, 张欢, 等. 2015. 饶河枯水期主要鱼类营养级位置及其影响因素[J]. 生态学报, 35(18): 6216-6223.

肖雄. 2019. 贵州阿哈水库重金属时空变化特征及潜在生态风险评价[D]. 贵州师范大学硕士学位论文.

肖秀春. 2017. 白石水库水体中重金属污染特征及潜在健康风险评价[J]. 水利技术监督, 25(03): 31-33.

肖祖国, 刘义新, 王晓光, 等. 2017. 水丰水库初级生产力及鲢鱼产力评估[J]. 水产学杂志, 30(4): 28-32.

谢青, 徐勤勤, 王永敏, 等. 2019. 三峡水库与长寿湖水库鱼类碳、氮稳定同位素特征及营养级的比较[J]. 湖泊科学, 31(03): 837-845.

谢在刚. 1998. 浅议碧流河水库水质有机污染的原因及危害[J]. 水利规划, (2): 80-83.

谢在刚. 2009. 碧流河水库水体富营养化控制对策探讨[J]. 吉林水利, (1): 38-40.

谢在刚. 2018. 碧流河水库水质富营养化状态与特征探讨[J]. 吉林水利, (5): 45-49.

邢建伟. 2014. 长江口有机碳的时空分布、变化及输运特征研究[D]. 中国海洋大学硕士学位论文.

邢壮壮. 2020. 官厅水库及入库河流的大型底栖动物研究和水质评价[D]. 山东师范大学硕士学位论文.

熊倩, 黄立成, 叶少文, 等. 2015. 三峡水库浮游植物初级生产力的季节变化与空间分布[J]. 水生生物学报, 39(5): 853-860.

徐锋. 2010. 辽宁省主要水源水库的浮游生物研究[D]. 大连水产学院硕士学位论文.

徐军, 张敏, 谢平. 2010. 氮稳定同位素基准的可变性及对营养级评价的影响[J]. 湖泊科学, 22(1): 8-20.

徐嗣林, 赵文, 张鹏, 等. 2020. 北京市五大水系重金属污染特征及生态风险评估[J]. 吉林水利, (1): 1-6.

徐信, 支崇远, 陈玲. 2012. 花溪水库表层沉积物重金属污染及潜在生态风险评价[J]. 中国环境监测, 28(3): 76-78.

徐中义, 陈敬安, 张阳, 等. 2014. 阿哈水库沉积物重金属形态分布及生态风险评价[J]. 西南师范大学学报(自然科学版), 39(03): 71-76.

薛纪渝. 2001. 湖泊(水库)网箱养鱼对水质富营养化影响[A].//国家环境保护局科技标准司. 中国湖泊富营养化及其防治研究[M]. 北京: 中国环境科学出版社, 98-104.

焉鸿启, 赵文, 郭凯, 等. 2015. 观音阁水库浮游生物群落结构的时空格局研究[J]. 北京农业, (36): 204-208.

焉鸿启, 赵文, 郭凯, 等. 2016. 辽宁省6座水源水库富营养化状况的分析与评价[J]. 大连海洋大学学报, 31(02): 180-184.

闫洪山. 2006. 碧流河水库网采浮游动物的群落结构及时空格局[D]. 大连水产学院硕士学位论文.

闫雅妮, 程亚平, 康平, 等. 2017. 青狮潭水库底泥重金属污染特征及潜在生态风险[J]. 人民长江, 48(10): 24-29.

杨东, 周政权, 张建设, 等. 2017. 烟台牟平海洋牧场夏季大型底栖动物群落特征[J]. 海洋科学, 41(5): 134-143.

杨宇峰, 黄祥飞. 1994. 武汉东湖浮游动物群落结构的研究[J]. 应用生态学报, 5(3): 319-324.

姚兼辉. 2015. 湛江湾悬浮物及其对重金属相间分配影响的研究[D]. 广东海洋大学硕士学位论文.

尹东鹏, 赵文, 张湾. 2021. 桓仁水库水生态健康研究进展[J]. 环境生态学, 3(2): 35-42.

余慧娟, 许士国, 朱林. 2018. 水库沉积物资源化利用基础研究——以碧流河水库大堡库区为例[J]. 农业环境科学学报, 37(9): 1977-1985.

元红. 2003. 柴河水库水体富营养化现状调查及分析[J]. 辽宁城乡环境科技, (3): 46-47+50.

原晖. 2021. 大连市大型水库富营养化状况及影响因素研究[J]. 水资源开发与管理, (2): 12-16.

原媛, 汪善全, 竺建荣, 等. 2007. 密云水库微生物相变化对水质及嗅味的影响[J]. 环境科学究, 20(6): 8-13.

苑俊杰, 赵文, 王安璞, 等. 2020. 桓仁水库初级生产力和限制性营养盐研究[J]. 水产科学, 39(3): 438-446.

战文斌. 2011. 水产动物病害学[M]. 2版. 北京: 中国农业出版社.

张春光, 邢迎春, 赵亚辉. 等. 2016. 中国内陆鱼类物种与分布[M]. 北京: 科学出版社.

张东升, 赵文, 李杰, 等. 2013. 碧流河水库细菌现存量时空动态变化的研究[J]. 水产学杂志, 26(4): 33-37.

张芬, 杨长明, 潘睿捷. 2013. 青山水库表层沉积物重金属污染特征及生态风险评价[J]. 应用生态学报, 24(9): 2625-2630.

张欢, 肖协文, 王玉玉, 等. 2015. 鄱阳湖流域饶河鱼类稳定同位素比值和营养级的空间变化[J]. 湖泊科学, 27(6): 7.

张家卫. 2016. 大伙房水库水生生物多样性及其鱼产力研究[D]. 大连海洋大学硕士学位论文.

张觉民, 何志辉. 1991. 内陆水域渔业自然资源调查手册[M]. 北京: 农业出版社.

张铭汉. 2000. 胶州湾海水中悬浮体的分布及其季节变化[J]. 海洋科学集刊. 42(10): 49-54.

张荣坤, 尹东鹏, 赵文, 等. 2021. 白石水库浮游动物群落结构及鱼产力研究[J]. 吉林水利, (4): 1-5+17.

张时珍. 2017. 合肥市董铺水库沉积物重金属元素环境污染与潜在生态风险研究[J]. 合肥学院学报(综合版), 34(5): 77-79.

张湾, 赵文, 王哲, 等. 2021. 锦凌水库水生生物群落结构及鱼产力研究[J]. 吉林水利, (1): 24-31.

张文慧, 许秋瑾, 胡小贞, 等. 2016. 山美水库沉积物重金属污染状况及风险评价[J]. 环境科学研究, 29(7): 1006-1013.

张武昌, 丰美萍, 于莹, 等. 2012. 砂壳纤毛虫图谱[M]. 北京: 科学出版社, 1-499.

张晓微, 陈伟珍, 黄嘉璇, 等. 2019. 湛江赤坎水库水体重金属污染特征研究[J]. 广州化工, 47(17): 138-140.

张雅洁, 李珂, 朱浩然, 等. 2017. 北海湖微生物群落结构随季节变化特征[J]. 环境科学, 38(8): 3319-3329.

张玉. 2020. 浮游植物对大伙房水库水质影响分析[J]. 环境保护与循环经济, 40(11): 45-48.

张运林, 秦伯强, 陈伟民, 等. 2004a. 太湖水体中悬浮物研究[J]. 长江流域资源与环境, (3): 266-271.

张运林, 秦伯强, 陈伟民, 等. 2004b. 悬浮物浓度对水下光照和初级生产力的影响[J]. 水科学进展, 15(5): 615-620.

章宗涉, 黄祥飞. 1991. 淡水浮游生物研究方法[J]. 北京: 科学出版社, 1-414.

赵德树, 杨书葳, 等. 1997. 碧流河水库大银鱼移植试验报告[J]. 水利渔业, (4): 42-45.

赵家荣, 刘艳玲. 2009. 水生植物图鉴[M]. 武汉: 华中科技大学出版社.

赵健. 2016. 饮用水水源地沉积物重金属风险评价——以大连市碧流河水库为例[D]. 大连理工大学硕士学位论文.

赵凯, 徐明晗, 倪伟. 2010. 大连市大型水库水质评价[J]. 东北水利水电, 28(1): 51-526.

赵文, 陈立斌, 蒲红宇, 等. 2011. 碧流河水库底栖动物群落结构、底层鱼类鱼产量及其水质评价[J]. 中国科技成果, (21): 48-51+54.

赵文, 董双林, 李德尚, 等. 2002. 盐碱池塘围隔生态系统的悬浮物结构及有机碳库储量[J]. 生态学报, 22(12): 2133-2140.

赵文, 董双林, 张兆琪, 等. 2003. 盐碱池塘浮游植物初级生产力日变化的研究[J]. 应用生态学报, 14(2): 234-236.

赵文, 李晓东, 赵振兴, 等. 2004. 轮虫培育池生态系统颗粒悬浮物的研究[J]. 应用生态学报, (2): 313-315.

赵文, 王珊, 魏杰, 等. 2021. 北京市绿藻门盘星藻形态及分类研究[J]. 大连海洋大学学报, 36(3): 437-445.

赵文, 魏杰. 2018. 我国饮用水源水库微生物多样性研究述评[J]. 微生物学杂志, 38(4): 1-10.

赵文, 殷旭旺, 王吉桥, 等. 2009. 英那河水库渔业生态学调查[J]. 大连水产学院学报, 24(3): 221-230.

赵文, 殷旭旺, 王珊. 2015. 盐水轮虫的生物学及海水培养利用[M]. 北京: 科学出版社, 1-268.

赵文. 2011. 养殖水域生态学[M]. 北京: 中国农业出版社.

赵文. 2016. 水生生物学[M]. 2版. 北京: 中国农业出版社.

赵文. 2020. 水生生物学实验[M]. 北京: 中国农业出版社.

赵晓临, 杨培民, 闫有利, 等. 2009. 浅析碧流河水库陆封型香鱼消亡原因及恢复措施[J]. 水生态学杂志, 2(3): 145-148.

郑焕春, 周青. 2009. 微生物在富营养化水体生物修复中的作用[J]. 中国生态农业学报, 17(1): 197-202.

郑天凌, 蔡立哲, 姜先泉. 1991. 闽南—台湾浅滩渔场上升流区细菌生物量研究[A].//华生, 丘书院. 闽南—台湾浅滩渔场上升流区生态系研究[M]. 北京: 科学出版社, 231-239.

郑学文. 2012. 长江口陈行水库悬浮物特征研究及鱼产潜力评估[D]. 上海海洋大学硕士学位论文.

中华人民共和国水利部. 2008-2019. 中国水资源公报2007-2018[J]. 北京: 中国水利水电出版社.

周凤霞, 陈剑虹. 2011. 淡水微型生物与底栖动物图谱[M]. 2版. 北京: 化学工业出版社, 1-409.

周凤霞, 陈剑虹. 2015. 淡水微型生物与底栖生物[M]. 北京: 化学工业出版社.

周述琼. 2006. 水中总有机碳测定方法研究进展[C]. 第三届科学仪器前沿技术及应用学术研讨会论文摘要集. 《现代科学仪器》编辑部.

周应祺. 2010. 渔业导论[M]. 北京: 中国农业出版社.

周宇. 2020. 碧流河水库富营养化分析与评价[J]. 水土保持应用技术, (6): 38-40.

周志华, 刘丛强, 李军, 等. 2007. 巢湖沉积物δ~(13)C_(org)和δ~(15)N记录的生态环境演化过程[J]. 环境科学, 28(6): 1338-1343.

朱浩然, 朱婉嘉, 李尧英, 等. 1991. 中国淡水藻志 第二卷 色球藻纲[M]. 北京: 科学出版社.

朱惠忠, 陈嘉佑. 2000. 中国西藏硅藻[M]. 北京: 科学出版社, 1-353.

朱文宇, 赵文, 王天宇, 等. 2020. 北京市五大水系水体浮游细菌的数量特征研究[J]. 微生物学杂志, 40(5): 43-50.

Amann R I, Ludwig W, Schleifer K H. 1995. Phylogenetic identification and *in situ* detection of individual microbial cell without cultivation[J]. Microbiol Rev, 59(1): 143-169.

Anderson, Marti J. 2001. A new method for non-parametric multivariate analysis of variance[J]. Austral Ecology, 26(1): 32-46.

Beisel J, Usseglio-Polatera P, Thomas S, et al. 1998. Stream community structure in relation to spatial variation: The influence of mesohabitat characteristics[J]. Hydrobiologia, 389(1/2/3): 73-88.

Bilotta G S, Brazier R E. 2008. Understanding the influence of suspended matter on water quality and aquatic biota[J]. Water Research, 42(12): 2849-2861.

Brambilla E, Hippe H, Hagelstein A, et al. 2001. 16S rDNA diversity of cultured and uncultured prokaryotes of amat sample from Lake Fryxel. McMurdo Dry Valleys, Ant-arctica[J]. Extremophiles, 5(1): 23-33.

Caporaso J G, Kuczynski J, Stombauqh J, et al. 2010. QIIME allows analysis of high-throughput community sequencing data[J]. Nature Methods, 7(5): 335-336.

Cohan F M. 2002. What are bacterial species?[J]. Annual Review of Microbiology, 56(1): 457-487.

Edgar R C, Haas B J, Clemente J C, et al. 2011. UCHIME improves sensitivity and speed of chimera detection[J]. Bioinformatics, 27(16): 2194-2200.

Edgar R C. 2013. UPARSE: highly accurate OTU sequences from microbial amplicon reads[J]. Nature Methods, 10(10): 996-998.

Faith D P. 1992. Conservation evaluation and phylogenetic diversity[J]. Biological Conservation, 61(1): 1-10.

Förstner U, Wittmann G. 1983. Metal Pollution in the Aquatic Environment[M]. Berlin: Springer-Verlag.

Gomez E, Ferreras L, Toresani S. 2006. Soil bacterial functional diversity as influenced by organic amendment application[J]. Bioresource Technology, 97(13): 1484-1489.

Grey J. 2006. The use of stable isotope analyses in freshwater ecology: current awareness[J]. Polish Journal of Ecology, 54(54): 563-584.

Guiry M, Guiry M D, Guiry G M, et al. 2014. AlgaeBase[M]. Galway: World-Wide Electronic Publication.

Guo K, Zhao W, Wang S, et al. 2014. Study of food web structure and trophic level in the sea ponds of an optimized culture model (jellyfish-shellfish-fish-prawn)[J]. Aquacult Int, 22: 1783-1791.

Guzzo M M, Haffner G D, Sorge S, et al. 2011. Spatial and temporal variabilities of $\delta^{13}C$ and $\delta^{15}N$ within lower trophic levels of a large lake: implications for estimating trophic relationships of consumers[J]. Hydrobiologia, 675(1): 41-53.

Haas B J, Gevers D, Earl A M, et al. 2011. Chimeric 16S rRNA sequence formation and detection in Sanger and 454-pyrosequenced PCR amplicons[J]. Genome Research, 21(3): 494-504.

Haukka K, Kolmonen E, Hyder R, et al. 2006. Effect of nutrient loading on bacterioplankton community composition in lake Mesocosms[J]. Microbial Ecology, 51(2): 137-146.

Hewson I, Steele J A, Capone D G, et al. 2006. Temporal and spatial scales of variation in bacterioplankton assemblages of oligotrophic surface waters[J]. Marine Ecology Progress Series, 311: 67-77.

Jeppesen E, Jensen J P, Søndergaard M, et al. 2003. Does resuspension prevent a shift to a clear state in shallow lakes during reoligotrophication?[J]. Limnology and Oceanography, 48(5): 1913-1919.

Jones J R, Knowlton M F. 2005. Suspended solids in Missouri reservoirs in relation to catchment features and internal processes[J]. Water Research, 39(15): 3629-3635.

Kendall C, Silva S R, Kelly V J. 2001. Carbon and nitrogen isotopic compositions of particulate organic matter in four large river systems across the United States[J]. Hydrological Processes, 15(7): 1-46.

Koste W. 1978. Rotatorria. Die Radentiere Mitteleuropas[M]. Berlin, Stuttgart: Gebruden Borntnagen.

Kudryavtseva E A, Savvichev A S, Aleksandrov S V, et al. 2012. Bacterioplankton of the Gdansk Basin, Baltic Sea[J]. Microbiology, 81(3): 348-359.

Laque T, Farjalla V F, Rodado A S, et al. 2010. Spatiotemporal variation of bacterial community composition and possible controlling factors in tropical shallow lagoons[J]. Microbial Ecology, 59(4): 819-829.

Lindström M., Håkanson L. Abrahamsson O. et al. 1999. An empirical model for prediction of lake water suspended particulate matter[J]. Ecological Modelling, 121(2-3): 185-198.

Manzoni S, Jackson R B, Trofymow J A, et al. 2008. The global stoichiometry of litter nitrogen mineralization[J]. Science, 321(5889): 684-686.

McArdle B H, Anderson M J. 2001. Fitting multivariate models to community data: A comment on distance-based redundancy analysis[J]. Ecology, 2001, 82(1): 290-297.

Møller A K, Søborg D A, Al-Soud W A, et al. 2013. Bacterial community structure in High-Arctic snow and freshwater as revealed by pyrosequencing of 16S rRNA genes and cultivation[J]. Polar Research, 32(1): 1-11.

Morris D P, Zagarese H, Williamson C E, et al. 1995. The attenuation of solar UV radiation in lakes and the role of dissolved organic carbon[J]. Limnology and Oceanography, 40(8): 1381-1391.

Nõges P, Nõges T, Tuvikene L, et al. 2003. Factors controlling hydrochemical and trophic state variables in 86 shallow lakes in Europe[J]. Hydrobiologia, 506(1): 51-58.

Ödman F, Ruth T, Pontér C. 1999. Validation of a field filtration technique for characterization of suspended particulate matter from freshwater[J]. Applied Geochemistry, 14(3): 301-317.

Pennak R W. 1989. Freshwater Invertebrates of the United States[M]. 3rd ed. New York: Ronald Press.

Post D M, Pace M L, Hairston N G. 2000. Ecosystem size determines food-chain length in lakes[J]. Nature, 405(6790): 1047-1049.

Quast C, Pruesse E, Yilmaz P, et al. 2012. The SILVA ribosomal RNA gene database project: improved data processing and web-based tools[J]. Nucleic Acids Research, 41(D1): 590-596.

Spring S, Schulze R, Overmann J, et al. 2000. Identification and characterization of ecologically significant prokaryotes in the sediment of freshwater lakes: molecular and cultivation studies[J]. Fems Microbiology Reviews, 24(5): 573.

Stenert C, Bacca R C, Mostardeiro C C, et al. 2008. Environmental predictors of macroinvertebrate communities in coastal wetlands of southern Brazil[J]. Marineand Freshwater Research, 59(6): 540-548.

Turner A, Millward G E. 2002. Suspended particles: their role in estuarine biogeochemical cycles[J]. Estuarine, Coastal and Shelf Science. 55(6): 857-883.

Wang Q, Garrity G M, Tiedje J, et al. 2007. Naive Bayesian classifier for rapid assignment of rRNA sequences into the new bacterial taxonomy[J]. Applied and Environmental Microbiology, 73(16): 5261-5267.

Weyhenmeyer G A, Håkanson L, Meili M. 1997. A validated model for daily variations in the flux, origin, and distribution of settling particles within lakes[J]. Limnology and Oceanography, 42(7): 1517-1529.

Wu N, Schmalz B, Fohrer N. 2012. Development and testing of a phytoplankton index of biotic integrity (P-IBI) for a German lowland river[J]. Ecological Indicators, 13(1): 158-167.

Yang Y, Dai Y, Wu Z, et al. 2016. Temporal and spatial dynamics of archaeal communities in two freshwater lakes at different trophic status[J]. Frontiers in Microbiology, 7(e43346): 451.

Zhao W, He Z H. 1999. Biological and ecological features of inland saline waters in North Hebei, China[J]. International Journal of Salt Lake Research, 8(3): 267-285.

Zhao W, Zhao Y Y, Wang Q H, et al. 2016. The community structure and seasonal dynamics of plankton in Bange Lake, northern Tibet, China[J]. Chinese Journal of Oceanology and Limnology, 34(6): 1143-1157.

Zhu L, Liu J W, Xu S G, et al. 2017. Deposition behavior, risk assessment and sources identification of heavy metals in reservoir sediments of Northeast China[J]. Ecotoxicology and Environmental Safety, 142(aug.): 454-463.

中文名索引

D

E

F

G

H

J

K

L

M

N

P

Q

R

S

T

Y

Z

拉丁名索引

A

B

C

D

E

F

G

M

N

O

P

Q

R

S

T